科学出版社“十四五”普通高等教育本科规划教材

国家精品课程配套教材

# 作物育种学

（第二版）

席章营　陈景堂　李卫华　主编

科学出版社

北京

## 内 容 简 介

本书为国家精品课程配套教材，全面系统地介绍了作物育种学的基本知识、常规育种方法、现代育种技术、重要性状的鉴定方法、品种审定与种子生产和主要农作物育种等内容，是一本总论和各论合二为一、在内容和形式上有所创新、充分考虑教学思路和读者群体、由15所高等院校的一线教师通力合作完成的统编教材。

本书适合全国高等农业院校及相关院校农学、种子科学与工程、植物科学与技术、植物保护等植物生产类各专业学生使用，也可供作物遗传育种工作者参考。

**图书在版编目（CIP）数据**

作物育种学 / 席章营，陈景堂，李卫华主编. —2版. —北京：科学出版社，2021.11

科学出版社“十四五”普通高等教育本科规划教材

国家精品课程配套教材

ISBN 978-7-03-070554-9

Ⅰ. ①作… Ⅱ. ①席… ②陈… ③李… Ⅲ. ①作物育种－高等学校－教材 Ⅳ. ① S33

中国版本图书馆CIP数据核字（2021）第228278号

责任编辑：刘　丹 / 责任校对：杨　赛

责任印制：赵　博 / 封面设计：迷底书装

科学出版社 出版

北京东黄城根北街16号

邮政编码：100717

http://www.sciencep.com

保定市中画美凯印刷有限公司印刷

科学出版社发行　各地新华书店经销

*

2014年 3 月第 一 版　开本：880×1230　1/16

2021年 11月第 二 版　印张：18 3/4

2025年 1 月第五次印刷　字数：650 000

**定价：69.80 元**

（如有印装质量问题，我社负责调换）

# 《作物育种学》（第二版）编委会

**主　编**　席章营　陈景堂　李卫华

**副主编**　孙黛珍　刘明久　吴连成　程西永

**编　委**　（按姓氏笔画排序）

朱启迪（河南科技学院）
刘　芳（广西大学）
刘明久（河南科技学院）
刘保申（山东农业大学）
孙黛珍（山西农业大学）
李　伟（四川农业大学）
李卫华（石河子大学）
李春红（沈阳农业大学）
李淑梅（信阳农林学院）
吴连成（河南农业大学）
张　林（华南农业大学）
张自阳（河南科技学院）
陆国权（浙江农林大学）
陆明洋（贵州大学）
陈景堂（青岛农业大学）
郭晋杰（河北农业大学）
席章营（河南农业大学）
渠云芳（山西农业大学）
梁大成（长江大学）
董丽平（信阳农林学院）
董普辉（河南科技大学）
程西永（河南农业大学）

**审　稿**　曹连莆（石河子大学）

# 前　　言

《作物育种学》自2014年面世以来受到了同行专家和广大师生的普遍好评，先后多次印刷，被华南农业大学、河南农业大学、河北农业大学等60多所高等院校选作教材、馆藏图书、科研或教学参考书。经过多个教学周期的使用，任课教师普遍认为，教材层次分明、条理清晰、篇章布局合理、知识点由浅到深、内容取舍得当、文字规范、语言流畅，是一本非常适合教学的重要参考书；使用过教材的同学们普遍反映，教材把原本很厚的两本书合为一本，前后连贯、重点突出、经济实惠、拓展内容多、具有启发性、适合自学，是一本大家都非常喜欢的教材。但随着科学技术的发展，尤其是作物分子育种资源和技术的不断完善、数字化网络化广泛普及、年轻人对智能手机的依赖等，急需要对《作物育种学》进行修订和完善。

遵照守正创新、问题导向、系统完整、与时俱进和中国特色的精神，本次修订的基本原则是“更新、纠错、浓缩和数字化”。在保持原教材特色和优点的前提下，补充最新的研究成果和最新的研究技术，纠正错误，润色语言，精简内容，压缩字数。拓展和增补的图文、视频等内容用数字化形式展示，利用二维码技术和网络平台链接的方法，通过手机扫描调取后台的大量信息。与第一版教材相比，本教材具有以下特色：总论和各论合二为一。有所取舍，点面结合，促使学生举一反三；在内容和形式上有所创新。在内容上坚持系统性、科学性、先进性和实用性原则，在形式上框架清晰、重点突出、拓展内容丰富、融入了数字化元素。重要内容书面精准呈现，补充内容后台无限延展；主要读者群体定位为在校学生；所有编写人员都是从事作物育种学一线教学的任课老师。

全书共分为6部分，包括25章的内容。第1部分是作物育种学基本知识，包括绪论（席章营撰稿）、作物的繁殖方式及品种类型（席章营、陆明洋撰稿）、种质资源（吴连成撰稿）和育种目标（梁大成撰稿）；第2部分是常规育种方法，包括引种与选择育种（刘明久、张自阳撰稿）、杂交育种（孙黛珍撰稿）、回交育种（李卫华撰稿）、诱变育种（陈景堂、郭晋杰撰稿）、远缘杂交育种（渠云芳撰稿）、倍性育种（渠云芳撰稿）、杂种优势利用（刘保申、吴连成撰稿）、群体改良（吴连成撰稿）；第3部分是现代育种技术，包括植物细胞工程（程西永撰稿）、转基因育种（李伟撰稿）和分子标记辅助选择育种（董丽平、李淑梅撰稿）；第4部分是重要性状的鉴定方法，包括抗病虫性的鉴定（张林撰稿）、非生物逆境耐性鉴定（董普辉撰稿）和作物品质性状的鉴定（董丽平、李淑梅撰稿）；第5部分是品种审定与种子生产（李卫华撰稿）；第6部分是主要农作物育种，包括小麦育种（朱启迪、程西永撰稿）、水稻育种（刘芳撰稿）、玉米育种（陈景堂、郭晋杰撰稿）、棉花育种（梁大成撰稿）、马铃薯育种（陆国权撰稿）和大豆育种（李春红撰稿）。

全书初稿经席章营、李卫华、陈景堂、孙黛珍、刘明久、吴连成、程西永多次讨论修改后，由席章营统稿，曹连莆审稿。本书是全体编审人员集体智慧和辛勤劳动的结晶，在出版之际，向所有编审人员表示衷心感谢。同时也感谢您的选用，您的支持是我们不懈努力和精益求精的动力源泉。由于时间仓促，本书不当之处敬请广大教师和同学提出宝贵意见，以便进一步修改完善。

席章营<br>2021年8月

# 在线课程学习方式

☆电脑端：

注册、登录“**中科云教育**”平台（www.coursegate.cn），搜索在线课程“**作物育种学**”后报名学习。

中科云教育

☆手机端：

微信扫描右侧课程码并注册，再次扫描课程码后即可报名学习。

---

# 《作物育种学》（第二版）教学课件索取

凡使用本教材作为授课教材的高校主讲教师，可获赠教学课件一份。请通过以下两种方式之一获取：

科学 EDU

1. 扫描右侧二维码，关注“科学 EDU”公众号→教学服务→课件申请，索取教学课件。

2. 填写下方教学课件索取单后扫描或拍照发送至联系人邮箱。

<table>
<tr><td>姓名：</td><td colspan="2">职称：</td><td>职务：</td></tr>
<tr><td colspan="2">电话：</td><td colspan="2">电子邮箱：</td></tr>
<tr><td colspan="2">学校：</td><td colspan="2">院系：</td></tr>
<tr><td colspan="3">所授课程（一）：</td><td>人数：</td></tr>
<tr><td colspan="3">课程对象：□研究生 □本科（____年级）□其他________</td><td>授课专业：</td></tr>
<tr><td colspan="4">使用教材名称 / 作者 / 出版社：</td></tr>
<tr><td colspan="3">所授课程（二）：</td><td>人数：</td></tr>
<tr><td colspan="3">课程对象：□研究生 □本科（____年级）□其他________</td><td>授课专业：</td></tr>
<tr><td colspan="4">使用教材名称 / 作者 / 出版社：</td></tr>
<tr><td colspan="4">您对本书的评价及下一版的修改意见：</td></tr>
<tr><td colspan="3">推荐国外优秀教材名称 / 作者 / 出版社：</td><td rowspan="2">院系教学使用证明（公章）：</td></tr>
<tr><td colspan="3">您的其他建议和意见：</td></tr>
</table>

联系人：丛楠　　咨询电话：010-64034871　　回执邮箱：congnan@mail.sciencep.com

# 目　录

## 第3部分　现代育种技术

## 第4部分　重要性状的鉴定方法

## 第5部分　品种审定与种子生产



## 第6部分　主要农作物育种

# 第1部分

# 作物育种学基本知识

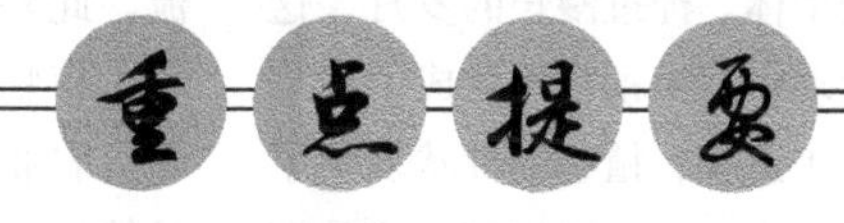


- □ 作物育种学
- □ 品种和优良品种
- □ 作物的繁殖方式
- □ 种质资源
- □ 育种目标

# 绪　论

发展农业生产，提高作物产量，主要是通过作物的遗传改良和作物生长条件的改善两条相互结合的途径实现的。前者属于作物育种学的研究内容，后者主要是作物栽培学的范畴。本书将系统地介绍作物育种的基本原理和主要方法。

## 第一节　作物育种学的性质与任务

作物是指对人类而言有利用价值的、大面积种植的植物。育种包括选育优良品种和繁育优良品种的优质种子两层含义。作物育种学是研究选育和繁育作物优良品种的理论和方法的科学。人类的育种实践很早就已经开始了。人类祖先原本以狩猎为生，在猎物匮乏季节，开始采摘一些植物果实充饥，并在居住地附近种植这些植物。他们将大穗、大粒、好吃的个体留种，在植物病害严重的年份留下发病轻的个体。经过漫长的岁月，这种原始的、无意识的育种活动将野生植物驯化成了栽培作物。经过长期的栽培和人工选择，植物的性状发生了多种多样的变化，如落粒性丧失、休眠期缩短、成熟期一致、多年生变为一年生、籽粒增大等。这一过程形成了农业，也使人类的生活状态由狩猎、采集转变为定居、有目的地种植。作物育种对人类的进步和农业的发展起着非常重要的作用。

### 一、作物育种学的性质

作物育种学是研究植物人工进化的科学。进化是指生物物种由低等向高等的演变过程。物种的进化决定于3个基本因素：遗传、变异和选择（附件0-1）。遗传是条件，变异是基础，选择是手段。选择又分自然选择和人工选择，自然选择形成自然进化，人工选择形成人工进化。自然进化是自然变异和自然选择的结果，原有物种中适应环境变化的变异个体经自然选择逐代得以积累加强，从而形成新物种。而作物育种工作不仅要利用自然变异，还要人工创造变异；不仅要利用自然选择，还要开展人工选择，以促进作物的快速进化，因此，苏联植物学家瓦维洛夫（Vavilov）将作物育种学称为“人工控制下的进化”。人工进化与自然进化存在一定的差异，自然进化过程较缓慢，人工进化则较迅速；人工选择与自然选择的目标性状有时矛盾，如大穗、大粒；有时一致，如生活力、结实性、对环境的适应性、对胁迫条件的抗耐性等；人工选择不能脱离自然选择。

作物育种学是一门以遗传学、进化论为主要基础的综合性应用科学。遗传学揭示了作物性状的遗传变异规律，育种家可以通过基因重组创制新的变异，可以通过突变获得新的基因，可以通过操作染色体数目的变化产生新的作物。重组DNA技术和基因编辑技术的发展拓宽了新基因的利用途径，实现了不同生物间的基因交流。此外，作物育种学还涉及多门其他学科，如植物学、植物生理学、生物化学、植物病理学、农业昆虫学、农业气象学、生物统计与实验设计、分子生物学、计算机科学、耕作学、作物栽培学等。

作物育种学是一门实践性很强的应用科学。科技的发展使作物育种成为高度专业化的技术工作，既需要理论知识，又需要大量的田间实践。人们基于作物遗传学的科学知识，可以有计划地创制遗传变异，但有效地鉴定和选择群体内目标性状有变异的个体仍需要大量的田间试验和育种家的实践经验。

### 二、作物育种学的任务

作物育种学的基本任务是在掌握作物性状遗传变异规律的基础上，基于作物种质资源，根据各地区的育种目标和原有品种基础，采用适当的育种途径和育种方法，选育适宜该地区需要的高产、稳产、优质、抗病虫、耐逆境胁迫、生育期适当、适应性较广的优良品种。在优良品种的繁殖、推广过程中，快速生产出数量多、质量好、成本低的生产用种，促进高产、优质、高效农业的发展。简单地说，作物育种学的主要任务是选育新品种和繁育高质量的种子。

### 三、作物育种学的主要内容

作物育种学的内容主要有三部分：作物育种的基本知识和基本理论、作物育种方法和育种相关技术。具体包括育种目标的制订及实现目标的相应策略；种质资源的收集、保存、研究、创新及利用；作物育种的途径与方法；作物育种各阶段的田间试验技术；新品种的审定、推广和种子生产。

## 四、作物育种学的发展

随着遗传学等相关学科的发展，作物育种从20世纪20年代开始摆脱主要依靠经验的初级状态，逐渐发展为一门具有系统理论基础的应用性科学。美国1927年出版的Hayes和Garber所著的*Breeding Crop Plants*是世界上第一部系统论述有关育种知识的专著，苏联1935年出版了Vavilov的《植物育种的科学基础》，美国1942年出版了Hayes和Immer所著的*Methods of Plant Breeding*。1960年美国出版的Allard编著的*Principles of Plant Breeding*至今仍是一部很有价值的教材，后续出版的教材基本上都是以此为蓝本修订、改编的。这些国外教材的内容被广泛吸收到国内一些相关教材中。

国内学者最早的作物育种学论著是1936年出版的王绶编著的《中国作物育种学》，1948年出版了沈学年的《作物育种学泛论》。中华人民共和国成立以后，1976年出版了蔡旭主编的《植物遗传育种学》，1981年出版了西北农学院主编的全国高等农业院校试用教材《作物育种学》等。这些教材对促进我国作物育种研究和教学的发展起了重要作用。随着生物技术的迅速发展和知识结构更新速度的加快，近年来作物育种学的新教材不断涌现，其中被广泛使用的有盖钧镒主编的《作物育种学各论》、张天真主编的《作物育种学总论》、孙其信主编的《作物育种学》等。这些教材对作物育种学的发展和完善起了重要的促进作用。

# 第二节 作物品种及其在农业生产中的作用

## 一、作物品种的概念

作物品种（crop variety）是指在一定的生态条件和经济条件下，根据人类的需要所选育的某种作物的某种群体。该群体具有遗传上的相对稳定性（stability），生物学、形态学等性状上的整齐一致性（uniformity），在特征特性上有别于同一作物其他群体的特异性（distinctness）。特异性、一致性和稳定性是某种作物的某种群体成为品种的3个基本条件。

品种是经济学上的类别，不同于植物分类学上的种和变种。可以通过品种的外部形态性状和内在的遗传成分来识别不同的品种。每个作物品种均有其适应的种植范围和耕作栽培条件，在一定的历史时期起作用，即品种具有使用上的地区性和时间性。随着耕作栽培条件及时间的推移，人们对品种的要求也会改变，必须不断地选育新品种更换原有品种，以满足生产和社会的要求。

## 二、作物优良品种在农业生产中的作用

作物优良品种是指在一定的地区和栽培条件下，符合生产发展需求，并具有较高经济价值的品种。作物优良品种是重要的农业生产资料，在农业生产中的重要作用主要表现在以下几个方面。

**1. 提高单位面积产量** 在提高单位面积产量（单产）的科技因素中，优良品种、肥料施用、植保技术、灌溉技术等因素的贡献率不尽相同。已有资料显示，优良品种的贡献率一般占30%～50%，玉米杂交种的推广对产量提高的贡献在40%以上。相对于其他科技因素，更换品种是一条经济有效的增产措施。

**2. 改善品质** 同一作物的不同品种生产的农产品的外观品质、营养品质和加工品质均存在明显的差异。优良品种的推广应用，对提高农产品品质具有决定性的作用，有时甚至是唯一的途径。例如，高赖氨酸玉米、低芥酸油菜品种的应用均是唯一的改良其品质的措施。

**3. 增强抗性** 病虫等生物逆境及盐碱等非生物逆境是造成农作物产量低而不稳、农产品品质下降的重要原因，选用抗病、抗虫、耐逆性强的品种是降低逆境危害的最经济、最有效、最环保的有效途径。

**4. 有利于扩大作物的种植区域** 具有广泛抗逆性和适应性的作物新品种，可以在较大的区域内栽培种植。选育耐寒、早熟的水稻品种，可以使水稻的栽培地区逐步由南向北扩展，使我国北方很多地区，甚至最北端的爱辉、漠河等地都种植了水稻，并成为我国的优质、高产水稻产区。

**5. 改进耕作制度和提高复种指数** 在我国人口不断增加，耕地面积不断减少的情况下，选育不同生育期、不同特性、不同株型的优良品种，有利于改革耕作制度，提高复种指数。同时，可以缓解作物之间争季节、争水肥、争积温等矛盾，有利于改革耕作制度，提高作物总产。

**6. 促进农业机械化发展** 促进农业机械化发展，提高劳动生产率，是实现农业现代化的重要内容。适应农业机械化，就要有与之相适应的作物品种，如适应机械化收获的棉花品种要求株型紧凑、适于密植、结铃性强、果节高度适中、吐絮集中、纤维品质好、苞叶自行脱落、光叶等。

# 第三节　作物育种工作的成就与展望

## 一、作物育种工作的成就

国内外的作物育种工作取得了很大成就，主要表现在以下4个方面。

**1. 种质资源的收集和保存**　种质资源是育种工作的物质基础，世界各国都非常重视种质资源的收集、保存和研究工作，分别建立了现代化种质资源库，实现了计算机管理与检索，开展了种质资源多种性状的观察、鉴定和遗传评价研究。目前，世界上已建设了1700多个种质库，库中种质资源数量较多的国家是美国56万份，中国48万份，印度39万份，巴西29万份等。

我国分别于1956～1957年、1979～1983年和2015～2020年先后组织了3次大规模的种质资源普查和收集工作，也从国外引种了大量种质资源，对这些种质资源的主要农艺性状进行了初步鉴定，建立了现代化种质贮存和管理系统，为我国作物育种的发展奠定了坚实的物质基础。

**2. 新品种的选育与推广**　世界各国均选育了大批优良品种应用于农业生产。20世纪60年代，国际水稻研究所（International Rice Research Institute，IRRI）选育的'IR'系列水稻品种和国际玉米小麦改良中心（Centro International de Mejoramientode Maizy Trigo，CIMMYT）选育的小麦品种'墨麦'曾在很多国家和地区大面积推广，获得了极大的增产效果，成为"绿色革命"的主要推动因素。

1949年以来，我国已累计培育主要农作物新品种1万多个，实现了五六次大规模的品种更新换代，农作物良种覆盖率达到95%以上，良种对粮食增产的贡献率超过35%，为粮食安全做出了巨大贡献。其中一大批优良品种在农业生产中产生了重大影响。例如，玉米杂交种'中单2号'，从1982～1999年累计推广面积2860万$hm^2$以上，是我国利用时间最长的玉米杂交种；2000年审定的紧凑型玉米杂交种'郑单958'，截至2016年累计推广5157万$hm^2$，是我国推广面积最大的玉米杂交种；水稻杂交种'汕优63'，1986～2001年连续16年成为我国种植面积最大的水稻品种，1985～2006年累计推广面积达6133.8万$hm^2$，占杂交水稻累计推广面积的21.2%，增收稻谷695亿kg。小麦品种'碧蚂1号'在20世纪50年代年播种面积曾经达600万$hm^2$，占全国小麦总面积的1/5。2013年全国推广面积大的小麦品种有'济麦22''周麦22''百农AK58''西农979''郑麦9023''郑麦366''山农20''扬麦16''良星66''烟农19'，推广面积883万$hm^2$，占小麦品种推广总面积的37.51%。这些代表性品种与其他良种的推广应用使我国小麦平均单产达到5.24t/$hm^2$以上，个别品种在试验示范中曾达到14.6t/$hm^2$以上，保证了我国小麦的供给。

**3. 育种方法和技术的改进**　杂种优势利用在育种上取得了很大成就。玉米、高粱、水稻、烟草和甘蓝型油菜等都已先后育成了高产的杂交种，并大面积推广，其中我国杂交水稻和甘蓝型油菜的选育和推广处于国际领先地位。1976～2013年，全国累计种植杂交稻5.3162亿$hm^2$，为保障国家粮食安全发挥了重要作用。

通过远缘杂交创造了新物种、新类型，如八倍体小黑麦和八倍体小偃麦等。通过创造异附加系、异代换系、易位系等新材料，国内外均成功地将异缘种属的优良性状导入栽培作物品种，一些易位系材料在育种中发挥了重要作用。例如，小麦与黑麦之间的'1BL/1RS'易位系，在国内外小麦育种中得到了广泛应用，衍生了大批新品种。

花药培养和单倍体育种，已在250多种高等植物中获得成功应用，其中小麦、玉米、大豆、甘蔗、橡胶等近50种植物的花粉再生植株由我国科技人员在国际上首先培育成功，并培育出小麦、水稻、烟草等作物的多个花培品种，在生产中大面积应用。

随着诱变技术的发展，诱发突变技术在作物新品种培育中发挥着越来越重要的作用。根据联合国粮食及农业组织/国际原子能机构（FAO/IAEA）的突变品种数据库（http://mvgs.iaea.org/）统计，截至2016年5月，世界上60多个国家在214种植物上利用诱发突变技术育成和推广了超过3200个品种，一批有影响力的农作物突变品种在生产上得到推广应用。例如，江苏里下河地区农业科学研究所利用核辐射诱变与杂交相结合育成的高产抗病小麦品种'扬麦158'，是长江中下游地区历史上种植面积和覆盖率最大的小麦品种之一。我国育成的农作物突变品种占国际上利用该方法育成突变品种总数的四分之一左右，诱变育种已成为选育优良作物新品种的重要方法之一。

转基因技术给作物育种开辟了一条新的途径。根据国际农业生物技术应用服务组织（International Service for the Acquisition of Agri-biotech Applications，ISAAA）的统计，1996～2017年全球转基因作物种植面积呈现逐年增加的趋势，累计达到23.395亿$hm^2$。2017年全球转基因作物种植的总面积是1.898亿$hm^2$，其中转基因大豆占50%，转基因玉米占31%、转基因棉花占13%、转基因油菜占5%；转基因作物种植面积较大的10个国家依次是美国（40%）、巴西（26%）、阿根廷（12%）、加拿大（7%）、印度（6%）、巴拉圭

（2%）、巴基斯坦（2%）、中国（1%）、南非（1%）和玻利维亚（1%）；就性状而言，抗除草剂转基因作物的种植面积占47%，双价转基因作物占41%，抗虫作物占12%。我国大面积应用的转基因作物主要是抗虫棉，自1997年批准种植以来，种植面积不断上升，到2017年已占到棉花种植面积（280万$hm^2$）的95%。

**4. 目标性状的改良**　水稻和小麦矮秆高产品种的培育和大面积推广引发了农业生产的“绿色革命”，使我国水稻单产由3.00～3.75t/$hm^2$提高到4.50～5.25t/$hm^2$。在抗病育种方面，抗锈品种的选育，使我国小麦生产在20世纪60年代以后再没有发生大规模的锈病流行；抗枯萎病、抗黄萎病棉花品种的育成，基本上控制了这些病对棉花产量的影响。玉米抗大斑病、小斑病，水稻抗白叶枯病等都取得了显著成效。在品质育种方面，禾谷类作物的高蛋白质、高赖氨酸品种，强筋小麦，高油、高直链淀粉玉米品种，高油、低芥酸、低硫苷油菜品种，高纤维强度棉花品种等的选育，都获得了较大的进展，先后培育出一批宜机收玉米、高产高蛋白质大豆、节水及抗赤霉病小麦等突破性新品种。

## 二、作物育种工作展望

当今世界，人口迅速膨胀，耕地逐年减少，自然灾害频繁发生，粮食增长日趋缓慢，21世纪粮食安全问题已成为国际社会普遍关注的难题和热点。根据联合国可持续发展首脑会议估计，到2030年，世界人口将增加到80亿，粮食需求量将比现在增加60%。我国人口将增至16亿，粮食需求量将由现在的4.9亿t左右增加到6.4亿～7.2亿t，净增1.5亿～2.3亿t，粮食增加量的70%需依赖单产的提高。

**1. 进一步加强种质资源工作**　继续收集国内外种质资源并加以妥善保存，有计划地对已有材料进行更全面、系统的鉴定，筛选出具备优异性状的材料，研究性状的遗传特点和潜在的利用价值，并通过各种途径，进一步创造出有育种利用价值的新种质。

**2. 积极开展育种理论与育种方法的研究**　必须进一步加强主要目标性状的遗传规律研究，特别是对产量、抗性、杂种优势等的分子生物学基础的研究，以提高现代育种工作的预见性和高效性。加强优异基因的挖掘、基因编辑技术、转基因技术和分子设计育种研究，加强常规育种技术与分子生物学技术的结合，尽快形成分子设计育种的研究策略和技术路线。

**3. 加强学科交流和育种单位间的协作**　现代科学的发展日新月异，新理论、新技术不断产生，作物育种学作为一门应用性学科，应该加强与相关学科的交流与合作，学科知识的交叉可能产生育种理论与方法的新突破。不同育种单位之间应加强协作，广泛开展育种材料、技术的研讨与交流，联合开展育种材料的鉴定，有助于充分利用可能的遗传变异，促进育种工作的发展。

**4. 加快种子产业化进程**　随着全球化进程的加快、生物技术的发展和改革开放的不断深入，我国农作物种业发展面临新的挑战。保障国家粮食安全和建设现代农业，对我国农作物种业的发展提出了更高要求。但目前我国农作物种业的发展仍然处于初级阶段，商业化育种机制尚未建立，科研与生产脱节，育种方法、技术和模式落后，创新能力不强；企业数量多、规模小、研发能力弱，育种资源和人才不足，竞争力不强；供种保障政策不健全，良种繁育基础设施薄弱，抗灾能力较低；种子市场监管技术和手段落后，监管不到位，法律法规不能完全适应农作物种业发展新形势的需要，存在违法生产经营及不公平竞争现象。这些问题严重影响了我国农作物种业的健康发展，制约了农业的可持续发展，必须切实加以解决。为此，有必要改革现有体制，解决育种与种业脱节的问题，使农业科研单位和高等院校的工作重心集中于公益性基础研究，商业化育种工作逐步由种子企业承担，形成育繁加推销一体化的大型种业公司，促进种业振兴，推进乡村振兴。

## 三、作物育种相关的国内外研究机构

作物遗传改良是提高农业生产力的决定性因素，世界各国均建立了专门的研究机构或种业公司从事作物育种工作。其中，比较著名的跨国种业集团有杜邦先锋、孟山都、先正达等。除此之外，20世纪60年代以来，一些致力于品种改良的国际性农业研究机构也相继成立，并取得了显著成绩。1960年，洛克菲勒基金会和福特基金会与菲律宾政府合作创建了国际水稻研究所（IRRI），该所育成的‘IR’系列水稻品种曾在全球大面积推广。两个基金会又于1966年、1967年、1968年先后建立了国际玉米小麦改良中心（CIMMYT）、国际热带农业研究所（International Institute of Tropical Agriculture，IITA）和国际热带农业研究中心（Centro International de Agricultural Tropical，CIAT）3个科研机构。这4个机构的研究工作在解决发展中国家粮食短缺问题上取得了巨大成功，育成了一批矮秆和半矮秆的水稻、小麦等新品种，在世界范围内推动了一场“绿色革命”。

我国约20%的水稻种质来自IRRI，云南省的小麦和广西壮族自治区的玉米约50%的种质来自CIMMYT提供的材料。来自CIMMYT的小麦种质在我国其他地区的小麦育种中也发挥了重要作用。国内从事作物育种研究的单位主要有高等农业院校、农业科研单位和一些比较大的种业公司。其中，比较大的种业公司有隆平高科、登海种业、中种集团、丰乐种业、金色农华种业、东亚种业、秋乐种业等。

## 本章小结

作物育种学是研究选育和繁育作物优良品种的理论和方法的科学，是一门以遗传学、进化论为主要基础的综合性应用科学。作物育种的主要产品是作物品种。作物品种是在一定的生态条件和经济条件下，根据人类的需要所选育的某种作物的某种群体。品种具有特异性、一致性和稳定性。优良的农作物品种具有提高产量、改善品质、增强抗性、扩大种植区域、改革耕作制度、促进农业机械化等作用。总结和推广具有中国特色的作物育种的技术和方法，对于我国的种业振兴、粮食安全和农业强国具有重要作用。

## 拓展阅读（附件 0-2）

**国内高校部分作物育种学精品课程网站**

- ✧ 中国农业大学作物育种学精品资源共享课网站
- ✧ 石河子大学作物育种学精品课程网站
- ✧ 河南农业大学作物育种学精品资源共享课网站
- ✧ 华中农业大学作物育种学精品资源共享课网站
- ✧ 南京农业大学作物育种学精品资源共享课网站

## 思考题

扫码看答案

1. 名词解释：作物育种学，品种。
2. 简述作物育种学的性质和任务。
3. 简述作物育种学的主要内容。
4. 简述品种的特点。
5. 如何识别不同的品种？
6. 简述优良品种在农业生产上的作用。
7. 试述品种的合理利用。

# 第一章 作物的繁殖方式及品种类型

附件、附图扫码可见

作物在长期的进化过程中，形成了不同的繁殖方式以繁衍后代。不同繁殖方式的作物具有不同的遗传特点和不同的育种方法。了解作物的繁殖方式及相应的遗传特点，可以帮助育种者选取适当的育种途径和正确的良种繁育方法。

## 第一节 作物的繁殖方式

作物的繁殖方式分为两类：有性繁殖和无性繁殖。

### 一、有性繁殖

经过雌雄配子结合的受精过程而产生后代的繁殖方式，称为有性繁殖（sexual reproduction）。在有性繁殖中，根据雌雄配子是来自同一植株还是不同植株，又分为自花授粉（self pollination）、异花授粉（cross pollination）和常异花授粉（often cross pollination）3种授粉方式。不同授粉方式的作物在花器结构、开花习性、传粉方式及遗传特点方面有很大的差异。此外，有性繁殖还包括两种特殊的繁殖方式，即自交不亲和性和雄性不育性（附件1-1）。

#### （一）自花授粉

同一朵花的花粉传播到同一朵花的雌蕊柱头上，或同株的花粉传播到同株的雌蕊柱头上的授粉方式称为自花授粉（self pollination）。同株或同花的雌雄配子相结合的受精过程称为自花受精，通过自花授粉方式繁殖后代的作物是自花授粉作物，又称为自交作物。自花授粉作物的花器结构和开花习性的基本特点是：①都是两性花，雌雄蕊同花、同熟，二者长度接近或雄蕊较长，极易自花授粉；②花瓣多无鲜艳色彩，不易引诱昆虫传粉，开花时间较短，有的开花前已授粉（闭花授粉）；③花器保护严密，外来花粉不易进入（附图1-1）。因而，自交率很高，自然异交率低（0～4%）。自花授粉作物的自然异交率因作物类型、品种和环境条件不同而有些差异。例如，大麦常为闭花授粉，自然异交率为0.04%～0.15%；大豆的自然异交率为0.5%～1.0%；小麦、水稻的自然异交率通常低于1%。自花授粉作物有水稻、小麦、大麦、燕麦、大豆、豌豆、绿豆、花生、芝麻、马铃薯、亚麻、烟草等。

自花授粉作物的常规品种具有以下遗传特点：个体基因型纯合；群体内基因型单一；群体内个体之间表型整齐一致；遗传稳定。

#### （二）异花授粉

雌蕊柱头接受异株花粉的授粉方式称为异花授粉（cross pollination）。由不同植株的雌雄配子相结合的受精过程称为异花受精。通过异花授粉方式繁殖后代的作物是异花授粉作物，又称异交作物。这类作物常见的有3种（附图1-2）：①雌雄异株（dioecism），即雄花和雌花分别生长在不同的植株上，如大麻、蛇麻和菠菜等；②雌雄同株异花，如玉米、蓖麻、黄瓜、西瓜、南瓜、甜瓜等；③雌雄同花，但雌雄异熟或自交不亲和，如甘薯、荞麦、葱、洋葱、芹菜、莴苣、胡萝卜等。不同类型的异花授粉作物的自然异交率不同，典型的异花授粉作物的自然异交率为50%～100%，主要借助风力和昆虫传播花粉。

异花授粉作物的开放授粉品种（open pollinated variety，OPV）具有以下遗传特点：个体基因型杂合；群体内基因型复杂；群体内个体之间表型不一致；遗传不稳定，自交衰退。

#### （三）常异花授粉

同时依靠自花授粉和异花授粉两种授粉方式繁殖后代的作物称为常异花授粉作物（often cross pollination），又称常异交作物。常异花授粉作物通常以自花授粉为主要繁殖方式，又存在一定比例的自然异交率，是自花授粉作物和异花授粉作物之间的过渡类型。常异花授粉作物有棉花、高粱、蚕豆、甘蓝型油菜、芥菜型油菜、粟等。常异花授粉作物的自然异交率常因作物种类、品种、生长地的环境条件而变化。据测定，陆地棉自然异交率为1%～18%，蚕豆自然异交率为17%～49%，甘蓝型油菜的自然异交率一般在10%左右，最高可达30%以上。

常异花授粉作物的花器结构和开花习性主要有以

下特点：①雌雄同花，有些作物花瓣鲜艳，有蜜腺，极易引诱昆虫传粉杂交，如棉花、油菜等；②雌雄不等长或不同期成熟，雌蕊外露，易接受外来花粉，如棉花；③开花时间长，如棉花开花时间达5～6h（附图1-3）。常异花授粉作物常规品种的遗传特点主要有：群体内多数个体的基因型纯合，少数杂合；群体内遗传基础复杂；自交衰退不明显。

## 二、无性繁殖

凡不经过雌雄配子结合的受精过程，由母体的一部分直接产生新个体的繁殖方式统称为无性繁殖（asexual reproduction）。无性繁殖包括营养体无性繁殖和无融合生殖。

### （一）营养体无性繁殖（附图1-4）

营养体无性繁殖（vegetative propagation）是指利用营养器官（根、茎、芽等）繁殖后代的繁殖方式。许多植物的营养器官具有再生繁殖的能力，如植株的根、茎、芽等营养器官及其变态部分块根、球茎、鳞茎、匍匐茎、地下茎等。可利用其再生能力，采取分根、扦插、压条、嫁接等方法繁殖后代。利用营养器官繁殖后代的作物主要有甘薯、马铃薯、木薯、蕉芋、甘蔗、苎麻等。大部分的果树和花卉也采用营养器官繁殖后代。

从一个营养体通过无性繁殖产生的后代，称为无性繁殖系，简称无性系（clone）。无性系是由母体的体细胞经有丝分裂繁衍而来的，没有经过两性细胞的受精融合过程。无论母体的遗传基础是纯合的还是杂合的，一个无性系内的所有单株在基因型上是相同的、表型与母体是相似的，个体间性状是整齐一致的。

通常条件下，这类作物不能开花或开花不结实；但在适宜的自然或人工控制的条件下，无性繁殖作物也可以开花结实进行有性繁殖。当无性繁殖作物进行有性繁殖时，也有自花授粉和异花授粉之分，如马铃薯是典型的自花授粉作物，甘薯是典型的异花授粉作物。

### （二）无融合生殖

无融合生殖（apomixes）是指未经雌雄配子结合的受精过程而直接形成种子繁衍后代的方式。无融合生殖的类型很多。由胚珠体细胞经有丝分裂直接形成二倍体胚囊称为无孢子生殖（apospory）；由大孢子母细胞不经减数分裂直接产生二倍体胚囊而形成种子称为二倍体孢子生殖（diplospory）；由胚珠或子房壁的二倍体细胞经过有丝分裂形成胚，同时由正常胚囊中的极核发育成胚乳而形成种子称为不定胚生殖（adventitious embryony）；由胚囊中的卵细胞直接形成单倍体胚称为孤雌生殖（parthenogenesis）；由进入胚囊中的精核未与卵细胞结合而直接形成单倍体胚称为孤雄生殖（androgenesis）。具有单倍体胚的种子后代，经染色体加倍可获得基因型纯合的二倍体。

无融合生殖所获得的后代，无论是来自母本的性细胞或体细胞，还是来自父本的性细胞，其共同特点是没有经过受精过程，即都未经过雌雄配子的融合过程，而直接形成后代。这些后代只具有母本或父本一方的遗传物质，表现母本或父本一方的特征特性。



# 第二节　自交和异交的遗传效应

自交和异交是两种常用的授粉方式。自交是指用同一株的花粉授到同一株的雌蕊柱头上的过程。异交是指取一个品种的花粉授到另一个品种的雌蕊柱头上的过程。

## 一、自交的遗传效应

**1. 自交使杂合的基因型逐渐趋向纯合**　以一对杂合基因型*Aa*的个体为例，在没有选择的前提下，经过连续自交，后代中纯合基因型*AA*和*aa*的个体出现的频率将是有规律地逐代增加；同时，杂合基因型*Aa*的个体出现频率则逐代减少（图1-1）。理论上，一对杂合的基因型，其自交后代中杂合个体数每代递减1/2，纯合个体数每代相应递增，按下式可以计算自交各代纯合体的比率。

$$X_n = 1-\left(\frac{1}{2}\right)^n$$

式中，$X_n$为自交*n*代的纯合体百分率；*n*为自交代数。

两个基因型纯合的亲本杂交，其$F_1$（$S_0$）全部是杂合基因型个体（*Aa*），在自然状态下，连续自交到$F_7$（$S_6$）时，其中纯合的基因型个体（*AA*和*aa*）已占总数的98%以上，杂合个体（*Aa*）的比率已低于2%。由于基因型逐代纯合，其后代群体中的各个性状表现稳定一致，所以自交对品种保纯和物种的相对稳定十分重要。

**2. 自交使杂合基因型的后代发生性状分离**　自交后代中，由于个体内等位基因的纯合和个体间基因型的分离，一些被掩盖的隐性性状因隐性基因纯合而表现出来，使后代出现分离，进而导致群体中表型的多样化。性状分离以单基因和少数主效基因控制的质量性状最为明显，如籽粒形态、植株高矮、花器颜色、芒的有无、胚乳的变异及一些抗病性等。这些性状都可能在杂合基因型的自交后代中出现分离，为育种者的选择提供材料基础。所以，对异花授粉作物、常异花授粉作物及杂合基因型群体进行人工自交和选择，是筛选性状优良的纯合基因型个体的一种常用方法。

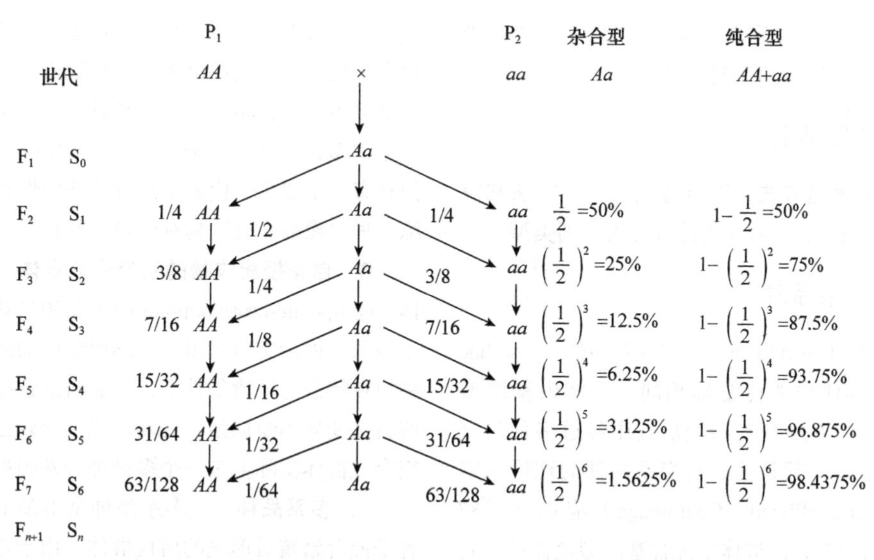


图 1-1　一对杂合基因型个体自交各代的分离比率及基因型纯合率的变化

**3. 自交使杂合基因型的后代生活力衰退**　杂合基因型的作物品种，自交后代的生活力减弱，称为自交衰退（inbreeding depression）。自交衰退表现为生长势下降，繁殖力、抗逆性减弱，产量降低等。一般情况下自交代数越高，衰退程度越重。有的个体甚至衰退到不能正常生长和繁殖的地步而自然淘汰。

自花授粉作物由于长期自花授粉和定向选择，其品种群体内绝大多数个体的基因型是纯合的，多数个体间的基因型是相同的，其表型也是整齐一致的，其品种保纯比较容易。但它们之中也有极少数的天然异交后代，会发生基因型的分离，出现性状有变异的个体；由于基因的自然突变，也会使自花授粉作物品种中产生新的性状，但频率极低。自然异交和自然突变是自花授粉作物产生变异的主要原因，也是选择育种的主要基础。

常异花授粉作物的繁殖以自花授粉为主，同时也存在相当量的异花授粉。常异花授粉作物的开放授粉群体中的大部分个体的基因型是纯合、同质的，小部分个体基因型是杂合的。群体中杂合基因型出现的比率因天然异交率的高低而不同。一个常异花授粉作物品种群体中至少包含 3 种基因型，即①品种基本群体的纯合同质基因型；②由于异交或突变产生的杂合基因型；③杂合基因型个体自交分离形成的非基本群体的纯合基因型。它们的表型既反映本品种基本群体的一致性，又包含不同比率的、性状有变异或分离的个体。由于该类群体中存在部分杂合基因型，为选择育种奠定了材料基础。

## 二、异交的遗传效应

**1. 异交形成杂合基因型**　两个基因型不同的亲本异交产生的 $F_1$ 为杂合的基因型。双亲的基因型差异越大，其 $F_1$ 的杂合程度越高，即杂合的等位基因数越多；反之，双亲的基因型差异不大，其 $F_1$ 杂合的程度也不大。杂合基因是产生基因交换、重组和产生新基因型的内在基础。所以，有选择的人工杂交是创造遗传变异的一种主要方法。

**2. 异交增强后代的生活力**　异交使后代的生活力增强，主要表现在生长势、繁殖力、抗逆性等性状的增强和产量的提高。$F_1$ 在某个数量性状上比亲本明显提高的现象，称为杂种优势。杂种优势的强弱与基因型的杂合程度有关。一般认为，在杂交亲和的情况下，基因型的杂合程度越大，则杂种优势越强；反之，则杂种优势越弱。利用异交增强后代生活力和产量的效应，即利用杂种优势。

在长期自由传粉的条件下，异花授粉作物品种群体的基因型是高度杂合的。品种群体内各个体的基因型是异质的，它们的表型多种多样，缺乏整齐一致性，构成一个遗传基础复杂又保持遗传平衡的异质群体。异花授粉作物群体内个体间随机交配繁殖后代，假如没有选择、突变、遗传漂移等影响，其群体内的基因频率和基因型频率在各世代间保持不变，即保持遗传平衡，其遗传结构符合 Hardy-Weinberg 定律。但实际上由于选择、自然突变、小样本引种及与异品种的杂交等，都会不同程度地改变群体的遗传结构。

# 第三节　作物的品种类型及其育种特点

农作物的品种，一般都具有 3 个基本特性，即特异性（distinctness）、一致性（uniformity）和稳定性（stability），简称 DUS。特异性是指本品种具有一个或多个不同于其他品种的形态、生理等特征；一致性是指品种内不同植株间的性状整齐一致；稳定性是指繁殖或再组成本品种时，品种的特异性和一致性保持不变。

## 一、作物的品种类型

根据作物的繁殖方式、遗传特点、育种方法和商品种子的生产方法等，可将作物品种分为下列类型。

### （一）自交系品种

自交系品种（line cultivar）又称纯系品种（pure line cultivar），是指群体内遗传基础相同、个体内基因型纯合的植株群体。从突变或杂交后代中经过多代自交和人工选择育成。一般认为，自交系品种的理论亲本系数（theoretical coefficient of parentage）应高于0.87（Kempthorne，1957），即群体中纯合基因型植株数达到或超过87%。自交系品种包括自花授粉作物中的常规品种、异花授粉作物中的自交系和无性繁殖作物的后代群体。我国农业生产上种植的小麦、大麦、大豆、水稻等自花授粉作物的常规品种是自交系品种，优良玉米杂交种的亲本自交系也是自交系品种。这类品种的基因型是纯合的、种子是可以重复利用的。

### （二）杂交种品种

杂交种品种（hybrid cultivar）是指在严格选择亲本和控制授粉的条件下生产的各类杂交一代（first-filial generation，$F_1$）的植株群体。杂交种品种群体中个体内的基因型是高度杂合的，群体内基因型单一；一般表现出很高的杂种优势。杂交种品种通常只种植$F_1$，即利用$F_1$的杂种优势，$F_2$基因型发生分离，产量显著下降。生产上利用的杂交种品种主要是杂交玉米和杂交水稻，其次是杂交棉花、杂交高粱、杂交油菜等。我国水稻和甘蓝型油菜杂交种品种的选育和利用，在国际上处于领先地位。

### （三）群体品种

群体品种（population cultivar）是指由基因型不同的植株组成的个体群，其基本特点是遗传基础比较复杂，群体内不同植株的基因型不一致。因作物种类和群体的组成方式不同，群体品种主要有以下4种。

**1. 异花授粉作物的自由授粉品种** 异花授粉作物在自由传粉条件下，品种内植物间随机授粉，也经常和相邻种植的其他品种传粉，其中包括杂交、自交和姊妹交等多种授粉方式，进而形成遗传基础复杂的后代群体。其群体内个体基因型是杂合的，个体间的基因型是异质的，植株间性状有一定程度的变异，但保持着一些本品种的主要特征特性，可以区别于其他品种。例如，来源于山西的玉米地方品种‘金皇后’具有籽粒呈黄色、马齿型等共性。

**2. 异花授粉作物的综合品种** 综合品种（synthetic cultivar）是由一组异花授粉作物的自交系采用人工控制授粉或在隔离区多代随机授粉后形成的遗传平衡群体。综合品种的遗传基础复杂，每个个体为杂合的基因型，个体间异质，各个体的性状有较大的变异，但具有一个或多个代表本品种特征的性状。例如，玉米综合种‘豫综5号’具有中熟、籽粒马齿型等共性。

**3. 自花授粉作物的杂交合成群体** 杂交合成群体（composite-cross population）是用自花授粉作物的多个纯系品种杂交后繁殖、分离而形成的混合群体。把它种植在特别的环境条件下，依靠自然选择使群体中的某些自然变异不断加强，逐渐形成一个较稳定的群体。杂交合成群体实际上是一个多种纯合基因型混合的群体。

**4. 多系品种** 多系品种是由多个近等基因系的种子混合繁殖后形成的后代群体。由于近等基因系具有相似的遗传背景，只在个别性状上有差异，因此多系品种可以保存自交系品种的大部分性状，而在个别性状上得到改进。在抗病性改进方面，利用携带不同抗性基因的近等基因系合成的多系品种，具有良好的抗病效果。例如，1959年Borlaug在墨西哥育成的抗秆锈病的小麦多系品种和1968年美国在艾奥瓦州发放的抗锈病的燕麦多系品种，在减轻病害方面都是成功的。

### （四）无性系品种

无性系品种（clonal cultivar）是由一个无性系单株经过营养体无性繁殖而形成的后代群体。其基因型与母体相同，个体内基因型杂合或纯合，个体间基因型和表型一致，群体内基因型单一。许多薯类作物和果树品种都是无性系品种。

由孤雌生殖、孤雄生殖等无融合生殖产生的种子繁殖的后代，因未经过两性细胞受精过程，而是由单性的性细胞或性器官的体细胞发育形成的，也属无性系品种。

## 二、各类品种的育种特点

### （一）自交系品种的育种特点

自交系品种一般是由一个基因型纯合的优良单株连续自交形成的后代群体。基因型高度纯合、性状优良且整齐一致是对自交系品种的基本要求。

创造变异、连续自交和单株选择是自交系品种的主要育种特点。

所有的自交系品种，都要求具有优良的农艺性状，如高产、优质、抗逆、适应性广等。因此，拓宽育种资源，采用杂交、诱变、转基因等育种方法，引起基因重组和突变，扩大基因变异范围，并在性状分离的大群体中进行单株选择，多中选优，优中选优，才能选育出具有较多优良性状的极端个体。

自花授粉作物本身靠自交繁殖后代，只要选出具有优良基因型的单株，它的优良性状就可稳定地传递给后代。对于主效基因控制的突变性状，只要1次或2次的自交和单株选择，性状就可稳定下来；对于杂合的多基因控制的数量性状，则需连续多代的自交和单株选择，才能获得性状优良并能稳定遗传的自交系品种。异花授粉作物的自由授粉群体，由于异花授粉和基因型的杂合性，必须采用连续多代人工套袋自交结合单株选择的方法，才能育成自交系品种。这类自交系品种，一般不直接用于大田生产，而是作为配制杂交种的亲本使用。

### （二）杂交种品种的育种特点

杂交种品种是由自交系间或品种间杂交产生的$F_1$。个体基因型高度杂合，个体间性状相对一致和较强的杂种优势是对杂交种品种的基本要求。育种实践表明，自交系间的杂交种品种的杂种优势最强，增产潜力最大。杂种$F_1$优势的强弱是由亲本自交系的配合力和内在的遗传成分决定的。

杂交种品种的育种包括两个程序：①自交系选育，②杂交组合的鉴定。贯穿于两个程序中的关键是自交系的配合力测定，所以配合力测定是杂交种育种（杂种优势育种）的主要特点之一。

杂交种$F_1$种子生产的难易是生产上利用杂交种品种的主要限制因素。优良的杂交种品种和简易的种子生产程序是影响新品种能否大面积推广的主要因素。在杂交种品种的选育过程中，对影响亲本繁殖和配制杂交种种子的一些性状应加强选择。对亲本自身的产量，两个亲本花期的差距，母本雄性不育系的育性稳定性，父本花粉量的大小等性状，都要注意选择，才能保证制种质量，提高制种产量，降低种子生产成本。

### （三）群体品种的育种特点

群体品种的遗传基础比较复杂，群体内植株间的基因型不同。异花授粉作物的综合品种和开放授粉品种内每个植株的基因型都是杂合的，很少有基因型完全相同的植株。自花授粉作物的多系品种是若干近等基因系或若干非近缘自交系的合成群体，这种群体内包括若干个不同的基因型，而每个植株的基因型都是纯合的。自花授粉作物的杂交合成群体，随着世代增长，最终也成为若干纯系的混合体。

群体品种育种的基本目的是创建和保持广泛的遗传基础和基因型多样性，为未来育种奠定基础。应根据各类群体的不同育种目标，选择若干个有遗传差异的自交系作为原始亲本，并按预先设计的比例组成原始群体，以提供广泛的遗传基础。对后代群体一般不进行选择，用尽可能大的群体，以避免遗传漂移，削弱群体的遗传基础。对异花授粉作物的群体，必须在隔离条件下多代自由授粉，才能逐步打破基因连锁，充分重组，达到遗传平衡。

### （四）无性系品种的育种特点

用营养体繁殖的无性系品种的基因型由母体决定。例如，甘薯为异花授粉作物，其无性系品种的基因型是杂合的，但表型是一致的。马铃薯是自花授粉作物，其无性系品种，如果来自自交后代，则基因型是纯合的；如果来自杂交后代，则基因型是杂合的，但它们的表型都是一致的。由于上述特性，可以采用有性杂交获得杂种优势，利用无性繁殖来固定杂种优势。此外，无性繁殖作物的天然变异较多，芽的分生组织细胞发生的突变，称为芽变（bud mutation）。芽变发生后，可在各种器官和部位表现变异性状，如芽眼颜色、叶脉颜色、蔓色、薯皮和薯肉色等。因此，芽变育种是营养体无性系品种育种的一种有效方法，国内外都曾利用芽变选育出甘薯、马铃薯、甘蔗等一些无性系品种。在良种繁育过程中，淘汰芽变类型也是无性系品种繁殖、保纯的必要措施。



## 本章小结

作物在长期的进化过程中，形成了不同的繁殖方式。作物的繁殖方式根据是否经过两性细胞的结合分为有性繁殖和无性繁殖。有性繁殖根据作物授粉方式的不同又分为自花授粉、异花授粉和常异花授粉，无性繁殖包括营养体无性繁殖和无融合生殖。不同的繁殖方式形成不同的作物品种类型，作物品种分为自交系品种、杂交种品种、群体品种和无性系品种。不同类型的品种具有不同的遗传特点和不同的育种方法。

## 拓展阅读

**作物自然异交率的测定**

作物有不同的授粉方式，确定作物授粉方式主要参考两个方面：①根据作物的花器构造、开花习性、传粉方式及强制自交的特性等进行分析判断；②依据作物的自然异交率进行判断。自然异交是与人工杂交相对而言的，是指同一作物不同品种间的自然杂交。一般而言，自然异交率在4%以下的是典型的自花授粉作物，自然异交率为50%～100%的是典型的异花授粉作物，自然异交率为4%～50%的是常异花授粉作物。

自然异交率的测定通常是选择受一对基因控制的相对性状作为自然异交率测定的标记性状。例如，玉米的黄色胚乳对白色胚乳为显性，且存在胚乳直观现象。测定玉米的自然异交率时，用具有隐性性状的白色籽粒玉米自交系与具有显性性状的黄色籽粒玉米自交系等距、等量地隔行相间种植，任其自由传粉、结实。成熟后，收获白色玉米自交系的果穗，数出黄色籽粒和白色籽粒的数量，计算黄色籽粒占总籽粒的百分率，就是该玉米品种的自然异交率。计算公式如下。

$$自然异交率（\%）=\frac{F_1中显性性状个体数}{F_1总个体数}\times 100$$

也有人把上述结果予以加倍（即乘以2），作为实际的自然异交率。这是因为同品种的植株间，也有同样的天然杂交机会，只是由于性状相同不能测定出来而已。对于当代籽粒不能表现的性状，如小麦红色芽鞘对绿色芽鞘，棉花的绿苗对黄苗，可以将种子种植到田里，根据幼苗或成株性状的表达情况计算自然异交率。

影响自然异交率测定结果的因素主要有：①株行距大小、种植方式、风向、风力、温度、降水量及传粉昆虫的多少等；②作物品种间的差异（如开花期、开花习性、杂交亲和性等）对授粉也产生影响。因此，要在不同年份和不同地区，用多个材料进行重复测定，才能得到准确的结果。

## 思考题

扫码看答案

1. 名词解释：有性繁殖，无性繁殖，自花授粉，异花授粉，常异花授粉，自交不亲和性，雄性不育性，无融合生殖，自交系品种，杂交种品种，群体品种，无性系品种。
2. 简述不同授粉方式作物的遗传特点及育种方法。
3. 如何确定作物的授粉方式？
4. 如何测定作物的自然异交率？
5. 简述自交和异交的遗传效应。
6. 简述作物品种的类型及各类品种的育种特点。
7. 试述作物的繁殖方式与育种的关系。
8. 试述无融合生殖在育种中的应用。

# 第二章 种质资源

附图扫码可见

育种的原始材料、品种资源、种质资源（germplasm resources）、遗传资源、基因资源等是一类内涵大体相同的名词术语，是指具有特定种质或基因、可供育种及相关研究利用的各种生物类型，包括栽培种、近缘种和野生种的植株、种子、无性繁殖器官、花粉、单个细胞、单个基因等。20世纪60年代以前，我国把用以培育新品种的基础材料称为育种的原始材料，60年代初期改称为品种资源。由于现代育种所利用的主要是品种内部的遗传物质或种质，所以国际上大都采用种质资源这一名词。在遗传学上，种质资源常被称为遗传资源，由于遗传物质是基因，因此种质资源又被称为基因资源。

## 第一节 种质资源在育种上的重要性

种质资源是经过长期自然演化和人工创造而形成的一种重要的自然资源，它在漫长的生物进化过程中积累了各种各样、极其丰富的遗传变异，蕴藏着控制各种性状的基因，形成了各种优良的遗传性状及生物类型。种质资源是选育新品种的物质基础，农业生产上每一次飞跃都离不开新品种的作用，而突破性品种的培育成功往往与新种质资源的发现有关。种质资源在作物育种中的作用主要表现在以下方面。

### 一、种质资源是育种工作的物质基础

作物品种是在漫长的生物进化与人类文明发展过程中形成的。在这个过程中，野生植物先被驯化成多样化的原始作物，经种植选育变为各种不同的地方品种，再通过对各种变异长期不断的自然选择和人工选择而育成符合人类需求的各类品种。正是由于已有种质资源具有满足不同育种目标所需要的多样化基因，人类的不同育种目标才能得以实现。

现代育种工作之所以取得显著的成就，除了育种途径的发展和采用新技术外，关键还在于对种质资源的广泛收集、深入研究和利用。育种实践证明，在现有种质资源中，任何品种和类型都不可能具备与社会发展完全相适应的优良基因，但可以将具有某些或个别育种目标所需要的特殊基因有效地加以组合，育成新品种。例如，从种质资源中筛选对某种病害的抗性基因和优良的矮秆基因，将二者结合育成抗病、矮秆新品种。对熟期、品质、适应性、产量潜力等性状的改良也依赖于种质资源中的目标基因，只要将这些目标基因加以聚合，就可能实现育种目标。所以，作物育种工作的实质就是按照人类的意志对大量的种质资源进行各种形式的加工、改造和利用，而且育种工作越向高级阶段发展，种质资源的重要性就越突出。

种质资源也是生物学研究必不可少的重要材料。不同的种质资源具有不同的生理和遗传特性，以及不同的生态特点，对其进行深入研究，有助于阐明作物的起源、演变、分类、形态、生态、生理和遗传等方面的问题（附图2-1），并为育种工作提供理论依据，从而克服盲目性，增强预见性，提高育种成效。

### 二、特异种质是育种取得突破性进展的关键

作物育种成效的大小，在很大程度上取决于所掌握的种质资源数量和对其性状表现及遗传规律的研究深度。在世界作物育种史上，突破性品种的育成往往都是由于关键性优异种质资源的发现与利用。20世纪50年代，由于我国‘矮脚南特’和‘矮子粘’等水稻矮源的发现和利用，育成了‘广场矮’‘珍珠矮’等一批高产、抗倒伏的矮秆籼稻良种。同时，由于我国籼稻矮源‘低脚乌尖’、日本小麦矮源‘农林10号’的发现与利用，进一步推动了世界范围的“绿色革命”浪潮。20世纪50年代中期，以‘北京小黑豆’作为抗源育成的一批抗线虫病品种使美国南部的大豆生产得以恢复。20世纪50年代末，由于德国饲用油菜品种‘Liho’的发现与利用，育成了世界上第一个低芥酸品种‘Oro’。1964年，玉米高赖氨酸突变体‘Opaque2’的发现，大大推动了玉米营养品质的遗传改良。20世纪70年代，野败型雄性不育籼稻种质的发现和利用，使籼稻杂种优势利用的研究取得了突破性的进展，并为以后籼型水稻杂交种的选育和利用奠定了基础；同时，用中国发现的太谷核不育小麦种质

与矮秆的连锁关系构建的矮败小麦种质基因库，获得了很好的成效。上述事实说明，这些特异种质资源对作物新品种的选育和育种水平的提高起到了不可替代的作用。

未来作物育种上的重大突破仍将取决于关键性优异种质资源的发现与利用。一个国家或单位所拥有优良种质资源的数量和质量，以及对所拥有种质资源的研究程度，将决定其育种工作的成败及其在遗传育种领域的地位。我国种质资源丰富，有许多特异珍贵种质资源，如水稻广亲和材料，小麦太谷显性核不育材料，水稻、油菜、大麦、小麦光温敏雄性不育材料、核质互作雄性不育材料，特早熟、耐旱、耐寒、半野生大麦等，它们是我国未来作物遗传育种产生新突破的重要物质基础。

人类文明进程的加快和社会物质生活水平的不断提高对作物育种不断提出新的目标，新育种目标能否实现取决于育种者所拥有的种质资源。例如，满足人类特殊需求的新作物、适于农业机械化作业的新品种等育种目标的实现都决定于育种者所拥有的种质资源。此外，种质资源还是不断创制新作物的根源。现有作物都是在不同历史时期由野生植物驯化而来的，现在和将来都会继续不断地从野生植物资源中驯化出更多的作物，以满足生产和生活日益增长的需要。

## 第二节 作物起源中心学说

为了收集、研究、利用种质资源，有必要到植物的原产地进行考察，了解这些种质资源的来历、分布、所处的生态环境及遗传变异的广泛程度。苏联著名植物学家瓦维洛夫（Vavilov）及其后继者在这方面做了大量的工作。

### 一、瓦维洛夫的作物起源中心学说

瓦维洛夫从1920年起，组织了一支庞大的植物采集队，先后到60多个国家，在生态环境各不相同的地区进行了180多次考察，对采集到的30余万份作物及其近缘种属的标本和种子进行了多方面的研究。在近20年考察分析基础上，他用地理区分法，从地图上观察这些植物种和变种的分布情况，进而发现了物种变异多样性与分布的不平衡性，于1951年提出了作物起源中心学说（theory of origin center of crops）。

#### （一）瓦维洛夫作物起源中心学说的主要内容

（1）作物起源中心有两个主要特征，即基因的多样性和显性基因的频率较高，又称为基因中心、变异多样性中心（center of diversity）、原生起源中心（primary origin center）。一般认为，野生植物最先被人类栽培利用或产生大量栽培变异类型的比较独立的农业地理区域即该作物起源中心，有野生祖先，有原始特有类型。

（2）当作物由原生起源中心地向外扩散到一定范围时，在边缘地点又会因作物本身的自交和自然隔离而形成新的隐性基因控制的多样化地区，即次生起源中心（secondary origin center）或次生基因中心。同原生中心相比，它无野生祖先，有新的特有类型。

（3）在一定的生态环境中，一年生草本作物之间在遗传性状上存在一种相似的平行现象。例如，地中海地区的禾本科及豆科作物均无例外地表现为植株繁茂、穗大粒多、粒色浅、高产抗病，而中国的禾本科作物则表现为生育期短、植株较矮、穗粒小、后期灌浆快、多为无芒或勾芒。瓦维洛夫将这种现象称为“遗传变异性的同源系列规律”。

（4）根据驯化的来源，可将作物分为两类。①人类有目的驯化的植物，如小麦、大麦、玉米、棉花等，称为原生作物；②与原生作物伴生的杂草，当其被传播到不适宜原生作物生长而对伴生的杂草生长有利的环境时，被人类分离而成为栽培的主体，这类作物称为次生作物，如燕麦和黑麦。

#### （二）瓦维洛夫的作物起源中心

瓦维洛夫于1935年提出了8个作物起源中心。

**1. 中国-东亚中心** 包括中国中部和西部山岳及其毗邻的低地。主要起源作物有黍、稷、粟、高粱、裸粒无芒大麦、荞麦、大豆、苎麻、大麻、茶等。

**2. 印度中心** 包括缅甸和印度东部的阿萨姆邦。主要起源作物有水稻、绿豆、饭豆、豇豆、芝麻、红麻、甘蔗等。

2A. 印度-马来亚补充区：包括马来亚群岛、一些大岛屿如爪哇、婆罗洲、苏门答腊、菲律宾和中南半岛等。起源作物有薏苡、香蕉等。

**3. 中亚细亚中心** 包括印度西北部、克什米尔、阿富汗、塔吉克斯坦和乌兹别克斯坦及天山西部。起源作物有普通小麦、密穗小麦、印度圆粒小麦、豌豆、蚕豆、非洲棉等。

**4. 西亚中心** 包括小亚细亚、外高加索、伊朗和土库曼高地。起源作物有一粒小麦、二粒小麦、黑麦、葡萄、石榴、胡桃、无花果、苜蓿等。

**5. 地中海中心** 是大量蔬菜作物（如甜菜）和许多古老的牧草作物的起源地，是小麦、粒用豆类的次生起源地。

**6. 埃塞俄比亚中心** 包括埃塞俄比亚和厄立特里亚山区。小麦、大麦的变种类型极其多样。这里的亚麻既非纤维用也非油用，而是以其种子制面粉。

**7. 南美和中美中心** 包括安的列斯群岛。存在着大量玉米变异类型。陆地棉起源于墨西哥南部。甘薯、番茄也起源于此。

**8. 南美（秘鲁 - 厄瓜多尔 - 玻利维亚）中心** 有多种块茎作物，包括马铃薯的特有栽培种。

8A. 智利中心：重要的种有木薯、花生和凤梨等。

8B. 巴西 - 巴拉圭中心：特有种主要有花生、可可、橡胶树等。

## 二、作物起源中心学说的发展

瓦维洛夫的作物起源中心学说发表后，后人对其做了修改和补充，同时也引起了一些争论。

### （一）齐文和茹考夫斯基对作物起源中心学说的发展

荷兰的齐文（1970）和苏联的茹考夫斯基（1975）在瓦维洛夫物种起源中心学说的基础上，将 8 个起源中心所包括的地区范围加以扩大，又增加了 4 个起源中心，使之能包括所有已发现的作物种类。他们称这 12 个起源中心为大基因中心（megagene center），包括：①中国 - 日本中心；②东南亚中心；③澳大利亚中心；④印度中心；⑤中亚细亚中心；⑥西亚细亚中心；⑦地中海中心；⑧非洲中心；⑨欧洲 - 西伯利亚中心；⑩南美中心；⑪中美和墨西哥中心；⑫北美中心。齐文（1982）又称这些中心为变异多样化区域。大基因中心或变异多样化区域都包括作物的原生起源地点和次生起源地点。有的中心虽以国家命名，但其范围并非以国界来划分，而以起源作物多样化类型的分布区域为依据。

### （二）哈伦有关作物起源的观点

对瓦维洛夫的作物起源中心学说的争议主要在：遗传多样性中心不一定就是起源中心，起源中心不一定是多样性的基因中心，有时，次生中心比原生中心具有更多的特异物种；有些物种的起源中心至今还无法确定，有些作物的起源可能在几个不同的地区。哈伦（J.R.Harlan）是这些争议的代表人物，他从人类文明进程和作物进化进程在时间和空间上的同步和非同步角度上来说明作物起源中心是农业起源中心，不同于瓦维洛夫的作物起源中心。其主要观点如下。

**1. 中心和非中心体系（center and non-center system）** 农业是分别独立地开始于 3 个地区，即近东、中国和中美洲，存在着由一个中心和一个非中心组成的体系；在一个非中心内，当农业传入后，土生的许多植物物种才被栽培化，在非中心栽培化的一些主要作物可能在某些情况下传播到它的中心。哈伦的 3 个中心和非中心体系为

| 中心 | | 非中心 |
| --- | --- | --- |
| $A_1$ 近东 | ⇄ | $A_2$ 非洲 |
| $B_1$ 中国 | ⇄ | $B_2$ 东南亚 |
| $C_1$ 中美洲 | ⇄ | $C_2$ 南美洲 |

**2. 地理学连续统一体学说（geographical continuum）** 哈伦于 1975 年对他的中心和非中心体系进行了修正，提出了地理学连续统一体学说。该学说认为：任何有过或有着农业的地方，都发生过或正在发生着植物驯化和作物进化，每种作物的地理学历史都是独特的，但作物的驯化、进化活动是一个连续统一体，不是互不相关的中心。很难把起源中心说成是相对小的范围、明确的区域，进化的开始阶段似乎就已散布到较大的或很大的地区，作物随着人类迁移而迁移，并在移动中进化。不存在具有突出进化活力的 8 个或 12 个地区，东西两半球都是发展农业的一个地理学连续统一体，野生祖先源、驯化地区、进化多样性地区三者间无必然联系。

## 三、作物起源中心学说在作物育种上的意义

近代的作物育种实践表明，瓦维洛夫所提出的作物起源中心学说及其后继者所发展的有关理论对作物育种工作有特别重要的指导作用。

（1）为研究作物的起源、演化、分布及其与环境的关系提供了依据。

（2）指导种质资源的收集。起源中心或多样性中心蕴藏着丰富的遗传变异，到这些中心去考察和收集，往往可以得到新育种目标所需的基因资源，如不育基因、恢复基因、各种抗性基因等。

（3）指导引种，避免毁灭性灾害。起源中心存在着各种基因，且在一定条件下趋于平衡，与复杂的生态环境建立了平衡生态系统，各种基因并存、并进，从而使物种不至于毁灭。

# 第三节　种质资源工作

种质资源工作的内容主要包括收集、保存、研究、创新和利用。我国农作物品种资源工作的方针是：广泛征集、妥善保存，深入研究，积极创新，充分利用，为农作物育种服务，为加速农业现代化建设服务。

## 一、种质资源的类别及特点

作物种质资源一般可按其来源、生态类型、亲缘关系和育种实用价值进行分类。

### （一）按来源分类

1）本地种质资源　包括古老的地方品种和当前推广的改良品种。古老的地方品种是长期自然选择和人工选择的产物，对本地的生态条件具有高度的适应性，反映了当地人民生产、生活需要的特点，是改良现有品种的基础材料。

2）外地种质资源　指从其他国家或地区引入的品种或类型。它们反映了各自原产地区的生态和栽培特点，具有不同的生物学、经济学和遗传性状，其中有些特性是本地种质资源所不具备的，是改良本地品种的重要材料。

3）野生种质资源　主要指各种作物的近缘野生种和有价值的野生植物。它们是在特定的自然条件下，经长期的自然选择而形成的，往往具有一般栽培作物所缺少的某些重要性状，如顽强的抗逆性、独特的品质等，是培育新品种的宝贵基因资源。

4）人工创造的种质资源　主要指通过各种途径（如理化诱变、转基因等）产生的各种突变体或中间材料。它们含有丰富的变异类型，是育种和遗传研究的珍贵材料。

### （二）按亲缘关系分类

哈伦等（1971）依据亲缘关系，即彼此间的可交配性与转移基因的难易程度将种质资源分为三级基因库。

1）初级基因库（gene pool 1）　库内的各种质材料间能相互杂交，正常结实，无生殖隔离，杂种可育，染色体配对良好，基因分离正常，基因转移容易。一般为同一种内的各种材料。

2）次级基因库（gene pool 2）　此类种质间存在生殖隔离引起的杂交不实或杂种不育等困难，必须借助特殊的育种手段才能实现基因转移。一般为种间材料和近缘野生种，如大麦与球茎大麦。

3）三级基因库（gene pool 3）　此类种质间杂交不实和杂种不育现象十分严重，基因转移困难，如水稻与大麦、水稻与油菜，一般为属间或亲缘关系更远的类型。

### （三）按育种实用价值分类

1）地方品种　指在特定地区栽培的品种。它们多半没有经过现代育种技术的改进，其中有些材料虽有明显缺点，但往往具有某些罕见的特性，如特别能抗某种病虫害，适合当地人们的特殊饮食习惯，适应特定的地方生态条件等，以及具备一些在目前看来不重要但以后可能有特殊经济价值的性状。

2）主栽品种　指在特定时期和特定地区大面积栽培种植的品种，这类品种一般都是利用现代育种技术改良过的品种，包括本国（地）育成的和外引的品种。这类品种具有较好的丰产性和较强的适应性，是育种的重要材料。

3）原始栽培类型　指具有原始农业性状的类型，大多是现代栽培作物的原始种，多有一些优良性状和大量不良性状。此类型现存的已很少，往往要在人们不容易到达的地区才能收集到，且多与杂草共生，如二粒小麦、一年生野生大麦等。

4）野生近缘种　指现代作物的野生近缘种及与作物近缘的杂草，包括介于栽培类型和野生类型之间的过渡类型。它们往往通过种子混杂的形式被种在田里，如水稻田中的稗子。这类种质资源常具有作物所缺少的某些抗逆性，可通过远缘杂交及现代生物技术将抗性基因转移入作物。由于人类对它们所适应的生态环境的不断干扰和破坏，加之大规模地施用除草剂，有些种已濒临灭绝。

5）人工创造的种质资源　指杂交后代、远缘杂种及其后代、突变体、合成种等。这些材料多具有某些缺点而不能成为新品种，但具有一些明显的优良性状，可作为进一步育种的亲本或种质资源。

## 二、种质资源的收集与保存

### （一）发掘、收集、保存种质资源的紧迫性

为了很好地保存和利用自然界生物的多样性，丰富和充实育种工作和生物学研究的物质基础，种质资源工作的首要环节和迫切任务是广泛发掘、收集并很好地予以保存。其原因如下。

1）实现新的育种目标必须有更丰富的种质资源才能完成　作物育种目标是随着农业生产的发展和人

民生活水平的提高而不断改变的。社会的进步对良种提出了越来越高的要求，要完成这些日新月异的育种任务，使育种工作有所突破，迫切需要更多、更好的种质资源。

2）*为满足人口增长和生产发展的需求，必须不断地发展新作物* 地球上有记载的植物约有20万种，其中陆生植物约8万种，然而只有150余种被用于大面积栽培，而世界上人类粮食的90%来源于约20种植物，其中75%由小麦、水稻、玉米、马铃薯、大麦、甘薯和木薯7种植物提供。迄今为止，人类利用的植物资源仍很少，有人估计，如能充分利用所有的植物资源，全世界可养活500亿人。因此，发掘植物资源、创造新作物的潜力是很大的，也是满足人口增长和生产发展需要的重要途径。

3）*不少宝贵种质资源大量流失，亟待发掘保护* 种质资源的流失又称为遗传流失（genetic erosion），其发生是必然的。自地球上出现生命至今，约有90%以上的物种已不复存在。这主要是物竞天择和生态环境的改变所造成的。20世纪以来，由于人口的激增和科学技术的迅速发展，大大加速了种质资源的流失，其结果是许多种质迅速消失，大量生物物种濒临灭绝。例如，20世纪30年代瓦维洛夫等在地中海、近东和中亚地区所采集的小麦等作物的地方品种，到60年代后期已从原产地销声匿迹了；希腊95%的土生小麦，在20世纪40年代前已绝迹。这些种质资源一旦从地球上消失，就难以用任何现代技术重新创造出来。所以必须采取紧急有效的措施，来发掘、收集和保护现有的种质资源，为子孙后代造福。

4）*为避免新品种遗传基础的贫乏，必须利用更多的种质资源* 作物遗传资源多样性的破坏与丧失严重，如野生水稻和野生大豆的原生环境遭到严重破坏，面积越来越少；和野生种、早期驯化种相比，现代品种的等位性变异越来越少（附图2-2）。此外，随着作物栽培水平的提高，特别是随着少数遗传上有关联的优良品种的大面积推广，许多具有独特抗逆性和其他特点的地方农家品种逐渐被淘汰而导致不少改良品种的遗传基础单一化。近几十年来，早熟的水稻、小麦品种很快地为半矮秆品种所代替。由于这些半矮秆品种的矮源都集中于少数几个种质，所以它们不仅在许多农艺性状上是相似的，而且在遗传组成上也是相近的。中国的大豆、油菜和玉米等主要作物也表现出很明显的种质资源单一性，品种遗传基础狭窄。

遗传多样性的大幅度减少和品种单一化程度的提高必然增加了对病虫害抵抗能力的遗传脆弱性（genetic vulnerability），即一旦新的病害或寄生物产生新的适应性，使作物失去抵抗力，最终将导致病虫害严重发生进而危及国计民生。例如，美国南方连绵几个州的玉米种植带，由于大面积播种雄性不育T型细胞质的玉米杂交种，1970～1971年受到专化型玉米小斑病菌T小种的侵袭，致使当年全美玉米总产损失15%。种质资源的单一性和遗传基础狭窄所导致的品种遗传脆弱性是不容忽视的现实问题，只有通过拓宽育成品种的遗传基础来化解。

### （二）种质资源的收集方法

收集种质资源的方法有4种，即考察收集、征集、交换和转引。考察收集是指到野外实地考察收集，多用于收集野生近缘种、原始栽培类型与地方品种。征集是指通过通讯方式向外地或外国有偿或无偿索求所需要的种质资源。交换是指育种工作者彼此交流材料获得各自所需的种质资源。转引一般指通过第三者获取所需要的种质资源，如我国小麦T型不育系就是通过转引方式获得的。由于国情不同，各国收集种质资源的途径和着重点各异。资源丰富的国家多注重本国种质资源收集，资源贫乏的国家多注重外国种质资源征集、交换与转引。我国的作物种质资源比较丰富，目前和今后一段时间内，主要着重于收集本国的种质资源，同时也要注意发展对外的种质交换。美国原产的作物种质资源很少，所以从一开始就把国外引种作为主要途径。

考察收集是获取种质资源的最基本途径，其常用方法是有计划地组织国内外的考察收集。为了尽可能收集到各种变异类型，在考察路线上要注意作物本身表现不同的地方、生态环境不同的地方、农业技术和社会条件不同的地方，如到作物起源中心和作物野生近缘种众多的地区考察收集，到不同生态地区考察收集。为充分代表收集地的各种遗传变异性，收集的资源样本要求有一定的群体，如自交草本植物至少要从50株上采取100粒种子，异交的草本植物至少要从200～300株上各取几粒种子。收集的样本应包括植株、种子和无性繁殖器官等。采集样本时，必须详细记录品种或类型名称，产地的自然、耕作、栽培条件，样本的来源（如荒野、农田、农村庭院、乡镇集市等），主要形态特征、生物学特性和经济性状，群众反映及采集的地点、时间等。例如，我国在1972～1982年，组织了云南稻、麦、食用豆类和蔬菜、茶叶等种质资源的考察和全国范围内的野生大豆考察；在1981～1984年，组织了西藏农作物种质资源的综合考察等。通过这些考察收集获得了一大批有特色的种质资源。

征集是获取种质资源花费最少、见效最快的途径。20世纪50年代中期，我国在农业合作化高潮中，为了避免由于推广优良品种而使地方品种大量丧失，中华人民共和国农业部（现农业农村部）曾于1955年和1956年两次通知各省、自治区、直辖市，以县为单位进行大规模的群众性品种征集。据1958年初统计，全国共征集到40多种大田作物约40万份材料。另据1963年和1965年两次不完全统计，全国共征集到蔬菜种质资源1.7万余份。1979～1982年，全国各省、自治区、直辖市贯彻执行农业部和科学技术委员会关于开展农作物品种资源补充征集的通知，共征集到作物种质资源约9万份。由于采取了各种方式收集种质资源，中国农业科学院国家作物种质库现保存有350余种作物，47万余份种质资源。

## （三）收集材料的整理

及时整理收集到的种质资源。首先应将样本对照现场记录，进行初步整理、归类，将同种异名者合并，将同名异种者予以订正，并给予科学的登记和编号。例如，美国自国外引进的种子材料，由植物引种办公室负责登记和统一编P.I.号。中国农业科学院国家作物种质库对种质资源的编号办法如下：①将作物划分若干大类。Ⅰ代表农作物；Ⅱ代表蔬菜；Ⅲ代表绿肥、牧草；Ⅳ代表园林、花卉。②各大类作物又分成若干类。1代表禾谷类作物；2代表豆类作物；3代表纤维作物；4代表油料作物；5代表烟草作物；6代表糖料作物。③具体作物编号。1A代表水稻；1B代表小麦；1C代表黑麦；2A代表大豆等。④品种编号。1A00001代表水稻某个品种；1B00001代表小麦某个品种；1C00001代表黑麦某个品种等。



此外，对收集到的种质资源还要进行简单的分类，确定每份材料所属的植物分类学地位和生态类型，以便对收集材料的亲缘关系、适应性和基本的生育特性有概括的认识和了解，为保存和进一步研究提供依据。

## （四）种质资源的保存

收集到的种质资源，经整理归类后，必须妥善保存，使之能维持样本的一定数量，保持各样本的生活力和原有的遗传变异性，以供研究和利用。种质资源保存涉及种质资源的保存范围与保存方法两个方面，并且这两个方面会随着研究的不断深入及技术的不断完善而有变化。

**1. 种质资源保存的范围** 根据目前条件，应该先考虑保存以下几类。

（1）有应用研究和基础研究价值的种质，主要指进行遗传和育种研究的所有种质，包括主栽品种、当地历史上应用过的地方品种、过时品种、原始栽培类型、野生近缘种、人工创造的种质资源等。

（2）可能灭绝的稀有种和已经濒危的种质，特别是栽培种的野生祖先。

（3）具有经济利用潜力而尚未被发现和利用的种质。

（4）在普及教育上有用的种质，如分类上的各个作物种、类型、野生近缘种等。

**2. 种质资源保存的方式** 保存种质资源的目的是维持样本的一定数量并保持各样本的生活力和原有的遗传变异性。种质资源的保存方式主要有：种植保存、贮藏保存、离体保存和基因文库技术保存。

1）*种植保存* 为了保持种质资源的种子或无性繁殖器官的生活力，并不断补充其数量，种质资源材料必须每隔一定时间（如1～5年）播种一次，即种植保存。种植保存一般可分为就地种植保存和迁地种植保存。前者是通过保护植物原来所处的自然生态系统来保存种质；后者是把整个植物迁出其自然生长地，保存在植物园、种植园中。来自自然条件悬殊地区的种质资源应采取集中与分散保存的原则，把某些种质资源材料分别在不同生态地点种植保存。

在种植保存时，每种作物或品种类型的种植条件，应尽可能与原产地相似，以减少由于生态条件的改变而引起的变异和自然选择的影响。在种植过程中应尽可能避免或减少天然杂交和人为混杂，以保持原品种或类型的遗传特点和群体结构。为此，像玉米、高粱、棉花、油菜等异花授粉和常异花授粉作物，在种植保存时，应采取自交、典型株姊妹交或隔离种植等方式来控制授粉，以防生物学混杂。

对于林、果、树木的资源保存，多采用种植园保存。种植园的设置地应该结合保存材料的生物学要求确定。

2）*贮藏保存* 对于数目众多的种质资源，如果年年都要种植保存，不但在土地、人力、物力上有很大负担；而且往往由于人为差错、天然杂交、生态条件的改变和世代交替等原因，易引起遗传变异或导致某些材料原有基因的丢失。因此，近年来各国对种质资源的贮藏保存极为重视。

种子寿命的长短，取决于植物种类、种子状态及贮藏条件等因素。就贮藏条件而言，低温、干燥、缺氧是抑制种子呼吸作用从而延长种子寿命的有效措施。例如，种子含水率为4%～14%时，含水率每下降1%，种子寿命可延长1倍。在贮藏温度为0～30℃时，每降低5℃，种子寿命可延长1倍。所以，贮藏保存主要是用控制贮藏温、湿条件的方法，来保持种质资源种子的生活力。

为了有效地保存众多的种质资源，世界各国都十分重视现代化种质库的建立。新建的种质资源库大都采用先进的技术与装备，创造适合种质资源长期贮藏的环境条件，并尽可能提高运行管理的自动化程度。

国际水稻研究所的稻种资源库分为以下 3 级。

（1）短期库：温度 20℃，相对湿度 45%。稻种盛于布袋或纸袋内，可保持生活力 2～5 年。每年贮放 10 万多个纸袋的种子。

（2）中期库：温度 4℃，相对湿度 45%。稻种盛放在密封的铝盒或玻璃瓶内，密封，瓶底内放硅胶，可保持种子生活力 25 年。

（3）长期库：温度−10℃，相对湿度 30%。稻种放入真空、密封的小铝盒内，可保持种子生活力 75 年。

日本农业技术研究所采用干燥种子密封低温二重贮藏法。贮藏前先将种子均匀混合，给予干燥处理，使含水量降至 6%～8%，然后分装密封（每份 300 粒），低温贮藏。贮藏室有两种，一种为−10℃，用于 30 年以上的极长期贮藏；另一种为−1℃，用于 10 年以上的长期贮藏。长期贮藏室的种子主要供国内外各育种单位作为育种材料用。

20 世纪 70 年代后期以来，我国陆续在北京、湖北、广西等一些农业科学院建造了自动控制温、湿度的种质资源贮藏库。其中长期库的温度指标一般为 −10 ℃，相对湿度为 30%～40%；中期库温度为 0～5℃，相对湿度为 50%～60%。中国农业科学院于 20 世纪 80 年代建立了世界先进的能容 40 万份材料的国家作物种质库，该库包括种质长期库和种质交换库。国家作物种质库既进行种质保存又开展种质贮藏研究，以便实现国家库的规范化、科学化管理和种子的长期、安全贮藏。

3）离体保存　植物体的每个活细胞在遗传上都是全能的，含有个体发育所必需的全部遗传信息。20 世纪 70 年代以来，国内外开展了用试管保存组织或细胞培养物的方法，来有效地保存种质资源材料。利用这种方法保存种质资源，可以解决某些资源材料（如具有高度杂合性的、不能产生种子的多倍体材料和无性繁殖植物等）用常规的种子贮藏法不易保存的问题；可以大大缩小种质资源保存的空间，节省土地和劳力；可以提高繁殖速度；可以避免病虫的危害等。

目前，作为保存种质资源的细胞或组织培养物有愈伤组织、悬浮细胞、幼芽生长点、花粉、花药、体细胞、原生质体、幼胚、组织块等。对这些组织和细胞培养物采用一般的试管保存时，要保持一个细胞系，必须做定期的继代培养和重复转移，这不仅增加了工作量，而且植物细胞在多次继代培养后，会产生遗传变异。因此，近年来发展了培养物的超低温（−196℃）长期保存法，如英国的 Withers 用液氮（−196℃）保存的 30 多种植物的细胞愈伤组织仍能再生成植株。在超低温下，细胞处于代谢不活动状态，从而防止或延缓细胞的老化；由于不需多次继代培养，抑制细胞分裂和 DNA 的合成，保证了种质资源材料的遗传稳定性。所以，对于那些寿命短的植物、组织培养体细胞无性系、遗传工程的基因无性系、抗病毒的植物材料及濒临灭绝的野生植物，超低温培养是很好的保存方法。

4）基因文库技术保存　在自然界每年都有大量珍贵的动植物灭绝和遗传资源日趋枯竭的状况下，建立和发展基因文库技术（gene library technology），为抢救和安全保存种质资源提供了有效方法。

基因文库技术保存种质的程序为：从动物、植物中提取 DNA，用限制性内切核酸酶把所提取的 DNA 切成许多 DNA 片段，用连接酶将 DNA 片段连接到克隆载体上；然后再通过载体把该 DNA 片段转移到繁殖速度快的大肠杆菌中去，通过大肠杆菌的无性繁殖，产生大量的、生物体中的单拷贝基因。当需要用某个基因时，就可通过某种方法去‘钩取’获得。因此，建立某一物种的基因文库，不仅可以长期保存该物种的遗传资源，而且还可以通过反复培养繁殖、筛选，来获得各种基因。

种质资源的保存还包括种质资源的各种资料的保存。每一份种质资源材料应有一份档案。档案中记录有编号、名称、来源、研究鉴定年度和结果。档案材料按永久编号顺序排列存放，并随时将各有关该材料的试验结果及文献资料登记在档案中。根据档案记录可以整理出系统的资料和报告。档案资料输入计算机存储，建立数据库，以便于资料检索和进行有关的分类、遗传研究。

## 三、种质资源的研究与创新

种质资源的研究内容包括性状、特性的鉴定，细胞学研究，遗传性状的评价。鉴定就是对种质材料做出客观的科学评价，是种质资源研究的主要工作。种质资源鉴定的内容因作物不同而异，一般包括农艺性状，如生育期、形态特征和产量因素等；生理生化特性、抗逆性、对某些元素的过量或缺失的抗耐性、抗病性、抗虫性等；产品品质，如营养价值、食用价值及其他实用价值等。

鉴定方法依性状、鉴定条件和场所分为直接鉴定和间接鉴定，自然鉴定和控制条件鉴定（诱发鉴定），当地鉴定和异地鉴定。根据目标性状的直接表现进行鉴定称为直接鉴定；根据与目标性状高度相关性状的表现来评定该目标性状称为间接鉴定，如通过红外光谱来鉴定玉米籽粒的淀粉含量。对耐逆性和抗病虫害能力的鉴定，不但要进行自然鉴定与诱发鉴定，而且要在不同地区进行异地鉴定，以评价其对不同病虫生物型（biotypes）及不同生态条件的反应，如对小麦条锈病的不同生理小种的抗性和小麦的冬春性确定。对重点材料广泛布点，检验其在不同环境下的抗性、适应性和稳定性已成为国际上通用的做法，如国际小麦玉米改良中心（CIMMYT）组织国际性的小麦产量、锈病、白粉病和叶枯病的联合鉴定。

为了提高鉴定结果的可靠性，供试材料应在同一年份、同一地点和相同的栽培条件下进行鉴定。取样要合理准确，尽量减少由环境因子的差异所造成的误差。由于种质资源鉴定内容的范围较广，涉及的学科多，因此，种质资源鉴定必须十分注意多学科、多单位的分工协作。

现代育种工作要求对种质资源既要进行形态特征、特性的观察鉴定，更要开展主要目标性状的遗传特点的深入研究，只有这样才能有的放矢地选用合适的种质资源。资源利用的另一方面是用已有种质资源通过杂交、诱变及其他手段创造新的种质资源。国际小麦玉米改良中心的种质资源工作者通过不同资源间杂交，创造出了集长穗、分支穗、多小穗于一体的小麦新类型和集抗不同生理小种的抗锈性于一体的小麦新类型；我国的小麦育种工作者利用不同种质资源的互交，育成了一些广泛利用的新种质，如‘繁 6’‘矮孟牛’等。

随着遗传育种研究的不断深入，基因库的拓展已成为种质资源研究的重要工作之一。育种者的主要工作就是如何从基因库中选择所需的基因或基因型并使之组合，育成新品种。但是种质库中所保存的一个个种质资源，往往是处于一种遗传平衡状态。处于遗传平衡状态的同质结合的种质群体，其遗传基础相对较窄。为了丰富种质群体的遗传基础，必须不断地拓展基因库，进行种质资源创新。拓展基因库的方式很多，常用的有杂交（如聚合杂交、不去雄的综合杂交）及理化诱变等。例如，美国用 X 射线处理的方法，对从世界各地收集来的、并已多次应用过的花生种质资源分批加以改造，获得了大量有经济价值的突变体，使他们的花生基因资源扩大了 7 倍多，大大丰富了育种材料的遗传基础。我国栽培作物基因库的拓展与创新工作也卓有成效，利用雄性不育系、聚合杂交等手段，建立了小麦、水稻、玉米、油菜、大麦、柑橘等栽培作物的基因库。



## 四、种质资源的信息化

### （一）国内外植物种质资源数据库概况

农作物种质资源信息的激增和计算机技术的迅速发展，促使许多国家、地区和国际农业研究机构开始利用计算机建立自己的种质资源管理系统。20 世纪 70 年代以来，一些科学技术发达的国家，如美国、日本、法国、德国等相继实现了种质资源档案的计算机管理，不少国家还形成了全国范围网络或地区性网络。我国于 1990 年建成国家作物种质资源数据库系统，现拥有逾 41 万份种质信息，是世界上最大的植物种质数据库之一。

### （二）种质资源数据库的目标与功能

种质资源信息管理的目标主要是满足育种家和有关研究人员对几种主要信息的需求，即植物引进、登记和最初的繁殖，品种性状的描述和评价，世代、系谱的维护与保存，生活力和种质分配等。我国国家作物种质资源数据库 3 个子系统的功能如下。①种质管理子系统，其主要功用是国家作物种质库管理人员及科研人员及时掌握种子入库的基本情况，如品种名称、编号、原产地、来源地、保存单位、库编号、种子收获年代、发芽率、种子重量和入库时间等；可随时为用户查找任何种质所在的库位、活力情况；制成各种作物年度入库储况中英文报表、任何作物不同繁种地入库种子质量的报告等。②评价子系统，其主要功能有 3 个：首先，为育种和生物工程研究人员查询定向培育的有用基因；其次，可按育种目标从数据库中查找具有综合优良性状的亲本，供育种工作者选择和利用；第三，可以追踪品种的系谱，查找选育品种的特征，各个世代的亲本及选配率，分析系谱结构，绘制系谱图等。③种质交换子系统，其主要目的是为引种单位或种质库管理人员提供国内外作物种质交换动态。

目前，世界各国建立的种质信息系统，按其主要特征可分为三大类。①文件系统，其数据以文件方式存储。每份文件设计有一组描述字段，文件可采用不同的组织和记录格式，借助一些描述信息可把文件连接起来操作，以实现对所存储信息的处理，如北欧的豌豆基因库信息系统。②数据库系统，它具有文件系统的若干特征，但存储的数据可独立于数据管理的程序，以供不同目的的管理程序共同享用，如日本的 EXIS、我国的 NGRDBS 等属于数据库管理系统。③网络系统，随着网络技术的快速发展，提供和交换种质信息的主要方式由原来的打印报表或磁性介质转变为网络系统，如美国的 GRIN 信息网络系统，用户与该系统的通信采用远程通信连接，植物育种家及有合理需要的任何研究组织，只要有计算机终端就可使用 GRIN。

### （三）种质资源数据库的建立

建立种质资源数据库的目的在于迅速而准确地为

育种、遗传研究者提供有关优质、丰产、抗病、耐逆等需求的种质资源信息，为新品种选育与遗传研究服务。因此，设计建立的种质资源数据库一般要做到：适用于不同种类的作物并具有广泛的通用性；对品种的描述规范化并具有完整性、准确性、稳定性和先进性；具有定量或定性分析的功能，程序功能模块化，使用方便。

建立种质资源数据库系统的一般步骤如下。

1）*数据收集* 采集数据时，应首先决定收集哪些对象和哪些属性的数据，提出数据采集的范围、内容和格式，以保证数据的客观性与可用性；其次，建立数据采集网，确定数据采集员，落实数据采集任务，并按统一规定采集数据，以保证数据采集的及时性和科学性；最后，明确数据表达规则，尽可能采用简单的符号、缩写或编码来描述对象的各种属性，符号、名词术语应统一并具有唯一性，度量单位要用法定计量单位，以保证数据的科学性和可交换性。

2）*数据分类和规范化处理* 采集得到的数据必须经过整理分类和规范化处理才能输入计算机。例如，我国的品种资源数据库把鉴定的项目分为5类，输入计算机便形成5种类型的字段。A类字段表示种质的库编号，全国统一编号，保存单位，保存单位编号，品种所属科名、属或亚属名、种名，品种名，来源地，原产地等；B类字段按顺序表示生育期、生物学特性、植物学形态（根、茎、叶、花、果实）等；C类字段表示品质性状鉴定和评价资料，如稻米的色、香、味及蛋白质、脂肪含量等；D类字段表示农作物的抗逆性及抗病虫性状；E类字段是农作物细胞学特性、所含基因及其他生理生化特性的资料等。

3）*数据库管理系统设计* 首先是确定机型、支持软件和库的结构，进而编制一整套的管理软件，这些软件包括数据库生成、数据连接变换、数据统计分析等各种应用软件，实现建立数据库的总体目标及全部功能。

## 本章小结

种质资源是指具有特定种质或基因、可供育种及相关研究利用的各种生物类型，是育种和遗传研究的基础材料。一般包括栽培种、近缘种和野生种的植株、种子、无性繁殖器官、花粉、单个细胞、单个基因等。种质资源工作的内容包括收集、保存、研究、创新和利用。作物起源中心学说及相关理论，为种质资源的收集、研究、利用工作提供了导向，对种质资源的研究及作物育种工作均有重要意义。



## 拓展阅读

**国家作物种质库简介**

国家作物种质库是全国作物种质资源长期保存与研究中心，隶属于中国农业科学院作物科学研究所。国家作物种质库的总建筑面积为3200多平方米，由种质保存区、前处理加工区和研究试验区三部分组成。种质保存区共分成12间冷库，其中5间长期贮藏冷库，6间中期贮藏冷库和1间临时存放冷库。长期贮藏冷库的温度常年控制在（−18±2）℃，相对湿度（RH）控制在50%以下，主要用于长期保存从全国各地收集来的作物种质资源，包括农家种、野生种和淘汰的育成品种等。中期库的温度是（−4±2）℃，相对湿度<50%，其种子贮藏寿命为10～20年。保存在中期库的资源可随时提供给科研、教学和育种单位研究利用及国际交换。1间临时存放冷库（4℃）供送交来的种子在入中、长期贮藏冷库之前先临时存放。

国家作物种质库保存对象是农作物及其近缘野生植物种质资源，这些资源是以种子作为种质的载体，其种子可耐低温和耐干燥脱水。国家作物种质库在接纳种子后，需对种子进行清选、生活力检测、干燥脱水等入库保存前处理，然后密封包装存入−18℃冷库。入库保存种子的初始发芽率一般要求高于90%，种子含水率干燥脱水至5%～7%，大豆为8%。根据科学家估算，在上述贮藏条件下，一般作物种子可保存50年以上。至今，国家作物种质库保存了350多种作物47万余份种质资源，保存总量位居世界第二，这些种质80%是从国内收集的，不少属于我国特有的，其中国内地方品种资源占60%，稀有、珍稀和野生近缘植物约占10%。

## 思考题

扫码看答案

1. 名词解释：种质资源，作物起源中心，作物原生中心，作物次生中心，原生作物，次生作物，初级基因库，次级基因库，三级基因库。

2. 简述种质资源在作物育种中的作用。
3. 简述本地种质资源与外地种质资源的特点与利用价值。
4. 简述 Vavilov 作物起源中心学说的主要内容及在作物育种中的作用。
5. 如何划分作物原生中心与次生中心？
6. 试述作物种质资源研究的主要工作内容与鉴定方法。
7. 发掘、收集、保存种质资源的必要性与意义何在？

# 第三章 育种目标

附件、附图扫码可见

作物的育种目标（breeding objective）是指在一定的自然、栽培和经济条件下，对计划选育的新品种提出应具备的优良特征特性，也就是对育成品种在生物学和经济学性状上的具体要求。育种目标是育种工作的依据和指南，制订育种目标是育种工作的第一步，是育种工作成败的关键。

## 第一节　制订作物育种目标的原则

作物育种目标的制订是一项涉及内容广泛的复杂工作，首先要调查分析当地的自然条件、种植制度、生产水平、栽培技术及品种的变迁历史；其次必须了解农业生产及市场需求；最后需熟悉育种过程，明晰改良性状的遗传特点。不同作物，不同地区，育种目标可能千差万别，育种目标的制订一般应遵循以下几项基本原则。

### 一、着眼当前，展望长远

从作物的育种程序来看，育成一个新的品种少则5～6年，多则10年以上。育种周期长的特点，决定了育种目标的制订必须要有预见性，至少要看到5～6年以后国民经济的发展、人民生活水平和质量的提高及市场需求的变化。为此，在制订育种目标时要了解作物品种的演变历史，同时对社会和市场的发展变化也要做全面调查，这样才能掌握该作物的发展趋势，才有可能制订出正确的育种目标，做到育种工作有的放矢。

### 二、突出重点，兼顾其他

生产和市场上对品种的要求往往是多方面的。在制订育种目标时，对诸多需要改良的性状不能面面俱到、追求十全十美，而是要在综合性状符合一定要求的基础上，分清主次，突出改良1个或2个限制性性状。例如，东北的沈阳稻区，目前推广的品种都具有一定的高产潜力，每公顷水稻产量达9000kg左右，成为世界上有名的高产稻区。但近年来稻曲病十分严重，不仅直接影响丰产性，而且对人们的身体健康构成严重威胁，虽然采用药剂防治可以减轻病害的程度，但这种防治方法既增加成本，又污染环境。针对这种情形，抗稻曲病就成为沈阳稻区水稻育种的主要目标之一。

### 三、细化目标，明确指标

抓住主要矛盾确定主攻方向的同时，在育种目标中不能只一般化地将高产、稳产、优质、多抗等作为重点改良的目标，还必须对这些性状进行具体分析、细化，确定改良的具体性状和要达到的具体指标。例如，以抗病性作为主攻目标时，要指明具体的病害种类，有时还要落实到生理小种上，同时要用量化指标提出抗性标准，即抗病性要达到哪一个等级或病株率要控制在多大比例之内等。

### 四、设定区域，熟悉详情

我国地域辽阔，跨越几十个纬度，气候、土壤差异很大。南方多雨，西部干旱，东北无霜期短等，每个特定基因型的品种对环境条件的适应范围总是有限的。例如，大豆品种一般只能适应两个纬度；小麦有冬播区和春播区。因此，在制订育种目标时，要针对具体的生态地区确定相应的目标，必须对特定地区的生态条件详细了解，才能制订正确的育种目标。

此外，就同一地区而言，还有多种不同的种植模式，需要作物品种的特征特性与之相适应。间作要求品种的个体生产潜力大、边行优势明显；复种要求品种的生育期短。这些都要求在制订育种目标时必须具有针对性，才能提高育种成功的概率。

## 第二节　作物育种的主要目标

育种目标涉及的性状很多，通常包括产量、品质、生育期、抗病性、抗虫性、抗倒性，以及对多种不良环境条件，如干旱、渍水、高温、低温、盐碱等的抗耐性、适应性等。但对于这些目标，特别是实现这些目标的具体性状，在不同地区、不同作物及经济和生产发展的不同时期要求的侧重点和具体内容是不一样的；采用不同的育种方法和不同的种质资源实现这些目标的途径也是不一样的。这里仅就一般育种目标普遍涉及的性状及实现这些目标的可能途径加以概述。

## 一、高产

高产（higher yield）是指单位面积作物能达到较高产量的潜力（yield potential），是优良作物品种必须具备的条件，是作物育种的基本目标。特别是我国人口多耕地少，提高作物单位面积产量是对育种目标的限制性要求，新品种必须具备高产特性才有种植意义。当然，这里讲的高产是相对的，是在保证一定品质的前提下获得较高的产量，从而获得较高的经济效益。

### （一）产量的形成

作物产量的形成受多种因素支配。它是品种的各种遗传特征特性与环境条件共同作用的结果。通过高产育种仅仅是获得了提高作物品种的生产潜力，它的实现还有赖于品种和自然条件、栽培条件的良好配合。

**1. 生物产量、经济产量与收获指数** 作物的生物产量（biomass）是指作物整个生育期间通过光合作用生产和积累的有机物的总量。收获指数（harvest index，HI）是指收获物的经济产量占作物生物产量的比例，又称为经济系数（coefficient of economic），即生物产量转化为经济产量的效率。经济产量（economic yield）是指为人们所利用的目标产物的产量，如水稻、小麦、玉米等禾谷类作物的经济产量即种子产量；棉花的经济产量为籽棉或皮棉，即纤维产量；薯类作物的经济产量（甘薯、马铃薯、木薯等）为块根或块茎产量。同一作物，因收获后经济用途不同，其经济产量的概念也不同。如玉米，作为粮食作物时，经济产量是指籽粒收获量，而作为青贮饲料时，经济产量则包括茎、叶和果穗的全部收获量。要获得较高的经济产量，不仅要求作物品种的生物产量高，而且要求收获指数也高。

**2. 高产品种的重要特征特性** 高产品种应该是：生育前期，早生快发，建立较大的营养体，为生物产量打好基础；生育中期，营养器官与产品器官健壮而协调生长，以积累大量的有机物质并形成具有足够数量和足够大的贮藏光合产物的器官；生育后期，功能叶片多，叶面积指数高，叶片不早衰，保证有充足的有机物质向产品器官运转。也就是说，高产品种不仅要同化产物多，运转能力强，而且要有相应的贮藏产品的器官。这就是所谓的“源、流、库”学说。在高产育种和高产栽培中，保证源要足，库要大，流（运转）要畅，三者协调。

**3. 作物经济产量构成因素** 作物经济产量的构成因素一般包括单位面积株数（$X$）、单株收获物数量（$Y$）、单位收获物重量（$Z$，包括可利用部分 $U$ 和不可利用部分 $W$）及其利用率（$U/Z$）构成（图 3-1 和表 3-1）。利用率在农产品计产时往往不包括在内，但在育种上是不可忽视的因素。

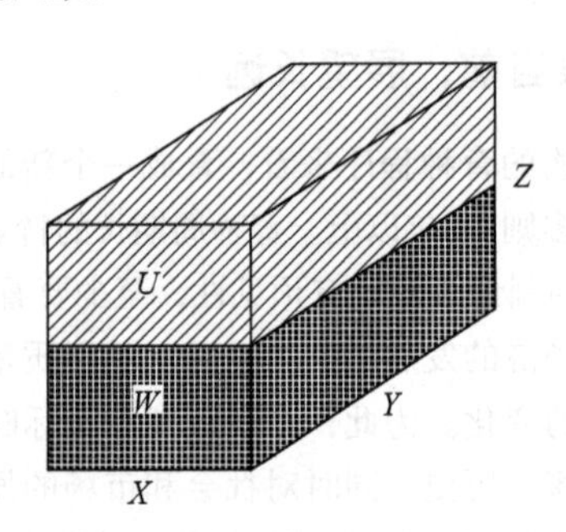


图 3-1 作物产量结构模型

表 3-1 作物经济产量构成因素

| 类别 | 单位面积株数（$X$） | 单株收获物数量（$Y$） | 单位收获物重量（$Z$） | 利用率（$U/Z$） |
|---|---|---|---|---|
| 结穗类 | 株数 /hm$^2$ | 单株穗数 × 每穗粒数 | 千粒重 /1000 | 出米（粉）率 |
| 结荚类 | 株数 /hm$^2$ | 单株结荚数 × 每荚粒数 | 千粒重 /1000 | 出油率 |
| 结铃类 | 株数 /hm$^2$ | 单株铃数 × 每铃粒数 | 单铃重 / 每铃粒数 | 衣分等 |
| 结果类 | 株数 /hm$^2$ | 单株果数 | 单果重 | 食用率 |
| 营养器官 | 株数 /hm$^2$ | 单株收获物数量 | 收获物重量 | 食用率等 |

理论经济产量＝单位面积株数 × 单株收获物数量 × 单位收获物重量 × 利用率

获得高产可通过多种途径实现：①增加单位面积株数，发挥群体优势；②提高单株收获物数量，以量取胜；③提升单位收获物重量，以个体占优；④还可增加收获物利用率，以比率获优。但通常情况下是 4 项产量因素的最佳组合，不同选育者只是各有所偏好而已。

### （二）高产育种策略

在育种策略上，为实现高产这一目的，可将作物育种分为 3 个发展阶段，即矮秆育种（dwarf breeding）、理想株型育种（breeding for ideal plant type）和高光效育种（breeding for high photosynthetic efficiency）。

**1. 矮秆育种**（附图 3-1） 20 世纪 50 年代我国率先在世界上通过矮秆育种选育出‘矮脚南特’籼稻

品种。60年代，国际水稻研究所（IRRI）利用我国台湾的‘低脚乌尖’为矮源，又育成了‘IR8’籼稻品种；CIMMYT以日本的‘农林10号’为矮源，育出一批广适性的矮秆和半矮秆小麦。矮秆小麦和矮秆水稻品种的育成和推广，使当时世界稻麦产量大增，被誉为“绿色革命”。矮秆育种在玉米和高粱等作物上也都起到了显著作用。矮秆品种的增产作用是通过降低个体的植株高度，增加密度，降低茎秆所占比重，从而实现收获指数的提高。另一方面，降低株高也可减少倒伏。但植株高度也不是越矮越好，一般认为株高以水稻0.80～0.95m、小麦0.70～0.90m、高粱1.50～2.0m、玉米2.00～2.50m为宜。

**2. 理想株型育种**（附图3-2） 理想株型育种是指把植株的形态特征和生理特性的优良性状都集中在一个植株上，使其获得最高的光能利用率，并能将光合产物最大限度地输送到产品器官中去，通过提高收获指数而提高产量。在禾谷类作物上，株型紧凑，叶片窄、挺直上冲，叶与茎的夹角小，叶色深，叶绿素含量高，比叶重（单位面积的叶片重量）大等，通常被用作理想株型的形态学指标。

**3. 高光效育种** 高光效育种是指通过提高作物本身光合能力和降低呼吸消耗的生理指标而提高作物产量的育种方法。作物经济产量的高低与光合作用产物的生产、消耗、分配和积累有关。从生理学上分析，作物的产量可分解为

经济产量＝生物产量×收获指数

＝净光合产物×收获指数

＝（光合能力×光合面积

×光合时间－呼吸消耗）

×收获指数

由此可见，高产品种应该具有较高的光合能力（强度）、较低的呼吸消耗、光合机能保持时间长、叶面积指数（leaf area index，LAI）大、收获指数高等特点。

矮秆育种和理想株型育种已使作物群体的收获指数和LAI有了很大提高。水稻、玉米和杂交高粱的收获指数达到0.4～0.5的较高水平。随着LAI增大，也会造成作物相互郁蔽、茎秆细弱、容易倒伏、易受病虫害侵染等问题。因而，人们把提高产量的注意力渐渐转移到提高光合强度方面来，选育高光效品种。

小麦、水稻、大豆、棉花等$C_3$作物，光合强度较低，呼吸消耗的光合产物占光合产物的30%左右，应主要筛选$CO_2$补偿点低、光呼吸低的高光效品种。玉米、高粱、甘蔗、谷子和籽粒苋等$C_4$作物，有较强的光合强度，光呼吸低，甚至为零，应主要选择光合能力强的基因型。

## 二、优质

品质优良（high quality）是现代农业对作物品种的基本要求，这是由经济发展和市场需求决定的。改革开放以来，随着经济的发展和人民生活水平的不断提高，特别是我国加入世界贸易组织（WTO）以后，国际市场的竞争使农业生产对产品的品质提出了更高的要求；再加上过去为了单纯提高作物的产量，使农产品品质和风味有所下降和丧失，作物品种的品质已经成为突出的育种目标。优良的作物品种不但要营养丰富，而且还要具有符合要求的加工品质，安全、卫生品质及商业品质等。

### （一）营养品质

作物的营养品质主要包括糖类、蛋白质、脂类等。

1）*糖类* 主要是不溶性糖淀粉。就水稻而言，直链淀粉含量低于20%为粳稻，高于20%为籼稻，糯稻支链淀粉含量为100%。近年来，被归为膳食纤维的其他不溶性糖，如纤维素、半纤维素、果胶、树胶及木质素等逐渐为人们所关注。可溶性糖在成熟的种子中一般含量较少，在2%左右。

2）*蛋白质* 是营养品质的核心内容，首先要求其比率较高，进而提高其能被消化和吸收的程度；增加人体必需8种氨基酸的比率（附图3-3）。

3）*脂类* 90%的种子植物为油质种子，脂肪是主要成分，品质的优劣取决于其组分中饱和脂肪酸和不饱和脂肪酸的种类及比例。目前，提高不饱和脂肪酸如亚油酸（omega-6 fatty acid）和亚麻酸（omega-3 fatty acid）的含量逐渐成为油类作物新的育种目标。

4）*其他* 维生素、激素、色素、有益矿物质等也是人们关注的热点。

### （二）加工品质

加工品质主要涉及三方面的内容。①产量因素中的利用率，如水稻的糙米率、精米率，油菜的出油率，棉花的衣分等；②食用品质，如水稻的胶稠度和风味，小麦的面筋含量与质量等；③使用品质，如棉花的纤维长度、强度、成熟度、细度和整齐度等指标。不同作物的加工品质性状不同。例如，小麦的加工品质包括磨粉品质（出粉率高、面粉洁白、灰分含量低、易研磨和筛理、耗能低）、烘烤品质（包括面包、饼干和糕点）和蒸煮品质（包括馒头、面条、饺子等）；水稻的加工品质包括碾米品质（糙米率、精米率和整精米率）、蒸煮品质（包括经蒸煮后的胀饭率、耐煮性，米饭的柔软性、黏聚性、色泽及食味等）；棉花纤维品质性状主要包括纤维长度、纤维细度、纤维强度、断裂

长度、纤维的成熟度等。

（三）安全、卫生品质

从育种角度来讲，主要涉及作物内源性毒物，是作物在长期系统发育过程中自然选择的结果，对自身的生存繁衍起某种保护作用，如大豆中的皂苷和胰蛋白酶抑制剂、棉花中的棉酚、高粱中的单宁、马铃薯块茎中的茄碱等。某些作物对外源性毒物有较强的吸收能力也需引起注意，如莲藕对重金属的富集作用。

（四）商业品质

商业品质主要指收获物的外观品质，包括形状、大小和色泽等。不同作物差异较大，同一作物不同品种差异较小，即使是同一单株的不同部位也有一定差异。

优质是相对的，农产品适销对路才是绝对的。单一品种不可能是面面俱到的兼用型，选用专用型品种不失为一种有效的育种策略。这是因为，对产品品质的要求是由产品的用途决定的。在营养品质方面，并不总是营养成分含量越高越好，啤酒大麦就是以蛋白质含量低为优质性状。而且，许多营养品质性状之间是负相关的。要在一个品种中使多种营养成分同时提高是很困难的，一般蛋白质和油分的含量是两个呈负相关的品质性状。玉米有富含支链淀粉的糯质品种，富含直链淀粉的高直链淀粉品种，富含水溶性多糖的鲜食甜玉米品种，富含赖氨酸的优质蛋白品种，还有高油玉米品种。这些专用型品种都是针对某种专门用途而进行的品质改良。

## 三、抗逆

作物品种的优良抗逆性（stress resistance）是保证作物稳产性（stability）的前提。稳产性是指优良品种在不同地区和不同年份间产量变化幅度较小，在不同的环境条件下能够保持均衡的增产作用。

影响作物品种产量稳定性的因素主要有气候、土壤和生物，如干旱、高温等气候因素，盐碱含量高的土壤因素及病虫害等生物因素。虽然这些不利的环境因素可以采取多种措施加以控制，但最经济有效的途径还是利用作物品种的遗传特性与不利的环境条件相抗衡，即选育具有优良抗逆性的作物品种。优良抗逆性和广泛适应性，直接决定着品种推广的面积和使用寿命。

（一）抗病虫性

在世界上没有一种作物不受病虫害的威胁。随着农业生产现代化的推进，高产栽培的肥水条件改变带来农田小环境的脆弱；农药的长期反复使用或滥用带来病虫害耐药性的提高；高产、优质品种的筛选带来抗病虫基因的丧失；单一品种和改良品种的推广带来遗传基础的狭窄，都加重了病虫害的发生。

病虫害对作物产量造成的损失巨大，选育抗病虫品种是经济、有效、环保的综合防治方法。抗病育种正从抗单一病害逐渐向抗多种病害发展，如国际水稻研究所育成的‘IR28’和‘IR29’水稻品种能抗6种病害。抗虫育种重视作物的非选择性、抗生作用、耐性或补偿性。所谓非选择性是害虫不愿意寄生的特性；抗生作用是不适于害虫发育和繁殖的特性；耐性和补偿性是指即使受到虫害侵袭，但由于恢复速度快和旺盛生长可降低危害程度的特性。

（二）耐非生物逆境

耐非生物逆境主要指作物受到不良气候和土壤因素的胁迫，其产量、品质不受影响或少受影响的特性。不同作物间耐逆性差异较大；同一作物不同品种耐逆性也有差异。

1）温度胁迫　随着全球气候的变化，极端温度在各地不同程度地出现，作物在冬季可能遭受0℃以下的冻害胁迫，夏季可能遭受35℃以上高温的胁迫，春秋可能遭受0℃以上低温的冷害胁迫。一般而言，生殖器官、幼嫩茎芽较为敏感。

2）水分胁迫　全球水资源分布极不平衡，形成各种类型的水分胁迫。有大气、土壤水分过少造成的干旱，有水分长时间淹没造成的涝害，有地下水位过高造成的渍害。另外，高温、冻害及盐渍都可造成植物细胞的水分胁迫。

3）土壤质地胁迫　主要有由于土层薄、肥力低、结构差形成的土壤瘠薄；土壤中可溶性盐过量带来的盐碱化、土壤pH偏低致使酸性化；有害有机物、矿物质富集造成土壤污染等。

## 四、适应性强

（一）生育期

生育期与产量呈明显的正相关，生育期长产量高，生育期短产量低。但无霜期、连作复种又制约着生育期不能无限制延长，原则上以既能充分利用当地的自然生长条件，又能正常成熟为宜。

（二）适应机械化（附件3-1）

适应机械化种植、管理和收获的品种应该是株形紧凑、生长整齐、株高一致、成熟一致、不打尖、不去杈、不倒伏、不落粒。同时应具备适应机械化作业的一些特殊要求，例如，大豆结荚部位与地面有一定距离、后期叶片迅速枯落、不自然落粒；玉米穗位整齐适中、后期籽粒脱水快、不倒伏；马铃薯和甘薯的块茎和块根集中等。

### （三）抗倒伏

抗倒伏性对禾谷类作物至关重要。倒伏不仅降低产量，而且影响品质，不便于机械化收获。造成倒伏的原因很多，有作物本身的原因，如植株高大、茎秆强度差韧性差、根系不发达等，也有病虫害的原因。因此，降低植株高度的矮化育种、抗病虫害育种都会收到抗倒伏的效果。而增强茎秆强度则要从茎秆的内外径、茎壁厚度、节间长度、叶鞘覆盖率、维管束的数目和大小及排列方式来考虑。另外，倒伏与水分、硅质、木质素、钾和贮藏淀粉含量也有关。研究表明，细胞的生理活性对强化茎秆起重要作用。在成熟期维持根的旺盛活力，上部枯叶少对增加茎秆强度极为重要。

### （四）其他

适应当地栽培水平。在人多地少、经济欠发达、不易机械耕作的地区，或目前还无理想机械化操作的作物，品种选育需适应人工管理。适应当地种植制度，如不同复种方式对作物品种的生育期长短要求不同，不同间作套种对作物品种的株高要求不同。适应人群消费习惯，如不同人群对水稻的籼粳性要求不同，不同纺织品对棉纤维品质的要求不同等。

## 本章小结

制订育种目标是实施作物育种的第一步，首先做出战略性的决策，判定育种方向、明确育种路线、选定原始材料、确定育种方法；其次设计战术性的方案，分解育种目标、细化路线方法、量化育种指标、设定备择措施。高产、稳产、优质、适应性强是现代农业对作物品种总的要求，着眼当前、展望长远，突出重点、兼顾其他，细化目标、明确指标，设定区域、熟悉详情是制订作物育种目标的基本原则。

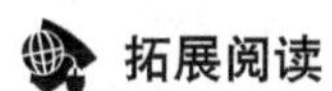

## 拓展阅读

**绿色革命**

在绿色革命中，有两个国际研究机构做出了突出贡献。一个是国际玉米小麦改良中心（CIMMYT），以诺贝尔和平奖获得者诺曼·布劳格（Norman Borlaug）为首的小麦育种家，利用具有日本‘农林10号’矮化基因的品系，与抗锈病的墨西哥小麦进行杂交，育成了30多个矮秆、半矮秆、抗倒伏、抗锈病、高产的小麦优良品种。另一个是国际水稻研究所（IRRI），该所成功地将我国台湾省的‘低脚乌尖’品种所具有的矮秆基因导入高产的印度尼西亚品种‘皮泰’中，培养出第一个半矮秆、高产、耐肥、抗倒伏、穗大、粒多的优良水稻品种‘IR8’。此后，又相继培养出IR系列水稻优良品种，并在抗病害、适应性等方面有较大的改进。这些品种在发展中国家迅速推广开来，并产生了巨大效益。墨西哥从1960年推广矮秆小麦，短短3年间占种植面积比例达35%，总产接近200万t，比1944年提高5倍，并部分出口。印度1966年从墨西哥引进高产小麦品种，同时增加了化肥、灌溉、农机等投入，至1980年粮食总产量达到15 237万t，由粮食进口国变为出口国。菲律宾从1966年起结合水稻高产品种的推广，采取了增加投资、兴修水利等一系列措施，于1968年实现了大米自给。绿色革命的成就是史无前例的。在推广绿色革命的11个国家中，水稻单产20世纪80年代末比70年代初提高了63%。绿色革命的主要特征是把作物的高秆变矮秆，同时增加化肥、农药、灌溉、农机投入，进而提高作物产量，解决了19个发展中国家的粮食自给问题。

## 思考题

扫码看答案

1. 制订作物育种目标的基本原则是什么？
2. 现代农业对作物品种的基本要求是什么？
3. 作物产量构成因素及其通式是什么？
4. 农作物“高产”包括哪些内容？
5. 农作物“稳产”需要作物的什么特征来保证？稳产包括哪些内容？
6. 农作物“优质”包括哪些内容？
7. 农作物“适应性强”包括哪些内容？

# 第2部分

# 常规育种方法

## 重点提要

- □ 选择育种
- □ 杂交育种
- □ 回交育种
- □ 诱变育种
- □ 远缘杂交育种
- □ 倍性育种
- □ 杂种优势利用
- □ 群体改良

# 第四章 引种与选择育种

附图扫码可见

引种（introduction）是一种快速、有效利用现有植物品种资源的方法，我国很早以前就有开展植物引种的历史。作为一种特殊的育种方法，引种对丰富我国的植物资源和发展农业生产产生了巨大的推动作用，尤其在农作物引种利用方面成效巨大。大量地开展不同作物类型和多样品种的引进工作，并加以合理利用，不仅可以丰富农业生产中的品种类型，而且为今后的作物育种提供丰富的种质资源，为育种工作的持续发展奠定基础。

## 第一节 引种和驯化

### 一、引种的概念与作用

#### （一）引种的概念

引种是指将野生或栽培植物的种子或营养体从其自然分布区或栽培区引入新的地区栽培利用的过程。根据对引入品种的利用情况，可将其分为广义引种和狭义引种。广义的引种是指从外地或外国引进新植物、新品种及遗传育种所需的各种遗传资源；狭义的引种是指生产性引种，即引入能供生产上推广栽培的优良品种。

按照引入地区和原分布区自然条件的差异，又可将引种分为简单引种和驯化引种。简单引种是指引种地与原分布区的自然条件差异较小或引种植物本身适应范围较广，引进的品种能适应新环境，并能正常生长发育；驯化引种是指引种地与原分布区的自然条件差异较大或引种植物本身适应范围较窄，只有通过人工措施改变其遗传组成才能适应新环境，或者必须采用相应的农业措施，使其产生新的生理适应性。

#### （二）引种的作用

我国开展引种工作历史悠久，成效显著。据佟大香和朱志华（2001）统计，我国的主要栽培植物约有600种，其中粮食、经济作物约100种，果树、蔬菜作物约250种，牧草、绿肥作物约70种，花卉、药用作物约180余种。这些栽培作物中，有近一半原产我国，另一半则是陆续从国外引进的。

据历史记载，公元前126年西汉时期，张骞就从西域引进了苜蓿、蚕豆、芝麻、黄瓜、核桃、葡萄、石榴等。在漫长的中国农业历史上，引进了原产中美洲的玉米、马铃薯、甘薯、烟草、向日葵和番茄，原产热带地区的剑麻、橡胶、可可、咖啡等，大大丰富了我国的栽培作物种类。

马铃薯（*Solanum tuberosum*）是一年生茄科茄属草本植物，我国亦称洋芋、土豆、山药蛋、地蛋、荷兰薯，原产南美洲秘鲁和玻利维亚的安第斯山区，为印第安人所驯化，大约1570年传入西班牙，1590年传入英格兰，1650年左右传入中国。

我国从意大利引进的小麦品种‘Mentana’经过驯化育成‘南大2419’，最大推广面积曾达500多万公顷；引进的澳大利亚小麦品种‘碧玉麦’，在生产上直接推广利用70多万公顷，以它作为亲本与我国的小麦品种‘蚂蚱麦’杂交，育成的品种‘碧蚂一号’在我国推广面积曾达600多万公顷；20世纪70年代引进的意大利小麦品种‘阿勃’（Abbondanza）、‘阿夫’（Funo），直接推广面积都在70万 $hm^2$ 以上；河南省农业科学研究院1965年引进的意大利小麦品种‘郑引1号’（st1472/506），1977年最大种植面积97万 $hm^2$，在河南省、陕西省关中地区、甘肃省天水地区、山西省南部、河北省中南部、山东省南部、江苏省和安徽省均有种植。

水稻（*Oryza sativa* L）是我国最重要的粮食作物之一。新中国成立以来，生产上直接推广利用的引进水稻品种，面积在6.7万 $hm^2$ 以上的有19个。从日本引进的粳稻品种‘世界’（农垦58）、‘金南凤’（农垦57）、‘丰锦’（农林199）、‘秋光’（农林238）最大推广面积均达到20万 $hm^2$ 以上，其中‘金南凤’最大年推广面积达63万 $hm^2$。

我国历史上栽培的陆地棉（*Gossypium hirsutum*）和海岛棉（*G. barbadense*）都是从国外引进的。利用外引陆地棉种质杂交育成的‘中棉12号’和‘鲁棉1号’年最大种植面积分别达到170多万公顷和200多万公顷。从美国引进的‘岱字棉15号’，1960年种植面积达 400 万 $hm^2$，占当时全国棉田面积的 84.1%；衍生出来的优良品种（系）400 多个，种植面积超过 6.7 万 $hm^2$ 的就有 22 个。

玉米（*Zea mays* L.）是禾本科玉米属植物，原产美洲的墨西哥、秘鲁。1973 年从美国引进的自交系 ‘Mo17’，经与我国自己培育的自交系杂交育成 ‘中单 2 号’（‘Mo17’×‘自 330’）和 ‘丹玉 13’（‘Mo17’×‘E28’），推广面积分别达到 200 多万公顷和 300 多万公顷。

从欧美国家引进的低芥酸和低硫代葡萄糖苷油菜品种 ‘Oro’ ‘Westar’ ‘Tower’ 等，直接在我国推广应用，到 20 世纪 80 年代末，累计推广面积达 110 万 $hm^2$，大大提高了食用油的质量。

我国目前栽培的主要果树，如苹果、葡萄、甜橙、番木瓜、杧果、石榴、核桃、香蕉、菠萝，另外还有草莓、蚕豆、黄瓜、番茄、向日葵、可可、咖啡、烟草等都是从国外引进的。众多的引进作物，丰富了我国的作物种类，改善了种植结构，满足了人们多方面的需求。

长期以来，从国外引种引进了许多新作物和直接推广利用了大量优良品种，但引进数量最多的还是优异、特异作物种质，也就是一些具有重要遗传基因的优良品种及那些具有一种或多种优良遗传因素的原始材料。这些材料通过试验鉴定，用于作物育种和其他科研领域，极大地促进了我国农业科学技术的发展，特别是对我国开展农作物新品种选育工作产生了极大的推动作用，甚至取得了不少突破。纵观我国农业发展历史，国外引进的优异种质与我国的作物品种相结合，通过杂交、辐照及其他生物技术不断培育出新的品种，对我国农业生产的影响深远，贡献持久，产生的社会经济效益巨大。

国外对引种工作也十分重视。美国原是一个种质资源贫乏的国家，独立后不久，就把国外植物引种列为重要国策，采取各种奖励、专利、授命驻外领事和派专人外出等有力措施积极促进植物引种，并在国内建立引种站和检疫基地，目前已成为世界种质资源大国。

国内各省、地区间的引种工作十分普遍，对提高作物的产量产生了明显效果。随着社会的不断进步和交流的不断增强，引种工作还将继续快速地、广泛地开展。

综上所述，引种的具体作用主要体现在以下 3 个方面：①引种促使农作物向世界各地传播；②引进新植物品种直接利用，可提高本地区农业生产水平；③特殊种质的引进是育种取得突破性进展的关键。

## 二、引种的基本原理

作物品种从一个地区被引到另一地区，其生长情况会随着环境的变化而不同，要想引种成功或增强引种的预见性，必须了解引种的基本原理。

### （一）气候相似论

20 世纪初，德国人 Mayr 提出的气候相似论（theory of climatic analogy）是被广泛接受的引种工作的基本理论之一。该理论的要点是，地区之间在影响作物生长的主要气候因素上，应相似到足以保证作物品种相互引种成功时，引种才有成功的可能性。

例如，美国加利福尼亚的小麦品种引种到希腊比较容易成功，美国中西部的一些谷物品种引种到南斯拉夫的一些地区适应性良好。美国的棉花品种和意大利的小麦品种在我国的长江流域或黄河流域比较适合，引种容易成功。Nuttonson 在 20 世纪四五十年代分别绘制了苏联乌克兰、巴勒斯坦及约旦与美国一些地区的气候相似图，说明在西半球的美国一些地区与东半球的几个国家一些地区的气候相似，可作为引种的参考依据。当然，像这样的估计只能是大致的分析，有些作物品种并不完全受这些因素约束。

气候相似论的提出，引导着人们从植物地理学、植物生态学的角度去研究植物引种，对纠正当时人们盲目引种有一定的指导意义，在指导引种对象的选择与确定适宜的引种地区方面起到了很大的作用。但该理论的不足之处在于过分强调作物对环境条件反应不变的一面，而忽视了作物对环境适应性可变的一面。例如，在我国，一般认为茶树只能在南方多湿的酸性土壤上生长，引到北方不可能成功。但在 20 世纪五六十年代，采取一定的措施后，南方的茶树向北扩展到山东南部；80 年代，西藏的某些地区茶树引种也取得了可喜的成果。

### （二）作物的生态环境和生态型相似性原理

作物的生态环境包括作物生存空间的一切条件，其中对作物生长发育有明显影响的和直接为作物所同化的因素称为生态因素（ecological factor）；气候、土壤、生物等生态因素处于相互作用、相互影响的复合体中，不能单独对作物起作用，即所有生态因素的复合体称为生态环境（ecological environment）。在这一复合体中，自然因素是基本的，而自然因素中的气候因素又是首要的和先决的；土壤因素在很大程度上取决于气候因素；生物因素又受气候因素和土壤因素的影响。有些专家认为，气候因素决定作物（品种）的分布范围，土壤因素决定作物（品种）在这一范围内的分布密度。各个品种对不同的生态环境有不同的反应，对一定的生态环境表现生育正常的反应称为生态适应。

在一定的地区范围内具有大致相同的生态环境，包括自然环境和耕作条件。对一种作物具有大致相同的生态环境的地区称为生态地区（ecoregions）。与作物品种形成及生长发育有密切关系的环境条件则称为生态条件（ecological condition）。任何作物品种的正常生长，都需要有相应的生态条件，掌握所引品种必需的生态条件对引种非常重要。一般来说，生态条件相似的地区之间相互引种易于成功。生态条件可以分为若干类生态因子，如气候生态因子、土壤生态因子等，其中由温度、日照、雨量等组成的气候生态因子是最重要的。生态型（ecological type）是指在同一物种范围内，在生物学特性、形态特征等方面均与当地的主要生态条件相适应，遗传结构也基本相似的作物类型。作物生态类型按生态条件可分为气候生态型、土壤生态型和共栖生态型。其中，气候生态型最主要，它是在光照、温度、湿度、雨量等生态因子的影响下形成的。同一物种往往会有各种不同的生态型，如水稻中的籼稻是适应热带、亚热带高温、高湿、短日照环境条件的气候生态型；粳稻是适应温带和热带高海拔、长日照环境条件的气候生态型。

## 三、影响引种的主要因素

### （一）温度

不同的作物品种对温度的要求不同，同一品种在各个生育期要求的最适温度也不同。一般来说，温度升高能促进生长发育，提早成熟；温度降低，会延长生育期。但作物的生长和发育是两个不同的概念，生长和发育所需的温度条件是不同的。温度因纬度、海拔、地形和地理位置等条件而不同。温度对引种的影响表现在有些作物一定要经过低温过程才能满足其发育条件，否则会阻碍其发育的进行，不能抽穗或延迟成熟，有些作物则没有这些要求。例如，冬小麦一定要经过低温完成其春化阶段，才能正常抽穗成熟。

### （二）光照

光照充足，有利于作物的生长。但在发育上，不同作物、不同品种对光照的反应不同。有的对光照长短和强弱反应比较敏感，有的比较迟钝。日照长度因纬度、季节和海拔而变化。植物所感受的日照长度比以日出和日落为标准的天文日照长度要长一些。光照对引种的影响表现在有些作物一定要经过短日照过程（小于12h）才能满足其发育的要求，否则会阻碍其发育的进行，不能抽穗或延迟成熟，这类作物通常被称为短日照作物（short-day crop），如水稻、大豆等；另一类作物一定要经过长日照过程（14～17h）才能较好地抽穗成熟，这类植物通常被称为长日照作物（long-day plant），如冬小麦、大麦、油菜等。

### （三）纬度

在纬度相同或相近地区间引种，由于地区间日照长度和气温条件相近，引进的品种在生育期和经济性状上不会发生太大变化，所以引种易获成功。例如，在江苏栽培的晚粳‘农垦 58’水稻品种引至长江流域各地，均取得了较好的效果；陕西的小麦品种引种到河南种植也有成功的例子。纬度不同的地区间引种时，由于处于不同纬度的地区间在光照（附图 4-1、附图 4-2）、气温和雨量上差异很大，引种就难成功。纬度不同的地区间引种，根据所引品种对温度和光照的反应特征，可以推断引种后的品种表现。

### （四）海拔

海拔每升高 100m，日平均气温要降低 0.6℃。因此，原产高海拔地区的品种引至低海拔地区，植株比原产地高大，繁茂性增强；反之，植株比原产地矮小，生育期延长。同一纬度不同海拔地区引种要特别注意温度对作物（品种）的影响。

### （五）栽培水平、耕作制度、土壤情况

品种原产地的栽培水平、耕作制度、土壤情况等条件与引入地区相似时，引种容易成功。只考虑品种不考虑栽培、耕作等条件往往会导致引种失败，如将高水肥品种引种于贫瘠的土壤栽培。

### （六）作物的发育特性

在作物的发育过程中，存在着对温度、光照反应不同的发育阶段，即感温（春化）阶段和感光阶段。感温阶段是作物发育的第一阶段，此阶段要求一定的温度和一定的时间。当温度条件不能满足感温要求时，作物的发育就会停顿。根据作物通过感温阶段所需温度和时间的不同，可以将作物分为 4 种类型（表 4-1）。

**表 4-1 作物的 4 种感温类型**

| 类型 | 温度 /℃ | 天数 / 天 |
|---|---|---|
| 冬性类 | 0～5 | 30～70 |
| 半冬性类 | 3～15 | 20～30 |
| 春性类 | 5～20 | 3～15 |
| 喜温类 | 20～30 | 5～7 |

例如小麦，根据其感温阶段对温度的要求，将其分为强冬性、冬性、弱（半）冬性和春性 4 种类型（表 4-2）。

**表 4-2 不同类型小麦感温阶段对温度和时间的要求**

| 类型 | 温度 /℃ | 天数 / 天 |
|---|---|---|
| 强冬性类 | 0～3 | 50～60 |
| 冬性类 | 0～7 | 30～60 |
| 弱（半）冬性类 | 0～7 | 24～25 |
| 春性类 | 0～12 | 5～15 |

通过感温阶段后，作物就会进入感光阶段，只有通过感光阶段，作物才能抽穗结实。在感光阶段，起主导和决定性作用的是光照和黑暗时间的长短。根据作物对光照长度要求的不同，可将作物分为长日照作物、短日照作物和中间型作物3种类型。

1）长日照作物　起源于高纬度地区的作物一般是长日照作物，该类作物是在长日照生态因子的长期影响下形成的。这类作物在通过感光阶段时，要求日照时间在12h以上，而且光照连续的时间越长，就越能迅速地通过感光阶段，使抽穗、开花时间提早。当日照时间在12h以下时，就不能通过感光阶段，导致抽穗开花时间推迟，甚至不能抽穗成熟。这类作物有冬小麦、大麦、甜菜等。

2）短日照作物　起源于低纬度地区的作物一般是短日照作物，它们通过感光阶段时，要求每天12h以下的日照。在一定范围内，日照时间越短，黑暗时间越长，通过感光阶段就越快，抽穗开花期也就越早；如在长日照条件下，则不能通过感光阶段。这类作物有水稻、玉米、大豆、棉花、甘薯、花生等。

3）中间型作物　对日照长短要求不严格，反应不敏感，日照长短对抽穗开花影响不明显，如番茄等。

作物感温阶段和感光阶段的生长发育特性，对引种和栽培都有指导作用。例如，将北方冬性小麦品种引至南方，由于气温升高，不能顺利通过感温阶段，导致成熟期推迟，甚至不能抽穗，使引种失败；对于感光性强的作物，如大豆，不同纬度间长距离引种对产量和生育期均会产生很大的影响。对引种以收获营养器官为目的作物，可以利用这种特性，延迟抽穗结实期，促进营养器官生长，增加经济产物，提高收益。例如，南麻北种，可以大幅度提高麻纤维的产量。

## 四、不同类型作物引种的一般规律

目前栽培的农作物中，依据其对温度和光照两个主要气候因子的不同要求，可将其分为低温长日照作物和高温短日照作物两大类型，常见的低温长日照作物有小麦、大麦、油菜等，高温短日照作物有水稻、玉米、棉花、大豆、甘薯、花生等。

### （一）低温长日照作物的引种规律

原产高纬度地区的品种，引种到低纬度地区种植，往往因为低纬度地区冬季温度高，春季日照短，不能满足作物感温阶段对低温的要求和感光阶段对长日照的要求，使引入品种表现为生育期延长，甚至不能抽穗开花。

原产低纬度地区的品种，引种至高纬度地区，由于温度、日照条件都能很快满足，一般表现为生长期缩短，植株可能矮小，抽穗、开花提前，不易获得较高的产量。由于高纬度地区冬季寒冷，春季霜冻严重，容易遭受冻害。

低温长日照作物冬播区的春性品种引到春播区作春播用，有适应的可能性，而且因为春播区的日照长或强，往往表现早熟，粒重提高，甚至比原产地生长好。例如，长江流域的蚕豆、小麦品种引到西藏春播，表现良好。福建的‘晋麦33’小麦于20世纪70年代引到内蒙古、青海，曾经成为当时的推广品种。河南小麦品种引种到西藏种植获得成功。低温长日照作物春播区的春性品种引到冬播区冬播，有的因春季的光照不能满足而表现迟熟，结实不良，有的易受冻害。

高海拔地区的冬作物品种往往偏冬性，引到平原地区往往不能适应。而平原地区的冬性作物品种引到高海拔地区春播，有适应的可能性。

### （二）高温短日照作物的引种规律

低纬度地区的高温短日照作物品种，有春播、夏播和秋播之分，如水稻品种有早、中、晚之分。一般这类作物的春播品种感温性较强而感光性较弱，引至高纬度地区，常表现为迟熟，营养生长旺盛；夏播、秋播品种，感光性强而感温性弱，引至高纬度地区种植，不能满足对光照的要求，株、穗可能较大，生育期推迟，存在能否安全成熟的问题。

高海拔地区的品种感温性较强，引到平原地区往往早熟，存在能否高产的问题；平原地区的品种引到高海拔地区往往由于温度较低而延迟成熟，存在能否安全成熟的问题。

## 五、引种的基本步骤及注意事项

### （一）引种的基本步骤

**1. 引种计划的制订和引种材料收集**　引种的第一步是制订引种计划和引种目标，围绕生产中存在的问题或育种需要，明确解决什么问题，做到心中有数。准备引入品种材料时，首先应从生育期上分析，判断哪些地区的哪些品种类型可能适应引入地自然条件和生产要求，而后确定从哪些地区引种和引入哪些品种。引入品种尽量多一些，每一品种种子数量不要太多，能满足初步试验需要即可。

**2. 引种材料的检疫**　检疫性病、虫、杂草有时候会随引种过程从一个地方向另外一个地方传播。例如，棉花的枯萎病、黄萎病就是随国外引种传入的，对生产造成严重威胁。为避免引入新的病、虫、杂草，凡引进的植物材料，都要进行严格检疫。引入后要在检疫圃隔离种植，一旦发现新的病、虫、杂草等检疫对象要采取果断措施，彻底清除，以防蔓延。

**3. 引种材料的试验鉴定和评价**　为确定某一引

进品种能否直接用于生产，必须通过规范的引种程序。只有详细了解引进品种的生长发育特性，对其实用价值做出正确的判断，才能确定是否推广利用，以免造成损失。对引种材料的鉴定、评价一般要经过下列程序。

1）观察试验　将引入品种的少量种子种成小区，以当地推广的优良品种为对照进行比较，初步观察它们对本地生态条件的适应性、丰产性和抗逆性等，选择表现好、符合要求的材料留种，供进一步比较试验用。

2）品种比较试验和区域试验　在观察试验中获得初步肯定的品种，进行品种比较试验和区域试验，了解它们在不同自然条件、耕作条件下的反应，以确定最优品种及其适应推广种植的区域，同时加速种子繁殖。

3）栽培试验　对已确定的引入品种要进行栽培试验，以摸清品种特性，制订适宜的良种良法相配套的栽培措施，发挥引进品种的生产潜力，以达到高产、优质的目的。

### （二）引种应注意的事项

每一个良种都有一定的适应性，良种只有种植在自然条件和栽培条件符合其要求的地区，才能发挥优良品种的增产作用。引进品种的生育期不能太长，要确保在正常年份能成熟，在低温、早霜年份也能成熟，确保安全种植。

**1. 选择经过审定的推广品种**　筛选直接应用的品种时，尽量选用审定的品种。品种审定是在多年多点科学试验结果上评定的，只有通过审定的品种，才能推广应用。没有正式审定的品种，不要乱引和随意大面积种植。

**2. 坚持先试验、后推广的原则**　引种试验的目的在于了解新引进品种的抗逆性、丰产性、优质性等，以确定其是否适合当地的气候条件、生产特点、栽培模式。不经引种试验而直接种植利用存在较大的风险，这是引种工作特别需要注意的环节。

**3. 加强种子检疫工作**　引种时要防止带检疫性的病、虫、杂草，应按植物保护检疫程序办理。尤其是从疫区引种，一定要遵守检疫制度，防止属检疫对象的病害、虫害和杂草在本地蔓延。凡长距离调出调入的种子都要经过检疫，签发检疫合格证书后方可发运。

**4. 合理使用不同生态类型的品种**　根据品种特性、土壤性质、机械化程度等特点选用品种，合理使用不同生态类型的品种。例如，把喜肥水的品种种在土壤肥沃的地块，岗地选择耐旱品种，洼地则选择耐涝品种等。

**5. 良种良法配套应用**　在实际生产中，有时发现品种的优良性能达不到理想水平，主要原因是耕作栽培条件没有满足良种生长发育的要求。做到良种和良法配套，才能最大限度地发挥引进品种的增产作用，实现增收增效。

## 六、主要农作物的引种实践

### （一）水稻引种

水稻属于高温短日照作物，其生长发育需要较高的温度和较短的日照条件。根据对温度和日照的敏感性，将南方水稻分为早稻、中稻和晚稻3种类型，其中早稻对温度敏感而对日照反应迟钝，晚稻对日照敏感而对温度反应迟钝，中稻介于二者之间。南方早稻对日照反应迟钝，因此，早稻品种从南方引至北方，因遇长日照和低温，生育期延长，植株变高，穗增大，穗粒数增多，病虫害减少，配以适宜的栽培措施，可成为晚熟高产品种，引种较易成功。例如，从广东引进的‘桂朝2号’‘特青’等，在江苏表现良好。晚稻品种一般分布在北纬32°以南，对短日照反应敏感，向北引至长日照条件下，往往不能抽穗，即使能抽穗，遇低温也会影响结实。例如，江苏的晚稻品种‘老来青’引至淮北地区则不能抽穗成熟，引种失败。所以，华南地区的晚稻品种不能引至长江流域种植；长江流域的晚稻品种不能引至北方种植。由南向北引种时，选择早稻早熟品种、中熟品种或对短日照反应迟钝的品种比较容易成功。

北方水稻引至南方时，因遇高温和短日照，会使发育加快，抽穗期提早，生育期缩短，使营养积累减少，导致减产，一般不能进行引种生产。

### （二）小麦引种

原产于北方的冬小麦，苗期感温阶段要求低温，即春化处理；中期生长需要长日照，满足低温长日照条件后，方能抽穗结实，因此，如果将北方的冬小麦引至南方，由于气温偏高，日照变短，往往不能顺利完成感温阶段，导致成熟期延长，甚至不能抽穗结实。

如果将南方的弱冬性小麦品种引种到北部地区，很快就通过了感温阶段，但因品种的耐寒性较差，易发生冻害，不能安全过冬。春小麦品种的感温阶段短，要求的温度范围较宽，适应性强，引种范围较广，因此我国北方的春小麦向南引至广东、海南和西藏等地均获得了成功。

### （三）棉花引种

棉花是高温短日照作物，研究表明，棉株在12h光照以下发育最快，12h以上发育迟缓。因此，棉花北种南引，由于日照时数减少，温度偏高，开花结铃提早，生育期较原产地缩短；南种北引则相反，营养生长旺盛，开花结铃推迟。

在南北纬度相差不大的地区间引种，加以栽培措施的调节，引种较容易成功。例如，从北美洲密西西比河流域引入的棉种，在我国长江流域和黄河流域种植，表现良好；我国长江流域的良种引至黄河流域，新疆的棉花良种引至山西，山西的良种引至辽宁表现都很好。但在纬度相差过大的区间引种，则不易成功。

### （四）大豆引种

大豆是短日照作物，在8h光照条件下，各地区品种生育期均缩短。南方大豆引至北方，由于日照增长而延迟开花，但能正常成熟，所以饲料大豆南种北引易成功。北方大豆引至南方，由于日照缩短而促其生长发育加快，植株变小，成熟提早，产量降低，引种生产价值不大。玉米、高粱、麻类作物均属短日照喜温作物，它们和水稻、大豆一样，由北向南引种，会提早成熟，但株、穗、粒变小；由南向北引种，则延迟成熟，但株、穗、粒增大。因此，南北引种时，必须考虑由日照长短和温度高低这两大生态条件所引起的作物品种特征特性的变化趋势。对无性繁殖作物来说，利用的是营养器官，所以只要给以良好的生长条件，引种就能成功，引种范围也相对较大。

## 七、植物驯化的原理与方法

植物驯化（plant domestication）是指在人类的选择培育下，使野生植物成为栽培植物，外地的作物品种成为本地品种的过程。驯化是人类改良野生植物和外来植物，获得新作物或新品种的重要方法。

### （一）植物驯化的作用

植物驯化包括引种驯化和引种栽培两类。引种驯化至少要经过由种子（播种）到种子（开花结实）的过程，也就是说在本地基本上能正常生长发育。引种栽培是指从外地引进的新品种能在本地应用于生产栽培，但不一定开花、结实，如木薯、麻类等。

引种和驯化是一个整体的两个方面，既有联系又有区别。引种是驯化的前提，没有引种，便无所谓驯化；驯化是引种的客观需要，没有驯化，引种就不能彻底完成使命。

### （二）驯化的基本原理

**1. 根据植物的系统发育特性进行引种驯化**　由于植物系统发育历史的长短不同，其群体的遗传变异程度和遗传可塑性也有差异。一般而言，栽培种比野生种的系统发育历史短，其群体的遗传变异和可塑性较易于在自然选择下选留有一定适应性的个体；同是栽培种，古老的地方品种的遗传变异和可塑性较小，而新育成的品种较大；同是育成品种，杂交种品种的遗传变异和可塑性大于纯系品种，易于在自然选择下选留有一定适应性的个体。

**2. 根据植物个体发育特性进行引种驯化**　植物在个体发育的早期阶段（幼龄状态）和较晚期阶段（老龄状态）具有更大的可塑性。一般而言，树苗比成树易于驯化。多年生果树常以无性繁殖方法生产树苗，所以其后代往往是个体杂合、群体同质。由杂交种子生产实生苗，则实生苗的个体是杂合的，群体也是异质的，所以其间具有较大的遗传变异潜力。对实生苗进行驯化比成年植株或枝条嫁接易于选出有一定特性的个体。纯种实生苗比杂种实生苗的遗传可塑性小，所以最好采用杂种实生苗。

**3. 根据植物遗传适应性范围进行引种驯化**　各种作物及其品种所能适应的环境范围都是由其遗传适应性所决定的。引种驯化的目的在于改变这种适应范围。如果环境改变过大，则易造成引种失败。因此环境条件必须逐渐改变。如需将某种作物由低纬度地区引到高纬度地区，或由低海拔地区引到高海拔地区，采取逐步迁移的方法较易成功。

**4. 植物驯化过程中必须结合适当的培育和选择**　驯化的最终目的，是要使引种的植物在驯化过程中逐渐由不适应而趋于适应，成为当地可利用的植物。实践证明，应用适当的培育和选择方法，能够加速引种驯化的进程，使引种向人类所需要的方向发展。因此，在驯化过程中，要根据不同的形态与生理指标选择适应当地条件的个体。

# 第二节　选择育种

选择育种（selection breeding）也叫系统育种（pedigree breeding method），是指对现有品种群体中出现的自然变异进行选择，从而培育新品种的育种方法。自花授粉作物的选择育种又称为纯系育种（pure line breeding）。选择育种是一种简单、快速、有效的培育新品种的方法。

## 一、选择育种的简史与成效

选择育种的要点是根据既定的育种目标，从现有品种群体中选择优良个体，实现优中选优和连续选优。选择育种是最早应用于育种实践，现在和将来仍不失其应用价值的育种方法。

作物品种群体中的自然变异，特别是在本地优良品种群体中的自然变异，以及当地古老地方品种中所蕴藏的大量有利变异，在育种上往往都有较高的利用价值。良好的遗传基础上如出现某些优良的变异类型，从而进行选育，往往就能很快地育成符合生产发展所需要的新品种。当然，在品种群体中出现了个别的特殊的变异，如其综合性状不够理想或其他性状欠佳，也可作为杂交育种的亲本材料。前者是自然变异在育种上的直接利用，后者是其间接利用。

### （一）选择育种简史

选择育种是最古老的育种方法。在我国周代初期至春秋中叶的《诗经·大雅·生民》中，就有不少相关记载。“诞后稷之穑，有相之道。茀厥丰草，种之黄茂”，种之黄茂意思是播种时要选色泽光亮的种子，才会长出好苗来。西汉的《泛胜之书》记载了“存优汰劣”的人工选择育种的穗选法：“取麦种，候熟可获，择穗大强者”收割下来，收藏好，“顺时种之，则收常倍”。北魏贾思勰（公元六世纪）的《齐民要术》说：“粟、黍、穄、粱、秫，常岁岁别收，选好穗色纯者，劁刈高悬之。至春，治取别种，以拟明年种子”，这说明当时人们不仅十分重视选种，还建立了专门的种子田，避免与其他种子混杂。

我国近代育种历史中，采用选择育种的方法育出了大批作物品种，并在生产中应用，推动了我国农业不断发展，目前依然是作物育种中常用的方法之一。



1856年，法国的Vilmorin创立了选择育种的维氏分离原则，即要想断定所选单株的经济价值必须靠后裔鉴定（progeny test）。该原则是现代育种工作者公认的选择育种的指导思想。此外，瑞典种子公司的Nilsson和美国的Hays对单株选择育种法进行研究发现，对不同的作物选择效果不同，对同一作物在不同条件下甚至会有矛盾的结果，但是没有给出科学合理的解释。直到丹麦学者Johannsen发表了纯系学说，才使单株选择法建立在科学理论之上。

### （二）选择育种的成效

选择育种利用的是自然变异，不需要人工创造变异，简单易行。另外，从作物品种群体中的自然变异，特别是当地推广的优良品种中的有利变异中进行选育，往往能很快地育成符合生产发展所需要的新品种，在各国作物育种的早期阶段，对选育品种和品种资源的改良起了重要作用。例如，在美国堪萨斯州所育成的硬质红皮冬小麦品种‘Kanred’，是从苏联引进的品种‘Crimean’通过选择育种所育成的，并曾得到大面积种植；春小麦方面，明尼苏达州通过单株选择育成的硬粒小麦品种‘Mindum’，曾经大面积推广，并作为品质好的标准品种。在杂交育成的优良品种中，进一步通过个体选择，也可以育成更优良的新品种。苏联育种家在通过复合杂交育成的矮秆丰产良种‘无芒4号’中，通过个体选择，育成了高产优质的新良种‘无芒1号’，其适应性广、种植面积大，创造了世界小麦品种的纪录。20世纪30年代中期以前，美国种植的亚麻品种大都是通过个体选择而育成的。在美国，通过个体选择从‘隆字棉’中选育出了‘斯字棉5号’，从‘斯字棉2B’中选育出了‘斯字棉7号’，从‘斯字棉7号’中又选育出了‘斯字棉213’‘斯字棉7A’等棉花新品种。

我国作物新品种的选育工作也是从选择育种开始的，所育成的品种数在育种工作早期占优势。据1979年不完全统计，我国稻、麦、棉三大作物的推广品种中，用选择育种法育成品种的比例，在20世纪50年代分别为61.2%、19.6%和74.4%；60年代为43.4%、20.5%和62.9%；70年代为27.6%、9.8%和56.6%（表4-3），为我国的稻、麦、棉生产做出了重大贡献。通过优中选优可以不断育成新品种。例如，从水稻地方品种‘鄱阳早’育成的优良品种‘南特号’，曾经是我国种植面积最大的早籼良种；又从‘南特号’选育出‘南特16号’；从‘南特16号’中选育出我国第一个矮秆籼稻‘矮脚南特’；以后又从‘矮脚南特’中分别选育出一系列适应于不同生态条件和要求的新品种，在生产上发挥了很大作用。此外，从日本引进的晚粳品种‘农垦58’中，也分别选出一系列晚粳新品种。从意大利引进的小麦品种‘阿夫’中，先后选育出了‘扬麦1号’‘扬麦2号’‘扬麦3号’‘武麦1号’‘博爱7023’等十几个品种，多数得到了大面积推广。从美国引进的‘岱字棉15号’中，选育出的品种或品系多达100个以上。

**表4-3　我国稻、麦、棉推广品种中选择育种育成品种的比例**

| 年代 | 水稻 | | | 小麦 | | | 棉花 | | |
|---|---|---|---|---|---|---|---|---|---|
| | 品种数 | 选择育种 | | 品种数 | 选择育种 | | 品种数 | 选择育种 | |
| | | 品种数 | 比例 | | 品种数 | 比例 | | 品种数 | 比例 |
| 20世纪50年代 | 121 | 74 | 61.2% | 153 | 30 | 19.6% | 43 | 32 | 74.4% |
| 20世纪60年代 | 173 | 75 | 43.4% | 200 | 41 | 20.5% | 70 | 44 | 62.9% |
| 20世纪70年代 | 214 | 59 | 27.6% | 143 | 14 | 9.8% | 53 | 30 | 56.6% |

引自：1980年“我国农作物工作三十年成绩”

除了上述稻、麦、棉三大作物外，选择育种法在大豆、高粱、花生、油菜、甘薯、甜菜等作物上也育成了许多优良品种。大豆方面，如20世纪五六十年代我国北方春豆区的‘东农1号’‘荆山璞’‘九农2号’‘晋豆1号’，北方夏豆区的‘徐州302’‘58-161’，南方多播季大豆区的‘金大332’‘南农493-1’‘湘豆3号’和‘湘豆4号’等。在高粱方面，我国早期推广的‘熊岳253’是从盖州市农家品种‘小黄壳’中选育的，‘护2号’‘护4号’是从地方品种‘护脖矬’中选育的。在杂交高粱推广以后，选择育种仍然是选育杂交高粱亲本的有效方法，如‘黑龙11’保持系是从‘库班红’中选育的，‘盘陀早’恢复系是从‘盘陀高粱’中选育的。

选择育种具有方法简单易行，见效快等特点，但也有一定的局限性，它只是从现有品种群体的自然变异类型中选择优良个体，而不是有目的地去创造新的变异。一般而言，这种自然变异，尤其是符合人类需要的优良变异的概率很低。另外，利用连续单株选择育成的品种，是由一个单株繁衍而成的群体，其遗传基础较窄，群体的可塑性变小，难于在综合性状上有较大的突破。因此，随着育种目标的多样化和育种技术水平的提高，选择育种的作用日趋减小。

## 二、选择育种的基本原理

### （一）纯系学说

纯系学说（pure line theory）是丹麦植物学家Johannsen根据菜豆（*Phaseolus vulgaris*）的粒重选种试验结果（表4-4）在1903年提出的。纯系学说认为，由纯合的个体自花授粉所产生的子代群体是一个纯系。在纯系内，个体间的表型虽因环境影响而有所差异，但其基因型相同，因而选择是无效的；而在由若干个纯系组成的混杂群体内进行选择时，选择是有效的。1900年，Johannsen将8kg（近16 000粒）天然混杂的同一菜豆品种的种子，按单粒称重，平均495mg。1901年，其选出轻重显著不同的100粒种子分别播种，成熟后分株收获，测定每株种子的单粒重，从中挑选由19个单株后代构成的19个纯系，它们的平均粒重有着明显的差异，轻者351mg，重者642mg。1902～1907年，连续6代在每个纯系内选重的和轻的种子分别播种，发现每代由重种子长出的植株所结种子的平均粒重与由轻种子长出的植株所结种子的平均粒重相似；而且各个纯系虽经6代的选择，其平均粒重仍分别和各系开始选择时大致相同，说明在纯系内选择是无效的。但经过6代的选择后，各个纯系之间的平均粒重仍保持开始选择时的明显差异，这说明各纯系间平均粒重的差异是稳定遗传的，也说明了在混杂的群体内进行选择的有效性。Johannsen在纯系学说中正确区分了生物体的可遗传变异（纯系间的粒重差异）与不遗传变异（纯系内的粒重差异），并提出“纯系内选择在基因型上不产生新的改变”的论点，为自花授粉植物的纯系育种建立了理论基础。

表4-4 菜豆纯系内对籽粒轻重的选择效果

| 世代 | 籽粒的平均重量/（g/100粒） | | | 子代籽粒的平均重量/（g/100粒） | | |
|---|---|---|---|---|---|---|
| | 最轻 | 最重 | 相差 | 由最轻亲本选出的籽粒重 | 由最重亲本选出的籽粒重 | 相差 |
| 1 | 60 | 70 | +10 | 63.15 | 64.85 | +1.70 |
| 2 | 55 | 80 | +25 | 75.19 | 70.88 | −4.31 |
| 3 | 50 | 87 | +37 | 54.59 | 50.68 | −3.19 |
| 4 | 43 | 73 | +30 | 63.55 | 63.64 | +0.09 |
| 5 | 46 | 84 | +38 | 74.38 | 70.00 | −4.38 |
| 6 | 56 | 81 | +25 | 69.07 | 67.66 | −1.41 |

然而在植物界，即使是严格的自花授粉植物，纯系的保持也是相对的。因为在任何一个纯系内，都存在着由于基因突变而导致某种性状发生变异的可能性，而变异的出现就使纯系内的选择成为有效。Johannsen本人似乎也意识到这一点，他在生前发表的最后著作中，指出“在纯系的某一后代中当基因型发生改变时，纯系可能分裂为几种基因型”。

### （二）自然变异的原因

**1. 自然异交** 不同授粉方式的作物，在种植过程中都有不同程度的异交现象。一个品种与不同基因型的其他品种相互传粉杂交后，必然引起基因重组，而出现可遗传的变异。

**2. 自然突变** 由于环境条件的改变，引起突变的发生；植株和种子内部的生理生化的变化引起自发突变；块茎和块根作物发生的芽变等。虽然自然突变频率远小于人工诱发的突变频率，但由于生产上种植的作物品种群体大，仍有可能在大田中找到有利用价值的突变材料。从不同生态地区引种时常出现可遗传的变异。这可能是由于原品种本身的纯度不高，在新的生态条件下显露出其中的变异或由于生态条件的差异较大，引起自然突变。以上发生的突变只要有利用价值，就应不失时机地加以选择利用。

**3. 新育成品种群体中的分离** 有些品种在其育成时，有的性状并未达到真正地纯合，在田间种植时就出现分离现象。在田间一旦发现有价值的变异，就应注意研究利用。随着品种的利用，一些微小变异会逐渐积累变大。

## 三、性状鉴定与选择

### （一）性状鉴定的方法

在作物育种工作中，从亲本选择、单株选择，到新品种评价都离不开鉴定。育种学上的鉴定是指对育种材料进行测量、评价、鉴别的过程，是进行有效选择的依据，是保证和提高育种质量的基础。鉴定的内容一般包括农艺性状，如生育期、形态特征和产量构成因子；生理生化特性、耐逆性、抗病性、抗虫性、对某些元素的过量或缺失的抗耐性；品质性状，如营养价值、酿造品质、食用价值、纤维品质及其他实用价值等。应用正确的鉴定方法，对育种材料做出客观的科学评价，才能准确地鉴别优劣，做出取舍，进而提高育种效率。

常用的鉴定方法主要有以下几种。

**1. 直接鉴定和间接鉴定** 直接鉴定就是对被鉴定的性状直接进行测定。例如，在鉴定作物抗病性时，根据作物在病害发生条件下所受的损害程度进行鉴定。又如，根据大米在蒸煮时散发的气味鉴定稻米香味的有无。但对一些生理生化特性往往不易进行直接鉴定，可根据与目标性状有高度相关的性状表现来鉴定该目标性状。例如，小麦的耐旱性鉴定可通过离体叶的持水能力测定来评价；品种的耐寒性，可根据受害的表现直接鉴定，还可以通过测定叶片细胞质的含糖量，或根据株型、叶色、蜡质层的有无和厚薄等进行间接鉴定。直接鉴定的结果可靠，但有些性状的直接鉴定费工费时；间接鉴定的性状必须与目标性状存在高度相关，而且其测定方法必须简便、准确、可靠才有实用价值。

**2. 田间鉴定和实验室鉴定** 田间鉴定就是将试验材料种于大田，进行各种性状的直接测定，如利用田间自然条件对作物的抗虫性进行鉴定。品质性状及一些生理生化指标则需要在实验室内进行鉴定，如利用改良聚丙烯酰胺凝胶电泳法测定大豆种子贮藏蛋白的含量、DNA指纹鉴定玉米杂交种纯度、电导率法鉴定黄瓜品种的耐热性等都需要在实验室进行。田间鉴定和实验室鉴定各有优缺点，有些性状需要田间鉴定与实验室鉴定结合进行。

**3. 自然鉴定和诱发鉴定** 生物胁迫和非生物胁迫如果在试验田里经常反复出现，则可就地直接鉴定试验材料的抗（耐）性；否则，就必须人工创造诱发条件。例如，人工造成干旱、水涝、冷冻、病虫害等条件，进行耐旱性、耐淹性、耐寒性、抗病性、抗虫性等诱发鉴定。在诱发鉴定时，要注意创造合适的诱发条件。诱发条件的危害程度要适度。若条件过严，则所有材料都严重受害；若条件过宽，所有材料受害程度偏低。在这两种情况下，抗（耐）性鉴定结果都会出现偏差，如黄淮地区小麦条锈小种接种试验就是诱发鉴定在小麦育种中的具体应用。

**4. 当地鉴定和异地鉴定** 一般来说，试验材料应在当地生态条件下进行鉴定，但有时还得借助于异地条件。例如，病虫害在当地年份间或田块间有较大差异，而且在当地又不易人工诱发，则可以将试验材料送到病虫害经常发生的地区进行异地鉴定。不同纬度长距离北育南繁可以鉴定育种材料对温光反应的敏感性。在不同海拔或不同纬度地区下进行生态试验，是异地鉴定的一种有效方式。例如，黄淮地区小麦的抗赤霉病能力鉴定可在广州等南方地区进行。

随着相关科学技术的发展，性状鉴定技术也得到显著的改进。性状鉴定已不只根据其外观的形态表现，还可测定有关的生理生化指标，甚至可以通过分子标记技术直接对基因型进行鉴定。对产量、抗逆性等复杂性状，综合采用多种鉴定方法会取得比较准确的结果；对品质性状、生理生化特性等的鉴定，测定仪器和技术的不断改进，使鉴定和选择效率不断提高。现代化的性状测定已向大容量、微量样品、精确、快速、自动化和非破坏性的方向发展。例如，籽粒蛋白质的测定，经典方法主要是凯氏定氮法，样品需要粉碎和化学处理，速度慢、费用高，新的近红外反射光谱（near-infrared reflectance spectroscopy，NIRS）技术，可以实现单粒种子的非破坏性测定，快速高效。另外，该技术还可用于淀粉、油分等的快速非破坏性测定。由于作物鉴定内容比较广，涉及的学科多，因此，鉴定工作还必须注意多学科、多单位的分工协作。

### （二）选择的基本方法

选择的基本方法包括单株选择和混合选择。

**1. 单株选择** 单株选择是指从品种群体中选择优良的个体，分别脱粒保存，翌年每个单株分别种一小区（行），根据各小区植株的表现来鉴定上代当选个体的优劣，并据此淘汰不良个体的后代；对自花授粉作物的品种群体，可以在早期稀播，以缓和株间竞争，充分体现单株间的遗传差异而进行单株选择；后期密植以鉴定中选的优良单株在较高密度下的生产能力。单株选择对自花授粉作物品种群体的改良效果明显。而常异花授粉作物品种群体和异花授粉作物品种群体经单株选择后，生活力和适应性会衰退。

单株选择根据选择的次数不同，可分为一次单株选择和多次单株选择。一次单株选择是指对候选群体只进行一次个体选择，以后各年只对其后代进行比较鉴定和选拔等工作；多次单株选择是指当第一次入选个体还有分离时，可再次进行个体选择成新株系，直至选到稳定的、符合育种目标的株系，再经过必要的鉴定试验培育新品种的方法。

**2. 混合选择** 从品种群体中选择目标性状基本相似的个体，混合后加以繁殖，与原品种进行比较，从而提纯原有品种的过程。对自花授粉作物的品种群体进行混合选择后，其大多数个体基因型趋于纯合化，起到淘汰劣株的作用；而常异花授粉作物品种群体和异花授粉作物品种群体经混合选择后，仍保持一定程度的杂合性，既保持了较高的生活力，避免近亲繁殖引起生活力的衰退，又保持了群体的遗传多样性，使整个群体得到进一步改良。因此，混合选择更适合于常异花授粉作物品种群体和异花授粉作物品种群体的改良，增加群体内优良基因或基因型的频率。

混合选择包括一次混合选择和多次混合选择。一次混合选择是指从候选群体中只进行一次选择的方法；多次混合选择是指从第一次混合选择的群体中连续混合选择的方法。对自花授粉作物，混合选择法多用于循环选择的种子生产过程，很少用于新品种的选育；对异花授粉作物，混合选择法多用于群体改良。

## 四、单株选择法的利用

自花授粉作物的单株选择育种，又叫纯系育种或称为系统育种，是通过个体选择、株行鉴定和品系比较试验进而育成新品种的过程（图 4-1）。纯系育种主要包括以下基本环节。

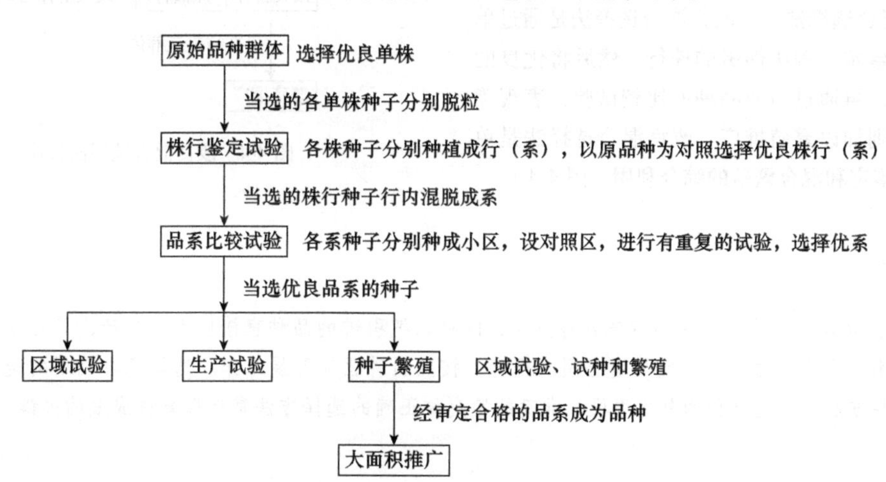


图 4-1 纯系育种程序

**1. 优良变异个体的选择** 从推广品种群体的大田中选择符合育种目标的自然变异个体，经室内复选，淘汰不良个体，保留优良个体分别脱粒，记录其特点，并编号，以备后代鉴定。田间选株应在具有相对较多变异类型的大田中进行，选择个体数量的多少应根据性状的遗传规律而定。受主效基因控制的或不易受环境影响的明显变异，其单株选择数量可少些；而受多基因控制或易受环境影响的性状，其单株选择数量可多些。

**2. 株行鉴定试验** 将入选的优良单株，单独种植成株行，每隔一定数量的株行设置对照品种以便对比。通过田间鉴定，从中选择优良的株行。当株行内植株间性状表现整齐一致时，株行内种子混收成系，升级进入下年的品系比较试验；若株行内植株间还有分离，可再进行一次个体选择。

**3. 品系比较试验** 当选品系种成小区，并设置重复，提高鉴定的精确性。试验环境应接近大田的条件，保证试验的代表性。品系比较试验要连续进行 2 年，并根据田间表现和室内考种结果，选出比对照品种优良的 1 个或 2 个品系参加区域试验。

**4. 区域试验和生产试验** 在不同的生态区域进行区域试验，测定新品种的适应性和稳定性并在较大范围内进行生产试验，以确定其适宜推广的地区。

**5. 品种审定与推广** 经过上述程序后综合表现优良的新品种，可报请品种审定委员会审定，审定合格并批准后，方可推广。

## 五、混合选择法的利用

混合选择法多用于循环选择的种子生产过程，在这一过程中，首先是从有些混杂退化的原始品种群体中，选择具有原品种典型性状的优良个体，混合脱粒，所得的种子下季与原始品种成对种植进行比较鉴定，如经混合选择的群体确比原品种群体优越，就可以取代原品种，作为提纯后的品种加以繁殖和推广（图 4-2）。

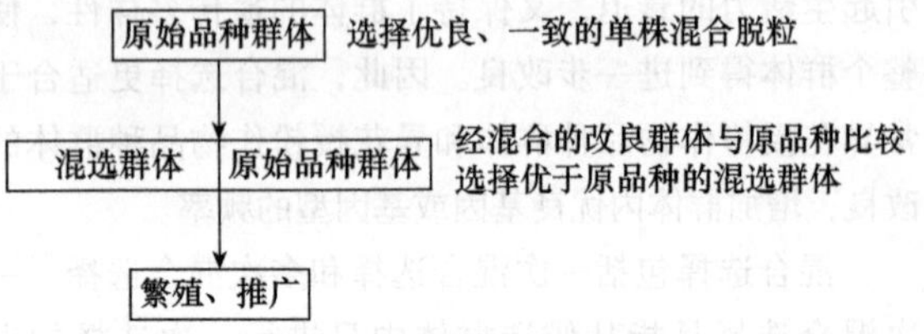

原始品种群体　选择优良、一致的单株混合脱粒

混选群体　原始品种群体　经混合的改良群体与原品种比较选择优于原品种的混选群体

繁殖、推广

图 4-2　混合选择法程序

混合选择法在具体应用中还有其他的一些用法，例如集团混合选择法和改良混合选择法等。

**1. 集团混合选择法**　集团混合选择法是混合选择法的一种变通方法，也称为归类的混合选择法。就是当原始品种群体中有几种基本符合育种要求而分别具有各自优点的不同类型时，为了鉴定类型间在生产应用上的潜力，则需要按类型分别混合脱粒，即分别组成集团，然后将各集团与原始品种进行比较试验，从而选择其中最优的集团进行繁殖推广的过程（图 4-3）。

**2. 改良混合选择法**　改良混合选择法是通过单株选择和株行鉴定，淘汰伪劣的株行，然后将优良的株行混合脱粒，再通过与原品种的比较试验，表现确有优越性时，则加以繁殖推广。改良混合选择法是单株选择、后代鉴定和混合繁殖的综合利用（图 4-4）。

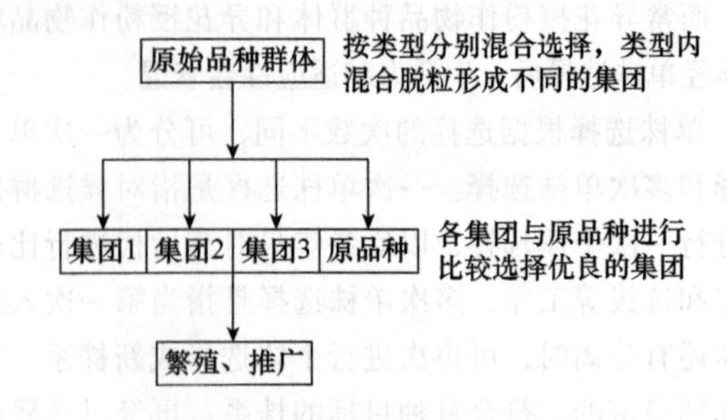


图 4-3　集团混合选择法程序

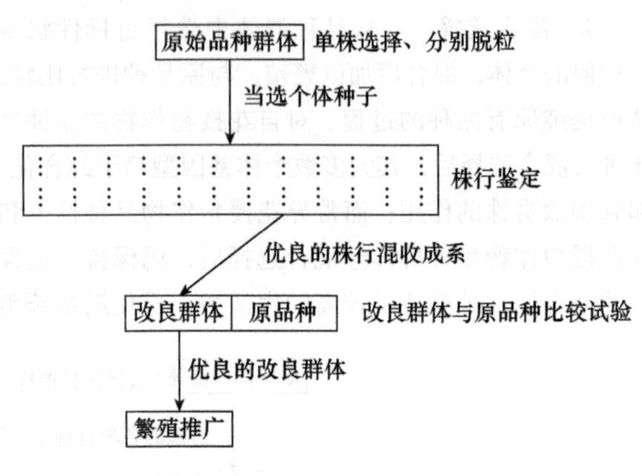


图 4-4　改良混合选择法程序

## 本章小结

引种是一种简单、快速、有效的特殊育种方法，既可以把引进的品种直接应用于生产，又可以作为重要的种质资源加以利用。在引种过程中一定要遵循引种规律，按照引种程序开展工作。选择育种利用的是自然变异，是早期育种的主要方法，也是育种的基本手段，准确的鉴定和正确的选择方法是选择育种成败的关键。



## 拓展阅读

有关从美国引种棉花的社会经济背景、最早引种时间及地点的考辨、引种和推广的历程、引种及推广对我国社会经济的影响等，请参阅羌建等的文章（羌建，王思明，王红谊．2009．美洲陆地棉的引种、推广及其影响研究．中国农史，2：23-31）。

系统育种方法在我国产生、发展的历史，我国的育种先驱对系统育种的贡献，请参阅王慧军和高书国的文章（王慧军，高书国．1986，系统育种在我国的产生、发展与展望．河北农业大学学报，1：84-90）。

## 思考题

扫码看答案

1. 名词解释：引种，驯化，生态型，选择育种，单株选择，混合选择，气候相似论，纯系学说，系统育种，长日照作物，短日照作物。
2. 引种的基本原理是什么？
3. 简述影响引种成功的主要因素。
4. 依据作物对环境反应的敏感程度，可将作物分为哪几种类型？
5. 高温短日照和低温长日照的代表作物及其引种规律是什么？
6. 简述作物自然变异的原因。
7. 简述混合选择育种的程序。
8. 简述选择育种的基本原理和程序。
9. 简述性状鉴定的方法与类别。

# 第五章 杂交育种

附件扫码可见

杂交育种（breeding by hybridization）是指用基因型不同的亲本材料进行有性杂交，对杂种后代进行选择和鉴定，育成符合生产要求的新品种的育种方法。杂交育种包括杂交、选择和鉴定3个基本步骤。相对于基于自然变异的选择育种，杂交育种是育种者有目的的、有针对性地选择基因型不同的亲本进行有性杂交，利用基因重组、基因互作、基因累加等遗传规律来创造可供选择的遗传变异，使育种工作更具有自主性和创造性。

## 第一节 杂交育种的原理和意义

### 一、杂交育种的原理

基因型不同的亲本材料之间杂交是创造变异的方法与手段，其遗传学基础主要是基因重组、基因互作和基因累加。

**1. 基因重组综合双亲优良性状** 假如亲本之一表现为早熟不抗病（*AAbb*），另一亲本表现为晚熟抗病（*aaBB*），在杂种 $F_2$ 代将会出现早熟抗病类型（*A*＿*B*＿），再通过自交纯合和人工选择鉴定，就会选育出纯合的早熟抗病型（*AABB*）。

**2. 基因互作产生新的性状** 假如两个亲本都表现为感病，其基因型分别为 *RRss* 和 *rrSS*，杂交后 $F_2$ 代将会出现抗病类型（*R*＿*S*＿），通过自交纯合和鉴定选择，就会选育出纯合的抗病型（*RRSS*）。

**3. 基因累加产生超亲性状** 假如两个亲本都表现为早熟，其基因型分别为 *LLmm* 和 *llMM*，杂种 $F_2$ 代将可能出现比任意一个亲本更早熟的类型（*L*＿*M*＿）。

根据上述遗传学原理，可将杂交育种分为组合育种（combination breeding）和超亲育种（transgressive breeding）。组合育种是将分属于不同亲本的、控制不同性状的优良基因随机结合后形成各种不同的基因组合，通过定向选择育成集双亲优点于一体的新品种的育种方法。其遗传机制主要在于基因重组和互作。组合育种所涉及性状的遗传方式多是主效基因控制的质量性状，表型鉴别容易，自花授粉或常异花授粉作物的杂交育种多是按组合育种的指导思想进行。

超亲育种是将双亲中控制同一性状的不同微效基因积累于同一个杂种个体中，形成在该性状上超过其亲本的类型，其遗传机制主要是基因累加和互作。超亲育种所涉及的性状多为数量性状，与之相关联的基因数目较多，每个基因的效应较小，对它们进行分析鉴别需要利用统计学的显著性检验。

组合育种与超亲育种在某些情况下是难以截然划分的，因为两个亲本杂交之后，基因间的互作、重组、累加都可能发生，但两者在指导思想和涉及的性状上确有差异，所以选配亲本时考虑的重点应有所不同。

杂交是促进亲本基因重组、创造变异的手段，育种家必须在杂种后代的分离群体中选择符合育种目标而且纯合的重组型个体，再通过一系列试验，鉴定这些品系的产量、适应性、品质等特征特性，进而培育出符合生产要求的新品种。在育种工作开始之前，必须拟定杂交育种计划，包括育种目标的制订、亲本的选配、杂种后代的处理方法等。

### 二、杂交育种的意义

杂交育种是国内外应用最普遍、最有成效的一种常规育种方法。我国生产上大面积推广种植的农作物新品种多数都是用杂交育种的方法育成的。

以小麦为例，1983年以前育成的小麦品种中，50%是通过杂交育种的方法选育的。2010年我国审定的22个小麦品种全部是通过杂交育种的方法选育的，2011年审定的21个小麦品种中有19个是通过杂交育种选育的。就棉花品种来说，世界各主要产棉国都在利用杂交育种的方法选育优良品种。例如，美国以往著名的品种‘岱字棉15’‘珂字棉100’，优良品种爱字棉系统、PD系统，苏联的塔什干系统，埃及的吉扎系统，我国曾大面积推广的优良品种如‘中棉所12’‘鲁棉9号’‘徐州553’‘冀3016’等都是利用杂交育种方法育成的。由此可见杂交育种方法在作物育种中具有重要意义。

## 第二节　杂交亲本的选配

### 一、亲本选配的重要性

亲本选配工作包括选择适当的材料做亲本和合理利用杂交方式两个内容。亲本材料选择得当，组配合理，后代出现的理想类型多，容易选出符合育种要求的优良类型。有时一个优良组合，不同的育种单位，可育成多个不同的优良品种。例如，‘胜利麦/燕大1817’杂交组合就曾在北京、河北、山西、江苏等地分别育成了‘农大183’‘农大498’‘华北187’‘华北497’‘北京5号’‘北京6号’‘石家庄407’‘太原566’‘太谷49’等13个优良小麦品种。又如，中国农业大学和山西省农业科学院小麦研究所从‘陕优225/临汾5064’组合中分别育成了‘农大135’‘农大1179’‘农大1186’‘农大1193’‘农大1195’和‘临汾137’‘临汾138’‘临优145’等烘烤品质优良的小麦品种。相反，如果亲本材料选择不当，组配不合理，即使在杂种后代中精心选育多年，也会徒劳无功。因此，选择适当的亲本材料并选择合理的杂交方式是杂交育种工作的关键和基础，也是杂交育种最重要的环节之一。

### 二、亲本选配的原则

为了选择优良亲本用于杂交育种，必须对育种的亲本材料进行较为详尽的观察研究，掌握其主要特征特性及其遗传规律，依据事先制订的育种目标，在熟识的种质资源中选择恰当亲本，合理组配组合，才可能在杂种后代中出现优良的重组类型，为选出优良品种奠定基础。根据育种经验，选配亲本的原则主要包括以下4个方面。

#### （一）双亲的优点多缺点少，在主要目标性状上优缺点应尽可能互补

这是选配亲本的首要原则。其理论依据是基因的分离和自由组合。首先，一个地区的育种目标所要求的优良性状总是多方面的，如果双亲的优点多缺点少，杂种后代通过基因重组，出现综合性状较好的个体的概率就大，就有可能选出优良的品种。其次，作物的许多性状，如产量相关性状、生育期等多为数量性状，如果双亲的优点多缺点少，则该性状的平均值就高，由于受亲本遗传的影响，杂种后代数量性状的表现和双亲的平均值密切相关。例如，1974年河北省农业科学院曾报道，杂种$F_1$与双亲平均值之间的相关系数分别是，单株穗数0.85，每穗粒数0.90，每穗粒重0.85，千粒重0.80，相关性非常高。最后，每个亲本都或多或少地存在着不符合育种目标要求的性状，与之配对的另一个亲本应具有弥补前者缺点的目标性状，只有这样，才有可能从杂交后代中选出预期的基因型。例如，20世纪50年代西北农林科技大学的赵洪璋教授用‘蚂蚱麦’和‘碧玉麦’杂交选出的‘碧蚂1号’曾在黄河流域大面积推广，种植面积曾达600万$hm^2$。其亲本‘蚂蚱麦’具有越冬性较好、成熟较早、每穗粒数较多、分蘖力适中、耐旱性较强等优点；另一亲本‘碧玉麦’抗条锈能力强、籽粒大、抗倒伏，正好弥补了‘蚂蚱麦’感染条锈病、抗倒伏能力较弱、籽粒较小的缺点。正是由于两个亲本选配得当，育成的‘碧蚂1号’综合性状较好（表5-1）。

**表5-1 ‘碧蚂1号’和双亲的特性（张天真，2003）**

| 亲本和品种 | 越冬性 | 成熟期 | 抗条锈病 | 株高 | 抗倒性 | 每穗粒数 | 籽粒大小 | 分蘖力 | 耐旱性 |
|---|---|---|---|---|---|---|---|---|---|
| 蚂蚱麦 | 较好 | 中早 | 感染 | 中 | 较弱 | 多 | 小 | 中 | 较强 |
| × | | | | | | | | | |
| 碧玉麦 | 差 | 中早 | 免疫 | 中高 | 较强 | 少 | 大 | 中弱 | 较强 |
| ↓ | | | | | | | | | |
| 碧蚂1号 | 中 | 中早 | 高抗 | 较高 | 中 | 中多 | 中大 | 中 | 较强 |

双亲的优缺点互补是指一个亲本的优点在很大程度上要能克服另一亲本的缺点，亲本之一在主要目标性状上应表现得十分突出，并且遗传力高，才能克服另一亲本在这个性状上的缺点。双亲的优缺点互补要根据育种目标抓主要性状，特别要注重限制产量和品质进一步提高的主要性状。一般来说，首先考虑的是产量构成因素之间的互补，当育种目标要求的产量因素结构是穗重、穗数并重类型，可采用大穗与多穗类型相互杂交。其次，要考虑影响稳产的性状，如抗病性、耐旱性、耐寒性、抗倒性等。如果育种目标要求在某个主要性状上要有所突破，则选用的双亲最好在这个性状上表现都较好。例如，为了解决抗条锈病问题，由于流行的条锈病原菌生理小种较多，可选用抗不同生理小种的材料杂交，就有可能选出兼抗多个条锈生理小种的品种。为了在早熟性上有所提高，可选用分别在不同生长阶段发育较快的早熟品种相互杂交。

双亲的优缺点互补是有一定限度的，互补性状不宜过多，否则由于杂种后代分离严重、分离世代数增

加，延长育种年限，而且也难以获得完全克服亲本缺点的后代。这是因为综合性状好的个体在杂种后代出现的概率随着互补性状数目的增加而递减。

另外，两个亲本不宜有共同的缺点，亲本之一不宜有严重的缺陷，以免这种缺陷难以在杂种后代中得到补偿。例如，山东省选育的棉花品种‘高密933’，丰产性好，但纤维品质差，凡用它作为亲本的杂交组合，都具有纤维品质差的缺点。

### （二）选用遗传基础差异较大，亲缘关系较远的材料做亲本

为了丰富杂种后代的遗传变异，亲本材料的遗传基础差异要较大，亲缘关系要较远。目前，育种家主要选用不同生态类型和不同亲缘关系的材料做杂交亲本。

亲缘关系较远或生态类型不同的亲本间杂交，杂种后代的遗传变异广泛，由于基因重组和互作，提高了把许多优良性状结合在一起的机会，甚至可能出现超亲类型和原来亲本所没有的新的优良性状，易于选出性状超越亲本和适应性较强的新品种。一般情况下，利用外地不同生态类型的品种做亲本，容易引进新基因，克服当地推广品种的缺点，增加成功的机会。例如，河北省农林科学院粮油作物研究所在20世纪80年代末育成的‘冀麦30号’，追溯系谱在其亲本中包括地方品种‘蚂蚱麦’及其选系‘泾阳302’、美国品种‘早洋麦’、澳大利亚品种‘碧玉麦’、德国品种‘亥恩亥德’、朝鲜品种‘水源86’、苏联品种‘阿芙乐尔’和智利品种‘欧柔’。这些品种来自世界各地，遗传基础十分复杂，生态类型差别很大。‘冀麦30号’综合了亲本的抗病、早熟、矮秆、抗倒伏等优点，增产潜力大、稳产性好、适应性广，不仅成为当时黄淮麦区主要推广良种之一，而且在20世纪90年代末曾是新疆南疆地区冬麦种植面积最大的品种。通过冬、春麦杂交，也成功地选育出了许多优良品种，如由‘蚂蚱麦/碧玉麦’育成的‘碧蚂1号’和‘碧蚂4号’，由‘西北60’/‘中农28’育成的‘西农6028’，由‘石家庄407’/‘南大2419’育成的‘石家庄34’，都是冬、春麦杂交的后代。

在利用该原则时，不能过分要求双亲的亲缘关系和遗传差异，否则会造成杂种后代的性状分离过大、分离世代延长而影响育种效率。如何把握，关键还在于亲本材料是否具有优异的目标性状，以及这些性状能否较好地传递给杂种后代。

### （三）亲本之一应选用当地推广品种

为了使杂种后代具有较好的丰产性和适应性，新育成的品种能在生产上大面积迅速推广，具有好的发展前途，亲本中最好有能够适应当地环境条件的推广品种。1972年广西农业科学院分析了水稻的5000多个杂交组合后认为，利用当地推广品种作为亲本是育成适应性强、稳产、高产优良新品种的有效方法；在自然条件严酷、气候变化无常的地区，地方良种的选用尤为重要。根据1980年北京农业大学对150个国内外小麦推广良种的系谱分析，双亲为推广品种的有64个，父母本一方或祖代一方（复交）为推广品种的有74个，两者总和占调查品种数的94%，可见推广品种在亲本组配中的重要性。我国推广面积较大的棉花品种如‘徐州154’‘徐棉6号’‘中棉所12’‘鲁棉6号’的亲本之一是‘徐州142’，‘中棉所12’‘鲁棉6号’和‘冀棉10号’的亲本之一是‘邢台6871’，‘中375’‘鲁S2’‘豫早58’等夏播短季棉的亲本之一是‘中棉所10’。‘徐州142’‘邢台6871’和‘中棉所10’这3个品种在黄河流域棉区都曾是适应性和丰产性好的推广品种。

对当地环境条件适应性好的亲本可以是当地推广良种，也可以是农家种。在自然条件比较严酷，受寒、旱、盐碱等影响较大的地区，当地农家种因经历长期的自然选择和人工选择，往往表现得比外来品种具有更强的适应性。农家种的缺点是丰产潜力小，会造成育种起步水平低，育种效果不明显。所以，现在已极少直接利用农家品种做亲本，而以含有农家品种血缘及相应抗逆性的推广品种为亲本效果更好。

### （四）选用一般配合力高的材料

配合力是指某个亲本与其他亲本杂交时产生优良后代的能力，包括一般配合力和特殊配合力。一般配合力是指某个亲本和其他若干个亲本杂交后，杂种一代在某个数量性状上的平均表现。同一亲本不同性状的配合力大小不同，有些性状的配合力高，有些性状的配合力低。对于自花授粉作物和常异花授粉作物来说，如果某一亲本的一般配合力高，实际上说的是许多性状，特别是经济性状的一般配合力高。所以，选配亲本时要针对主要目标性状，注意选用一般配合力高的材料，而且亲本间不同性状的配合力应尽可能互补。选用这样的品种做亲本，往往会得到很好的后代，容易选出好的品种。

一个优良品种常常是好的亲本，在其后代中能分离出优良类型，但并非所有优良品种都是好的亲本。有时一个本身表现并不突出的品种却是好的亲本，能育出优良品种。例如，20世纪60年代中国农业大学培育的优良高产品种‘农大139’，曾在我国北部冬麦区大面积种植，许多单位用其作为亲本，配制过许多杂交组合，但选育出的新品种很少。我国棉花品种‘52-128’‘57-681’等本身并非优良品种，也没有在生产上广泛应用，但用它们作为枯萎病的抗源亲本，与其他品种

杂交，育成了不少高产、优质、抗病的优良品种。因此，选配亲本时，除注意亲本自身的优缺点外，还要通过杂交实践，积累资料，以便选出好的品种作为亲本。根据我国各地从事棉花杂交育种的经验，一般认为‘徐州58’‘徐州142’等品种的丰产性，‘邢台6871’的高衣分，‘中棉所7号’‘乌干达4号’等品种的优良纤维品质和强生长势等性状对杂种后代产生影响的能力较大，即一般配合力高，用它们作为亲本之一，大都能获得较好的结果。

由于一因多效和多因一效，以及基因间的互作和连锁遗传等原因，品种杂交后农艺性状及其对应的基因常常不能以预期的方式重新组合。有时即使按要求严格选择亲本，并进行合理的组配，也不一定就能选育出符合育种目标的理想品种。

## 第三节 杂交方式和杂交技术

### 一、杂交方式

根据育种目标，选择好亲本材料之后，如何组配，即采用什么杂交方式，是影响杂交育种成效的另一重要因素。原则上，能用简单的杂交方式，就不用复杂的杂交方式。根据亲本数目的多少和亲本的利用方式，可以将杂交方式分为单交、复交、多父本授粉和回交。

#### （一）单交

用两个亲本进行一次杂交称为单交（single cross）或成对杂交，表示为A×B或A/B，其中亲本A和B的遗传成分在杂种一代中各占50%。单交只进行一次杂交，简单易行，育种年限短，杂种后代群体的规模相对较小，杂种后代的表现相对容易预测，是一种最常用、最基本的杂交方式。在组配单交组合时，一个亲本最好是具有丰产性、稳产性和适应性的当地推广良种，如果双亲都能适应当地环境条件，优缺点能够互补而且生态型又有较大差别，则更易取得成功。例如，‘百农3217’曾是河南省主要小麦推广良种，其丰产性和适应性都较好，半矮秆、穗大粒多，但高感条锈病、熟相差、籽粒不饱满，用它与高抗条锈病、农艺性状较好的‘CA9612’杂交，育成的‘豫麦13’不仅高抗条锈病而且比‘百农3217’显著增产。育种实践证明，单交组合的两个亲本，如果亲缘关系近，性状差异小，杂种后代的分离就不大，稳定较快；反之，则分离较大，稳定也较慢。在生产上大面积推广的小麦品种‘晋太170’（‘Swm788912’/‘京437’）、棉花品种‘中棉所12’（‘乌干达4号’/‘邢台6871’）、大豆品种‘晋大74’（‘晋大52’/‘晋大47’）等都是用单交法育成的。

两亲本杂交可以互为父本、母本，因此又有正交和反交之分。如果称A(♀)/B(♂)为正交，则B(♀)/A(♂)为反交。习惯上以当地推广品种作为母本。有时，正反交（reciprocal cross）对后代的影响也有差异。例如，1972年山西吕梁地区农业科学研究所用耐寒的小麦‘华北187’为母本和半冬性的品种‘阿桑’杂交，选出了‘晋阳829’良种，而反交组合则因耐寒性差而被淘汰。

#### （二）复交

复交（multiple cross）指两个以上的亲本，进行一次以上的杂交。一般先将两个亲本配成单交组合，再在组合之间或组合与亲本之间进行第二次乃至更多次的杂交。复交的亲本中至少有一个是杂种，复交$F_1$性状分离。与单交相比，复交杂种的遗传基础比较复杂，变异类型更丰富，能出现良好的超亲类型，但性状稳定较慢，所需育种年限较长、杂交工作量较大。随着育种目标的变化和对新品种要求的提高，复交被越来越广泛地应用。例如，我国棉花育种中，20世纪70年代复交育成的品种只有7个，占杂交育成品种总数的18%；80年代复交育成的品种有24个，占杂交育成品种数的52%。小麦育成的品种中，20世纪60年代、70年代和80年代复交育成的品种数分别占杂交育成品种总数的44.3%、63.0%和68.5%。

当单交杂种后代不能满足育种目标要求，或某亲本有非常突出的优点，但缺点也很明显，一次杂交对其缺点难以完全克服时，宜采用复交方式。在应用复交时，亲本的组合方式和亲本在杂交中的先后次序非常重要。育种者需要考虑各亲本的优缺点、性状互补的可能性，以及期望各亲本的遗传组成在杂交后代中所占的比重。一般应遵循的原则是：综合性状较好，适应性较强并有一定丰产性的亲本应安排在最后一次杂交，以便使其遗传成分在杂种后代中占有较大的比重，从而增强杂种后代的优良性状。复交方式又因亲本数目及杂交方式不同而有多种不同类型。

**1. 三交** 三交（three way cross）是三个亲本依次杂交，先用其中两个亲本A和B配成单交种，再用这个单交种与第三个亲本配成三交种，表示为A/B//C或（A×B）×C，A和B在三交种中的遗传比重各占25%，C占50%。一般用综合性状优良的品种作为最后一次杂交的亲本（C），以增加该亲本性状在杂种后代遗传组成中所占的比重，育种实践中常常选用农艺性状优良的当地推广品种或高代品系，以保证杂种后代具有较好的丰产性和适应性。例如，新疆农业科学院选用纤维较长的‘长绒3号’和成熟较早的‘杂种4号’杂交，获得的杂种再和大铃、高衣分的‘C-4757’杂交，在杂种后代中选育出具有3个亲本优良性状的‘新陆201’品种。20世纪60年代中国农业科学院作物科学研究所在‘亥因亥德/欧柔//北京8号’的小麦三交组合中育成了‘北京14号’，以后又通过系选从中选出了‘红良4号’‘红良5号’‘12057’和‘12040’等一系列小麦品种。旱地小麦品种‘晋麦47’是以‘12057’为母本，以‘旱522/K37-20’为父本，通过三交选育出来的。

**2. 双交**　双交是指两个单交的 $F_1$ 再杂交，组配双交的亲本可以是4个或3个。三亲本双交是指一个亲本先分别同其他两个亲本配成单交 $F_1$，再将这两个单交的 $F_1$ 进行杂交，表示为C/A//C/B。在双交种中A和B的遗传比重各占25%，C占50%。例如，小麦良种‘北京10号’是利用‘华北672’‘辛石麦’和‘早熟1号’3个品种采用双交方式育成，其杂交方式为（‘华北672’/‘辛石麦’）//（‘早熟1号’/‘华北672’）。

四亲本双交是指用4个亲本先分别配成两个单交的 $F_1$，再把两个单交 $F_1$ 进行杂交，即A/B//C/D，亲本A、B、C和D在双交种中的遗传组成各占25%。例如，曾在华北地区大面积推广的高产品种‘农大139’是（‘农大183’/‘维尔’）//（‘燕大1817’/‘30983’）双交组合的后代。

四亲本的双交组合具有亲本优缺点容易互补、后代中容易产生超亲性状、遗传变异丰富、容易产生一些新性状等优点。但与单交相比，复交 $F_2$ 中出现理想基因型的频率要低得多，假设A/B单交组合有 $n$ 对基因不同，C/D单交组合有 $m$ 对基因不同，它们产生的配子种类相应为 $2^n$、$2^m$，这样A/B//C/D的 $F_1$ 所产生的配子种类应为 $2^n \times 2^m = 2^{n+m}$。由此可知，在复交 $F_2$ 群体中，基因型种类会急剧增加，出现的优良类型的频率也相应变低。当一个或两个亲本具有大量的不利性状时，出现优良类型的频率更低。为了使双交组合后代能出现较多的优良类型，在双交组合中至少应包括两个综合农艺性状较好的亲本。

上述的三亲本双交和三交相比，其3个亲本的遗传组成在杂交后代中的比重是一样的，但选择效果和灵活程度上存在一定差异。三亲本双交的两个单交组合C/A与C/B，其中C的综合农艺性状较好，有可能从这两个单交组合的后代中选出新品种，而三交A/B//C中的单交组合A/B只能供进一步再杂交之用，很难直接选出品种。三亲本双交的两个单交组合可以在 $F_1$、$F_2$ 或 $F_3$ 进行复交，比较灵活，单交组合不同世代具有目标性状的个体可随时进行复交。而三交主要在 $F_1$ 进行复交，否则要延长育种年限。

**3. 四交**　4个亲本依次杂交。4个亲本可以组配成双交，即A/B//C/D，只需杂交两次就可以完成；也可以是4个亲本的依次杂交，即A/B//C/3/D，需要进行3次杂交。因此当4个亲本杂交时，一般采用双交，只有在弥补三交不足时才用四交。

复交还可以是五交、六交……以此类推。由于最后一个杂交的亲本其遗传比重占50%，而所有其他亲本的遗传比重占另外的50%，因此把拥有最多有利性状、综合性状好的亲本放在最后一次杂交是十分必要的。另外，多亲本复交需要相对较长的时间，才能获得想要的杂种群体，且还需几年的时间从分离群体中选择理想的后代品系，因而只有在原有杂交组合不能保证产生理想重组性状时，才不断增加亲本组配复交。

**4. 聚合杂交**　聚合杂交是经过一系列杂交，将几个亲本聚合在一起的杂交方式。采用不同形式的聚合杂交，可把多个亲本的有利基因积聚在杂种后代的同一个个体中。

1）*最大重组的聚合杂交*　参加聚合杂交组合的亲本越多，所需年限也越长。下面是8个品种的聚合杂交，杂种后代中8个亲本的遗传组成各占12.5%（图5-1）。

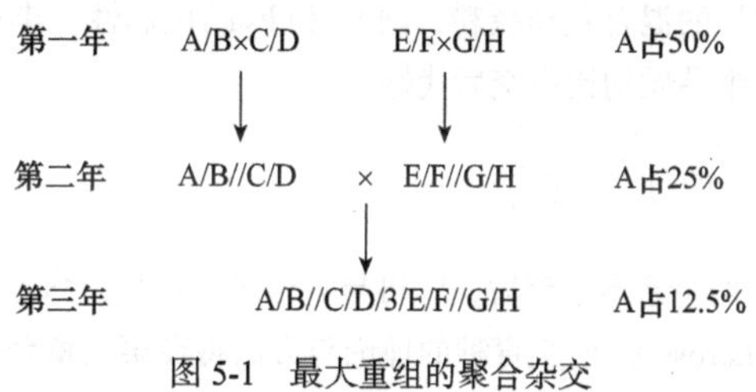


图5-1　最大重组的聚合杂交

2）*超亲重组的聚合杂交*　为了改进优良亲本A的某个农艺性状，如抗病性，可采用此方法。杂种后代中优良亲本A的遗传组成占50%，而B、C、D、E可以分别是抗不同病害，或抗同一种病害不同生理小种的抗源亲本（图5-2）。

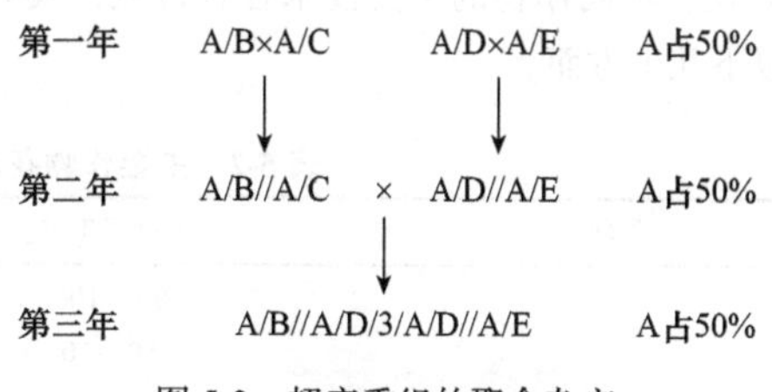


图5-2　超亲重组的聚合杂交

聚合杂交的第一年是用成对亲本进行杂交，杂交授粉数量不需要太多；第二年用两个单交 $F_1$ 杂交，由于下年双交组合将会出现分离，杂交数量要适当加大，才有利于下一年的单株选择与授粉杂交；第三年杂交，双亲都是双交 $F_1$ 杂种，必将出现复杂的分离现象，应依据育种目标性状选株杂交，而且杂交授粉的数量应进一步加大，目的是分离出综合各亲本优良性状的优良基因型。

## （三）多父本授粉

将一个以上亲本的花粉混合起来，授于一个母本品种柱头上，称为多父本授粉（multiple parental pollination）。利用这种方式从母本植株上收获的种子为多个单交种的混合群体，分离类型较单交丰富，有利于选择。

在克服远缘杂交不亲和时，常将远缘亲本的花粉与失活的母本花粉混合起来，授于母本柱头上，可提高结实率。例如，1960年贵州农学院用小麦品种‘中农28’为母本与黑麦杂交时，其结实率只有1.2%；而在黑麦花粉中加入小麦品种‘五一麦’和‘黔农199’的花粉时，其结实率达16.6%。多父本授粉也用于新品种选育，如中国科学院西北植物研究所育成的‘小偃759’，就是以‘长穗偃麦草’为母本，授以小麦‘6028’‘中农28’‘阿尔巴尼亚丰收’和‘碧蚂1号’等品种的混合花粉而育成的。在棉花育种中，1972年陕西省棉花研究所在选育抗枯萎病、黄萎病品种时，发现多父本混合花粉授粉比用单父本杂交所得的后代好。例如，‘射洪52’抗枯萎病能力强，用作杂交亲本时，常会将其衣分低的缺点同时遗传给后代，如果用丰产抗病品种‘Y60-5’和丰产不抗病品种‘徐州1818’的混合花粉授粉，则$F_1$和$F_2$的抗病性、丰产性及纤维品质均比单交后代好。

### （四）回交

两个亲本杂交后，$F_1$再与双亲之一杂交，称为回交（backcross）。回交育种的理论与方法将在第六章介绍。



## 二、杂交技术

开始杂交前，要了解作物的花器构造、开花习性、授粉方式、花粉寿命、胚珠受精能力持续时间等，还要了解该作物不同品种在当地环境条件下上述性状的具体表现。不同作物的杂交技术各有特点，其共同点包括以下几个方面。

### （一）调节开花期

如果双亲的开花期不一样，则需要调节开花期使亲本间花期相遇。最常用的方法是分期播种，一般将早熟亲本晚播或将主要亲本每隔7～10天播一期，共播3期或4期。对于具有明显春化特性的作物可进行春化处理以促进抽穗，对于光周期敏感的作物品种可采用延长或缩短光照的方法调节生育期。此外有些栽培措施，如地膜覆盖、增施不同类型的肥料、调整密度、中耕断根及剪除大分蘖等均能提早或延迟开花。

### （二）控制授粉

必须防止母本材料的自花授粉和天然异交。这需要在母本开花前进行人工去雄和隔离，避免与非计划内的品种授粉。

不同作物的去雄方法不同，最常用的方法是人工夹除雄蕊法，如小麦；棉花可采用花冠连同雄蕊管一起剥掉的方法去雄；豆科植物可以拔去花冠将雄蕊一一拔掉；对于花朵小、人工去雄困难的作物可利用雌雄蕊对温度的敏感性不同进行温汤杀雄，如水稻；此外还可利用化学杀雄剂杀雄，利用雄性不育等。去雄后的雌花一般要套袋隔离。

去雄完成后，再进行授粉。授粉一般是在该作物每日开花最盛的时候进行，此时采粉较易，花粉新鲜纯洁，生活力高。但有时由于父母本花期不遇，或在异地采集花粉，都需要将采集的花粉贮藏一段时间，这需要了解不同作物花粉的保存条件及花粉寿命（表5-2）。在自然条件下，自花授粉作物花粉的寿命比常异花授粉、异花授粉作物短。水稻花粉取下后5min内、小麦花粉取下后十几分钟至半小时内使用有效，而玉米花粉取下后2～3h才开始有部分死亡，其生活力可维持5～6h。对于贮藏的花粉，授粉前最好测定一下花粉的生活力。

表5-2　主要作物花粉的保存条件与寿命（张天真，2003）

| 作物 | 相对湿度/% | 温度/℃ | 寿命 |
| --- | --- | --- | --- |
| 玉米 | 90～100 | 4 | 10天 |
| | 50～70 | 7 | 10天 |
| 大麦 | 40左右 | 10左右 | |
| 小麦 | 30以下 | 15以下 | 1天（室内保存） |
| 高粱 | 75 | 4 | 94h |
| 甘蔗 | 90～100 | 9～5 | 7天 |
| 烟草 | 50 | −5 | 1年 |
| 马铃薯 | 15～20 | 0～1 | 1年 |

开花期柱头受精能力最强，此时的柱头光泽鲜明，授粉后结实率高。在实际工作中由于双亲花期有差异或杂交任务大，有些杂交组合不能在最适时期授粉，这就要了解不同作物柱头受精能力维持的时间。禾谷类作物在开花前1～2天即有受精能力，其开花后能维持的最长天数，小麦为8～9天，黑麦为7天，大麦为6天，燕麦及水稻为4天。玉米在花丝抽齐后1～5天受精能力最强，6～7天后开始下降，有时可维持9～10天，夏玉米维持时间较短。棉花柱头的受精能力只能维持到开花的第二天，大豆可维持2～3天。有时可采用灌溉

提高田间空气湿度、降低温度来延长柱头受精期限。一般在母本去雄后的第二天或第三天人工授粉结实率高。

### （三）授粉后的管理

去雄后在穗或花序下挂牌，牌上写明组合（母本名 / 父本名）、去雄日期，授粉后再写上授粉日期。为了提高结实率，也可在授粉后第二天进行重复授粉。成熟后，要连同标记牌一起收获，及时脱粒。同一杂交组合的不同杂交穗最好单独收获单独脱粒。

## 第四节　杂种后代的处理

正确地选配亲本获得杂种以后，应进一步根据育种目标，在良好一致的试验条件下种植足够数量的杂种后代的分离群体。在此基础上，按照不同世代特点，对杂种后代进行正确处理，以及严格的选择、鉴定和评比，最后育成符合育种目标的新品种。对于某些特定性状，还需要给予相应的培育、选择和鉴定的条件。如何把优良的基因型从庞大的杂种分离群体中选拔出来是杂交育种的核心问题。系谱法和混合法是杂种后代处理的最基本方法，在这两种方法的基础上又演化出衍生系统法、单粒传法等。

### 一、系谱法

系谱法（pedigree method）是指从杂种第一次分离世代（单交 $F_2$、复交 $F_1$）开始选株，分别种成株行，即系统，以后各世代均在优良系统中选择优良单株，直至选出优良的系统升级进行产量比较试验。在选择过程中，各世代予以系统编号，以便查找株系历史和亲缘关系，故称系谱法（图 5-3）。系谱法是国内外在自花授粉作物和常异花授粉作物杂交育种中最常用的方法。我国农业生产上推广的小麦、棉花等作物的优良品种，绝大

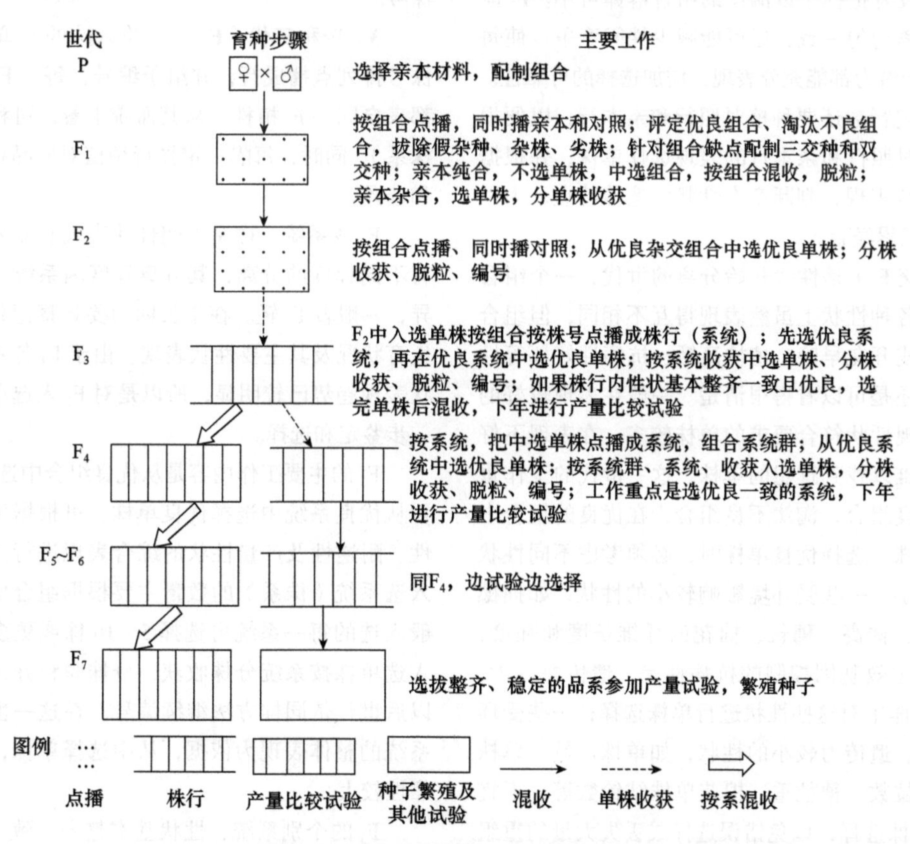


图 5-3　系谱法示意图（张天真，2011）

多数是用此法育成的。

#### （一）系谱法的工作要点

以单交组合为例说明系谱法的工作要点。

**1. 杂种一代（$F_1$）**　将杂种种子按杂交组合编号、排列，每一组合种植母本行、$F_1$ 行、父本行（也可不种），稀点播以加大种子繁殖数量，同时便于拔除假杂种。每一组合的种植株数应按照预期 $F_2$ 群体的大小及该作物的繁殖系数而定，数株到数十株。$F_1$ 群体除了必须保证一定株数以外，还应加强田间管理，以便获得较多的种子。

杂种一代的工作重点是评定优良组合、淘汰不良组合，参照父本行、母本行拔除假杂种、杂株、劣株，针对组合缺点配制三交种或双交种。如果用两个纯系品

种杂交，所得的 $F_1$ 杂种在性状上是一致的，一般不选单株。如果杂交亲本不纯，在 $F_1$ 就发生性状分离时，可以进行单株选择。

收获时按组合混收，写明行号及组合号。如进行了单株选择，则把入选单株单独收获，单独脱粒，并注明单株号。每一当选组合所留的种子数量，应能保证 $F_2$ 有一定的群体，如稻麦等作物，每一杂交组合的 $F_2$ 一般应能播种 2000～6000 株；棉花应有 2000 株左右。

**2. 杂种二代（$F_2$）** 按杂交组合稀点播。$F_2$ 或复交一代群体应尽可能大些，原则是必须确保获得育种目标所要求的重组基因型。群体的大小应根据育种目标、亲本遗传差异的大小、亲本数目多少、杂交方式、组合优劣及目标性状遗传的特点而定。如果育种目标要求面广，如对成熟期、抗病性、耐逆性、高产等性状都有要求，则群体应该大一些；亲本的遗传差异大，群体应该加大；采用复交的杂种比单交杂种群体要大一些。$F_1$ 评定为优良组合的群体更宜大，而表现较差但还没有把握予以淘汰的组合群体可小。$F_2$ 应注意株间距离均匀一致，尽可能减少株间竞争，使每一单株的遗传潜力都能充分表现，增加选择的可靠性。

每隔一定行数还要种植对照行和亲本行，以便根据最邻近的对照行和亲本行的表现选择单株，并根据 $F_2$ 单株的性状表现，判断亲本性状的遗传特点，为以后选配亲本积累经验。

$F_2$（复交 $F_1$）是性状开始分离的世代，一个组合内植株间在各种性状上虽然表现得互不相同，但组合之间，抽穗或开花早晚、植株高矮、抗病性好坏等性状的总趋势还是可以看得很清楚。一般在表现较好的组合内，出现性状符合要求的单株较多；在表现不好的组合内，难以找到理想的单株。这一世代的工作重点是选择优良组合，淘汰不良组合，在优良的组合中选择优良单株。选择优良单株时，必须考虑不同性状遗传力的大小，一些受环境影响较小的性状，如抽穗期、开花期、株高、穗长、棉花的纤维长度和强度，以及某些由主效基因控制的抗病性等，遗传力较大，可以在 $F_2$ 群体中对这些性状进行单株选择；一些受环境影响较大、遗传力较小的性状，如单株产量、单株分蘖数、穗粒数、穗粒重、棉花单株结铃数等，不宜在 $F_2$ 进行单株选择，以免错误选择或丢失大量的重组类型。

有分蘖习性的作物也可进行穗选，下一年种成穗行（穗系）。凡进行穗选的后代群体，种植密度应大些，尽量减少分蘖。采用穗选措施比较简单，但无法判断分蘖数量及整齐度，且种子量较少。

$F_2$ 所选单株的优劣在很大程度上决定其后代表现的好坏。因为来自同一 $F_2$ 单株后期世代的一些系统，大多具有大体相同的优点及相似的产量水平。$F_2$ 单株选得是否准在很大程度上决定了育种工作的成败。因此，$F_2$（或复交一代）是选育新品种的关键世代。选择标准过宽，会使试验规模过大而分散精力；选择标准过严，就会丢失大量优良基因型。

选择单株的数量依育种目标、杂交方式、目标性状的遗传特点及杂交组合优劣程度而定，每个杂交组合入选几十株或几百株。在育种目标要求广、综合性状良好的组合中选株宜多。

收获时，入选单株按组合分株收获，稻、麦等禾谷类作物应连根拔起，将同一组合的各个单株捆成一捆，并标明行号。风干后，对株高、穗部性状、籽粒性状、饱满度、千粒重、品质等性状进行室内考种，淘汰不良单株。棉花、大豆等有分枝的作物在田间可根据株型、结铃（荚）性、抗病性等性状进行评选，然后室内考种复选，如对棉花来说，测定单株籽棉的单铃重、衣分、衣指、籽指和纤维长度等性状。当选单株分株收获、脱粒或轧花，并记录组合号、行号和株号。

**3. 杂种三代（$F_3$）** 将入选的 $F_2$ 单株按组合按株号排列点播成行，并给予编号，每一 $F_3$ 株行内各株都来自同一 $F_2$ 植株，从其血统上看，可称为系统（或株系）。同时，每隔一定株行种植对照品种，以便比较和选择。

$F_3$ 各系统（株系）间性状表现有差异，系统内仍有不同程度的分离，其分离程度因系统（或株系）而异，一般较 $F_2$ 轻。在生长期内要观察记载每一系统的生育状况及其主要性状表现。由于 $F_3$ 各系统的主要性状表现趋势已较明显，所以是对 $F_2$ 入选单株优劣的进一步鉴定和选择。

$F_3$ 的主要工作内容是从优良组合中选择优良系统，再从优良系统中选择优良单株。可根据生育期、抗病性、耐逆性及产量性状的综合表现进行选择。各组合入选系统（株系）的数量主要根据组合优劣而定，一般入选的每一系统可选择 5～10 株或更多的单株，将入选单株按系统分株收获，分株脱粒并编号。$F_4$ 及其以后世代依同样方法继续编号。在这一世代是以每个系统的整体表现为依据，从中选择单株，因而选择可靠性较大。

$F_3$ 的个别系统，性状基本整齐一致，而且农艺性状表现优良，这样的系统在选择优株以后，可将其余植株混合收获脱粒，下一年升级进行产量比较试验。

**4. 杂种四代（$F_4$）及其以后世代** $F_4$ 及其以后世代的种植方法同 $F_3$。来自同一 $F_3$ 系统（即属于同一 $F_2$ 单株的后代）的 $F_4$ 诸系统称为系统群，系统群内各系统之间互为姊妹系。一般不同系统群间的差异较同一系统内各系统间的差异大，而姊妹系间的丰产性、性状的总体表现等往往相接近。$F_4$ 一些系统性状表现优良但尚在分离，对于这样的系统，一般只进行选株，以便使其性状进一步纯化稳定，因此，$F_4$ 的工作内容之一是选择优良系统群中的优良系统，再从中选拔优良单株。$F_4$ 选择优良系统和单株所依据的性状要求更加全面。

由于个别系统性状表现较一致，所以 $F_4$ 另一工作内容是选拔优良一致的系统（株系），第二年升入鉴定圃进行产量比较试验。参加产量比较试验的系统改称为品系（strain）。在升级品系中仍可继续选株，以便进一步观察性状分离情况和综合性状表现。

收获时，应将准备升级系统中的当选单株先行收获，然后再按系统混收，如果系统群表现整齐和相对一致，也可按系统群混合收获，以保持相对多的异质性和获得较多的种子。这样有利于将材料分发到不同地点进行多点试验。

$F_5$ 及以后世代，优良一致品系出现的数目逐渐增多，工作重点应由选株转为选拔优良一致的系统。其他工作与 $F_4$ 相同。

如果某组合种植到 $F_5$ 或 $F_6$ 还没有出现优良品系，则可不再种植。一般常异花授粉作物的选择世代可以略延长。

在应用系谱法处理杂种后代的整个过程中，为了提高选择的准确性和效果，要注意试验地的选择和培养。试验地要均匀一致，而且要有和育种目标相适应的地力水平。注意加强田间记载工作，积累资料，作为材料取舍的重要参考。

### （二）系谱法的优缺点

系谱法的优点在于：①在杂种早期世代，针对抗病性、株高、成熟期、千粒重等一些遗传力高的性状连续几代定向单株选择，效果较好；②每一系统的历年表现都有案可查，通过比较可以全面掌握每一系统的优缺点，相互参证；③系谱法在杂种早代（$F_2$）就进行单株选择，育种工作者可以及早地把注意力集中在少数突出的优良系统上，有计划地加速繁殖和多点试验。

系谱法的缺点是：①从 $F_2$ 起进行严格选择，入选率低，使不少优良类型被淘汰，特别对多基因控制的数量性状，效果较差；②选择和鉴定的工作量大、占地多，往往受人力、土地条件的限制，不能种植足够大的杂种群体，使优异类型丧失了出现的机会；③系谱法年年选择，工作较烦琐。尽管如此，系谱法由于对质量性状和遗传力高的数量性状选择有利，到目前为止，在世界各国的应用最广泛。

## 二、混合法

### （一）混合法的工作要点

混合法（bulk method）也称混合种法，其工作要点是：在自花授粉作物的杂种分离世代，按组合混合种植，不加选择，直到遗传性趋于稳定，杂种后代纯合个体百分率达 80% 以上时（$F_5$~$F_8$），才开始进行单株选择，下一年种成系统（株系），然后选择优良系统升级进行产量比较试验（图 5-4）。



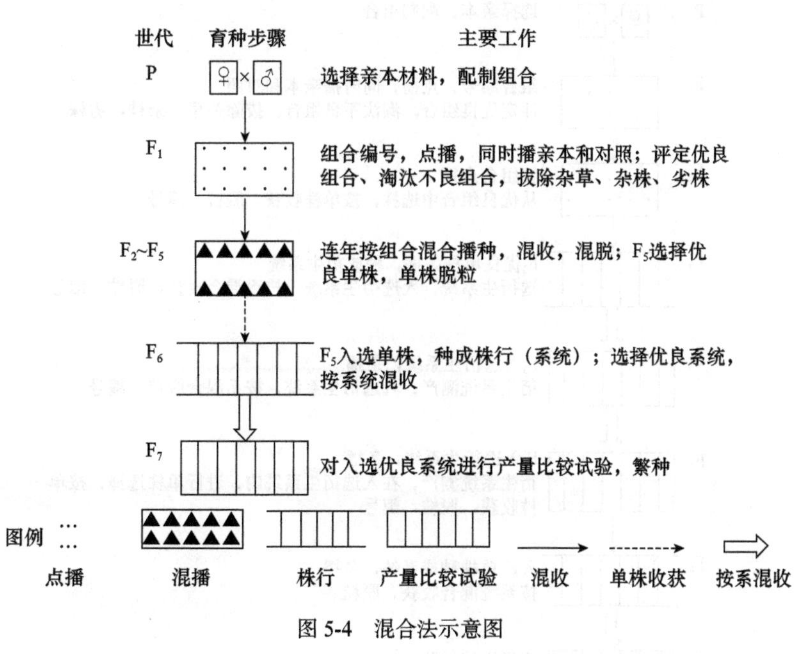


图 5-4　混合法示意图

### （二）混合法的理论依据

混合法的理论依据：①数量性状早期世代选择不准。农作物的许多重要经济性状都是由微效多基因控制的数量性状，容易受环境条件影响，在杂种早代遗传力低，选择的可靠性差。②早期世代不选择，可以避免群体内优良基因型的丢失。杂种早代纯合个体很少，早代选择容易丢失好的类型。随着自交代数的增加，杂种高代群体中，杂合的个体数迅速减少，而纯合个体的百分率逐渐增加，到 $F_7$ 或 $F_8$ 时，群体中纯合体的百分率已达80%～90%，这时进行选择可以提高选择到优良基因型的准确性。③早代自然选择，可以增强对当地环境条件的适应性。

### （三）混合法的优缺点

混合法的优点是以接近大田生产条件的密度逐代混合种植，在同样面积的实验地里比系谱法可以容纳更多的杂交组合，每个组合也可保持较大的群体规模，从而可能保存大量的有利基因和基因型，并提供在以后世代中继续重组的机会。典型的混合法早代不进行人工选择，但受自然选择的影响。在自然选择作用下，有利于发展其抗逆性和适应性，如耐寒性、耐旱性等，使群体的状况向适应当地生态条件的方向发展。总的来说，混合法的优点：①早代不选，混收混种工作简便；②多基因控制的优良基因型不易丢失。

混合法的缺点是：①有些基因型可能丢失。杂种 $F_2$ 是无数不同基因型组成的群体，基因型间存在竞争，有些与产量性状有关的基因型（如矮秆、早熟、大粒等）可能因竞争力差而被削弱或淘汰，不良基因型却可能因竞争力强而保持群体中较大的比重。②单株难选。因缺乏历年的观察和亲缘做参照，优良基因型不易准确鉴定；在选择世代，入选的株数应尽可能多些，甚至可达数百乃至上千，选择不能太严格，主要依靠下一代的表现予以淘汰，这样选择和鉴定的工作量大。③育种年限相对较长。

为减少不同基因型之间生长竞争所产生的不良后果，并提高育种效率，育种工作者可以对典型的混合法加以改良。例如，在 $F_2$ 或在条件有利于性状表现的年份（如病害、旱害等灾害大发生的年份）或针对遗传力高的性状，在杂种早代适当选择，以后仍按混合法处理，以使杂种群体中符合人类需要的类型增加。

## 三、衍生系统法

为了克服系谱法和混合法的缺点，发扬其优点，在此基础上，派生出衍生系统法（derived line method）、单粒传法、隔代选株交替测产法等多种杂种后代的处理方法。

### （一）衍生系统法的工作要点

由杂种分离世代的一个单株所繁衍的后代群体称为衍生系统。衍生系统法是在杂种分离的早期世代对抗病性、株高、成熟期等遗传力高的性状进行一次株选，以后各代分别按衍生系统混合种植，而不加选择，只根据各衍生系统的产量、品质等性状淘汰明显不良的衍生系统，逐代明确优良的衍生系统，直到产量及其他有关性状趋于稳定（$F_5$～$F_8$），再从优良衍生系统内选择单株，下一年种成株系，从中选择优良系统，进行产量比较试验，直至育成品种的过程（图5-5）。



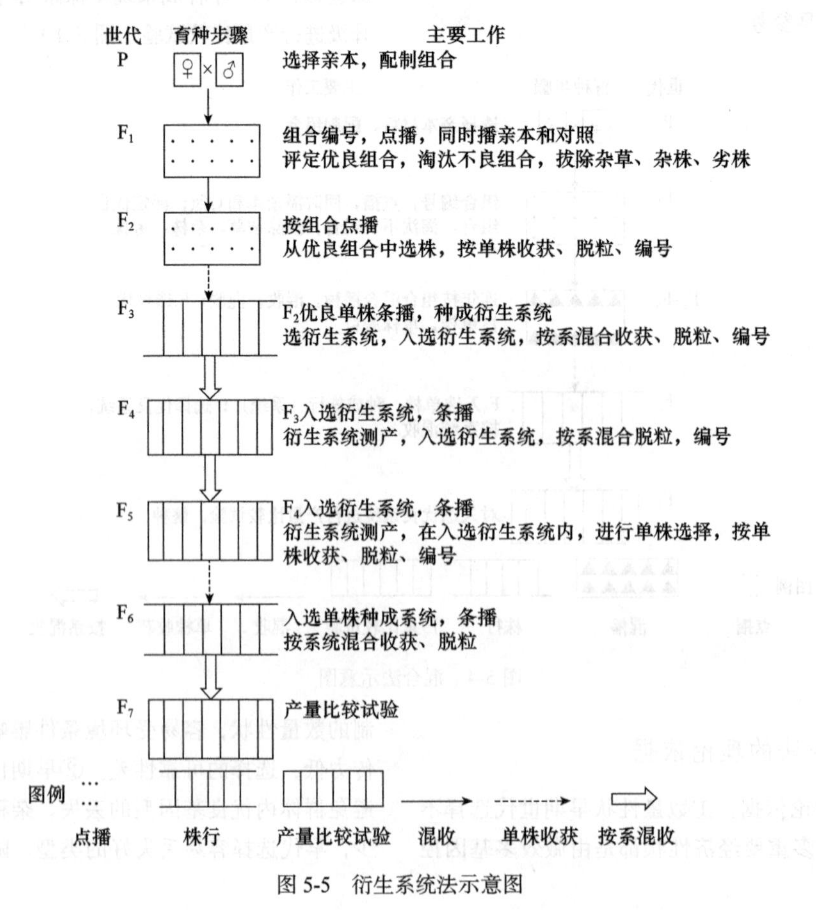

图5-5　衍生系统法示意图

衍生系统法的步骤主要包括：①在第一个分离世代进行单株选择；②中间世代，按衍生系统混种混收，只淘汰不良的衍生系统，不做单株选择；③稳定世代，在优良的系统内选优良的单株，以后依次进行鉴定产量比较试验育成新品种。

### （二）衍生系统法的优缺点

和系谱法相比，衍生系统法在早代选株，按系种植，育种家可以尽早把精力放在所选优良株系上，发挥了系谱法的长处；衍生系统法中间世代混合种植，可在系统内保存较多的遗传变异，弥补了系谱法的缺点。

和混合法相比，衍生系统法中间世代混合种植，保存变异，具有混合法的优点；衍生系统法分系种植，克服了混合法群体内生存竞争的问题，使经济性状有较多的机会表现出来；此法早代选株，淘汰系统，使工作量减少，单株选择难度降低，缩短育种年限，克服了混合法的缺点。灵活掌握和运用该方法，可以提高育种效率。

1972年中国农业科学院运用衍生系统法选育了小麦品种‘北京10号’。在‘华北672/辛石麦//苏早/华北672’复交组合$F_1$中选择单株，$F_2$及$F_3$均进行按系统稀条播，不仅减少了点播工作量，同时有利于目测评定，对$F_4$、$F_5$的衍生系统进行测产，为当选系统在$F_6$正式参加产量比较试验积累了两年的初步测产资料。‘北京10号’在经过两年衍生系统测产及两年产量比较试验后于$F_8$即已肯定并开始稀播繁殖，提高了选择的精确性，减少了工作量。

## 四、单粒传法

### （一）单粒传法的工作要点

单粒传法（single seed descent method，SSD）是指从杂种的分离世代（$F_2$）开始，按组合每株采收一粒或等量几粒种子，混合繁殖，直到性状基本稳定的世代（$F_5$或$F_6$）再选单株，下年种成株系，选择优系参加产量比较试验，进而培育新品种的一种方法（附件5-1）。

### （二）单粒传法的优缺点

单粒传法从$F_2$开始每株采收一粒或等量几粒种子，舍弃了逐代变小的株内变异，保存了逐代加大的株间的变异。应用单粒传法，在杂种早期分离世代可节省大量土地、人力和经费。每株只收一粒种子，便于温室加代。常规的育种方法，无论系谱法或混合法都是在正常自然条件下进行选择，直到获得纯合的株系或品系，再进行比较试验，一般一年只能种植一个世代，育种的年限较长。单粒传法从$F_2$～$F_4$没有必要使植株生长发育得很好，只要保证从每一个单株上能收到一粒种子即可。所以利用温室条件促进植株提早成熟，争取每年能收获两代到三代，这样可以提早进行品系产量比较试验，大大缩短育种年限。

单粒传法只根据当代的表型进行选择，缺乏对不同世代株行或株系的田间鉴定，因此，虽然能一年繁殖多代，但品系的纯化和稳定情况不及系谱法；得到的品系，在进行产量比较试验时，产量表现差的可能性较大，而且在全过程中只经一次选择，不得不保留较多的品系进行产量比较试验，后期的鉴定工作量较大。单粒传法在每一植株取一粒种子时，可能丢失一部分优良的基因型，而且$F_2$的不良植株，也以同样的概率入选而存在于群体中。



单粒传法是以牺牲系统内变异来换取增加系统间选择机会的，所以对于来自多基因型的亲本组合所衍生的杂种群体不大适宜，比较适宜于亲本的都是综合农艺性状较好的品种杂交产生的分离不太大的杂种后代群体。如果没有温室或冬季加代条件，而且育种群体又优劣不齐，分离较大，不如用系谱法或其他方法。

# 第五节 杂交育种程序和加速育种进程的方法

## 一、杂交育种程序

整个杂交育种工作包括下列几个内容不同的试验圃（图5-6），并形成一定的工作程序（附件5-2）。

### （一）原始材料圃和亲本圃

种植国内外收集来的供育种用的种质资源的地段称原始材料圃。可分类型种植，每份种几十株，采用点播或稀条播。生育期间对所有材料定期进行观察记载，并根据育种目标的要求，从原始材料中选择所需性状的种质供做亲本用。重点材料连年种植，一般材料可以室内保存种子，隔年轮流种植，以减少工作量和减少引起混杂的机会。要严防不同材料间发生机械混杂和生物学混杂，保持原始材料的典型性和一致性。

从原始材料圃中每年选出合乎杂交育种目的的材料作为亲本用于杂交。杂交亲本可分期播种，确保花期相遇；适当加大株行距，便于进行杂交授粉。

### （二）选种圃

种植杂交组合各世代群体的地段称选种圃，有的也将种植$F_1$、$F_2$的地段称杂种圃。$F_1$按组合编号，顺序稀点播，每个组合的杂交种子种成一个小区，相邻处种植亲本，用以判断真假杂种。$F_2$是性状分离最多的世代，个体间性状差异很大，是杂交育种选择优良

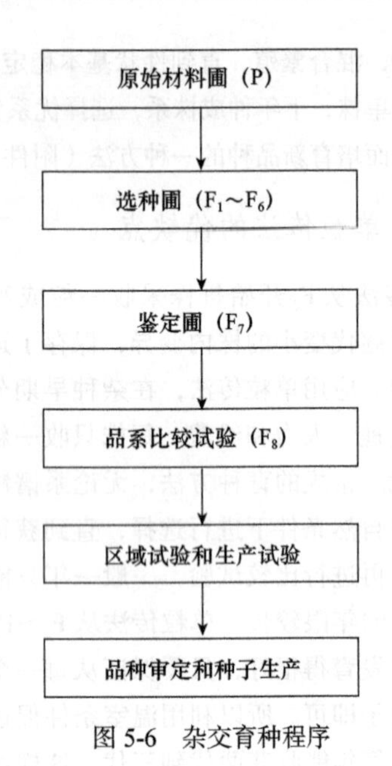


图 5-6　杂交育种程序

单株最关键的世代。播种时，按组合稀点播，群体宜大，增加优良重组类型出现的机会。从 $F_3$ 开始，当选单株种成株行，以后各分离世代均是在优良株系内选择优良单株。

$F_2$ 及以后的各个世代，每 10～20 行种一行对照。必要时，可在每一组合的前后种植亲本，以便选择时参考。杂种后代在选种圃的年限，因性状稳定所需的世代不同而不同。

（三）鉴定圃

主要种植从选种圃升级的新品系，对新品系进行初步的产量比较试验及性状的进一步评定。条播，种植密度接近大田生产。由于升级的品系数目较多，而每一品系的种子数量较少，所以鉴定圃的小区面积较小。多采用顺序排列，重复 2 次或 3 次，每隔 4 区或 9 区种一区对照。对照宜采用相应类型的品种。每一品系一般试验 1～2 年，产量超过对照品种并达一定标准的优良品系可以升级进行品种比较试验，少数再试验 1 年，其余淘汰。

（四）品系比较试验

种植由鉴定圃升级的优良品系。品系数目相对较少，小区面积较大，目的是对新选品系的产量、生育期、抗性等进行更精确和详细的考察。小区排列多采用随机区组试验设计，3 次或 4 次重复。

由于各年的气候条件不同，不同品系对气候条件的反应也不同，为了确切地评选，一般新选育的品系材料要参加 2 年以上的品系比较试验。根据田间观察、抗性和品质鉴定及产量表现，选出最优良的品系参加国家或省（自治区、直辖市）组织的区域试验及生产试验。仅就选育新品种而言，杂交育种工作到此告一段落。对若干表现突出的品系，育种者可在品系比较试验的同时，将品系送到不同生态区内，在不同地点进行生产试验，以便使品系经受不同地点和不同生产条件的考验，并起示范和繁殖作用。

（五）区域试验和生产试验

通过国家或省级品种审定委员会统一组织的区域试验和生产试验，并且符合品种审定条件的品系才能被审定为可以在生产上大面积推广的品种。

## 二、加速育种进程的方法

杂交育种从选择亲本材料配制组合到育出优良品系，需要年限很长，有必要采取一些措施加速育种进程，缩短育种年限。

（一）加速世代进程

加速世代进程就是改变一年一代的传统繁殖模式，即在一年内种植若干代以加速世代的进程。例如，利用我国不同省份气候条件的差异进行异地加代，或利用温室和人工气候室加代，也可采用单倍体育种技术缩短杂种分离世代。在我国南方稻区还可采用“倒种春”或“翻秋”，即将当年收获的早稻籽粒，用作晚季稻种子，就地加代。加速世代进程的方法比较适合混合法、单粒传法等，不适合系谱法。因为在异常条件下，不能可靠地进行单株选择。

（二）加速试验进程

加速试验进程，即越级或简化杂交育种步骤。例如，在 $F_3$ 对各株系实行边选择边测产；对于特别优秀的系统可不经过鉴定圃直接从选种圃升入品系比较试验；对于新获得的优良品系，在进行产量比较试验的同时，尽早进行多点试验；还要加速和扩大种子繁殖，以便为生产提供足够多的优质种子。



### 本章小结

杂交育种是指用不同亲本进行有性杂交，对杂种后代进行选择鉴评，育成符合生产要求的新品种的育种方法。杂交育种是国内外应用最普遍、最有成效的一种育种方法。我国生产上大面积推广的农作物新品种绝大多数都是用杂交育种的方法育成的。在进行杂交育种时，首先要制订育种目标，然后根据亲本选配的原则选择具有目标性状的亲本材料，采用单交或复交的杂交方式，创造分离群体，再利用系谱法、混合法、衍生系统法、单粒传法等处理杂种后代，经过产量比较试验育成新品种。整个杂交育种工作在田间包括原始材料圃、选种圃、鉴定圃和品系比较试验几个试验阶段。

## 拓展阅读

（1）对杂种后代的处理，除了本章介绍的4种方法外，在育种的实际过程中可以根据具体情况灵活运用选育方法，如加拿大、波兰等国采用隔代选株交替测产法，即在单交组合的$F_2$选株后，$F_3$按接近正常播种量条播成株系（$F_2$衍生系统），收获后测定产量和品质。中选株系在$F_4$又按系分别点播（或稀条播）选株（或选穗），中选单株（穗）在$F_5$条播成株（穗）系，测定产量和品质。若$F_5$株（穗）系内仍有明显的分离，下年再按系分别点播（或稀条播）选株（或选穗）；如表型整齐一致，可将$F_5$株系混收混种，以供多点测产之用。

（2）在杂交育种中用系谱法处理杂种后代时，为了扩大某一亲本对杂种后代的遗传影响，用该亲本与杂种回交1～2次，然后再改用系谱法继续选育，这种方法称回交系谱法。

（3）在进行数量性状基因座（QTL）定位研究中，往往要构建作图群体，其中重组自（近）交系（recombination inbred line，RIL）群体就是利用单粒传法构建的（附件5-3）。

## 思考题

扫码看答案

1. 名词解释：杂交育种，系统，系统群，姊妹系。
2. 试述杂交育种的遗传学原理。
3. 杂交育种按其指导思想可分为哪两种类型？其遗传机制是什么？
4. 为什么说正确选配亲本是杂交育种的关键？有何重要意义？
5. 杂交亲本选配的原则是什么？为什么？
6. 选用遗传差异大的材料做亲本有何利弊？
7. 为什么杂交育种要求双亲应具有较高的一般配合力？
8. 为什么说杂交方式是影响杂交育种成败的重要因素之一？杂交方式有哪些？试说明在单交、三交、四交、双交等杂交方式中，每一亲本遗传组成的比重。
9. 为什么在三交和四交中要把农艺性状好的亲本放在最后一次杂交？
10. 什么是系谱法、混合法、衍生系统法和单粒传法？试比较它们的优缺点。
11. 结合杂交育种的田间种植方法，谈谈杂交育种程序。
12. 加速育种进程的方法有哪些？

# 第六章 回交育种

两个亲本杂交后，$F_1$再和双亲之一重复杂交，叫回交（back cross）。回交是一种特殊的杂交方式，是改进品种个别不良性状的一种有效方法。当甲品种有许多优良性状，而个别性状有欠缺时，可选择具有甲所缺性状的另一品种乙和甲杂交，$F_1$及以后各世代又用甲进行多次回交和选择，需要改进的性状通过选择加以保持，甲品种原有的优良性状通过回交而回复。回交育种法（back cross breeding）是两亲本杂交后，$F_1$代与其亲本之一再进行杂交（即回交），从回交后代中选择具有目标性状的植株再与轮回亲本回交，如此连续进行若干次，使杂种的变异不断接近轮回亲本，再经自交选择育成新品种的过程（表6-1）。

**表6-1　回交育种步骤及工作内容**

| 生长周期 | 回交过程 | 工作内容 |
|---|---|---|
| 第一季 | A×B<br>↓ | 选择A、B亲本杂交。A为综合性状优良，但有个别性状需改良的品种，B为目标性状的供体亲本（显性性状） |
| 第二季 | $F_1$×A<br>↓ | $F_1$回交于亲本A |
| 第三季 | $BC_1F_1$×A<br>↓ | 从回交一代中选具有供体亲本B提供的目标性状，但其他性状与A品种相似的植株回交于亲本A |
| 第四季 | $BC_2F_1$×A<br>↓ | 从回交二代中选具有供体亲本B提供的目标性状，但其他性状与A品种相似的植株回交于亲本A |
| 第五季 | $BC_3F_1$×A<br>↓ | 从回交三代中选具有供体亲本B提供的目标性状，但其他性状与A品种相似的植株回交于亲本A |
| 第六季 | $BC_4F_1$<br>↓ ⊗ | 从回交四代中选择具有供体亲本B提供的目标性状，其余性状恢复成A品种的优良单株自交 |
| 第七季 | $BC_4F_2$<br>↓ ⊗ | 从回交四次的自交二代中选择具有供体亲本B提供的目标性状，但其余性状恢复成A品种的优良植株自交 |
| ⋮ | ⋮ | 种植成株系，选择农艺性状优良（近似A）的并具有供体亲本B提供的目标性状的株系 |

## 第一节　回交育种的意义及遗传效应

### 一、回交育种的意义

在作物改良中，美国的Harland和Pope（1922）首先报道了利用回交方法将大麦的光芒性状转移至推广大麦‘Manchuria’的事实，培育了符合预期要求的新品种。我国学者俞启葆从1936年开始以‘鸡脚陆地棉’和‘德字531’杂交，随后将杂种$F_1$回交于‘德字531’。以后每年从回交后代分离群体中选择鸡脚叶型植株，继续和‘德字531’回交，通过连续4代的回交，至1943年育成了叶形似鸡脚棉而其他性状似‘德字531’的‘鸡脚德字棉’。

回交育种程序中，用于多次回交的亲本称轮回亲本（recurrent parent），因其是目标性状的接受者，又称受体亲本（receptor）；只在第一次杂交时应用的亲本称非轮回亲本（non-recurrent parent），它是目标性状的提供者，又称供体亲本（donor）。回交方式可以表达为：[（A×B）×A]×A…或$A^3$×B等。式中，A为轮回亲本，在第一次杂交时使用一次、回交使用二次。此外，用$BC_1$或$BC_2$分别表示回交一次或二次，以$BC_1F_1$、$BC_1F_2$分别表示回交一次的一代和回交一次自交的二代。

## 二、回交的遗传效应

### （一）回交群体中纯合基因型比率

不论自交或回交，随着世代的演进，后代群体中杂合基因型逐渐减少，纯合基因型相应地增加。其中纯合基因型变化的频率都可以表示为 $(1-1/2^r)^n$。式中，$r$ 为自交或回交的世代数；$n$ 为杂种的杂合基因对数。但是，回交和自交后代群体中纯合基因型的性质不一样。以一对杂合基因 *Aa* 为例，自交所形成的 2 种纯合基因型是 *AA* 和 *aa*，纯合体种类是双亲类型；而回交 *Aa*×*aa* 后代群体中，纯合基因型只有一种 *aa*，即所有纯合体都是轮回亲本的基因型。

在相同育种进程内，就一种纯合基因型来说，回交比自交更容易获得某种纯合基因型。例如，自交 $F_4$，*AA* 或 *aa* 两种纯合基因型个体的频率各有 43.75%，而育种进程相同的 $BC_3F_1$ 中，*aa* 一种纯合基因型个体的频率已达 87.5%，这说明回交比自交控制某种基因型比率的效果要好得多。

### （二）回交群体中轮回亲本的基因频率

轮回亲本和非轮回亲本杂交形成的 $F_1$ 杂种，双亲的基因频率各占 50%。以后杂种每和轮回亲本回交一次，非轮回亲本在后代群体中的基因频率在原有基础上减少 1/2，而轮回亲本的基因频率相应增加。在某一个回交世代群体中，轮回亲本的基因频率可表示为 $1-(1/2)^{r+1}$，非轮回亲本的基因频率可表示为 $(1/2)^{r+1}$（表 6-2）。

**表 6-2　回交各世代轮回亲本和非轮回亲本基因频率的变化**

| 回交世代 | 基因频率 /% | |
|---|---|---|
| | 轮回亲本 | 非轮回亲本 |
| $F_1$ | 50 | 50 |
| $BC_1F_1$ | 75 | 25 |
| $BC_2F_1$ | 87.5 | 12.5 |
| $BC_3F_1$ | 93.75 | 6.25 |
| $BC_4F_1$ | 96.875 | 3.125 |
| $BC_5F_1$ | 98.4375 | 1.5625 |
| ⋮ | ⋮ | ⋮ |
| $BC_rF_1$ | $1-(1/2)^{r+1}$ | $(1/2)^{r+1}$ |

上述回交世代群体纯合基因型回复频率是在基因独立遗传情况下的推算结果，但在实际工作中，回交转移的常常是含有目标基因的染色体片段，供体亲本的目标基因与非目标基因不可避免会存在一定程度的连锁。通过回交消除非目标基因的概率，可根据 Allard（1960）提出的公式进行计算（附件 6-1）。

# 第二节　回交育种方法

## 一、亲本的选择

轮回亲本是回交育种欲改良的对象，它应当是适应性强、产量高、综合农艺性状较好，但存在个别缺点、经数年改良后仍有发展前途的推广品种。此外，新育成的品种如有个别缺点需要改良的也可作为轮回亲本。缺点较多的品种不能用作轮回亲本。

非轮回亲本的选择也很重要，它必须具有改进轮回亲本缺点所必需的基因，要求所要输出的性状经回交数次后，仍能保持足够的强度，同时其他性状也不能有严重的缺陷。非轮回亲本整体性状的好坏，影响轮回亲本性状的恢复程度和回交的次数。

非轮回亲本被转移的性状最好是单显性基因控制的，这样便于识别和选择；或是有较高遗传力的性状，因为在回交过程中，每一轮回交，对正在被转移的性状都必须进行选择，性状的遗传力强，选择的效果明显。非轮回亲本的目标性状最好与某一不利性状基因不连锁，否则，为了打破这种不利连锁，实现有利基因的重组和转育，必须增加回交的次数。

如果希望通过回交转育的是一个质量性状，应该选择一个其他性状和轮回亲本尽可能相类似的非轮回亲本，这样可以减少为了回复轮回亲本理想性状所必需的回交次数。

## 二、回交的次数

回交计划中，回交的次数和许多因素有关。

### （一）轮回亲本性状的回复程度

在回交育种工作中，根据育种目标及亲本性状差异的大小，通常进行 4～5 次回交，即回复轮回亲本的大部分优良性状。从育种实效出发，轮回亲本的农艺性状不一定需要百分之百地回复。当非轮回亲本除目标性状之外，尚具备其他一些优良性状时，回交1～2次就有可能得到综合性状优良的植株，这类植株经自交选育后，虽与轮回亲本有一些差异，却可能结合了非轮回亲本的某些优良性状，丰富了育成品种的遗传基础。而回交次数过多则可能削弱目标性状的强度，不一定能获得理想结果。当应用栽培种的野生近缘种作为非轮回亲本时，整体性状较差，回交过程中可能同时引进了一些不理想的性状，为了排除这类性状必须进行更多次的回交。

### （二）非轮回亲本的目标性状基因和不利性状基因连锁的程度

如果准备从非轮回亲本转移给轮回亲本的目标性状基因和另一不利性状基因相连锁，必须进行更多次回交，才可能获得理想性状基因的重组。除去不利基因速度的快慢，由目标性状基因和不利基因之间的遗传距离决定。所以，在目标性状基因和不利基因连锁的情况下，必须增加回交次数。两个基因连锁得越紧密，回交次数就越多。

### （三）对轮回亲本性状的选择强度

理论上，在回交后代群体中只需对非轮回亲本的目标性状进行选择，而轮回亲本性状可以通过回交得以回复。但美国加利福尼亚州试验站的试验结果证明，如果早期世代在回交群体中，在选择非轮回亲本的目标性状时，针对轮回亲本的性状也严格进行选择，其效果相当于多做1～3次回交，相应地减少了回交的次数。

## 三、回交所需的植株数

回交所需种植的植株数量比杂交育种后代所需植株的数量少得多。为了确保回交群体中有目标性状基因，每一回交世代必须种植足够的株数，可用下式计算。

$$m \geqslant \frac{\log(1-\alpha)}{\log(1-p)}$$

式中，$m$ 为所需的植株数；$p$ 为在杂种群体中合乎需要的基因型的期望比率；$\alpha$ 为需要的基因型可能出现的概率（即概率水准）。在无连锁情况下，每次回交获得所需基因型的最少植株数如表6-3所示。

**表6-3　在无连锁情况下回交获得所需基因型的最少植株数**（西北农业大学，1981）

| | | 需要转移的基因数 | | | | | |
|---|---|---|---|---|---|---|---|
| | | 1 | 2 | 3 | 4 | 5 | 6 |
| 期望比例（$p$） | | 1/2 | 1/4 | 1/8 | 1/16 | 1/32 | 1/64 |
| 概率水准（$\alpha$） | 0.95 | 4.3 | 10.4 | 22.4 | 46.3 | 95 | 191 |
| | 0.99 | 6.6 | 16.0 | 34.5 | 71.2 | 146 | 296 |



假定在回交育种中，需要从非轮回亲本中转移的优良性状受一对显性基因 $RR$ 所支配，回交一代植株有两种基因型 $Rr$ 和 $rr$，带有优良基因 $R$ 的植株（$Rr$）的预期比例是1/2。为使100次中有99次机会（即99%的可靠性），在回交一代中有一株带有 $R$ 基因，回交一代的株数不应少于7株。在继续进行回交时，同样要保证每个回交世代有不少于这个数目的植株数，并且要保证每个回交植株能产生不少于7株后代。

假定需要转移的基因为两对，其中一对为显性 $RR$，一对为隐性 $pp$，轮回亲本基因型为 $rrPP$，非轮回亲本基因型为 $RRpp$，在回交一代中，基因型的比例将为 $1RrPP:1RrPp:1rrPP:1rrPp$，符合需要的基因型（$RrPp$）的期望比例为1/4。按99%的概率水准要求，回交一代的株数不应少于16株。又由于 $RrPP$ 和 $RrPp$ 两类植株在表型上无差别，因此都要进行回交，并要求每个回交植株能产生不少于16株后代。

如果要求测算的株数超过表6-3的范围，可用Sedcole（1977）提出的公式作为推算所需植株的方法（附件6-2）。

## 四、回交育种程序

回交育种的一般步骤可概括为选亲杂交、选株回交、自交纯合和鉴定四大环节。但具体的工作程序因所转移的目标性状的显隐性和控制性状的基因数量不同而有所不同。

### （一）质量性状的回交转育

**1. 显性单基因性状的转移**　如果要转移的性状是由显性单基因控制，那么在回交过程中，转移的性状容易识别，回交就比较容易进行。例如，想通过回交，把抗锈病基因（$RR$）转移到一个具有较多优良性状但不抗病的小麦品种A（$rr$）中去，可将品种A作为母本与非轮回亲本B（$RR$）杂交，再以品种A为轮回亲本进行回交。由于 $F_1$ 抗锈病基因型是杂合的（$Rr$），当杂种与A品种（$rr$）回交后，将分离为两种基因型（$Rr$ 和 $rr$）。抗病（$Rr$）的小麦植株和感病（$rr$）的小麦植株在锈菌接种条件下很容易区别，从中选择抗病植株（$Rr$）与轮回亲本A回交。如此连续回交多次，直到获得抗锈且其他性状和轮回亲本A接近的材料。这时的抗病植株仍是杂合的（$Rr$），必须让其自交1～2代，才能获得基因型纯合的抗病植株（$RR$）（图6-1）。

**2. 隐性单基因性状的转移**　如果要导入的抗锈基因是隐性基因（$rr$），轮回亲本A（$RR$）与非轮回亲

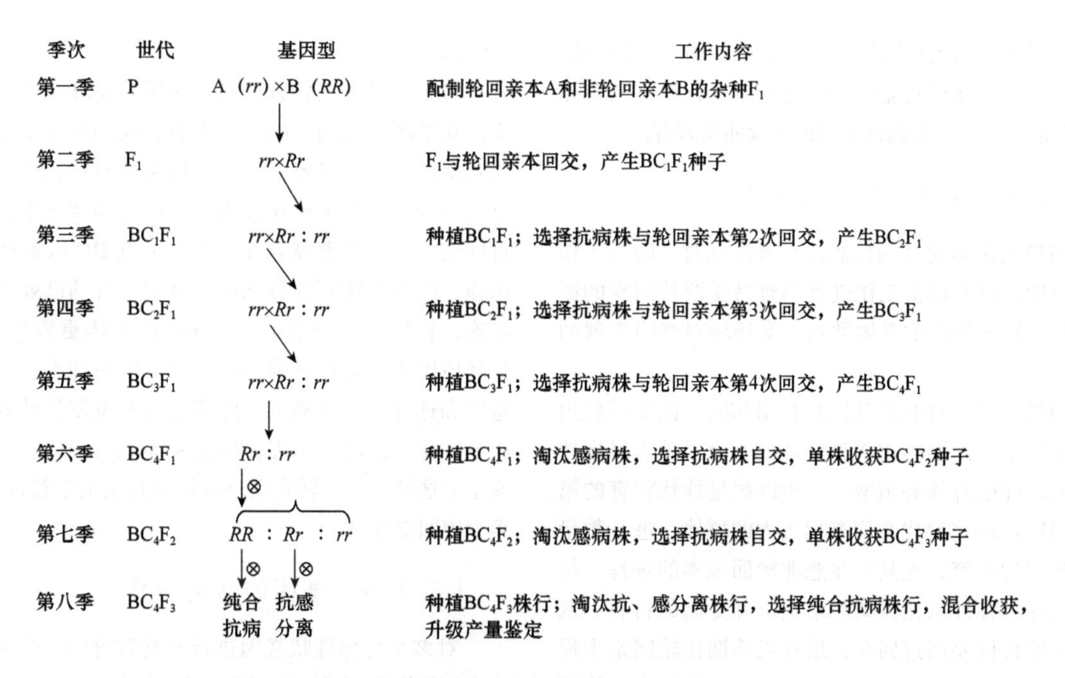


图 6-1　转移显性单基因的回交育种程序示意图（孙其信，2011）

本 B（*rr*）杂交产生 $F_1$（*Rr*），$F_1$ 与轮回亲本的回交后代将分离出两种基因型 *RR* 和 *Rr*。由于含有抗锈基因的杂合体（*Rr*）不能在表型上与轮回亲本（*RR*）区分开，故必须自交一代，以便在下一轮回交之前，选择抗锈（*rr*）植株，继续与轮回亲本杂交（图 6-2）。

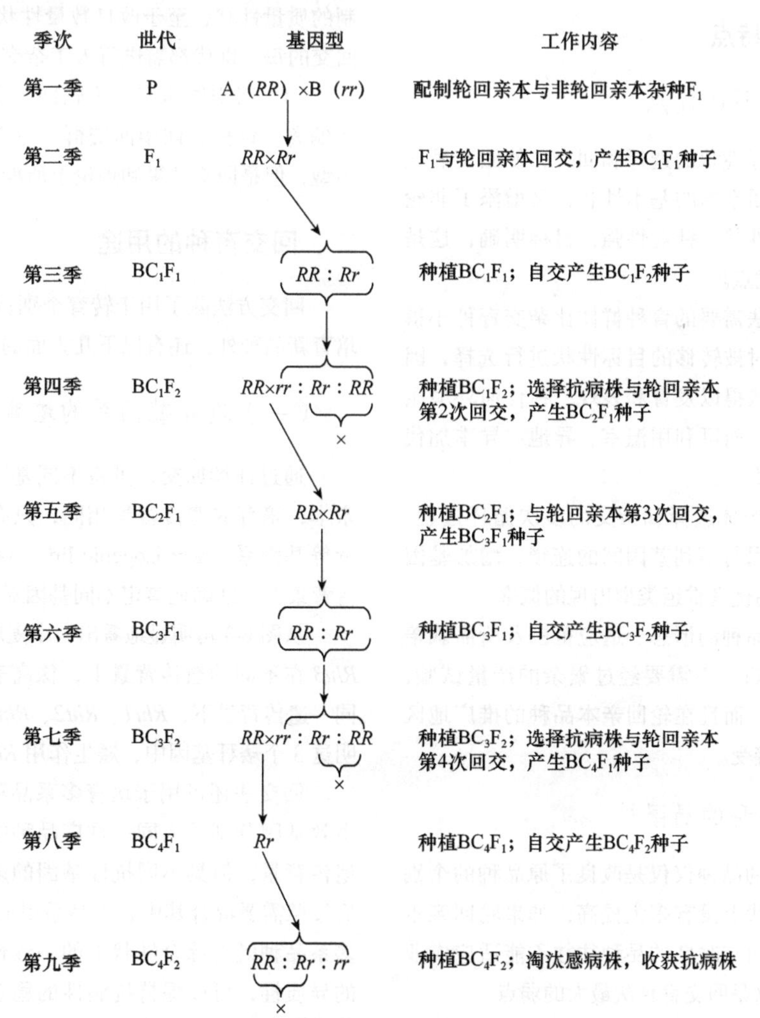


图 6-2　转移隐性单基因的回交育种程序示意图（孙其信，2011）

如果能筛选出与该隐性基因紧密连锁的分子标记，可以借助分子标记对隐性基因进行鉴定，就可以省掉自交鉴定环节，实现隐性基因的连续回交转育。

### （二）数量性状的回交转育

当导入由多对基因控制的数量性状时，回交工作是否成功，以及回交工作进展的难易受两种因素的影响：①控制该性状的基因数目；②环境对基因表现的影响。

当控制某一性状的基因数目增加时，回交后代出现目标性状基因型的比例势必减低。为了导入目标性状基因，种植群体必须增大。所以数量性状转育的第一个问题是回交后代必须有相当大的群体。进行数量性状基因的转育，尤其要注意非轮回亲本的选择。尽可能选择目标性状比预期要求更好和更高的材料。例如，育种目标要通过回交，培育成熟期比轮回亲本提早的品种，必须选择比轮回亲本更加早熟的品种作为非轮回亲本。

数量性状回交转育的第二个困难是环境条件对目标性状基因表现的影响。回交能否成功取决于每一世代对基因型的准确鉴定。当环境条件对性状的表现有重大影响时，鉴定便比较困难。在这种情况下，最好每回交一次，接着就自交一次，并在$BC_1F_2$群体进行选择。因为要转育的目标性状基因，有的已处于纯合状态，比完全呈杂合状态的$BC_1F_1$个体更容易鉴别。受环境因素影响极其强烈的性状，以单株为基础进行鉴定和选择是不可靠的，应该进行有重复设计的后代比较试验，在较好的品系内选择单株，继续进行回交。鉴于上述情况，在转育受环境影响很大的数量性状时，很少用回交方法。

### （三）多个基因的回交转育

对多个目标性状基因进行回交转育时，常用的方法有：逐步回交法和聚合回交法（附件6-3）。

# 第三节　回交育种的特点及其应用

## 一、回交育种的特点

### （一）回交育种的优点

（1）通过对目标性状的选择和回交，使回交后代群体中既可保持轮回亲本的基本性状，又增添了非轮回亲本特定的目标性状，针对性强，目标明确，这是回交育种法的最大优点。

（2）回交育种法需要的育种群体比杂交育种小得多，而且主要是针对被转移的目标性状进行选择，因此，只要使这一性状得以发育和表现，在任何环境条件下均可以进行，从而可利用温室、异地或异季加代等措施缩短育种年限。

（3）回交采取个体选择和杂交的多次循环过程，有利于打破目标基因与不利基因间的连锁，增加基因重组频率，从而提高优良重组类型出现的概率。

（4）回交育成品种的形态、适应范围及所需栽培条件与轮回亲本相近，不需要经过繁杂的产量试验，即可在生产上试种，而且在轮回亲本品种的推广地区容易为农民群众所接受。

### （二）回交育种的局限性

（1）回交育成的品种仅仅是改良了原品种的个别缺点，而大多数性状上没有多大提高，如果轮回亲本选择得不恰当，则回交改良的品种往往不能适应农业生产发展的要求。这是回交育种法最大的弱点。

（2）回交改良的性状往往仅限于由少数主基因控制的质量性状，至于改良数量性状则比较困难。另外，回交的每一世代都需进行人工杂交，工作量很大。

（3）回交群体回复为轮回亲本基因型经常出现一些偏离。育种家期望回交群体逐渐回复为轮回亲本基因型，但是回交结果和理论上所期望的常常发生偏差。

## 二、回交育种的用途

回交方法除了用于转育个别目标性状给轮回亲本，培育新品种外，还有以下几方面的用途。

### （一）近等基因系的培育

通过连续回交，可将不同基因分别转给同一轮回亲本，培育成遗传背景相同，只有目标性状有差异的近等基因系（near-isogenic line，NIL），以便在同一遗传背景上，准确地鉴定不同基因对性状的影响。

从图6-3可明显地看出，小麦矮秆基因*Rht1*、*Rht2*、*Rht3*在不同的遗传背景下，株高表现不同。此外，在同一遗传背景下，*Rht1*、*Rht2*、*Rht3*的表型也不同，表明这3个矮秆基因中，矮生作用*Rht3*＞*Rht2*＞*Rht1*。

回交法还可用于培育多系品种，即将不同的抗病主效基因分别导入同一推广品种中，育成以该品种为遗传背景，但具不同抗性基因的多个近等基因系，然后按照需要混合其中若干品系组成多系品种用于生产。多系品种既有综合性状上的一致性，又有抗病基因上的异质性，可以保持抗病性的稳定和持久，从而控制某种病害的危害程度。

图 6-3　*Rht1*、*Rht2*、*Rht3* 小麦矮秆基因在不同遗传背景中的表现

A. AprialBearded，B. Bersee，H. Huntsman

### （二）细胞质雄性不育系和恢复系的回交转育

在雄性不育系杂种优势利用中，回交是创造不育系、转育不育系和恢复系的主要方法，也是培育同质异核系和同核异质系的方法。下面主要介绍利用回交培育新的雄性不育系的方法：以胞质雄性不育系为母本，与雄性可育而无恢复基因的品系杂交，雄性不育的杂种一代与雄性可育亲本回交若干代，使其核基因接近纯合，即成为新的雄性不育系，称为 A 系。原来的雄性可育系亲本，就成为它的保持系，称为 B 系。例如，湖南省农业科学院（1977）应用回交法选育油菜雄性不育系‘5702A’和相应的保持系‘5702B’的过程如图 6-4 所示。

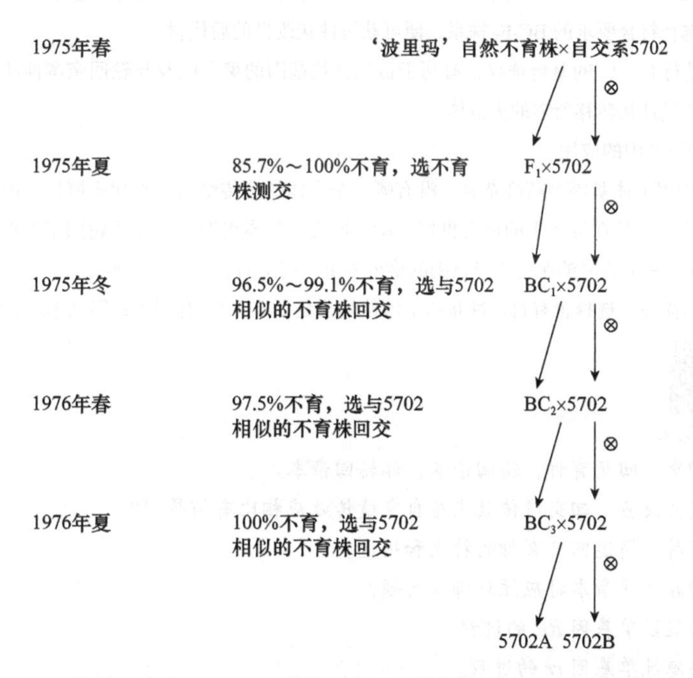


图 6-4　甘蓝型油菜‘5702A’雄性不育系及其保持系‘5702B’的选育过程

### （三）回交在远缘杂交中的应用

回交方法可以应用于异源种质的渐渗，以及作为控制超亲分离的有效手段。在远缘杂交中，回交可提高杂种的育性，控制杂种后代的分离，提高理想类型的出现概率。

## 本章小结

回交是一种特殊的杂交方式，回交育种法是两亲本杂交后，$F_1$ 代与其亲本之一再进行杂交，从回交后代中选择具有目标性状的植株再与轮回亲本回交，进而选育新品种的过程，是育种家改进品种个别性状的一种有效方法。回交育种时应特别注意轮回亲本和非轮回亲本的选择、回交次数的控制和回交后代群体的规模。回交育种程序包括选亲杂交、选株回交、自交纯合和鉴定四大环节，但具体的工作程序因所转移的目标性状的显隐性、基因数量及育种目标的差异而有所不同。

## 拓展阅读

A．数量性状回交转育程序

回交育种虽然对由多基因控制的、受环境条件影响较大的数量性状改良时较困难，但若对数量性状开展回交转育工作，其一般步骤可总结如下。

第一季：轮回亲本与非轮回亲本杂交。

第二季：$F_1$ 与轮回亲本回交，注意获得足够量的 $BC_1F_1$ 种子。

第三季：种植 $BC_1F_1$ 群体，选择目标性状突出的单株自交，收获当选单株的自交种子。

第四季：种植 $BC_1F_2$ 群体，根据目标性状和轮回亲本性状对单株进行鉴定，选择目标性状突出同时又与轮回亲本相似的单株自交，按单株分别收获 $BC_1F_3$ 种子。

第五季：种植 $BC_1F_3$ 株行，根据目标性状和轮回亲本性状鉴定各株行，选择目标性状突出同时又与轮回亲本相似的株行中的优良单株与轮回亲本回交产生 $BC_2F_1$ 种子。如果待转移的性状无法在开花前鉴定，就要多选株行回交，株行鉴定结束后再保留符合要求的回交种子。

第六季：$BC_2F_1$ 与轮回亲本回交产生 $BC_3F_1$ 种子。

第七季及以后：种植 $BC_3F_1$ 群体，重复第三、四、五季的工作，可以得到 $BC_4F_1$。鉴定 $BC_3F_2$、$BC_3F_3$ 的表现，针对目标性状和轮回亲本性状，选择符合要求的 $BC_3F_3$ 株系，便可获得性状改良的后代材料。

在 $BC_1$、$BC_3$ 之后进行 $F_2$、$F_3$ 的鉴定选择，有利于目标性状基因的聚合以及与轮回亲本性状的重组，同时，也可以避免依靠大量的杂交来获得数量性状转移所需的大群体。

B．回交在异花授粉作物中的应用

异花授粉作物群体中因个体基因型高度杂合，没有哪一个个体的遗传结构能够代表群体，因此，与供体亲本回交的轮回亲本的植株数必须足够大，而且在接下来的回交世代，参与回交的样本也要足以保证轮回亲本的遗传结构得以回复。一般来说，200 个个体是能够代表一个群体的遗传变异范围的最低要求。回交时，以轮回亲本做父本，便于一次收集很多植株的花粉来混合授粉。回交的最后阶段，选择含有目标性状的个体使其互交 1～2 轮，有利于轮回亲本原有的等位变异的回复。

## 思考题

扫码看答案

1. 名词解释：回交，回交育种，轮回亲本，非轮回亲本。
2. 简述回交的遗传效应。回交遗传效应与自交遗传效应相比有何异同？
3. 什么是回交育种？简述回交育种的特点和用途。
4. 采用回交育种在选择亲本时应注意哪些问题？
5. 图示回交转移显性单基因 *RR* 的过程。
6. 图示回交转移隐性单基因 *rr* 的过程。

# 第七章 诱变育种

附件扫码可见

诱变育种（induced mutation breeding）是指利用物理或化学因素诱发农作物产生突变，并从中选育新品种的一种育种方法。人工诱变可在短时间内产生较多的遗传变异，是选育新品种的一种常用育种方法。

## 第一节 诱变育种的成就和特点

### 一、诱变育种的成就

1928年，美国科学家Stadler首次报道了X射线对大麦具有诱变效应，成为现代植物诱发突变研究的奠基者。1934年，Tollener利用X射线辐照烟草育成了花色及烟叶品质得到明显改进的第一个农作物突变品种'Chlorina F1'。1942年，世界上第一个原子反应堆在美国点火投入使用，此后意大利、法国等国先后建立了$^{60}$Co-γ射线或中子的核研究中心，诱发突变研究相继开展。1957年，中国农业科学院成立了我国第一个原子能利用研究室，1961年成立了原子能利用研究所，设立了辐照遗传育种研究室。随后，各省也相继成立有关研究机构，开始在水稻、玉米、小麦、大豆等主要作物上利用辐照诱变育成新品种，并在生产上应用。诱变育种对农业的贡献主要表现在新品种选育和种质资源创新两个方面。

**1. 育成了大量作物新品种** 据FAO/IAEA突变品种数据库统计，到2020年有70多个国家在240多种植物上育成并通过商业注册的植物突变品种总数已达3365个，其中我国817个，约占总量的1/4。1985年以来，我国诱变品种的种植面积基本稳定在900万$hm^2$左右，其中有6个品种的种植面积均在70万$hm^2$以上，20个品种在20万～70万$hm^2$。

**2. 获得大量优异的种质资源** 作物经过辐照诱变产生的突变类型就是新的种质资源，可供育种利用。近年来，我国收集了24种植物的突变遗传资源1700余份，并对其进行了鉴定、编制名录及育种价值的研究。将辐照诱变产生的优良突变体作为亲本进行杂交育种是诱变育种的另一用途。

### 二、诱变育种的特点

**1. 增加突变率，扩大突变谱** 自然界虽然也经常发生自发突变，但突变率极低。利用各种诱变因素可使突变率提高到3%，比自然突变高出100倍以上，甚至1000倍。而且诱发突变的变异范围广泛，有时能够诱发产生自然界稀有的或未曾有过的新等位基因。

**2. 改良单一性状比较有效，同时改良多个性状比较困难** 诱发突变多数是点突变。实践证明，诱变育种可以有效地改良品种的早熟、矮秆、抗病和优质等单一性状。通过诱变育种同时改良多个性状的难度很大。

**3. 诱发的变异较易稳定，可缩短育种年限** 诱发产生的突变，大多为隐性，经过自交在下一代即可获得纯合突变体，不再分离，有的到第3代即可获得稳定株系，有利于缩短育种进程，在自花授粉作物中表现尤为突出。

**4. 诱发突变的方向和性质尚难掌握** 诱发突变的方向及突变率不可控，必须扩大诱变后代群体，以增加选择机会，这样就比较花费人力和物力。

## 第二节 诱变育种的方法

### 一、诱变剂的选择

诱变剂（mutagen）指可以诱导作物发生突变的因素。一般可分为物理诱变剂和化学诱变剂两大类。

#### （一）物理诱变剂（附件7-1）

常用的物理诱变剂（physical mutagen）有两大类：①电磁辐射，它以电场和磁场交变振荡的方式穿过物质和空间而传递能量，如X射线、γ射线、紫外线、激光和微波等；②粒子辐射，它们是一些组成物质的基本粒子，或者是由这些基本粒子构成的原子核，如粒子、中子、α射线、β射线、离子束、空间粒子和重粒子等。离子注入作物诱变的优点是对植物损伤轻、突变率高、突变谱广，而且由于离子注入的高激发性、剂量集中和可控性，因此有一定的诱变育种应用潜力。离子注入首先应用于水稻，获得较高的突变率和较宽的突变谱，并取得一些成果。

农作物航天诱变育种是指利用太空运载工具，如飞船、返回式卫星和高空气球等将农作物种子带到太空环境，利用太空特殊环境（空间宇宙射线、高能粒子、微重力、高真空和弱磁场等因素）诱发农作物种子产生变异，并从中选育新品种的作物育种技术。航天搭载育种属于诱变育种的范畴。

### （二）化学诱变剂（附件 7-2）

化学诱变剂主要有烷化剂、叠氮化钠、碱基类似物等。

化学诱变剂与物理诱变剂相比，主要的特点有：①对处理材料的直接损伤轻。有的化学诱变剂只限于诱导 DNA 的某些特定部位发生变异。②诱发突变率较高，染色体畸变较少。主要是诱变剂的某些碱基类似物与 DNA 的结合而产生较多的点突变，对染色体损伤轻而不致引起染色体断裂产生畸变。③大部分有效的化学诱变剂较物理诱变的生物损伤大，容易引起生活力和可育性下降。此外，使用化学诱变剂所需的设备比较简单，成本较低，诱变效果较好，应用前景较广阔。但化学诱变剂对人体更具有危险性，必须选择不影响操作人员健康的有效药品。



## 二、处理材料的选择

材料的选择是诱变育种的关键。

**1. 选用综合性状良好的品种**　限于诱变育种的特点，选用仅有一两个缺点的推广品种为好。我国用诱变育种方法选育的品种，多半是改良推广品种的个别缺点而取得成功的。

**2. 选用杂交材料，以增加变异类型和提高诱变效果**　辐照处理 $F_1$ 种子，性状重组机会增多，使变异幅度显著增大，为选择优良单株奠定基础。

**3. 选用单倍体**　单倍体经诱发产生的突变易于识别和选择，再将单倍体加倍即可获得稳定的后代，缩短育种年限。可利用花药培养的愈伤组织、胚芽体或单倍体植株进行诱变。

**4. 选用多倍体**　因抗诱变剂的遗传损伤能力随染色体倍数增加而提高（非比例增加），故选用多倍体可减少突变个体的死亡率。

## 三、处理部位与处理方法

### （一）物理诱变剂处理部位与方法

植物各个部位都可以用适当的方法进行诱变处理，但不同器官和组织处理的难易程度不同。物理诱变剂处理最常用的是种子、花粉、子房、营养器官及愈伤组织等。

辐照处理主要有两种方法，即外照射和内照射（附件 7-3）。

1）外照射　被照射的种子或植株所受的辐射来自外部某一辐射源，如钴源、X 射线源和中子源等。该法操作简便、处理量大，是最常用的处理方法。外照射又可分为急性照射与慢性照射，以及连续照射和分次照射等各种方式。急性照射的剂量率高，在几分钟至几小时内完成；慢性照射的剂量率低，需要几个星期至几个月才能完成。连续照射是在一段时间内一次照射完毕，而分次照射则是间歇性多次照射。

2）内照射　将放射源引入生物体组织和细胞内进行照射的一种方法。内照射是一种慢性照射，进入植物体内的放射性元素在衰变过程中不断放出射线作用于植物体。常用的内照射源有 $^{32}P$、$^{35}S$、$^{131}I$、$^{14}C$ 等 β 射线源。内照射的主要方法有以下几种。①浸泡法。将种子或嫁接的枝条放入一定强度的放射性同位素溶液内浸泡。②注入法。将放射性溶液注入植物的茎秆、枝条、叶芽、花芽或子房内。③施入法。将放射性同位素溶液施入土壤中使植物吸收。④合成法。供给植物 $CO_2$，使植物通过光合作用将放射性的 $^{14}C$ 同化到代谢产物中引起变异。进行植物内照射时一定要十分注意安全防护，在实验室内严格遵守放射性实验室的操作规程，严防放射性污染。

适宜的诱变剂量是能够最有效地诱发育种家所希望获得的某种变异类型的辐照量。辐照量是诱变处理成败的关键。剂量过高会杀死大量细胞或生物体，或产生较多的染色体畸变；过低则产生突变体太少。在辐照处理时所应用的辐照剂量因作物种类、处理材料有所不同。常用的辐照单位主要有放射性强度、剂量强度等。因作物和品种的遗传背景及环境条件都可影响诱变效果，最适剂量很难精确确定。为了确保既不杀死过多材料又使处理后代有较多的变异，必须进行预备试验。

### （二）化学诱变剂处理部位与方法

与物理诱变一样，种子是主要的处理材料。植物的其他各个部分也可用适当的方法来进行处理。常用的处理方法有以下几种。①浸泡法：把种子、芽和休眠的插条浸泡在适当的诱变剂溶液中。②滴液法：在植物茎上刻一浅的切口，然后将诱变剂溶液滴到切口处，此法可用于完整的植株或发育中完整的花序。③注射涂抹法：用诱变剂注射、涂抹植物的组织或器官。④共培养法：在培养基中用较低浓度的诱变剂浸根或花药培养。⑤熏蒸法：在密封而潮湿的小箱中用化学诱变剂蒸气熏蒸铺成单层的花粉粒。

影响化学诱变剂诱变效果的因素主要有以下几个方面。

1）化学诱变剂的性质　化学诱变剂的有效浓度受其在溶液中的溶解度及其毒性的限制。此外，化学诱变剂除了与被处理的有机体发生反应外，也可与溶剂系统的成分，如缓冲剂、增溶剂和溶剂本身起反应。

2）处理浓度　不同的植物对诱变剂的敏感性不同，因此处理时要求的浓度亦不同。处理种子时，可将种子浸泡于诱变剂溶液中，种子可借扩散作用来吸收诱变剂。进行诱变剂处理时需要的浓度，除了与诱变剂和处理材料有关外，也与处理的时间、温度等因素有关，必须通过试验来确定。

3）处理时间　处理持续的时间应以使受处理组织完成水合作用及能被诱变剂所浸透为准。能产生最高突变效应的处理持续时间，随诱变剂水解速度而异。

4）处理温度　诱变剂溶液的温度对化学诱变剂的水解速度有很大影响，但对诱变剂的扩散速度影响不大。

## 四、诱变处理后的选育

### （一）$M_1$ 的种植和选择

经过诱变处理的当代长成的植株称为诱变第一代，以 $M_1$ 表示。若是用X射线和γ射线处理，也可以分别用 $X_1$ 或 $\gamma_1$ 表示，化学诱变剂处理的多用 $M_1$ 表示。

大多数突变都是隐性突变，少数是显性突变。如果处理花粉后出现显性突变则经传粉后能在当代被识别，产生隐性突变则只有经过自交或近亲繁殖后才能被发现。处理器官多产生突变嵌合体，而不是整个植株变异。

诱变处理后所长成的植株，因个别细胞或分生组织出现突变，以致形成的组织出现嵌合现象。如果在该部分形成性细胞，则可以遗传到下一代。因为大多是隐性突变，植株本身又是嵌合体，在形态上不易显露出来（除非是显性突变），因此通常 $M_1$ 不进行选择。一般说来，禾谷类作物的突变率主穗比分蘖穗高，第一次分蘖穗比第二次分蘖穗高。分蘖穗是含生长点部分的分生组织细胞群，因此出现突变的概率相对较少一些。因此，$M_1$ 往往采取密植等方法控制分蘖，只收获主穗上的种子。如果 $M_1$ 群体较小也可以每株同时收获3个穗，下一个播种季节按穗为单位种植穗行；如果 $M_1$ 群体大，劳力有限，为了减轻工作量，也可以从每个单株上收获几粒种子混合起来或混收全部种子随机取部分种子，在 $M_2$ 进行单株种植。

### （二）$M_2$ 及以后世代的处理

$M_2$ 是分离范围最大的一个世代，但其中大部分是叶绿素突变，如白化、黄化、淡绿、条斑、虎斑和多斑等。由于 $M_2$ 出现叶绿素突变等无益突变较多，所以必须种植足够大的 $M_2$ 群体。$M_2$ 可以采用系谱法或混合法两种处理方法。

**1. 系谱法**　将从 $M_1$ 收获的每个单穗的种子（$M_2$）种成穗行，如玉米则采取稀条播或点播，每行20～30粒，每隔10行播2行未诱变处理的亲本做对照。这种方式观察比较方便，易于发现突变体。因为相同的突变体都集中在同一穗行内，即使微小的突变也容易鉴别出来。这种微突变往往是一些数量性状的变异，如果能够正确鉴别和进一步鉴定，往往可以育成新品种。

$M_3$ 仍以穗行种植重点，观察突变体的性状是否重现和整齐一致，是否符合育种目标，如已整齐一致，则可以混收；如果穗行内性状继续分离，则选择单株或单穗。某些突变性状，尤其是微突变性状不一定都在 $M_2$ 中出现，而是随着世代的提高，其他性状已整齐一致的情况下才能够鉴别出来某些突变类型。因此，$M_3$ 是选择微突变的关键世代。$M_4$ 和以后世代，除了鉴定株系内是否整齐一致外，还要在有重复的试验区中进行品系间的产量鉴定。

**2. 混合法**　在 $M_1$ 每株主穗上收获几粒种子，混合种植成 $M_2$，或将 $M_1$ 全部混收后种植成 $M_2$。这种方法简单省工，只是缺乏逐代的观察。$M_3$ 和以后各世代，一般都已经稳定了，也有少数株系出现分离，但所占的比例较低，可进行单株选择；应根据育种目标仔细选择，尤其注意一些微突变，尽量多选，不要漏选。一般以明显易见的性状（如早熟性、矮秆性）作为诱变育种目标较易见效。由于化学诱变剂不易渗透到分生组织中去，所以无性繁殖作物一般采用射线处理。一般选择处于活跃状态的组织较合适，选择优异的突变体可以直接无性繁殖和利用，无须进行纯化。

总之，要提高诱变育种的成效，应该考虑的因素主要是选择恰当的亲本（即遗传背景），选择适当的诱变剂，诱变群体应尽可能大，采用适当的诱变后代处理方法和选择强度。



# 第三节　诱变育种的发展

## 一、诱变剂的复合处理

突变率随着诱变剂剂量的增大或处理时间的延长而增加，而且几种诱变剂复合处理比单独处理更能提高突变率。在射线处理后再用化学诱变剂处理，则由于射线处理改变生物膜的完整性和渗透性，可以促进化学诱变剂的吸收。

## 二、诱变育种存在的问题及对策

诱变育种存在的主要问题是有益突变频率较低，难以控制变异的方向和性质。所以，目前诱变育种研究的主要方向是如何提高诱变率，迅速鉴定和筛选突变体，以及探索定向诱变的方法。

### （一）提高作物的诱变率

利用诱变剂进行植物遗传改良已取得显著成就，但诱发有益突变的频率低仍然是影响诱变育种效率的主要限制因素之一。

**1. 利用敏感材料提高诱变率** 研究表明，植物品种辐照敏感性的强弱与辐照后代的突变率有相关性，敏感性强的品种，其突变率高。国内外研究和育种实践证明，诱变处理亲本材料的遗传背景对诱变效果有重要作用，用杂合的和异质的基因型做亲本材料，有利于增加突变类型和突变率，这是由于发挥了诱发基因突变与杂交重组的双重作用；利用单细胞材料处理也可提高诱变率和选择效率。

**2. 改进处理方法提高诱变率** 采用诱变率高的射线和适宜的化学诱变剂浓度是提高诱变率、改进综合技术的重要环节。采用适宜的高效处理方法也有利于提高诱变率。辐照诱变处理时将急性照射和慢性照射结合进行，可提高诱变率。

**3. 结合先进生物技术提高筛选效率** 快速发展的生物技术为突变体的鉴定和筛选提供了新的方法，利用基因组重测序和基因组序列比较的方法可以快速鉴定出突变基因。另外，将生物化学和生物物理学的现代分析方法用于抗逆性突变、品质突变的鉴定筛选，可显著提高效率。

### （二）加强诱变育种与其他育种方法的结合

诱变育种与杂交育种相结合，将突变体用作杂交育种的亲本，或将杂种后代进行诱变处理均已获得良好的效果；诱变处理诱发的雄性不育突变体和育性恢复突变体在杂种优势利用中具有重要的价值；诱变育种与远缘杂交相结合，通过诱变处理可诱导出易位系，在抗病育种中已取得了较好的效果。诱变育种与其他育种方法的结合是今后诱变育种的重要发展趋势。

### （三）加强诱变育种与遗传工程的结合

当前，遗传工程相关技术发展迅猛，这些技术为诱变育种的发展提供了新的有利条件。利用单倍体技术与诱变技术结合，在诱变当代既可发现隐性突变体，还能提高突变率。离体培养结合离体诱变和离体筛选具有十分广阔的前景。随着基因工程中基因重组技术的快速发展，有可能直接对DNA施加诱变处理，获得离体“定向诱变”的突变体材料。

综上所述，诱变育种是继杂交育种之后发展起来的一种育种方法，可以创造新的种质资源、丰富育种材料，具有杂交育种及其他育种方法难以替代的优点，但也有一定的局限性。为此，需要对育种目标、诱变亲本材料、突变材料的鉴定及诱变方法和技术等进一步改进和提高。随着高新技术成果的应用和基础理论研究的发展，诱变育种技术和成效将会不断得到完善和提高，使诱变育种在作物育种中发挥更大的作用。



## 本章小结

诱变育种是指利用物理、化学等因素诱导作物发生突变，并从中选育作物新品种的育种方法。根据诱变剂的种类可以把诱变育种分为物理诱变育种和化学诱变育种，γ射线和甲基磺酸乙酯（EMS）是作物育种中使用较多的诱变剂。诱变育种可以提高突变率、迅速改良现有品种的个别不良性状，但同时存在有利突变体较少、突变方向难以控制等问题。选择适当的材料和诱变剂、保持较大的诱变群体、采用适宜的诱变后代处理方法可以提高诱变育种的效果。

## 拓展阅读

$^{60}$Co放射源在辐照室内的贮存方式有干法和湿法两种。干法贮源是在辐照室设置干式贮源井或贮源铅容器，放射源在非辐照状态时退到井下或容器内。现在一般都采用湿法贮源（图7-1），即在辐照室内设一个深水井，让放射源在非辐照状态时降入装满去离子水的水井底部安全位置，工作时将其提升到地面上的工作位置。辐照加工有着广泛的应用，它能与国民经济中的各行各业相结合，已经产业化和商业化应用的领域有食品辐照保藏、医疗用品辐照灭菌消毒、辐照化工、三废治理等。

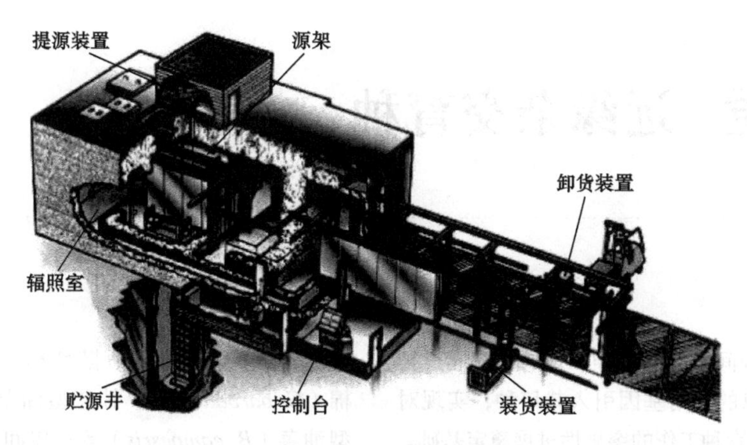


图 7-1 湿法贮源辐照装置

扫码看答案

1. 名词解释：诱变育种，物理诱变育种，化学诱变育种，外照射，内照射，致死剂量（$LD_{100}$），半致死剂量（$LD_{50}$），临界剂量（$LD_{60}$），半致矮剂量（$D_{50}$）。
2. 简述诱变育种的作用及优缺点。
3. 简述物理诱变剂的种类、特点及处理方法。
4. 简述化学诱变剂的种类、诱变原理及处理方法。
5. 影响诱变育种效果的因素有哪些？
6. 简述诱变后代的处理方法。
7. 诱变育种与其他育种（如杂交育种）在后代处理上有何异同？

# 第八章　远缘杂交育种

附件扫码可见

远缘杂交是品种间杂交的延伸和拓展，它通过把亲缘关系较远种、属的有用基因引入栽培种，实现对现有品种的改良，为育种工作的突破性进展奠定基础。

不同种（species）、属（genus）或亲缘关系更远物种之间进行的有性杂交称为远缘杂交（distant hybridization，wide hybridization），由远缘杂交获得的杂种称为远缘杂种。远缘杂交可以分为种间杂交（interspecific-hybridization）和属间杂交（intergeneric-hybridization）。种间杂交如普通小麦（*T. aestivum*）× 硬粒小麦（*T. durum*）、陆地棉（*G. hirsutum*）× 海岛棉（*G. barbadense*）、甘蓝型油菜（*B. napus*）× 白菜型油菜（*B. campesris*）等；属间杂交如普通小麦（*T. aestivum*）× 山羊草（*Aegilops*）或偃麦草（*Elytrigia agropyron*）等。不同科或科以上不同物种之间的杂交称为超远缘杂交，如小麦 × 豌豆等。种内不同类型或亚种之间进行的杂交称为亚远缘杂交，如籼稻（*O. sativa* subsp. Hsien）× 粳稻（*O. sativa* subsp. Keng）等。

## 第一节　远缘杂交的重要性

远缘杂交在作物遗传育种上的重要性主要表现在以下几个方面。

**1. 培育新品种和新种质**　远缘杂交在一定程度上可以打破物种间的界限，促进不同物种的基因渐渗和交流，从而把不同物种的优良性状结合起来，创造出新品种，是农作物品种改良的重要途径之一，尤其是当一个种内各品种间存在着现有品种资源无法克服的缺点时，引入异种、属的有利基因具有更重要的作用。远缘杂交在培育高产、优质、早熟、抗性强等突破性品种方面有特殊的意义。1761 年，Koelreuter 进行了烟草的种间杂交（*N. rusfica*×*N. paniculata*）。19 世纪中叶，欧洲利用野生马铃薯 *S. demisum* 具有抗晚疫病基因的特性，将其与栽培种 *S. tuberosum* 进行杂交，选育出了抗马铃薯晚疫病的品种。

**2. 创造新物种、新作物**　远缘杂交可以把来自不同物种的染色体组结合在一起，从而创造出现有作物中没有的特异类型。烟草是最早利用远缘杂交创造新物种的作物，即用野生的心叶烟草（*N. glutinosa*，$2n=24$，GG）与普通烟草（*N. tabacum*，$2n=48$，TTSS）杂交获得 $F_1$，经染色体加倍后，获得了具有两个亲本染色体组的异源六倍体新物种（*N.digluta*，$2n=72$，TTSSGG）。李炳林教授把亚洲棉（*G. arbreum*，$2n=26$，$A_2A_2$）与比克氏棉（*G. bickii*，$2n=26$，$G_1G_1$）杂交，对其 $F_1$ 进行染色体加倍，获得了具有比克氏棉子叶腺体延缓形成特性的异源四倍体亚比棉新物种。1965 年 Popova 用野生辣椒和栽培辣椒杂交，选育出高产、果实密集并适于机械收获的新类型。除此之外，还有小麦与偃麦合成的小偃麦（*Agrotriticum*），小麦与山羊草合成的小山麦（*Aegilotriticum*），小麦与簇毛麦合成的小簇麦（*Haynaldtriticum*）等。

根据染色体的组成，新合成的物种可以归为两类：一类是完全异源双二倍体新物种，它结合了双亲不同性质的染色体组，其染色体数目为双亲染色体数之和，如由四倍体的硬粒小麦（AABB）和二倍体的黑麦（RR）杂交，经 $F_1$ 染色体加倍而形成六倍体小黑麦（AABBRR）；由普通小麦（AABBDD）与黑麦（RR）杂交，经 $F_1$ 染色体加倍育成八倍体小黑麦（AABBDDRR）。另一类是不完全异源双二倍体新物种，它只结合了双亲的一部分染色体组。例如，利用六倍体的普通小麦（$2n=42$，AABBDD）和六倍体的中间偃麦草（$2n=42$，$E_1E_1E_2E_2$StSt）杂交后，经过多次回交，形成了异源八倍体小偃麦（$2n=56$，$AABBDDE_1E_1$ 或 AABBDDStSt）。

**3. 创造异染色体系**　通过远缘杂交，导入外源染色体或染色体片段，可以创造出异附加系（alien addition line）、异代换系（alien substitution）、易位系（translocation line）等异染色体系（alien chromosomal line）。

**4. 诱导单倍体**　虽然远缘父本花粉在异种母本上不能完成正常的受精，但有时能刺激母本的卵细胞自行分裂，诱导孤雌生殖，从而产生母本单倍体。目前，20 多个物种已通过远缘杂交成功诱导出单倍体。

**5. 利用杂种优势**　作物杂种优势利用的重要途径之一是利用雄性不育。远缘杂交可以利用不同物种之间的遗传差异，导入野生种或近缘种雄性不育基因或破坏原来的质核协调关系而获得雄性不育类型，进而获得雄性不育系及其保持系（附件 8-1）；也可以直接利用远缘杂种优势，如棉花的陆地棉与海岛棉杂交、水稻的籼稻与粳稻杂交等。远缘杂交还可以产生双重杂种优势，即远缘杂交获得核基因之间的互作和质核之间的互作产生的优势。

**6. 研究生物的进化**　天然的远缘杂交是生物进化的一个重要因素，是物种形成的重要途径。人类通过远缘杂交的方法并结合细胞遗传学等方面的研究，可以使物种在进化过程中出现的一系列中间类型重现，为研究物种的进化历史和确定物种间的亲缘关系提供理论依据，进而阐明某些物种的形成与演变的规律。

## 第二节　远缘杂交的困难及其克服方法

### 一、远缘杂交不亲和性的原因及克服方法

植物的受精作用是一个极其复杂的生理生化过程。远缘杂交双亲的亲缘关系比较远，较大的遗传差异或生理上的不协调影响了正常的受精过程，使雌、雄配子不能结合形成合子，这就是远缘杂交的不亲和性（incompatibility of distant hybridization）或不可交配性（noncrossability）。远缘杂交不亲和性的程度在不同种、属间具有明显的差异。亲缘关系越远，杂交越不容易成功，但这并非绝对，有的作物亲缘关系较近反而比亲缘关系较远的难以杂交成功，如栽培番茄（茄科番茄属）与同属的秘鲁番茄种间杂交不亲和程度比栽培番茄与茄科茄属的 *Solanum pennellii* 属间杂交的不亲和程度高。

#### （一）远缘杂交不亲和性的原因

自然界的物种是在长期发展过程中形成的独立生存单位。为保持各物种的独立性，一般都存在种间生殖隔离（sexual isolation），这是远缘杂交不亲和的关键所在。其具体原因主要有以下几个方面。

**1. 双亲受精生理因素之间存在差异**　远缘杂交不亲和的现象表现为：花粉不能在异种柱头上萌发；花粉虽能萌发，但由于花粉管生长缓慢或存在一些异常现象（如出现分叉、结节状、花粉管扭曲折叠和末端膨大等）而不能达到子房；花粉管即使能到达子房，但雌、雄配子不能完成正常受精而形成合子。导致这些现象的主要原因是双亲之间生理生化活性存在差异，如柱头呼吸酶的活性、pH、柱头分泌的生化活性物质以及花粉和柱头的渗透压等均影响了外来花粉的萌发、花粉管的生长、伸长及受精作用。

**2. 双亲基因组成的差异**　经研究发现，远缘杂交能否交配成功与双亲的基因组成有很大关系。1978 年，Riley 等认为大多数小麦品种在 5A 和 5B 染色体上分别载有显性的 $Kr_1$ 和 $Kr_2$ 基因，阻止了小麦与黑麦的可交配性。而‘中国春’小麦在这两个位点上分别具有隐性等位基因 $kr_1$ 和 $kr_2$，因此易与黑麦、球茎大麦杂交。此外，1981 年，Flak 和 Kasha 认为物种中存在控制交配性的基因；Tanner 和 Falk 的研究认为，黑麦有一个控制可交配性的单显性基因。1985 年，Sitch 和 Snape 的研究表明，球茎大麦至少有两对降低可交配性的显性基因。

棉花上发现有致死基因，如果双亲的致死基因相配套，杂交就不能成功。研究发现，二倍体戴维逊氏棉（*G. davidsonii*）与所有的异源四倍体（如陆地棉、海岛棉）杂交均不能获得成功。主要原因是戴维逊氏棉存在 $Le_2^{dav}$ 致死基因，而异源四倍体物种具有 $Le_1$、$Le_2$ 基因，所有的 $Le$ 等位基因与 $Le_2^{dav}$ 基因互补时，均能致死棉苗。

#### （二）远缘杂交不亲和的克服方法

**1. 选用适当的亲本和适当的组配方式**　种间杂交的亲本选配，不仅关系到杂种后代性状的重组，而且会直接影响杂交的成败。不同种间杂交，难易程度不同；同一个种间杂交，不同亲本杂交的成功率也不同。选用适当的亲本可以提高杂交结实率。在栽培种与野生种杂交时，以栽培种为母本可以提高结实率。染色体数目不同的亲本进行远缘杂交，以染色体数目多的亲本做母本，杂交易成功。

**2. 染色体预先加倍法**　用染色体数目不同的亲本杂交时，先将染色体数目少的亲本人工加倍后再杂交，可提高结实率。例如，卵穗山羊草和黑麦杂交不易成功，先将黑麦（$2n=14$）进行染色体加倍，再与卵穗山羊草（$2n=28$）杂交，其结实率显著提高。

**3. 桥梁法（媒介法）**　当两个物种直接杂交有困难时，可先通过第三者作为桥梁或媒介，即以亲本之一与桥梁品种杂交，然后再和另一亲本杂交，容易获得成功。例如，棉花上具有 A、D、G 三染色体组的三元杂种新物种的培育（附件 8-2）。

**4. 采用特殊的授粉方式**　不同植物柱头对外来花粉的识别机制不同，且识别能力受柱头成熟度的影响，所以采用一些特殊的授粉方法也可以提高杂交结实率。混合花粉授粉可以为受精创造有利的生理环境，使雌性器官难以识别不同花粉中的蛋白质而接受原属于不亲和的花粉受精。重复授粉可能会遇到最有利于花粉萌发、花粉管生长和受精的条件，从而提高受精频率。提前或延迟授粉可以改变母本柱头对花粉的识别能力；

补施植物激素对受精过程会产生一定影响，可提高结实率。用X射线、紫外线等物理方法处理去雄母本穗或父本穗后再进行授粉，可获得小麦与燕麦的杂交种。

**5. 应用生物技术手段** 柱头手术（stigma grafting technique）：对棉属等柱头较大的植物可切短母本花柱，缩短花粉管到达胚囊的路径；或切取花粉刚萌发的柱头上端部分，将其移植到母本柱头上，以方便精核进入胚囊。

子房受精（ovary fertilization）：切除母本花柱，将父本花粉直接撒在子房顶端上面，或将花粉的悬浮液注入子房，可使花粉管不通过柱头和花柱而使胚珠受精。

试管授精（test-tube fertilization）：将未受精的胚珠从子房中剥出，在试管内进行培养，等胚珠成熟时，再授以父本花粉或已萌发伸长的花粉管。

体细胞融合（somatic hybridization）：当远缘杂交不能进行时，可以采用体细胞融合的方法获得种、属间杂种。

## 二、远缘杂种夭亡、不育的原因及克服方法

### （一）远缘杂种的夭亡与不育

从受精卵开始，远缘杂种在个体生长发育不同阶段表现出一系列的不正常现象，导致不能成长为正常植株或即使长成正常植株但不能受精结实的现象叫远缘杂种的夭亡和不育性。其主要表现为：受精后幼胚不能发育，或中途停止发育；能形成幼胚，但幼胚畸形，不完整；幼胚完整，但没有胚乳或胚乳极少；胚和胚乳发育虽正常，但由于胚和胚乳间形成糊粉层似的细胞层，不利于营养物质从胚乳进入胚，由于胚、胚乳与母体组织间不协调，形成皱缩种子不能发育或发芽后死亡；$F_1$植株在不同发育时期出现生育停滞或死亡；由于生育失调，营养体虽生长繁茂，不能形成结实器官或不能产生有生活力的雌雄配子；或因双亲染色体数目不同，缺少同源染色体，在减数分裂时，染色体不能正常配对或平衡分配，而形成大量不育配子。

### （二）远缘杂种夭亡与不育的原因

生物在长期进化过程中形成了一个完整、平衡和稳定的遗传系统。该遗传系统一旦遭受破坏，对个体的生长发育就会造成影响。远缘杂交打破了各物种原有的遗传系统，势必会影响个体的生长发育，甚至导致死亡或不育。

**1. 核质互作不平衡** 亲缘关系比较远的双亲细胞核和细胞质在新的杂种个体中生长发育的不协调，影响了杂种生长发育所需物质的合成与供应，进而影响其生长发育。

**2. 染色体不平衡** 由于双亲染色体组，染色体数目、结构、性质等的差异，使减数分裂不正常，不能形成有正常功能的配子而不育。水稻籼×粳杂交的$F_1$高度不育属于染色体结构性质的差异。大白菜（$X_1$=10）与甘蓝（$X_2$=9）远缘杂种（$2n$=$X_1$+$X_2$=19）的减数分裂根本无法进行，不能形成有正常功能的配子。

**3. 基因不平衡** 不同物种，其DNA分子大小、核苷酸序列与结构不同，所携带的基因数量和性状不同，对生长发育和代谢的调节功能也不同。当异源DNA进入细胞后，常被各种内部酶所裂解或排斥，导致遗传功能紊乱，不能合成适当的物质和形成正常配子，进而使杂种夭亡和不育。

**4. 胚和胚乳发育不平衡** 胚和胚乳在发育上有极敏感的平衡关系，胚的正常发育所需营养来自胚乳。如果没有胚乳或胚乳发育不全，幼胚发育便会中途停顿或解体。

### （三）远缘杂种夭亡与不育的克服方法

**1. 幼胚的离体培养** 将杂种幼胚进行人工离体培养，改善杂种胚发育的外界条件，使杂种胚、胚乳和母体组织间的生理协调性得到改善，可获得杂种并提高结实率。目前，该方法已在40多种植物的远缘杂交中得到成功应用。

**2. 杂种染色体加倍法** 当远缘杂种在减数分裂过程中由于染色体不能配对造成不育时，通过杂种染色体加倍获得双二倍体，可有效地恢复其育性。目前已经在小麦×黑麦、黑麦×冰草、烟草四倍体栽培种×二倍体野生种等的杂交中获得成功。

**3. 回交法** 对于雌性配子发育正常、雄性配子败育的远缘杂种材料，用远缘杂种为母本，用亲本之一的花粉对其回交，可获得回交后代种子。当栽培种与野生种杂交时，一般以栽培种作轮回亲本进行回交。

**4. 延长杂种的生育期** 通过人工控制温度和光照延长远缘杂种生育期，可促使其生理机能逐步趋向协调，生殖机能及育性得到一定程度的恢复。

**5. 嫁接** 幼苗出土后由于根系发育不良而引起的死亡，可通过将杂种幼苗嫁接（grafting）在母本幼苗上，而使杂种正常生长。例如，把不育株马铃薯嫁接在可育株上，能提高其育性。

**6. 利用特殊基因** 小麦上，*ph*基因有利于诱导部分同源染色体配对，可以提高杂种的育性。在进行小麦远缘杂交时，当*ph*基因存在时，可诱导部分同源染色体配对，提高其配对能力，从而提高杂种的育性。

## 三、远缘杂种后代的分离与选择

### （一）远缘杂种后代性状分离的特点

**1. 分离无规律性** 品种间杂交时，一些性状

的分离有规律可循。远缘杂交由于其亲缘关系较远，来自双亲的异源染色体缺乏同源性，导致减数分裂过程紊乱，形成具有不同染色体数目的配子，造成远缘杂种后代的遗传特性复杂，性状分离规律难以通过上下代之间的性状表现预测。

**2. 分离类型丰富，并有向两极分化的倾向** 与品种间杂交相比，远缘杂种后代性状的分离范围和类型比较广泛，不仅会分离出各种中间类型，而且会出现大量的亲本类型、超亲类型，即出现所谓“疯狂分离”现象。随着杂种世代的演进，后代有向双亲类型分化的倾向，即返亲分离。因为杂种后代分离群体中的中间类型多为非整倍体，不稳定，容易在后代中消失，而生长正常的个体往往是与亲本性状相似的个体。

**3. 分离世代长、稳定慢** 远缘杂种后代染色体数量及染色体结构变化存在多样性，如大量非整倍体、部分染色体消失等，造成了远缘杂种后代性状分离延续多代且不易稳定。其性状分离世代有的是$F_2$，有的可能是$F_3$或更高世代。

### （二）克服远缘杂种后代性状稳定慢的方法

**1. $F_1$染色体加倍** 将$F_1$染色体加倍形成双二倍体，可获得不分离的纯合材料。从细胞学方面看，加倍后所获得的双二倍体的稳定性是相对的，从中也可以分离出非整倍体。

**2. 回交** 回交能克服杂种不育和控制性状分离。例如，栽培种与野生种杂交，用栽培种作轮回亲本进行回交，有利于克服野生种的某些不利性状。

**3. 诱导单倍体** 远缘杂种$F_1$的花粉有少量是可育的，如将$F_1$的花粉离体培养产生单倍体后再进行染色体加倍，可获得稳定的纯合体。

**4. 诱导染色体易位** 利用理化因素诱导双亲染色体易位，可获得兼具双亲性状的新类型。在小麦与山羊草、冰草、黑麦等的杂交中，应用该方法已获得了稳定的新材料或新品种。

### （三）远缘杂种后代的选择方法

针对远缘杂种后代存在分离世代长、分离类型多、分离无规律等特点，远缘杂种后代的选择与处理方法要注意以下几点。

**1. 种植较大的早代群体** 由于远缘杂种早代稳定慢，变异类型多，不育性高，畸形株较多，杂种早代（$F_2$、$F_3$）需种植较大的群体，才能保留较多的遗传变异类型，选出频率较低的优良个体。

**2. 放宽早代选择标准** 远缘杂种早代由于存在较多的基因类型和大量非整倍染色体的个体，表现为结实率低、种子不饱满、晚熟、性状变异类型多、性状遗传力低等特点，放宽表型性状的选择标准可以避免丢失优良的遗传重组类型。

**3. 灵活应用各种选择方法** 针对远缘杂交后代的不同特点，根据育种目标和所用亲本材料，采用不同的选择方法对远缘杂种后代进行处理。如要把不同种或亚种的一些优良性状结合起来，培育出产量和适应性均比较好的品系，可采用混合法；如要改进某一推广品种的个别性状，则可采用回交的方法；如要把野生种的若干优异性状与栽培品种相结合，可采用歧化选择，即在群体中选择两极端类型互交后，再进行选择的方法。



# 第三节 远缘杂交的育种策略

## 一、品系间杂交

品系间杂交，即从同一个远缘杂交后代群体中选出具有不同目标性状的品系，各个品系相互杂交后再进行选择。该方法有利于打破目标性状基因与不利基因的连锁，有利于加性基因效应、上位效应及有利基因的积累，从而释放更大的遗传变异潜力，扩大杂种后代的遗传变异范围，提高优良基因型出现的频率，培育出综合性状优良的新类型。例如，美国南卡罗来纳州PeeDee农业试验站用陆地棉×（亚洲棉×雷蒙德氏棉）的三交种后代进行品系间杂交，培育出了纤维强力超过4g、细度达5600～5800m/g、断裂长度为23～24km、皮棉产量高的PD系统与陆地棉品种‘SC-1’。

## 二、外源染色体的导入

由于远缘杂种含有全套的异源染色体组，杂种往往带有除目标性状以外的异源物种的不良性状，使得远缘杂种难以在生产上直接利用。实践证明，导入单个或少数异源染色体或染色体片段，可以更好地利用异源物种的有利基因。外源染色体的导入分为以下两种。

**1. 异附加系** 在某物种染色体组型的基础上，增加一对或两对其他物种的染色体，从而形成一个具有另一物种特性的新类型。附加1条外源染色体的为单体附加系（monosomic addition line）；附加2条不同外源染色体的为双单体附加系（double monosomic addition line）；附加3条及以上不同外源染色体的为多重单体附加系；附加1对外源染色体的为二体附加系（disomic addition line）；附加2对同源外源染色体的为双二体附加系；附加2对及以上同源外源染色体的为多重附加系。培育异附加系的方法有常规法、桥梁法、单倍体法等。目前，国内外已经建立了小麦 - 黑麦、小麦-大麦、小麦-小伞山羊草、小麦-中间偃麦草、小麦-簇毛麦等异附加系。此外，在棉花、水稻、油菜、甜菜、白菜及其他一些作物上均有异附加系研究和利用的报道（附件 8-3）。

**2. 异代换系**　某物种的一对或几对染色体被另一物种的一对或几对染色体取代所形成的新类型称为异代换系。异代换系可以在远缘杂交、回交过程中产生，也可以利用单体、单端体、缺体、异附加系等基础材料杂交、回交的方法选育，还可以通过对异源杂种的组织培养获得。目前已获得 220 种代换有黑麦、山羊草、偃麦草、大麦、簇毛麦、冰草等染色体的小麦异代换系，代换有海岛棉染色体的陆地棉异代换系，代换有裂稃燕麦（*Avena barbata*）染色体的栽培燕麦异代换系。异代换系的染色体数目未变，染色体代换通常发生在同源染色体之间，由于栽培品种和远缘物种的同源染色体之间有一定的补偿能力，因此，异代换系的细胞学特性和遗传学特性都比相应的附加系稳定。

## 三、染色体片段的转移

通过代换或附加异源染色体可以将有益基因导入栽培作物，但引入的染色体除携带有益基因外，同时还带有不利基因。为了减少或消除不利基因的影响，导入外源基因较理想的方法是将携带有利基因的染色体片段导入栽培作物，即建立易位系。所谓的易位系是指某物种的一段染色体和另一物种的相应染色体节段发生交换后，而产生的新类型。远缘杂交中有时会产生易位，但发生的频率很低。

易位系的细胞学特性和遗传学特性更稳定更平衡，可直接应用于生产。染色体易位是培育远缘杂交品种的关键。国内外在生产中大面积推广应用的小麦远缘杂交品种大都是易位系品种。例如，具有小麦-黑麦‘1RS’/‘1BL’易位的许多小麦品种（如‘无芒1号’‘高加索’‘阿芙乐尔’等）在全世界已大面积种植。

## 本章小结

远缘杂交是指亲缘关系较远的物种之间的杂交。远缘杂交打破了物种间的界限，在创造新物种、培育新品种和研究物种进化等方面具有重要价值。远缘杂交存在杂交不亲和、杂种夭亡与不育、杂种后代疯狂分离等问题。了解远缘杂交存在的问题、掌握远缘杂交技术，对于充分发挥远缘杂交的作用具有重要意义。



## 拓展阅读

**中国小麦远缘杂交之父——李振声院士**

李振声，1931 年 2 月生，山东淄博人，遗传学家，1951 年毕业于山东农学院（现山东农业大学）农学系，原中国科学院遗传研究所研究员。他育成了 8 倍体小偃麦、异附加系、异代换系和异位系等远缘杂种新类型；将偃麦草的耐旱、耐干热风、抗多种小麦病害的优良基因转移到小麦中，育成了小偃麦新品种‘小偃 4 号’‘小偃 5 号’‘小偃 6 号’，‘小偃 6 号’至 1988 年累计推广面积 360 万 $hm^2$，增产小麦 16 亿 kg；建立了小麦染色体工程育种新体系，利用偃麦草蓝色胚乳基因作为遗传标记性状，首次创制蓝粒单体小麦系统，解决了小麦利用过程中长期存在的“单价染色体漂移”和“染色体数目鉴定工作量过大”两个难题，育成自花结实的缺体小麦，并利用其缺体小麦开创了快速选育小麦异代换系的新方法——缺体回交法，为小麦染色体工程育种奠定了基础。李振声于 1991 年当选为中国科学院院士（学部委员），2006 年获得国家最高科学技术奖。

## 思考题

扫码看答案

1. 名词解释：远缘杂交，亚远缘杂交，远缘杂种，异附加系，异代换系，易位系，歧化选择。
2. 远缘杂交有何特点、作用与意义？
3. 远缘杂交不亲和性的原因和克服方法有哪些？
4. 简述远缘杂种夭亡和不育的原因及克服的方法。
5. 作物远缘杂种后代性状分离有何特点？
6. 如何克服远缘杂交后代的不稳定性？
7. 远缘杂交诱导单倍体的原理是什么？
8. 什么是异附加系和异代换系？它们在农业生产上是否可以直接进行利用？在作物遗传育种上是如何利用异附加系和异代换系的？

# 第九章　倍性育种

染色体是遗传物质的载体，染色体数目的变化会引起植物形态、解剖、生理生化等方面的变异。各种植物的染色体数是相对稳定的，但是在人工诱导等特定条件下也会发生改变。倍性育种就是人工诱发植物染色体数目产生变异，并从中选育优良品种的育种技术。倍性育种主要包括多倍体育种和单倍体育种。

## 第一节　多倍体育种

多倍体育种（polyploidy breeding）是利用人工诱导技术使作物染色体数目加倍，在其后代中选育新品种的过程。20 世纪 30 年代，人们发现用秋水仙素能诱导植物形成多倍体。目前，育种家已经培育出许多作物的多倍体品种，如同源三倍体的西瓜、甜菜、香蕉、葡萄、桑果、茶树、毛白杨、松树；同源四倍体的水稻、玉米、高粱、荞麦、黑麦、柑橘、蒲公英；异源六倍体小黑麦和异源八倍体小黑麦等。其中，三倍体无籽西瓜、三倍体甜菜、小黑麦等在生产上应用较广。

### 一、多倍体的种类、起源及特点

#### （一）多倍体的概念

任何物种体细胞染色体数（$2n$）都是相对稳定的，如水稻为 24、烟草为 48、小麦为 42、玉米为 20 等。一个属内各个种所特有的、维持生活机能最低限度的一组染色体，叫染色体组（genome）。各个染色体组含有的染色体数称为染色体基数 $X$（the basic number of chromosome in single genome），如玉米 $X$=10、稻属 $X$=12、小麦 $X$=7、棉属 $X$=13、高粱 $X$=10、甘薯 $X$=15、豌豆 $X$=7。同一个属的种或变种，染色体基数相同，彼此在染色体数目与基数上存在倍数关系，如棉属的 $X$ 为 13，而栽培亚洲棉（$A_2A_2$）的 $2n=2X=26$，陆地棉（$A_1A_1D_1D_1$）的 $2n=4X=52$。亲缘关系相近的属，其染色体基数有相同的，如小麦属、黑麦属和大麦属的染色体基数均为 7；但在同一个属内，染色体基数也有不同的，如报春属中，其染色体基数有 $X$=8、$X$=9、$X$=10、$X$=11、$X$=12、$X$=13 等。

每种生物的细胞核内均含有一定倍数的染色体组，称为染色体的倍数性。多倍体（polyploid）是指体细胞中含有 3 个或 3 个以上染色体组的植物个体，如三倍体 3$X$、四倍体 4$X$、五倍体 5$X$ 等。自然界中约一半的被子植物、2/3 的禾本科植物、80% 的草类、18% 的豆类是多倍体。蓼科、景天科、蔷薇科、禾本科、锦葵科和鸢尾科中多倍体最多。许多农作物及果树、蔬菜，如小麦、棉花、烟草、甘薯、马铃薯、花生等均为天然多倍体植物。

#### （二）多倍体的来源

自然界的多倍体是由二倍体进化而来的。不同二倍体物种间杂交，染色体自发加倍是多倍体产生的主要来源。通过染色体组分析及人工合成多倍体试验已经证明了普通小麦（图 9-1）、烟草（图 9-2）、棉花等的起源。

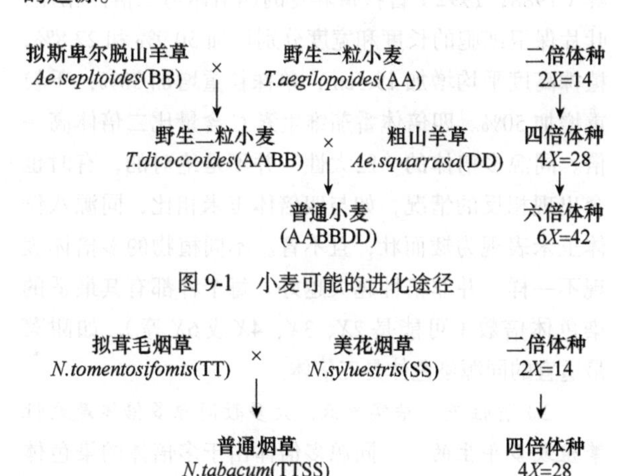


图 9-1　小麦可能的进化途径



图 9-2　烟草的进化途径

**1. 体细胞染色体加倍**　正常单倍体配子受精所产生的二倍体合子经染色体加倍，就能发育成多倍体植株。一般是二倍体产生少数四倍体细胞或四倍体组织，再由这些四倍体细胞（组织）形成多倍体植株，如四倍体月见草的自发形成等。某些顶端分生组织的染色体加倍也可产生多倍体。

**2. 未减数配子的受精结合**　配子形成过程中，由于减数分裂发生异常，产生未减数的 $2n$ 配子，由未减数而功能正常的 $2n$ 配子受精融合产生多倍体。这是形成多倍体的主要方式。据不完全统计，已在85个属如杨树属、草莓属、苹果属等植物中发现通过2*n*配子融合产生同源多倍体。在马铃薯中2*n*配子育种已形成了完整体系。

**3. 多精受精** 多精受精是指在受精时两个或两个以上的精子同时进入卵细胞与卵子结合，这种现象可在向日葵等植物中观察到（Vigfusson，1970）。在兰科植物中也曾发现由多精受精产生的多倍体。

### （三）多倍体的分类及特点

根据染色体来源，可将自然界存在的多倍体分为两大类：同源多倍体与异源多倍体（附件9-1）。

**1. 同源多倍体** 同源多倍体（autopolyploid）指体细胞中染色体组来源相同的多倍体。大多数同源多倍体是由二倍体直接加倍而来，是原个体染色体组的倍增，如同源四倍体黑麦（$2n=4X=28$，RRRR）、同源四倍体马铃薯（$2n=4X=48$）、同源六倍体甘薯（$2n=6X=90$）。

和二倍体相比，同源多倍体具有以下特征。

1）器官的巨大性 同源多倍体最显著的效应是细胞增大。由于细胞体积的增大，有时会产生某些器官的巨型化（如植株比较高，叶片大而肥厚，花粉、气孔及花、果实大等）和生理代谢产物（如维生素、生物碱、蛋白质、糖、脂肪等）的增加。朱必才等（1988，1992）曾报道荞麦的四倍体与二倍体相比，叶片保卫细胞的长度和宽度分别增加50.9%和22.8%，植株高度平均增加19.5cm，单株粒重增加30%，千粒重增加50%。四倍体番茄维生素C含量比二倍体高一倍。同源多倍体的“巨大性”并不是绝对的，有时也会出现相反的情况，如与四倍体玉米相比，同源八倍体玉米表现为矮而壮，且不育。不同植物的多倍体表现不一样，并非倍性越大越好。每个种都有其最适的染色体倍数（可能是2*X*、3*X*、4*X*或6*X*等），如甜菜最适宜的同源染色体是三倍体。

2）育性差、结实率低，大多数同源多倍体是无性繁殖或多年生的 同源多倍体由于多倍体的染色体组来自同一个物种，染色体数量的增加，细胞内有两个以上的同源染色体，减数分裂时可以联会形成多价体，使减数分裂出现异常现象，常表现为育性差、结实率低。奇数倍同源多倍体的育性更低，如同源三倍体一般是高度不育的。同源四倍体马铃薯和同源六倍体甘薯是主要的无性繁殖作物，同源三倍体的香蕉、葡萄、桑果、茶树、毛白杨、松树等均为多年生。

3）抗逆性强 同源多倍体由于器官的巨型性和生理上的活跃性，其新陈代谢旺盛，适应环境能力强，表现为抗病、耐旱、耐寒、分布广。例如，三倍体和四倍体西瓜对枯萎病有较强的抗性，四倍体萝卜对普通根肿病的抗性比二倍体高。

4）基因型种类多，达到遗传平衡时间长 同源多倍体基因型的种类比二倍体多。二倍体在一定条件下只需经过一代随机交配，后代便能达到遗传平衡，而多倍体达到遗传平衡则需若干代。杂合体自交时，多倍体后代中纯合体的概率也比二倍体的少。

**2. 异源多倍体** 异源多倍体（allo-polyploid）指的是染色体组来源不同的多倍体。异源多倍体广泛存在于自然界，如异源四倍体陆地棉（AADD）、异源六倍体普通小麦（AABBDD）等。大多数异源多倍体是由远缘杂交所获得的$F_1$杂种染色体加倍形成的后代，又称为双二倍体（amphidiploid），如异源八倍体小黑麦（$2n=8X=56$，AABBDDRR）是由普通小麦（$2n=6X=42$，AABBDD）与黑麦（$2n=2X=14$，RR）的杂种（$2n=4X=28$，ABDR）经染色体加倍形成的。异源多倍体在细胞遗传学上表现出减数分裂过程中不出现多价体、染色体配对正常、自交亲和性强、结实率高等特点。

在同源多倍体和异源多倍体之间，还存在一系列过渡类型的多倍体，如同源异源多倍体（auto-allopolyploid）、倍半二倍体（sesquidiploid）等。

## 二、人工诱导多倍体的途径

自然界产生多倍体的频率很低。因此，在进行植物多倍体育种时必须通过人工诱导方法创造多倍体。

**1. 物理因素诱导** 用于诱导多倍体的物理方法有温度激变、机械创伤、电离辐射、离心力、热激力、热冲击、γ射线、X射线等。彭悦等（2000）指出这些方法均是模拟自然界中可形成多倍体的条件来设计的，虽有一定效果，发生的频率却很低，且效果不稳定，因而未能普及应用。

**2. 化学因素诱导** 化学因素诱导多倍体是人工诱导多倍体最主要的方法。化学试剂包括秋水仙素、萘嵌戊烷、麻醉剂、生长素、氧化亚氮（$N_2O$）、除草剂等。应用最普遍的是秋水仙素。秋水仙素是从百合科植物秋水仙中提炼出来的一种植物碱（$C_2H_{25}NO_6 \cdot 12H_2O$），能特异性地与微管蛋白分子结合抑制纺锤丝的形成，不影响染色体的复制，使复制的染色体不能向两极移动，造成染色体数目加倍而形成多倍体。

秋水仙素诱发多倍体的影响因素主要有以下几个方面。

1）处理的部位与时期 秋水仙素诱变只作用于分裂中的细胞，一般是处理萌动的或刚发芽的种子、幼苗、嫩枝的生长点、芽及花蕾等，处理时期选在植物发育阶段的幼期效果较好。

2）药剂浓度与处理时间 一般将秋水仙素配成

浓度为0.01%～0.5%的水溶液、乙醇溶液、甘油溶液或制成羊毛脂膏、琼脂、凡士林等制剂，应用较多的为0.20%的水溶液。一般采用低浓度、长时间或高浓度、短时间的处理方法。处理幼嫩的组织、器官、种苗、萌动的种子比处理干种子浓度应小一些。

3）处理的温度　一般处理温度为18～25℃，低温对细胞的分裂有一定阻碍作用，温度过高又会对细胞有一定的损伤作用，使细胞核分裂成碎片，阻碍了有丝分裂的进行。

4）处理方法　常用的处理方法有浸渍法、点滴法、涂抹法、注射法、套罩法等。

浸渍法：主要适合于处理种子、枝条、幼苗和接穗。处理种子时，将种子放在铺有滤纸的培养皿或平底盘中，加入一定浓度（0.01%～1.00%）的秋水仙素溶液，避光浸种1～10天，处理后用清水冲洗干净；处理插条、接穗时，一般处理1～2天，处理后用清水冲洗干净；处理幼苗时，将苗倒置，使生长点浸入秋水仙素溶液。

点滴法：适合于处理较大植株的顶芽、腋芽，常用的水溶液浓度为0.1%～0.4%，每天滴1至数次，反复处理数天，使溶液透过表皮浸入组织内起作用。也可以用脱脂棉包裹幼芽，再滴上秋水仙素溶液浸湿棉花。

涂抹法：将秋水仙素按一定浓度配成乳剂后涂抹于幼苗或枝条顶端，涂完后遮盖处理部位，以防雨水和蒸发。

注射法：用注射器将秋水仙素溶液注射到分蘖部位，使再生的分蘖成为多倍体。适宜于对禾谷类作物的诱导。

套罩法：保留顶芽，去除顶芽下面的几片叶，套上装有一定浓度的药剂和0.6%琼脂的防水胶囊，24h后去掉胶囊。在实际应用过程中应根据植物的种类、处理部位等选用合适的方法，也可以把各种方法结合起来使用。

**3. 有性杂交获得多倍体**　在小孢子和大孢子时期减数分裂异常产生$2n$配子，通过单向多倍化（双亲之一产生$2n$配子）或双向多倍化（双亲均能产生$2n$配子）均能提高杂交后代的倍性水平。

**4. 胚乳培养**　植物胚乳培养是产生三倍体植株的主要方法。某些植物的果核大、种子多，会带来加工的困难，降低了产量和质量，而三倍体植株常常表现为不育和无籽，这对一部分药用植物是非常有用的性状，如山茱萸、枸杞。胚乳离体培养比二倍体与四倍体杂交获得三倍体快。

**5. 细胞融合**　细胞融合，也叫体细胞杂交，是采用电融合和聚乙二醇（PEG）融合等方法人工将分离的不同属或种的原生质体诱导形成融合细胞，之后经离体培养，分化成再生植株，获得有价值的多倍体植株。

**6. 体细胞无性系变异**　体细胞无性系变异是指来源于体细胞中自然发生的遗传物质的变异。这种变异有时会引起染色体数目的变异，形成多倍体芽变，如四倍体大鸭梨就是由二倍体鸭梨芽变异而获得的。在田间和组织培养中均可利用体细胞无性系变异。

## 三、多倍体育种程序

多倍体育种的意义主要表现在以下几个方面：①培育新作物、新品种。诱导同源多倍体，可以利用其器官的巨大性提高产量，改善品质，培育新的多倍体品种；诱导异源多倍体，可以培育新物种、新作物。②通过远缘亲本或杂种染色体加倍，克服远缘杂交困难。③诱导异源多倍体，作为种属间的遗传桥梁，进行基因转移或渐渗。多倍体可以作为基因转移的桥梁，把野生种的优良基因转移到栽培种中。

人工诱导多倍体育种程序主要包括以下几个环节。

**1. 诱导材料的选择**　选择天然多倍体比较多的植物，比较容易获得成功。

选择综合性状好、染色体倍数少的材料。染色体数目的倍增只能加强或减弱原有性状，不会产生新性状。对染色体倍数比较高的植物再进行染色体加倍，过高的染色体倍数使细胞分裂时染色体分配不均衡，造成生殖、代谢失调，出现一些难以克服的缺点，如生长比较缓慢、抗逆性降低、不育或结实率低等。

基因型杂合的材料遗传变异丰富，可塑性大，加倍后形成的多倍体具有较多的优良性状。天然多倍体作物中，有不少是异花授粉植物，如甘薯、苜蓿、三叶草等。

选择收获营养器官的植物或无性繁殖的植物。无性繁殖方式可以规避同源多倍体结实率低、籽粒不饱满的缺点，以营养器官为收获目的的作物可以充分利用同源多倍体器官的“巨大性”，收获更多的肉质根、茎等有效成分。

选择远缘杂种后代材料。远缘杂交能使两个物种的染色体组结合在一起，人工加倍后可形成异源多倍体，成为新类型或新物种。

选择生育周期短的植物。染色体加倍有时会延长作物的生育期，因而生育期短的比生育期长的作物、一年生比多年生作物更适合于多倍体育种。

**2. 人工诱导多倍体**　针对不同作物的特点，选用有效的诱导方法，可以高效地诱导出多倍体。

**3. 多倍体的鉴定**　植物经过处理后，是否已经变为多倍体，需要进行鉴定。依据其外在和内在的特征特性可以将鉴定方法分为间接鉴定和直接鉴定。另外，还可进行分子生物学鉴定。

1）间接鉴定　主要是形态鉴定和育性鉴定。根据同源多倍体的植株常呈"巨大型"、育性下降的特征，可以间接鉴定多倍体。最显著的变化是花器和种子明显增大，育性下降。一般同源多倍体育性会有所下降，而异源多倍体加倍后育性会提高。这主要是由于同源多倍体产生不规则的配子，导致其结实率降低；而异源多倍体加倍由于细胞中染色体能正常配对，形成的配子是可育的。但有的异源多倍体也存在不育现象，这可能与基因型有关。

2）直接鉴定　对加倍处理后材料的花粉母细胞或根尖细胞进行染色体数目切片显微观察，可以准确鉴定是否为多倍体。

3）分子生物学鉴定　随着分子生物学的发展，人们开始从分子水平来鉴定多倍体。有用扫描细胞光度仪来测定单个细胞的DNA含量，再根据DNA含量比较来推断细胞倍性的报道（Zhang等，1994）。原位杂交技术也可用于多倍体的鉴定（王艳丽等，2004）。分子标记技术如限制性片段长度多态性（RFLP）等分子标记也已成功应用于多倍体的鉴定（张有做等，1998）。

**4. 多倍体的加工与选育**　通过人工加倍后所获得的多倍体，只是为多倍体育种创造了原始材料，这些材料还必须经过进一步的加工、选育才能在生产上利用。进行多倍体育种时，诱变的多倍体群体要大，应包含丰富的基因型，在这样的群体内才能进行有效选择。人工诱导的多倍体材料，具有不同的优缺点，如人工合成的异源多倍体小黑麦，即初级小黑麦，虽然具备穗子大、长势旺、抗病性强等优点，但同时也具有种子不饱满、某些农艺性状不理想等缺点，难以直接用于生产。因此，必须进行多倍体品系间的杂交和选择，逐步克服所存在的缺点，才有可能培育出具有生产价值的新物种或新品种。

## 第二节　单倍体育种

单倍体（haploid）是指具有配子染色体组的个体。根据染色体的平衡与否，可把单倍体分为两大类。

1）整倍单倍体（euhaploid）　其染色体是平衡的。根据染色体的倍数水平又可以分为：①一倍体或单元单倍体（monohaploid），它是由二倍体植物产生的含有一组染色体的单倍体，如亚洲棉，其染色体组为$A_2A_2$，由它产生的单倍体只含有一个染色体组$A_2$；②多倍（元）单倍体（polyploid），即多倍体植物产生的含有一组以上染色体组的单倍体，如普通小麦、陆地棉、海岛棉等产生的多倍单倍体。由同源多倍体和异源多倍体产生的多倍单倍体，分别称为同源多倍单倍体（autopolyhaploid）和异源多倍单倍体（allopolyhaploid）。

2）非整倍单倍体（aneuhaploid）　其染色体数目可能额外增加或减少，而并非染色体数目的精确减半。非整倍单倍体包括以下几种类型：①二体单倍体（$n+1$，disomic haploid），配子染色体增加了一条本物种的染色体；②附加单倍体（$n+1$，addition haploid），配子染色体增加了一条外源物种的染色体；③缺体单倍体（$n-1$，nullisomic haploid），染色体比配子染色体数少了一条；④置换单倍体（$n-1+1'$，substitution haploid），外来的一条或数条染色体替代单倍体染色体组的一条或数条染色体；⑤错分裂单倍体（misdiversion haploid），含有一些具端着丝点的染色体或错分裂的产物（如等臂染色体）。

单倍体植株具有植株矮小、高度不育、显隐性基因均能表达等特点。与多倍体植株相比，单倍体植株矮小、叶薄、植株瘦弱。单倍体中的染色体互不相同，在减数分裂中不能配对，形不成二价体，导致单倍体配子基因型异常，植株高度不育，如油菜、黑芥的单倍体植株几乎完全不结种子。单倍体植株每个染色体只有一个成员，染色体上的基因没有相应的等位基因，控制质量性状的主效基因不管是显性还是隐性，均能在发育中得以表达。对单倍体进行染色体加倍，可以获得基因型高度纯合、遗传上稳定的二倍体。

### 一、单倍体产生的途径

自然发生形成单倍体的途径有孤雌生殖、孤雄生殖、无配子生殖等。作物自发形成单倍体植株的概率很低，一般不超过0.1%，远远不能满足人类育种的要求，需要人工诱导单倍体。

#### （一）细胞和组织的离体培养

**1. 花药（花粉）培养**　花药（花粉）培养的原理是植物细胞的全能性。每个细胞具有这个物种全套的遗传物质，有发育成完整植株的能力。20世纪60年代，印度学者Guha和Maheshwari用毛曼陀罗（*Datura innoxia*）的花药经组织培养获得单倍体植株后，其他科学家先后在300多个物种中获得了单倍体植株（相志国等，2011；欧阳俊闻等，1973）。花药培养是进行单倍体育种的主要技术，我国采用此技术育成的水稻品种超过60个，小麦品种超过20个。

**2. 未受精子房（胚珠）培养**　未受精子房（胚珠）培养是指在植株开花初期，取未受精的子房接种在培养基上培养成植株的过程。用未受精的子房（胚珠）离体培养，可以诱导大孢子发育成单倍体。

### （二）单性生殖

**1. 利用远缘杂交**（附件9-2）　通过不同种、属间植物远缘杂交诱发孤雌生殖可以产生单倍体。远缘花粉虽不能与卵细胞受精，但能刺激卵细胞，使其开始分裂并发育成胚，由未受精的卵发育成的胚可能是单倍体，也可能是二倍体。如果在卵细胞分裂初期发生，染色体复制，细胞核不分裂，则形成二倍体。普通大麦或小麦和球茎大麦杂交时，在受精卵有丝分裂发育成胚和极核受精后发育成胚乳的过程中，由于来自球茎大麦的染色体在有丝分裂过程中不正常，如中期出现不集合染色体，后期变成落后染色体，到末期变成微核等而逐渐消失，最后形成的幼胚只含有普通大麦或小麦的染色体而形成单倍体。这种幼胚的胚乳发育很不正常，在授粉10天后，应将幼胚取下来进行离体培养才能获得单倍体植株。这种方法又叫球茎大麦技术（bulbosum technique），这种现象称为染色体消失（chromosome elimination）。Laurie等（1987）和陈新民等（1998）研究表明，小麦与玉米杂交，在最初的3次细胞分裂中玉米染色体自发消除，从而诱导小麦获得单倍体。

**2. 异质体（异种属细胞质-核替代系）**　1962年，木原均等报道，一个被尾状山羊草（*Ae. caudata*）的细胞质所替换的小麦品系产生了1.75%的单倍体。1968年，常胁等的试验表明，只有在尾状山羊草细胞质的小麦核代换系中才能高频率地产生单倍体。

**3. 孪生苗**　一粒种子上长出2株苗或多株苗称为孪生苗或多胚苗。从双胚种子中长出的双生苗（twin seedling）可以出现单倍体、二倍体、三倍体等各种类型。目前，在水稻、大麦、小麦、燕麦、黑麦等中均报道过有双胚或多胚苗出现并形成单倍体的现象。

**4. 半配合生殖**　半配合生殖（semigamy）是指精核进入卵细胞后，不与雌核结合，而是雌核、雄核各自独立分离，形成的胚是由雌核、雄核各自分裂发育而成。由这种杂合胚形成的种子长成的植株，大多数为代表父本和母本的嵌合体（chimera）的单倍体。与花药培养法相比，该方法比较简单易行，性状表现稳定，但频率比较低。

**5. 延迟授粉**　去雄后延迟授粉可以提高单倍体发生的频率。由于延迟授粉，花粉管即使能到达胚囊，也只有极核受精，形成三倍体的胚乳和单倍体的胚。

### （三）诱导系诱导

诱导系花粉具有诱导母本雌配子形成单倍体的能力，是目前玉米单倍体诱导的主要方法。利用单倍体诱导系结合籽粒颜色性状标记基因，可以诱发和筛选单倍体。1950年，Edward发现了一个高频率诱发单倍体的材料，并将控制籽粒性状和植株性状的两种显性标记基因（*R-nj*、*PI*）导入该材料，又经过两次回交和两次自交，定名为‘Stock6’。以‘Stock6’为父本，与被诱导玉米材料进行杂交授粉，平均单倍体诱导率为2.52%。

### （四）物理方法

用X射线或紫外线能诱导染色体断裂，导致亲本的染色体丢失，形成单倍体植株。例如，田中和栗用5000R X射线对普通烟草的花器官进行辐照处理后，再用花烟草（*N. alata*）花粉授粉，获得了37株单倍体。

### （五）化学方法

某些化学药剂能刺激未受精的卵细胞发育成单倍体植株。国内外已筛选出很多用于植物单倍体诱导的药剂，如硫酸二乙酯、二氯苯氧乙酸（2,4-D）、萘乙酸（NAA）、6-苄基腺嘌呤（6-BA）、二甲基亚砜、马来酰肼、甲苯胺蓝等。

## 二、单倍体的鉴定

通过各种途径获得的后代材料，不一定全是单倍体。例如，组织培养的花药内除了花粉是单倍体细胞外，还存在二倍体的花药壁、绒毡层等，它们也可以通过诱导长成植株。因此，必须进行单倍体鉴定。鉴定单倍体的方法有形态学方法、细胞学方法和遗传标记性状的利用等。

单倍体与正常的植株相比，有明显的“小型化”特征，如单倍体的植株瘦小、叶片小、气孔小、高度不育、开花不结实等。可以利用这些表型性状做初步的鉴定。

利用显微镜检查体细胞或花粉母细胞中的染色体数目及染色体的配对情况，是一种可靠的单倍体鉴定方法。由于单倍体植株容易自然加倍恢复成二倍体，所以细胞学鉴定越早越好。

大多数单倍体是来自母本单性生殖的后代，具有母本的特征特性。姜昱等（2008）指出，利用具有在不同遗传背景下能稳定表达的显性性状标记的基因型的品种做父本，根据后代个体显性性状的表达与否，可将孤雌生殖来源的单倍体与杂交产生的杂合体快速区分开。常用紫色芽鞘、红色芽鞘、紫秆、黑颖等作为遗传标记性状来鉴定单性生殖的小麦单倍体。

单倍体植株只有一套染色体，育性很低，无直接利用价值，必须在其转入生殖生长之前进行染色体加倍，恢复育性，产生纯合的二倍体种子。

## 三、单倍体在育种上的应用价值

单倍体植株只是育种的中间产物，不是育种的目的产物。但作为一种育种手段，单倍体在育种上有重要的价值。

**1. 克服杂种分离，缩短育种年限** 常规的杂交育种，其杂种后代必须经过至少4～6代的基因分离和单株选择，才能获得纯合的基因型；而将杂种$F_1$或$F_2$的花药进行离体培养，诱导形成单倍体植株，对获得的单倍体进行染色体加倍，只需一个世代就可获得纯合二倍体。这种二倍体遗传上稳定，不发生性状分离。因此，利用单倍体育种方法，一般可将育种年限缩短3～4个世代。通过对远缘杂种花粉或雌性细胞的组织培养，可以克服远缘杂种的不育性和杂种后代的疯狂分离现象。

**2. 提高选择效率** 假设利用具有两对基因（$n$=2）差别的双亲杂交（$AAbb \times aaBB$），由$F_1$基因型（$AaBb$）可产生$AB$、$Ab$、$aB$、$ab$四种配子，自交$F_2$群体中纯合显性个体的概率为1/16（$1/2^{n+1}$）；而用花粉培养且染色体加倍时，其获得纯合显性个体的概率是为1/4（$1/2^n$），选择效率提高了4倍。

**3. 提高诱变育种效率** 单倍体不存在显隐性，一旦发生突变，显隐性突变系均在当代表现出来，有利于早期识别和选择。

**4. 进行遗传分析的良好材料** 利用二倍体与单倍体杂交可产生单体、缺体和三体等各种非整倍体，为细胞遗传学研究突变的作用、染色体及染色体组的进化、染色体及基因的剂量效应、数量性状遗传和遗传连锁等多种基本问题提供适宜的材料，为探讨植物种属基本染色体的起源提供重要遗传学证据。

通过单倍体加倍形成的双单倍体（doubled haploid，DH）群体，株系内基因完全纯合，不同株系之间存在基因型差异。DH系可以在多个环境或季节进行重复试验，是研究基因与环境互作的理想材料，尤其适用于数量性状基因座（quantitative trait locus，QTL）定位。通过检测目标性状QTL连锁的分子标记，实现对数量性状的分子标记辅助选择，有利于对目标性状基因的筛选。单倍体中等位基因以单倍型的形式存在，在进行序列分析时不存在等位基因的干扰，大大简化了序列分析。

## 四、单倍体育种的主要步骤

1）选择诱导材料 一般应选择表型优良、遗传变异丰富的个体进行诱导，为选择奠定良好的基础。

2）单倍体材料的获得 可以利用不同的方法诱导获得单倍体。

3）单倍体材料的染色体加倍 单倍体植株只有一套染色体，育性很低，无直接利用价值，必须在其转入生殖生长之前进行染色体加倍，恢复育性，产生纯合的二倍体种子，才能加以利用。

4）二倍体材料的后代选育 对获得的二倍体材料性状的鉴定以及选择可以根据常规育种方法进行，从中选出符合育种目标要求的优良品系。单倍体加倍后的二倍体植株的基因型是纯合的，可按系统育种的方法进行株系比较试验、产量鉴定试验。

## 五、单倍体育种成就

自1921年Bergner在被子植物毛曼陀罗中发现并确定第1株单倍体植株以来，国内外通过人工诱导、生物技术和杂交手段已先后获得了许多种单倍体植物，许多品种已经在生产中应用，并获得了很大的经济效益。我国育种工作者把花培育种和常规育种相结合，育成了一大批小麦、水稻、烟草、玉米、油菜等作物新品种。



### 本章小结

根据育种目标要求，采用染色体加倍或染色体减半的方法选育植物新品种的途径称为倍性育种。染色体加倍的是多倍体育种，染色体减半的是单倍体育种。多倍体和单倍体材料的获得是进行倍性育种的基础。多倍体和单倍体材料的特点不同、利用价值不同、获得的途径也不同，其育种程序和工作内容也存在差异。

### 拓展阅读

**三倍体无籽西瓜的培育**

首先用秋水仙素处理普通西瓜的种子或幼苗的生长点，使染色体加倍，成为四倍体；再以四倍体为母本，普通西瓜的植株为父本，杂交后得到三倍体的种子，这样得来的种子播种后，就会结出无籽西瓜。三倍体无籽西瓜具有含糖量高、口感好、易贮藏等特点。

 思考题 

扫码看答案

1. 名词解释：单倍体，多倍体，同源多倍体，异源多倍体，倍性育种，多倍体育种，单倍体育种。
2. 简述多倍体育种的意义和程序。
3. 简述同源多倍体的共同特征。
4. 鉴别多倍体和单倍体的方法各有哪些？
5. 简述单倍体育种的优缺点和育种程序。
6. 利用秋水仙素处理法获得多倍体的原理是什么？

# 第十章 杂种优势利用

附图扫码可见

杂种优势（heterosis）是指两个遗传组成不同的品种、品系或自交系进行杂交所产生的杂交种，在生活力、生长势、抗逆性、适应性及产量、品质等方面优于双亲的现象。杂种优势得到了广泛应用，但在杂种优势的理论研究上，尚有许多争论；在杂种优势的利用上，作物种类繁多，授粉和繁殖方式不同，其利用特点又各有不同。

## 第一节 杂种优势利用的历史与现状

人类对杂种优势的认识和利用由来已久，早在公元6世纪，贾思勰在《齐民要术》中记载了马和驴杂交产生身强力壮、耐粗食和强役等特点的骡子（附图10-1）。1637年，宋应星在《天工开物》中记载了桑蚕品种间杂交获得杂种优势的事例。

植物杂种优势首先是在烟草中发现的，1761～1766年，Kölreuter育成了早熟、品质优良的种间杂种，并提出种植烟草杂交种的建议。Mendel在豌豆杂交试验中，观察到杂种优势现象，并于1865年首次提出“杂种活力”（hybrid vigor）的术语。Darwin是杂种优势的奠基人，1876年在《植物界异花受精和自花受精的效果》一文中，分析了异花受精和自花受精后植物的株高、重量、活力及结实率等方面的差异，提出了“异花受精对后代有利和自花受精对后代有害”的理论。

在Darwin研究工作的影响下，许多学者以玉米为材料开展了一系列研究，使玉米成为第一个在生产上大规模利用杂种优势的代表性作物。Beal（1876）、Morrow和Garder（1893）、Richey（1922）进行品种间杂交种研究，肯定了玉米品种间杂交种的优势。20世纪初，Shull、East、Hayes和Gollins等学者先后进行了自交系选育与杂种优势利用的研究。Shull总结了玉米近亲繁殖和杂交育种的效应，并首次提出“杂种优势”这一术语和选育单交种的基本程序，从遗传理论上和育种模式上为玉米自交系间杂种优势的利用奠定了基础。但因当时自交系产量低，生产上使用杂交种子的成本高，玉米单交种未能投入生产。直到1918年Jones提出了利用双交种的建议后，玉米自交系间杂种优势的利用才逐步得以实现。1934年美国玉米杂交种只占玉米种植面积的0.4%，1956年就基本普及了以双交种为主的玉米杂交种；60年代以后自交系生产水平得到提高，1963年Dekalb公司推出第一个单交种‘XL45’，70年代初期美国普及玉米单交种。我国玉米杂种优势利用研究始于20世纪30年代，50年代开始推广品种间杂交种，60年代推广双交种，70年代推广单交种。2000年以后，玉米单交种面积占总播种面积的90%以上。

玉米杂交种的成功应用，推动了其他作物杂种优势利用的研究。高粱杂种优势现象差不多与玉米同时发现，但由于高粱是雌雄同株同花，不能采取手工去雄的办法生产杂交种子。1948年发现了细胞质雄性不育性（cytoplasmic male sterile，CMS）后，以高粱“三系”为基础的杂交种体系的利用开创了常异花授粉作物杂种优势利用的范例。到20世纪50年代后期，美国已基本普及高粱杂交种；我国杂种高粱的研究也始于这个时期，到20世纪末杂种高粱品种基本普及。

水稻杂种优势利用研究最早开始于日本，1958年，胜尾清育成‘藤坂5号’雄性不育系；1966年，新城长友育成‘台中65’雄性不育系，但都未能选育出强优势杂交种。1964年，袁隆平发现了核基因控制的雄性不育株；1970年，李必湖找到了野败不育株；此后经过杂交稻研究协作组的倾心研究，于1973年完成了籼型水稻的“三系”配套，使杂交水稻迅速推广开来。截至2009年年底，在全球累计播种杂交水稻3亿多公顷，增产粮食5亿多吨，为水稻生产做出了巨大贡献。杂交水稻的选育成功，开辟了自花授粉作物利用杂种优势的先河，明确了除异花和常异花授粉作物外，自花授粉作物也可以利用杂种优势。1986年以来，我国水稻杂种优势利用研究从“三系”法转向“两系”法。1995年两系法杂交水稻研究取得突破性进展，普遍比同期的三系杂交稻每公顷增产750～1500kg，且米质有了较大的提高，光敏或温敏雄性不育两系法杂交稻的成功选育使水稻杂种优势利用，特别是籼粳亚种间杂种优势利用达到了更高的水平。

小麦杂种优势的利用研究始于20世纪50年代，1951年Kihara将普通小麦的细胞核导入尾状山羊草的细胞质中，产生了雄性不育性。1962年，美国育成了提莫菲维小麦（*T.timopheevi*）细胞质的T型不育系，同年，选育成同质恢复系‘Marqus’，实现了三系配套，这种核质互作型雄性不育系为小麦在生产上利用杂种优势奠定了基础。在研究T型杂交小麦的同时，各国科学工作者对普通小麦的所有近亲、远亲和普通小麦本身都做过探索，发现了20种以上的核质互作型雄性不育系，其中有K型、V型等不育系，以及光温敏不育系，拓宽了小麦杂种优势利用的途径。然而，由于小麦的杂种优势指数低和用种量较大等原因，杂种小麦在世界范围内仍未能大面积应用。

油菜杂种优势利用的研究工作开始于1943年，1972年傅廷栋从引进的甘蓝型油菜‘波里马’品种中发现了19株天然不育株，以此为基础选育出‘波里马’雄性不育系（Pol cms），并于1976年实现油菜的三系配套。李殿荣发现并育成雄性不育系‘陕2A’，以此选育出的杂交种‘秦油2号’是20世纪80年代育成的第一个有生产应用价值、增产显著的杂交油菜，选育出的‘秦油7号’连续4年成为全国适应区域最广、种植面积最大的优质油菜杂交种。总体上讲，我国油菜杂种优势研究在国际上处于领先地位。

棉花杂交种获得的途径主要有人工去雄、化学杀雄、细胞核雄性不育系的利用和指示性状的利用等。人工去雄推动了棉花杂种优势的利用，但随着我国农村生活水平和劳动力成本的提高，棉花人工杂交制种已陷入困境。新疆利用陆地棉和海岛棉杂种一代的优势，选育出单基因核型雄性不育系和核质互作型雄性不育系及其杂交种。四川省利用核不育系配制的棉花杂交种，已在生产上利用，每年的种植面积占棉田面积的25%～30%。

杂种优势利用在国内外蔬菜生产上得到了广泛的应用。在黄瓜、番茄、茄子、西葫芦、大白菜、甘蓝、萝卜、洋葱、菜豆、豇豆、辣椒等蔬菜作物中均已选育出一批优良杂交种应用于生产。可以预期，随着杂种优势利用研究的不断深入，杂种优势应用范围将会进一步扩大并获得更高的社会经济效益。

## 第二节　杂种优势的表现特性

### 一、杂种优势表现的特点

#### （一）杂种优势的普遍性

杂种优势是生物界普遍存在的一种现象，从真菌到高等动植物，凡是能够进行有性生殖的生物，都存在杂种优势。目前，不仅在大田作物上，而且在蔬菜、果树、林木等植物上，以及在家畜、家禽、桑蚕、鱼类等动物上都把利用杂种优势作为提高产量、改进品质、增加抗性的重要手段。

被子植物从杂交种双受精开始，在二倍体胚和三倍体胚乳形成时，杂种优势就已表现出来，杂交种胚和胚乳体积较大。杂种在生长期间，其外部形态、内部结构和生理生化指标上都能表现出优势，主要表现在以下几个方面。

1）生长势和营养体　杂种一代表现出出苗快、生长势强、生长旺盛、分蘖力强、根系发达、枝叶繁茂、茎秆粗壮、营养体大等特征。

2）抗逆性和适应性　杂种在抵抗和适应外界不良环境条件的能力上比亲本强，在耐旱性、抗病虫性、耐低温、耐瘠薄、抗倒伏、抗干热风等抗逆性方面都表现出优势。

3）生理生化指标等方面　杂种的光合能力提高，有效光合时间延长，光合面积和光合势增加，同化产物分配优化和灌浆过程延长，此外还表现出线粒体互补和叶绿体互补等。

4）产量及其产量组分　杂种的结实器官增大，结实性增强，果实与籽粒产量提高，最后表现为作物产量的杂种优势较高。

5）品质方面　杂种一代的某些有效成分含量提高、熟期一致、产品外观品质和整齐度提高。

作物杂种优势的上述表现既有区别，又相互联系。在利用杂种优势时，可以偏重某一方面。例如，甘薯和马铃薯等无性繁殖作物，以利用营养体的产量优势为主；禾谷类粮食作物则以利用籽粒产量优势为主，同时兼顾品质和生理功能方面的优势表现。

#### （二）杂种优势表现的复杂性

杂种优势受双亲基因互作和与环境条件互作的影响，其表现是复杂和千变万化的，因作物种类、亲缘关系远近、杂交组合、性状、亲本纯度及环境条件不同而存在明显的差异。

从作物种类看，不同作物的杂种优势有很大差异，二倍体作物品种间的杂种优势往往要高于多倍体作物，如二倍体的水稻和玉米品种间的杂种优势多大于六倍体的普通小麦品种间的杂种优势。从亲本亲缘关系远近来看，亲缘关系远的亲本间的杂种优势往往强于亲缘关系近的亲本之间的杂种优势，如籼稻与籼稻或粳稻与粳稻之间的杂种优势一般要低于籼稻与粳稻之间的杂种优势。从杂交组合来看，不同品系组合间的优势也有很大差异，一般说来，双亲性状之间的互补对杂种优势有明显的影响，如穗长而籽粒行数较少的自交系和穗粗而籽粒行数较多的自交系间杂交种常表现出穗长和行数较多。同一杂交组合，不同性状杂种优势的表现也不同，有些性状杂种优势较强，有些性状杂种优势较弱，有些性状很少表现或不表现杂种优势甚至出现负向杂种优势，如玉米的穗长和穗粒数优势指数较高，穗行数、单株叶片数和单株穗数优势指数较低，而绝大多数杂交组合的籽粒蛋白质含量表现不同程度的负向优势。从亲本基因型纯合度看，纯合度高的自交系间的优势指数高于纯合度低的自由授粉作物品种间的优势指数。在双亲的亲缘关系和性状有一定差异的前提下，基因型的纯合度越高，杂种一代群体越整齐一致，其杂种优势越强。

杂种优势所涉及的性状多数为数量性状，所以杂种优势的表现会因环境条件而异。一般来说，单交种的抗逆性优于纯系品种，但不及群体品种，如玉米综合种的适应性就优于单交种的适应性。

### （三）杂种优势的衰退

杂种一代（$F_1$）群体基因型的高度杂合性和表型的整齐一致性是构成强杂种优势的基本条件。$F_2$由于基因的分离重组而产生了多种基因型的个体，其中既有像杂种一代的杂合基因型，又有像亲本的纯合基因型，群体内个体间的性状发生分离。以1对等位基因为例，$P_1$（*aa*）×$P_2$（*AA*），其杂种$F_1$全部个体的基因型都是*Aa*；到$F_2$代时，有3种类型，群体中有1/2为纯合基因型。如果双亲有两对等位基因杂交，在$F_2$代时则有9种基因型，其中有1/4双纯合基因型个体。由此可见，$F_1$基因型的杂合座位越多，则$F_2$群体中的纯合基因型个体就越少，杂种优势的下降就越缓慢。另外，杂种$F_2$优势降低的程度因双亲的亲缘关系、亲本数目及作物的授粉方式不同而有区别。一般是$F_1$代优势越大，$F_2$代优势衰退越严重；两亲本遗传差异大比遗传差异小的杂交种优势衰退得严重；自交系间杂交种比品种间杂种优势衰退严重；自花授粉比异花授粉衰退快（附图10-2）。

由于$F_2$代的杂种优势明显表现衰退，一般来说，$F_2$代不再利用。但是，如果杂种$F_1$的繁育制种工作暂时还不能满足生产对杂种$F_1$种子的需要，而又证明杂种$F_2$的产量仍然高于当前推广的品种时，杂种$F_2$也可以暂时使用，如棉花。如果是用雄性不育系配制的杂交种，由于一些类型不育系的$F_2$代会分离出雄性不育株，其杂种$F_2$是不可再用的。

## 二、杂种优势的度量

杂种优势的表现是多方面的，既有普遍性又有复杂性。为了便于研究和利用杂种优势，常用下列方法度量杂种优势的强弱。

1）*中亲优势*（mid-parent heterosis）*或相对优势*（relative heterosis） 指杂交种（$F_1$）的产量或某一数量性状的平均值与双亲（$P_1$、$P_2$）同一性状平均值的差数除以双亲同一性状平均值。计算公式为

$$中亲优势(\%)=\frac{F_1-(P_1+P_2)/2}{(P_1+P_2)/2}\times 100$$

2）*超亲优势*（over-parent heterosis） 指杂交种（$F_1$）的产量或某一数量性状的平均值与高值亲本（HP）同一性状平均值的差数除以高值亲本（HP）同一性状平均值。计算公式为

$$超高亲优势(\%)=\frac{F_1-HP}{HP}\times 100$$

有些性状表现超低值亲本（LP）时，则可用LP替换HP计算负向超亲优势。

3）*超标优势*（over-standard heterosis） 指杂交种（$F_1$）的产量或某一数量性状的平均值与当地推广品种（CK）同一性状平均值的差数除以当地推广品种（CK）同一性状平均值，也称为对照优势。计算公式为

$$超标优势(\%)=\frac{F_1-CK}{CK}\times 100$$

4）*杂种优势指数*（index of heterosis） 指杂交种（$F_1$）的产量或某一数量性状的平均值与双亲（$P_1$、$P_2$）同一性状平均值的比值。计算公式为

$$杂种优势指数(\%)=\frac{F_1}{(P_1+P_2)/2}\times 100$$

通过上述公式计算后，杂种优势可以进行正确的测定和度量。要使杂种优势得到实际应用，不仅杂种一代要比亲本优越，还必须优于当地推广良种，才能在生产上应用，因此在育种上超标优势更有实际意义。

# 第三节 杂种优势的遗传基础

杂种优势利用已成为目前获得玉米、水稻、油菜等农作物大幅度增产的主要育种方法之一，但对杂种优势的理论研究却未取得重大突破，仍然处于假说水平。目前主要的假说有显性假说、超显性假说和染色体组-胞质基因互作模式假说等。

## 一、显性假说

显性假说（dominance hypothesis）也称为有利显性基因假说，是Davenport于1908年首先提出，后经Bruce等发展而成。其基本观点是：双亲的显性基因

大都对生长发育有利，而相对的隐性基因大都对生长发育不利，杂种 $F_1$ 集中了控制双亲有利性状的显性基因，每个基因都能产生完全显性或部分显性效应，且分布在不同座位上的显性基因具有互作效应，从而使杂交种表现出杂种优势。例如，具有 *aaBBccDDee* 和 *AAbbCCddEE* 基因型的两个亲本杂交，其杂种一代的基因型为 *AaBbCcDdEe*，5 个基因座位上有不同的等位基因控制着所对应的性状，由它们杂交产生的杂种一代在所有基因座位上都是杂合的，所有隐性基因的不利作用都被相对的显性基因所遮掩，同时显性的有利基因聚集起来发挥综合的效应，从而使 $F_1$ 表现明显的优势。

## 二、超显性假说

超显性假说（over dominance hypothesis）常称等位基因异质结合假说。这一假说是 Shull 于 1908 年首先提出的。其基本观点是：杂合等位基因的互作超过纯合等位基因的作用，杂种优势是由于双亲基因型的异质结合所引起的等位基因和非等位基因间相互作用的结果。杂合等位基因间的相互作用要大于纯合等位基因间的相互作用，即 $Aa \geqslant AA$ 或 $aa$，而且基因杂合的座位越多，每对等位基因间作用的差异程度越大，杂种一代的优势也就越明显。

超显性假说的生理基础可能是：等位基因本身的功能不同，它们分别控制不同的酶和不同的代谢过程并产生不同的产物，杂合的等位基因能同时产生双亲的功能，如基因产物酶蛋白在催化活性和在新陈代谢的功能上有本质的区别，每一种纯合子只能合成一种酶蛋白，而杂合子能合成两种酶蛋白，它们的功能可互相补充，杂合子具有一定的优越性。此外，选择生物合成途径是杂合子的另一个优势。同一个基因座位的两个等位基因在相对不同的条件下能催化同一种生物化学反应。例如，一个等位基因能在比较高的温度下催化反应，而另一个等位基因是在比较低的温度下催化反应，而杂合子不论外界环境温度如何变化，这个反应都能完成，因此，杂交种在这个性状上将是有优势的。一些同工酶谱的分析也表明，杂种 $F_1$ 除具有双亲的谱带以外还具有新的谱带，这表明不仅是显性基因互补效应，还有杂合等位基因间的互作效应。

## 三、染色体组 - 胞质基因互作模式假说

染色体组 - 胞质基因互作模式（genome-cytoplasmic gene interaction）假说由 Srivastava 于 1981 年提出，又称基因组互作模式，其认为基因组间，包括细胞核、叶绿体、线粒体基因组的互作与互补产生杂种优势。在小麦族中发现的不同来源核质结合的核质杂种表现有优势的事实支持这一假说。

尽管几种假说都有试验结果支持，但到目前为止还没有一种能完全解释杂种优势的理论。显性假说和超显性假说的共同点是都承认杂种优势的产生来源于杂交种 $F_1$ 等位基因和非等位基因间的互作，都认为互作效应的大小和方向是不同的，从而表现出正向或负向的超亲优势。它们的不同点是基因互作的方式不同。显性假说认为杂合的等位基因间是显隐性关系，非等位基因间也是显性基因的互补或累加，一对杂合等位基因不能出现超亲优势，超亲优势只能由双亲显性基因的累加响应而产生。超显性假说认为基因杂合性本身就是产生杂种优势的原因，一对杂合性的等位基因，不是显隐性关系，而是各自产生响应并互作，一对杂合等位基因能产生超亲优势。如果再考虑非等位基因间的互作，出现超亲优势的可能性就更大。显性假说和超显性假说是相辅相成的，互相补充的，而非对立的。从遗传学的角度看，等位基因间和非等位基因间有显性、加性效应，还有上位效应。一些性状的遗传以加性效应为主、非加性效应为辅，而另一些性状的遗传则以显性和上位效应为主。但是，显性假说和超显性假说都是以基因为核心建立起来的杂种优势理论，而忽视了细胞质因子及细胞核与细胞质互作对杂种优势产生的作用。叶绿体遗传、细胞质雄性不育性遗传及某些杂交种正反交的性状差异等都证明了细胞质及其质核互作效应的存在，染色体组 - 胞质基因互作模式假说弥补了显性假说和超显性假说的不足。此外，遗传平衡、有机体生活力和生化集优等假说也从不同角度解释了杂种优势产生的原因，也是对杂种优势遗传机制的有益补充。



# 第四节　杂交种品种的选育

## 一、杂种优势利用的基本条件

利用作物杂种优势时，必须具备下列基本条件。

1）有高纯度的优良亲本　亲本自身产量高、综合农艺性状优良是提高制种产量、降低生产成本的基础，基因纯合是亲本优良性状稳定遗传及保证杂种优势稳定一致表现的前提。

2）有强优势的杂交组合　强优势是杂交种的综合表现。①产量性状优势；②品质性状优势，表现为营养成分含量高、适口性好、外观品质优良等；③抗性优势，包括抗主要病虫害、耐不利生态环境、抗倒伏等；④株型好、适应机械化操作、适应性广等优势。

3）繁殖和制种容易　为保证每年向生产上提供大量的杂交种品种，必须建立相应的种子生产体系，

并满足以下几条：①有简单易操作的亲本繁殖方法，提高亲本种子产量，保证种子纯度；②有简单易行的配制大量杂交种的技术，保证杂交种子质量，提高制种产量，降低生产成本；③有良好的种子生产体系、配套技术措施和管理制度。

## 二、杂交亲本的选配

### （一）对杂交亲本的基本要求

杂交亲本是组配强优势杂交组合的基础材料，一般为纯系或自交系，不直接应用于生产，只在生产杂交种时使用。对其基本要求如下。

**1. 纯度高** 杂交亲本的纯合性直接影响其优良性状的遗传和表达。同时亲本纯度高，杂种一代才能有整齐一致的优势，优良杂交种的增产潜力才能充分发挥。为此，在亲本选育过程中，必须通过自交和选择使亲本纯度达到育种要求的纯系或自交系，使系内各单株的表型一致，并能经过自交授粉把本系的特征、特性稳定地遗传给下一代。

**2. 一般配合力高** 杂交亲本具有较高的一般配合力，才能组配出强优势的杂交种，一般配合力受基因加性效应控制，是可遗传的。杂交亲本一般配合力高，表明具有较多的有利基因座位，能组配出强优势杂交种的概率就高。

**3. 农艺性状优良** 杂交亲本农艺性状的好坏直接影响杂交种相应性状的优劣。优良农艺性状是指符合育种目标要求的一些性状：①产量性状，包括穗的大小、粒数和粒重等；②抗性性状，包括抗病虫害，耐干旱、水涝，抗倒伏等；③植株性状，包括适宜的植株高度、理想的株型、较强的生长势、合适的生育期和适应机械化操作等。

从繁殖与制种的角度考虑，对杂交亲本性状还应提出一些要求。例如，母本的雌蕊生活力强，接受花粉能力强，亲和力好，容易受精等；父本花粉量大，生活力强，散粉畅，散粉时间较长；父母自身及相互间雌雄协调，自身产量及制种产量高。这样才能使亲本繁殖和杂交制种建立在可靠的遗传基础上，提高制种产量，降低商品杂交种种子的成本。

### （二）杂交亲本的选配原则

杂种优势利用的核心是选配强优势杂交组合，而亲本的选择是获得强优势组合的关键环节。双亲性状的搭配、互补及遗传等都影响杂种目标性状的表现。在长期育种实践中，人们总结和积累了有关亲本选配的基本原则如下。

**1. 配合力高** 亲本配合力的高低是获得强优势杂交种的前提条件。要根据配合力测定结果，选择配合力高，尤其是一般配合力高的自交系做亲本。杂交双亲配合力都高就容易获得强优势杂交种，如果受其他性状选择的限制，至少应有一个亲本是高配合力的，另一个亲本的配合力也比较高。除一般配合力高外，特殊配合力也较高才能育出强优势杂交组合。

**2. 性状优良且互补** 杂交双亲应具有较好的丰产性状、较强的适应性和抗逆性，通过杂交使优良性状在杂种一代中得到累积和加强。对于杂种表现倾向中间型的性状，只有亲本性状优良，才能组配出符合育种目标要求的杂交种。此外，任何一个亲本总会有这样或那样的缺点，因此双亲的性状要做到主要性状突出、优点多缺点少且优缺点互补。这就要求了解亲本性状的表型，掌握这些性状的遗传规律，优良性状的遗传力要强，最好是显性性状；如果是隐性性状，则双亲均应具有这一优良性状，才能得到理想的杂交种。

**3. 产量高，花期相近** 亲本本身产量高可以提高亲本繁殖和杂交制种的产量。一般来说，应以产量较高的亲本为母本。在杂交制种时，最好双亲的花期相同，或以花期较早的为母本，这样可以避免调整播期的麻烦，保证花期相遇；父本植株要略高于母本、花粉量要大等。

**4. 亲缘差异要适当** 两个亲缘关系较远的亲本进行杂交，常能提高杂交种异质结合程度和丰富其遗传基础，表现出强大的杂种优势。亲缘差异一般反映在以下几个方面。

1）地理远缘 国内材料和国外材料，本地材料和外地材料进行杂交，由于亲本来自不同的地理区域，可增大杂交种的基因杂合性而产生较强的杂种优势。玉米有4个骨干自交系系统：旅大红骨、塘四平头、瑞德和兰卡斯特，前两者是国内不同地方品种的自交系系统，后两者是国外的自交系系统。它们之间相互组配可产生强优势杂交种。例如，‘掖单13号’的母本‘掖478’来源于瑞德系统，父本‘丹340’来源于旅大红骨系统，杂交后产生强大的杂种优势。

2）血缘较远 杂交双亲的亲缘关系较远可望组配出强优势杂交种。例如，棉花中的海岛棉与陆地棉的种间杂种优势、水稻中的籼稻和粳稻亚种间杂种优势都十分显著。但是遗传差异太大，容易引起杂交后代结实率下降、发育不正常等，籼粳亚种间杂种优势的利用就存在杂种 $F_1$ 结实率低的问题。

3）类型远缘 类型远缘的杂交双亲也可组配出强优势杂交种。例如，玉米的硬粒型和马齿型，高粱的南非类型和中国类型等杂交，杂种一代都具有强大的杂种优势。

**5. 特殊要求的亲本选配** 利用雄性不育系或自交不亲和系做亲本组配杂交种时，亲本选配还有一些特殊要求。即在应具有上述基本的要求性状以外，还应使雄性不育系在不同环境条件下都能表现出稳定的雄性不育性和良好的开花习性，易于接受外来花粉；自交不亲和性也不因环境条件不同而变化；恢复系的花粉量多和散粉时间长，恢复性要强，恢复结实率在85%以上。

以上是亲本选配的一些基本原则和做法，目的在于提高组配优良杂交种的预见性，提高育种效率。实际上，亲本的选配和杂交种的组配规律是非常复杂的，在组配成杂交种之后，还必须在不同环境条件下，进行多年多点的试验和鉴定，以确认其增产潜力、适应性和抗逆性等，从中选出最优的杂交种应用于生产。

## 三、杂交种亲本的选育和改良

杂交种亲本的获取因作物繁殖方式不同而有很大差异。自花授粉作物可直接从品种或品系中筛选高纯度的亲本；常异花授粉作物经过2代或3代的自交也可获得较高纯度的亲本；异花授粉作物的开放授粉品种本身是一个杂合体，其杂交产生的杂交一代性状不整齐，杂种优势不强，必须经过多代的自交和选择才能获得高纯度的亲本即自交系，然后再组配自交系间杂交种。这里主要介绍从异质群体中选育杂交种亲本的方法。

**1. 选育自交系的原始材料** 选育自交系的基础材料多种多样，主要有三大类：地方品种、各类杂交种、综合品种或人工合成的群体。

地方品种适应性强，对当地主要病害具有抗性，品质也好，可以从中选育出对当地条件比较适应和品质好的自交系；但地方品种往往产量潜力小，自交衰退现象严重，很难选出农艺性状好、高产的自交系。从地方品种、品种间杂交种中选育出的自交系，称为一环系（first cycle line）。

各类自交系间杂交种是选育自交系的良好材料，它们有较多的有利基因，遗传背景比较简单，从中选育出优良自交系的概率较高。相比而言，玉米的双交种或多系杂交种的遗传背景比单交种要复杂一些，自交后性状的分离和变异较大，也可选育出优良的自交系，只是概率低一些。从自交系间杂交种中选育出的自交系，称为二环系（second cycle line）。二环系用的基础材料是杂交种，这些杂交种的亲本具有较多的优良基因，遗传基础较好，是一个优中选优的过程，所以育成优良自交系的概率比较大。

综合品种或人工合成群体是为不同的育种目的而专门培育的，其基本特点是遗传背景复杂，遗传变异广泛，可满足较长期育种目标的需要。例如，Sprague用14个玉米自交系组配的坚秆综合种（BSSS）具有广阔的遗传基础和丰富的遗传变异，是选育自交系的好材料。这类群体一般要经过几代的开放授粉和随机交配，以打破有利基因与不利基因之间的连锁，达到充分的重组和遗传平衡；此外还要进行大量的单株选择。虽然需要较长的时间和较大的工作量，但从群体中选育出符合要求的优良自交系的概率更大。

**2. 自交系的选育方法** 在自交系的选育过程中，始终要按照农艺性状优良、一般配合力高和遗传相对纯合三点基本要求进行选择。从基础材料中选育自交系的主要方法是多代套袋自交（附图10-3）结合农艺性状选择和配合力测定，即采用系谱法和配合力测交试验相结合的方法，在选育过程中形成系谱，最终育成优良的自交系。

在性状发生分离的早代和中代（$S_1$～$S_4$），要注意对农艺性状进行选择。自交后代种植在选择圃中，把从每一株上收到的自交种子编出序号，再按自交代数、亲缘关系和自交株序号分类排列。每一单株的自交种子下一季种成一个小区（株行）。在生育过程中的苗期、花期、成熟期和收获后的不同阶段，以及某些性状的特定表现时期，对各种农艺性状进行鉴定和选择，严格淘汰不良的株行和单株。在符合育种目标要求的小区（株行）中继续选择优良单株自交，直到获得性状优良、表型整齐一致、遗传基础基本纯合的自交系为止。玉米等异花授粉作物一般需要连续自交6代或7代，甘蓝型油菜等常异花授粉作物一般需要连续自交2代或3代才能获得遗传稳定的自交系。

对自交系农艺性状的选择和要求是多方面的：①产量性状，如每株的果穗数、每穗的粒数、千粒重和单株产量等；②品质性状，如籽粒淀粉、蛋白质、脂肪、糖分和必需的氨基酸含量等；③植株性状，如株型、株高、叶片数、叶片形状和着生角度、茎秆的粗度和强度、分枝数、穗（铃）位等；④各种抗逆性和生育特性，包括抗当地主要病虫害、抗倒性、耐旱、耐寒、耐盐、耐密植和耐阴性等，以及幼芽拱土力、苗期生长势、生长量、灌浆速度和生育期等。另外，作为亲本用的自交系还要注意对生育性状的选育，如雌雄花期的协调性，雌蕊接受花粉能力强，亲和性好，可长时间接受花粉受精；雄花散粉时间长、花粉量大等。在众多的农艺性状中，应根据作物种类不同、育种目标不同，采用不同的性状鉴定方法对主要农艺性状进行严格的选择。

在选择优良农艺性状的基础上，还要对自交系进行配合力测定。根据配合力的高低，做进一步选择，最后才能选出农艺性状优良、配合力高、表型整齐一致、能稳定遗传的自交系。自交系在连续自交和选择过程中形成系谱，已稳定的优系另行定名。

**3. 自交系的改良** 在育种实践中，选育出的优良自交系常存在个别缺点，如生育期长、植株高、结实性差等，这些缺点将会影响自交系的利用。因此，需要通过遗传育种方法对有个别缺点的自交系进行改良，即在保持优良自交系绝大部分优良性状和高配合力特性的前提下，改良其不良性状，以便更有效地利用。

自交系改良的主要方法是回交改良法。回交改良法的基本原理是以优良自交系为轮回亲本与供体亲本杂交，然后回交，通过严格的鉴定和选择，使后代具有供体亲本提供的优良性状，又保持了轮回亲本几乎全部其他优良性状，再经过自交使基因型纯合稳定，最后选出的系就是原优良自交系的改良系。

供体亲本的选择是自交系回交改良是否成功的关键。供体亲本必须具备两个基本条件：①优良的目标性状，目标性状最好是单基因显性遗传；②较高的配合力，较多的优良性状，没有严重的、难以克服的缺点。否则由于基因的连锁，即使经过多代回交和严格选择，也有可能降低优良自交系的配合力或出现新的不良性状。

在自交系的改良过程中，由于改良的性状不同，其遗传特点不同，以及轮回亲本和供体亲本的遗传背景的差异等，其回交的代数应灵活掌握。一般情况是，在转育主效基因时，需要进行5代以上的回交，使轮回亲本的遗传比重占绝对优势，达到98%以上，以便轮回亲本的性状充分地表现出来。当需要改良的性状是隐性性状时，则在每次回交之后接着进行一次自交，以便使隐性性状得以表现，并进行选择后再回交。当需要改良的性状属于数量性状时，回交次数3次或4次，不宜更多，使回交后代保持轮回亲本的大部分（75%～95%）遗传成分和小部分供体亲本的遗传成分（5%～25%），通过选择使受体的某些优良性状充分显现出来，获得改良的效果。此外，在后代的鉴定和选择过程中，要创造一定的鉴定环境使目标性状得到表现，从而进行有效的选择。



## 四、配合力及其测定

配合力的高低是选择杂交亲本的重要依据。配合力是自交系的一种内在属性，受多种基因效应支配，是通过由自交系组配的杂交种的产量（或其他数量性状）的平均值估算出来的。农艺性状好的自交系不一定配合力高，只有配合力高的自交系才能产生强优势杂交种，所以可把配合力理解为自交系组配优势杂种的一种潜在能力。

### （一）配合力的种类

配合力（combining ability）是指一个亲本与另外的亲本杂交后，杂种一代的生产能力或其他性状指标的大小。配合力有两种，即一般配合力（general combining ability，GCA）和特殊配合力（special combining ability，SCA）。一般配合力指一个自交系与其他若干个自交系杂交产生的一系列杂交组合，在某个数量性状上的平均表现。其度量方式是在一组专门设计的试验中，用某一自交系组配的一系列杂交组合的平均产量与试验中全部组合的平均产量的差值来表示。一般配合力是由基因的加性效应决定的，为可遗传的部分。一般配合力的高低是由自交系所含有的有利基因的多少决定的，有利基因越多一般配合力越高。特殊配合力是指两个特定自交系所组配的杂交种的产量水平，其度量方式是特定组合的实际产量与按双亲的一般配合力换算的理论产量的差值。某一特定组合$F_1$的理论产量＝全部组合的平均产量＋双亲的GCA值。特殊配合力由基因的非加性效应决定，即受基因的显性、超显性和上位效应所控制，只能在特定的杂交组合中由双亲的等位基因间或非等位基因间的互作反映出来，不能遗传。大多数高产组合的两个亲本自交系都具有较高的一般配合力，双亲间又具有较高的特殊配合力；大多数低产组合的双亲或双亲之一是一般配合力较低。选育高配合力的自交系是产生强优势组合的基础，必须在一般配合力较高的基础上，再选配特殊配合力较高的杂交组合。

### （二）配合力的测定方法

常用的配合力测定方法有顶交法、双列杂交法和多系测交法。

**1. 顶交法**　顶交法（top-cross method）是选择一个遗传基础复杂的群体作为测验种来测定自交系配合力的方法。最初是用地方品种做测验种，现一般用由多自交系组成的综合种做测验种。由于综合种遗传基础广泛，可以把它看成包含有多个自交系的混合体，其测交种相当于被测系与多自交系测交的结果，其产量或其他性状与群体平均值的差即一般配合力。

具体操作方法是以测验种A与$n$个被测系分别进行测交，所得测交种为1×A、2×A、3×A…$n$×A或相应的反交组合。下个季节进行测交种的产量比较试验，并根据产量结果计算出各被测系的一般配合力。在顶交法测定中，由于采用了一个共同的测验种，可以认为各测交种之间的产量差异是由被测系的配合力不同引起的，如果某个测交种的产量高，就表明该组合中的被测自交系的一般配合力高。

**2. 双列杂交法**　双列杂交法（diallel cross method）是指用一组待测系进行两两成对杂交获得可能的测交种，然后进行后代测定。例如，有$n$个被测自交系，可组配成$n(n-1)$个测交种（包括正交和反交）或$n(n-1)/2$个测交种（只要正交或反交），下一季节把测交种按随机区组设计进行田间产量比较试验。在取得产量或其他数量性状的数据之后，可按照

Griffing设计的方法和数学模型计算一般配合力和特殊配合力。双列杂交法的优点是可同时测定一般配合力和特殊配合力；缺点是当被测系数目太多时，杂交组合数过多，田间试验就难以安排；同时有些被测系之间亲缘关系太近无杂种优势，这种测交也无实际意义。因此，此法只适于在精选出少数优良自交系后采用。

**3. 多系测交法**　多系测交法（multiple cross method）是指用几个优良骨干系做测验种与多个被测系杂交获得测交种，并根据测交种的产量等数量性状计算自交系的一般配合力和特殊配合力的方法。例如，选择A、B、C、D、E五个骨干自交系做测验种，分别与200个被测系杂交，组配成1000个测交种。下一季节按顺序排列，间比法设计进行比较试验，得到各个测交种的产量或其他数量性状的平均值，据此估算出对应自交系的一般配合力和特殊配合力。

多系测交法是一种测定配合力和选择优良杂交种相结合的方法，选出的优良杂交种可及时作为商用杂交种推广应用；是当前国内许多作物育种者经常采用的方法。例如，目前在玉米生产上利用的主要是单交种，选用几个在生产上广泛应用杂交种的骨干亲本作为测验种，与被测自交系组配成单交种，在测定配合力的同时从中选出强优势的杂交种，直接应用于生产。

### （三）配合力测定的时期

配合力按照测定的时期可分为早代测定、中代测定和晚代测定。

1）早代测定　在自交系选育的早期世代（$S_1$～$S_2$）进行配合力测定。早代测定的理论依据是一般配合力受基因加性效应控制，是可以稳定遗传的，早代配合力与晚代配合力呈正相关。在以提高一般配合力为主的、用轮回选择法改良品种群体时采用早代测定。

2）中代测定　在自交系选育的中期世代（$S_3$～$S_4$）进行配合力测定。$S_3$～$S_4$是自交系从分离向稳定过渡的世代，系内的特性基本稳定，测出的配合力比早代测定结果更为可靠。并且配合力测定过程与性状稳定过程同步进行，当测定完成时自交系也已稳定，可用于繁殖、制种，缩短了育种周期。国内外玉米育种工作者选育自交系时常进行中代测定。

3）晚代测定　在自交系选育的晚期世代（$S_5$～$S_6$）进行配合力测定。晚代测定的理论依据是自交系在选育进程中可能有所变化，到晚代时其自交系的基因型已基本纯合，性状也基本稳定，所测得的配合力最可靠。晚代测定的缺点是配合力低的系不能及早淘汰，增加了工作量，并延缓了自交系利用的时间。

早代配合力与晚代配合力有一定的正相关性，但早代材料尚处在基因分离重组状态，性状不稳定，早代测定的配合力结果，只能反映该选系的配合力趋势，并不能完全代替晚代测定。由于选育用的基础材料的遗传背景不同，其达到遗传稳定需要的代数不同，配合力的变异也有差别，所以为了得到比较可靠的测定结果和减轻工作量，可以先进行早代测定，根据测定的结果把低配合力的株系淘汰掉，以减轻工作量；当选系进入晚代时，性状基本稳定，再进行一次配合力测定。

### （四）测验种的选择

测定自交系配合力的杂交，称为测交（test crossing）；测交所用的共同亲本称为测验种（tester）；测交所得的杂种$F_1$称为测交种（test crossing variety）。测交种在产量和其他性状上表现出的数量差异，即这些被测系间的配合力差异。因此，测验种的正确选择十分重要，直接关系到配合力测定的准确性。

一般来说，自交系、自交系间杂交种（包括单交种、三交种、双交种、综合种）、开放授粉品种、品种间杂交种或综合种等都可以作为测验种。开放授粉品种、品种间杂交种或综合种在遗传组成上比较复杂，包含有许多遗传性不同的配子，它们与被测系的配子相结合，产生的测交种实质上相当于被测系与其他许多自交系杂交的杂种，所表现的差异主要反映了基因的加性效应，体现了被测系的一般配合力。自交系的遗传背景比较简单，基因型纯合，自交系做测验种时测交后很容易反映出基因的显性、上位性等非加性效应，体现出被测系与某一自交系杂交的特殊配合力。特殊配合力与试验地点和年份关系很大，这种变化取决于基因型和环境的共同作用，为了获得被测系特殊配合力的可靠资料，须进行多年多点试验。

测验种本身的配合力和测验种与被测系之间的亲缘关系也影响测定结果的准确性。如果测验种的配合力低，或与被测系的亲缘关系较近，所测配合力也往往偏低；相反，如果测验种的配合力高，或与被测系的亲缘关系较远，所测结果往往偏高。配合力测定的最终目的是组配能在生产上应用的杂交种，因此，在选择测验种时，既要考虑被测系与测验种之间的亲缘远近，又要考虑性状的互补，还要考虑组配优良杂交种的可能和杂交种子的生产成本。

## 五、杂交种品种类型

在配制杂交种时，因亲本类型不同，可把杂交种分为以下几种。

### （一）品种间杂交种

品种间杂交种是用两个品种杂交组配而成，如品种甲 × 品种乙。品种间杂交种的性质因作物繁殖方式不同而异。对异花授粉作物而言，开放授粉品种之间组配的杂交种具有群体品种的特点，性状不整齐，增产幅度低；而自花授粉作物的品种是连续自交的后代，遗传上是纯合的，品种间杂交种实际为单交种。

### （二）品种-自交系间杂交种

品种-自交系间杂交种（variety-line hybrid）是用开放授粉品种和自交系组配的杂交种，又称顶交种（top-cross variety），如品种甲×自交系A。品种-自交系间杂交种一般适用于异花授粉作物，具有群体品种的特点，性状不整齐，增产幅度不大，一般比原有的开放授粉品种增产10%左右。在我国西南部高寒山区，现仍有少数玉米顶交种在种植。

### （三）自交系间杂交种

自交系间杂交种是用自交系做亲本组配的杂交种。因亲本数目、组配方式不同，又可分为下列4种。

1）单交种　用两个自交系组配而成，表示为A×B。单交种增产幅度大，性状整齐，制种程序简单，是当前利用玉米杂种优势的主要类型。

2）三交种　用一个单交种和一个自交系组配而成，表示为（A×B）×C。三交种的产量接近或稍低于单交种，但制种产量比单交种高。玉米新品种的选育一般要经历选自交系、选$F_1$、品种审定等程序。

3）双交种　用两个单交种组配而成，表示为（A×B）×（C×D）。双交种增产幅度和整齐度都不及单交种，制种产量比单交种高，但制种程序比较复杂。

4）综合杂交种　用多个自交系组配而成。亲本自交系一般不少于8个。组配方法主要有两种：①用亲本自交系直接组配。具体方法是从各亲本自交系中取等量种子混合均匀，种在隔离区内，任其自由授粉3～5代后，形成的遗传平衡的群体。②用单交种组配。先将亲本自交系按双列杂交法杂交，组配成$n(n-1)$个单交种。从所有单交种中各取等量种子混合均匀后，种在隔离区中，任其自由授粉3～5代，达到充分重组，形成遗传平衡的群体。

综合杂交种是人工合成的、遗传基础广泛的群体。其后代的杂种优势衰退不显著，一次制种后可在生产中连续使用多代，不需年年制种，适应性较强，并有一定的生产能力。在我国西南部山区及一些发展中国家，尚种植有玉米综合杂交种品种。

## 第五节　利用作物杂种优势的方法

作物杂种优势的利用需要通过杂交种种子的利用来实现，杂交种种子的获得需要用父本的花粉给母本授粉。由于不同作物的花器结构、开花习性和授粉方式不同，利用杂种优势的方法也不同，主要有以下几种。

### 一、人工去雄法

对雌雄同株异花、较易去雄、繁殖系数高、用种量小、花器较大的作物均可采取人工去雄的方法生产杂交种子。人工去雄杂交法最大的优点是组配容易，易获得强优势杂交组合。玉米是雌雄同株异花，花器较大，繁殖系数高，又是风媒花，可以设置制种隔离区，在隔离区内父本母本隔行相间种植，母本开花前人工拔掉雄穗，接受父本花粉获得大量杂交种子。烟草、番茄等作物是雌雄同花，但花器较大，繁殖系数高。例如，烟草的一个蒴果可结数千粒种子，每株去雄杂交20朵花，则可获得数万粒杂交种种子供应大田生产。棉花和瓜类等作物的花器大，在盛花期一个劳动日能去雄授粉200多朵花。烟草、番茄、棉花和瓜类这些作物的人工去雄和授粉的成本较高，但种子繁殖系数高，生产用种量不大，收益高，因此也是可行的。据报道，印度是世界上第一个大规模应用棉花杂交种的国家，其杂交种的种植面积占总面积的40%左右。杂交种的推广应用，对印度棉花生产及相关行业做出了重要贡献。

### 二、标记性状法

利用作物特殊的形态学标记性状，区分真伪杂交种，就可以实现杂种优势利用。可用作标记的显性性状如水稻的紫色叶枕，小麦的红色芽鞘，高粱的紫色芽鞘，棉花的红叶、鸡爪叶、芽黄和无腺体等。具体做法是，先给杂交父本转育一个在苗期能表现的显性性状，而母本必须具有苗期相应性状的隐性性状。用这样的父本母本进行不去雄的开放授粉和杂交，从母本上收获所结的种子，其中既有自交的种子，又有杂交的种子。田间大密度播种这些混杂的种子，出苗后根据标记性状来鉴别真伪杂交种，凡是表现隐性性状的植株即自交苗或母本苗，要全部拔掉，留下具有显性性状的幼苗就是杂交种幼苗。

### 三、化学杀雄法

化学杀雄法即选用某种内吸性化学药剂，在作物生长发育的一定时期喷洒于母本上，直接杀伤或抑制雄性器官，造成生理不育，达到去雄的目的。化学杀雄的原理是，雌性和雄性细胞对化学药剂的伤害作用有不同的反应，雌蕊比雄蕊更具抗药力，利用适当的药剂及合适的浓度（药量）可抑制、伤害雄蕊，而对雌蕊无害。许多药剂都能使植物雄性败育，但能用作化学杀雄剂的必须具备以下条件：①药剂处理后雌蕊的正常发育不受影响；②处理后不会引起遗传变异；③处理方法简单、药剂便宜、活性期长、效果稳定；④对人、畜无害，不污染环境。化学杀雄利用杂种优势具有组配容易、自由，不受恢保关系的制约，制种程序简单等特点。但多数化学杀雄剂活性期短，各种作物植株间和不同部位的花朵间的小孢子发育不同步，以及喷药期气候因素的影响使得化学杀雄效果不稳定，尤其是对于开花期长的棉花、大豆等作物应用难度较大。

## 四、自交不亲和性利用法

雌蕊、雄蕊正常但自花授粉或系内兄妹花授粉均不结实或结实极少的特性叫自交不亲和性。自交不亲和性是在长期的进化过程中形成，它广泛存在于十字花科、禾本科、豆科、茄科等许多植物中，其中十字花科尤为普遍。自交不亲和性可能受单一座位或多座位的自交不亲和基因控制。自交不亲和性分为以下两类。①配子体自交不亲和性。其自交不亲和性受配子体基因型控制，表现为雌雄配子间的相互抑制作用。配子体不亲和花粉能正常发芽并进入柱头，但花粉进入柱头组织或胚囊后遇到卵细胞产生的某些物质，表现出相互抑制而无法受精。禾本科植物中发现的自交不亲和性多属于配子体自交不亲和性。②孢子体自交不亲和性。其自交不亲和性受母体的基因型控制，表现在花粉粒成分与雌蕊柱头上的柱头乳突细胞的孢子体之间，即雌雄二倍体细胞之间的相互抑制作用，因而花粉管不能进入柱头。十字花科植物的自交不亲和性均属于孢子体自交不亲和性。大量研究发现，十字花科的油菜在开花前1～4天，柱头表面形成一层由特殊蛋白质构成的隔离层，它能阻止自花花粉管进入柱头而表现不亲和。油菜自交不亲和性与花龄关系密切，在正常开花期（开花前2～3天到开花后1～6天）自交不实，这对配制杂种和保证杂种质量很有意义；但在蕾期授粉（剥蕾授粉自交）却能自交结实，这对繁殖和保存自交不亲和系很重要。

自交不亲和性作为杂种优势利用的一种途径，首先在十字花科植物中获得成功，并得到广泛应用。早在20世纪40年代末就已在十字花科的甘蓝、大白菜、萝卜等作物上利用自交不亲和系配制杂交种。我国从20世纪70年代中期以来，先后育出一批甘蓝型油菜自交不亲和系，并配制出应用于生产的杂交种。

## 五、雄性不育性利用法

植株的雄性器官表现退化、畸形或丧失功能的现象称为雄性不育。通过一定的育种程序可以育成不育性稳定的株系，称为雄性不育系。将不育系和恢复系相间种植在隔离区内，通过自由授粉或人工辅助授粉，可以有效地进行杂交种种子生产，降低生产成本，提高杂交种种子质量。利用雄性不育性可以免除人工去雄的人力投入，确保种子质量，对杂种优势的利用有着极其重要的意义。



# 第六节　雄性不育性的利用

雄性不育现象最早是在野生植物中发现的，后来在许多栽培植物种内也发现有雄性不育性。Kaul（1988）报道，已在43个科162属617个物种及种间杂交种中发现雄性不育性现象。雄性不育可以作为重要的工具用于各种作物的杂种优势利用，特别是自花授粉和常异花授粉作物，更是把雄性不育作为杂种优势利用最重要的途径。

## 一、雄性不育性的遗传

20世纪40年代，Sears首先提出植物雄性不育性的三型学说，即细胞质型、细胞核型及细胞质和细胞核互作型。1956年，Edwardson提出雄性不育性的二型学说，即细胞核雄性不育性和细胞质雄性不育性（质核互作型雄性不育性）。还有人认为植物的雄性不育和可育都受细胞核基因和细胞质基因制约，并提出雄性不育性的核质协调说，即一型学说。目前，人们普遍认同二型学说。

### （一）细胞质雄性不育性的遗传

细胞质雄性不育性实际指的是细胞质和细胞核互作型，也称质核互作型，是可以稳定遗传的雄性不育性。在细胞质里，*S*代表雄性不育基因，*N*代表雄性可育基因；在细胞核里，*rf*代表雄性不育基因，*Rf*代表雄性可育基因。当单株内的细胞质基因和细胞核基因均是不育基因型*S*（*rfrf*）时，该单株的表型为雄性不育；在不育的细胞质里，如果细胞核基因是纯合可育的*S*（*RfRf*）或杂合可育的*S*（*Rfrf*），则该单株的表型为雄性可育；在可育的细胞质里，不论细胞核基因是什么，表型均为雄性可育。基因型*S*（*rfrf*）的雄性不育与基因型*N*（*rfrf*）雄性可育杂交，其$F_1$仍是雄性不育*S*（*rfrf*），这种能使母本保持雄性不育性的父本*N*（*rfrf*）称为雄性不育保持系，简称保持系。基因型*S*（*rfrf*）的植株与基因型*N*（*RfRf*）或*S*（*RfRf*）的植株杂交，其$F_1$的基因型是*S*（*Rfrf*），表型是可育的，这种能使雄性不育母本的育性得到恢复的父本，称为雄性不育恢复系，简称恢复系。这类雄性不育通过三系配套的方式加以利用，即靠保持系对雄性不育系授粉来繁殖雄性不育系，用恢复系对雄性不育系授粉来生产杂交种，保持系和恢复系则采用系内自交授粉繁殖。三系的相互关系如图 10-1 所示。

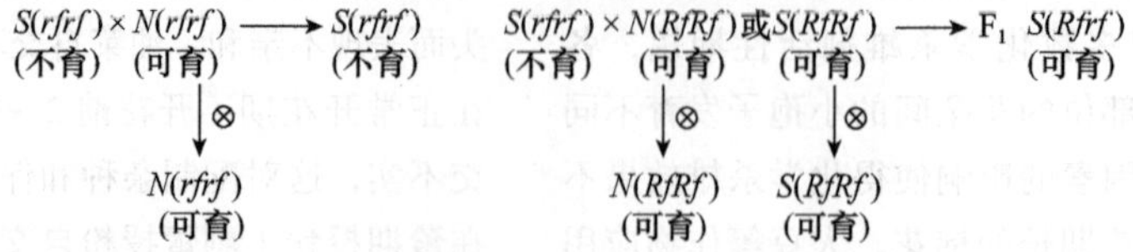

$S(rfrf)$（不育）× $N(rfrf)$（可育）⟶ $S(rfrf)$（不育）

$N(rfrf)$（可育）⊗ ⟶ $N(rfrf)$（可育）

$S(rfrf)$（不育）× $N(RfRf)$（可育）或 $S(RfRf)$（可育）⟶ $F_1$ $S(Rfrf)$（可育）

$N(RfRf)$（可育）⊗ ⟶ $N(RfRf)$（可育）；$S(RfRf)$（可育）⊗ ⟶ $S(RfRf)$（可育）

图 10-1　不育系、保持系和恢复系的关系

按照雄性不育花粉败育发生的过程，雄性不育可分为孢子体不育和配子体不育两类。孢子体不育的花粉育性由母体基因型控制，与花粉（配子体）本身的基因无关。花粉败育发生在孢子体阶段，带有 *Rfrf* 的杂合基因型产生 *Rf* 和 *rf* 两种基因型的花粉都正常可育，而其自交后代则发生育性的分离。因此，孢子体不育的特点是：不育系与恢复系杂交，所获得的杂种 $F_1$ 的花粉全部正常可育，结实正常，但杂种 $F_2$ 因不育基因发生分离将有不育株产生。水稻 WA 型、小麦 T 型、玉米的 T 型和 C 型不育系都属于此类。

配子体雄性不育的花粉育性由花粉（配子体）本身的基因型控制，花粉败育发生在雄配子体阶段。杂合基因型 *Rfrf* 产生 *Rf* 和 *rf* 两种花粉，带 *Rf* 基因的花粉是可育的，带 *rf* 基因的花粉是败育的。因此，配子体不育的特点是：不育系与恢复系杂交，所获得的杂种 $F_1$ 的花粉只有 50% 正常可育，但它不影响结实。由于杂种 $F_1$ 带有 *rf* 基因的花粉败育不参加受精，因此杂种 $F_2$ 代植株的两种基因型（*RfRf*、*Rfrf*）都能正常结实，没有不育株出现。水稻 BT 型、小麦 K 型、玉米的 S 型不育系都属于此类。

### （二）细胞核雄性不育性的遗传

细胞核雄性不育性简称核不育，其不育性是受细胞核基因控制的，在细胞质里没有相应的基因。核不育分为隐性基因控制、显性基因控制和环境诱导。

**1. 隐性基因控制的核雄性不育**　自然突变产生的不育株及通过理化诱变获得的不育株多数是单个隐性核基因控制的不育类型。不育株细胞核内含有纯合的不育基因（*msms*），而在正常品种（系）内含有纯合的可育基因（*MsMs*），当不育株与纯合可育株杂交，杂种 $F_1$ 恢复可育；以不育株为母本（*msms*），杂合可育株为父本（*Msms*），其杂种 $F_1$ 的育性出现 1∶1 的分离；因此这类不育系有恢复系没有保持系，不能直接应用于杂交种的配制，通过其他辅助措施虽能应用于杂交制种，但手续烦琐、成本高。

**2. 显性基因控制的核雄性不育性**　有些不育性受显性不育基因控制，如我国高忠丽发现的小麦太谷核不育系受显性单基因 *Ms2* 控制，可育株与不育株杂交后代总是出现 1∶1 的育性分离比例。用显性不育系不能得到纯合稳定的不育系，也不能制成完全可育的杂交种。此外，还有双显性基因控制的雄性不育性，如上海市农业科学研究院李树林育成的双显性基因控制的甘蓝型油菜雄性不育系‘23A’。

**3. 环境诱导核雄性不育性**　20 世纪 70 年代以来，我国陆续在水稻、小麦、大豆等作物中发现了光温敏核不育材料，表现出光温等环境因子诱导雄性不育的现象。目前，水稻光温敏核不育材料已经应用于杂交稻的制种。多年研究表明，水稻光温敏核不育材料具有以下特点：①诱导育性转换的主导因子是温度和光照。根据对光温反应的不同可将光温敏核不育分为三类，即光敏型核不育、温敏型核不育、光温互作型核不育。②光诱导的敏感期是幼穗发育中的二次枝梗原基分化期至花粉母细胞形成期；温度诱导的敏感期是幼穗发育的整个时期，特别是花粉母细胞减数分裂前后，即花粉母细胞形成至花粉内容物充实期；光敏色素对光敏感，生长点的分生细胞对温度敏感。③育性转换是量变到质变的过程。在不育的光温条件得到满足后，植株的不育株率和不育度都可达到 100%；在可育的光温条件得到满足时，植株的可育株率可达到 100%，但可育度与正常品系稍有差异，只能达到基本正常。光温对植株各器官的诱导效应表现出局限性，相互之间不能传导，有时同一植株因为不同发育时期的穗子接受光温条件不同而育性表现不同。

光温诱导的水稻雄性不育的遗传研究已获得了以下结果：①雄性不育受细胞核隐性基因控制，不表现细胞质效应，属于孢子体不育类型。②有些种质的育性受 1 对主效基因控制，也有受 2 对主效基因控制的雄性不育性；不论是 1 对或 2 对主效基因控制，都有微效基因的修饰作用存在。③基因的等位性分析表明控制光温诱导的雄性不育的基因至少有 5 对。

光温诱导雄性不育系的发现和利用研究，使核不育材料能够通过二系法获得杂交种，开辟了杂种优势利用的又一条途径，在理论和实践上都具有重要意义。利用光温诱导雄性不育系特性配制杂交种，可以免去不育系繁殖的异交过程，避免不育细胞质带来的各种不良反应，同时由于恢复源广、配组自由，获得强优势组合的概率大大提高。但光温敏不育系的繁殖和制种受天气和气候的影响，这是需要注意的问题。

## 二、雄性不育的生物学特性

### （一）雄性不育的形态差异

雄性不育植株在外部形态上与同品种的可育株非常相似，开花后不育株和可育株的雄花形态会有很大区别。由于不同植物之间的形态和特征有所不同，其花器特征表现也不尽相同。例如，开颖角度大和开颖时间长是小麦和高粱雄性不育株最易被识别的特征。雄蕊退化和雌蕊柱头外露的情况也因植物而不同，但花药干瘪，花粉空瘪、皱缩、不含淀粉，无授粉能力则是绝大多数植物雄性不育的共有特征（附图 10-4）。

### （二）雄性不育的细胞学特征

雄性不育的细胞学特征主要反映在花粉败育过程和花药组织结构异常两方面。

**1. 雄性不育的花粉败育特征**　植物雄性不育花粉比可育花粉的细胞质稀薄，细胞器少，质体膨胀，嵴短而少并逐步退化，内质网不发达，核糖体聚合，液泡增多，液泡膜内陷而破坏，水解酶功能活跃，这些超微结构逐步退化解体，导致花粉败育。植物雄性不育花粉败育的形式和时期是多种多样的，一般来说，不育系花粉败育或退化大都发生在以下 4 个时期：小孢子母细胞形成期、小孢子母细胞减数分裂期、单核花粉期、二核和三核花粉期（附图 10-5）。其中前两个时期败育的较少，而单核花粉期败育的较多。根据败育时期和形成结构的不同，花粉败育可分为 3 种类型。①无花粉型。从造孢细胞到花粉母细胞减数分裂形成四分体以前各时期，由于细胞进行无丝分裂，原生质块状解体，细胞解体成碎片状，最后导致花粉囊中无花粉。②单核败育型。通过减数分裂形成的四分体进一步发育形成花粉粒，刚形成的花粉粒是一个单核的细胞，在单核花粉晚期败育的称单核败育型。③双核败育型。细胞发育进入双核以后至花粉发育成正常花粉以前败育的称双核败育型。花粉败育是一个连续过程，与细胞质和细胞核都有关。有些不育系可能只出现在同一时期败育的一种花粉败育型，有些则可能同时存在不同时期败育的多种花粉败育型。一般是孢子体不育遗传型的花粉败育相对较早，多为单核败育型，而配子体不育遗传型的花粉败育相对较迟，多为双核败育型。

**2. 雄性不育花药壁的异常结构**　毡绒层细胞的发育是否正常与花粉粒的育性有着密切关系，正常的毡绒层细胞伴随着花粉成熟而逐渐退化。雄性不育花药的毡绒层则表现多种异常现象，如毡绒层细胞过度生长肥大或形成毡绒层周缘质团，有的形成多核原生质团或不解体液泡化，还有的毡绒层细胞迅速解体和消失等。毡绒层细胞的发育异常可使小孢子发育为成熟花粉时所需的大量营养物质供应过程遭到破坏，使大多数孢子不能继续发育，导致花粉败育。雄性不育花粉的中间层细胞的液泡增大和纤维层细胞的结构异常都是导致花药不能正常裂开的原因。

### （三）雄性不育的生理生化特征

许多研究者对作物雄性不育株的生理生化过程进行了研究，发现不育系的代谢水平要比可育系低，不育株细胞中的核酸、蛋白质、氨基酸、酶和激素等的含量发生了变化。

不育株与可育株酶的活性有显著差异。高粱三系花药和花粉粒中酶活性测定显示：过氧化物酶的活性以不育系最高，保持系和恢复系最低；而碱性磷酸酶、酸性磷酸酶、ATP 酶和葡萄糖 -1- 磷酸酶、葡萄糖 -6- 磷酸酶的活性则相反，以不育系最弱；细胞色素氧化酶和琥珀酸脱氢酶的酶活性以保持系最强，恢复系次之，不育系最弱。多数植物不育株能量代谢及物质合成酶类活性的降低，导致呼吸强度降低，有机物的分解过程大于合成过程，使其花药和花粉粒内容物的合成减少并失去正常功能，是雄性不育代谢的特征。雄性器官开始发育后，不育株花药的物质运输和代谢逐步发生障碍，不育株花药中的 ATP 含量和 ATP 酶的活性也比可育株低得多，不育株花药中的核酸、蛋白质、多数氨基酸，尤其是游离脯氨酸的含量比可育株花药中的含量低。脯氨酸在植物体内可以转变成其他氨基酸，成熟花药中脯氨酸含量占氨基酸总量的 40%～50%。它作为一种氨基酸的贮存形态同碳水化合物相互配合，具有提供营养，促进花粉发育、发芽和花粉管伸长的作用。脯氨酸含量降低将导致糖代谢受阻和其他氨基酸含量降低，蛋白质的生物合成遭到破坏，从而使植株营养失调，以致花粉败育。

## 三、核质互作雄性不育三系的选育方法

### （一）雄性不育系的创造

在自然界常可发现一些不育株，也可采用人工诱变选育出能遗传的雄性不育性。

核质互作型雄性不育系主要是通过远缘杂交进行核置换获得的。所谓核置换就是染色体的代换过程（附图 10-6）。用轮回亲本多代回交，在回交过程中注意选择农艺性状接近轮回亲本且不育程度较高的植株，这样能够缩短回交世代，核置换完成和不育株育性稳定后，作为提供核背景的轮回父本也就变成了相应的

保持系。不同的种或亲缘关系更远的植物类型在长期的自然进化中，质核之间形成了不同的遗传分化，造成两者遗传差异较大，杂交可能产生雄性不育性。两亲本遗传差异越大，杂交获得雄性不育材料的概率就越大，但同时不育性恢复的概率将降低，从利用的角度看必须两者兼顾。此外，在创造雄性不育系进行杂交时选用哪个材料做母本也有影响，母本提供的细胞质对出现雄性不育的概率有很大的影响。实践证明，选用进化程度低、倾向原始类型、物种起源中心的种或品种做母本，获得有利用价值雄性不育的概率较高。

高粱的'Tx3197A'是类型间杂交法选育出来的，以西非高粱'黄迈罗'做母本，南非高粱'得克萨斯黑壳佛尔'做父本，再用南非高粱做轮回亲本经5代回交转育而成。小麦T型'Bison'不育系是用种间杂交法选育出来的，用提莫菲维小麦（*T. timopheevi*）与普通小麦'Bison'进行种间杂交，再用后代中的不育株与'Bison'回交8代，得到了细胞质来自提莫菲维小麦、细胞核来自普通小麦'Bison'的T型小麦雄性不育系。李必湖发现的野败不育株实际上是普通野生稻与栽培稻的杂种后代。广泛选择各种优良品种做父本与野败不育系杂交，筛选出能很好保持野败不育性的优良品种，选择优株连续回交，完成核置换的过程，育成许多优良的不育系及其保持系，水稻的野败型'二九矮'不育系和'珍籼97'不育系就是通过这种方法选育出的。



## （二）雄性不育系及其保持系的选育方法

雄性不育系及其保持系选育是杂种优势利用的一项基础性研究工作。培育在生产上大面积应用的杂交种的关键技术是选育出农艺性状优良、不育性稳定、配合力高且能"三系"配套的雄性不育系。主要有以下两种选育方法。

**1. 回交选育不育系**　在现有不育系的基础上，可用回交转育的方法获得新的不育系。其基本原理是用父本的核基因代换母本的核基因，将优良自交系转育成新不育系。具体做法分两步：杂交和回交。①杂交。利用现有的雄性不育系做母本与已知是保持类型的优良品种或自交系进行杂交。成熟后收获。②回交。将上年收获的$F_1$种子种植。开花后观察杂种一代各穗行的育性，选取不育程度高或完全不育组合的全不育穗，用父本进行回交，并将回交的父母本种子分别脱粒后保存。下一年，将回交得到的种子和对应的父本种子相邻种植。开花后选不育程度高、性状类似于轮回亲本的植株穗与对应的父本进行第二次回交。当这种回交连续进行5代左右，母本达到完全不育，大多数农艺性状都与父本相似时新不育系就转育成功了。

回交转育法是一种目标明确、简便易行的新不育系选育方法，生产上应用的雄性不育系多是这种方法育成的。不足之处是由于用来转育的父本品种是一个比较稳定的材料，在转育过程中没有选择的余地，很难使其他性状得到改良。另外，并非任何一个亲本都能转化为不育系，只有保持系类型的亲本，即核基因型为*rfrf*的，才能通过回交的方法转化为不育系。

在选育雄性不育系时必须在大群体下通过鉴定，并符合以下基本要求：①不育株率和不育度都达到100%，不育性稳定；②不育性能稳定遗传，不受环境和遗传背景影响；③群体的农艺性状整齐一致且与它的保持系相似；④雌性器官发育正常，能接受花粉而正常结实。在生产上具有应用价值的优良不育系还需要具有以下特点：①配合力好，产量潜力高，优良性状多，不良性状少；②恢保面广，可恢性好；③具有良好的花器构造和开花习性，异交结实率高；④品质好，能组配出商品价值和经济效益均高的杂交种；⑤抗性好，在抗病性和耐逆性方面均有较好表现；⑥细胞质无严重弊病。

**2. 保持类型品种（品系）间杂交选育保持系**　这种方法简称保×保法，此法的目的是将保持类型不同品种间的优良性状通过杂交组合到一起，从而选育出具有更多优良性状的新保持系，保×保法的关键环节是选择亲本。①用来杂交的双亲最好都是具有稳定保持能力的品种，这样杂交后代细胞核内的育性基因仍是纯合的，对不育系具有保持能力。②用来杂交的双亲最好在亲缘关系上与未来准备杂交用的恢复系有较大的遗传距离，这样才能组配出杂种优势强的杂交种。③用来杂交的双亲，综合农艺性状要优良，或者在主要农艺性状上要优缺点互补。

应用保×保法选育保持系有许多优点，可以把保持类型的品系或品种的优良性状通过杂交组合到新选育的保持系中；另外，由于杂交后代产生分离，还可以按照不同方向目标进行选择，在同一杂交组合选育出性状不同的多套保持系。

## （三）恢复系的选育

雄性不育的恢复是以杂种一代的花粉育性和结实率为衡量依据的，有恢复谱和恢复力的差异。恢复谱体现在广谱性和专一性方面，即有些恢复系能恢复多种不同类型的不育系，但有些恢复系只能恢复一种不育系。根据杂种结实的程度可以判断出恢复系的恢复力强弱，凡杂种结实率很高且各种条件下都很稳定的恢复系其恢复力较强，若杂种结实率很低或不稳定的恢复系其恢复力较弱。

在生产上具有应用价值的优良恢复系需要具有以下特点：①恢复力强，它能使不育系的不育性完全恢复正常，所配杂种的正常结实率达到或超过常规推广种，并受环境影响小，也不因更换同质不育系而影响恢复力；②配合力好，产量潜力高，优良性状多，缺点容易克服；③遗传基础好，性状整齐一致、结实正常，能与不育系有较大的遗传距离；④株高稍高于不育系，开花时间长，花粉量大，利于异交结实；⑤品质好，能组配出经济效益高的杂交种；⑥抗性好，在抗病性和耐逆性方面均有较好表现。

恢复系选育一般采用测交筛选、杂交和回交转育等方法。

**1. 测交筛选恢复系**　测交筛选就是从现有常规品种（系）与不育系的测交后代中筛选出恢复力强，农艺性状、杂种优势都达到目标要求的恢复系，如玉米T型恢复系‘武105’，水稻‘IR24’‘IR661’等7个全国统一命名的野败型恢复系都是通过测交筛选出的。测交筛选法分初测和复测两步。初测是从不同品种（系）中选单株与不育系成对杂交，观察其杂种育性的表现和结实情况，所配杂种可育、结实良好的父本就是初测通过的恢复材料。初测的单株数宜多，但每对的群体可少。复测是在初测通过的基础上，在每个恢复材料的小区中随机选取数个单株分别与不育系成对杂交，并将各对杂种种在一起进一步鉴定恢复材料的结实率、杂种优势和整齐度，经过复测达到育种目标要求的就可定为恢复系。

雄性不育的恢复基因是与不育基因等位的显性可育基因，可从提供不育胞质的母本品种及其近缘种中获得，也可从恢复品种的衍生品种中获取。测交筛选恢复系时利用这三类材料较易成功。

**2. 杂交选育法**　杂交选育法是目前恢复系选育的主要方法。它可以按照人们的要求通过基因重组，将优良性状和恢复基因结合在一起，产生更优良的新恢复系。其基本要点是按照一定的杂交育种程序，选择适宜的亲本进行杂交，根据育种目标和恢复性对杂种及其后代进行多代单株选择。在主要性状基本稳定时，就用不育系作为测验种边测边选，选出恢复力强、配合力高和性状优良的新恢复系。按照选用亲本的性质可以分为以下几种。

1）恢×恢　恢恢杂交可以把双亲的恢复基因集中于杂种后代，使选育出的恢复系具有更强的恢复能力，同时可以将恢复基因和优良性状结合在一起。恢恢杂交包括单交和复交，只要双亲的优缺点能够互补，性状符合育种目标要求，用单交效果较好，如‘明恢63’就是恢复品种‘IR30’和‘圭630’杂交育成的。

2）恢×保　用恢保杂交选育恢复系主要是为了改良恢复系的农艺性状，或是向保持系品种引入恢复基因解决恢复系缺乏的问题，恢保杂交可以是单交或复交，当要集中较多性状于一体时，用复交是有利的。例如，选育水稻BT型不育系的恢复系时，用‘IR8’与‘科情3号’杂交，然后再与‘京引35’杂交，最后育成‘C55’‘C57’等系列恢复系。

3）不×恢　用不育系配制的杂种后代也能选育出恢复系，因为这种恢复系的细胞质与不育系相同，又称同质恢复系，在选育时由于在不育细胞质背景下，前面几个世代可以不进行测交，根据自交结实率的高低判断恢复基因的有无。

**3. 回交转育法**　回交转育法又称定向转育法，是指通过多次回交和选育，把恢复系的恢复基因转到某一不带恢复基因的优良亲本的细胞核里，使后者变成相应的恢复系，并保持其原有的各种优良性状。具体做法是利用强恢复系与需要转育的优良亲本A杂交，然后用A作轮回亲本连续回交。在回交过程中，选择性状优良且像轮回亲本A、结实性好、有恢复能力的单株或株系与轮回亲本杂交。一般经过5代左右的回交，再自交1代或2代，即可把A品种转育为恢复系。这种方法，在回交过程中需要逐株测交鉴定所选单株的恢复力，工作量较大。为了避免烦琐的测交工作，先用雄性不育系与恢复系杂交，再用杂种$F_1$做母本与优良亲本A杂交，连续回交。因为通过不育系与恢复系杂交，使杂种$F_1$获得了具有雄性不育的细胞质基因，可根据分离世代的表型鉴定其株系有无恢复基因，但最后选育成稳定系后需要测交。油菜低芥酸低硫苷恢复系‘90-1579’就是用‘秦油2号’与‘Tob-12’杂交再回交育成的。

**4. 人工诱变法**　通过物理或化学诱变处理，有可能使不带恢复基因的保持系的基因型发生突变，从而获得相应的恢复系，也可通过诱变处理强恢复系来改变其个别缺点。

### （四）三系杂交种的生产应用

质核互作雄性不育系、保持系和恢复系的三系配套可以用来生产杂交种，目前已应用于玉米、高粱、水稻、油菜等的制种中。三系法配制杂交种包括繁殖和制种两个环节，分别在不同的隔离区进行，繁殖田由不育系和保持系组成，主要目的是扩繁不育系种子供繁殖和制种用。制种田由不育系和恢复系组成，主要目的是获得商品杂交种供大田生产应用（附图10-7）。

## 四、核不育杂交种的选育

核雄性不育应用于杂种优势包括两个方面：①核不育基因的利用；②光温敏环境诱导核型不育的利用。核基因不育由于繁殖不育系困难，制种成本较高，因此核基因不育只是在个别作物上应用于杂交种的获得。光温敏环境诱导核型不育由于能有效地解决繁殖和制种的难题，应用较广，水稻已经通过二系法将籼粳杂种优势利用投入生产中。本部分主要介绍光温敏环境诱导核型不育的利用。

光温敏核不育杂交种的选育包括核不育系的选育和杂交品种的选配。光温敏核不育系有两重性，在不育的光温条件下可以制种，在可育的光温条件下可以繁殖。光温敏核不育系的选育是两系法杂种优势利用的基础，不育系的质量关系到两系法利用杂种优势的水平。

## （一）光温敏核不育系的选育

**1. 技术指标**　从生产杂交种的实际需求出发，优良的光温敏核不育系必须达到以下标准：①遗传性稳定，性状整齐一致。②育性转换特性明显，不育的光温条件下雄性不育彻底，不育株率100%，不育度99.5%以上，不育的连续天数能满足制种要求；可育的光温条件下群体可育株率100%，自然结实率50%以上。③开花习性有利于异交。开花时间与正常品种基本同步，颖壳开张角度大，柱头大，外露率高，且生活力强。④一般配合力高。⑤主要农艺性状优良，抗病性和耐逆性好，能抗当地主要病虫害。

**2. 选育途径**　光温敏不育系的选育途径包括以下几条。

1）杂交选育　通过杂交，将光温敏核不育基因转移到受体亲本，在双亲遗传重组的后代中选择理想的雄性不育株。这是选育新的光温敏核不育系的基本方法，具体操作可以采取单交、复交和回交等方法。

2）系统选育　系统选育是选育光温敏核不育系的有效方法，主要是从已育成的不育系或中间材料中发现和选择有优良性状变异的单株，通过系统选育成为新不育系。

3）诱变选育　人工诱变的方法包括辐照诱变和化学诱变两种。将这种方法用于不育系育种与一般作物诱变育种相同，主要是用于改变或修饰某一两个性状。

4）组织培养　组织培养一方面可以产生新的不育变异，同时这一方法也可以结合杂交转育进行花药培养，加速后代的纯合稳定。

**3. 选育程序**　将杂交转育或其他途径获得的杂种一代种子进行种植，通过自交获得第二代。从$F_2$开始采用单株种植大群体在光温诱导不育的条件下度过育性敏感期，使它们分离出不育株，从中选择农艺性状优良的不育单株，利用其再生特性，将其移入光温诱导可育的条件下度过育性敏感期。进一步观察各单株育性转为可育的程度，再从中选择自交结实好，农艺性状优良的单株获得$F_3$；$F_3$按单株种成株系，继续上述选育，即在光温诱导不育的条件下选不育单株和不育株系，光温诱导可育的条件下选结实好的株系和单株，直到育成稳定整齐的核不育系（附图10-8）。在光温敏核不育系的选育过程中，最重要的问题是选育的生态环境，也就是不育条件和可育条件的具体光温指标，这是由生产应用所能容许的指标决定的，既要考虑光温单因子指标，也要考虑光温互作的综合指标。

**4. 光温敏核不育系的鉴定**　光温敏核不育系育成后，除按一般不育系要求鉴定其特征特性、整齐度、配合力、品质、抗性、异交率等外，还应针对其育性的转换特征、临界值、光温敏属性、适用范围等方面进行鉴定，确保制种安全和有效利用。目前用于这类不育系鉴定的方法主要有两大类：①在自然条件下不同生态点的分期播种鉴定。每期试验用单株种成小区，考查的指标有开花日期，花粉育性和套袋自交结实率等。对不同生态点的联合鉴定，要设置共同对照材料和统一的记载标准。通过多年的试验结果明确区分出不育系的不育期、育性转换期和可育期。此法的优点是可在自然条件下分析不同生态因子对雄性不育系的综合效应。但由于自然气候条件下光温因子的重叠及温度变化的波动性，无法区分光敏不育系和温敏不育系，也无法鉴定光温敏感程度，有时难以达到预期的效果。②在人工气候条件下进行鉴定。这是研究雄性不育系育性光温反应的最有效手段，它具有将光温因子分解的优点，能明确供试不育系育性转换的光长效应、温度效应和光温互作效应，能达到预期的试验目的，结果可靠，高效实用。

## （二）光温敏核不育系杂交种品种的选配及利用

光温敏核不育系属于核不育系，同类正常品种都可以作为恢复系，包括生产上应用的各种优良品种，各种核质互作雄性不育恢复系及最新育成的优良品系。光温敏核不育系杂种品种的选配应通过测交、产量比较的选拔程序进行，其亲本选配应遵循4点原则：①双亲的遗传差异大；②双亲的产量高，配合力好；③双亲优良性状多并能互补；④双亲的异交授粉结实性能好。

光温敏核不育系的育性随光温条件变化而变化，人们可以利用其在稳定可育期抽穗开花进行自交繁殖，又可以利用其在稳定的不育时期抽穗开花与父本品种（恢复系）按一定行比种植进行制种。即光温敏核不育的利用只需要二系：光温敏核不育系和恢复系，光温敏核不育系具有三系法中的不育系和保持系的功能。



### 本章小结

杂种优势是生物界的一种普遍现象，是指两个遗传性状不同的亲本杂交产生的杂种$F_1$，在生长势、生活力、繁殖力、适应性及产量、品质等性状方面超过其双亲的现象。通常采用中亲优势、超亲优势、超标优势和杂种优势指数等方法度量杂种优势的强弱。杂种优势的机制主要有显性假说和超显性假说。杂种优势的表现是复杂多样且杂交种只能利用一代，需要年年制种供生产应用。自交系是经过多年、多代连续的人工强制自交和单株选择所形成的基因型纯合、性状整齐一致的自交后代群体。优良自交系是杂种优势利用的基础，须具有纯度高、配合力高、农艺性状优良、亲本自身产量高、开花习性适合繁殖和制种要求等特点。配合力是自交系的一种内在属性，受多种基因效应支配，只有配合力高的自交系才能产生强优势的杂交种。测定配合力的时期有早代测定、中代测定和晚代测定，测定方法有顶交法、双列杂交法和多系测交法等。利用杂种优势的方法主要有人工去雄杂交法、标记性状法、化学杀雄法、自交不亲和性利用法、雄性不育性利用法等。质核互作雄性不育系需要三系配套繁殖亲本和生产杂交种，是自花授粉作物利用杂种优势的主要途径。

## 拓展阅读

**不完全双列杂交（NCII）设计的配合力计算**

现有5个玉米骨干自交系K、L、M、N、P与7个被测系A、B、C、D、E、F、G杂交，配制成35个杂交组合的小区产量（kg）如表10-1所示。试计算这些自交系的一般配合力（GCA）和特殊配合力（SCA）。

**表10-1　配合力计算**

| 自交系 | 被测系 | | | | | | | 平均 | GCA |
|---|---|---|---|---|---|---|---|---|---|
| | A | B | C | D | E | F | G | | |
| K | 13.6 | 9.6 | 9.3 | 9.5 | 8.8 | 9.0 | 9.3 | | |
| L | 9.7 | 9.4 | 9.4 | 10.3 | 10.4 | 9.9 | 9.8 | | |
| M | 10.3 | 10.1 | 9.6 | 10.4 | 10.3 | 8.8 | 12.6 | | |
| N | 8.8 | 9.5 | 8.3 | 9.3 | 8.7 | 9.7 | 8.0 | | |
| P | 11.5 | 9.6 | 10.9 | 10.8 | 10.7 | 10.7 | 8.5 | | |

## 思考题

扫码看答案

1. 名词解释：杂种优势，配合力，一般配合力，特殊配合力，测交，测验种，测交种，一环系，二环系，配子体自交不亲和性，孢子体自交不亲和性，化学杀雄剂，核质互作雄性不育。
2. 简述作物杂种优势的表现特点。
3. 简述度量杂种优势的方法。
4. 简述作物杂种优势的遗传成因。
5. 简述利用作物杂种优势的基本条件。
6. 简述杂交亲本的基本要求。
7. 简述杂交种品种的亲本选配原则。
8. 简述作物杂交种品种的类别。
9. 简述利用作物杂种优势的途径及其特点。
10. 简述化学杀雄剂的特点。
11. 简述如何通过质核互作雄性不育利用杂种优势。
12. 简述孢子体不育和配子体不育的差别及特点。
13. 简述雄性不育花粉败育的几种类型及其特征。
14. 简述有应用价值的不育系应该具备的条件。
15. 简述雄性不育恢复系的选育方法。
16. 简述光温敏雄性不育系的选育途径。
17. 试述配合力测定的测验种、时期及方法。

# 第十一章 群体改良

附图扫码可见

作物群体改良（population improvement）是通过鉴定、选择和异交等一系列育种手段，逐渐提高群体中有利基因和基因型的频率，以改进群体综合表现的一种育种体系。它是20世纪中期由美国玉米遗传育种学家针对玉米育种和生产中存在的遗传基础日趋狭窄的问题而提出的一种育种方法，随后在小麦、棉花、大豆、高粱、牧草等作物中也得到大量应用，并日益受到国内外作物育种工作者的重视。

## 第一节 群体改良的意义

在杂交育种中，育种者依据育种目标从杂种后代群体中选择合适的材料，一般不再考虑原始群体的变化。同时，由于主导品种或骨干自交系的大量应用及野生资源的迅速丧失，原始杂种群体的遗传基础日渐狭窄，许多有利基因流失。Brown（1975）报道，西半球玉米种质大约有130个类型，而美国90%以上的玉米材料来源于其中的3个类型。

随着育种目标的多样化及提高育种效率的需要，狭窄的种质基础已成为制约育种发展的瓶颈；群体改良因具有以下优点而受到人们的重视。①创造新的种质资源。人们合成具有丰富遗传基础的群体，通过多次异交打破不良基因连锁，增加有利重组，通过对群体内个体的反复鉴定使群体内优良基因频率逐步增加，不良基因频率不断降低（附图11-1）。在此基础上，人们可以从改良群体中不断地分离出优良类型，而群体本身仍能保持一定的遗传变异范围，并不断充实、改进和提高，供人们继续选择和利用，从而实现短期、中期和长期育种目标的有机结合。美国艾奥瓦州立大学合成并成功改良了一个世界著名的玉米坚秆综合种（BSSS），从中选育出了在美国玉米生产上广泛应用的优良自交系‘B73’‘B79’‘B84’和‘B85’等。②改良的群体可直接应用于生产。例如，玉米改良群体‘墨白1号’‘墨白94号’，曾在我国广西、云南、贵州等省（自治区）推广，最多时年种植6.6万 $hm^2$ 以上。中国农业科学院作物科学研究所李竞雄合成的‘中综2号’及其改良群体，在广西也曾大面积种植。玉米综合种的推广促进了玉米低产区和不发达地区的玉米生产。③改良外来种质的适应性。外来种质是指从外国或从本国其他地区引进的种质材料，它往往具有地方种质所不具有的或特异的优良性状与基因，但一般不适应本地的生态及生产条件，需要改良其适应性后方能利用。例如，美国育种家对来自哥伦比亚的玉米复合种‘ETO’适应性的成功改良，中国育种家对来自泰国的优良热带玉米群体‘Suwan-1’的成功改良与利用，中国农业科学院作物科学研究所张世煌引进CIMMYT优良玉米群体，并利用南北阶梯渐进驯化改良法成功改良了‘墨白962’的适应性（附图11-2）等。

总之，鉴定、利用外来种质，合成和改良育种用的种质群体是当今育种工作所必需的。随着数量遗传学的发展，作物群体改良已从作物种质群体改良方法发展成为一种完备的育种体系，从单一对经济性状的改良发展到对农艺、生理、生化、品质等性状的综合改良，从异花授粉作物发展到常异花授粉、自花授粉作物，从单一方案发展到复合方案，从一个群体发展为同时改良两个群体。人们对生产用品种要求的不断提高，有力地促进了作物群体改良方法的发展；作物群体改良工作的深入，又进一步提高了作物育种水平。

在育种实践中，群体改良的具体途径因作物种类、作物的繁殖方式及育种的要求而不同，有轮回选择、作物雄性不育性的利用和不同变异类型群体的形成等。

## 第二节 群体改良的原理

遗传学上的群体是指群体内个体间随机交配形成的遗传平衡群体。根据群体遗传学理论，一个容量足够大的随机交配群体，其基因、基因型频率的变化遵从Hardy-Weinberg定律。

### 一、Hardy-Weinberg 定律

在一个二倍体的随机交配群体内，假设一个座位上有两个等位基因 $A$ 和 $a$，其频率分别为 $p$ 和 $q$，则基

因型 $AA$、$Aa$ 和 $aa$ 的频率分别为 $p^2$、$2pq$、$q^2$，只要这3种基因型个体间进行完全随机交配，子代的基因、基因型频率保持与亲代完全一致。即在一个完全随机交配的群体内，如果没有其他因素（如选择、突变、遗传漂移等）干扰，则基因和基因型频率在各个世代保持恒定，各世代不变，即“Hardy-Weinberg定律”，又称为基因平衡定律。在生产实践上，由于群体数量的局限，环境的变化或人们对群体施加的选择，以及突变或遗传漂移等因素的作用，常常会不断打破群体的这种平衡。因此，自然界中群体的基本进化过程就是外界环境的影响不断打破群体的遗传平衡。人工控制的群体改良和作物育种的实质就是要不断打破群体基因和基因型的平衡，不断地提高被改良群体内人类所需的基因和基因型的频率。

## 二、群体的进化与改良

作物的许多经济性状如产量等都是数量性状，具有复杂的遗传基础，由大量彼此相互联系、相互制约、作用性质和方向彼此相同或相异的多个基因共同作用。性状遗传基础的复杂性意味着性状重组的丰富潜在性和巨大的可选择性。将不同种质具有的潜在有利基因充分聚合和集中，并不断地加以提高，这就是作物育种家所追求的目标。

在常规杂交育种中要获得多个有利基因都是纯合的个体十分困难。根据遗传学原理，有利目的基因纯合个体在一个随机交配群体中出现的频率为（1/4）$^n$，这里的 $n$ 为控制性状的基因数目。假设作物产量受20个基因控制（实际上远远不止20个），在育种基础群体中优良基因频率低于0.5时，从理论上讲，要出现在20个座位的基因都是纯合的个体，对玉米来说就至少要求种植约36 450 000hm$^2$ 面积的群体。如果考虑基因连锁的因素，实际种植的面积还要大得多才能达此目的。所以，试图通过扩大群体种植面积，增加群体数量来增加目的显性或隐性个体出现的频率，对育种者而言，是行不通的。然而在同样前提下，当基础群体的优良基因频率由原来的0.5上升到0.9时，则群体每1000株中就将会有15株符合要求的显性或隐性纯合个体出现。群体改良的原理及目的是利用群体进化的法则，通过异源种质的合成、自由交配、鉴定选择等一系列育种手段和方法，不断打破优良基因与不良基因的连锁，增加有利基因重组，提高群体中优良基因的频率，增大后代中出现优良基因重组体的可能性，而群体又保持较丰富的遗传变异。因此，通过作物群体改良，可以提高育种效率和育种水平。

# 第三节 群体改良的轮回选择方法



## 一、轮回选择的基本模式

轮回选择最初由Hayes等（1919）提出，并在玉米育种工作中应用。Jenkins（1940）系统描述了这一育种方法对玉米自交系一般配合力选择的试验结果。Hull（1945）叙述了玉米自交系特殊配合力的轮回选择方案。Comstoch等（1949）提出了同时对两个基本群体进行改良的相互轮回选择的程序。Hallauer等（1970）以玉米双穗群体为材料，采用相互全同胞轮回选择的程序同时改良两个群体。目前，在玉米育种工作中主要是通过轮回选择来改良群体。

杂种群体形成以后，轮回选择是对其做进一步改良的常用方法。广义的轮回选择是指从某一群体中选择理想个体，进行相互杂交，实现基因和性状的重组，从而形成一个新群体的周期性选择方法。轮回选择的具体方法因作物种类和需要改良的性状不同而不同，但其基本模式是相同的（图11-1）。

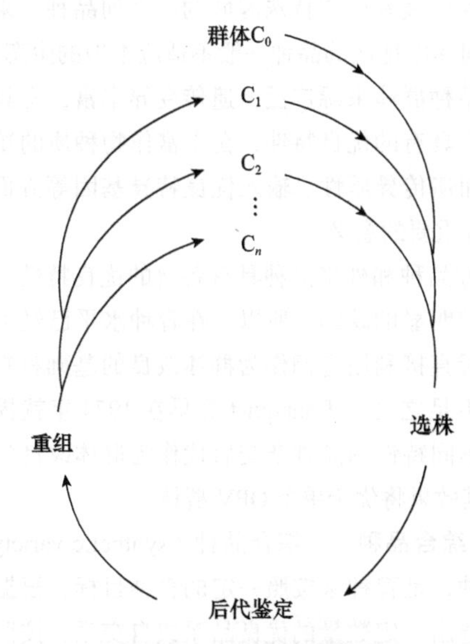

图11-1 轮回选择模式图

每一轮回包括3个步骤：①入选材料相互杂交产生杂交后代，形成一个原始群体；②从原始群体中选择具有目标性状的个体产生后代；③在后代鉴定的基础上进行筛选，然后通过杂交重组形成新一轮群体。再从新群体中进行个体的鉴定、选择和互交，完成另一个新的轮回周期，如此周而复始，直至群体的目标性状达到预期的水平。开始所用的原始群体称为基础群体或0群体，简称 $C_0$；第一个选择周期完成后所形成的群体称为周期1群体，简称 $C_1$；第二个选择周期所形成的群体称为周期2群体，简称 $C_2$；以后群体以此类推，简称 $C_n$。

成功的轮回选择应达到这样的要求：每通过一轮选择，当选样本的平均数向前推进一步，群体的水平也相应提高一步，而群体的遗传变异并没有因轮回选择而降低。经过改良的群体可作为进一步育种的基础材料，或作为栽培种在生产上直接利用。

## 二、基础群体的组建

群体改良的实质是通过选择和基因重组来提高优良基因、基因型的频率，但任何一个群体改良方案均不提供优良基因。优良基因必须来源于基础群体，依赖于基础群体的合成。

### （一）基础群体的类别

在特定的群体改良方法下，群体改良的效果取决于群体遗传变异的大小及加性遗传效应的高低。为此，在选择基础群体时，应注意目标性状遗传变异的大小、平均数值的高低、加性遗传方差的大小及杂种优势等问题。像玉米等异花授粉作物，可以选择以下材料作为群体改良的基础群体。

**1. 开放授粉品种** 开放授粉品种（open-pollination variety，OPV）包括地方品种和外来品种。地方品种具有对当地生态环境最大的适应性，所以在一定地区的育种工作中是十分重要和必不可少的育种材料，是群体改良的重要基础材料。但地方品种存在着丰产性较差的局限性。

外来品种指的是来自国内外其他地区的品种群体，这些品种代表着适应特殊区域的一系列品种。来自国内外不同纬度地区的品种一般不适应本地的生态条件，但这类品种群体来源广泛，遗传变异丰富，常具有地方品种不具有的优良特性，在丰富作物种质的遗传基础、增加遗传异质性、输入优良特异基因等方面，均具有十分重要的意义。

地方品种和外来品种具有各自的优良特性，但又各有其较明显的缺陷。所以，在育种水平已经大大提高的今天直接利用它们作为群体改良的基础材料，显然存在不足之处。Lonnquist 等早在 1974 年就提出应用具有不同特性的品种杂交后代作为群体改良的基础群体，其效果将优于单个 OPV 群体。

**2. 综合品种** 综合品种（synthetic variety）又称综合种，是育种家按照一定的育种目标，根据配合力测定选出一定数量的优良品系或自交系，按照一定的遗传交配方案有计划地人工合成的群体。综合品种遗传变异丰富，综合性状优良，具有育种目标所需的优良基因，是遗传改良的理想群体。中国推广过的玉米品种‘混选 1 号’‘洛阳 85’等就是综合品种。国内外育种家大都利用这类材料作为遗传改良的基础群体。四川农业大学玉米研究所荣廷昭等在 20 世纪 80 年代中后期，人工合成了“玉米育种用群体”，实现了玉米群体合成、性状遗传结构探测、群体遗传改良与自交系、杂交种选育的同步进行。

### （二）基础群体的合成

随着作物生产水平的提高，单纯利用某一开放授粉品种作为遗传改良的基础群体，难以将分别存在于各个种质资源中的众多有利基因聚合。因此，有计划地把某些外来血缘或野生血缘渗进种质库，再继之以适度的选择，才有希望产生育种家认为合乎需要的优良基因重组体。但在人工合成新群体时，应特别注意以下几个方面的问题。

**1. 基础材料的选择** 合成新群体选择基础材料时应注意：①准备通过轮回选择加以改进的目标性状，基础材料本身必须性状优良，且类型多样、丰富，以利于群体中优良基因的积累和形成广泛的遗传变异。②基础材料之间要求亲缘关系远一些，以进一步增加新种质群体的遗传异质性。若进行配合力选择，并希望群体间表现出较强的杂种优势时，则应注意亲本间的杂种优势类群问题，同一群体内的亲本应属同一杂种优势类群。③基础群体中所存在的不同基因的数目，随着亲本数目和亲本遗传变异度的增加而递增，组成基础群体的亲本原则上数目越多越好，但应考虑杂交方式和重组世代数的制约。

**2. 基础群体的组配方式** 基础群体的合成常用“一父多母”或“一母多父”的授粉方式，或将入选基本材料各取等量种子混合均匀后，在隔离区播种，经自由授粉合成基础群体。但最好先组配组合，经比较试验后，再选优进行混合，以利于集中最优良的基因或基因型。例如，美国著名的玉米种质群体坚秆综合种（BSSS）就是利用 16 个玉米自交系通过双列杂交合成的。此外，对自花授粉作物或常异花授粉作物进行群体改良工作的关键在于获得自然异交群体。目前获得自然异交群体的方法是，首先用回交法把隐性雄性核不育基因导入群体中的每个品系，然后再把回交获得的品系的种子等量混合后种植在隔离区内。分离产生的雄性不育株将大量随机地接受来自混合群体内雄性可育株的花粉，只收获雄性不育株的种子，可将隐性雄性不育特性继续保留在群体中。

**3. 培育基础群体必须进行的互交世代数** 培育基础群体必须进行的互交世代数根据亲本个数、亲本的遗传差异性、杂交方式和育种实际情况来定。国外育种实践经验表明，在包含有不同纬度的或野生种质的多亲本的群体中，至少需要 5 个世代的随机交配，才能打破有利基因与不利基因的连锁，出现有实用价值的基因重组体（Lonnquist，1974）。我国杨克诚等研究结果表明，对产量等性状经 4 次重组的基础群体的改良效果约为经 2 次重组的基础群体的改良效果的 2 倍。当然，如果亲本个数少、差异小、杂交方式简单，则基础群体必须进行互交的世代数则可以减少。

## 三、群体改良的轮回选择法

轮回选择的基本程序是从基础群体内选择单株产生后代，在后代鉴定的基础上进行筛选，然后通过杂交重组形成新一轮群体。根据选择和重组的性质不同分两种类型，选择和互交在一个群体内进行的称群体内轮回选择；选择和互交在两个群体间同时进行的称群体间轮回选择。根据选择方法、交配方式及测验类别的不同，群体内轮回选择可分为混合选择、改良穗行选择、自交后代选择、半同胞选择、全同胞选择等方法；群体间轮回选择可分为半同胞相互轮回选择法和全同胞相互轮回选择法。

### （一）群体内改良的轮回选择法

**1. 混合选择法** 混合选择法（mixed bulk selection）是古老的选种方法。在异花授粉作物中，常根据单株在基础群体中的表型进行选择，不设重复。将中选单株的果穗收获、脱粒，然后均匀混合种子，形成下一轮基础群体。其特点是时间短，费用低，简单易行，但不易排除环境的影响、无法有效淘汰不良基因型。为此，育种家提出了改良混合选择法，即先进行单株选择，第二季用半分法种成穗行进行比较，然后根据穗行比较结果，将表现优良穗行的预留种子进行混合繁殖，形成新的群体。该法在一定程度上排除了环境的影响，效果比一般混合法好。另外，由于群体内植株间开放授粉，所以在一般情况下只是对雌配子进行选择。但如果在开花前或开花时对单株进行鉴定和选择，实行控制双亲的混合授粉，就能够对雌雄配子同时进行选择，期望的遗传进展速度为单亲混合选择方法的2倍。

混合选择法适用于一些简单遗传性状或主要受加性基因控制的性状，如对外来种质适应性的改良，对开花期、植株高度、穗行数、抗倒性、果穗类型和某些品质性状的选择等，但对多基因控制的性状，如产量的改良效果不太明显。

**2. 改良穗行选择法** 改良穗行选择法（modified ear-row selection）由Lonnquist提出，其具体做法是：根据改良目标，从被改良的基础群体中按表型选择250个优株（即250穗），单穗脱粒保存。第二季将入选果穗种子分为3份，分别播种在3个生态条件不同的地点，一个试点应在隔离区内进行，另外两个试点则不需要隔离条件。隔离区内按穗行种植，即每穗播一行。一般是种4个穗行母本，再种1行父本，母本全部去雄，父本行则只去掉杂株和劣株，父本种子由入选的250个优穗各取等量种子均匀混合而成。在另外两个试验点将各入选家系按穗行种植，不再种植父本，但播种期应比隔离区早，其目的是对入选家系进行异地鉴定，为隔离区内优系的选择提供依据。另外，为减少试验误差和有利于进行比较，2个试验地点最好都能设置重复，并设置对照（用原始群体做对照）。结合2点的鉴定结果，在隔离区试点入选20%的最优穗行，并从每个入选穗行中选择5个最优株（5穗）留种，入选果穗单穗脱粒单穗保存。次年仍按上述方法种植，进行下一轮回的选择。这种选择方法在一个生长季节完成一个选择周期，又进行了异地鉴定及设置对照等田间试验手段，并且在隔离区内实行母本去雄和父本去劣株的条件下进行重组，因而，可在一定程度上控制基因型与环境互作，减少环境及不良基因型的影响。所以，选择效果优于混合选择。国外采用改良穗行法对玉米品种‘海斯金黄’进行了10个轮回的改良，其产量的每年增益为5.3%。

改良穗行选择的显著特点是把鉴定、选择、重组和控制授粉有机地结合起来，需时短、见效快。所以这种群体改良方法，一度为CIMMYT及国内大多数玉米育种单位所广泛采用。

**3. 自交后代选择法** 自交后代选择法（$S_1$ or $S_2$ selection）是一种以$S_1$或$S_2$的表现为依据的群体改良方法，是由Genter和Alexander（1962）首先提出的。其具体做法是：在被改良的基础群体内，按改良目标，根据表型选优株自交200株以上，自交株单穗脱粒单独保存。第二季用半分法在设有重复的区组内将$S_1$种子按穗行种植，进行产量比较和性状鉴定，入选10%左右的优良$S_1$家系。第三季将入选优良$S_1$家系对应的预留种子各取等量均匀混合后，在隔离区内播种，进行自由授粉和基因重组，完成第一轮回的改良。用同样的方法进行以后各轮次的改良。$S_2$选择是在$S_1$的基础上，继续选优株自交以获得$S_2$家系，然后按穗行种植并进行$S_2$家系的鉴定和选择，同样选留10%左右的最优良$S_2$家系，从入选$S_2$家系的预留种子中各取等量种子均匀混合后，在隔离区内播种，进行自由授粉和基因重组，完成第一轮回的改良。

由于$S_1$或$S_2$选择主要根据表型进行，因此，对加性基因控制的性状改良效果较好；$S_2$选择较$S_1$选择更有利于隐性有利基因的选择改良。而且，由于自交后代选择可以在$S_0$、$S_1$、$S_2$进行多次、多个世代的选择和进行多次基因重组，每轮鉴定出的优良$S_2$家系，可用于群体改良合成新一轮群体，又可以通过连续的自交和测交选择优良的自交系。缺点是完成一轮改良所需时间较长，费用较高；连续两代的自交，群体内遗传变异方差下降较快，等位基因固定较快。

**4. 半同胞轮回选择法** 半同胞轮回选择法（half-sib recurrent selection，HS）是对群体的半同胞后代个体进行配合力的测交鉴定，将当选个体互交形成新群体的一种最为常用的群体改良方法。具体做法如下。

第一季，根据选育目标，在基础群体中选择100株以上的优株（$S_0$）自交，同时用每个自交株的花粉分别给测验种的3～5个单株授粉。自交和测交成对编号，自交果穗单株收获单独保存，测交组合分收分存。

第二季，对各个测交种进行产量比较试验，根据试验结果，选出约10%表现最优的测交组合。

第三季，将上年室内保存的当选测交组合相应的父本自交种子等量混合，均匀播种在一个隔离区内，进行自由授粉和基因重组，形成第一轮回的改良群体。以后各个轮回的改良按同样的方式进行（图11-2）。

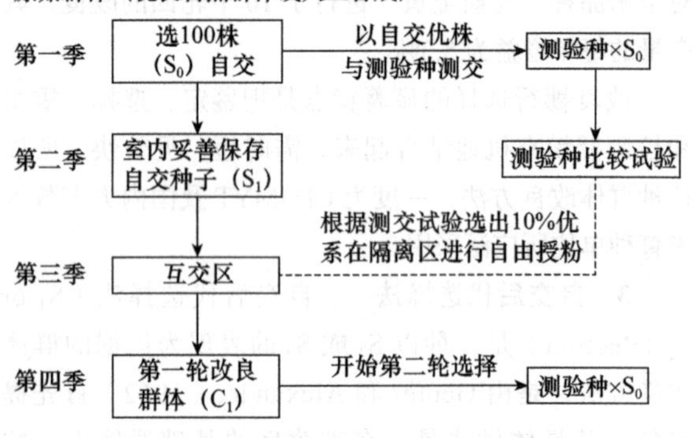

图11-2　半同胞轮回选择模式图

半同胞轮回选择的特点是所有家系都与共同的测验种进行测交，产生半同胞关系的测交种，所以称半同胞轮回选择。而测验种的选择取决于育种方案及基因作用类型。测验种可以是遗传基础比较复杂的品种、双交种、综合品种，也可以是遗传基础比较简单的单交种、自交系或纯合品系。用遗传基础比较复杂的材料做测验种，主要是改良群体的一般配合力（GCA）。例如，从坚秆综合种（BSSS）第5轮和第6轮改良群体中选育出的玉米自交系‘B73’和‘B78’的一般配合力，就显著高于从BSSS原始群体中选育出的‘B14’和‘B37’自交系。而用遗传基础比较简单或纯合的材料做测验种，则主要改良群体的特殊配合力（SCA）。若在同一轮次或不同轮次的改良中使用不同的自交系作为测验种，则可以同时改良群体的GCA和SCA。此外，如用生产上常用的优良自交系做测验种进行遗传改良，则可将群体改良与自交系、杂交种选育结合起来，从而加快育种进程，提高育种效率。四川农业大学荣廷昭等利用优良自交系‘自330’‘合二’及其杂交组合作为群体改良的3个测验种，很好地实现了群体性状遗传结构检测、群体遗传改良与自交系、杂交种选育的紧密结合。

**5. 全同胞轮回选择**　全同胞轮回选择法（full-sib recurrent selection，FS）是一种同时对群体的双亲进行改良的轮回选择方法。具体做法如下。

第一季，在基础群体中选择200株以上的优良植株进行成对杂交（$S_0 \times S_0$），配成100个以上的成对$S_0 \times S_0$组合，分收分藏各杂交组合的种子。因为每个组合都是同父同母的同胞关系，所以称这种选择方法为全同胞轮回选择法。

第二季，利用半分法将每个$S_0 \times S_0$组合的种子分为两部分，一部分种子做多重复的产量比较试验，并用原始群体做对照，另一部分在室内保存。经产量及其他性状鉴定后，从中选出约10%的最优成对杂交组合。

第三季，将当选的优良成对杂交组合的预留种子取等量均匀混合后播种于隔离区内，任其自由授粉、重组，形成第一轮改良群体$C_1$。以后各周期的选择按同样方式进行。

在全同胞轮回选择过程中，成对杂交和入选群体的自由授粉，使优良基因进行了两次重组。Moll和Stuber（1971）报道，在某些群体中，全同胞轮回选择的改良效果优于半同胞轮回选择和相互轮回选择。在玉米群体改良中，Hallauer和Eberhart（1970）建议利用多穗植株产生全同胞家系，即每个植株的一个果穗杂交用于产生全同胞家系，另一果穗自交，用于形成下一轮回群体。这样做可以集合更多的优良基因，并打破有利基因与不利基因间的连锁，增加优良基因重组的机会。

### （二）群体间改良的轮回选择法

相互轮回选择（reciprocal recurrent selection，RRS）能同时改良两个群体的GCA和SCA，通常用于利用杂种优势的异花授粉作物，尤其是当决定某一性状的许多基因座位上既存在加性基因效应，又存在显性基因效应、上位性基因效应和超显性基因效应，以及要进行成对群体的改良时，适宜采用这一育种方案。相互轮回选择又分半同胞相互轮回选择法（half-sib reciprocal recurrent selection，HSRRS）和全同胞相互轮回选择法（full-sib reciprocal recurrent selection，FSRRS）

**1. 半同胞相互轮回选择法**　Comstock根据育种需要于1949年提出半同胞相互轮回选择法。该法同时改良两个群体，考虑基因的加性与非加性遗传效应，可以对群体一般配合力进行改良，还可以将玉米群体改良与自交系、单交种的选育紧密结合，提高玉米育种效率。该法选择两个遗传差异较大的基础群体，一个称A，另一个称B。以群体A作为测验种，鉴定B群体的个体；反之，以群体B作为测验种，鉴定A群体的个体（图11-3）。具体步骤如下。

第一季，根据育种目标从A基础群体中选择100株以上的优良单株自交，同时取花粉分别与B群体中随机选的植株（一般为5株）测交。与此同时，在B

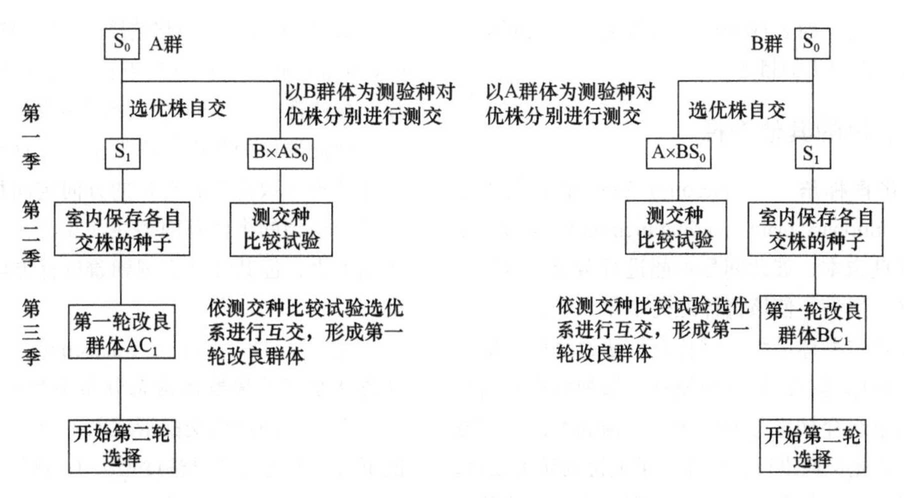


图 11-3 半同胞相互轮回选择模式图

基础群体中选择 100 株以上优良单株进行自交，同时取花粉分别和 A 群体中随机选的植株（一般为 5 株）测交。自交穗单穗脱粒单独保存，同一测交组合的 5 个果穗分别脱粒，取等量种子混合后按组合依次保存。每一株的自交种子供第三季用，每一株的测交种子在第二季进行测交种的比较试验。

第二季，分别对测交种 A×$BS_0$ 和 B×$AS_0$ 进行比较试验，用 A、B 两个原始群体做对照，设置重复。根据测交种目标性状的鉴定结果，入选 10%；在 A 群体和 B 群体的自交单株中找出对应的自交种子。

第三季，将入选优良测交组合对应的自交株的种子各取等量，分 A、B 两个群体，各自混合均匀后，分别播于两个隔离区中，任其自由授粉，随机交配，形成第一轮的改良群体 $AC_1$ 和 $BC_1$。如此循环，进行以后各轮的选择。

**2. 全同胞相互轮回选择法** 该方法是由 Hallauer 等（1967）提出，可以同时改良 A、B 两个群体，并可以在任何阶段把改良群体内的优系组成 A×B 杂交种（图 11-4），其具体做法如下。

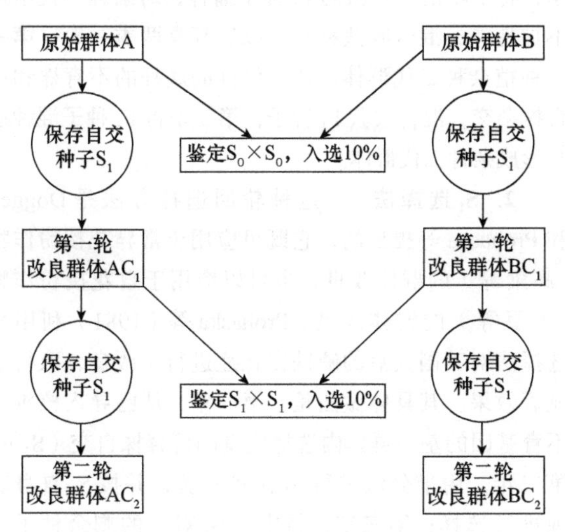


图 11-4 相互全同胞轮回选择程序

第一季，在 A、B 两个双穗型基础群体内各选 100 个以上优株，每株（$S_0$）的上位果穗自交，下位果穗与另一群体的另一自交株成对杂交，组成 $AS_0$×$BS_0$ 和 $BS_0$×$AS_0$ 全同胞家系，成熟后分别收获自交果穗和杂交果穗，成对编号保存。

第二季，进行全同胞家系组合 $AS_0$×$BS_0$ 和 $BS_0$×$AS_0$ 比较试验，选出 10% 的最优组合。

第三季，将当选全同胞家系相应的自交果穗种子按群体混合，分别种在隔离区内，进行优系间的充分自由授粉，形成第一轮回改良群体（$AC_1$、$BC_1$）。以后，用同样的方式进行下一轮全同胞相互轮回选择。

采用这种方法的前提条件是被改良的两个群体中的各个单株必须为双穗，因为入选双穗株的一个果穗要用作自交留种，另一果穗要用作测交。故该法在群体改良中受到的限制较多，使用较少。

## （三）复合选择方案

轮回选择方案需要的两个基本条件是选用适当的基础群体和采用适当的选择方法。如何进行群体改良应根据实际情况而定。目前不少育种者采用改进的群体改良方案。在基础群体改良上，育种者主张适时适当渗入异源种质或所需基因，以进一步增加群体的遗传变异，使新群体具有更多的优良基因，从而有利于在进一步改良时获得更大的选择响应。在群体改良方法上，育种者可根据群体改良的原理，针对被改良对象的遗传特点，对上述正规的轮回选择模式加以改进和补充，从而提高选择改良的效率。例如，为了充分利用群体的各种遗传分量，获得最大的遗传增益，可以采用半同胞轮回选择（HS）+$S_1$（或 $S_2$）选择、全同胞轮回选择（FS）+$S_1$（$S_2$）选择，或相互轮回选择（RRS）+$S_1$（$S_2$）等复合选择方案；并在 HS+$S_1$（$S_2$）选择过程中，有计划地、周期性地更换测验种，或同一轮中应用多个测验种，对群体内的基因座位进行更全面的测定，充分地表现群体的遗传潜力，从而达到更好地提高改良效果的目的。

## 四、群体改良的其他途径

**1. 进化育种法** Suneson于1956年提出进化育种法（evolutionary plant breeding method）。该方法是选择若干优良亲本，彼此间尽可能进行杂交，将所有杂交组合混合播种，使该群体经受多年自然选择后再经人工选择育成群体品种。进化育种法通过反复的基因重组可使群体具有广泛的异质性。杂种后代在自然选择与基因重组穿插进行的情况下，构成类似轮回选择的形式，如此长期进行，可在产量上得到显著改良，并分离出对当地条件最为适应的类型。这种方法花费少而收效良好，育种群体经过15代自然选择后即可取得明显的效果。

**2. 定向选择与歧化选择** 定向选择（directional selection）是通过在分离群体正态分布的一端进行选择，并使选择个体间随机交配形成新的群体。这种方式可促使群体的基因频率发生定向移动，所得到的新群体的平均数将朝着选择的方向定向移动。由于这种方式所得到的个体基因型往往相近似，故打破连锁的作用不大，但其性状表现朝着选择方向的改进程度却很大。

歧化选择（disruptive selection）又称分裂选择，其方法是将分离群体常态分布中两极端的个体选出，使选择个体间随机交配形成新的群体。新群体的平均值不变，但遗传变异幅度增大（附图11-3）。这种方式可有力地打破相斥型连锁，释放潜在变异，获得较大幅度的超亲类型。Fery认为此法可将两极端类型的基因结合在一起，提高后代的适应性和丰产性。

# 第四节 雄性不育性在轮回选择中的应用

轮回选择的方法多用于异花授粉作物（如玉米等），而自花授粉作物和常异花授粉作物具有特定的花器结构和开花习性，一般难以在短时间内获得足量的杂交种子，应用上受到限制。核雄性不育性的发现和利用，促进了自花授粉作物和常异花授粉作物轮回选择的发展。



## 一、隐性核雄性不育基因在作物轮回改良中的应用

利用自花授粉作物和常异花授粉作物中隐性核基因控制的雄性不育系，可以解决去雄授粉困难和结实少等问题。目前，在以轮回选择法为主要方法的群体改良中，常异花授粉作物高粱，自花授粉作物大豆、水稻、大麦、小麦和洋葱等均开展了轮回选择工作。下面着重介绍几种利用隐性核基因控制的雄性不育特性进行轮回选择的方法。

**1. 混合法** 利用隐性核雄性不育基因（*msms*）进行混合选择的具体方式有两种：第一种方式是从导入雄性不育核基因的异交基础群体中选择优良的雄性不育株，收获中选的雄性不育株（母本）上的种子，等量混合后在隔离区播种，形成下一轮改良群体，以该改良群体作为第二轮改良的基础群体，重复这个过程，形成第二轮改良群体，这种方式称为母本混合集团选择法。第二种方式是从优良雄性不育株繁殖的分离群体中选择优良的雄性可育株，中选优良雄性可育株在隔离区繁殖形成分离群体，选择分离群体中的优良的雄性不育株并收获中选雄性不育株上所结的种子，等量混合后播种在隔离区，形成下一轮的改良群体。Doggett等（1972）提出了第一轮采用第一种方式与第二轮采用第二种方式的交替混合集团选系法。因为第二种方式增加一次自交和选择，有利于打破有利基因与不利基因间的连锁，提高了优良基因型出现的频率，提高了选择效益。

Ramage（1977）利用混合法进行了大麦的轮回选择，其具体做法是：第一季，以隐性雄性不育系作为母本，和4个矮秆植株品系杂交，形成4个矮秆群体；第二季，种植上述4个杂种群体的$F_2$代，从每一群体分别选择不育和可育的矮秆植株，并以每一群体中当选的不育植株和其他3个群体中当选的可育株杂交，混收杂交种子；第三季，将上季收获的所有$F_1$杂交种子混合播种，对杂种一代植株不加选择，混合收获种子；第四季，种植大量的杂种二代群体，选择矮秆的不育株和可育株杂交，混合收获杂交种子；第五季，将上季混合收获的$F_1$种子播种，对杂种一代植株不加选择，混合收获种子。以后都是两季一轮，第一季种植杂种二代群体，选择优良的矮秆的不育株和可育株杂交，混合收获$F_1$种子，第二季将$F_1$种子混种混收形成杂种二代群体。

**2. $S_1$选择法** 这种轮回选择方法是Doggett和Prohaska等提出的，它既可应用于常异花授粉作物（高粱等）的群体改良，也可以应用于自花授粉作物（大豆等）的群体改良。Prohaska等（1981）利用$S_1$选择法对美国大豆的缺铁白化症进行了改良，取得了显著效果。其具体做法是：第一年，从已导入核雄性不育基因的基础群体内选择优良的可育株自交（$S_1$）；第二年，用半分法进行$S_1$比较试验，并按$S_1$自身表现进行选择；第三年，将中选$S_1$对应的剩余种子掺和，并在隔离区混合种植，开花后鉴别出雄性不育株，

并选择和标记出符合需要的优良雄性不育株，在散粉前除去不符合要求的雄性可育株，最后，收获中选雄性不育株上的种子，形成下轮改良的基础群体。

1980年，Andrews等介绍了$S_2$家系选择法。1973年，Brim和Stuber提出了自交半同胞家系轮回选择方法。1982年，Hoase用半同胞家系轮回选择法对高粱的产量、抗黑穗病、抗蚜虫和耐旱4个性状进行了改良，取得了明显的成效。此外，双列选择交配法（附图11-4）、进化育种法、歧式杂交法等也可用于自花授粉作物和常异花授粉作物。总之，只要条件允许，适用于异花授粉作物的群体改良方法也都可用于自花授粉作物和常异花授粉作物，如水稻光敏核不育材料的发现和利用为水稻群体改良提供了简单易行的途径。

## 二、显性核雄性不育基因在作物群体改良上的应用

显性雄性不育性具有两个主要优点：①不需要经过自交就可获得可育株，可直接用于常规育种中；②不育株与可育株的杂交后代中不育株与可育株的比例为1∶1。我国在1972年发现了太谷核不育小麦，其雄性不育性受显性单基因控制，雄性败育彻底，不育性稳定，且不受背景基因型和环境差异的影响，是国内外公认的最有利用价值的显性雄性不育性种质资源。1984年，吴兆苏提出利用小麦太谷核不育基因*Ta1*进行轮回选择。随后，我国广泛利用太谷核不育小麦开展了轮回选择，创制了抗病、高产和优质等改良群体。其步骤如下。

**1. 基础群体的创建**　以具有太谷核不育基因*Ta1*的优良材料为母本，分别和若干个具有抗性及其他优良性状的亲本杂交，隔离区内种植$F_1$种子。$F_1$中可育株与不育株间进行自由授粉，从不育株上收获的为杂交种子；根据杂交种子下一代的表现，选留优良的在隔离区种植，自由授粉。再按抗性及其他优良性状对不育株进行穗选并混合脱粒，用以繁殖基础群体。

**2. 群体的改良和利用**　第一轮，从基础群体中分别选择不育株和可育株，根据农艺性状和抗性，对不育株进行表型选择；对可育株，根据产量构成因素和抗性等性状的表型进行单株选择。用经过表型选择的不育株和可育株的互交种子产生第一轮杂交群体（$C_1$），而经产量及农艺性状等单株选择的可育株的种子则供后代测定。第二轮，在第一轮杂种群体中进行，选择方法与第一轮相同。入选不育株的种子用于产生第二轮杂种群体（$C_2$），单株选择的可育株种子则用于后代测定。第三轮，在第二轮互交群体中进行。将上季入选的不育株的种子和第一轮中选可育株经后代测定后而选择的优良植株的混合种子，相间播种，以后者作为授粉者参加互交。在育性分离的群体中，对不育株进行选择，以产生下一轮杂交群体，中选可育株单株种子供后代测验。以后各轮的轮回选择和第三轮的选择一样，都是将$C_{n-2}$中选单株经后代鉴定后的一半优良$S_1$种子作为授粉者，和上季混合穗选的不育株的种子相间种植并参与互交。另一半$S_1$种子则分别纳入常规育种试验中。此外，为了不断开拓基因库，还可从第二、三轮的杂种群体开始陆续导入新种质。

为便于授粉，中国农业科学院刘秉华创制了太谷核不育基因*Ms2*（原基因符号为*Ta1*）与小麦矮秆基因*Rht10*紧密连锁的矮败小麦。在矮败小麦后代群体中，有一半矮秆不育株和一半非矮秆可育株，二者的株高差异十分明显，在起身拔节期就能够依据株高鉴别育性，在授粉时，高株为矮株提供花粉提高了异交结实率。因此，矮秆基因和太谷核不育基因的结合将异花传粉有利于基因交流重组和自花授粉有利于基因纯合稳定的特性相结合，使矮败小麦成为小麦群体改良的理想工具。

在国外，Sorrells和Fritz（1982）提出利用小麦显性雄性不育系进行轮回选择的几种方法。

方法A：从原始群体中根据表型选择优良不育株，混合当选不育植株的种子以重建群体，即混合选择法。

方法B：当选不育株种子分别种成株行，相间种植授粉者，选择优良半同胞家系的优良不育株，混合其种子重建群体。此法相当于改良的混合选择法。

方法C：基于方法B，在半同胞系内选株再分别种植成半同胞家系行，同时为了促进随机交配，可相间种植混合群体作为授粉者，也可剔除各家系内的可育株或增大种植密度，或者分期播种授粉行。

方法D：基于方法C，在所种植的各半同胞家系中选系，在选系内分别选择可育株与不育株，将当选的可育株种子混合作为授粉者，与当选的各不育株的半同胞家系相间种植。

方法E：基于方法D，将系内选到的可育株自交一代，同时进行微型小区鉴定，将当选优系中的优良不育株种子混合，进入下一循环。

方法F：基本上按方法E进行，但最后当选的不育株种子不予混合而分株行种植。

上述各法可根据实际情况应用。从理论上说，对于那些受不育性干扰的性状，方法E和方法F效果较好但年限较长。

## 本章小结

作物群体改良是通过鉴定、选择、异交等一系列育种手段，对遗传变异丰富的基础群体进行周期性选择来逐渐提高群体中有利基因和基因型的频率，以改进群体综合表现的一种育种方法。作物群体改良的理论依据是Hardy-Weinberg定律。群体改良包括群体内改良和群体间改良，轮回选择是群体改良的主要方法。在进行轮回选择时，要注意基础群体的构建和采取合适的选择方法。轮回选择法在20世纪中期是为拓宽异花授粉作物玉米狭窄的遗传基础而提出的，后来由于雄性不育性的发现和利用，使得轮回选择法在小麦、棉花、大豆、高粱、牧草等自花授粉作物和常异花授粉作物育种中也得到广泛应用。

## 拓展阅读

**开放的半同胞-$S_1$复合轮回选择法**

开放的半同胞-$S_1$复合轮回选择法的具体步骤如下。

基础群体（$C_0$）

↓

第一季　①150～500个自交果穗；②同时测交得测交果穗

↓

第二季　①测交种、$S_1$家系多点重复鉴定；②在$S_1$穗行中选择2～3个优株自交得$S_2$

↓

第三季　①将中选$S_1$家系对应的$S_2$与新加入的自交系采用混合授粉合成群体（$C_1$）；②在中选$S_2$穗行中选优株自交得$S_3$

↓

第四季　①开始新的一轮选择；②优良的$S_3$果穗进入育种圃

该方案的特点是：①保证了玉米育种中杂种优势模式的合理利用；②保证了对群体本身的产量、农艺性状和配合力进行综合改良，有利于获得高产、高配合力的群体和优良自交系；③降低群体近交衰退的程度，保证了群体长期选择的遗传变异和选择潜力，提高群体内有利基因的频率和改良效果；④将群体改良与育种紧密结合，加快了育种进程。20世纪80年代末至今，河南农业大学的陈彦惠课题组运用这种方法成功改良了‘豫综5’及‘黄金群’玉米群体（附图11-5）。

## 思考题

扫码看答案

1. 名词解释：群体改良、综合品种、定向选择、歧化选择、群体内轮回选择、群体间轮回选择。
2. 简述作物群体改良的原理和作用。
3. 简述群体改良的轮回选择模式和作用。
4. 如何建立群体改良的基础群体？
5. 群体内和群体间的轮回选择方法各有哪些？其特点是什么？
6. 如何利用显性核雄性不育基因进行群体改良？
7. 如何利用隐性核雄性不育基因进行群体改良？
8. 如何利用轮回选择实现群体改良与育种实际的紧密结合？

# 第3部分

# 现代育种技术

## 重点提要

- □ 组织培养技术
- □ 体细胞杂交
- □ 转基因育种
- □ 分子标记辅助选择育种

# 第十二章 植物细胞工程

附件扫码可见

植物细胞工程（plant cell engineering）是指在植物细胞水平上进行的遗传操作，是建立在植物组织培养上的一种生物工程技术。通过离体培养创造变异或快速繁殖，实现植物的品种改良、良种繁育、种质资源保存等目的。

## 第一节 植物细胞工程的基础理论

### 一、植物细胞工程的内容

植物细胞工程的内容可分为：①器官培养（organ culture），是指对根、茎、叶、花、果实以及各器官原基（芽原基、根原基）的培养；②胚胎培养（embryo culture），是指对胚珠、幼胚、成熟胚的培养；③组织培养（tissue culture），是指对植物各部分的组织如茎尖、根尖、髓部、形成层和叶肉等的离体培养；④细胞培养（cell culture），指用能保持较好分散性的植物细胞或很小的细胞团（6～7个细胞）为材料进行离体培养，如生殖细胞（小孢子）、叶肉细胞、根尖细胞、髓组织细胞等；⑤原生质体培养（protoplast culture），指除去细胞壁，只培养裸露的原生质体的离体培养。

从上述内容延伸出的还有植物脱毒培养、突变体筛选、细胞杂交、超低温冷冻和人工种子等。

### 二、植物细胞工程的理论基础

#### （一）植物细胞全能性学说

1943年White提出植物细胞全能性（totipotency）学说，即植物的每个细胞都具有该物种的全部遗传信息，离体细胞在一定的培养条件下具有发育成完整植株的潜在能力。1958年Steward等对胡萝卜细胞进行悬浮培养，经由单细胞再生成植株，证实了植物细胞的全能性。此后，植物细胞的全能性在体细胞、生殖细胞（花粉）、原生质体和融合细胞上都得到了证实。

#### （二）细胞分化、脱分化和再分化

将植物组织或器官放在培养基上进行离体培养时，这些离体组织或器官就会进行细胞分裂，形成一种高度液泡化的、呈无定形的薄壁细胞，称为愈伤组织（callus）。已高度分化的植物组织或器官产生愈伤组织的过程，称为植物细胞的脱分化（dedifferentiation）。将脱分化形成的愈伤组织转移到适当的培养基上继续培养，愈伤组织又会重新分化出具有根、茎、叶的完整植株。这种从愈伤组织再生出小植株的过程称为再分化（redifferentiation）。

离体器官的分化主要有3条途径：①由分生组织直接分生芽；②由分生组织形成愈伤组织，愈伤组织再分化形成芽和根，并行成新植株；③游离细胞或原生质体形成胚状体，由胚状体重建完整植株。

植物的胚状体（embryoid）是指在离体培养中，起于一个非合子细胞，并经过胚胎发育过程分化出的类似胚一样的细胞群。胚状体发生初期的细胞分裂与合子胚不同，但分化后的发育过程与合子胚类似，即球形胚—心形胚—鱼雷形胚—成熟胚。诱导胚状体途径再生植株和其他方式相比，具有数量多、速度快、结构完整可直接萌发等优点，是进行离体无性繁殖、快速育苗的主要手段。

## 第二节 植物组织培养技术

植物组织培养（plant tissue culture）是指将植物的离体器官、组织或细胞在人工控制的条件下培养、生长发育，再生出完整植株的技术。植物组织和细胞培养的理论基础是细胞全能性，即离体细胞在一定的培养条件下具有发育成完整植株的潜在能力。这种能力在植物体上，由于受发育阶段的影响及器官组织的约束，无法表达，离体后才能表达。

### 一、培养基及其制备

在离体培养条件下，不同种植物、同一种植物不同的组织器官对营养的要求不同，只有满足了它们各自的特殊要求，才能良好地生长。因此，在建立新的

培养系统的时候，必须找到一种能满足该组织特殊需要的培养基配方（附件12-1）。

### （一）培养基的成分

除特殊需要所添加的附加成分外，植物离体培养的培养基一般包括无机营养物、有机营养物和生长调节物质三大基本组成成分。

**1. 无机营养物**　包括大量元素和微量元素。大量元素是指碳（C）、氢（H）、氧（O）、氮（N）、磷（P）、钾（K）、硫（S）、钙（Ca）、氯（Cl）和镁（Mg），它们是植物细胞中构成核酸、蛋白质、酶系统、叶绿体以及生物膜所不可缺少的元素。微量元素是指铁（Fe）、硼（B）、锰（Mn）、锌（Zn）、钴（Co）、钼（Mo）、铜（Cu）等，其需要量很少，一般为$10^{-7}$～$10^{-5}$mol/L，稍多则产生毒害。铁通常以硫酸亚铁与$Na_2$-EDTA螯合物的形式出现在培养基中。

培养基中的C来源于添加的糖类，H和O主要从水中获得，其他矿质元素通常是以一定浓度的无机化合物形式，按一定的比例配制而成。当这些无机盐溶解于水时，即以离子的形式提供相应的元素供培养物吸收。一种类型的离子可以由一种以上的无机盐提供，如在常用的MS培养基中$NO_3^-$可以由$NH_4NO_3$提供，也可以由$KNO_3$提供；$K^+$可以由$KNO_3$提供，也可以由$KH_2PO_4$提供。培养基的这一特点，保证了培养物生长所需的各种营养元素的离子平衡，同时也避免由单一化合物提供某一营养元素时，因培养物对不同离子的吸收差异而引起培养基pH的剧烈变化。

**2. 有机营养物**　培养基中常用的有机成分主要包括糖类、维生素、氨基酸、醇类和嘌呤等。

1）糖类　离体培养中培养物生长与发育不可缺少的有机成分。在培养基中加入一定浓度的糖，既可作为C源，又可维持培养基的渗透压。植物组织培养中常使用蔗糖，浓度一般为2%～5%。除蔗糖外，在细胞和原生质体培养中，还需配合使用麦芽糖、葡萄糖、果糖、纤维二糖或甘露糖等。

2）维生素　与植物体内各种酶的形成有关，其中硫胺素（$V_{B_1}$）是一种必需的成分。在其他各种维生素中，已知吡哆醇（$V_{B_6}$）、烟酸（$V_{B_3}$）、泛酸钙（$V_{B_5}$）和叶酸都能显著地改善培养的植物组织生长状况。在单细胞培养、花粉培养、小孢子培养和原生质体培养中，除上述维生素外，还需加A、C、D、E、H族维生素。

3）氨基酸　蛋白质的组成成分及培养基中重要的有机氮源。常用的氨基酸为甘氨酸及多种氨基酸的混合物如水解酪蛋白、水解乳蛋白等。

4）肌醇　化学名称为环己六醇，其本身并没有促进生长的作用，但它在糖类的相互转化、维生素和激素的利用等方面具有重要的促进作用，能使培养物快速生长，对胚状体和芽的形成有良好的影响。

5）腺嘌呤　合成各种细胞分裂素的前体物质之一。外源添加腺嘌呤，具有促进细胞自身合成细胞分裂素的功能，有利于细胞的分裂和分化，促进芽的形成和生长。

上述有机化合物，除了蔗糖和肌醇通常在所有的培养基均需要添加外，其他成分则根据培养类型和培养目的确定是否添加。

6）其他复合成分　植物组织培养常用的天然提取物有椰乳、番茄汁、酵母提取物、香蕉泥等，水解酪蛋白和水解乳蛋白亦是常用的复合成分。这些复合成分对培养物的生长具有较好的辅助作用，但由于成分复杂且不确定，容易造成实验的重复性差，因而在培养基的配制中更多人仍倾向于选用已知的合成有机物。

**3. 生长调节物质**　生长调节物质包括天然植物激素和人工激素类似物，是培养基中不可缺少的关键物质，其用量极少，但它们对外植体愈伤组织的诱导和器官分化起着重要的调节作用。其中以生长素和细胞分裂素最为常用。

1）生长素　离体培养中，生长素（auxin）的主要生理作用是促进细胞分裂和生长，有利于外植体脱分化并启动细胞分裂，有利于形成愈伤组织。同时，生长素与细胞分裂素（cytokinin）的协调作用，对于培养物的形态建立也十分必要。在离体培养的分化调节中，生长素促进不定根的形成而抑制不定芽的发生。在液体培养中，生长素还有利于体细胞胚胎发生。常用的生长素有2，4-二氯苯氧乙酸（2，4-D）、萘乙酸（NAA）、吲哚乙酸（IAA）、吲哚丁酸（IBA）。需要注意的是，在使用2，4-D时，必须严格控制使用浓度和培养时期，因为高浓度的2，4-D常常抑制器官的发生，在分化培养时不能使用。

2）细胞分裂素　主要作用是促进细胞的分裂和器官分化、延缓组织的衰老、抑制顶端优势、促进侧芽的生长及显著改变其他激素作用。常用的细胞分裂素有：激动素（KT）、6-苄基腺嘌呤（6-BA）、玉米素（ZT）、2-异戊烯腺嘌呤（2-ip）、吡效隆（4PU，CPPU）和噻重氮苯基脲（TDZ）。在组织培养中通常使用人工合成的、性能稳定且价格适中的KT和6-BA。

此外，赤霉素（$GA_3$）、脱落酸（ABA）和多效唑（$PP_{333}$）等生长调节物质也见用于组织培养中。

**4. 琼脂**　琼脂是培养基的固化剂，一般的使用浓度是0.7%～1.0%。由于琼脂固化的培养基用于多种目的的实验都得到令人满意的结果，因此得到了广泛应用。琼脂并非培养基的必需成分，用液体培养基进行悬浮培养时，不用添加琼脂。

### （二）培养基的筛选及常用培养基配方

培养基的筛选是一个新的培养体系建立初期必不可少的研究环节。

对于无机营养成分而言，在一般情况下不必考虑建立新的培养基配方，已有许多研究得到的常用基本培养基配方（附件12-1）可供选择。MS培养基的无机盐和离子浓度较高，养分平衡，是目前使用最多的培养基，新的培养体系建立可以首先选择MS；$B_5$培养基的主要特点是含有较低的铵离子，这个成分可能对很多培养物的生长有抑制作用；White培养基的无机盐含量较低，适于生根培养；KM8P培养基主要用于原生质体培养，其特点是有机成分较复杂，包括了几乎所有的单糖和维生素、呼吸代谢中的主要有机酸；$N_6$培养基常用于花药培养，其成分较简单，且$KNO_3$和$(NH_4)_2SO_4$含量高。

在植物组织培养中最常改动的因子是生长调节物质。研究人员总结出了细胞分裂素与生长素调控离体培养细胞脱分化与再分化的规律：当诱导愈伤组织形成时，细胞分裂素和生长素相对平衡；诱导芽分化时，细胞分裂素水平应高于生长素水平；诱导根发生时则应提高生长素水平。但由于培养物内源细胞分裂素和生长素水平的差异，实际添加到培养基中的激素配比浓度可能在不同培养类型间差异很大，这是培养体系建立初期必须进行激素配比试验的重要原因。



### （三）培养基的制备

培养基配方中各种成分的使用量从每升几微克到几千毫克不等，为便于操作和配制浓度的准确，通常将培养基的不同成分先配制成较高浓度的母液，使用时按比例稀释成需要的浓度。一般需要配制大量元素（10～20倍）、微量元素（100～200倍）、铁盐（200倍）、各种有机化合物（200倍）及各种激素（0.1mg/mL或0.5mg/mL）的母液。

配制培养基的主要步骤包括：①按配方混合各成分（母液）；②加入糖和琼脂，使之溶解和熔化，用蒸馏水定容；③用0.1mol/L NaOH或1mol/L HCl调pH至所需pH，一般调至5.8；④分装培养基于玻璃瓶等容器中；⑤用灭菌锅在107.88kPa蒸汽压力、121℃下灭菌15～20min；⑥取出灭菌的培养瓶放置在洁净的平台上，使之冷却凝固。

## 二、无菌操作技术

### （一）外植体的取材和消毒

外植体（explant）是指用于离体培养的活的植物组织、器官等材料，是植物离体培养的基础材料。用完全无菌的外植体接种是植物组织培养成功的前提，因此，取材时应尽量选用无菌苗或污染较轻的材料，如种在相对清洁的大棚或生长箱里的材料，田间应在晴天取样等。

外植体采用消毒杀菌剂浸泡方法进行消毒。常用的消毒剂有近10种，其中次氯酸盐一般用于一些较软和较幼嫩的组织消毒，消毒时间一般在5～30min。氯化汞灭菌效果最好，但其残留液最难去除，且对植物组织的伤害较大，一般用于种子、块根、块茎及较硬的组织的灭菌，消毒时间一般不超10min，使用浓度为0.1%～0.2%。表面消毒剂对于植物组织是有害的，因此，应当正确选择消毒剂的浓度和处理时间，尽量减少对外植体活力的影响。消毒剂中可加数滴吐温-20，可以增强消毒剂的效果。

### （二）无菌接种和培养

无菌接种在超净工作台上进行，打开超净工作台的开关运行10min后，放入无菌水、无菌烧杯及其玻璃器皿，以及剪刀、镊子、解剖刀等工具（这些工具可预先用高温灭菌，也可使用前用酒精和火焰消毒），打开烧杯和无菌水瓶盖，将消毒液倒入放有外植体的烧杯中，处理一定时间后，用无菌水冲洗3～4次，然后将材料取出接种在培养基中，封口，放入培养室培养。操作时注意无菌器皿一旦打开，应尽量避免手再从其上横过；避免直接面对超净台呼吸；每次重新操作都要把工具在火焰上消毒，避免交叉污染。

培养室要求卫生、恒温、有光照控制系统，一般材料要求温度25℃左右，晚上一般不应低于20℃。

# 第三节　原生质体培养和体细胞杂交

植物原生质体（protoplast）是指除去了细胞壁后的裸露的球形细胞。原生质体具有植物细胞的各种基本生命活动，如蛋白质的合成、光合作用、呼吸作用以及通过细胞膜的物质交换等，这极有利于探讨许多细胞生理问题。由于原生质体在诱导条件下能发生融合，在离体培养条件下可再生植株，因此，原生质体培养研究在理论上和育种实践上都具有重要意义。

## 一、原生质体培养

### （一）原生质体分离

获得大量有活力原生质体的方法一般有两种：机械法和酶分解法。酶分解法是目前常用的方法，其主要步骤如下。

**1. 外植体的选择**　叶肉细胞是常用的材料，其次为愈伤组织细胞或细胞悬浮培养物。此外，从根、茎、叶、花、果实、子叶、下胚轴、四分体等均能分离原生质体。

**2. 酶液组成**　用来分离植物原生质体的酶制剂主要有纤维素酶、半纤维素酶、果胶酶。纤维素酶的作用是降解构成细胞壁的纤维素，果胶酶的作用是降解连结细胞的中胶层。有的植物材料用纤维素酶和果胶酶就能分离出原生质体，但有的植物材料要添加半纤维素酶或离析酶才能得到较多的原生质体。常用的纤维素酶有Cellulase Onozuka R-10、Cellulase Onozuka RS、Cellulase、Driselase；果胶酶有Pectolyase Y23、Macerozyme、Pectinase；半纤维素酶有Rhozyme Hp-150。

细胞壁一旦去除，裸露的原生质体若处于内外渗透压不同的情况下，就可能立即破裂，必须加渗透压稳定剂以代替细胞壁对原生质体起保护作用。常用的渗透压调节剂有山梨醇、甘露醇、蔗糖、葡萄糖、果糖等。渗透压稳定剂的浓度因植物材料不同而异，一般为0.2～0.8mol/L。在一些研究中，酶混合液里还加进一些无机盐类或其他化合物。例如，$CaCl_2$、$KH_2PO_4$、葡聚硫酸钾、甲基磺酸乙酯（EMS）等，它们有保护细胞膜的作用，可提高原生质体的稳定性和活力，防止其破裂。

**3. 酶解处理**　酶解处理的原则是利用尽可能低的酶浓度和尽可能短的酶解时间获得大量有活力的原生质体。酶解过程一般在25℃左右进行，通常采用混合酶液对植物材料进行酶解。某些材料需要放在低速摇床上，以保证材料能够酶解充分。在酶解时应尽量避光，尤其是强光照可引起细胞膜损伤，造成原生质体的活力下降。酶解时间从几小时到十几小时，依不同植物和不同外植体而定。酶解过程中要多观察，当有大量的原生质体时，即可停止酶解，转入原生质体纯化工作。

**4. 原生质体纯化**　植物材料与酶解液混合后，得到的产物为原生质体、多细胞团、未酶解的组织、细胞碎片和酶液，必须进行纯化，才能进行培养。酶解的产物过滤后可以用漂浮法、沉降法或梯度离心法进行纯化。

沉降法用于在酶解处理中用相对分子质量较小的甘露醇作为渗透压调节剂时，将收集的滤液低速离心，使原生质体沉降于管底，而细胞碎片等杂质仍悬浮在上清液中。漂浮法用于在酶解处理中用相对分子质量较大的蔗糖作为渗透压调节剂时，将收集的滤液离心，原生质体漂浮于溶液的表面，细胞碎片等杂质下沉到管底。梯度离心法是利用密度不同的溶液，经离心后使完整无损的原生质体处在两液相的界面之间，而细胞碎片等杂质则沉于管底，用这种方法可获得更为纯净的原生质体。

**5. 原生质体活力测定**　原生质体培养前通常要进行活力测定。测定方法主要有观察胞质环流、测定呼吸强度和二乙酸荧光素（FDA）染色法。最常用的是FDA染色法。FDA本身没有极性，无荧光，可以穿过细胞膜自由出入细胞。在活细胞中，FDA经酯酶分解为荧光素，后者为具有荧光的极性物质，不能自由出入细胞膜，从而在细胞中积累，在紫外光照射下，发出绿色荧光。如果是死细胞，则不会发出绿色荧光。

### （二）原生质体培养

**1. 培养方法**　植物原生质体对培养密度较为敏感，培养前必须调到一定密度，一般$10^4$～$10^5$/mL比较适合。主要的培养方法有以下几类。

1）*液体浅层培养*　将纯化后的原生质体悬浮于液体培养基中，在培养皿底部形成很薄的一层，封口进行培养。此法特点是操作简单，在培养过程中容易添加新的培养液。其不足是原生质体容易发生粘连，难于定点观察，经常加入新鲜培养基容易造成污染，原生质体自身释放的有毒物质会影响原生质体再生。

2）*固体培养*　也称琼脂糖平板法或包埋培养法，是将原生质体悬浮于液体培养基后，与凝固剂（主要是琼脂或低熔点琼脂糖）按一定比例混合，在培养皿底部形成一薄层，凝固后封口培养。它可以定点跟踪和观察原生质体。由于原生质体被固定在相应的位置，所释放出的有毒物质不易扩散，减少了原生质体自身释放的有毒物质的影响。大多采用低熔点（30℃）的琼脂糖作为包埋剂。

3）*固液双层培养法*　此法结合液体浅层培养和固体培养的优点，在培养皿底部先铺一层固体培养基，待凝固后再在其上进行液体浅层培养。固体培养基中的营养成分可以被液体吸收，而原生质体产生的有毒物质可以被固体培养基吸收。

**2. 培养基**　一般说来，能用于细胞和组织培养的培养基通常只需进行一定的变化即可用于原生质体培养，最常用的培养基是改良MS培养基、$B_5$培养基和KM8P培养基等，其他培养基均是在这几种培养基的基础上发展起来的，主要是添加了多种维生素和氨基酸。

**3. 细胞团形成和植株再生**　原生质体再生细胞壁之后不久就会进行第一次分裂，具有再生能力的原生质体会不断分裂，形成多细胞团。此时，要注意加入新鲜培养基，以适应细胞生长的需要。当细胞团进一步发育成为肉眼可见的小愈伤组织时，要及时转移到分化培养基中。分化培养基包括胚状体诱导培养基、生芽培养基、生根培养基等。

## 二、体细胞杂交

植物体细胞杂交（somatic hybridization）又称原生质体融合（protoplast fusion），是指将植物不同种、属，甚至科间的原生质体通过人工方法诱导融合，然后进行离体培养，使其再生杂种植株的技术。植物细胞具有细胞壁，没有去壁的细胞是很难融合的。因此，植物的体细胞杂交是在原生质体状态下实现的，它以原生质体培养技术为基础，包括原生质体的制备、细胞融合的诱导、杂种细胞的筛选和培养，以及杂种植株的再生和鉴定等环节。

### （一）融合方法

分离的原生质体不带电荷，相互排斥，一般要在诱导条件下才能发生融合。广泛应用的诱导细胞融合的方法有以下两种。

**1. PEG 处理**　25%～50% 的高分子量（1500～6000）聚乙二醇（PEG）可刺激原生质体收缩，随后发生聚集。PEG 诱导融合后应逐步去除。其间影响原生质体聚集及融合的因子很多，如 PEG 的分子量及浓度、原生质体的材料来源、分离原生质体时使用的酶制剂、离子的种类和浓度、融合温度等。

**2. 电融合**　电融合包括两个步骤：①电泳。在电极的作用下，原生质体泳到一起，建立一个膜接触状态，形成念珠链。②融合。由于膜的可逆性电穿孔，使原生质体发生融合。原生质体电融合避免了化学物质的潜在毒害。融合率与原生质体来源、体积、念珠链的长度、脉冲持续时间及电压等因素有关。

### （二）融合方式

原生质体融合主要有对称融合和非对称融合两种方式。对称融合是指两个完整的原生质体细胞融合，在融合子中包含有两个融合亲本的全套染色体和全部的细胞质。非对称融合是指利用物理或化学方法使某亲本的细胞核或细胞质失活后再进行融合，如用 X 射线、γ 射线照射使细胞核失活，得到双亲细胞质和一个亲本的细胞核的融合子。

### （三）杂种细胞的筛选

常用的杂种细胞筛选体系如下。

1）*形态互补*　根据亲本原生质体的形态和颜色差异进行筛选。将融合处理的原生质体接种在带有小格的培养皿中，每个小格中有 2～3 个原生质体。在显微镜下可以找出异源融合子并标定位置。例如，叶肉原生质体含有叶绿体呈绿色，愈伤组织原生质体含有很多淀粉粒和浓厚的细胞质，在倒置显微镜下可以根据颜色将融合子挑选出来。

2）*遗传互补*　如野胡萝卜（*Daucus carota*）是一白化突变，毛蕊胡萝卜（*D. capillifolius*）是正常体但再生率很低，将上述两种原生质体融合后，绿色愈伤组织多为杂种细胞形成的。

3）*代谢互补*　利用两种营养缺陷型或两种抗性突变体的原生质体进行融合，在同时缺乏两种物质或同时含有两种有害物质的培养基上筛选杂种细胞，能生长的细胞团可以初步认为由杂种细胞形成。

4）*生长互补*　双亲原生质体的生长需要外源生长激素，而由双亲原生质体融合后形成对生长激素自主的杂种细胞，能在无外源生长激素的培养基上生长。

### （四）杂种的鉴定

通过杂种细胞筛选获得的再生植株不一定是杂种植株，需经过进一步验证才能确定。根据形态性状判定是最简单的方法，杂种植株的叶、花等器官带有双亲性状。染色体计数是细胞学鉴定体细胞杂种的基本方法，但杂种染色体数目不一定正好是双亲染色体数目之和，常出现混倍体。常用的生化鉴定方法是同工酶，融合后形成的杂种应该表现出双亲的同工酶带型。分子标记鉴定可以较准确地反映融合是否成功，限制性片段长度多态性（RFLP）、扩增片段长度多态性（AFLP）是常用的鉴定杂种的分子标记。



# 第四节　细胞工程在作物育种上的应用

自 1958 年 Steward 等在胡萝卜细胞培养中再生植株成功，证实了植物细胞全能性以来，通过几十年的研究，植物细胞工程在理论和技术发展的同时，在植物改良及良种繁育领域的应用也取得了令人瞩目的成就。

## 一、细胞工程技术与创造变异

利用适当的植物细胞工程操作技术，可以创造变异，如体细胞变异、转基因和体细胞融合等。这些离体操作技术，具有一定的目的性和方向性，可以在短期内获得从自然界可能要经过几年乃至上百年的进化才能获得的性状，可作为育种的变异源加以利用。

### （一）体细胞变异

离体培养的细胞、愈伤组织及再生植株普遍存在着变异。由于离体培养条件下并没有发生雌雄配子的受精，因此，Larkin 和 Scowcroft（1981）提出把由任何形式的细胞培养所产生的植株统称为体细胞无性系（soma clones），而把这些植株所表现出来的变异称为体细胞无性系变异（somaclonal variation）。研究表明，体细胞无性系变异由染色体数量和结构的变异、碱基突变、DNA序列的选择性扩增与丢失、转座子活化、DNA甲基化等细胞或分子水平的遗传物质改变引起。

体细胞变异可以发生在培养的不同阶段，如愈伤组织阶段、器官发生阶段等，一般情况下，愈伤组织的变异比再生植株的变异频率更高。此外，体细胞变异还表现在再生植株的有性繁殖后代中，有些变异可能要通过有性世代才能表现或稳定。为了避免与杂交后代和突变后代在表述上相混淆，体细胞无性系变异用$R_0$、$R_1$、$R_2$等分别表示再生当代、自交第一代、第二代等。体细胞无性系变异的育种利用主要有以下环节。

**1. 体细胞无性系变异诱导材料的选择**　选择诱导材料一般要考虑以下几方面的问题。①目标性状的可行性。一般选择综合性状优良的植物品种，通过诱导改变其个别不良性状。②必须充分考虑试验植物的细胞培养技术水平。只有对某种材料具有良好的培养技术，才有可能制订可行的诱变及选择方案，并进行后续的各项操作。③适当的细胞类型也是提高体细胞突变系筛选效率的重要条件。虽然各种状态下的培养细胞皆可以作为分离突变细胞的来源，但实践中，由于原生质体可以实现真正意义上的单细胞突变，因而它是体细胞变异的首选起始材料；活跃生长的细胞悬浮系具有较大比例的单细胞或呈小细胞团，且培养技术简单易操作，是较为理想的起始材料；植物单倍体性细胞，特别是二倍体植物的性细胞作为诱导材料，等位基因的干扰小、诱变概率大，且获得突变体后容易通过人工加倍纯合稳定，使优良的隐性变异更容易利用，也是较理想的起始材料。

**2. 离体培养细胞的自发变异**　离体培养的植物细胞会出现较自然条件下更高频率的自发变异。变异频率与培养物的遗传背景、外植体类型及培养类型有关，同时也受培养时间、培养基成分等因素的影响。一般来讲，长期营养繁殖的植物、培养时间较长或继代次数较多的离体培养物等，容易出现较高的变异率。另外，培养类型中，原生质体、细胞和愈伤组织培养的变异频率要高于组织或器官培养的变异。应用自发突变已选育出一些新品种，如美国的育种家已从番茄体细胞无性系变异中选育出新品种，我国台湾的育种家也从甘蔗体细胞无性系再生植株变异中选育出新品种。

**3. 离体培养细胞的诱变**　在细胞水平上诱导变异比个体水平的诱导效率高，而且有的性状可以将诱变与筛选同时进行，从而提高了诱变的目的性。离体培养细胞的诱变包括物理诱变、化学诱变以及转座子插入等方法。物理诱变是对器官、组织、细胞或原生质体用γ射线等处理；化学诱变是将化学诱变剂加入培养基中处理。

**4. 体细胞突变体的筛选**　产量、品质、株高、生育期等的突变必须通过再生个体的选择才能确定。实验室内细胞水平的突变体筛选多数针对抗性突变体进行，如抗病、抗除草剂、抗氨基酸或氨基酸类似物等。

利用病菌毒素作为筛选剂进行抗病突变体的筛选是一种有效的抗病育种方法。Carlson（1973）在这方面做了开拓性的工作，他用烟草花药培养的愈伤组织得到细胞悬浮系，从再生的单倍体植株的叶肉得到原生质体，经甲基磺酸乙酯（EMS）诱变后，在含有野火病菌致病毒素类似物氧化亚胺甲硫氨酸的培养基上进行筛选，获得抗病细胞系并再生了植株。迄今，利用病菌毒素筛选，已获得对多种植物病害的抗性材料，如对甘蔗眼斑病、水稻稻瘟病、棉花枯萎病和黄萎病、马铃薯晚疫病、油菜黑脚病、玉米小斑病T小种等的抗病材料。

将除草剂加入培养基进行抗除草剂的突变体筛选也有成功的报道。Chaleff和Ray（1984）以烟草单倍体愈伤组织为材料，获得抗除草剂氯磺隆（chlorsulfuron）和甲嘧磺隆（sulfometuron-methyl）的烟草突变体植株。Anderson和Georgeson（1986）从玉米体细胞无性系中筛选到耐咪唑啉酮类除草剂的突变体，对该除草剂的耐受性提高100倍，再生植株及其后代在田间条件下对该除草剂均具有较好的耐受性。

氨基酸代谢受末端产物的反馈抑制调控，筛选出对某种氨基酸的反馈抑制不敏感的突变体，其体内这种氨基酸的含量便有可能提高。Carlson（1973）首次证明了这种可能性，他筛选出的抗甲硫酸类似物的烟草突变体，其甲硫氨酸含量比对照高5倍。利用不同的植物为材料，分别进行了抗缬氨酸、苏氨酸等氨基酸以及抗赖氨酸、甲硫氨酸、脯氨酸、苯丙氨酸与色氨酸等氨基酸类似物的筛选，氨基酸含量测定表明，一些氨基酸能提高6～30倍（Widholm，1977），苏氨酸的含量可提高75～100倍（Hibberd和Green，1982）。

### （二）体细胞融合

利用体细胞融合可以克服远缘杂交的不亲和性，创造种间、属间杂种，为作物育种提供新材料。利用体细胞融合创造了多个油菜的属间杂种，如欧洲油菜（*Brassica napus*）＋萝卜（*Raphanus sativus*），白菜型油菜（*B. campestris*）＋萝卜（*R. sativus*）等。Sherrif等（1994）利用体细胞融合成功地将野生番茄（*L. pennellii*）的耐盐基因转入大豆，杂种植株表现出明显的耐盐性。体细胞融合也可实现抗病性的转移，将普通烟草（*N. tabacum*）与心叶烟草（*N. glutinosa*）融合，杂种表现出对烟草花叶病毒的抗性。Grosser和Gmitter

（1990）将有性杂交不亲和的非洲樱桃橘与印度酸橘融合，成功地将非洲樱桃橘的抗枯萎病、抗线虫性转移到印度酸橘中。利用对称或不对称融合创造胞质杂种，把不育细胞质转移到另一亲本中，可以创建新的核质不育系，所需的时间较大田有性杂交短。

### （三）转基因

植物转基因包括两大部分，即目的基因的克隆和目的基因的表达。其中目的基因的表达需要在植物细胞内完成，只有将目的基因导入植物细胞中，并使转基因的细胞再生出植株，才能实现其育种的目的。在这一过程中，一个有效的组织培养系统成为基因导入的基本前提，关系基因转化的成败。从技术角度讲，它属于细胞工程的范畴，主要依赖于植物组织培养技术。

转基因受体系统建立主要包括以下内容。①高频再生系统的建立。选择易于在培养条件下高效进行愈伤组织增殖和再生的外植体是第一步。然后是培养基的选择，主要是针对基本培养基和激素的选择。②抗生素的敏感性试验。植物转基因中通常要使用抗生素抑制农杆菌生长和筛选转化细胞。对于抑制农杆菌生长的抗生素实验而言，需要选择一种对植物细胞伤害小的抗生素（如头孢霉素），并筛选出能够有效抑制农杆菌生长而不妨碍植物细胞生长的浓度。用于转化子筛选的抗生素是根据转化载体上携带的抗生素标记基因确定，抗生素试验主要是确定适宜的使用浓度。③农杆菌的敏感性试验。对于用农杆菌介导的基因转化系统而言，选择对农杆菌敏感性较高的受体植物及其适宜的组织细胞类型是成功转化的重要因素。

## 二、花药培养与加快育种进程

花药培养（anther culture）是指把发育到一定阶段的花药接种在人工培养基上，使其发育和分化成为植株的过程。由花药培养再生的小植株，多数是由花药内处于一定发育阶段的花粉发育而来，单倍体起源的植株经染色体加倍后能获得遗传上纯合的二倍体植株。与常规方法相比，可以在短时间内得到作物的纯系，从而加快育种过程。我国已培育出烟草、水稻、小麦、玉米和辣椒等花培新品种应用于生产，如烟草‘单育1号’，水稻‘单丰1号’‘中花9号’和小麦‘花培1号’等。

花药培养主要有以下技术环节。

**1. 外植体的选择** 将预定采集花药的母株先在一定的温度、光照和湿度条件下培育一段时间，使花药内的花粉变得更适宜培养。花粉所处的发育阶段是花药培养成功的关键，一般选择处于单核至双核早期的花药进行培养。可用1%乙酸洋红压片法进行镜检，确定花粉的发育阶段，同时观察处于合适花粉发育阶段的植株、花器和花药的形态特征，禾本科植物常用旗叶叶枕距、颖花和花药大小、颜色等，而双子叶植物常用花蕾、花萼、花药大小和颜色等作指标。例如，水稻花培时取孕穗期、旗叶与倒二叶叶枕距为4～10cm的稻穗，这种穗有许多颖花的花药处在适宜接种的单核晚期（单核靠边期），再取颖花淡绿色、雄蕊长度为颖壳长度1/3～1/2的花药接种。对于有些物种，培养前对花药和花蕾进行预处理，能显著提高培养效果。

**2. 培养基的选择** MS、Whiter和Nitsch培养基等普遍适用于花药培养，也有适合花药培养的专用培养基配方，如$N_6$、$C_{17}$、$W_{14}$、马铃薯-2等。不同植物花药培养对碳源、植物激素和维生素的需求不同。值得注意的是，在花药培养时，培养基成分需要抑制花药中的二倍体细胞起源的愈伤组织，如药壁、药隔、花丝形成的愈伤组织，而要促进花粉愈伤组织形成。例如，水稻、小麦、玉米、油菜的花药培养基，蔗糖浓度高达7%～15%，可有效抑制二倍体细胞产生愈伤组织。

**3. 接种和培养** 挑选出适宜培养的花蕾或幼穗以后，一般将花蕾或幼穗的表面用70%乙醇浸泡1min，然后用次氯酸钠或氯化汞溶液消毒3～5min，再用无菌水冲洗3～5次。如果花蕾包裹严密，内部一般是无菌的，只要用70%的酒精棉球对叶鞘或花蕾进行表面擦拭即可达到消毒的目的。将消毒过的材料置于超净工作台上，无菌剥取花药进行接种。

花药培养的条件取决于品系和个体的需要。大部分植物的培养温度为24～28℃，每天光照12～18h，光照强度1000～2000lx。当愈伤组织长到直径2～3mm时，转移到分化培养基上。在分化培养基上培养10～20天后，大多可出现芽的分化，然后在芽的基部长出不定根。当花粉植株长到3～5cm高时，需将其转移到生根壮苗培养基上，促进根系的发育和壮苗。

## 三、植物脱毒和离体快速繁殖技术

生长在自然环境条件下的植物往往受到许多病原物的侵染，其中病毒可以通过无性繁殖材料进行积累和世代间的传播，造成品种退化。植物脱毒（virus elimination）就是利用植物组织培养技术，脱除植物细胞中侵染的病毒，生产健康的繁殖材料。

对于稀有野生种质资源、低繁殖系数的无性繁殖植物，基因高度杂合的果树和观赏植物的繁殖，需利用离体培养快速繁殖技术。离体的快速繁殖是利用细胞的再生特性，在组织培养条件下加速增殖繁殖材料，提高繁殖系数。以植物组织培养技术为基础的植物脱毒和快速繁殖技术，已广泛应用于马铃薯、柑橘、甘蔗、香蕉、草莓和花卉等植物的健康种苗生产，产生了显著的经济效益和社会效益。

### （一）植物脱毒的原理和技术

**1. 基本原理**　多个研究证实，病毒在植物组织中的分布是不均匀的，植物分生组织中不带或很少带有病毒，这为植物脱毒和利用组织培养技术快速繁殖健康种苗奠定了理论基础。1952年，Morel和Mattin利用茎尖分生组织培养获得了大丽花和马铃薯无病毒苗，同时建立了茎尖脱毒的组织培养技术体系。

**2. 技术规程**

1）被脱毒植物携带病毒的诊断　在脱毒之前，首先应了解该植物携带何种病毒，其感染程度如何，以便在以后的环节中采取适当的处理措施。这种诊断一般根据病毒病的症状特征和表现程度进行判断，必要时可借助指示植物、血清学、分子生物学方法帮助鉴别。

2）母体材料的选择和预处理　母体材料指的是提供脱毒用外植体的植株或其某一器官。应选择具有该品种典型性、感病轻、带毒量少的植株用于脱毒。

预处理是提高脱毒效率的辅助措施。一般采用热处理，分干热和湿热两种。湿热处理一般只适应于一些木本植物的休眠芽，其处理温度和时间的控制非常严格，否则会影响芽的活性。其他植物材料使用最多的是干热处理，处理温度根据植物的耐热性和病毒的失活温度而定，一般在50℃以下。

3）茎尖分生组织培养再生植株　茎尖分生组织培养的基本过程是：外植体消毒—茎尖剥离—茎尖培养。在这一系列的程序中，茎尖的剥离是分生组织培养成功的关键。茎尖外植体越小脱毒效果越好，但不带叶原基的茎尖分生组织成苗困难；而过大的茎尖（带有多个叶原基）又会对脱毒效果产生不利影响，这需要根据不同植物茎尖培养的难易程度、病毒种类等来确定适宜的茎尖外植体大小。茎尖培养形成植株后，经过生根就可以移栽了。

4）脱毒效果检测　脱毒培养得到的茎尖苗不能保证完全没有病毒，一般应在18个月以内进行病毒鉴定，因为病毒在植物体内的潜伏期一般超过12个月。病毒鉴定的方法主要有指示植物鉴定、血清学鉴定和分子生物学鉴定。所谓指示植物是指具有能够辨别某种病毒的专化性症状的寄主植物。将待测植物的汁液接种到指示植物上，如果被测植株带毒，则指示植物上会出现特定症状。血清学鉴定是利用抗原与抗体的特异性反应进行，由于抗体存在于动物的血清中，因此，用体外抗原和血清中的抗体所进行的结合反应称为血清学反应。分子生物学鉴定主要是应用RT-PCR技术检测。

5）脱毒苗的保存与繁殖　通过病毒检测证明不带病毒的植株就可以用来进行保存和繁殖生产。脱毒苗的保存和繁殖根据植物的生活习性以及生产力水平可以采取不同的方法。脱毒苗的保存一般由科研单位或有条件的种子生产部门进行，作为组织培养繁殖的最基础的材料。对于脱毒苗的繁殖生产来讲，则需要与所脱毒植物的供种体系相适应，大体上有以下一些环节。①脱毒苗的离体保存与繁殖。一般是在实验室进行，在试管中不断继代繁殖脱毒苗，这样可以彻底防止病毒的再侵染。②建立脱毒种苗生产繁殖体系。试管脱毒苗可以直接供应大田生产，但在试管苗生产成本过高、移栽困难等情况下，往往首先将试管苗选择种植在一定的控制区域内，从繁殖技术和环境隔离上保证繁殖的种苗能在较高水平防止病毒的再侵染，由此再提供大田生产用种苗。③建立隔离的脱毒苗母本园。有些木本植物在试管中继代成本高，且移栽成活率低，而以嫁接繁殖为主要繁殖方式，此时就要选择隔离条件较好的区域建立脱毒母本园以供采集接穗。

### （二）离体繁殖

离体繁殖（propagation *in vitro*）是在人工控制的无菌条件下，使植物在培养基上繁殖的技术。跟常规的繁殖法相比，它是一种微型操作过程，因此也称之为微繁（micropropagation）。

离体繁殖的程序可以分为4个环节：无菌培养物的建立，培养物的增殖，器官分化，植株的形成和移栽。

培养物的增殖是离体繁殖技术最重要的环节，它直接关系到所建立的无菌培养物系统能不能应用于苗木生产。由于不同物种的自然生长习性不同，所采取的技术措施也不一样。在生产上广泛应用的培养物增殖方式有以下3种。

**1. 芽增殖**　高等植物的每一叶腋通常都存在有腋芽。在离体培养下，加入适当浓度的细胞分裂素（常用6-BA），或去除顶端不加任何激素，即可使腋芽伸长或长成芽丛，经过反复的切割即可得到大量的芽，再经过生根培养就可以生产出大量的试管苗。芽增殖方式的培养方法简单，能保持种苗的遗传稳定性，并可长期继代繁殖，是离体繁殖中最常用的方式。培养时要注意严格控制激素使用浓度，以防止产生愈伤组织。

**2. 不定芽增殖**　从现存的芽以外的任何器官和组织上通过器官发生重新形成的芽称为不定芽。在自然条件下，许多植物的器官可以产生不定芽，如苹果、醋栗的根，风信子的鳞片，秋海棠和非洲紫罗兰的叶片等。在组织培养条件下，可以使这种能力极好地得到发挥。此外，在组培条件下还能使通常不产生不定芽的植物或器官形成不定芽，如甘蓝、番茄等。诱导不定芽一般需要同时加入外源生长素和细胞分裂素，二者的配比一般是细胞分裂素要略高于生长素，以免产生过多的愈伤组织。

3. **愈伤组织增殖** 从外植体诱导出愈伤组织开始，经历愈伤组织增殖、芽分化、根分化，最后形成完整植株，它经历了组织培养技术的所有过程。愈伤组织增殖的特点是成功率高，繁殖系数大，但遗传稳定性较差。对遗传稳定性要求高的作物品种一般不采用这一途径。但有些植物如花卉往往要求有丰富的变异，这些植物就适于采用愈伤组织增殖的途径来进行种苗繁殖。

## 四、离体培养与植物种质资源保存

种质的保存和基因库的建立在育种工作中十分重要。一方面，由于组织培养材料的体积小，利于在低温（如低温冰箱）或超低温（如液态氮）中长期保存，特别对于保存无性繁殖作物的种质资源有利。另一方面，随着生物技术的日益发展，人们已获得一些具有优良特性的无性系、特殊用途的细胞系以及其他遗传材料，传统的方法已无法对其保存，这些种质资源需要用新方法进行保存。随着离体培养技术基础研究的迅速发展，组织和细胞培养技术为植物种质资源的保存开辟了新途径。已成功的例子有苹果、草莓、胡萝卜、马铃薯、玉米、水稻、甘蔗、花生等。

离体材料的保存主要有缓慢生长保存法和超低温保存法。缓慢生长法是通过改变培养环境和修改培养基来实现对种质资源的中短期保存，其保存技术包括降低培养温度、减少氧气含量、将组织材料脱水干燥等。但这种迫使植物缓慢生长的方法仍需要定期继代，在添加培养基或更换培养基时容易造成污染，且继代过多易产生遗传变异。

超低温通常是指−80℃以下的低温。植物离体材料经超低温保存后，仍能在适宜的条件下迅速大量繁殖，再生出新的植株。目前常用的超低温保存法有两种，即冷冻诱导保护性脱水的超低温保存和玻璃化处理的超低温保存。常用的保存容器或介质有超低温冰箱、液氮和液氮蒸汽相等。超低温保存具有一定的技术复杂性，使用时应根据具体的材料和相关文献确定技术方案。

## 五、胚培养与远缘杂交

植物胚胎培养（embryo culture）是指使胚及具胚器官（如子房、胚珠）在离体无菌培养条件下发育成幼苗的技术。植物幼胚和胚珠培养是植物远缘杂交育种的重要辅助手段。远缘杂交过程中，由于亲缘关系较远，常出现不能授粉、不能受精、胚早期败育等现象。这时，利用离体受精、幼胚培养（胚抢救，embryo rescue），可以获得杂种植株。

幼胚培养中，胚越小越难培养成功，需要较复杂的培养基。培养基的碳源以蔗糖最好，浓度一般为2%～4%，胚越幼小，要求的蔗糖浓度越高。培养基一般用White、1/2MS、135、Nitsch等。胚生长需要的生长素和细胞分裂素的量极低，操作时必须十分慎重。椰子汁、酵母液、植物胚乳提取物对胚生长均有不同程度的促进作用。培养所需要的温度和光照与一般细胞培养差别不大。



## 本章小结

植物细胞工程是建立在植物组织培养上的一种生物工程技术，是在细胞水平上进行的遗传操作。植物细胞工程包括器官培养、胚胎培养、组织培养、细胞培养和原生质体培养，其理论基础是细胞的全能性。植物组织培养是指将植物的离体器官、组织或细胞在人工控制的条件下培养、生长发育，再生出完整植株的技术，其在创造变异、单倍体育种、植物脱毒、离体快繁、种质资源保存和远缘杂交等方面有广泛的用途。

## 拓展阅读

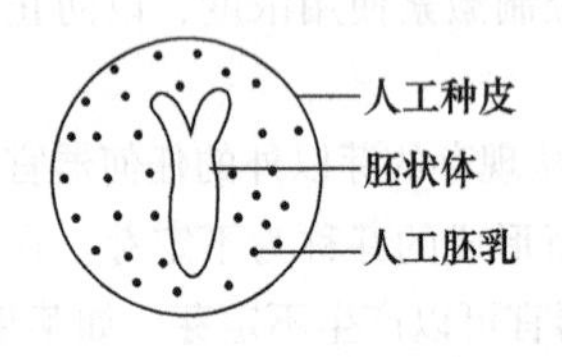


图 12-1 人工种子的结构示意图

人工种子（artificial seed）即人为制造的种子，是一种含有植物胚状体（或芽）、营养成分、激素及其他成分的人工胶囊。1978年由植物组培学家Muralshige提出，80年代其研究在美、日、法达到高潮。适应于通过组培可以获得大量胚状体的植物类型，如胡萝卜、黄连、芹菜、苜蓿等。人工种子的基本结构包括胚状体、人工胚乳和人工种皮（图 12-1），其制备包括胚状体的制备及同步生长、人工胚乳的制备、配制包埋剂及包埋等过程。

## 思考题

扫码看答案

1. 名词解释：植物细胞工程，植物细胞全能性学说，脱分化，再分化，胚状体，体细胞融合，外植体。
2. 培养基主要由哪几类成分组成？
3. 细胞工程有哪些内容？在作物育种的哪些方面得到应用？

# 第十三章　转基因育种

生物的任何性状都是受特定基因控制的，因此要想改变现有生物的任何性状，最有效和最可靠的办法，就是改造或引入控制该性状的基因。

## 第一节　转基因技术

### 一、转基因技术的概念

转基因技术（transgenic technology）是指利用分子生物学技术，将人工分离或修饰的外源基因通过载体导入受体生物的基因组中，并使其在受体生物体内正常表达，从而改变生物体性状的技术。

转基因技术可以打破生殖隔离，实现遗传物质在物种间的转移，从而拓宽作物的遗传基础，为农作物品种改良开辟新途径。作物转基因育种就是根据育种目标，从供体生物中分离目的基因，经DNA重组与遗传转化或直接运载进入受体作物，经过筛选获得稳定表达的遗传工程体，并经田间试验与大田选择育成新品种或新种质资源。通过转基因育种培育出的农作物品种也称为转基因作物（genetically modified crop，GMC）。

通过转基因技术可以将有利基因导入农作物品种中，有目的地改良农作物的抗病虫性和对不良环境的适应性，改善和提高作物的品质。与常规育种相比，转基因育种在技术上较复杂，但具有以下优点：①基因的利用不受种间隔离的限制，拓宽可利用基因资源；②为培育优良品种提供了崭新的育种途径；③可对目标性状进行定向变异和定向选择；④既可改造单基因又可改造多基因；⑤可打破不利基因连锁；⑥大大提高选择效率，加快育种进程；⑦可使作物成为生物反应器，扩大作物利用价值。

### 二、转基因技术的发展历史

1983年，世界首例转基因抗虫烟草在美国获得成功。1986年，美国和法国进行了转基因作物田间试验。转基因育种很快成为各国政府的扶持重点和各大财团的投资热点，孟山都、诺华等在美国开展了转基因玉米、棉花、大豆和油菜等作物的大规模田间试验。1993年，延熟转基因番茄在美国批准上市。转基因作物的商业化种植具有巨大的经济效益和显著的社会生态效益。因此，种植转基因作物的国家从1996年的6个增加到2018年的24个。2017年全球转基因作物种植面积为1.92亿$hm^2$，比1996年增加了113倍。全球种植转基因作物面积前五名的国家依次是美国、巴西、阿根廷、加拿大和印度。转基因作物主要集中在玉米、棉花、大豆和油菜4种作物上，全球大豆种植总面积的78%、棉花总面积的76%、玉米总面积的30%、油菜总面积的29%为转基因品种。2018年美国的转基因大豆、玉米和棉花的平均应用率为93%。

我国已经开展了棉花、水稻、小麦、玉米和大豆等方面的转基因研究，已经取得了很多研究成果，尤其是在转基因棉花研究方面成绩突出。目前，规模种植的有抗虫棉和抗病毒木瓜等。

欧盟一些消费团体对转基因作物和食品持反对态度。欧盟政府持谨慎态度，在科学家确认转基因食品的安全之前暂停种植转基因作物。欧盟从1998年4月起暂停批准在15个成员国经营新的转基因农产品。但2004年4月18日欧盟开始允许在市场上出售转基因食品，转基因成分超过一定比例的产品必须贴上标签。2017年，欧盟有西班牙和葡萄牙种植转基因玉米。

### 三、转基因技术带来的有利方面

**1. 转基因技术对农业生产有着巨大影响**　转基因作物的目标性状以抗除草剂、抗虫、抗病、耐储藏、耐运输和食用品质的提高等为特征，不仅提高了农业生产的经济效益，也促进了农作物生产方式的变革。例如，抗除草剂基因的导入使规模化栽培管理更为容易。

**2. 种植转基因作物有益于维护生态环境**　抗虫、抗除草剂和养分高效利用等类型的转基因作物的种植可显著减少农药的使用量，提高肥料的利用率，从而降低农业生产对环境的影响，减少或消除农药对环境的污染。据国际农业生物技术应用服务组织（ISAAA）报告，1996～2016年因种植转基因抗虫作物，累计减少杀虫剂使用67.1万t。

**3. 利用转基因技术是提高农作物品质的有效途径** 通过转基因育种，已获得油酸含量达85%的大豆新品系，其大豆油可代替石油产品应用于工业；选育出含油量提高25%的‘超油1号’‘超油2号’等转基因油菜品种，以及富含铁、锌和维生素A，能防止贫血和预防维生素A缺乏的水稻新品种等一批特优作物品种。

## 第二节 转基因的理论基础

### 一、中心法则

**1. 中心法则的确立** 分子生物学的中心法则（central dogma）是由Crick于1958年提出并阐明遗传信息传递方向的法则。1970年反转录酶（reverse transcriptase）发现后，Crick又进行了完善，指出遗传信息的转移可分为两类：第一类包括DNA的复制、RNA的转录和蛋白质的翻译，这类普遍存在于所有生物细胞中；第二类是特殊情况下的遗传信息转移，包括RNA的复制、RNA反向转录为DNA和从DNA直接翻译为蛋白质。

**2. 中心法则的内容** 中心法则的内容包括：①从DNA流向DNA（DNA自我复制）；②从DNA流向RNA，进而流向蛋白质（转录和翻译）；③从RNA流向RNA（RNA自我复制）；④从RNA流向DNA（反转录）。其中，前两条是中心法则的主要体现，后两条是中心法则的完善和补充。

细胞的遗传物质是DNA，只有一些反转录病毒（retrovirus）的遗传物质是RNA。反转录病毒感染时，单链RNA在反转录酶作用下，可以反转录成单链DNA，然后再以单链DNA为模板生成双链DNA，整合在宿主细胞基因组上，并一起传递给子细胞。在反转录酶催化下，RNA产生与其序列互补的互补DNA（complementary DNA，cDNA），这个过程即反转录（reverse transcription）。

**3. 中心法则的作用** 中心法则是现代生物学中最重要最基本的规律之一，是现代生物学的理论基石，并为生物技术的发展和应用提供了理论基础，也为不同生物间转移遗传物质提供了可能。



### 二、限制性内切核酸酶及其他工具酶

#### （一）限制性内切核酸酶

**1. 限制性内切核酸酶的发现** 20世纪60年代，人们就注意到DNA在感染宿主后会被降解，从而提出限制性内切核酸酶（restriction endonuclease）的概念。1970年，美国约翰－霍普金斯大学的H.Smith从流感嗜血杆菌中发现并分离出*Hin*d Ⅱ限制性内切核酸酶。此后，越来越多的限制性内切核酸酶相继被发现，到2005年1月，共发现3681种。

限制性内切核酸酶可以识别一小段特殊的核酸序列，并在DNA序列的特殊座位准确切割，所以被比喻为DNA分子操作的手术刀。

**2. 限制性内切核酸酶的命名** 限制性内切核酸酶的命名主要依据来源，涉及宿主的种名、菌株号或生物型。命名时，依次取宿主属名第一字母、种名头两个字母、菌株号，然后再加上序号（罗马数字），且菌株号和序号小写。例如，限制性内切核酸酶*Hin*d Ⅲ，*Hin*指来源于流感嗜血杆菌，d表示来自菌株Rd，Ⅲ表示序号。

**3. 限制性内切核酸酶识别序列和切割座位** 限制性内切核酸酶的识别序列长度一般为4～8个碱基，最常见的为6个碱基。识别序列大多数为回文对称结构，但也有一些识别序列不是对称的。由于切割方式的不同，限制性内切核酸酶可切割产生黏性末端或平末端。

#### （二）其他工具酶的发现

**1. 连接酶** 连接酶是一种封闭DNA链上缺口的酶，借助ATP或NAD水解提供的能量催化DNA链的5′-$PO_4$与另一DNA链的3′-OH生成磷酸二酯键。但这两条链必须是与同一条互补链配对结合的（T4 DNA连接酶除外），而且是两条紧邻的DNA链才能被DNA连接酶催化成磷酸二酯键。

DNA连接酶作用需要有$Mg^{2+}$和ATP存在，pH7.5～7.6，连接最适温度37℃，30℃以下活性明显下降，一般平末端连接用20～25℃，黏性末端连接用12℃左右。

**2. 聚合酶** 生物催化合成DNA和RNA的一类酶的统称，可分为：①依赖DNA的DNA聚合酶；②依赖RNA的DNA聚合酶；③依赖DNA的RNA聚合酶；④依赖RNA的RNA聚合酶。DNA聚合酶在DNA或RNA引物的3′-OH延伸，DNA的合成方向为5′→3′。DNA聚合酶催化反应除底物（dNTP）外，还需要$Mg^{2+}$、模板DNA和引物。RNA合成酶以4种三磷酸核糖核苷（NTP）为底物，并需在DNA模板、$Mn^{2+}$、$Mg^{2+}$的存在下，在前一个核苷酸3′-OH与下一个核苷酸的5′-$PO_4$聚合形成3′，5′-磷酸二酯键，其新生链的方向也是5′→3′。

### 三、DNA、RNA和蛋白质的序列分析

#### （一）DNA序列分析

DNA的一级结构决定了基因的功能，要解释基因

的生物学含义，首先必须知道其DNA序列信息。

**1. DNA测序方法**

1）链终止法　双脱氧链终止法（the chain termination method）是1977年由英国生物化学家Sanger发明。

该方法是利用DNA聚合酶的酶促反应进行DNA序列分析。在反应体系中引物与模板退火形成双链DNA后，DNA聚合酶结合到双链上，然后通过碱基配对原则，逐个将脱氧核糖核苷酸（dNTP）或2′，3′-双脱氧核糖核苷三磷酸（ddNTP）掺入引物的3′端。其中dNTP可与dNTP的5′磷酸基团反应形成磷酸二酯键，而ddNTP因脱氧核糖3′位上没有羟基，无法与后续的dNTP形成磷酸二酯键。因此，ddNTP的掺入会使DNA的合成终止。

具体测序中，平行进行4组反应，每组反应均使用相同的模板、引物和4种dNTP，并各加入适量的4种ddNTP之一随机地接入DNA链使合成终止，产生相应的4组不同长短的DNA链。经过聚丙烯酰胺凝胶电泳按链的长短分离开，放射自显影后就可直接读出被测DNA的核苷酸序列。

2）化学降解法　1977年，美国哈佛大学的Maxam和Gilbert提出化学降解法（chemical degradation method）。其原理是用化学试剂处理具末端放射性标记的DNA片段，造成碱基的特异性切割，由此产生一组具有各种不同长度的DNA链的反应混合物，经凝胶电泳和放射自显影后，直接读出待测DNA片段的核苷酸顺序。

硫酸二甲酯（dimethyl sulphate）和肼（hydrazine）可用于核苷酸化学修饰。硫酸二甲酯特异性地切割G；肼在NaCl存在条件下特异性地切割C，无NaCl条件下特异性地切割T和C。

化学降解法的测序过程：①利用$^{32}$P标记DNA片段的末端；②将$^{32}$P末端标记的DNA片段分成4个反应管，进行化学切割反应；③在聚丙烯酰胺测序胶上电泳，经放射自显影，根据谱带可读出相应的序列。

3）第二代DNA测序技术　第二代测序技术（next generation sequencing）的核心思想是边合成边测序（sequencing by synthesis），即通过捕捉新合成的末端的标记来确定DNA的序列，技术平台主要包括Rche/454 FLX、Illumina/Solexa Genome Analyzer和Applied Biosystems SOLID System。Illumina/Solexa Genome Analyzer测序是在Sanger等测序方法的基础上，用不同颜色的荧光标记4种不同的dNTP，当DNA聚合酶合成互补链时，每添加一种dNTP就会释放出不同的荧光，根据捕捉的荧光信号并经过计算机软件处理，获得待测DNA的序列信息。Illumina/Solexa Genome Analyzer测序的操作流程包括：①测序文库的构建；②锚定桥接；③预扩增；④单碱基延伸测序；⑤数据分析。

4）第三代DNA测序技术　第三代测序技术是单分子实时测序，无须PCR扩增，且具有超长读长，克服了第二代测序读长短的不足。这种技术通量更高，操作更简单，成本更低。可直接对RNA进行序列分析，直接检测甲基化的DNA序列，对特定序列的单核苷酸多态性（SNP）进行检测。主要的第三代DNA测序技术有Helicos BioScience公司的tSMS（true single molecular sequencing）、Pacific BioSciences公司的SMRT（single molecule real-time）、VisiGen Biotechnologies公司的FRET（fluorescence resonance energy transfer）和Oxford Nanopore Nechnologies公司的纳米孔技术。其中，SMRT读段平均读长超过15kb，最长可达300kb；Oxford Nanopore读段最长可达2Mb。

**2. DNA序列分析的内容**　DNA序列分析包括：①确定可读框（open reading frame，ORF）；②确定内含子与外显子的数目；③DNA序列拼接。

## （二）RNA序列分析

RNA序列分析（RNA sequencing）无须设计探针，能在全基因组范围内以单碱基分辨率检测和量化转录片段，RNA测序是发现基因、分析基因表达和转录组分析的重要手段。

RNA测序的主要流程：①用poly（T）寡聚核苷酸从总RNA中抽取全部带poly（A）尾的mRNA，将所得RNA随机打断成片段，再用随机引物和反转录酶合成cDNA片段；②对cDNA进行末端修复，并连接测序接头（adapter），得到将用于测序的cDNA。

在文库制备过程中，如果使用全部RNA，则测得的就是全部转录本；如果把带poly（A）尾的RNA过滤掉，则得到非编码RNA转录本；如果只提取长度为21～23个碱基的RNA，则得到miRNA（microRNA）转录本，相应方法也称作miRNA sequencing。

样品制备最终得到的是双链cDNA文库。在后续测序中，测得的每个读段（read）随机来自双链cDNA的某一条链，从读段序列本身无法得知它是与RNA方向相同还是倒转互补，在后续的读段定位时需要两个方向都考虑。在新基因识别等应用中，转录本的方向对基因注释尤为重要，需要在文库制备和测序中保留RNA的方向信息。

若研究对象尚未完成基因组测序，则需要采用读段的从头组装；若研究对象已经完成基因组测序，则进行读段定位即可。

RNA测序的两种策略如下。

1）先组装再比对　该方法先根据RNA片段序列直接合成转录本序列，然后再用各种剪接方式对合成的转录本进行剪接，将剪接产物与基因组进行比对，找出内含子和外显子结构，以及各个不同剪接体之间的差异。

2）先比对再组装　首先将短片段RNA序列与基因组序列进行比对，计算出所有可能的剪接方案，然后根据这些剪接方案重建转录本。

### （三）蛋白质序列分析

**1. 跨膜区预测**　各个物种的膜蛋白的比例差别不大，约四分之一的人类已知蛋白质为膜蛋白。由于膜蛋白不溶于水，分离纯化困难，不容易生长晶体，很难确定其结构。因此，对膜蛋白的跨膜螺旋进行预测是生物信息学的重要应用。

**2. 信号肽预测**　信号肽位于多肽的N端，在蛋白质跨膜转移时被切掉。信号肽的特征是包括一个正电荷区域、一个疏水性区域和不带电荷但具有极性的区域。信号肽切割座位的−3位和−1位为小而中性的氨基酸。SignalP 2.0软件根据信号肽序列特征，采用神经网络方法或隐马尔可夫模型方法，根据物种的不同，分别选用真核序列和原核序列进行训练，对信号肽位置及切割座位进行预测。

**3. 亚细胞定位预测**　亚细胞定位与蛋白质的功能存在着非常重要的联系。亚细胞定位预测基于如下原理：①不同的细胞器具有不同的理化环境，它根据蛋白质的结构及表面理化特征，选择性容纳蛋白质；②蛋白质表面直接暴露于细胞器环境中，它由序列折叠过程决定，而后者取决于氨基酸组成。因此可以通过氨基酸组成进行亚细胞定位的预测。

## 四、基因合成技术和基因载体

**1. 基因合成**　基因合成是指在体外人工合成双链DNA分子的技术。与寡核苷酸合成有所不同：寡核苷酸是单链的，所能合成的最长片段仅为100nt左右，而基因合成则为双链DNA分子合成，所能合成的长度为50bp至12kb。

基因合成无需模板，不受基因来源限制，可以获得自然界中不存在的基因。人类首次人工合成基因是在20世纪60年代，在可预计的将来，基因合成将在生命科学领域发挥巨大作用。

目前，基因合成有两种途径：①专业公司订制；②自主合成。其中，前者是主要渠道。自主合成有技术难度，受条件限制，可使用“基因合成试剂盒”。

**2. 基因载体**　基因载体是基因导入细胞的工具。基因载体可以把目的基因送入靶细胞内，从而发挥目的基因的特定功能。目前常用的载体主要有以下两类。①质粒。质粒是一种相对分子质量较小、独立于染色体DNA之外的环状DNA（一般为1～200kb）。质粒能通过细菌间的接合相互转移，可以独立复制，也可整合到细菌DNA中复制。②噬菌体或某些病毒等。



# 第三节　转基因技术改造植物的内容和步骤

转基因技术是从不同生物中获取外源目的基因，经过体外重组，然后把重组后携带有外源基因的载体DNA导入受体细胞，并使外源基因在细胞中表达，从而改变受体植物细胞的遗传特性。转基因技术一般包括以下步骤。

## 一、获取外源DNA或目的基因

根据获得基因的途径可以分为两大类。

### （一）根据基因表达产物（蛋白质）进行基因克隆

步骤：①从目标生物中分离纯化蛋白质；②测定蛋白质的氨基酸序列；③根据蛋白质的氨基酸序列推导核苷酸序列；④人工合成基因。

### （二）从基因组DNA或mRNA序列克隆基因

1）同源序列法　同源序列法是根据基因家族成员所编码的蛋白质氨基酸序列保守的特点，克隆基因家族未知成员。步骤：①氨基酸序列比较；②设计简并引物；③PCR扩增；④文库筛选/cDNA末端快速扩增（RACE）。

2）EST法　表达序列标签（EST）是指能够特异性标记某个基因的部分序列，通常包含了该基因足够的结构信息区，可以与其他基因相区分。主要是通过cDNA的途径获得。

3）图位克隆法　根据遗传连锁图谱克隆目的基因（map based cloning）。

4）转座子标签法　转座子是染色体上一段可复制、移动的DNA片段。当转座子插入某个功能基因内部时，会引起该基因的失活产生突变型；当转座子再次转座或切离这一座位时，失活基因的功能又可得到恢复。目前应用最为广泛的转座子系统是Ac/Ds玉米转座子系统。

5）差异显示法　在生物个体发育不同阶段、不同组织与细胞、不同环境下，基因表达有所差异，即不同基因有序的时空表达方式，叫作基因的差异表达。差异显示PCR（differential display-PCR，DD-PCR）是指通过对来源特定组织类型的总mRNA进行PCR扩增、电泳，并找出待测组织和对照之间的特异性扩增条带。

6）cDNA微阵列　cDNA序列经机器点样在支持物上，与荧光标记的不同mRNA样品分别进行杂交，通过激光共聚焦扫描分析不同cDNA序列的杂交信号强度，判断该cDNA在不同mRNA样品中的表达丰度。

7）电子克隆　电子克隆（*in silico* cloning）是借助于电子计算机，利用公布的核酸序列资料，进行序列的拼接和组装最终获得完整基因序列的技术，类似于cDNA文库的筛选，但更加方便和快速。

## 二、基因载体的选择与构建

### （一）载体的作用

运载目的基因进入宿主细胞，使之能得到复制和进行表达。

### （二）基因载体的种类

根据来源分为质粒载体、噬菌体载体、病毒载体；根据用途分为克隆载体、表达载体；根据性质分为温度敏感型载体、融合型表达载体、非融合型表达载体。

### （三）Ti质粒

Ti质粒是当前植物基因工程中最常用的载体系统。Ti质粒是土壤农杆菌（*Agrobactericum tumefaciens*）中一种环状DNA分子，大小为150～200kb。这个质粒有两个重要区段，一段为T-DNA区，另一段为毒性区。农杆菌浸染植物后，T-DNA区脱离质粒而整合到受体植物的染色体上。因此，外源基因插入T-DNA中，就有可能进入受体植物并整合到染色体上。经过改良的Ti质粒去除了与运载外源基因无关并且有害于植物的基因，保留了其插入植物染色体、自我复制、转录mRNA等功能基因，并且容许目的基因插入其中。

## 三、目的基因连接载体

获得外源目的基因和合适的载体后，下一步就是依靠DNA连接酶将外源DNA与载体连接，即DNA的体外重组。

### （一）黏性末端连接

**1. 同一限制性内切核酸酶切割座位连接**　由同一限制性内切核酸酶切割的不同DNA片段具有完全相同的末端。只要酶切割DNA后产生单链突出（5′突出及3′突出）的黏性末端，同时酶切座位附近的DNA序列不影响连接，当这样的两个DNA片段一起退火时，黏性末端单链间进行碱基配对，并在DNA连接酶催化作用下形成共价结合的重组DNA分子。

**2. 不同限制性内切核酸酶切割座位连接**　由两种不同的限制性内切核酸酶切割的DNA片段，具有相同类型的黏性末端时，也可以进行黏性末端连接。例如，*Mbo* Ⅰ（GATC）和*Bam*H Ⅰ（GGATCC）切割DNA后，均可产生5′突出的GATC黏性末端，彼此可互相连接。

### （二）平末端连接

DNA连接酶可催化相同和不同限制性内切核酸酶切割的平末端之间的连接。

### （三）同聚物加尾连接

同聚物加尾连接是利用同聚物序列，如多聚A与多聚T之间的退火作用完成连接。在末端转移酶作用下，在DNA片段端制造出黏性末端，而后进行黏性末端连接。

### （四）人工接头连接

对平末端DNA片段或载体DNA，可在连接前将磷酸化的接头（linker）或适当分子连到平末端，使产生新的限制性内切核酸酶座位。再用识别新座位的限制性内切核酸酶切除接头的远端，产生黏性末端。

## 四、使重组DNA进入受体细胞

已经分离或合成的基因一般都保存在大肠杆菌内的一类辅助质粒（如pBR322）中。在制备重组DNA时，将pBR322从大肠杆菌中提出，再导入农杆菌中，使之与经过改造的Ti质粒发生一个单交换，前者所携带的目的基因便转移到Ti质粒之中，从而形成目的基因与Ti质粒的重组体。随着受体菌的生长、增殖，重组DNA分子也复制、扩增，这一过程即为无性繁殖；筛选出含有目的DNA的重组体分子即为一无性繁殖系或克隆。

### （一）受体系统的类型

受体是指用于接受外源DNA的转化材料。

**1. 愈伤组织再生系统**　外植体材料经过脱分化培养诱导形成愈伤组织，转化（带有目的基因质粒的农杆菌侵染），分化培养获得再生植株。外植体来源广，繁殖快，易接受外源基因，转化效率高，但遗传稳定性差，存在嵌合体。

**2. 直接分化再生系统**　外植体材料细胞直接分化出不定芽形成再生植株。直接分化再生系统的周期短，操作简单，体细胞变异小，遗传稳定，但受到材料限制，转化率低。

**3. 原生质体再生系统** 原生质体具有分化再生能力，是应用最早的再生受体系统之一。该系统转化高效，能广泛地摄取外源DNA或遗传物质，获得基因型一致的克隆细胞，所获转基因植株嵌合体少。但该系统不易制备、再生困难和变异程度高。

**4. 胚状体再生系统** 胚状体再生系统是指具有胚胎性质的个体。胚状体再生系统同质性好，接受外源基因能力强，嵌合体少，易于培养和再生，但多数植物不易获得胚状体。

**5. 生殖细胞受体系统** 以生殖细胞如花粉粒、卵细胞等进行外源基因转化的系统。获得生殖细胞受体系统的途径有两种：①利用组织培养技术进行小孢子和卵细胞的单倍体培养、转化受体系统；②直接利用花粉和卵细胞受精过程进行基因转化，如花粉管导入法、花粉粒浸泡法、子房微针注射法等。

### （二）受体系统应满足的条件

转化受体易于再生；外源DNA易于导入；受体材料要有较高的遗传稳定性，在组织培养中能避免体细胞变异和不育；外植体来源方便，如胚和其他器官等；对筛选剂敏感；转化率高，不受基因型限制。

### （三）转基因方法



**1. 不依赖原生质体的转化**

1）农杆菌介导法 根癌农杆菌和发根农杆菌在浸染植物形成肿瘤的过程中，其质粒上的一段T-DNA区可以被转移到植物细胞并插入染色体基因组中。用外源基因置换T-DNA中的非必需序列，可使外源基因整合到受体染色体而获得稳定的表达。

农杆菌Ti质粒（tumor inducing plasmid）是迄今为止，植物基因工程中应用最多、机理最清楚、最理想的载体。自1983年首次用农杆菌介导法成功获得转基因烟草以来，该方法很快就成为双子叶植物基因转导的主要方法。近年来，该方法在单子叶植物转基因中也有较多应用。农杆菌介导法具有操作简便，成本低；可转移较大的已知序列DNA片段；插入基因的拷贝数低，有利于克服基因失活现象；不需要原生质体培养再生过程，其转化受体广泛等优点。

2）基因枪法 又称微弹轰击技术（microprojectile bombardment），是将外源DNA包裹在微小的钨粉或金粉颗粒的表面，借助高压动力射入受体细胞或组织，最后整合到植物基因组并得以表达。

基因枪法由美国康奈尔大学Sanford于1984年提出，并与Wlof和Kallen合作研究而成。1987年Sanford等将该项技术应用于洋葱表皮细胞转化并获得成功。1992年，Vasl等通过基因枪法将葡糖苷酶标记基因（*Gus*）及除草剂抗性基因（*Bar*）导入小麦品种‘Pavon’，获得第一株转基因小麦。到目前为止，利用基因枪法已经在烟草、豆类和多数禾本科农作物、果树、花卉和林木等植物上获得转基因植株。

基因枪法的优点：简单易行；不受植物种类的限制，在单子叶和双子叶植物上的转化效率没有明显差别；不需要原生质体培养再生过程，其转化受体广泛；可以实现多基因转化。基因枪法的缺点：转化过程对外源基因和转化受体伤害较大；转化效率和再生率低；外源基因往往多拷贝随机整合，存在基因插入不完整或基因失活现象；转化成本高，仪器设备贵。

3）花粉管通道法 花粉管通道法是周光宇于1974提出的，利用植物花粉萌发后形成的花粉管，将外源基因送入胚囊中尚不具备细胞壁的合子中。采用这种方法既能转移重组子，也能转移未分离目的基因的总DNA。花粉管通道法优点：避免了复杂的组织培养与植株再生过程；可直接在转化当代获得种子；不受植物种类的限制；转化成本较低。花粉管通道法的缺点：遗传转化频率较低，随机性强；转化后获得的群体大，后期检测困难。

**2. 依赖于原生质体的转化**

1）PEG法 通过PEG的刺激使原生质吸收外源DNA的方法。

2）电穿孔法 利用高压电脉冲作用，在原生质膜上电击穿孔，形成可逆的瞬间通道，促进外源DNA的摄取。这种方法操作简单，不受宿主限制，但转化效率不高。

3）脂质体转化法 脂质分子带正电荷，核酸分子和原生质体带负电荷，将脂质分子与DNA混合形成复合物，可提高原生质体的转化效率。

此外，还包括显微注射法、超声波法、激光微束穿刺法等。这些方法具有游离原生质体可以接受大片段DNA，甚至细胞器，可避免产生嵌合体等优点。其缺点是建立转化体系的工作量大，原生质体培养过程中会出现一些有害变异，并受作物基因型限制等。

## 五、转化体的筛选和鉴定

重组体DNA分子被导入受体细胞，经适当培养得到大量转化体。采用适当方式，鉴定并筛选出含有目的基因重组DNA分子的转化体。

**1. 转化体的筛选** 植物外植体经过农杆菌或DNA直接转化后，需要利用筛选标记将未转化细胞与转化细胞区分开，淘汰未转化细胞，然后利用植物细胞的全能性，使转化细胞再生成完整的转基因植株。

常用的筛选标记基因有抗生素抗性基因和除草剂抗性基因等。将筛选标记基因与适当启动子构成嵌合基因，克隆到质粒载体上，与目的基因同时进行转化。

标记基因在受体细胞中表达，使转化细胞具有抵抗相应抗生素或除草剂的能力而存活下来，非转化细胞则被抑制杀死。

常用筛选标记基因有 *Npt* Ⅱ、*Hpt*、*dhfr*、*Spt*、*bar* 等，其中 *Npt* Ⅱ基因是最常用筛选标记之一，双子叶植物如番茄、辣椒、马铃薯的转化及部分单子叶植物的转化都用它来筛选。以利用抗生素抗性标记基因筛选为例，pBR322 载体含有 $amp^r$ 和 $tet^r$ 两个筛选标记基因。因此，将经重组体转化处理后的大肠杆菌置于含有相应抗生素的生长培养基上进行培养，即可容易地筛选出重组转化体。为了快速简易地区分转基因植物和非转基因植物，植物的遗传转化研究中还常用到报告基因（reporter gene）。常用的报告基因有 *NOS*（nopaline synthase）、*OCS*（octopine synthase）、*CAT*（chloramphenicol acetyl transferase）、*Npt* Ⅱ（Neomycin phosphotransferase）、*LUC*（firefly luciferase）和 *GUS*（β-glucuron-idase）等。其中 *GUS* 基因和 *Npt* Ⅱ基因能耐受氨基末端融合，而且检测简单，是目前应用最多的报告基因。以 *GUS*（β-半乳糖苷酶）显色反应筛选法为例，在β-半乳糖苷酶失活的 λ 插入型载体的基因组中含有一个大肠杆菌的 lac5 区段，此区段编码β-半乳糖苷酶基因 *lacZ*。在诱导物 IPTG（异丙基硫代半乳糖苷）存在下，β-半乳糖苷酶能作用于 X-gal（5- 溴 -4- 氯 -3- 吲哚 -β-D-半乳糖苷）形成蓝色复合物（5- 溴 -4- 氯靛蓝）。将被这种 λ 载体感染的大肠杆菌 $lac^-$ 指示菌涂布于加有 IPTG 和 X-gal 的培养基平板上，就会形成蓝色的菌斑。但是，如果在 lac5 区段插入外源 DNA，就会阻断β-半乳糖苷酶基因 *lacZ* 的编码序列，那么被这种 λ 重组体感染的 $lac^-$ 指示菌由于不能合成β-半乳糖苷酶而只能形成无色的菌斑。因此根据显色反应即可筛选出有外源 DNA 序列的重组转化体克隆。

**2. 转化体的鉴定**　通过筛选得到的再生植株只初步证明标记基因整合进入受体细胞，至于目的基因是否整合到受体核基因组、是否表达，还必须对植株在 DNA 水平、转录水平和翻译水平上进一步鉴定。

1）DNA 水平的鉴定　检测内容：是否整合、拷贝数、整合位置。检测方法：特异性 PCR（以外源基因两侧序列设计引物）、Southern 杂交（外源目的基因序列为探针）。

2）转录水平的鉴定　Northern 杂交（标记的 RNA 为探针对总 RNA 杂交）、RT-PCR 检测。

3）翻译水平的鉴定　为检测外源基因转录形成的 mRNA 能否翻译，还必须进行翻译或蛋白质水平检测，主要方法有 Western 杂交、免疫检测等。

4）目标性状的鉴定　检测目标基因所控制的性状在受体植株中是否出现。

## 六、转基因植株的育种利用

**1. 转基因品种选育程序**　转基因作物新品种的选育涉及育种目标的制订、转基因方法的确定及转基因植株的获得、转基因植株的育种利用等步骤。转基因作物育种目标的制订要考虑市场经济的需要和生产发展前景，不同的自然环境、栽培条件，落实具体性状目标，要考虑品种的搭配，要充分考虑外源目的基因对人类健康和环境安全的影响。

目前用于植物细胞外源基因导入的方法和技术很多，应用时间较长、方法较成熟的是农杆菌介导法。以植物病毒作为载体的转化法简单高效，在一些植物中很有效。近年来，DNA 直接导入法发展较快，得到了广泛应用。

通过转基因技术获得的植株很少直接作为品种推广应用。主要因为：①转基因技术通常只改良少数性状，而新品种要求多个育种目标性状优异，因此获得的转基因植株和品系是否符合生产需要还有待评价；②外源基因的导入，可能会对原有基因组结构造成影响，使受体材料的其他性状产生变化；③转基因植株的安全风险也有待评价，不宜直接应用于生产。

**2. 转基因品种选育基本方法**　利用转基因材料进行品种选育的主要方法有选择育种、回交育种、杂交育种和杂种优势利用等方法。

其中选择育种是在现有转基因群体中，通过单株选择或混合选择等方式，选出符合育种目标的材料，育成新品种；回交育种是采用生产上的主栽品种，或其他优良品种（系）作为轮回亲本，与转基因植株回交，保留转基因植株的优异目标性状，同时具有优异的综合性状；杂交育种通过多个转基因材料间杂交，或者转基因材料与优良的非转基因品种杂交，从后代中选择综合优良性状的新品种；也可以利用转基因材料作为亲本，利用杂种优势选育杂交种品种。

**3. 育成的转基因品种**　目前育成的转基因作物品种包括转基因抗虫水稻、转基因玉米、抗虫棉、抗除草剂大豆、转基因小麦等。转入抗虫基因后，该基因在植物体内表达一种毒素，昆虫啃食转基因植物时，毒素进入昆虫体内，破坏其消化系统或其他组织并导致其死亡。中国在 2007～2018 年培育了 401 个抗虫棉品种。

# 第四节　转基因作物安全性评价

转基因作物安全问题包括转基因技术、转基因作物和转基因作物产品等方面的安全性。转基因作物安全评价是转基因作物安全管理的前提和基础，其目的是从技术上分析转基因作物存在的风险性，确定其安全等级、制定相应的防范管理措施，从而预防或者降低可能带来的风险。

## 一、转基因技术安全性

建立安全的转基因技术体系是转基因技术研发的重要方向，其重点是减小或消除转基因载体和筛选标记等外源DNA对生物体的影响。

**1. 安全标记基因法** 使用糖代谢、氨基酸代谢、激素和抗性等相关基因作为安全标记应用于筛选鉴定，以替代传统的抗生素和除草剂抗性标记基因。这类标记主要通过不同细胞对生长条件的差异要求进行筛选鉴定，其产物对生物无毒。

**2. 标记基因删除法** 采用共转化法、表达盒转化法、位点特异重组法、转座子法和染色体同源重组法等方法，删除标记基因和载体痕迹。

共转化法是将标记基因和目的基因分别构建在不同载体或同一载体的不同T-DNA区域一同导入受体，通过后代的分离获得只含目的基因的转化植株。

表达盒转化法是指把目的基因最小表达盒和选择基因最小表达盒，混合共转化受体，通过后代的分离获得无选择标记的植株。

位点特异重组法是利用噬菌体和细菌染色体存在的由两侧的回文序列和中间7～12bp的核心序列组成的特异性重组位点，当重组酶蛋白结合区和核心序列间发生重组，会删除两位点间的序列。



转座子法是通过把标记基因或目的基因置于转座子内，通过转座子的转位打破两者的连锁，后代再通过分离获得无标记转化植株。

染色体同源重组法是利用同源重组使同源序列间片段发生倒置、互换、插入和缺失等变化，从而删除外源标记基因或DNA片段。

**3. 叶绿体转化法** 利用基因枪法等，将外源基因导入受体叶绿体基因组，不仅可以使外源基因高效表达，并且由于叶绿体为母系遗传，外源基因不会随花粉漂移传播。

**4. 基因拆分法** 将目的基因拆分成2个基因片段，分别与蛋白质内含肽剪接域的基因序列结合形成融合基因。该基因翻译后形成的2个融合蛋白通过蛋白质内含肽介导的蛋白质剪接，将内含肽自身切除，同时将外源片段连接起来形成功能蛋白。

## 二、转基因作物安全性

转基因作物是用转基因技术和普通育种技术相结合培育而成的具有独特性状的品种。转基因作物可能存在外源基因的环境扩散、外源启动子等调控序列的非目标调控、选择性抗生素标记对环境的影响等安全风险。

根据我国《农业转基因生物安全管理条例》，农业转基因生物安全是指防范农业转基因生物对人类、动植物、微生物和生态环境构成的危险或者潜在风险。国家对农业转基因生物安全实行分级管理评价制度，按照危险程度，分为Ⅰ、Ⅱ、Ⅲ、Ⅳ四个等级。国家对农业转基因生物实行标识制度。

农业转基因生物试验，一般应当经过中间试验、环境释放和生产性试验三个阶段。中间试验是指在控制系统内或者控制条件下进行的小规模试验。环境释放是指在自然条件下采取相应安全措施所进行的中规模的试验。生产性试验是指在生产和应用前进行的较大规模的试验。每一阶段完成转入下一阶段，需向主管部门报告和申请。生产性试验结束后，可向国务院农业行政主管部门申请领取农业转基因生物安全证书。农业转基因生物在进行审定、登记或评价、审批前，应当取得农业转基因生物安全证书。

农业转基因生物安全评价工作按照植物、动物、微生物3个类别，以科学为依据，以个案审查为原则，实行分级分阶段管理。转基因个案审查中遵循“实质等同”原则，即通过对转基因作物多种性状和物质成分的种类和数量进行分析，并与相应的传统作物进行比较，若二者之间没有明显差异，则认为该转基因作物与传统作物在安全性方面具有实质等同性。

## 三、转基因作物产品安全性

转基因作物产品安全性主要有两方面：①外源基因在转基因作物中所引起的变化，如增强或抑制某一或某些基因的表达，基因表达上的改变引起的转基因作物的生理变化及转基因产品营养成分上的改变，这些改变对人体健康的影响；②转基因作物产品中会不会含有外源基因编码的蛋白质，这些蛋白质对人或动物的影响。

## 四、转基因安全管理

我国政府十分重视农业转基因生物安全管理工作，遵循风险预防原则，坚持立法先行、有法可依、执法保障，已经形成了一整套适合我国国情并与国际惯例相衔接的法律法规、技术规程和管理体系。

**1. 建立健全法律法规** 我国是世界上较早对转基因作物进行法制化管理的国家之一，早在1992年，就制定了转基因生物安全管理法规，1996年农业部颁布了《农业生物基因工程安全管理实施办法》。2001年国务院颁布了《农业转基因生物安全管理条例》（2017年修订）。农业农村部等制定了相应的配套规章，对在中国境内从事的农业转基因生物研究、试验、生产、加工、经营和进出口等活动进行全程安全管理，并发布了转基因生物标识目录，建立了各环节的许可和标识管理制度。

**2. 加强技术体系建设**　我国建立农业转基因生物安全管理部际联席会议制度，设立国家农业转基因生物安全委员会（简称安委会）、全国农业转基因生物安全管理标准化技术委员会，组织检测机构通过国家计量认证和农业农村部审查认可。大力组织开展转基因生物分子特征、环境安全和食用安全性研究，不断提高技术支撑能力，保障了依法管理。

**3. 科学规范开展安全评价**　安委会按照法规和相关技术标准要求，参考国际组织制定的评价指南，遵循科学、个案、熟悉原则，严谨规范地开展评价工作。转基因食品指标中，除了必须符合有关国际组织和国际惯例的规定之外，还根据中国人和亚洲人膳食结构的主要特点，额外增加了一些关键指标的检测和验证。在环境安全性评价方面，所有转基因作物都涉及对昆虫天敌和经济昆虫、益虫的影响。

**4. 强化行政监督管理**　各级农业行政管理部门切实加强田间试验、品种审定、种子生产经营和产品标识等环节的执法监管，大力开展法规培训和科普宣传，确保各项活动依法有序进行。要加强农业转基因生物安全证书管理，研发单位申请时要提供基因的分子特征、遗传稳定性、环境安全性、食用安全性等方面的研究数据，经农业转基因生物安全委员会组织安全评价合格后，方可颁发农业转基因生物安全证书。

# 第五节　基因编辑技术在作物育种中的应用

## 一、基因编辑技术的概念

基因编辑（gene editor，GE）技术是指利用具有序列特异性DNA结合结构域的核酸内切酶（sequence specific nuclease，SSN）在特定位置对双链DNA进行定向切割，进而激活细胞自身修复机制来实现基因敲除、定点插入或替换等定向改造的技术。与传统转基因技术相比，基因编辑技术具有针对性强、效率高、构建时间短、应用广泛等优点。

基因编辑技术中使用的细胞修复机制主要有两种：非同源末端连接（nonhomologous end joining，NHEJ）和同源重组修复（homology directed repair，HDR）。内切酶导致的DNA双链缺口（double stranded break，DSB）在没有同源模板的情况下，采用非同源末端连接修复，易发生基因缺失、插入或替换；而同源重组修复会将外源同源片段复制到缺口，进而整合目的基因到靶位点上。

## 二、基因编辑技术的特点

**1. 定点编辑安全性高**　基因编辑一般只有少数碱基的改变，与传统的自然突变和人工诱变类似，具有较高的安全性。由于基因编辑元件的整合位点与靶基因位点不同，通过后代分离可获得无转基因痕迹的材料。

**2. 多位点突变容易**　通过同时导入多个序列特异性识别位点，基因编辑可实现对多个位点或基因进行定点编辑，实现多性状的定向变异，大大提高分子设计育种的效率。

**3. 育种效率高**　由于定向变异，极大地减少了育种选择难度，提高育种效率。随着技术系统的不断改进，载体构建更加简单，靶向效率更高，操作步骤更简化，也会降低应用成本。

**4. 编辑效率和脱靶风险具有不确定性**　在不同的植物中，以及运用不同启动子和转化方式均对基因编辑效率产生较大影响。由于核酸内切酶对识别位点具有一定的兼容性，会导致对非目标位点进行编辑产生脱靶效应，增加了基因编辑的不确定性。基因编辑后的序列能否稳定遗传也有待进一步研究。

## 三、基因编辑技术的类别

### （一）锌指核酸酶技术

**1. 基本原理**　锌指核酸酶（zinc finger nuclease，ZFN）是将锌指结构与限制性内切核酸酶*Fok* Ⅰ酶解中心结合的核酸内切酶（附图13-1A）。锌指结构是由半胱氨酸和/或组氨酸与锌离子螯合的锌指单元串联而成，每个锌指单元由大约30个氨基酸组成。如保持基本骨架不变，替换其他氨基酸残基可得到不同序列特异性的锌指基序。这些基序串联可形成与DNA结合且具有特定靶向性的锌指蛋白。每一个锌指蛋白（zinc finger protein，ZFP）能识别并结合三联体碱基，若3～6个锌指蛋白结构组合，则可识别9～18个碱基，组成DNA结合域。

每个ZFN都是由1个限制性内切核酸酶*Fok* Ⅰ单体和1个DNA结合域相连构成。*Fok* Ⅰ只在二聚体状态时才有酶切活性。当一对ZFN分别以正确的方向识别所对应的靶序列并与之结合，*Fok* Ⅰ才能具有切割活性，导致双链断裂（double strand breaks，DSB），然后细胞启动相关DNA修复机制（附图13-2A）。

**2. 操作步骤**　ZFN基因编辑步骤包括：寻找合适的ZFP靶位点；选择合适的*Fok* Ⅰ结构域；ZFP结构域与*Fok* Ⅰ结构域组装为ZFN；检测ZFN的切割活

性；基因组定点修饰操作和脱靶效应的检测等。

**3. 主要特点** ZFN的切割效率会随着识别序列增长而降低，通常的识别靶序列为5～7个碱基。使用中易出现非特异性识别和亲和力不足产生非特异性切割或切割效率低，脱靶效应较高。合成并筛选高效的锌指序列过程复杂，不易找到识别位点。

## （二）类转录激活因子效应物核酸酶技术

**1. 基本原理** 类转录激活因子效应物核酸酶（transcription activator-like effector nuclease，TALEN）是将TALE蛋白与*Fok* Ⅰ相结合特异性识别TALE序列的核酸内切酶。TALE蛋白包含：N端序列（N-terminal sequence，NTS）、C端序列（C-terminal sequence，CTS）和一段12～30个高度保守的重复单元组成的中心重复区（附图13-1B）。每个重复单元含有33～35个氨基酸，其中只有特异识别1个碱基的第12和13位的双氨基酸残基（repeat variable di-residue，RVD）可变。前者作为稳定结构基本相同，后者因特异识别碱基而类别各异。主要识别单元为NI（Asn和Ile）识别A，HD（His和Asp）识别C，NG（Asn和Gly）识别T，NN（Asn）识别G或A。TALEN进行切割时，两个TALEN单体以尾对尾的方式通过TALE特异性结合到靶DNA上，*Fok* Ⅰ形成二聚体，导致识别位点间的核苷酸切割断裂（附图13-2B）。



**2. 操作步骤** TALEN基因编辑步骤包括：了解目标位点基因信息；设计靶位点；组装双氨基酸单元，构建TALEN质粒；检测TALEN的活性；基因组定点修饰操作和脱靶效应的检测等。

其中组装TALE是构建TALEN的关键。主要的组装方法有4种：限制性酶切连接法、Golden Gate克隆法、固相合成法和长黏末端法。其中，限制性酶切连接法是利用Ⅱ S型内切酶等交替循环采用切割-连接获得所需长度的TALE重复序列；Golden Gate克隆法是通过使用同一个Ⅱ型内切酶，设计不同的黏性末端来实现一次酶切-连接反应体系中按既定的顺序组装TALE重复元件；固相合成法是先把TALE模块固定在固相磁珠上，然后在反应体系中加入下一个模块和连接酶，然后洗脱反应液，多次重复此过程而完成模块的拼接；长黏末端法是使多种TALE单元片段两端带不同长度的单链末端突出碱基，然后经混合退火转化细菌，再进行筛选所需要的目的TALE多单元片段。

常用的检测TALEN活性的方法有4种：luciferase SSA法、细胞内源基因突变率检测法、融合荧光法和原核蓝/白与白/蓝系统法。

**3. 主要特点** TALE的核酸识别单元与DNA核苷酸有恒定的对应关系，可以按任意顺序随意组合。对单一靶基因可构建多个TALEN，以获得特异性和剪切效率高、无脱靶效应的TALEN。可用靶位点广泛，无基因序列、细胞和物种限制，基因编辑成功率高。TALEN的克隆过程较容易，可以串联达到几十个仍不影响酶活力，脱靶效应较低。

## （三）CRISPR/Cas系统

**1. 基本原理** CRISPR（clustered regularly interspaced short palindromic repeat，CRISPR）即规律成簇间隔短回文重复序列，是由保守的重复序列和长度相似的间隔序列交替排列组成。前间隔序列邻近基序（protospacer adjacent motif，PAM），是前体侧翼的一段保守短序列，是获取DNA片段所需的识别序列。CRISPR/Cas系统包含CRISPR位点、*Cas*基因、非编码的RNA元件（crRNA）、反式激活crRNA（trans-activating crRNA，tracrRNA）（附图13-1C）。CRISPR位点与*Cas*基因间的前导序列可启动序列转录出crRNA，而crRNA和tracrRNA配对形成向导RNA（gRNA）识别靶序列的特异性位点，Cas蛋白与gRNA在靶位点处切割双链DNA。Cas蛋白可以识别特异性结构域（REC）和小的核酸酶功能域（NUC），而核酸酶功能域又包含2个核酸酶位点RuvC和HNH，以及1个PAM-interacting位点（附图13-2C）。

根据序列、基因座结构和组成的不同，CRISPR/Cas系统可分为两大类16种类型。其中类1包括Ⅰ、Ⅲ和Ⅳ型共12种系统，需要多个Cas蛋白组成复合体共同作用；类2包含Ⅱ和Ⅴ型共4种系统，只需1个Cas蛋白。其中Ⅰ、Ⅱ和Ⅲ型是CRISPR/Cas系统中最典型的类型。Ⅰ型以Cas3蛋白为主；Ⅱ是Cas9蛋白存在的情况下，RNA内切酶Ⅲ催化进行；Ⅲ型以Cas10蛋白为主。应用较多的CRISPR/Cas9系统的过程是，Cas9蛋白首先与crRNA（CRISPR RNA）和反式激活crRNA（tracrRNA）组成功能复合物，在crRNA引导下，靶向识别具有PAM位点的DNA靶序列并与之结合，在靠近NGG位点（*N*为任意核苷酸）处进行切割，导致DNA双键断裂，进而细胞启动自动修复机制。

**2. CRISPR/Cas系统的改良**

1）Cas蛋白的多种类型 利用Cas蛋白的多种类型，发展了多种CRISPR/Cas系统，具有多样化的PAM位点和切割效率，可灵活运用。CRISPR/Cpf1系统是由42～44nt gRNA和蛋白酶Cpf1两部分组成。Cpf1仅有RuvC-like结构域和推定的某核酸酶结构域，没有HNH结构域，具有5′端DNA与RNA切割能力。其作用机制与CRISPR/Cas9的作用机制类似，靶基因序列更简单、编辑更高效且脱靶效应低。在CRISPR转录成crRNA前体后，由Cpf1切割形成成熟的crRNA，crRNA通过识别靶序列5′端富含胸腺嘧啶的PAM序列，引导Cpf1在PAM序列下游靶DNA链的第23位核苷酸和非靶DNA链的第14位到18位核苷酸内进行切割，产生5bp凸出的黏性末端，引发非同源末端连接（NHEJ）修复机制。

利用基于spCas9改进形成的xCas9突变体，构建了CRISPR/xCas9系统，能在多种PAM附近切割DNA序列，同时大大增加了靶序列的识别能力，降低了脱靶风险。

2）*无催化活性的Cas9蛋白*　无催化活性的Cas9（dCas9）和Cpf1（dCpf1）蛋白仍能够结合到靶序列，在转录水平上实现对基因表达的调控作用。在真核生物中，dCas9和dCpf1通常与特定的效应区域融合进行转录抑制（CRISPR interference，CRISPRi）或转录激活（CRISPR activation，CRISPRa），实现高效、精确的基因表达沉默或激活，诱导生物表观遗传发生变化。

3）*单碱基编辑系统*　基于CRISPR/Cas9系统建立的单碱基编辑（base editor）系统无须在靶位点产生DNA双链断裂，也无须供体DNA参与，具有简单、广适、高效的特点。单碱基编辑系统主要分为胞嘧啶单碱基编辑系统（cytosine base editor，CBE）与腺嘌呤单碱基编辑系统（adenine base editor，ABE），分别由胞嘧啶脱氨酶或改造的腺嘌呤脱氨酶与Cas9n蛋白融合而来，对应地可以在基因组中的靶位点实现C>T或A>G的碱基编辑。目前主要运用的是BE3（基于融合rAPOBEC1胞嘧啶脱氨酶的CBE系统）、HF1-BE3（高保真版本BE3）与ABE单碱基编辑系统。主要运用人胞苷脱氨酶（activation-induced cytidine deaminase，AID）、大鼠胞苷脱氨酶（apolipoprotein B mRNA-editing enzyme catalytic polypeptide-like protein，APOBEC1）、七鳃鳗胞苷脱氨酶（cytidine deaminase 1，CDA1）和尿嘧啶DNA糖基化酶抑制剂（uracil glycosylase inhibitor，UGI）组成融合蛋白发挥作用。当Cas9n结合到靶位点，胞嘧啶脱氨酶对区域内的胞嘧啶（C）碱基进行修饰，DNA复制时修饰的碱基向鸟嘌呤（G）、腺嘌呤（A）或胸腺嘧啶（T）碱基转换，在靶位点处引入点突变。

**3. 操作步骤**　构建CRISPR/Cas9系统的基本步骤如下：寻找合适的含有PAM位点的靶序列；构建包含启动子和靶序列的gRNA表达载体；构建Cas9表达载体或者将gRNA表达载体与gRNA表达载体组装；gRNA和Cas9质粒共转染；检测CRISPR/Cas的切割活性；后续的基因组定位修饰操作和脱靶效应的检测等。

**4. 主要特点**　CRISPR/Cas系统只需要合成gRNA就能实现特异性编辑，该序列不超过100bp，构建更为简单高效，并可同时对多个位点进行编辑。Cas9蛋白不具有物种特异性，通过改良，可在多种PAM附近切割DNA序列，拓宽靶基因范围。因此，该系统在作物育种中最有应用前景。该系统识别靶位点具有一定的局限性，在不同植物中的编辑效率不同，基因编辑时也存在脱靶效应。

## 四、基因编辑技术用于作物育种应注意的事项

### （一）技术的选择

ZFN技术特异性不高、脱靶问题严重及获得ZFN蛋白非常困难；TALEN技术特异性高，但载体构建较烦琐、编辑效率不高、难以同时编辑多个基因；CRISPR/Cas系统编辑效率高，设计和构建极其简单，优先推荐使用。

### （二）编辑方式的选择

编辑方式有两种：①通过靶向敲除目标性状负调控基因，造成该基因功能缺失，以改良目标性状；②通过对目标基因进行定点替换，导致功能发生改变，从而获得新的目标性状。

### （三）靶位点的选择

可针对同一性状多个位点或多个目标性状设计多个靶位点进行定向编辑，以提高改良目标性状的效率。但位点的数量也关系到编辑效率和遗传转化规模。基因敲除时靶位点可选择起始密码子附近或特定功能区，基因替换时可选择在基因特定功能区。

### （四）无外源DNA的技术选择

获得无外源DNA（DNA-free）基因编辑作物主要有两种途径：①获得基因编辑植株后，通过自交或杂交的方式剔除外源DNA；②直接利用无外源DNA基因编辑系统。前者相对操作简单、成本低，后者能得到全程无外源DNA整合的基因编辑植株。植物无外源DNA基因编辑系统主要有瞬时表达CRISPR/Cas9编辑系统和RGEN（RNA guided engineered nuclease）核糖核蛋白（RGEN ribonucleoprotein，RGEN RNP）编辑系统。前者是将CRISPR/Cas9质粒DNA或其转录的RNA通过基因枪法直接转入植物愈伤组织，在完成切割后，质粒DNA或RNA会被细胞内源核酸酶分解。后者是将CRISPR/Cas蛋白和gRNA在体外组装成核糖核蛋白复合体，该复合体进入细胞行使DNA切割功能后，被细胞内源蛋白酶快速分解。

## 五、基因编辑技术的应用

当前，多种作物全基因组测序的完成，以及功能基因组学研究的深入，为基因编辑技术在作物改良中的研究和应用奠定了基础，已在包括产量、品质、抗病与抗逆等重要性状相关基因位点的编辑改良方面取

得了进展。

### （一）已取得的进展

利用基因编辑技术对控制作物产量性状的相关基因进行定向修饰，能不同程度地改良作物的产量等，是作物高产优质育种的新途径。Shen等（2016）利用CRISPR/Cas9技术对*GS3*和*Gn1a*进行定向敲除，所有*gs3gn1a*突变系的主穗粒数相比其野生型增加，单株产量增幅最高达14%。在小麦产量改良上，Zhang等（2016）利用瞬时表达CRISPR/Cas9系统获得的*TaGASR7*纯合突变株粒重显著增加，*TaDEP1*纯合突变株明显变矮。

利用基因编辑技术，可以对作物的营养品质和加工品质等进行改良。2009年，Shukla等利用ZFN技术使玉米植酸生物合成的关键酶基因*IPK1*失活，降低了玉米籽粒中的植酸含量。Haun等（2014）利用TALEN技术敲除大豆两个脂肪酸去饱和酶基因（*FAD2-1a*和*FAD2-1b*），使大豆中油酸含量大大提高，延长保质期。Sun等（2017）对粳稻栽培种Kitaake的*SBEIIb*进行CRISPR/Cas9的定点敲除，*sbeIIb*突变体种子中直链淀粉与抗性淀粉的含量均显著增加。

通过基因编辑技术对抗性相关基因进行调控，可提高作物对病害、虫害和除草剂的抗性，增强对非生物胁迫的耐受性。2009年，Shukla等利用ZFN技术将除草剂抗性基因导入玉米，并破坏*ZmIPK1*基因，获得了抗除草剂和减少肌醇六磷酸水平的植株。Li等（2012）利用TALEN技术定点编辑了水稻白叶枯病感病基因*Os11N3*（*SWEET14*）启动子中的效应蛋白结合元件，有效阻止了效应蛋白与启动子结合，从而提高了水稻的白叶枯病抗性。王延鹏等（2014）利用TALEN技术在普通小麦的*TaMLO*基因的3个位点保守区域同时进行了定点突变，获得的3个位点都突变的纯合突变体对白粉病菌表现出极为显著的抗性。Wang等（2016）利用CRISPR/Cas9技术靶向敲除*OsERF922*，获得的$T_2$纯合突变系在苗期和分蘖期对稻瘟病菌的抗性相比野生型都有显著提高。Sun等（2016）将水稻乙酰乳酸合酶ALS编码区特定碱基定点替换，获得了抗磺酰脲类除草剂的水稻。Shi等（2017）利用CRISPR/Cas9技术将玉米*GOS2*启动子插入乙烯响应负调控因子*ARGOS8*的5′非翻译区或直接替换*ARGOS8*的启动子，获得*ARGOS8*表达量显著增加的突变体，在干旱环境下最终产量相比野生型玉米显著提升。

利用基因编辑技术有利于创新作物种质资源。Li等（2016）和Zhou等（2016）分别利用CRISPR/Cas9技术对水稻温敏核雄性不育基因*TMS5*进行特异性编辑，创制了一批温敏核雄性不育系。利用CRISPR/Cas9系统设计靶向全基因组的大规模sgRNA文库，能快速建立覆盖全基因组的突变体库。Meng等（2017）和Lu等（2017）均报道了利用CRISPR/Cas9系统构建sgRNA混池文库并分别获得了1.4万个和8.4万个独立的$T_0$代突变植株，突变频率可以达到80%以上。

### （二）应用前景

目前，基因编辑技术在作物育种中主要是通过定点突变造成目标性状负调节基因功能缺失以实现性状改良，对大部分控制重要农艺性状的正调控基因还无法高效、精准地进行编辑，从而限制了其在作物遗传育种中的应用。尽管还存在政策法规和技术优化两方面的挑战，但基因编辑技术具有比其他分子技术更大的优势。Cas蛋白的进一步优化、载体构建简易性的提高、靶点识别范围的扩大、切割效率提高和脱靶率的降低等技术的改善，均会大大的拓展该技术在作物育种中的应用。随着越来越多重要育种目标性状控制基因的发掘，基因编辑技术必将在作物育种中发挥更大的作用。

## 六、基因编辑技术的安全管理

目前，国际上对基因编辑作物是否属于转基因作物尚未有定论，其监管也存在较大争议。2016年5月，美国农业部宣布利用CRISPR/Cas9基因组编辑的蘑菇和玉米不属于转基因生物监管范畴。欧盟认为只要有外源DNA转入过程均被定义为GMO，而对基因编辑产品尚未明确定论，监管标准存在不确定性。

中国对于基因编辑作物的监管标准尚无明确规定，但按现行《农业转基因生物安全管理条例》（2017年10月7日修订版），通过基因编辑技术获得的作物及其产品属于农业转基因生物。有学者提出基因编辑作物管理框架：①在实验室和田间试验阶段，应该严格控制管理，避免向外界逃逸；②必须确保基因编辑作物中的外源DNA被完全去除；③准确报告记录靶位点详尽的DNA序列变化；④确保主要靶点没有发生非预期的编辑事件，评价是否发生脱靶效应及其可能的安全性风险；⑤以上内容均应在资料中详细说明备案。基于上述基因编辑作物管理框架，其安全性评价和管理可从以下4个方面着手。

### （一）明确基因编辑产品的管理体系

原有法规中的农业转基因生物概念等已经不完全适合于基因组编辑生物，亟须进行修改完善。对基因编辑生物有必要分类管理，对碱基缺失或敲除的可视为特殊转基因生物，可简化其安全评价和管理，而引入外源DNA的基因编辑生物，则按传统转基因生物进行安全评价和管理。

## （二）确定基因编辑产品安全评价的内容

对基因编辑作物或产品的安全评价应重点关注脱靶效应和遗传稳定性，以及环境安全和食用安全风险。其安全性评价具体内容需针对基因编辑技术特点。

## （三）建立基因编辑分子检测新体系

基因编辑技术在生物体内留下的痕迹较少，原有转基因检测技术体系已不适应。需要建立针对基因编辑特点的检测新体系。

## （四）加强对公众宣传

基因编辑技术有别于传统转基因技术，可通过多种方式的科普宣传，培养公众对该技术及其产品的客观公正认识，为基因编辑产品走向市场奠定基础。

## 本章小结

转基因育种是将控制优良性状的基因从供体生物转移到受体作物中并选育新品种的一种育种方法。转基因育种技术不仅可定向转移目的基因，避免传统育种方法表型选择的盲目性，提高育种效率，缩短育种年限，而且可以打破种属界限，克服生殖障碍。转基因育种流程主要包括目的基因分离、载体构建和重组、受体系统选择、重组体导入、转化体筛选和鉴定、转基因植株育种利用、安全性评价，以及品种的审定和推广。利用转基因技术已选育出大量抗病、抗虫、抗除草剂等优异性状品种，给社会带来了巨大的经济效益。基因编辑技术是利用特定核酸内切酶对DNA进行定点切割，并通过修复机制实现基因的定向改造。主要的基因编辑系统包括ZEN、TALEN和CRISPR/Cas系统等，其中CRISPR/Cas9系统最常用。与传统转基因技术相比，基因编辑技术具有针对性强、效率高、可多位点同时编辑、更加安全等优点。尽管还存在技术优化和政策法规完善问题，但基因编辑技术以其独有优势，将会在作物育种中得到更加广泛运用。转基因和基因编辑是生物育种的重要技术，大力发展生物育种，建设现代化种业体系，是推动农业高质量发展的重要动力。

## 拓展阅读

### 国内外转基因食品安全的立法实践

1. 以美国为代表的"宽松式"立法（以产品为基础）

美国未对转基因食品安全做出专门立法。美国出台了《转基因食品管理草案》，规定来源于植物且被用于人类或动物的转基因食品在进入市场之前120天向美国食品和药物管理局（FDA）提出申请，并提供相关资料，以确认其安全性。美国实行转基因食品自愿标识制度，加拿大也类似。

2. 以欧盟为代表的"严格式"立法（以过程为基础）

欧盟对基因改良作物及转基因食品持谨慎态度。欧盟严格规定了欧盟转基因食品上市的条件、风险评估标准和审批程序、转基因食品强制标签制度、转基因食品追踪制度等，严密监控，防范风险。近年来，欧盟态度逐渐有了转变。2008年4月14日，欧盟委员会通过了一项修改欧盟新型食品法规的建议，简化了新型食品评估和审批程序。

3. 以日本、韩国为代表的"折中式"立法

日本对采用"折中式"立法对转基因食品进行管理。日本通过《转基因食品检验法》和《转基因食品标识法》分别对本国的转基因食品安全检验和标识制度做出了规定。韩国通过《转基因食品安全评估指南》和《转基因饲料安全评价办法》对食品安全评价内容做了详细规定，通过《转基因食品标识基准》规定了转基因食品标识的要求和违法责任。

4. 我国转基因食品安全的立法现状及问题

2001年5月国务院颁布施行《农业转基因生物安全管理条例》，2017年10月第二次修订；2002年1月农业部颁布《农业转基因生物安全评价管理办法》，2016年7月第二次修订；2002年1月农业部颁布《农业转基因生物进口安全管理办法》和《农业转基因生物标识管理办法》，2017年11月第二次修订；2011年9月农业部颁布《转基因棉花种子生产经营许可规定》，2015年4月修订。

## 思考题

扫码看答案

1. 什么是转基因作物育种？其研究的内容有哪些？
2. 简述转基因育种的优缺点及其与常规育种的关系。

3. 简述转基因作物育种的程序。
4. 目前常用的转基因方法有哪些?
5. 鉴定转基因植株的常用方法有哪些?
6. 简述转基因作物品种选育的具体方式。
7. 简述转基因作物安全的主要内容及安全评价遵循的原则。
8. 什么是基因编辑技术? 其主要特点有哪些?
9. 简述主要的基因编辑技术体系及其原理和特点。
10. 简述作物育种中运用基因编辑技术的注意事项。
11. 简述基因编辑作物安全管理的框架。

# 第十四章　分子标记辅助选择育种

附件扫码可见

选择是育种的主要环节。选择，是指在一个群体中选择符合要求的基因型。传统育种主要是通过表型选择基因型的间接选择，受到季节、发育时期限制。现代育种是通过分子标记直接选择基因型，即分子标记辅助选择育种（molecular marker assisted selection，MAS）。

## 第一节　分子标记的类型及原理

分子标记是遗传标记之一。遗传标记包括形态标记、细胞学标记、生化标记和分子标记四大类。纵观遗传学的发展历史，每一种新型遗传标记的发现，都极大地推进了遗传学的发展（附件 14-1）。

DNA 分子标记是 DNA 水平上遗传多态性的直接反映。DNA 水平的遗传多态性表现为核苷酸序列的差异，甚至是单个核苷酸的变异。因此，DNA 标记在数量上几乎是无限的。与形态标记、细胞学标记、生化标记相比，DNA 标记具有明显的优越性：①直接以 DNA 的形式表现，在植物体的各个组织、各发育时期均可检测到，不受季节、环境限制，不存在是否表达的问题；②数量多，遍及整个基因组，检测座位近乎无限；③多态性高，自然存在着许多等位变异，不需要专门创造特殊的遗传材料；④多表现为“中性”，即不影响目标性状的表达，与不良性状无必然的连锁；⑤有许多分子标记表现为共显性，能够鉴别出纯合基因型与杂合基因型。分子标记是传统遗传标记的发展，许多以前无法进行的研究现在利用分子标记正蓬勃开展。目前，分子标记已广泛应用于种质资源分类鉴定、遗传图谱构建、目的基因定位、系统发育关系分析、品种注册、专利保护和分子标记辅助选择育种等诸多方面。

高等生物每一个细胞的全部 DNA 构成了该生物体的基因组。生命的遗传信息存储于 DNA 序列之中，尽管在生命信息的传递过程中 DNA 能够精确地自我复制，但是许多因素也能引起 DNA 序列的变化，造成个体之间的遗传差异。单个碱基的替换、DNA 片段的插入、缺失、易位和倒位等都能引起 DNA 序列的变异。基因组 DNA 序列的变异是物种遗传多样性的基础。利用现代分子生物学技术揭示 DNA 序列的变异（遗传多态性），就可以建立 DNA 水平上的遗传标记。从 1980 年人类遗传学家 Botstein 等首次提出 DNA 限制性片段长度多态性作为遗传标记及 1985 年 PCR 技术的诞生至今，已经发展了十多种基于 DNA 多态性的分子标记技术。

### 一、分子标记的类型

依据对 DNA 多态性的检测手段，可将 DNA 分子标记分为四大类。

第一类为基于分子（DNA-DNA）杂交的 DNA 标记。主要包括限制性酶切片段长度多态性（restriction fragment length polymorphism，RFLP）标记和可变数目串联重复（variable number of tandem repeat，VNTR）标记等。RFLP 主要是由于 DNA 序列中碱基的替换，DNA 片段的插入、缺失、易位和倒位等引起的，而 VNTR 是由重复序列数目的差异性产生的。

这类分子标记是利用限制性内切核酸酶酶解不同生物体的 DNA，电泳分离后，用同位素或非同位素标记的随机基因组克隆、cDNA 克隆、微卫星或小卫星序列等作为探针进行 DNA 间杂交，通过放射自显影或非同位素显色技术来揭示目标 DNA 片段长度的多态性。其中最具代表性的是 RFLP 标记。

第二类为基于聚合酶链反应（polymerase chain reaction，PCR）的 DNA 标记。PCR 技术利用特定的引物，借助 PCR 仪，在体外对 DNA 片段进行大量的扩增，进而通过电泳和染色研究目标 DNA 片段的长度多态性。PCR 技术具有简便、快速和高效等优势。根据所用引物的特点，这类 DNA 标记可分为随机引物 PCR 标记和特异引物 PCR 标记。随机引物 PCR 标记包括随机扩增多态性 DNA（randomly amplified polymorphic DNA，RAPD）标记、任意引物 PCR（arbitarily primed polymerase chain reaction，AP-PCR）标记、简单重复序列中间区域（inter-simple sequence repeat，ISSR）标记等，其中 RAPD 标记使用较为广泛。随机引物 PCR 所扩增的 DNA 区段是事先未知的，具有随机性和任意性，因此随机引物 PCR 标记技术可用于对任何未知基因组的研究。特异引物PCR标记包括简单序列重复（simple sequence repeat，SSR）标记、序列特征化扩增区（sequence charactered amplified region，SCAR）标记、序列标签位点（sequence tagged site，STS）标记等，其中SSR标记已广泛地应用于遗传图谱构建、基因定位等领域。特异引物PCR所扩增的DNA区段是事先已知的、明确的，具有特异性。因此特异引物PCR标记技术依赖于对各个物种基因组信息的了解。

第三类为PCR与限制性酶切技术结合的DNA标记。该类分子标记分为两种：①先将样品DNA用限制性内切核酸酶进行酶切，再对其酶切片段有选择地进行扩增，然后通过电泳检测其多态性，这种标记称为扩增片段长度多态性（amplified fragment length polymorphism，AFLP）标记；②先对样品DNA进行特异性扩增，再用限制性内切核酸酶对扩增产物进行酶切检测其长度多态性，称为酶切扩增多态性序列（cleaved amplified polymorphic sequence，CAPS）。AFLP标记具有RFLP技术的可靠性和PCR技术的高效性，可以在一个反应内检测大量限制性片段，一次可获得50～100条谱带的信息，可为不同来源和不同复杂程度基因组的分析提供有力的工具。AFLP曾大量应用于种质资源研究、遗传图谱构建及基因定位（Donini et al.，1997；Keim et al.，1997；Powell et al.，1996），其主要不足是程序复杂。



第四类为基于基因组测序技术开发的DNA标记。单核苷酸多态性（single nucleotide polymorphism，SNP）标记，是由DNA序列中因单个碱基的变异而引起的遗传多态性，一般通过DNA测序、芯片技术等进行分析。插入缺失标记（insertion-delete，InDel）是指相对一个亲本而言，另一个亲本的基因组中有一定数量的核苷酸插入或缺失（Jander et al.，2002）。

以上四大类DNA标记，都是基于基因组DNA水平上的多态性和相应的检测技术发展而来的，这些标记技术各有特点。任何DNA变异能否成为遗传标记都有赖于DNA多态性检测技术的发展，DNA的变异是客观的，而技术的进步则是人为的。随着现代分子生物学技术的迅速发展，随时可能诞生新的标记技术。DNA标记的拓展和广泛应用，最终必然会促进作物遗传与育种研究的深入发展。

## 二、几种主要分子标记的原理

**1. RFLP标记原理**　RFLP标记技术于1980年由人类遗传学家Botstein提出。特定生物类型的基因组DNA经限制性内切酶（restriction enzyme，RE）酶切后，会产生数万条DNA片段，通过琼脂糖电泳将这些片段按大小顺序分离开，转移到尼龙膜或硝酸纤维素膜上；以放射性同位素或非放射性物质标记的DNA片段作为探针，与膜上的DNA进行杂交，若某一位置上的DNA片段与探针的序列相似，则探针就结合到这个位置上，通过放射性自显影或酶学检测，可以显示出不同材料含有与探针序列同源的酶切片段在长度上的差异，即多态性（图14-1）。不同种群的生物个体，由于突变、插入、缺失等因素，引起酶切位点的变化，产生长度不同的目标DNA片段。

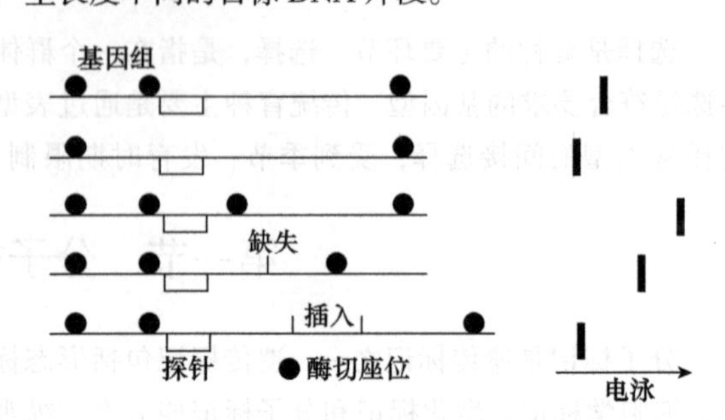


图14-1　RFLP标记原理示意图

**2. RAPD标记原理**　RAPD标记是建立在PCR基础上的一种可对整个未知序列的基因组进行多态性分析的分子技术。其以基因组DNA为模板，以人工合成的随机多核苷酸序列（通常为10个碱基对）为引物，在DNA聚合酶（*Taq*酶）作用下，进行PCR扩增。扩增产物用琼脂糖或聚丙烯酰胺凝胶电泳分离，经溴化乙锭或硝酸银染色后，在紫外透视仪上检测多态性。扩增产物的多态性反映了基因组的多态性。RAPD标记所用的引物长度通常为9个或10个碱基，大约只有常规PCR引物长度的一半。使用这么短的PCR引物是为了提高揭示DNA多态性的能力。由于引物较短，在PCR中必须使用较低的退火（DNA复性）温度，以保证引物能与模板DNA结合。理论上，在一定的扩增条件下，扩增的条带数取决于基因组的复杂性。对特定的引物，复杂性越高的基因组所产生的扩增条带数也越多。商品化的RAPD引物基本能覆盖整个基因组。RAPD技术曾应用于生物的品种鉴定、系谱分析及进化关系的研究上。

**3. SSR标记原理**　SSR也称微卫星（microsatellite）DNA，或称短串联重复（short tandem repeat，STR），是一类以几个（一般1～6个）碱基为重复单位组成的串联重复序列，其长度一般较短，广泛分布于基因组的不同位置。例如，$(CA)_n$、$(AT)_n$、$(GGC)_n$、$(GATA)_n$等重复，其中$n$代表重复次数，其大小为10～60。这类序列的重复长度具有高度变异性。一般认为，SSR序列中重复单位数目高度变异的原因是在DNA复制或修复过程中的分子滑动或不等交换。根据基因组数据库检索及基因文库杂交筛选，已明确在植物核基因组中，各种SSR数量由多到少依次为$(AT)_n$、$A_n$、$T_n$、$(AG)_n$、$(CT)_n$、$(AAT)_n$、$(ATT)_n$、

(GTT)$_n$、(AGC)$_n$、(GCT)$_n$、(AAG)$_n$、(CTT)$_n$、(AATT)$_n$、(TTAA)$_n$、(AAAT)$_n$、(ATTT)$_n$、(AC)$_n$、(GT)$_n$等。

SSR标记的基本原理：每个SSR座位的两侧序列一般是相对保守的单拷贝序列，因此可根据两侧序列设计一对特异引物，通过PCR反应来扩增SSR序列。由于核心序列串联重复数目不同，因而能够用PCR扩增出不同长度的PCR产物，经聚丙烯酰胺凝胶电泳，比较扩增带的迁移距离，就可知不同个体在某个SSR座位上的多态性（图14-2）。

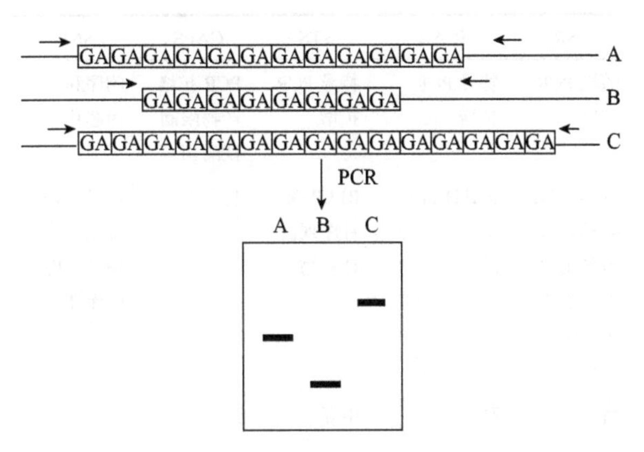


图14-2　SSR标记原理示意图
A、B、C分别表示不同基因型

**4. AFLP标记原理**　AFLP标记的基本原理是通过对基因组DNA酶切片段的选择性扩增来检测DNA酶切片段长度的多态性。其操作步骤包括，首先用两种能产生黏性末端的限制性内切核酸酶将基因组DNA切割成分子质量大小不等的限制性片段，然后将这些片段和与其末端互补的已知序列的接头（adapter）连接，所形成带接头的特异片段用作随后的PCR反应的模板。所用的PCR引物5′端与接头和酶切座位序列互补，3′端在酶切座位后增加1～3个选择性碱基，使得只有一定比例的限制性片段被选择性地扩增，从而保证了PCR反应产物的数量可经变性聚丙烯酰胺凝胶电泳来分辨。

使用特定的双链接头与酶切DNA片段连接作为扩增反应的模板，用含有选择性碱基的引物对模板DNA进行扩增，选择性碱基的种类、数目和顺序决定了扩增片段的特殊性，只有那些限制性座位侧翼的核苷酸与引物的选择性碱基相匹配的限制性片段才可被扩增。AFLP扩增片段的谱带数取决于采用的内切酶及引物3′端选择碱基的种类、数目和所研究基因组的复杂性。扩增产物经放射性同位素标记、聚丙烯酰胺凝胶电泳分离，然后根据凝胶上DNA指纹来检验多态性（图14-3）。

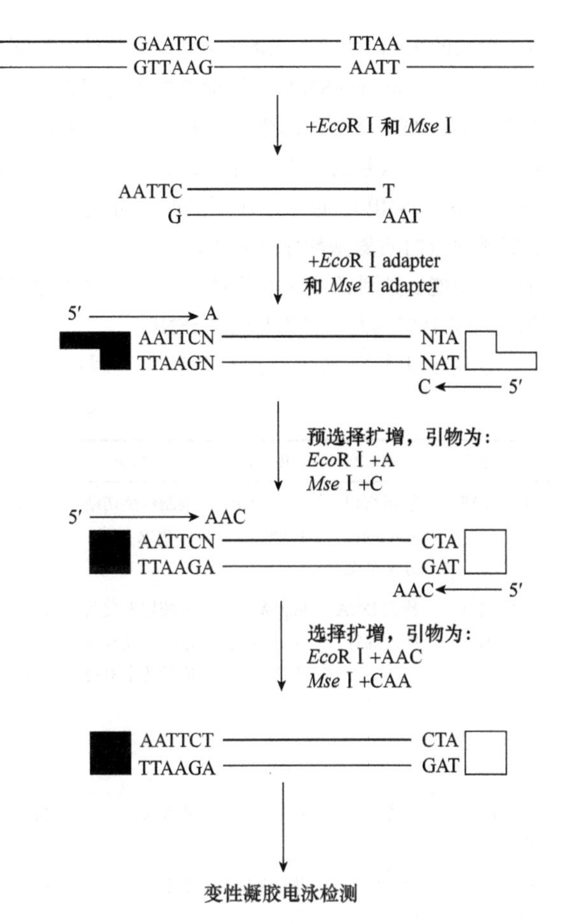


图14-3　AFLP标记原理示意图（方宣钧等，2000）

由于AFLP是限制性酶切与PCR结合的一种技术，因此具有RFLP技术的可靠性和PCR技术的高效性，可以在一个反应内检测50～100条谱带的信息。因此，为不同来源和不同复杂程度基因组的分析提供了一个有力的工具。AFLP技术的试验程序比较复杂。

**5. SNP标记原理**　研究DNA水平多态性的方法很多，其中最彻底最精确的方法就是直接测定某特定区域的核苷酸序列并将其与相关基因组中对应区域的核苷酸序列进行比较，由此可以检测出单个核苷酸的差异。这种具有单核苷酸差异引起的遗传多态性特征的DNA区域，可以作为一种DNA标记，即单核苷酸多态性（SNP）标记。SNP在基因组中分布相当广泛，研究表明，在人类基因组中每300碱基对就出现一次。大量存在的SNP位点，使人们有机会发现与各种疾病，包括肿瘤相关的基因组突变。

SNP所表现的多态性只涉及单个碱基的变异，这种变异可由单个碱基的转换（transition）或颠换（transversion）引起，也可由碱基的插入或缺失所致。但通常所说的SNP并不包括后两种情况。

在基因组DNA中，任何碱基均有可能发生变异，因此SNP既有可能在基因序列内，也有可能在基因以外的非编码序列上。总的来说，位于编码区内的SNP（coding SNP，cSNP）比较少，因为在外显子内，其变异率仅为周围序列的1/5。但它在遗传性疾病研究中却具有重要意义，因此cSNP的研究更受关注。从对生物遗传性状的影响上来看，cSNP又可分为两种：①同义cSNP（synonymous cSNP），即SNP所致的编码序列的改变并不影响其所翻译的蛋白质的氨基酸序列，突变碱基与未突变碱基的含义相同。②非同义cSNP（non-synonymous cSNP），指碱基序列的改变可使以其为蓝本翻译的蛋白质氨基酸序列发生改变，从而影响了蛋白质的功能。这种改变常是导致生物性状改变的直接原因。cSNP中约有一半为非同义cSNP。

鉴定SNP标记的主要途径是基于基因组测序数据，对DNA序列进行分析比较来鉴定SNP标记；也可以通过设计特异的PCR引物扩增某个特定区域的DNA片段，通过测序和序列比较，来鉴定该DNA片段的SNP标记；还可以借助DNA芯片技术来鉴定SNP。随着拟南芥、水稻、玉米等重要植物的全基因组测序的完成，SNP标记已成为植物遗传与育种研究中理想的遗传标记。

各种分子标记具有不同的原理和不同的特点（表14-1），实践中应根据具体情况灵活运用。

**表14-1　主要分子标记的特点**

| 标记名称 | RFLP | RAPD | AFLP | SSR | ISSR | SCAR | STS | CAPS | SNP |
|---|---|---|---|---|---|---|---|---|---|
| 主要原理 | 限制酶切Southern分子杂交 | 随机PCR扩增 | 限制性酶切结合PCR扩增 | SSR的PCR扩增 | 随机PCR扩增 | 特异PCR扩增 | 特异PCR扩增 | PCR扩增产物限制性酶切 | 测序和基因芯片 |
| 探针或引物来源 | 特定DNA序列探针 | 9bp或10bp随机引物 | 由酶切末端及选择性碱基组成的特定引物 | 特异引物 | 以2-、3-、4-核苷酸为单元的不同重复次数作为引物 | RAPD特征带测定设计的特异引物 | RFLP探针序列设计引物 | 特异引物 | 针对SNP位点设计特异引物或探针 |
| 多态性水平 | 中等 | 较高 | 非常高 | 高 | 高 | 高 | 中等 | 高 | 高 |
| 检测基因组区域 | 单/低拷贝区 | 整个基因组 | 整个基因组 | 重复序列 | 重复序列间隔的单拷贝区 | 整个基因组 | 单拷贝区 | 整个基因组 | 整个基因组 |
| 可靠性 | 高 | 中 | 高 | 高 | 高 | 高 | 高 | 高 | 高 |
| 遗传特性 | 共显性 | 显性/共显性 | 共显性/显性 | 共显性 | 显性/共显性 | 共显性 | 显性/共显性 | 共显性 | 共显性 |
| DNA质量要求 | 高 | 中 | 很高 | 中 | 中 | 中 | 高 | 高 | 中 |
| 需否序列信息 | 否 | 否 | 否 | 需 | 否 | 需 | 需 | 需 | 需 |
| 放射性同位素 | 通常用 | 不用 | 不用 | 不用 | 不用 | 不用 | 不用 | 不用 | 不用 |
| 实验周期 | 长 | 短 | 较长 | 短 | 短 | 短 | 短 | 短 | 短 |
| 开发成本 | 高 | 低 | 高 | 较高 | 低 | 高 | 高 | 高 | 高 |

# 第二节　基因定位

基因定位是指通过遗传作图的方法，寻找与目的基因紧密连锁的遗传标记，并确定其在染色体上的相对位置。其中构建高密度遗传连锁图是基因定位的前提，准确地鉴定基因决定的性状的表型是定位目的基因的保障。进行基因定位主要有两个目的，一个是为了在育种中对目标性状进行标记辅助选择，另一个是为了对目的基因进行图位克隆。

根据基因对表型影响的大小，通常把基因划分为主效基因（major gene）和微效基因（minor gene）。对应的性状称为质量性状和数量性状。基因定位通常指的是主效基因的定位，而微效基因的定位通常称为数量性状基因座（QTL）定位。基因定位过程中，一般要先构建遗传图谱，QTL定位需构建全基因组遗传图谱，主效基因的定位只需要构建目标区域的遗传图谱。

## 一、遗传连锁图谱的构建

利用分子标记构建遗传连锁图谱的原理是基于染色体的交换与重组，用重组率来表示分子标记间的遗传距离。其基本步骤包括：①根据遗传材料之间表型及亲缘关系，选择亲本，建立用于遗传作图的分离群体及其衍生系；②选择适合作图的分子标记，并在亲本间做多态性筛选；③测定作图群体中不同个体或株系的分子标记基因型；④对分子标记基因型数据进行连锁分析，构建分子标记遗传连锁图。目前，已构建了许多植物的高密度分子标记连锁图。

亲本的选择直接影响构建连锁图谱的难易程度及所建图谱的适用范围。一般应从 4 个方面对亲本进行选择。①要考虑亲本间的 DNA 多态性。亲本之间的 DNA 多态性与其亲缘关系有着密切联系，这种亲缘关系可用地理的、形态的或同工酶多态性作为选择标准。一般而言，异交作物的多态性高，自交作物的多态性低。例如，玉米自交系间的多态性较高，一般自交系间配制的群体就可成为理想的作图群体；番茄品种间的多态性较差，因而只能选用不同种间的后代构建作图群体；水稻的多态性居中。在作物育种实践中，育种家常将野生种的优良性状转育到栽培种中，这种亲缘关系较远的杂交转育，DNA 多态性非常丰富。②选择亲本时应尽量选用纯度高的材料。③要考虑杂交后代的可育性。亲本间的差异过大，杂种染色体之间的配对和重组会受到抑制，导致连锁座位间的重组率偏低，出现严重的偏分离现象，降低所建图谱的可信度和适用范围；严重的还会降低杂种后代的结实率，甚至导致不育，影响分离群体的构建。由于各种原因，仅用一对亲本的分离群体建立的遗传图谱往往不能完全满足基因组研究和各种育种目标的要求，应选用几个不同的亲本组合，分别进行连锁作图，以达到相互弥补的目的。④选配亲本时还应对亲本及其 $F_1$ 杂种进行细胞学鉴定。若双亲间存在相互易位，或多倍体材料（如小麦）存在单体或部分染色体缺失等问题，其后代就不宜用来构建连锁图谱。

构建 DNA 连锁图谱可以选用不同类型的分离群体，如 $F_2$、$F_3$、$F_4$、$BC_1$、RIL、DH 等，它们各有优缺点。根据其遗传稳定性可将这些分离群体分成两大类：①暂时性分离群体，如 $F_2$、$F_3$、$F_4$、$BC_1$、三交群体等，这类群体中的分离单位是个体，一经自交或近交其遗传组成就会发生变化，无法永久使用；②永久性分离群体，如 RIL、DH 群体等，这类群体中的分离单位是株系，不同株系之间存在基因型的差异，而株系内个体间的基因型是相同且纯合的，是自交不分离的。这类群体可通过自交或近交繁殖后代，而不会改变群体的遗传组成，可以永久使用。

遗传图谱的分辨率和精度，很大程度上取决于群体大小。群体越大，则作图精度越高；但群体太大，不仅增大实验工作量，而且增加费用。因此确定合适的群体大小是十分必要的。合适群体大小的确定与遗传作图的目的有关。大部分已发表的分子标记连锁图谱所用的分离群体一般都不足 300 个单株或家系。而如果用这样大小的群体去定位数量性状的基因，就会产生很大的试验误差。从作图效率考虑，作图群体所需样本容量的大小取决于以下两个方面：①从随机分离结果可以辨别的最大图距（所有连锁群的长度之和）；②两个标记间可以检测到重组的最小图距（$n=100$，$r=1\%$；$n=200$，$r=0.5\%$；$n=1000$，$r=0.1\%$）。因此，作图群体的大小可根据研究的目标来确定。作图群体越大，则可以分辨的最小图距就越小，可以确定的最大图距也越大。如果建图的目的是用于基因组的序列分析或基因分离等工作，则需用较大的群体，以保证所建连锁图谱的精确性。在实际工作中，构建分子标记骨架连锁图可基于大群体中的一个随机小群体（如 150 个单株或家系），当需要精细地研究某个连锁区域时，再有针对性地利用目标区域的杂合体构建更大的分离群体。这种大小群体相结合的方法，既可达到研究的目的，又可减轻工作量。

作图群体大小还取决于所用群体的类型，如常用的 $F_2$ 和 $BC_1$ 两种群体，前者所需的群体就必须大些。这是因为，$F_2$ 群体中存在更多种类的基因型，而为了保证每种基因型都有可能出现，就必须有较大的群体。一般而言，$F_2$ 群体的大小必须比 $BC_1$ 群体大约一倍，才能达到与 $BC_1$ 相当的作图精度。因此，$BC_1$ 的作图效率比 $F_2$ 高得多。在分子标记连锁图的构建中，DH 群体的作图效率在统计上与 $BC_1$ 相当，而 RIL 群体则稍差些。总的说来，在分子标记连锁图的构建方面，为了达到彼此相当的作图精度，所需的群体大小的顺序为 $F_2>RIL>BC_1$ 和 DH。

通过试验的方法，获得不同个体的分子标记基因型信息，是进行遗传连锁分析的关键步骤。通常各种分子标记基因型的表现形式是电泳带型，将电泳带型数字化是分子标记数据进行数学处理的关键。进行分子标记带型数字化的基本原则是，必须区分所有可能的类型和情况，并赋予相应的数字或符号。例如，对于共显性分子标记，在 $F_2$ 群体中，总共有 4 种分子标记基因型，即 $P_1$ 型、$F_1$ 型、$P_2$ 型和缺失数据，故可用 4 个数字 1、2、3 和 0 分别表示。对于显性分子标记，则 $F_2$ 中会出现两种情况，一种是 $P_1$ 对 $P_2$ 显性，于是 $P_1$ 型和 $F_1$ 型无法区分，这时应将 $P_1$ 型和 $F_1$ 型作为一种类型，记为 4；另一种情况正好相反，$P_2$ 对 $P_1$ 显性，无法区分 $P_2$ 型和 $F_1$ 型，故应将它们合为一种类型，记为 5。对于 $BC_1$、DH 和 RIL 群体，每个分离的基因座都只有两种基因型，不论是共显性标记还是显性标记，两种基因型都可以识别，加上缺失数据的情况，总共只有 3 种类型。因而用 3 个数字就可以将分子标记全部带型数字化。

在分析质量性状基因与分子标记之间的连锁关系

时，也必须将有关的表型数字化，其方法与分子标记带型的数字化相似。例如，假设在DH群体中，有一个主效基因控制株高，那么就可以将株系按植株的高度分为高秆和矮秆两大类，然后根据亲本的表现分别给高秆和矮秆株系赋值，如1和4。将质量性状经过这样的数字化处理，就可以与分子标记数据放在一起进行连锁分析。

遗传图谱的构建需要对大量分子标记之间的连锁关系进行统计分析。随着标记数目的增加，计算工作量呈指数式增加，这是手工无法完成的。因此，必须借助计算机进行分析和处理。应用于植物遗传连锁分析和遗传图谱构建的常用软件有LINKAGE、MAPMAKER/EXP等。

一个基本的染色体连锁框架图要求分子标记的平均间隔不大于20cM。如果构建连锁图谱是为了进行主效基因定位，其平均间隔要求为10～20cM或更小。用于QTL定位的连锁图，其分子标记的平均间隔要求在10cM以下。如果构建的连锁图谱是为了进行基因克隆，则要求目标区域分子标记的平均间隔在1cM以下。不同生物基因组大小有极大差异，因此满足上述要求所需的分子标记数是不同的。以人类和水稻为例，它们的基因组全长分别为$33\times10^6$kb和$45\times10^5$kb，其遗传图谱的总长约为3300cM和1500cM，如果想构建一个分子标记之间平均图距为0.5cM的遗传连锁图谱，则至少分别需要6600个和3000个有多态的分子标记。几种生物不同图谱饱和度下所需的分子标记数如表14-2所示。

**表14-2 遗传图谱达到特定饱和度所需的分子标记数**

| 生物 | | 人类 | 水稻 | 玉米 | 拟南芥 | 番茄 |
|---|---|---|---|---|---|---|
| 基因组大小 | /kb | $3.3\times10^6$ | $4.5\times10^5$ | $2.5\times10^6$ | $7.0\times10^4$ | $7.1\times10^5$ |
| | /cM | 3300 | 1500 | 2500 | 500 | 1500 |
| | /（kb/cM） | 1000 | 300 | 1000 | 140 | 473 |
| 图谱饱和度 | 20cM | 165 | 75 | 125 | 25 | 75 |
| | 10cM | 330 | 150 | 250 | 50 | 150 |
| | 5cM | 660 | 300 | 500 | 100 | 300 |
| | 1cM | 3300 | 1500 | 2500 | 500 | 1500 |
| | 0.5cM | 6600 | 3000 | 5000 | 1000 | 3000 |



## 二、主效基因定位

主效基因定位即对质量性状的基因定位。基因定位的基本原理是通过分析分子标记与目标性状表型之间的连锁关系，确定基因在遗传图谱中的位置。分子标记是通过它们产生的带型来识别的，而基因是通过它们产生的表型来识别的。因此基因定位既要分析分子标记的带型，又要分析基因型产生的表型。无论是遗传标记还是基因，都在染色体上占有它们的座位，而这些座位都是DNA的一个片段，因此从座位上看，它们并没有什么区别。通过遗传连锁分析，确定各个分子标记在染色体上的相对位置和排列顺序，再通过确定基因与分子标记之间的连锁关系，就可以确定基因在染色体上的位置。

在进行主效基因的定位过程中，快速找到与目标基因连锁的分子标记的主要方法有近等基因系分析法和分组混合分析法等。

**1. 近等基因系分析法** 一组遗传背景相同或相近，只在个别染色体区段上存在差异的株系，称为近等基因系（near-isogenic line，NIL）。如果一对近等基因系在目标性状上有差异，那么，凡是在这对近等基因系间有多态性的分子标记，就可能位于目标基因的附近（Muehlbauer，1988）。因此，利用近等基因系材料，可以寻找与目标基因可能连锁的分子标记。利用近等基因系分析法定位了许多质量性状基因，如番茄抗病毒病基因*Tm-2a*（Young et al.，1988）和水稻半矮秆基因*sdy*（Liang，1994）等。

利用NIL寻找与质量性状基因连锁的分子标记的基本策略是比较轮回亲本、NIL及供体亲本三者的分子标记带型，当NIL与供体亲本具有相同的分子标记带型，但与轮回亲本的分子标记带型不同时，则该分子标记就可能与目标基因连锁（图14-4）。

在目标基因所在的染色体区域附近，检测到DNA标记的概率大小取决于被导入的染色体片段的长度及轮回亲本和供体亲本基因组之间DNA多态性的程度。检测概率随培育NIL中回交次数的增加而降低。当轮回亲本和供体亲本分别属于栽培种和野生种时，就有可能发现较多的多态性分子标记；相反，轮回亲本和供体亲本的亲缘关系越密切，其多态性的分子标记就越少。

在成对NIL间有差异的染色体区段可能很宽，以致通过上面的方法得到的分子标记可能与目标基因相距较远，甚至还有可能位于不同的连锁群上。通过增加回交次数或借助于标记辅助选择可缩小连锁累赘的

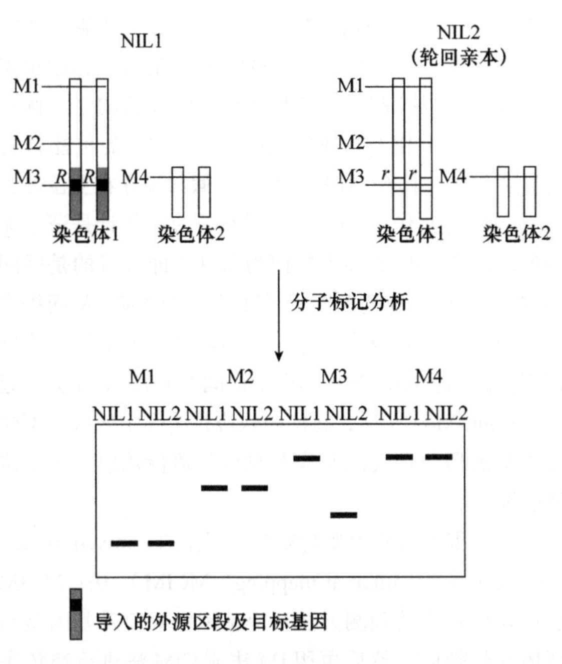


图 14-4　近等基因系分析法原理示意图

影响程度。另外，利用包含同一目标性状的多个 NIL 进行连锁标记的筛选，可以减少在非目标染色体区域检测到假阳性分子标记的机会，增加检测到连锁的分子标记的概率。

**2. 分组混合分析法**　分组混合分析法，简称 BSA（bulked segregation analysis）法（Michelmore et al.，1991）。BSA 法是从近等基因系分析法演化而来的，它克服了许多作物没有或难以创建相应 NIL 的限制，在自交和异交物种中均有广泛的应用。对于尚无连锁图或连锁图饱和程度较低的植物，利用 BSA 法也是快速获得与目标基因连锁的分子标记的有效方法。利用 BSA 法已定位了许多重要的质量性状基因，如莴苣抗霜霉病基因（Michelmore et al.，1991）、水稻抗瘿蚊基因（Mohan et al.，1994）、水稻抗稻瘟病基因（朱立煌等，1994）和玉米的抗矮花叶病基因（席章营等，2008）等。BSA 法根据分组混合的方法不同可分为基于性状表型和基于分子标记基因型两种。

基于性状表型的 BSA 法是根据目标性状的表型对分离群体进行分组混合的。其基本原理是，在作图群体中，依据目标性状表型的相对差异（如抗病与感病），并将个体或株系分成两组，然后分别将两组中的个体或株系的 DNA 混合，形成相对的两个 DNA 池。这两个 DNA 池之间除了在目标基因座所在的染色体区域的 DNA 组成上存在差异之外，来自基因组其他部分的 DNA 组成是基本相同的。换句话说，两 DNA 池间差异相当于两近等基因系基因组之间的差异，仅在目标区域上不同，而整个遗传背景是相同的。因此，在这两个 DNA 池间表现出多态性的 DNA 标记，就有可能与目标基因连锁（图 14-5）。在检测两 DNA 池之间的多态性分子标记时，通常应以双亲的 DNA 作对照，以利于对实验结果的正确分析和判断。通常，在用 BSA 法获得连锁标记后，还需要回到分离群体上进行连锁分析，并计算出分子标记与目标基因间的遗传图距。

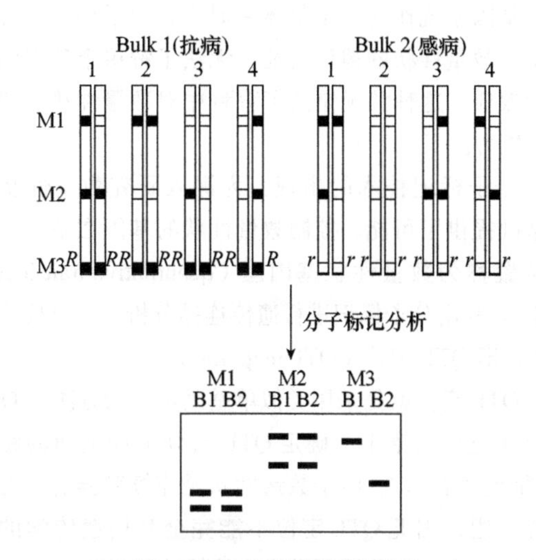


图 14-5　BSA 法原理示意图

Bulk 1、Bulk 2 指按目标性状差异的分组；1、2、3、4 指组中不同个体；M1、M2、M3 分别指不同的分子标记，M3 位于目标基因附件；*R* 和 *r* 分别为抗病基因和感病基因

近等基因系分析法和分组混合分析法只能对目标基因进行分子标记（molecular tagging），但还不能确定目标基因与分子标记间连锁的紧密程度及其在遗传连锁图上的相对位置，而这些信息对于评估该连锁标记在标记辅助选择和图位克隆中的应用价值是十分必要的。因此，在获得与目标基因可能连锁的分子标记后，还必须进一步利用作图群体将目标基因定位在连锁图谱上。定位方法的基本原理是利用经典遗传学的三点测验法计算分子标记之间及分子标记与目标基因之间的遗传距离。

作物中许多重要的农艺性状如抗病性、抗虫性、育性、株高等都表现出质量性状遗传的特点。这些性状受单基因或少数几个基因控制。一般均有显隐性，呈显性的个体在分离世代难以通过表型来识别目的基因是纯合还是杂合。当几对基因同时对某一表型起作用时，很难辨别哪些基因在起作用。特别是对那些虽然受少数主效基因控制，但还受遗传背景、微效基因作用及环境条件影响的性状，就更难通过普通遗传学方法进行鉴别。而利用分子标记来定位、鉴别质量性状基因，通过与目标性状紧密连锁的分子标记来选择，则要容易得多，特别是对一些易受环境条件影响的抗性基因和抗逆基因进行选择就变得相对简单多了。

## 三、QTL 定位

作物中大多数重要的农艺性状和经济性状如产

量、品质、成熟期、耐逆性等都是数量性状。数量性状受多基因控制，遗传基础复杂，且易受环境影响，表现为连续变异，表型与基因型之间没有明确的对应关系。因此，对数量性状的遗传研究十分困难。长期以来，只能借助于数理统计的手段，将控制数量性状的多基因系统作为一个整体来研究，用平均值和方差来反映数量性状的遗传特征，无法了解单个基因的位置和效应，这种状况制约了育种中对数量性状的遗传操纵能力。

分子标记技术的出现，为深入研究数量性状遗传基础提供了可能。控制数量性状的基因在基因组中的位置称为数量性状基因座（quantitative trait locus，QTL）。利用分子标记进行遗传连锁分析，可以检测出QTL，即QTL定位（QTL mapping）。

QTL定位就是采用类似单基因定位的方法将QTL定位在遗传图谱上，确定QTL与分子标记间的距离（以重组率表示）。由于数量性状是连续变异的，无法明确分组，因此QTL定位不能完全套用遗传学的连锁分析方法，而必须发展特殊的统计分析方法。20世纪80年代末以来，这方面的研究十分活跃，已经发展了许多QTL定位方法。常用的有区间作图法、复合区间作图法、多元回归法等，并开发出一些功能很强的软件包，如Map Manager、Mapmaker/QTL、Linkage、WinQTLCart等。这些程序包都可以从网上免费下载。利用这些方法，可将控制某一数量性状的基因分解为多个QTL，像研究质量性状一样，将它们分别定位于染色体上，并分析各个QTL的单个效应及互作效应。



区间作图（interval mapping，IM）法：由Lander和Botstein等提出，建立在个体数量性状观测值与双侧分子标记基因型变量的线性模型基础上，利用最大似然法对相邻标记构成的区间内任意一点可能存在的QTL进行似然比检测，进而获得其效应的极大似然估计。其遗传假设是，数量性状遗传变异只受一对基因控制，表型变异受遗传效应（固定效应）和剩余误差（随机效应）控制，不存在基因型与环境的互作。区间作图法可以估算QTL加性和显性效应值。区间作图法具有以下特点：能从支撑区间推断QTL的可能位置；可利用标记连锁图在全染色体组系统地搜索QTL，如果一条染色体上只有一个QTL，则QTL的位置和效应估计趋于渐进无偏；QTL检测所需的个体数大大减少。但IM法也存在不足：QTL回归效应为固定效应；无法估算基因型与环境间的互作，无法检测复杂的遗传效应（如上位效应等）；当相邻QTL相距较近时，由于其作图精度不高，QTL间相互干扰导致出现Ghost QTL；一次只应用两个标记进行检查，效率很低。

复合区间作图（composite interval mapping，CIM）法：CIM法是一种结合了区间作图和多元回归特点的QTL作图方法（Zeng，1994）。该方法在对某一特定标记区间进行检测时，将与QTL连锁的其他标记也拟合在模型中以控制背景遗传效应。CIM法的主要优点是：由于仍采用QTL似然值来显示QTL的可能位置及显著程度，具有IM法的优点；假如不存在上位性和QTL与环境互作，QTL的位置和效应的估计是渐进无偏的；以所选择的多个标记为条件（即进行的是区间检测），在较大程度上控制了背景遗传效应，从而提高了作图的精度和效率。存在的不足是：由于将两侧标记用作区间作图，对相邻标记区间的QTL估计会引起偏离；同IM法一样，将回归效应视为固定效应，不能分析基因型与环境的互作及复杂的遗传效应（如上位效应等）。

基于混合线性模型的复合区间作图（mixed-model-based composite interval mapping，MCIM）法：MCIM法用随机效应的预测方法获得基因型效应及基因型与环境互作效应，然后再用IM法或CIM法进行遗传主效应及基因型与环境互作效应的QTL定位分析（朱军，1998）。该方法将群体均值及QTL的各项遗传效应作为固定效应，而将环境、QTL与环境、分子标记等效应作为随机效应。由于MCIM法将效应值估计和定位分析相结合，既可无偏地分析QTL与环境的互作效应，又提高了作图的精度和效率。此外，该模型可以扩展到分析具有加×加、加×显、显×显上位的各种遗传主效应及其与环境互作效应的QTL。利用这些效应值的估计，可预测基于QTL主效应的普通杂种优势和基于QTL与环境互作效应的互作杂种优势。

QTL定位研究常用的群体有$F_2$、BC、RIL和DH等。这些群体可称为初级群体（primary population）。用初级群体进行的QTL定位的精度通常不会很高，只是初级定位。理论研究表明，影响QTL初级定位灵敏度和精确度的最重要因素是群体的大小。但是，在实际研究中，限于费用和工作量，所用的初级群体不可能很大。即使没有费用和工作量的问题，一个很大的群体也会给田间试验的具体操作和误差控制带来极大的困难。所以，使用很大的初级群体是不切合实际的。由于群体大小的限制，无论怎样改进统计分析方法，也无法使初级定位的分辨率或精度达到很高，估计出的QTL位置的置信区间一般都在10cM以上（Alpert and Tanksley，1996），不能确定检测到的一个QTL中到底是只包含一个效应较大的基因还是包含数个效应较小的基因（Yano and Sasaki，1997）。也就是说，初级定位的精度还不足以将数量性状确切地分解成一个个孟德尔因子。因此，为了更精确地了解数量性状的遗传基础，在初级定位的基础上，还必须对主效QTL进行高分辨率（亚厘摩水平）的精细定位，即在目标QTL区域建立高分辨率的分子标记连锁图谱，并分析目标QTL与这些标记间的连锁关系。

为了精细定位某个主效QTL，必须使用含有该目标QTL的染色体片段代换系或近等基因系（简称为目标代换系）与受体亲本进行杂交，建立次级分离群体。一个理想的染色体片段代换系应该是，除了目标QTL所在的染色体片段完整地来自供体亲本之外，基因组的其余部分全部与受体亲本相同。这样，在染色体片段代换系与受体亲本杂交的后代中，仅在代换片段上存在基因分离，因而QTL定位分析只局限在很窄的染色体区域，消除了遗传背景的干扰，这就从遗传和统计两个方面保证了QTL定位的精确性（席章营和吴建宇，2006）。例如，日本水稻基因组研究计划成功地应用染色体片段代换系对一个水稻抽穗期主效QTL进行了精细定位，分辨率超过0.5cM（Yamamoto and Yun，1996）。精细定位目标QTL的程序是：①将目标代换系与受体亲本杂交，建立仅在代换片段上发生基因分离的$F_2$群体（次级群体）；②调查$F_2$群体中各单株的目标性状值（表型）；③筛选目标代换系与受体亲本间（在代换片段上）的多态性分子标记；④用筛选出的分子标记测定$F_2$各单株的标记基因型（marker-type，即分子标记的基因型）；⑤联合表型数据和标记基因型数据进行分析，估计出目标QTL与标记间的连锁距离。在初级定位中所用的QTL定位方法均可用于精细定位中的数据分析。由于精细定位的精度达到亚厘摩水平（小于1cM），为了检测到重组基因型，$F_2$群体必须足够大（通常大于1000）。

针对单个目标QTL建立染色体片段代换系的方法只适用于效应较大的QTL的精细定位，而且非常费工费时。要系统地对全基因组的QTL开展精细定位，就应该建立一套覆盖全基因组的、相互重叠的染色体片段代换系，也就是在受体亲本的遗传背景中建立供体亲本的"基因文库"。在番茄（Eshed and Zamir，1995）、十字花科植物（Howell et al.，1996；Ramsay et al.，1996）和禾本科作物（Xi et al.，2006；Szalma et al.，2007；王邦太等，2012）中已经建立起了代换系重叠群。要应用代换系重叠群系统地对某数量性状进行QTL的精细定位，首先必须进行代换系鉴定试验，即将所有代换系进行多年、多点重复试验，以受体亲本为对照，鉴定每个代换系与受体亲本之间存在显著差异的性状，即代换片段上带有目标性状QTL的代换系，简称为目标代换系。对目标代换系的分析方法与单QTL精细定位中介绍的相同，只是这里所面对的是许多目标代换系，工作量巨大。除了将各个目标代换系分别与受体亲本进行杂交之外，也可以在不同目标代换系之间进行杂交。这样做有两个好处，一是进一步缩小QTL位置的区间。如果两个相互重叠的代换系杂交，后代不出现性状分离，则说明它们所带的QTL是相同的，且位于它们的重叠区内；如果发生分离，则说明他们所带的QTL是不同的，分别位于各自特有的区域（即非重叠区）上。代换系间杂交的另一个好处是可以研究不同QTL间（或代换片段间）的相互作用（上位效应）。值得指出的是，有的代换系在鉴定试验中与受体亲本间没有表现出显著的差异，但在代换系间杂交中却表现出效应，这说明它实际上含有QTL，只是该QTL在单独存在时没有效应（不存在主效应），而必须与某个（些）别的QTL共同存在时才表现出表型效应（上位效应）。



## 第三节　分子标记辅助选择

育种工作的关键是提高选择效率。所谓选择，是指在一个群体中选择符合要求的基因型。在传统育种中的选择是基于植株的表型，要求育种家具有丰富的实践经验，而且费时、费力。传统育种是通过表型间接对基因型进行选择的。有的性状因为表型测量难度较大或误差较大而造成表型选择的困难。另外，在个体发育过程中，每一性状都有其特定的表现时期。许多重要的性状（如产量和品质）都必须到发育后期或成熟时才得以表现，因而选择也只能等到那时才能进行。这对于那些植株高大、占地多、生长季长的作物，显然是非常不利的。总之，传统的基于表型的选择方法存在效率较低等缺点。要提高选择的效率与育种的预见性，最理想的方法应该是能够直接对基因型进行选择。

分子标记技术为实现对基因型的直接选择提供了可能。如果目标基因与某个分子标记紧密连锁，那么通过对分子标记基因型的检测，就能获知目标基因的基因型。因此，能够借助分子标记对目标性状的基因型进行选择，即标记辅助选择。这是分子标记在育种中应用的主要方面。其中，与目标基因连锁的分子标记筛选是进行分子标记辅助选择育种的基础。

用于分子标记辅助选择的分子标记必须具备3个条件：①分子标记与目标基因共分离或紧密连锁，一般要求两者间的遗传距离小于5cM；②标记实用性强，重复性好，经济简便；③不同遗传背景均有效。

### 一、质量性状的标记辅助选择

传统的表型选择方法对质量性状一般是有效的，因为质量性状的表型与基因型之间通常存在清晰可辨的对应关系。因此，在多数情况下，对质量性状的选择无须借助于分子标记。但对于以下3种情况，采用标记辅助选择可提高选择效率：①表型的测量在技术上难度很大或费用太高时；②表型只能在个体发育后期才能测量，但为了加快育种进程或减少后期工作量，希望在个体发育早期（甚至是对种子）就进行选择时；③除目标基因外，还需要对基因组的其他部分（即遗传背景）进行选择时。另外，有些质量性状不仅受主效基因控制，而且还受到一些微效基因的修饰作用，易受环境的影响，表现出类似数量性状的连续变异。许多常见的植物抗病性都表现为这种遗传模式。这类性状的遗传表现介于典型的质量性状和典型的数量性状之间，所以有时又称之为质量-数量性状。育种家感兴趣的主要还是其中的主效基因，因此习惯上仍把它们作为质量性状来对待。这类性状的表型往往不能很好地反映其基因型，所以按传统育种方法，依据表型对其主效基因进行选择，有时相当困难，效率很低。因此，标记辅助选择对这类性状就特别有用。一个典型的例子是大豆孢囊线虫病抗性的标记辅助育种（Young，1999）。

质量性状标记辅助选择包括前景选择和背景选择。对目标基因的选择称为前景选择（foreground selection）（Hospital and Charcosset，1997），这是标记辅助选择的主要方面。前景选择的可靠性主要取决于标记与目标基因间连锁的紧密程度。若只用一个标记对目标基因进行选择，则标记与目标基因间的连锁必须非常紧密，才能够达到较高的正确率；若同时用两侧相邻的两个标记对目标基因进行跟踪选择，可大大提高选择的正确率。

对基因组中除了目标基因之外的其他部分（即遗传背景）的选择，称为背景选择（background selection）（Hospital and Charcosset，1997）。通过背景选择，可以尽快使遗传背景接近轮回亲本，进而剔除遗传背景对目标基因的影响。与前景选择不同的是，背景选择的对象包括整个基因组，因此，这里牵涉一个全基因组选择的问题。在分离群体（如$F_2$群体）中，由于在上一代形成配子时同源染色体之间会发生交换，每条染色体都可能是由双亲染色体重新组装成的嵌合体。所以，要对整个基因组进行选择，就必须知道每条染色体的组成。这就要求用来选择的标记能够覆盖整个基因组，也就是说，必须有一张完整的分子标记连锁图。当一个个体中覆盖全基因组的所有标记的基因型都已知时，就可以推测出各个标记座位上等位基因的可能来源（指来自哪个亲本），进而可以推测出该个体中所有染色体的组成。考虑一条染色体，如果两个相邻标记座位上的等位基因来自不同的亲本，则说明在这两个标记之间的染色体区段上发生了单交换或更高的奇数次交换；如果两标记座位上的等位基因来自同一个亲本，则可近似认为这两个标记之间的染色体区段也来自这个亲本，因为在这种情况下，该区段上只可能发生偶数次交换，而即使是最低的偶数次交换（即双交换），其发生的概率也是很小的。这样，根据两个相邻的标记，就能够推测出它们之间的染色体区段的来源和组成。将这个原理推广到所有的相邻标记，就可以推测出一个反映全基因组组成状况的连续的基因型，这种连续的基因型能直观地用图形表示出来，称为图示基因型（graphic genotype）（Young and Tanksley，1989）。由于目标基因是选择的首要对象，因此一般应首先进行前景选择，以保证不丢失目标基因，然后再对中选的个体进一步进行背景选择，以加快育种进程。

质量性状标记辅助选择的基本策略是基因聚合（gene pyramiding）和基因转移（gene transfer）或基因渗入（gene transgression）。基因聚合是将分散在不同品种中的有用基因聚合到同一个基因组中。植物抗病性分为垂直抗性和水平抗性两种，其中垂直抗性受主效基因控制，抗性强，效应明显，易于利用。但垂直抗性一般具有小种特异性，所以易因致病菌优势小种的变化而丧失抗性。如果能将抵抗不同生理小种的抗病基因聚合到一个品种中，那么该品种就具有抵抗多种生理小种的能力，亦即具有多抗性。

基因转移或基因渗入是指将供体亲本（一般为野生近缘种、地方品种、特异种质或育种中间材料等）中的有用基因（即目标基因）转移或渗入受体亲本（一般为优良品种或杂交种品种的亲本）的遗传背景中，从而达到改良受体亲本个别性状的目的。通常采用回交的方法，即将供体亲本与受体亲本杂交，然后以受体亲本为轮回亲本，进行多代回交，直到除了来自供体亲本的目标基因之外，基因组的其他部分全部来自受体亲本。

## 二、数量性状的标记辅助选择

作物育种目标中的大多数重要性状都是数量性状，从这个意义上看，对数量性状的遗传操作能力决定了作物育种的效率。数量性状的主要遗传特点就是表型与基因型之间缺乏明确的对应关系，而传统育种方法主要都是依据个体表型进行选择的，这是造成传统育种效率不高的主要原因。因此，无论从重要性上看，还是从必要性上看，数量性状都应成为标记辅助选择的主要对象，人们期望它能够给作物育种带来一场革命，这也是吸引了全世界众多作物遗传育种学家满怀热情地致力于该领域研究的主要原因。

原则上，质量性状的标记辅助选择方法也适用于数量性状，但同时还要考虑许多其他因素。目前，QTL定位的基础研究还不能满足育种的需要，还没有哪个数量性状的全部QTL被精确地定位出来，因此，还无法对数量性状进行全面的标记辅助选择。而要在育种过程中同时对许多目标基因（QTL）进行选择也是一个比较复杂的问题。另外，上位效应也可能会影响选择的效果，使选育结果不符合预期的目标。再者，不同数量性状间还可能存在遗传相关。因此，在对一个性状进行选择的同时，还必须考虑对其他性状的影响。可见，影响数量性状标记辅助选择的因素很多，其难度要比质量性状大得多。

目前，对数量性状标记辅助选择的研究多局限在理论上，要在数量性状的遗传改良上应用标记辅助选择技术，还有很多基础工作要做。

## 三、全基因组分子标记辅助选择

近年来，随着拟南芥、水稻、玉米、芝麻等植物全基因组测序的完成，植物基因组学研究已经由简单的质量性状转向复杂的数量性状，特别是大量丰富且廉价 SNP 标记的开发以及生物信息学的迅猛发展，利用全基因组选择方法进行植物数量性状改良成为遗传学研究的热点之一。全基因组分子标记辅助选择，不需要进行传统意义上标记和性状的关联。它是基于连锁不平衡理论，即假设标记与相邻的 QTL 处于连锁不平衡状态，利用覆盖全基因组的分子标记将染色体分成若干区段，然后通过模拟群体的基因型和表型估算每个染色体片段的效应值。由于标记和 QTL 的连锁不平衡，所以利用相同标记估算的染色体片段的效应在不同群体中是相同的，基于以上结果，研究人员可以利用相同标记进行其他个体或群体的育种值的预测。与传统育种相比，全基因组选择分子育种技术选择更准确、更高效，可使育种周期缩短 2～3 个生长周期。以全基因组序列为指导的新一代育种技术效率更高，成本更低。全基因组选择分为 3 个步骤：①基于参考群体全基因组分子标记与表型鉴定数据建立 BLUP（best linear unbiased prediction）模型，估计每一标记的育种值；②利用同样的分子标记对其他材料育种值进行预测；③根据预测育种值进行选择。对于植物育种来说，全基因组选择具有革命性意义。因为，全基因组选择可以减少表型鉴定的频率，并且其选择依赖于基因型而不是表型，因此选择结果更加可靠。全基因组选择育种的方法可以同时对多个性状进行选择，并显著提高选择的效率，同时全基因组选择选用覆盖全基因组的分子标记，这样可以将每个起作用基因的效应包括在内，增加了选择的准确性。目前，科研人员利用育种数据（个体基因型，中等密度到高等密度的标记）可以在不同环境下对植物的一些性状（如籽粒产量、生物学产量、抗病性、开花习性）进行预测，预测的准确性依赖于性状的遗传力、群体大小、标记数目、参考群体与检验群体之间的关系以及基因与环境互作。

## 四、基因定位与标记辅助选择结合的策略

迄今分子标记辅助选择技术在育种中的应用显得很不够。一个重要原因是，大多数研究的最初目的只是为了定位目标基因，在实验材料的选择上只考虑研究的方便，而没考虑与育种材料的结合。甚至许多研究最终都只停留在目标基因的定位上，未进一步走向育种应用。已发表的论文中，基本上都是基因定位的研究，极少是真正有关标记辅助选择应用技术的。可见，最初指导思想的失误是造成目前这种基因定位研究与标记辅助选择应用相脱离的局面的主要原因。因此，为了使基因定位的研究成果能够尽快地服务于育种，今后在研究策略上应重视与标记辅助选择相结合。特别是对于质量性状，其标记辅助选择的理论和技术都比较成熟，今后研究的重点更应是实际应用。在选择杂交亲本上应尽量使用与育种直接有关的材料，所构建的群体也应尽可能做到既是遗传研究群体，又是育种群体，这样才能缩短基因定位研究与育种应用的距离。

基因定位与分子标记辅助选择育种结合主要有以下几个策略。

**1. 目标基因的定位与标记辅助回交育种相结合** 在育种过程中，在回交一代对目标性状进行基因定位，然后以该定位结果指导各回交世代中的个体选择（即标记辅助选择）。这样，基因定位和标记辅助育种就能够有机地结合起来。在定位一个有用的主效基因时，杂交亲本之一最好是已推广应用的优良品种，这样，在定位目标主效基因的同时，即可应用标记辅助选择，使原优良品种得到改良（图 14-6）。

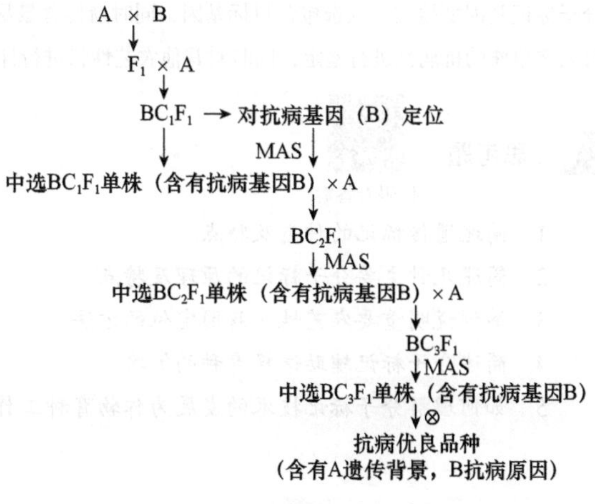

A × B
↓
$F_1$ × A
↓
$BC_1F_1$ → 对抗病基因（B）定位
↓ MAS
中选$BC_1F_1$单株（含有抗病基因B）× A
↓
$BC_2F_1$
↓ MAS
中选$BC_2F_1$单株（含有抗病基因B）× A
↓
$BC_3F_1$
↓ MAS
中选$BC_3F_1$单株（含有抗病基因B）
↓ ⊗
抗病优良品种
（含有A遗传背景，B抗病原因）

图 14-6　目标基因的定位与标记辅助回交育种相结合
A 为受体亲本；B 为含有抗病基因的供体亲本

**2. 标记辅助基因聚合与品种改良相结合** 在聚合分散于多个育种材料中的抗病基因时，最好以一个优良品种为共同杂交亲本，以便在基因聚合的同时，

也使优良品种在抗性上得到改良，既可直接应用于生产，又可作为多个抗病基因的受体亲本，用于育种（图 14-7）。对于数量性状，针对育种的目标性状，选择拥有较多有利等位基因的材料作为供体亲本，而以欲改良的（缺乏这些有利等位基因的）优良品种为受体（轮回）亲本。

育种工作要有所突破，首先得设计一个好的育种计划，一个好的育种计划的诞生是建立在科学理论发展的基础上的，不仅与遗传学的发展，而且与相关学科及实验技术的发展密切相关。本节讨论的方法是基于当前DNA标记技术的发展及相关分子生物学领域的发展趋势提出来的。这些方法需要在实践中经受检验，同时也需要在实践中不断加以完善。在育种实践中，要不断完善分子标记技术和方法。通过育种家和现代遗传学家们的共同努力，一定能够创建更加完美的育种策略与方法。

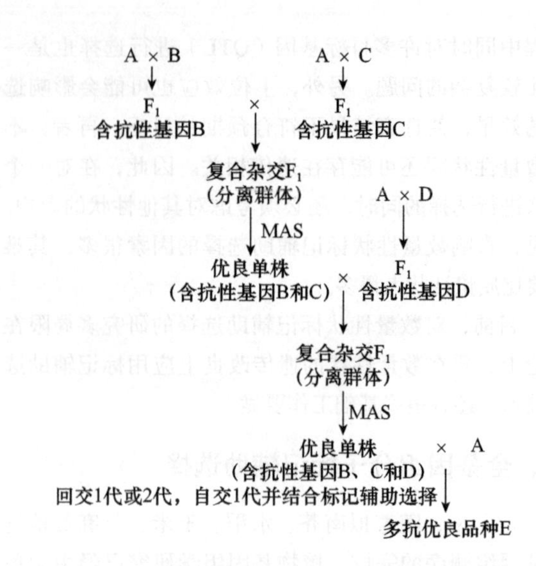


图 14-7　标记辅助基因聚合与品种改良相结合

A 为受体亲本；B、C 和 D 为供体亲本；E 为育成的多抗优良品种（含有 A 的遗传背景，含有 B、C、D 的抗性基因）

## 本章小结

分子标记辅助选择技术可以提高育种效率。常用的分子标记有 RFLP、SSR、SNP 等。基于分离群体可以构建分子标记遗传连锁图谱、对质量性状基因和数量性状（QTL）进行基因定位。根据与基因紧密连锁的双侧分子标记基因型可以对目标基因进行选择。分子标记辅助选择适合表型鉴定比较困难的性状、对成株期进行及早预测等情况。基因定位与分子标记辅助选择育种相结合的育种策略可以提高基因定位的实用性。



## 拓展阅读

质量性状单抗病基因分子标记辅助选择回交转育的育种步骤主要包括：①基因定位。构建 $F_2$ 或 $BC_1$ 等分离群体对目标抗病基因进行精细定位，最好定位在一个较小的区域内，目标基因双侧均有紧密连锁的分子标记。②前景选择。在回交过程中，利用双侧分子标记对目标基因进行跟踪选择。③背景选择。基于全基因组遗传连锁图谱，在目标基因以外的基因组区域进行分子标记基因型检测。入选包含目标基因，同时遗传背景尽可能与轮回亲本相近的单株。④入选单株的表型检测和遗传评估。对入选单株的抗病性进行鉴定，同时对其他农艺性状进行评估，以评价其综合利用价值。

## 思考题

扫码看答案

1. 简述遗传标记的种类及特点。
2. 简述几种主要分子标记的原理及特点。
3. 举例说明重要农艺性状基因定位的方法。
4. 简述分子标记辅助选择育种的策略。
5. 如何理解分子标记技术的发展为作物育种工作注入了新的活力？

# 第4部分

# 重要性状的鉴定方法

重点提要

- □ 抗病性鉴定
- □ 抗虫性鉴定
- □ 水分逆境耐性鉴定
- □ 温度逆境耐性鉴定
- □ 土壤逆境耐性鉴定
- □ 品质性状鉴定

# 第十五章　抗病虫性的鉴定

附件扫码可见

作物的抗病性（resistance to disease）是作物抵抗病原微生物侵入、扩展和危害的能力。抗虫性（resistance to pest）是作物所具有的抵御或减少昆虫的侵袭或危害的能力。抗病虫育种是指以植物的抗病、抗虫性为主要育种目标进行的新品种选育过程。抗病虫性的鉴定是选育抗病虫品种的关键技术。

## 第一节　作物抗病虫育种的意义和特点

### 一、作物病虫害的严重性

病虫害是引起农作物产量和品质损失的主要因素之一。据联合国粮食及农业组织（FAO）1993年的统计，全球不同农作物遭受病、虫、草害的损失高达作物产值的33.7%，其中病害占11.8%，虫害占12.2%，草害占9.7%。当天气形成适合病虫害发生的条件时，作物损失的相对量增大，甚至可能影响某国乃至全球的粮食安全，从而影响社会稳定。历史上有不少触目惊心的例子，如1845～1850年爱尔兰马铃薯晚疫病的大流行，造成饥荒，引发100多万爱尔兰人背井离乡；1943年孟加拉地区严重的水稻胡麻斑病，导致作为主食的水稻的产量惨重损失，200万人因饥荒而死；1950年，我国小麦条锈病大发生，损失产量约60亿kg；1970年美国玉米小斑病的大流行导致了10亿美元的损失，并引起国际玉米价格的上升。

### 二、作物抗病虫品种的作用

人类与病虫害斗争的历史，可以追溯到我们的祖先开始农耕的早期。在植物病虫害流行时，人们选留无害或为害较轻的植株上的种子，无意识地用田间自然鉴定法对病虫害的抗性进行了选择。20世纪40年代后，化学工业的发展使农药被广泛使用，化学农药在减轻病虫危害的同时，也带来了“3R”问题，即有害生物的抗药性（resistance）、再增猖獗（resurgence）和农药残留（residue），增加了农业生产的成本并造成环境污染。20世纪60年代末以后，逐步形成了有害生物综合防治体系，即在植物品种对主要病虫害具有一定程度抗性的基础上，综合运用生物、栽培、物理、化学等防治措施，把病原物、害虫的种群数压低到经济允许的阈值之下，以收到有效、经济、安全、稳定的生产效果。事实证明，在诸多病虫害的防治措施中，培育和使用抗病虫品种是最有效和最经济的。美国推广抗玉米螟的玉米杂交种 $1.2\times10^7hm^2$ 以上，年增加产值1.5亿美元以上。国际水稻研究所在20世纪60年代选育的抗二化螟和二点黑尾叶蝉的水稻品种‘IR20’，在东南亚国家推广，每年节省化学防治费用千万美元以上。

### 三、作物病虫害抗性鉴定和育种的特点

作物的抗病虫性是寄主的抗病或抗虫基因型和寄生物的致病或致害基因型在一定的环境条件下相互作用的结果。从贯穿育种程序的抗病虫性鉴定到抗病虫品种在生产上的使用，都要考虑病原物和害虫的因素，增加了抗病虫育种的复杂性。通过科学家们多年的研究，发展出了寄主与病原物、害虫相互作用的遗传学，构成抗病虫性鉴定及抗病虫品种选育的独特内容。

## 第二节　植物寄主与病原物、害虫相互作用的遗传学

要了解植物寄主与病原物、害虫相互作用的遗传学机制，需要分别了解病原物的致病性、害虫的致害性及其遗传变异，以及寄主的抗病虫性及其遗传。

### 一、病原物的致病性及其遗传变异

#### （一）致病性

致病性包括毒性（virulence）和侵袭力（aggressiveness）两个方面。毒性指的是病原菌能克服某一专化抗病基因而侵染该品种的特殊能力，是一种质量性状。因某种毒性只能克服其对应的抗病性，所以又称为专化性致病性（specific pathogenicity）。例如，我国白叶枯病生理小种5对水稻品种‘Tetep’有毒性，对‘南粳15’无毒性；而小种6对‘南粳15’有毒性，对‘Tetep’无毒性。

侵袭力是指在能够侵染寄主的前提下，病原菌在寄主中的生长繁殖速率和强度（如潜育期和产孢能力等），是一种数量性状，它没有专化性，故又称非专化性致病性（non-specific pathogenicity）。例如，来自我国不同地点的棉花黄萎病菌系，都能使‘岱字棉15号’品种感病，但不同菌系接种后的病情指数不同，如泾阳菌系的病情指数为45.3，北京菌系为36.0，锦州菌系为13.0。

### （二）致病性的遗传和变异

对真菌病害（如多种锈菌、白粉菌、黑粉菌等）的遗传研究表明，毒性多为单基因隐性遗传，无毒基因为显性，不同小种所含的毒性基因不同。在全部毒性基因座位上不含任何毒性基因的小种，称无毒性小种（avirulence race）；仅含少数几个毒性基因的小种称弱毒性小种；含有多个毒性基因的称为强毒性小种。

在许多研究中侵袭力的遗传是多基因遗传。Hill等（1982）认为玉米小斑病T小种的侵染效率和产孢量的遗传率较高，分别为21%～58%和23%～53%；而病斑面积的遗传率很低（0～6%）。

小种毒性和侵袭力的变化，是病原菌群体致病性变异的表现。已发现病原物有多种变异途径，包括突变、有性杂交、体细胞重组及适应性等。

### （三）生理小种及其鉴别寄主

生理小种（race）是在病原菌种、变种内的分类单位，生理小种形态上无差异，但对携带不同抗病基因品种的致病性不同，又被称为毒性小种。细菌的生理小种也称菌系（strain），病毒的生理小种称毒系（strain）。

在生理小种分化的病原菌群体中，占比例较大的小种称为优势小种（preferential race，priority race），其余的称为次要小种。当某一地区大面积推广某个品种时，能寄生在该品种上的小种便逐渐繁殖、积累而成为优势小种，而原来的优势小种便降为次要小种。例如20世纪50年代，随‘碧蚂1号’小麦品种在我国的大面积推广，能侵染‘碧蚂麦’引起条锈病的‘条中1号’小种上升为优势小种；1960年后，随‘碧玉麦’‘甘肃96’‘陕农9号’等小麦品种的推广，‘条中8号’、‘条中10号’上升为优势小种，而‘条中1号’降为次要小种。

生理小种的鉴定一般是利用一套对不同生理小种有专化性抗病性的寄主品种。将采集或分离到的病原物进行人工接种鉴定，根据寄主植物的抗病性和感病性的反应型，来区别不同的生理小种（表15-1）。用作鉴别生理小种的寄主品种称为鉴别寄主。

**表15-1 中国水稻白叶枯病菌生理小种与鉴别寄主体系**

| 生理小种 | 鉴别寄主品种及所携抗病基因 | | | | |
|---|---|---|---|---|---|
| | 金刚30（?） | Tetep（*Xa-2*） | 南粳15（*Xa-3*） | Java14（*Xa-12*） | IR26（*Xa-4*） |
| 0 | R | R | R | R | R |
| 1 | S | R | R | R | R |
| 2 | S | S | R | R | R |
| 3 | S | S | S | R | R |
| 4 | S | S | S | R | R |
| 5 | S | S | R | R | S |
| 6 | S | R | S | R | R |
| 7 | S | R | S | S | R |

注：R为抗性反应，S为感病反应

## 二、抗病虫性的机制

了解作物抗病虫性的机制，有助于提高抗性鉴定的准确性。

### （一）抗病性的种类和机制

在抗病性遗传育种研究中，可按作物的抗性程度分为免疫、高抗、中抗、中感、高感等；按寄主与病原菌的专化性有无分为专化性抗性和非专化性抗性；按抗性表现的时期分为苗期抗性、成株期抗性、全生育期抗性等；按抗性的遗传方式分为主效基因（或单基因、寡基因）抗性和微效基因（或多基因）抗性。若按抗性机制来分，有以下几种。

**1. 抗侵入（invading-resistance）** 寄主凭借固有的组织结构障碍，阻止病原菌的侵入。例如，植株表面具有较厚角质层或蜡质层的品种，可使病原菌不能侵入或难以侵入；抗枯萎病的棉花品种其木质部细致紧实，茎秆和根部表皮细胞坚硬。

**2. 抗扩展（spreading-resistance）** 病原菌侵入寄主体内建立寄生关系后，受寄主某些组织结构、生理生化特性等方面的抑制而难于进一步扩展，称为抗扩展。表现为病害潜育期长，病斑小、病斑扩展慢，病菌产孢量低。例如，植物的厚壁组织、木栓化组织等限制病原菌生长所需的营养供应；植物细胞产生次生代谢物质钝化病原菌胞外酶、中和其致病毒素，或直接产生植物保卫素等抑制病原菌生长和扩展；许多植物中的β-1，3-葡聚糖酶和几丁质酶可以使侵染寄主组织的菌丝体溶解；有些植物会产生蛋白酶钝化某些病毒。

过敏性坏死反应（hypersensitive necrosis reaction）是寄主对病原菌抗扩展反应的一种重要类型，当病原菌侵入植物体内时，受侵染细胞及其邻近细胞高度敏感，原生质体迅速坏死，形成枯死斑，病原菌被限制在枯斑组织中不能扩展。这种抗性多由单基因控制，对病原菌表现为高抗或免疫，是育种中利用最多的一种抗病性。

**3. 避病（escaping）** 感病的寄主品种在一定条件下避开病原菌的侵染而未发病的现象称为避病，包括时间避病和空间避病。前者指作物易感染的生育期错开了病原菌侵染的高峰期或适于发病的环境条件，如有些早熟小麦品种由于抽穗扬花时避开了多雨天气，减少了赤霉病的侵染率，因而发病较轻。后者指因寄主作物的株型、组织结构、开花习性等阻碍了病原菌与寄主的接触，如具有闭花授粉习性的大麦品种黑穗病的发生率较低，小麦叶片与茎秆夹角小的品种比叶片平伸的品种更抗锈病，因为病菌孢子不易在前者的叶片上附着。从严格意义上说，避病并不是植物本身具有的抗病能力，当条件变化时，它们同样会感病。

**4. 耐病（tolerance）** 当某一寄主品种被病原菌侵染，其发病程度与感病品种相当，但其产量、籽粒饱满度等主要经济性状不受损害或影响较小，称为耐病。耐病性可能与作物品种的生长发育和植株体内的生理代谢有关，如杂交水稻比常规水稻对纹枯病的侵染具有较强的忍耐性，因为前者有较强的生长势和分蘖力，光合作用补偿能力强。小麦对锈病的耐病性可能是品种的生理调节或补偿能力较强，如根系衰老较晚，吸水供水能力维持较强，可补偿因锈病孢子突破叶表而失去的大量水分。耐病品种可有效减少损失，有一定的生产利用价值。但种植耐病品种会繁殖出大量菌源，对邻近地区或下茬作物造成一定的威胁。

### （二）抗虫性的机制

**1. 不选择性（non-preference）** 又称拒虫性、排趋性、无偏嗜性。某些作物品种本身具有某些形态和生理等特征特性，表现出对某些害虫具有拒降落、拒取食、拒产卵等特性。例如，棉株茎、叶上多毛的品种能抗叶蝉、棉蚜、斜纹夜蛾、盲蝽象、蓟马、红蜘蛛（叶螨）、棉铃象鼻虫等；而光叶、无毛的品种能抗棉铃虫、红铃虫、烟青虫等。

**2. 抗生性（antibiosis）** 某些寄主作物体内含有毒素或抑制剂，或缺乏昆虫生长发育所需要的一些特定的营养物质（如维生素、糖、氨基酸等），致使害虫取食后，其发育和繁殖受到影响或死亡的特性。例如，水稻植株中的硅酸（$H_2SiO_3$）可抵御水稻螟虫幼虫钻入稻茎或阻挡已钻入稻茎的幼虫对髓部的取食，稻株叶片中含有的苯甲酸、水杨酸和脂肪酸均可抑制稻螟幼虫的生长发育；抗黑森瘿蚊的小麦品种，其茎秆中的硅酸含量高；叶鞘表面整个被致密的颗粒状硅酸体所遮盖，没有供幼虫取食的空隙；棉株中的棉酚是一种天然的杀虫剂，植株表面色素腺体数目多、棉酚含量高的品种能抗棉铃虫、红铃虫、蚜虫、小造桥虫、烟青虫和蜗牛等。

**3. 耐害性（tolerance）** 有些作物品种遭受虫害后，仍能正常生长发育，在个体或群体水平上均表现出一定的再生或补偿能力，不致大幅度减产的特性。

## 三、抗病虫性的遗传

在作物对病虫害抗性遗传的研究报道中，可以见到几乎所有植物遗传模式。在对抗病虫基因进行分析鉴定时，可根据杂种后代的表现，分析其遗传规律。

### （一）主效基因遗传

绝大多数的垂直抗病性或过敏性坏死类型抗性是受单基因或少数几个主效基因控制的。抗病虫基因可能是显性或隐性，不同基因之间可能存在连锁、互作或互为复等位基因。

**1. 基因的显隐性** 抗病虫性多数为显性，但也有隐性的抗性基因。在不同水稻品种中至少鉴定出23个水稻抗白叶枯病基因，其中有的为显性抗病基因，如 *Xa-4*、*Xa-7*、*Xa-21* 等，有些是隐性基因，如 *xa-5*、*xa-13* 等。

**2. 复等位性** 抗性基因常有复等位性，每个等位基因或抗不同生理小种或具有不同的表型效应。例如，已鉴定出亚麻的抗锈基因有26个，但其座位只有L、M、N、P和K等5个，在L位点上已发现有12个等位基因，在M、N、P位点上也分别有6、3、4个等位基因。具有复等位性的抗病基因，其表型效应不完全相同，有的是完全抗病，有的是中度抗病。而且具有复等位性的抗性基因常有杂合效应，即具有2个不同的抗性等位基因的杂合体能抗更多的小种；纯合体只含一个抗性基因，只能抗较少的小种。

**3. 不同抗病基因间连锁和互作** 亚麻抗锈病的5个基因座位中，N和P是连锁的；水稻稻瘟病基因 *Pi-i*、*Pi-z* 和 *Pi-a*、*Pi-k*、*Pi-m* 分别属于第1和第8连锁群。

抗病基因之间还经常发生上位、抑制、互补、修饰等作用。一般抗性较强的基因对抗性较弱的基因具有上位性，如小麦抗秆锈基因 *Sr6*（控制免疫反应）对 *Sr9*（控制中等抗病反应）呈上位性。小麦抗条锈基因 *Yr3* 和 *Yr4* 之间有互补效应。

### （二）微效基因遗传

作物的水平抗病性或中等程度抗性多为多基因控制的数量性状，属于微效基因遗传。抗、感品种杂交后，$F_2$ 的抗性分离呈连续的正态分布，有明显的超亲现象，其抗性程度易受环境条件的影响。小麦对赤霉病的抗性和水稻对纹枯病的抗性都是由多基因控制的数量性状。许多寄主品种对昆虫的抗性也是由微效基因控制的，如玉米对玉米螟和玉米缢管蚜的抗性，水稻对二化螟、小麦对麦叶蝉、棉花对红铃虫、大豆对黑潜叶蛾的抗性等。

### （三）细胞质遗传

细胞质遗传也称非染色体遗传，即控制抗性的遗传物质涉及细胞质中的质体和线粒体，与染色体无关。细胞质遗传的抗性特点是抗、感亲本杂交时，正、反交所得的 $F_1$ 植株抗性表现不一样，抗性表现母本遗传，杂交后代抗性不发生分离。例如，玉米 T 型雄性不育细胞质（CMS-T）的不育系和杂交种易受小斑病菌 T 小种的侵染，具有卵穗山羊草细胞质的小麦品系对条锈病的抗性较好等。

## 四、寄主的抗性基因与病原物致病、害虫致害基因的相互作用

### （一）基因对基因学说

Flor（1946）在亚麻抗锈性和亚麻锈菌毒性的研究中，从寄主与寄生物相互关系的角度出发，提出基因对基因学说（gene-for-gene theory）。该学说认为，针对寄主植物的每一个抗病基因，病原菌迟早会出现一个相对应的毒性基因（virulent gene）；毒性基因只能克服其相应的抗性基因而产生毒性（致病）效应。在寄主-寄生物体系中，任何一方的每个基因都只有在另一方相应基因的作用下，才能被鉴定出来。该学说同时假定抗病基因是显性，无毒性基因是显性，只有当抗病基因与对应的无毒性基因匹配时，寄主才表现抗病反应，其他均为感病反应（表 15-2）。在 2 对基因互作的模式下，感病反应型要求病原物的致病基因位点要能够一一克服寄主中所有相应的抗病基因座位，否则表现抗病反应（表 15-3）。

**表 15-2 病原物致病基因与寄主抗病基因的作用模式**

| | | 病原物基因型 | |
|---|---|---|---|
| | | *A_* | *aa* |
| 寄主基因型 | *R_* | 抗 | 感 |
| | *rr* | 感 | 感 |

**表 15-3 基因对基因相互关系的模式**

| 病原菌小种 | 基因型 | 寄主品种及基因型 | | | |
|---|---|---|---|---|---|
| | | 甲 $r_1r_1r_2r_2$ | 乙 $R_1R_1r_2r_2$ | 丙 $r_1r_1R_2R_2$ | 丁 $R_1R_1R_2R_2$ |
| 0 | $A_1A_1A_2A_2$ | 感 | 抗 | 抗 | 抗 |
| 1 | $a_1a_1A_2A_2$ | 感 | 感 | 抗 | 抗 |
| 2 | $A_1A_1a_2a_2$ | 感 | 抗 | 感 | 抗 |
| 3 | $a_1a_1a_2a_2$ | 感 | 感 | 感 | 感 |

Flor 的研究还发现：在具有一对抗性基因的亚麻品种上，锈菌小种的杂种 $F_2$ 也会相应地出现一对基因的分离比例（3∶1），而在有 2、3 或 4 对抗性基因的品种上，小种的杂种 $F_2$ 也会相应地出现 2、3 或 4 对基因的分离比；反过来，就寄主的抗病性而言，对具有 2、3 或 4 个毒性基因的小种，寄主品种间的杂交后代也会相应地出现 2、3 或 4 对基因的分离比例。表 15-4 是在小种 22× 小种 24 的 $F_2$ 中分离出 133 个菌系，将其分别接种到具有不同抗性基因的品种'Ottawa'（含 *LLnn* 基因）和'Bombay'（含 *llNN* 基因）上时，会出现对 2 个品种均免疫、只感染'Ottawa'、只感染'Bombay'和对 2 个品种均感染的 4 种类型，其分离比例为 9∶3∶3∶1，这是因为这 2 个生理小种在 2 个座位上的毒性基因不同，它们的 $F_2$ 在两个寄主品种上的反应表现出两对基因的分离。若分别分析上述 2 个小种的 $F_2$ 菌系在'Ottawa'或'Bombay'上的反应，则仅免疫和感染两种类型，分离比例都符合 3∶1。表 15-5 是'Ottawa'和'Bombay'的 $F_2$ 对 2 个毒性基因不同小种的抗性反应，呈现 2 对基因的分离比例；若仅用一个小种接种鉴定的话，则观察到的是一对基因分离的比例。

**表 15-4 亚麻锈菌两个小种的 $F_2$ 菌系在两个亚麻品种上的致病性分离**

| 品种及基因型 | 亲本小种的基因型 | | $F_2$ 基因型 | | | |
|---|---|---|---|---|---|---|
| | 小种 22（$a_La_LA_NA_N$） | 小种 24（$A_LA_La_Na_N$） | $A_L\_A_N\_$ | $a_La_LA_N\_$ | $A_L\_a_Na_N$ | $a_La_La_Na_N$ |
| Ottawa（*LLnn*） | 感 | 抗 | 抗 | 感 | 抗 | 感 |
| Bombay（*llNN*） | 抗 | 感 | 抗 | 抗 | 感 | 感 |

续表

| 品种及基因型 | 亲本小种的基因型 | | $F_2$ 基因型 | | | |
|---|---|---|---|---|---|---|
| | 小种 22（$a_La_LA_NA_N$） | 小种 24（$A_LA_La_Na_N$） | $A_L\_A_N\_$ | $a_La_LA_N\_$ | $A_L\_a_Na_N$ | $a_La_La_Na_N$ |
| 观察菌系数 | | | 78 | 27 | 23 | 5 |
| 预期菌系数 | | | 75 | 25 | 25 | 8 |
| 理论比例 | | | 9 | 3 | 3 | 1 |

注：$L$、$N$ 为两对不同的抗性基因，$l$、$n$ 分别为其隐性等位基因。$A_L$、$A_N$ 为两对不同的显性无毒性基因，$a_L$、$a_N$ 为其隐性毒性等位基因。下同

**表 15-5 （Ottawa×Bombay）$F_2$ 植株对亚麻锈病生理小种的抗病性分离**

| 生理小种及基因型 | 寄主品种基因型 | | $F_2$ 基因型 | | | |
|---|---|---|---|---|---|---|
| | Ottawa（$LLnn$） | Bombay（$llNN$） | $L\_N\_$ | $L\_nn$ | $llN\_$ | $llnn$ |
| 小种 22（$a_La_LA_NA_N$） | 感 | 抗 | 抗 | 感 | 抗 | 感 |
| 小种 24（$A_LA_La_Na_N$） | 抗 | 感 | 抗 | 抗 | 感 | 感 |
| 观察株数 | | | 110 | 32 | 43 | 9 |
| 预期株数 | | | 109 | 36 | 36 | 12 |
| 理论比例 | | | 9 | 3 | 3 | 1 |

寄主与寄生物的这种基因对基因关系，不仅存在于真菌病害中，也广泛存在于细菌、病毒、线虫病害中。

Hatchett 和 Gallur 把基因对基因的概念延伸到昆虫 - 寄主的关系中。即当寄主中每有一个主效抗虫基因时，在害虫中就有一个相应的致害基因。当寄主具有抗虫基因而害虫不具致害基因时，则表现抗虫；当寄主具有抗虫基因，而害虫具有相应的强致害基因时，寄主是不抗虫的。研究表明，小麦品种对黑森瘿蚊具有不同的抗虫基因，而黑森瘿蚊的不同生物型（biotype）也具有不同的致害基因（附件 15-1），因此，不同品种对不同生物型的抗性不同。

## （二）垂直抗病性与水平抗病性

根据寄主和病原菌之间是否有特异的相互作用，将植物的抗病性分为垂直抗病性和水平抗病性两类。

**1. 垂直抗病性（vertical resistance）** 又称小种特异性抗病性或专化性抗病性，即寄主品种对病原菌某个或少数生理小种免疫或高抗，而对另一些生理小种则高度感染。如果将具有这类抗病性的品种对某一病原菌不同生理小种的抗病性反应绘成柱形图，可以看到柱的高低相差悬殊（图 15-1），所以称为垂直抗病性。垂直抗病性通常是由单个或少数几个主效基因控制，其杂交后代按孟德尔遗传规律分离，抗感差异明显。农业生产上广泛使用的抗病品种大多是垂直抗病性品种。这种抗病性是小种或生物专化性的，生产上某个品种大面积单一地推广后，容易导致侵染它的生理小种上升为优势小种而被感染，因而抗病性不能稳定和持久。

**2. 水平抗病性（horizontal resistance）** 又称非小种特异性抗病性和非专化性抗病性，即寄主的某个品种对所有小种的抗性反应是相似的。若把具有这类抗性的品种对某一病原菌不同小种的抗性反应绘成柱形图，各柱顶端几乎在同一水平线上（图 15-2），所以称为水平抗病性。这种抗性通常由微效多基因控制，

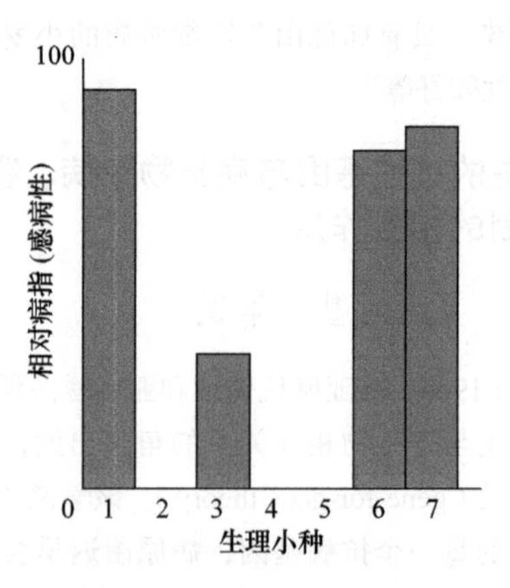


图 15-1 垂直抗病性

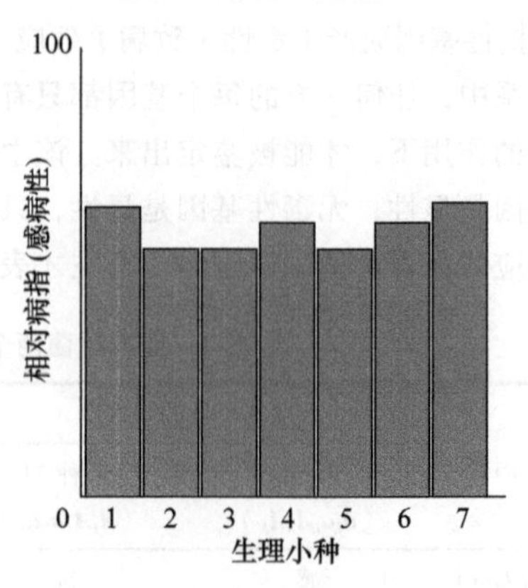


图 15-2 水平抗病性

具有这种抗性的品种能抗多个或所有小种，一般表现为中度抗病，在病害流行过程中能减缓病害的发展速率，使寄主群体受害较轻。对病原菌生理小种不形成定向选择压力，抗性是稳定和持久的，有人也将这种抗性称为持久抗性（durable resistance）。

### （三）定向选择与稳定化选择

当垂直抗病性品种大面积推广后，相应的毒性小种便会大量繁殖增多的现象称为定向选择（directional selection）。定向选择最终将导致新的优势小种的形成及该品种丧失抗病性。相反，当生产上一个抗强毒性小种的品种面积减少，感病品种的面积扩大时，会因强毒性小种适应性差，竞争不过无毒性或弱毒性小种而频率下降，一些无毒性或弱毒性小种的频率升高，致使强毒性小种不能形成优势小种，这就叫稳定化选择（stabilizing selection）。其结果会使品种的抗病性相对地得到保持。

## 五、品种抗病虫性稳定化对策

许多由主基因或寡基因控制的抗病虫品种，在生产上推广若干年后抗性丧失，导致病害或虫害大流行，给农业生产造成了很大损失。这是病原菌小种和害虫生物型的变异和定向选择引起的，根本上是对垂直抗病性品种使用不当造成的。这已成为利用作物品种防治病虫害中的重大问题。为了保持品种的抗性稳定、持久，目前提出的解决办法有选育和推广水平抗病性品种及抗源轮换（附件 15-2）、抗源聚集（附件 15-3）、抗源合理布局（附件 15-4）、应用多系品种或混合品种（附件 15-5）等合理使用垂直抗病性品种的方法。

# 第三节　抗病虫性鉴定

采用科学合理的鉴定方法，得到客观、准确的鉴定结果，是进行抗病虫性品种选育和遗传研究的先决条件。根据寄主和病虫害的种类以及抗性和致害性变异程度，选择适当规模的寄主群体及其生长条件、合适的菌（虫）源、保持接种后环境条件的稳定、合适的抗性鉴定指标以及抗感对照是抗病虫性鉴定中需要考虑的因素。

## 一、抗病虫性鉴定指标

**1. 抗病性鉴定指标**

1）定性分级　主要根据侵染点及其周围枯死反应的有无或强弱，病斑大小、色泽及其上产孢的有无、多少，把病斑分为免疫、高抗到高感等级别。例如，小麦白粉病根据叶片病斑反应型分为 0、1、2、3、4 级（附件 15-6）。

2）定量分级　包括根据普遍率（局部病害侵染植株或叶片的百分率）的分级，如水稻稻瘟病的穗茎瘟根据病穗率分为 0、1、3、5、7、9 级（附件 15-7）；根据严重度（平均每一病叶或每一病株上的病斑面积占体表面积的百分率，或病斑的密集程度）的分级，如水稻白叶枯病根据病斑占叶长或叶面积的比例分级（附件 15-8）；根据病情指数（由普遍率和严重度综合成的数值）来区分等级。

$$病情指数 = \frac{\sum xa}{n\sum x} = \frac{x_1a_1+x_2a_2+\cdots+x_na_n}{nT}\times 100\%$$

式中，$x_1$、$x_2\cdots x_n$ 表示各级病情的个体数；$a_1$、$a_2\cdots a_n$ 表示各级病情等级，其中 0 级为不发病，$n$ 为最高级别；$T$ 为调查总数。

有些病害的鉴定既有定性也有定量分级的指标。例如，稻瘟病的叶瘟分为 0～9 级，其中 0～4 级是根据病斑反应型进行分类，5～9 级则根据病斑占叶面积的百分率分类（附件 15-9）。

做定量鉴定时，每个鉴定材料必须有较多的株数或叶数，并参照抗病和感病对照的病情进行判断，因为发病程度会受到气候条件、诱发强度等的影响。

**2. 抗虫性鉴定指标**　田间抗虫性鉴定指标主要选用寄主受害后的表现，或以昆虫个体或群体增长的速度等作为反应指标，如死苗率、叶片被害率、果实被害率和减产率等，以及害虫的产卵量、虫口密度、死亡率、平均龄期、平均个体重、生长速度和食物利用等。其中，鉴定害虫群体密度是最常用的方法，包括估计害虫群体绝对密度的绝对法和在大体一致条件下捕获害虫群体数量的相对法；或利用害虫的产物如虫粪、虫巢，以及对作物的危害效应来估计群体密度。在鉴定时可用单一指标，也可用复合指标以计量几种因素的综合效果。

室内鉴定时，可选用寄主受害后的表现；或以昆虫个体或群体增长的速度等作为反应指标。应根据鉴定对象双方的特点寻找既能准确反映实际情况，又快速、简便的方法。

## 二、抗病虫性鉴定方法

抗病虫性鉴定的方法多种多样，各有优缺点，在实际工作中要根据具体的条件和目的选用合适的方法。

### （一）田间鉴定

自然发生病虫害条件下的田间鉴定是抗病虫性鉴定的最基本方法，它反映出的病虫害抗性最为全面和真实，尤其是在病虫害的常发区，进行多年、多点的联合鉴定是一种有效的方法。

**1. 抗病性的田间鉴定**　一般在专设病圃中进

行，病圃中要均匀地种植感病材料作诱发行；要等距离种植抗、感病品种作为对照，以检查全田发病是否均匀，并作为衡量鉴定材料抗性的参考。有时需采用一些调控措施，如喷水、遮阴、多施某种肥料、调节播种期等，以促进病害的自然发生。必要时，还要进行人工接种诱发病害。

**2. 抗虫性的田间鉴定** 可在大面积感虫品种中设置抗虫性鉴定试验；在测试材料中套种感虫品种；利用引诱作物或诱虫剂把害虫引进鉴定圃；也可以用特殊的杀虫剂控制其他害虫或天敌，而不杀害测试昆虫，以维持适当的害虫群体。例如，要鉴定棉花蚜虫和螨类时，适时、适量的喷用西维因，可以控制天敌；要鉴定水稻品种对飞虱的抗性时，喷用苏云金杆菌可排除螟虫的干扰等。

### （二）室内鉴定

**1. 抗病性的室内鉴定** 为了不受季节及环境条件的限制加快工作进程，或为了控制使用多种小种及危险病原物（新病原、新小种等），就需要利用温室鉴定。温室鉴定需要注意光照、温度、湿度的调控，既要使寄主的生长发育正常，又要保证最适于发病的环境条件，才能准确鉴定病害的抗性。温室鉴定一般只有一代侵染，不能充分表现出群体的抗病性。

**2. 抗虫性的室内鉴定** 有一些害虫在田间不一定每年能达到最适的密度，而且难以使不同昆虫的种类和密度一致；抗虫性的室内鉴定主要在温室和生长箱中进行，环境易于人为控制，因此精确度高，也易于定量表示。室内鉴定法特别适用于苗期为害的害虫以及对作物抗虫性机制和遗传规律的研究。室内鉴定的虫源可以人工养育，也可以通过田间种植感虫植物（品种）引诱捕捉，由于人工长期养育会使害虫致害力降低，应在养育一定世代后，在田间繁殖复壮。

### （三）接种鉴定

田间病圃中若无法充分发病，经常需要进行接种鉴定，室内鉴定必须进行人工接种。

人工接种应力求接近自然，仿照病原物传播、接触和侵入寄主的自然规律进行。例如，对棉花枯萎病、黄萎病等土传病害，除在重病地设立自然病圃外，在非病地设立人工病圃，必须用事先培养的菌种，在播种或施肥时一起施入，以诱发病害；对于小麦锈病，玉米大斑病、小斑病，稻瘟病等气传病害，可分别用涂抹、喷粉（液）、注射孢子悬浮液等方法人工接种；对于腥黑穗病、线虫病等由种苗侵入的病害，可用孢子或虫瘿接种；对于水稻白叶枯病等由伤口侵入的病害，可用剪叶、针刺等方法接种；对于由昆虫传播的病毒病，可用带毒昆虫接种。人工接种一般测不出避病性，若用摩擦、脱蜡、针刺、注射、切伤等方法接种，则无法测试抗侵入等特性，只能得出抗扩展的鉴定结果。

病害诱发的强度决定于接种量的多少和病圃环境条件的控制。诱发强度过轻，则有些抗性不强的品种也会冒充抗病，过重则会把一些具有中等程度抗性的品种误列入感病类型。在人工接种鉴定中，种植抗病和感病对照同样十分重要，一般病害诱发程度为抗、感病对照的病情分别处于抗和感的级别，并差别明显。

### （四）离体鉴定

离体鉴定是用植株的部分组织或器官如枝条、叶片、分蘖和幼穗等进行离体培养并人工接种，是室内鉴定的一种。可鉴定那些在组织和细胞水平表现出抗病性的病害，如马铃薯晚疫病（附件 15-10）、小麦白粉病、小麦赤霉病和烟草黑胫病等。离体鉴定的速度快，可同时分别鉴定同一材料对不同病原菌或不同小种的抗性，而不影响其正常的生长发育和开花结实。对以病原物毒素为主要致病因素的病害，如烟草野火病、甘蔗眼斑病、玉米小斑病 T 小种、油菜菌核病等还可利用组织培养和原生质体培养等方法进行鉴定。在进行离体鉴定前，必须试验寄主对该病害的离体和活体抗性（田间或室内）之间的相关性，只有显著相关的病害才适合采用离体鉴定。

### （五）苗期鉴定和成株期鉴定

抗病性表现的时期不尽相同，有全生育期都表达的抗病性，也有仅在成株期或苗期表达的抗病性（附件 15-11），应根据抗病性表达时期确定进行鉴定的时间。一般抗性的苗期鉴定节省人力物力，但要事先明确苗期的鉴定结果与成株期一致，才可用苗期的鉴定结果预测成株期的抗性。

### （六）垂直抗病性和水平抗病性的鉴定

垂直抗病性是小种专化性的，需要用相应的生理小种接种鉴定。

水平抗病性鉴定可用多年多点考察法，若某品种在各地历年的抗病性稳定不变或基本稳定，即有可能为水平抗病性品种。分小种鉴定法是鉴定水平抗病性的经典方法。病圃做随机区组设计，将若干个供试品种种在不同的小种圃中，接种不同的小种，对结果进行方差分析，根据品种和小种间互作的有无，判断是垂直抗病性或水平抗病性。

## 本章小结

选育抗病虫的作物优良品种对于确保粮食的高产和稳产具有重要意义，对于农业生产中的降碳、减污、增效、保生态和绿色发展具有重要作用。作物的抗病性和病原菌的致病性、抗虫性和害虫的致害性之间有专化性（基因对基因）和非专化性两种关系。作物对病害的抗性有抗侵入、抗扩展、避病、耐病等机制，对虫害的抗性机制有不选择性、抗生性和耐害性等。抗病虫性遗传表现为主基因或微效基因，并有细胞质效应。抗病虫性鉴定方法有田间鉴定和室内鉴定等。采用适当的方法可以保持品种的抗病虫性相对稳定。

## 拓展阅读

**_Bt_ 基因与植物的抗虫性**

*Bt* 是苏云金芽孢杆菌（*Bacillus thuringiensis*）的简称。苏云金芽孢杆菌是一种革兰氏阳性土壤芽孢杆菌，在芽孢形成过程中可产生一种毒蛋白（Bt toxic protein，简称 Bt-toxin）。Bt-toxin 是一类分子质量为 130～160kDa 的蛋白质，被昆虫吞食后，在昆虫中肠碱性环境下，经蛋白酶的作用降解产生 65～70kDa 的毒性小肽，可以与昆虫的肠道上皮细胞表面的特异受体结合，造成细胞膜穿孔，破坏细胞内外的渗透平衡，导致细胞膨胀而裂解，使得昆虫停止取食并最终死亡。Bt-toxin 对许多重要的农作物害虫，包括鳞翅目、鞘翅目、双翅目、膜翅目等都具有特异性的毒杀作用，而对人、畜、哺乳动物和天敌无害。*Bt* 是世界上应用最多的抗虫基因。转 *Bt* 抗虫作物主要有棉花、玉米、水稻、大豆、马铃薯、油菜、苜蓿、花椰菜、蓖麻等。

## 思考题

扫码看答案

1. 名词解释：抗病性，抗虫性，水平抗病性，垂直抗病性，避病，耐病，抗侵入，抗扩展，致病性，毒性，侵袭力，生理小种，多系品种。
2. 简述寄主与寄生物的关系。
3. 简述抗病性和抗虫性的类别及机制。
4. 简述抗病虫性鉴定的方法。
5. 如何保持品种抗性的稳定？

# 第十六章　非生物逆境耐性鉴定

附图扫码可见

作物在生长、发育过程中，其产量和品质除了受到病害、虫害和杂草等生物因素影响外，还会受到不良气候和土壤等环境因素的影响，这些产生不利影响的环境因素称为环境胁迫（environmental stress），又称非生物逆境（abiotic stress）。作物对非生物逆境的抗耐性称为非生物逆境耐性，即耐逆性。通过对非生物逆境耐性的鉴定和选择，可以培育出在相应的环境胁迫下产量和品质相对稳定的品种。

## 第一节　非生物逆境耐性鉴定的意义和特点

### 一、作物逆境种类

结合1980年Levitt对逆境的分类和当前育种实践中出现的新的逆境情况，非生物逆境可分为四大类：温度胁迫（temperature stress）、水分胁迫（water stress）、土壤胁迫（mineral substance stress）和倒伏（lodging）胁迫。温度胁迫中有低温和高温的危害，低温危害中又有冻害（freezing damage）和冷害（cold damage）之分。水分胁迫（water stress）中有干旱和湿害、渍害（logging damage）。土壤胁迫中有盐碱害（salt and alkaline damage）、土壤瘠薄（barren）和重金属害（heavy metal stress）（图16-1）。

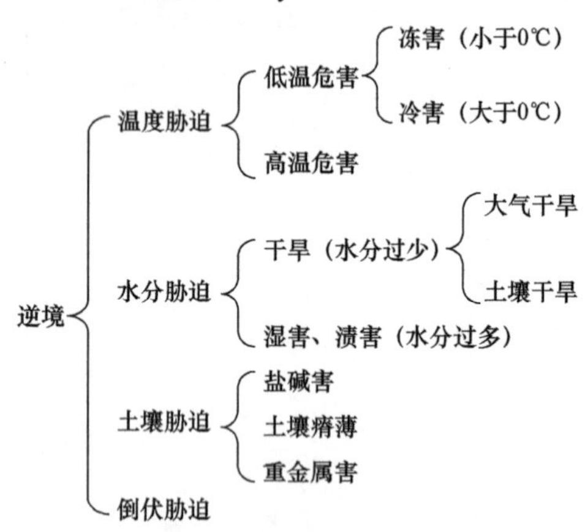


图16-1　作物逆境的种类及因素

### 二、耐逆育种的意义和特点

#### （一）耐逆育种的意义

据统计，目前全世界盐碱地超过10亿$hm^2$，约有1亿$hm^2$的灌溉地正受到次生盐渍的严重危害；我国耕地中约有3/4的面积遭受不同程度干旱的威胁，盐碱地加上湿害和重金属危害耕地约占总耕地面积的一半。所以，非生物逆境已成为植物生产的重要限制因素之一，严重制约了产量潜力和品质的充分表达。因此，近年来，各国政府和科研机构都非常注意加强作物耐逆性的研究，挖掘利用作物本身的耐逆能力，培育耐逆品种以抵抗逆境的危害，这种利用作物本身的遗传特性培育在逆境条件下能保持相对稳定的产量，以及应有品质的新品种的育种方法和技术，称为耐逆性育种（breeding for stress tolerance）。不同作物及同一种作物的不同品种类型，对不同环境胁迫存在不同程度的抗耐性，为耐逆性育种提供了可能性。耐逆性品种的推广应用对于合理利用自然资源，保持农业生产的可持续发展有重要意义。

#### （二）耐逆育种的特点

耐逆性育种与其他目标性状育种相比有以下特点：①由于作物逆境的发生在年度间、地区间发生的程度不一样，有时不同逆境还会同时发生，这使得耐逆育种工作的难度增加。②由于逆境对作物的伤害是多方面的，不同发育时期产生的伤害不同，故作物耐逆性鉴定指标也不同，常以形态、生理生化指标和最终产量结合在一起作为耐逆性判断的依据。③由于作物对逆境的反应多数表现为数量性状，耐与不耐品种的杂交后代的分离呈连续性分布，遗传效应包括显性、加性和互作等，故应根据不同耐逆性的遗传特点进行选择鉴定。④作物对不同逆境的抗耐性具有相关性，可能存在相似的基因表达方式，故杂交后代的选择可进行多抗性选育。

### 三、耐逆育种的主要方法

耐逆育种中传统的育种方法有选择育种、杂交育种和轮回选择等，目前分子标记辅助选择、基因工程等生物技术手段在耐逆育种中的应用也越来越广泛。育种工作者应根据不同地区逆境的种类、作物耐逆性遗传特点选择不同的育种方法。常用的耐逆育种方法可归纳为以下几类。

### （一）对胁迫因素抗耐性的直接选择

选择有代表性，且逆境胁迫程度稳定的试验点，在这样的试验点上进行抗耐性鉴定，供选材料不同程度的抗耐性都能得到易于识别的表现；也可以在人工模拟的逆境和仪器设备中进行抗耐性鉴定，这种方法适应于种质资源和早期材料的筛选。

### （二）对胁迫因素抗耐性的间接选择

在胁迫因素存在的地块上进行试验，根据与抗耐性密切相关的性状、特性、指标进行选择；也可根据形成该抗耐性的各个生理生化过程中最关键的指标的测定结果进行选育。

### （三）利用分子标记辅助选择和基因工程育种

分子标记辅助选择是利用与耐逆基因紧密连锁的分子标记对耐逆性进行选择。基因工程则是将外源耐逆基因转移到栽培品种中，使之有效表达产生耐逆性。

# 第二节 水分逆境耐性鉴定

## 一、耐旱性鉴定（附图 16-1）

干旱是指长时期降水偏少，造成空气干燥，土壤缺水，使植物体内的水分发生亏缺，影响其正常生长发育而减产的一种农业气象灾害。目前，世界上干旱、半干旱地区约占土地面积的36%，占总耕地面积的43%；我国缺水更为严重，农业的持续发展面临着严重的缺水危机。提高干旱、半干旱地区粮食作物产量的一条重要的途径就是培育耐旱新品种，而科学的耐旱性鉴定方法和评价指标，对培育高产、耐旱、优质的作物新品种具有十分重要的意义。

### （一）耐旱性的含义

作物所受的干旱主要有大气干旱和土壤干旱。作物对干旱的广义抗耐性包括避旱（drought escape）、免旱（drought avoidance）和耐旱（drought tolerance）。作物的避旱性是通过早熟或发育的可塑性，在时间上避开干旱的危害，避旱性不是真正的耐旱性。免旱性是指在生长环境中水分不足时，植物体内仍能保持一部分水分而免受伤害，以至能进行正常生长的性能，包括保持水分的吸收和减少水分的损失。耐旱性则指作物忍受组织水势低的能力，其内部结构可与水分胁迫达到热力学平衡，而不受伤害或减轻损害。免旱性的主要特点大都表现在形态结构上，耐旱则大都表现在生理上。

### （二）耐旱性鉴定

作物耐旱性鉴定方法有很多，一般采用田间直接鉴定法，即在干旱胁迫条件下的田间，直接按作物的受害程度或产量的降低程度进行耐旱性选择。该方法受环境条件的影响大，需进行多年多点鉴定才能正确评价作物的耐旱性；也可用控制土壤水分含量的盆钵试验，包括砂培、水培、土培等，结合测定一些生理指标和形态指标来评价农作物的耐旱性。作物耐旱性是通过耐旱指标来鉴定的，形态指标比较直观，而生长发育指标和产量指标较为可靠，生理生化指标也具有重要意义。

**1. 形态指标** 大量研究表明，株型紧凑程度、根系发达程度、茎的水分输导能力、叶片形态结构等均可作为作物耐旱性鉴定指标。一般认为，耐旱作物的形态特征主要有株型紧凑、根系发达、根冠比较高、输导组织发达、叶直立、叶片小且厚、密集茸毛和蜡质、角质层发达、气孔下陷等。

**2. 产量指标** 作物品种在干旱条件下的产量是鉴定品种耐旱性的重要指标之一。耐旱系数（胁迫下的平均产量 / 非胁迫下的产量）、干旱敏感指数 SI[ SI=（1－胁迫下的平均产量 / 非胁迫下的平均产量）/ 环境胁迫强度 ] 和耐旱指数 DL（DL=耐旱系数 × 胁迫下产量 / 所有品种胁迫下产量的平均值）都是从产量上反映耐旱性的重要指标。

**3. 生长发育指标** 作物在干旱条件下的生长发育状况，如种子发芽率、存活率、萌发胁迫指数、干物质积累速率、叶面积等均能在一定程度上反映品种的耐旱性。

**4. 生理指标** 作物耐旱的生理指标包括对蒸腾的气孔调节、对缺水的渗透调节和细胞膜的透性调节等。叶片相对含水量和水势能很好地反映植株的水分状况与蒸腾之间的平衡关系。在相同渗透胁迫条件下，耐旱性强的品种的水势、压力势和相对含水量下降速度慢，下降幅度小，能保持较好的水分平衡。干旱条件下，植物在夜间通过根系提水作用，生长于潮湿区域的根系吸水后运输到干燥区域的根系，并将其中一部分水分释放到根际周围干土中从而保持干层根系不死亡。耐旱性强的品种根系提水作用显著大于耐旱性弱的品种。

**5. 生化指标** 耐旱性生化指标有脯氨酸和甘露醇等渗透性调节物质的含量、植株的脱落酸（ABA）水平和超氧化物歧化酶（SOD）与过氧化氢酶（CAT）酶活性等。在渗透调节中，一种是以可溶性糖、氨基酸等有机质来调节细胞质，同时对酶蛋白和生物膜起保护作用；另一种是以 $K^+$ 和其他无机离子调节液泡，以维持膨压等生理过程。当土壤干旱时，植物在根系中形成大量脱落酸，使木质部汁液中 ABA 浓度增加，引起气孔开度减小，实现植物水分利用最优化控制，如利用干旱胁迫下对外源 ABA 的敏感性作为小麦耐旱性鉴定的指标。此外，干旱胁迫下不同耐旱性的小麦叶片中的 SOD 和 CAT 与膜透性及膜脂过氧化水平之间存在负相关。

上述耐旱性鉴定方法基本上都是通过单项指标进行评定的，而作物的耐旱性是由多种因素相互作用构成的一个较为复杂的综合性状，其中每一因素与耐旱性之间都存在着一定的联系。因此，近年来多采用综合指标法：①耐旱总级别法，根据多项指标所测数据，把每个指标数据分为 4 个或 5 个级别，再把同一品种的各指标级别相加即得到该品种的耐旱总级别值，以此来比较品种耐旱性的强弱；②采用模糊数学中隶属函数方法，对品种各个耐旱指标的隶属值进行累加，求其平均数并进行品种间比较以评定其耐旱性。

## 二、耐湿性鉴定



由于土壤中水分达到饱和，造成土壤中空气不足而引起作物生长发育障碍的现象统称为湿害。湿害是我国南方及其他多雨、土壤排水不良地区影响作物产量及稳定性的主要因素之一。有些地区，湿害已成为限制产量水平和影响稳产性的主要逆境。

### （一）耐湿性的含义

耐湿性（moisture tolerance）是指在土壤水分饱和条件下，作物根部受到缺氧和其他因素的胁迫而具有免除或减轻受害的能力。气象原因和非气象原因均可造成湿害。前者指作物整个生育期间雨量过多或在其某段生育期雨量过于集中；后者则指由于作物布局不当，如水旱作物穿插种植，或者排水不良造成的湿害。不同作物或同一作物不同品种间的耐湿性差异为作物耐湿性的鉴定和选择奠定了基础。

### （二）耐湿性鉴定

耐湿性的鉴定方法一般包括场圃鉴定法和盆钵鉴定法。场圃鉴定法是将供试材料和对照品种同时分别种植于人为湿害处理的试验区和土壤湿度正常而其他条件基本相同的对照区，通过各材料间及其与对照品种间有关性状表现的对比来鉴定供试材料的耐湿性。盆钵鉴定法是将各供试材料种子分为两份，一份在正常条件下盆栽，另一份在种子萌动时播于底部钻孔的装土盆钵内，到关键的生育期将盆钵浸入盛水的水箱或水泥池内分别鉴定其对过湿的反应。此外，还有幼苗鉴定法和组织性状、生理性状及生态性状鉴定法。由于作物不同生育期对湿害的敏感性不一样，所以应选择适宜的时期进行鉴定，如小麦对渍水的敏感程度为孕穗期＞拔节期＞分蘖期＞灌浆期，孕穗期最为敏感，是耐湿鉴定的最佳时期（鲍晓鸣，1997）。

国内外普遍采用的耐湿性指标是在过湿条件下的籽粒产量，以及根、茎、叶形态学指标和生理生化指标，也可用综合湿害指数（几个单项湿害指数的综合）表示，由株高、单株绿叶数、有效穗数、每穗实粒数、千粒重等性状组成。在小麦耐湿性研究中，发现渍水条件下耐湿性品种的叶绿素、脯氨酸（Pro）、可溶性糖、可溶性蛋白质、亚铁离子含量和超氧化物歧化酶（SOD）活性、乙醇脱氢酶活性和根系活力均高于不耐湿性品种，而丙二醛（MDA）含量和细胞膜相对透性却明显低于不耐湿性品种（周琳等，2001）。

## 三、耐渍性鉴定

涝渍是作物主要的非生物逆境胁迫之一，在热带和亚热带地区，由于某一个时间段或季节性的过量降雨造成土壤几个小时到几天的渍水而形成缺氧的环境，常常导致作物大量的减产甚至带来毁灭性的打击。作物的耐渍性鉴定和培育耐渍性品种对农业发展具有重要意义。

### （一）耐渍性的含义

Setter 和 Waters（2003）把作物耐渍性（water logging tolerance）定义为作物在涝害（田间积水）条件下相对于正常情况下的高存活能力，或高生长率、高生物积累量或产量。在涝害条件下，水中的氧气很快就被土壤中有机体的新陈代谢消耗掉，土壤中的氧化还原势升高，氧气供应受到限制，当根处在缺氧条件下时，根部的需氧代谢就基本停止。

不同作物及同一作物不同品种的耐渍性存在显著差异，且淹水引起作物形态、生理生化方面发生明显变化，这为耐渍性种质资源的选择和鉴定提供了基础。

### （二）耐渍性鉴定

作物耐渍鉴定方法有大田直接鉴定法和盆栽法。大田直接鉴定法是指将供试品种直接种植于大田，通过人工灌水控制土壤水分来模拟自然涝害，然后根据材料的性状变化来评估其耐渍性。该方法较大限度地模拟了自然涝害，试验结果可以对实际生产进行直接指导，且试验不需要特殊设备，可以批量鉴定，但田间环境因素较为复杂，难以控制。盆栽法则易于对环境因素进行控制，但不适合对大批材料进行筛选，且还需要进一步结合田间试验来指导实际生产。

作物耐渍性鉴定指标包括形态学、解剖学、生理生化等方面的指标。形态指标主要有种子发芽状况、叶色、根色、单株绿叶数、单株荚数、每荚粒数、千粒重、产量、不定根的发育程度、植株存活率与恢复力、生长量、产量等。解剖指标主要有单位面积茎的气隙百分率、横切面发育特征。生理生化指标主要有根系泌氧力、$K^+$和$NO^{3-}$含量、叶绿素含量、保护酶系和厌氧呼吸酶系活性、硝酸还原酶活性、细胞膜透性、光合强度与呼吸强度、营养水平等。分子生物学指标主要有编码厌氧胁迫蛋白、酶的基因等。例如，对水稻的耐渍性的主效基因 *SUB1*（Fukao and Bailey-Serres，2008；Fukao et al.，2009）进行分子标记辅助选择和基因渗入，选育出了耐全淹的高产水稻品种（Septiningsih et al.，2009）（附图 16-2）。

# 第三节　温度逆境耐性鉴定

作物生长发育过程中遇到过高或过低的温度都会对作物造成一定的伤害。作物的温度逆境主要有冻害、冷害和热害等。

## 一、耐冻性鉴定（附图 16-3）

低温是经常发生且危害严重的逆境因子之一，气温下降到冰点以下使作物体内结冰而受害的现象称为冻害。全球每年因冻害引起的作物损失巨大，且近年来极端严寒灾害性气候频繁出现，冻害已成为制约作物生产的重要自然灾害之一。所以，耐冻种质资源的鉴定和耐冻品种的选育已成为世界农业研究的重要课题。

### （一）耐冻性的含义

作物的耐冻性（freezing tolerance）即作物在冰点以下温度的环境中，其生长习性、生理生化、遗传表达等方面的特殊的适应特性。越冬性（winter hardness）是作物在越冬过程中对冻害及冬春季复杂温度逆境的抗耐性，与其耐冻性关系密切。耐冻能力是作物的重要性状之一，不同作物、同一作物的不同品种的耐冻能力不同。

研究证明，许多温带作物经非伤害低温处理（冷驯化）后，可以增强其耐冻性。李先文（2011）提出作物经过冷驯化后增加的耐冻性主要是由于启动了大量冷诱导基因的表达，合成了多种冷诱导蛋白，改善细胞的结构、调节细胞物质和能量代谢的平衡过程从而使作物的耐冻性提高。

### （二）耐冻性鉴定

作物耐冻性鉴定一般在田间自然条件下进行，以人工冷冻技术为补充。后者主要是在室内人工模拟本地区所发生的冻害条件下进行鉴定和选择（如冰冻处理）。

作物耐冻性的生理生化指标有可溶性蛋白质、可溶性糖、脯氨酸、抗坏血酸（ASA）和谷胱甘肽（GSH）浓度等，如在小麦品种中，耐冻性越强，可溶性糖、可溶性蛋白质和抗坏血酸含量越高。根据植株受到低温胁迫时，细胞膜受损、透性增大、外渗量增加、导电率增大，耐冻性强的品种导电率增长较小的原理，可以用电导法进行作物耐冻性的间接测定，电导法适用于对大量种质资源材料耐冻性材料的早期筛选。

利用基因工程技术来提高部分作物耐冻性的研究也取得了很大进展。给克隆出的耐冻基因连上强启动子或冷诱导启动子通过转基因手段导入植物，获得转基因植株，能对低温迅速做出反应。

## 二、耐冷性鉴定

0℃以上的低温影响作物正常生长发育的现象称为冷害。冷害会导致植株苗弱、生长迟缓、萎蔫、黄化、局部坏死、坐果率低、产量降低和品质下降等不良影响，对农业生产造成严重损失。因此，作物耐冷性的选择和鉴定对解决冷害非常重要。

### （一）耐冷性的含义

耐冷性（chilling tolerance）是指作物在 0℃以上的低温下能维持正常生长发育到成熟的特性。作物耐冷性的强弱是自身长期适应环境形成的，并受遗传因素控制的一种生理特性。不同品种间的耐冷性存在明显的差异，这为作物耐冷性鉴定和耐冷性育种提供了理论基础。

### （二）耐冷性鉴定

作物耐冷性研究一般在田间自然条件下和人工模拟本地冷害条件下进行鉴定和选择，如冷水灌溉或人工气候室。大多数鉴定试验都是用作物幼苗作为材料，在低温胁迫下调查其低温伤害症状；也有研究者以种子、胚作为研究材料进行冷发芽试验，以鉴定其耐冷性。

耐冷性鉴定指标包括形态指标、生长发育指标和生理生化指标。在自然低温或人工控制低温条件下，种子的发芽力和发芽势、幼苗的形态和生长发育特征是直观、简单易测的耐冷性指标；生理生化指标主要有细胞膜透性、脯氨酸、保护酶系统、蛋白质、植物激素等。

由于耐冷性指标之间存在着一定的相关性，故鉴定作物耐冷性必须综合评价多个指标并采用多种方法进行印证，方可得出正确结论。王冀川等（2001）采用灰色关联模型对影响棉花耐冷性指标因素的分析发现，影响棉花耐冷性的主要因子是过氧化物酶和过氧化氢酶等保护酶类的活性；其次是脯氨酸等水合能力很强的氨基酸含量，低温胁迫下其含量的增加有助于细胞持水和生物大分子结构的稳定；另外，可溶性糖和可溶性蛋白质的积累是低温诱发酶含量增加或活性变化的结果，用以增大细胞液浓度，降低冰点，保护原生质胶体不致遇冷凝固，可作为衡量棉花耐冷性的辅助指标。

## 三、耐热性鉴定

随着温室效应的日益严重，全球气温不断上升且极度高温频率显著增加，这给温带作物种植地区造成极大的热胁迫压力，作物生产面临高温逆境的严峻挑战。高温胁迫对作物生长及产量产生严重威胁，因此，作物耐热性鉴定研究和耐热性品种的培育已成了当前作物育种研究的一个新课题。

### （一）耐热性的含义

由高温引起作物伤害的现象称为热害（heat injury）。耐热性（heat tolerance）是指作物对高温胁迫（high temperature stress）的适应性。热害的温度很难定量，且不同种类的作物耐热机理不同，对高温的忍耐程度有很大差异；同一作物不同发育阶段其耐热性也不同。所以建立有效、可靠、应用范围较广的耐热性鉴定方法，选择耐热种质资源，培育耐热品种是应对高温逆境的关键途径之一。



### （二）耐热性鉴定

在对作物品种进行耐热性鉴定时，除了确定适宜的方法和指标外，一个重要的基础条件就是植株要经过热胁迫（heat stress），这样在热胁迫状态下作物不同品种之间的耐热性差异才能够表现出来（Reynolds et al., 2001）。

作物耐热性鉴定方法可分为田间直接鉴定、人工模拟直接鉴定和间接鉴定3种方法。田间直接鉴定法是在田间自然高温条件下，以作物较为直观的性状变化指标为依据来评价作物品种的耐热性。这种方法比较客观，但试验结果易受地点和年份的影响，需进行多年多点的重复鉴定。人工模拟直接鉴定法是在模拟的高温胁迫条件下通过外部形态、经济性状等指标对作物耐热性进行评价。这种方法克服了田间鉴定的缺点，且逆境条件容易控制，但受设备投资和能源消耗等因素的限制，不能对大批材料进行鉴定。而间接鉴定法是根据形态学、解剖学、生理学、生物物理学、生物化学及分子生物学等学科的研究结果建立起来的。一般是根据作物耐热性在生理生化上的表现，选择和耐热性密切相关的生理生化指标，对在自然或人工热环境中生长的作物，借助仪器等实验手段在实验室或田间进行耐热性鉴定。这类方法一般不受季节限制，而且快速准确。作物耐热性鉴定和评价的指标涉及植株外部形态、经济性状、植物细胞微观结构、植物生理生化及分子生物学等方面。

**1. 外部形态指标**　高温胁迫中叶片的叶型和叶色等是衡量品种耐热性的重要形态指标。例如，耐热萝卜常为板型叶，叶片大而厚，叶色深绿，功能叶多（韩笑冰等，1997）。

**2. 经济性状指标**　高温使番茄坐果率下降，从而导致产量下降，故坐果率和平均产量等性状可作为番茄耐热性的评价指标。许为钢等（1999）认为高温胁迫下千粒重下降率可作为小麦耐热性评价的经济性状指标。

**3. 微观结构指标**　微观结构指标包括显微结构和超微结构两类。显微结构指标包含以下3个方面：①气孔密度与开度。单位面积作物叶片叶表皮的气孔密度越高，开度越大，则高温胁迫下叶片的蒸腾强度越大，越能有效地降低叶温，使组织免受高温伤害。因此，气孔密度大及高温胁迫下的气孔开度大，是耐热品种的重要标志。②叶肉细胞排列与维管束分布。耐热品种叶肉细胞排列紧密，高温胁迫下很少出现质壁分离现象；维管束内形成层、木质部和韧皮部发达。③花粉活力。高温下配子体能否保持正常的授粉、受精能力是确定其耐热性重要指标之一。超微结构指标是指植物细胞受高温胁迫时，观察其超微器官叶绿体、细胞核和液泡等能否基本保持正常状态和完整性，据此评定不同品种的耐热性强弱。

**4. 生理生化指标**　耐热性鉴定的生理生化指标较多，其中下列指标与耐热性关系密切，可以预测作物耐热性。①膜的热稳定性（membrance thermostability，MT）。MT存在着显著的基因型差异，而且能较好地反映作物的耐热性（Fokar et al., 1998；徐如强等，1998）。热胁迫环境下测定的MT是公认的比较理想的耐热性鉴定生理指标之一。②冠层温度衰减（canopy temperature depression，CTD）。即在大田生长环境中，由于叶片的蒸腾作用，使田间大气温度与作物冠层温度产生的差。CTD的形成是作物群体通过自身的生命活动来适应高温等不利环境影响的表现形式之一，反映了植株在热逆境条件下适应能力的强弱。通过测定CTD评价大田作物的耐热性，方法简便、快速，而且CTD是对群体植株测定的综合数值，测定误差较小，评价结果准确。具体测定方法参见 Reynolds 等（1998，2001）和 Badaruddin 等（1999）相关文献。③叶导度（leaf conductance，L-COND）。即在热胁迫条件下，利用气孔计能够快速测定叶导度值，叶导度高的基因型其耐热性强（Reynolds et al.，2001）。由于 CTD、L-COND 及产量存在明显的相关性，在进行耐热性评价时，可将两种测定方法结合起来，即 CTD 可被用来对早期混杂的而且仍可能分离的群体进行评价，而 L-COND 可被用来鉴别组成群体的植株中最好的基因型。④叶绿素含量（leaf chlorophyll content，CHL）。在热胁迫条件下，耐热性好的品种可维持相对较高的叶绿素含量；相反，耐热性差的品种叶绿素含量偏低。⑤酶活性（enzyme activity）。高温下植物细胞内产生过量的超氧化物自由基，引发膜脂过氧化作用，造成膜系统伤害。超氧化物歧化酶（SOD）和抗坏血酸过氧化物酶（APX）具有消除自由基的能力，是膜脂过氧化的主要保护酶系。大量研究表明，在热胁迫状态下耐热品种的 SOD 和 APX 活性均高于不耐热品种，SOD 和 APX 活性作为耐热性鉴定指标已得到普遍认可。

**5. 分子生物学指标**　作物耐热性的分子生物学研究主要集中在热激蛋白（heat shock protein，HSP）上。HSP 是指生物体在受到高温胁迫时合成新的或合成增强的蛋白质。在分子水平上，热激反应的特点是正常蛋白质合成终止，瞬时合成 HSP，从而维持细胞活力水平，故 HSP 量的积累可使细胞具有高水平的耐热性。

作物耐热性受多种因素影响，且不同品种的抗耐性机制不同。孤立地用某一指标或少数几个指标来鉴定作物耐热性往往局限性很大，很难客观准确反映作物的耐热能力。因此，根据不同的作物材料有针对性地选择指标，确定客观的耐热性快速鉴定方法和适宜的评价指标，评价不同作物品种的耐热性高低，对耐热性材料的鉴定和耐热性品种选育有重要意义。

## 第四节　土壤逆境耐性鉴定

不利于作物生长的土壤环境统称为土壤逆境。土壤逆境主要有盐碱、瘠薄和重金属等。

### 一、耐盐性鉴定（附图 16-4）

据统计，全球大约有 10 亿 $hm^2$ 土地存在不同程度盐渍化，约占耕地面积 10%。土壤盐碱化已成为这些地区作物高产稳产的主要限制因素之一，为了最大限度地发挥和利用这一部分土地资源，挖掘耐盐种质资源的工作越来越受到各国的重视。迅速准确地将耐盐性强、农艺性状优良、产量高的作物种质材料鉴定出来，是选育耐盐品种和开展相关基础理论研究的重要保证。

#### （一）耐盐性的含义

作物对盐害的耐受能力称为耐盐性（salt tolerance）。习惯上把以碳酸钠与碳酸氢钠为主的土壤称为碱土，把以氯化钠与硫酸钠为主的土壤称为盐土；但两者常同时存在，难以绝对划分，实际上把盐分过多的土壤统称为盐碱土，简称为盐土，耐盐碱性简称为耐盐性。

作物的耐盐性主要有避盐（salt escape）和耐盐（salt tolerance）两种。避盐如玉米、高粱等作物通过泌盐以避免盐害；大麦通过吸水与加速生长以稀释吸进的盐分或通过选择吸收以避免盐害。耐盐则是通过生理的适应，忍受已进入细胞的盐类，常见的方式有：通过细胞渗透调节以适应因盐渍产生的水分胁迫；消除盐对酶和代谢产生的毒害作用；通过代谢产物与盐类结合，减少游离离子对原生质的破坏作用。不同作物、同一种作物不同品种及不同生育阶段的耐盐能力都有明显差异。

#### （二）耐盐性鉴定

**1. 作物耐盐性的鉴定方法**

1）*营养液栽培法*　将供试材料进行砂培或水培，控制培养液的盐分和营养成分，根据其生长表现测定其耐盐性。

2）*萌发试验法*　把作物播种在装有能控制盐分浓度的土壤或砂的容器中，检查种子萌发和幼苗发育的表现。

3）*田间产量试验法*　将供试验材料播种在适当程度的盐碱地里，根据试验材料的产量表现评定其耐盐性。

**2. 耐盐性鉴定指标**　耐盐性鉴定指标包括形态指标、生理生化指标、产量指标等。工作中可以根据不同作物、不同鉴定方法和不同研究目的采用相应指标。

1）*形态指标*　在盐害条件下的幼苗苗高、根长、根数和叶片数等。

2）*生理生化指标*　根据盐害对作物生理代谢的影响机理或作物耐盐的内在机理，有很多生理生化指标可用来判断作物耐盐性的高低。①在盐胁迫下，作物根系 $Na^+/K^+$、$Ca^{2+}$浓度显著增加。②脯氨酸、氨基乙酸、可溶性糖、多羟基化合物和甜菜碱等在盐胁迫下在细胞内进行积累，保护细胞结构和水的流通，从而提高耐盐能力。③盐胁迫时，一些保护性酶系统的酶，如过氧化氢酶、抗坏血酸过氧化物酶、愈创木酚过氧化物酶、谷胱甘肽还原酶和超氧化物歧化酶的含量、活性增高，并且这些酶的浓度和盐胁迫的程度有很好的相关性。④高盐浓度可以引发作物激素如脱落酸和细胞分裂素的增加，使作物产生生理适应并增强作物耐盐性。

3）产量指标　在盐分胁迫下的产量是其耐盐的可靠标志，可以是最后产量也可以是产量构成因素。

## 二、耐瘠薄性鉴定

土壤为作物提供必需的养分和水分，这些养分和水分以多种方式参与作物体内的各种生物化学过程，对作物生长发育、生理代谢、产量与品质都起着重要的作用，而我国现有耕地中大部分土壤缺氮，约1/3以上的土壤缺钾，约1/2的土壤缺磷及在不同程度上缺乏作物所需的微量营养元素；即使原来较肥沃的土壤，由于复种指数的提高和掠夺式的生产经营，也导致土壤养分逐年减少。要保证作物的高产稳产，就必须施用足够的化肥，而我国生产化肥所用优质资源越来越少，生产成本逐渐变高。所以，利用作物耐瘠薄性的遗传特性、选育耐低营养的作物品种、提高作物自身对土壤营养的利用能力是解决上述问题、促进农业可持续发展并达到作物高产稳产的重要途径。

### （一）耐瘠薄性的含义

瘠薄是指土壤因缺少作物生长所需的养分而不肥沃。耐瘠薄性（barren tolerance）是指作物耐瘠薄能力强，在土壤养分较低时能够正常生长发育的特征特性。研究表明，作物在养分胁迫下表现出各种适应机制，不同作物之间，同一作物不同品种之间对养分的利用效率存在显著差异，这为筛选耐瘠薄作物和养分高效利用基因型进行作物遗传改良提供了可能。

### （二）耐瘠薄性鉴定

耐瘠薄性鉴定的方法有大田试验、溶液培养试验和盆栽试验等。一般情况下，鉴定作物耐低营养基因型最直接和客观的方法是在缺素土壤上进行种植，用经济产量进行评价。但大田全生育期试验耗时、费工、筛选效率低，且由于田间环境的不确定性，增大了控制试验条件的难度。为了缩短筛选周期、加快筛选速度，常采用溶液培养法在苗期进行大量的初筛。

生物量是作物各种生长发育过程最终结果的体现，综合反映作物受营养胁迫的程度，是耐低营养的主要衡量指标。由于作物耐低营养的生理生化和遗传机制非常复杂，与之有关的指标如形态指标、生理生化及其他次级指标也非常多。应根据不同的作物、不同的土壤环境条件来确定合适的鉴定指标。

**1. 形态指标**　在营养胁迫下，作物的根冠比提高以增加养分吸收的适应性，作物的根数和根重增加以扩大吸收养分的面积，最明显的变化就是形成簇生根以增加根系的表面积。因此，根系形态变化与作物耐瘠薄性关系密切。

**2. 生理生化指标**　研究发现：①作物在某些养分胁迫下根系做出相应的代谢反应，分泌出某种类型的有机化合物。例如，Ae研究发现，木豆根系在低磷逆境下主动分泌出一种有机酸类物质——番石榴酸，且番石榴酸的分泌量与植株体内含磷量呈负相关；Takagis研究发现，麦根酸类植物高铁载体是禾本科植物适应缺铁环境的特异物质，对Fe、Cu、Zn和Mn等元素的螯合效率特别高。②作物在营养胁迫下体内激素也会发生相应的变化，大量研究表明氮素不足时，作物叶片中脱落酸、乙烯含量提高；作物缺磷时，植株中细胞分裂素含量下降；缺钾外部症状最明显的植株正好是积累腐胺最多的植株，有人提出用腐胺含量作为植物缺钾的生理生化指标。

**3. 其他指标**　通过反映“作物-土壤”复合系统养分消长情形的指标来说明作物品种的耐瘠薄性，更具客观性和说服力。中国农业科学院作物科学研究所的研究表明，用土壤养分利用量、化肥利用率、土壤养分激发率、根圈有效营养存在量4个指标来评估小麦品种的耐瘠薄性，更具客观性。将生物量和其他指标结合起来鉴定和筛选耐瘠薄品种，可以提高鉴定的全面性、准确性和可靠性。

## 三、重金属耐性鉴定

随着工业生产的不断发展和人类活动范围的持续拓展，全球土地重金属污染越来越严重，已成为危害人类自身生存和发展的重大因素。近年来开展的重金属污染治理已成为国际学术界研究的热点之一。鉴定、选择和培育具有重金属耐性的作物品种则是解决重金属问题的前提和基础。

### （一）重金属耐性的含义

重金属一般指密度在4.5g/cm$^3$以上的金属。造成土壤环境污染的重金属主要有对生物毒性强的金属汞、镉、铅和铬等和具有一定毒性的金属铜、锌和镍等。

土壤中过量的重金属对作物是一种胁迫因素，它会限制作物的正常生长、发育和繁衍，改变作物群落结构。而作物的重金属耐性（heavy metals tolerance）是指作物在某一特定的重金属含量较高的环境中，由于体内具有某些特定的生理机制，而使作物不会出现生长率下降或死亡等毒害症状。由于作物的生态学特性、遗传学特性不同，不同种类作物对重金属污染的忍耐性不同；同种作物的不同种群（不同生态型）由于其分布和生长的环境各异，在作物的生态适应过程中，可表现出对特殊的金属元素有明显的忍耐性。

### （二）重金属耐性鉴定

由于土壤条件比较复杂，作物除了重金属的危害还同时受其他因素的影响，田间试验难以做到不同试验间和地点间鉴定结果的一致性，所以一般多采用幼苗营养液培养法。用不同浓度的重金属溶液处理作物种子，通过调查发芽率、幼苗生长量来鉴定作物对重金属的耐性。作物产生重金属耐性有两条基本途径：①金属排斥性（metal exclusion），即重金属被植物吸收后又被排出体外，或者重金属在植物体内的运输受到阻碍；②金属富集（metal accumulation），但可自身解毒，即重金属在植物体内以不具生物活性的解毒形式存在，如结合到细胞壁上、离子主动运输进入液泡、与有机酸或某些蛋白质的络合等。例如，植物细胞在重金属胁迫下能产生大量的金属硫蛋白（MT）及其衍生物和植物螯合素（phytochelatin，PC），与重金属结合从而降低或消除重金属的毒害作用。Kramer 研究发现，一些超富集植物如庭荠属植物，对镍的耐性是组氨酸参与的结果；Lakshmi 等研究表明，对 Ni、Zn 和 Cu 的超富集是由于金属与柠檬酸和同源柠檬酸、苹果酸及丙二酸结合的缘故。

随着分子生物学的快速发展，人们从分子水平上对植物重金属耐性进行了大量研究。彭晓春等（2010）提出通过筛选重金属耐性植物的 cDNA 酵母表达文库可鉴定与金属束缚、隔离及外排相关的膜转运蛋白；利用筛选重金属敏感拟南芥突变体和图位克隆突变基因可鉴定与谷胱甘肽和植物螯合肽合成相关的酶。

# 第五节　抗倒性鉴定

倒伏（lodging）是由内外因素引发的植株茎秆从自然直立状态到永久错位的现象。倒伏是作物生产中普遍存在的问题，使作物的产量和质量降低，收获困难，已成为作物高产稳产的重要限制因素之一。鉴于倒伏对产量、品质的严重影响，国内外学者把作物的抗倒性（lodging resistance）作为重要的育种目标进行研究。

## 一、作物倒伏的种类（附图 16-5）

田保明等（2005）把作物倒伏划分为以下 3 种类型。

### （一）茎倒（折）伏

茎倒（折）伏是作物茎秆呈不同程度的倾斜或弯曲，有时弯折。茎倒（折）伏是由于茎的节间尤其是下部节间延伸过长、机械组织发育不良，或是由于茎秆细弱、节根少，遇到大风或其他机械作用，茎的中、下部承受不住穗部或植株上部的重量而引起。

### （二）根倒伏

根倒伏表现为茎不弯曲而整株倾倒，有时完全倒在地面。例如，植株主茎倾角大于 45°，茎秆基本维持挺直（上部茎秆弯曲与主茎夹角小于 30°）的倒伏，其发生常是由于根系弱小、分布浅或根受伤，当灌水或降雨过多时，土壤软烂，固着根的能力降低，如遇大风即整株倒下。

### （三）根茎复合倒伏

介于根倒伏与茎倒伏之间的称作根茎复合倒伏，即植株（主茎）茎基倾角大于 30° 而小于 45° 的倒伏。

## 二、抗倒性鉴定方法

作物倒伏是一个综合的、复杂的现象，受到众多因素影响，风、雨等气候因素是作物倒伏的外界直接诱因，作物抗倒伏的内因和根本是作物品种抗倒伏能力不同，即基因型的差异。

作物抗倒性鉴定的一般方法是人工创造条件诱发倒伏现象，调查田间倒伏率或利用风洞试验模拟自然条件下风速对作物倒伏的影响。也可通过增大种植密度、过量施用氮肥等栽培管理措施，在自然发生倒伏情况下鉴定作物的抗倒性强弱。但该法受气候条件风雨等影响较大，且只能判断出倒或不倒，无法对抗倒性程度进行分析，故仅适用于材料的初步筛选。利用风洞试验可以模拟自然条件下风速对作物倒伏的影响。通过研究，已阐明了风速及其变化对倒伏严重程度的影响，风速与茎秆机械强度之间的相互关系，风速变化与作物振动发生共振时挫折力矩的变化，不同株型结构的影响等问题。这些问题的阐明有利于因地制宜地制定抗倒性的量化指标，指导作物的育种和生产。

田间的倒伏面积和倒伏程度是抗倒性的直接体现，这是目前抗倒性综合评价中最常用的方法，其优点是评价结果直观、真实，能相对判断出倒与不倒和倒伏程度的差别，方法简便，在生产实际当中更具有代表性。但是，这类方法受制于气候条件（风、雨等）较大，且把倒伏性这一数量性状当作质量性状对待，存在很大的局限性，特别是在未倒伏时无法对品种抗倒性做出科学评价，故该法适用于对材料的初步筛选和品种综合评价。为了评价作物未发生倒伏时的抗倒性，国内外许多学者从作物抗倒伏的形态学、解剖学、物理学、化学成分的鉴定方法进行了许多探索，有些方法对抗倒性评价和鉴定有一定的应用价值。

**1. 评价抗倒性的形态学和解剖学方法** 茎的形态指标分析主要是指对作物株高、叶的长势与形态、节间的长度和粗细、根量、根冠比、单茎鲜重（干重）、茎秆基部外径和根系伸展面积等进行测量来确定抗倒性。王莹和杜建林（2001）提出大麦抗倒性可通过根量、茎秆抗折力、第二茎节长度、茎秆机械强度、株高、单茎鲜重等指标进行分析。

茎的解剖学分析主要是对茎的微观结构进行量化分析。孙世贤等（1989）在研究玉米倒伏时，测定了其茎秆表皮下薄壁细胞层数、厚度、硬皮组织厚度、单位视野中维管束数、维管束及其周围机械组织的厚度和面积、孔纹导管的面积等。王勇和李晴祺（1998）进行对小麦品种茎秆的质量及解剖学研究时，主要分析了机械组织细胞层数、机械组织厚度、机械组织细胞壁厚度、维管束的长度和宽度、维管束的数目和厚度、纤维细胞的长度和粗度、秆壁厚度及髓腔直径。

**2. 评价抗倒性的物理方法** 许多学者利用物理学原理对水稻、玉米和小麦等的倒伏进行了研究。华泽田等（2003）认为抗折力矩是模拟水稻抵抗外力折断的一个直接指标，它能直观地表现出水稻抗倒性能的强弱。中国科学院植物生理研究所利用手压茎基法评价小麦品种的抗倒性，即灌浆期用手按水淋湿的茎秆基部，使之与垂直地面方向成30°，茎秆上部的倾斜程度超过30°的度数越大，表明品种的抗倒性越差。除此之外，还有穗重/株高、重心高度（或秆长）/基部节间挫折强度、相对下弯力矩/折损负重、株高/基部节间直径、倒伏指数、倒伏系数、稳定系数等许多指标来鉴定作物的抗倒性。

**3. 从化学成分方面评价抗倒性** 作物茎秆一般有纤维素、木质素、果胶质、糖类等化学成分，同时含有与抗倒伏有关的硅、钾、钙等成分，作物的抗倒性与这些化学成分密切相关。纤维素和木质素是作物体的重要组成部分，可增强作物细胞与组织的机械强度。此外，作物中所含的钙能与膜组分的磷脂分子形成钙盐从而稳定生物膜结构。所以木质素含量、纤维素含量、茎秆全钾含量、全硅含量对增强茎秆抗倒性非常重要。

## 本章小结

非生物逆境是指对作物生长发育产生不良影响的气候和土壤等环境因素的总称。作物对非生物逆境的抗耐性称为耐逆性。本章分别从温度、土壤、水分和倒伏4个方面的环境胁迫，阐述了在相应的胁迫条件下具体的耐逆性鉴定方法及鉴定指标。通过对非生物逆境抗耐性的鉴定和选择，可以培育出在相应的环境胁迫下保持相对稳定的产量和品质的优良品种。

## 拓展阅读

在逆境胁迫下，植物的形态发生明显变化，植物体内叶绿素含量降低，超氧化物歧化酶（SOD）、过氧化物酶（POD）、过氧化氢酶（CAT）活性下降，但脯氨酸（Pro）、甜菜碱及一些可溶性物质的含量有所增加，表现出对逆境的一种适应。植物在逆境环境下，可以通过自身的渗透调节，清除活性氧、自由基，热激诱导效应等作用，维持体内的代谢平衡，从而维持生存（表16-1）。随着分子标记技术的发展和植物基因组研究的深入开展，目前已经定位了大量耐逆相关性状的QTL并且克隆鉴定出许多植物耐逆性相关功能基因，近年来在作物分子标记辅助选择育种、转基因育种和分子设计育种等方面得到了广泛应用。

**表16-1 几种胁迫类型对植物的影响及植物的抗耐性反应**（陈秀晨和熊冬金，2010）

| 胁迫类型 | 形态变化 | 组成物质及活性酶变化 | 抗耐性反应 |
|---|---|---|---|
| 干旱胁迫 | 植株矮化，叶片数、叶面积减少 | 丙二醛含量增加，SOD、POD、CAT活性下降；Pro、甜菜碱等含量增加 | 渗透调节，清除活性氧、自由基 |
| 盐胁迫 | 叶面积缩小、分蘖数减少 | 叶绿素、类胡萝卜素含量下降；1，5-二磷酸核酮糖（RuBP）羧化酶活性下降 | 渗透调节，清除活性氧、自由基 |
| 温度胁迫 | 植株萎蔫、变干、变脆，叶脱落 | 叶绿素含量下降，SOD、POD、CAT活性下降；RNA、rRNA、mRNA含量上升 | 热激诱导效应 |
| 重金属胁迫 | 植株矮化，根变短，叶片、侧根数减少 | 叶绿素含量下降；Pro、可溶性糖、可溶性蛋白质含量增加，SOD、POD表达量增加 | 渗透调节，清除活性氧、自由基 |

 **思考题** 

扫码看答案

1. 名词解释：非生物逆境，耐旱性，耐湿性，耐渍性，耐冻性，耐冷性，耐热性，耐盐性，耐瘠薄性，重金属耐性，抗倒性。

2. 简述作物逆境的主要种类。

3. 简述作物耐旱性的含义。

4. 简述作物耐旱性的鉴定方法。

5. 简述作物耐渍性含义及鉴定指标。

6. 简述作物耐盐性的含义及鉴定方法。

7. 简述作物产生重金属耐性的途径。

8. 简述作物倒伏的种类。

9. 简述作物抗倒性鉴定方法。

# 第十七章 作物品质性状的鉴定

人多地少的国情决定了我国传统的农业科学一度是“产量科学”，即农业科研多是围绕提高作物单产这一主题而进行。随着农业科学技术的发展，人民生活水平的提高，人们的食物消费已向富于营养和有益健康的方向发展，要求量与质结合，不仅要“吃得饱”，更要“吃得好”。因此对农产品品质的要求越来越高。为了满足人们对美好生活向往的需要，现代农业科学要求作物生产实现“两高一优”，即高产、高效、优质，其保证措施为优质育种、优质生产及优质加工。

## 第一节 作物品质性状鉴定的意义和特点

### 一、品质性状鉴定的意义

优质育种要求品种的品质优良，适宜做成优质的食品（因食制宜）；优质生产要求环境适宜于生产优质的农产品（因地制宜），需有配套的高产保优调控技术。此外，贮藏、加工条件也很重要。快速、准确、操作简便、费用少、适用范围广的品质性状的鉴定是品质育种工作的基础。

通过品质育种，发展不同类型的优质稻米、优质专用小麦、特用玉米、优质油料作物、优质糖料作物、优质饲料作物和优质纤维作物等，对于改善我国人民的营养状况，推动我国食品、化工、纺织和畜牧业等方面的发展具有十分重要的意义。

### 二、品质性状鉴定的特点

与产量性状相比，品质性状鉴定有以下特点。

**1. 作物品质性状呈现多样化** 农作物的种类不同，用途各异，对它们的品质要求也各不相同。即使同一作物，因产品用途不同，对品质的要求也会有所差异，有的强调营养品质，有的强调加工品质，有的则需要改良其贮藏品质等。这就使得作物的品质性状表现出繁杂多样的特点，作物优质育种要解决的主要矛盾也不相同。

**2. 作物品质标准的相对性** 不同作物、同一作物不同用途其品质的要求和评价标准可能完全不同。例如，饲料大麦要求蛋白质含量高，而啤酒大麦则要求淀粉含量高，蛋白质含量低；油菜籽油作为优质工业用油要求芥酸含量高，但芥酸能导致心肌坏死，作为食用油则要求不含芥酸或含量极低。因此，品质的概念是相对的，因用途而异，有时是综合性的。

品质的标准根据人们的要求和市场的需要而定。人们对品质的要求，因不同国家、地区和民族习惯及所处不同时期有很大的差异，尤其是对外观品质性状的要求，与不同国家、地区和民族习惯有很大的关系。

**3. 作物品质性状评价的复杂性** 不同品质性状涉及的内外影响因素很多，而且在进行大量育种材料筛选时，一般要筛选几百、几千甚至上万份材料，工作量大，生长季节紧，测试时间短。例如，在小麦品质育种中，很难根据某个直观的指标推测其籽粒的蛋白质含量及是否适合烤制面包等。因此，品质性状的鉴别需要建立客观的标准并借助于先进的品质分析仪器和高效品质分析技术。

**4. 作物品质与产量存在一定矛盾** 农作物产品的品质和产量之间、营养成分中不同组分之间多呈负相关关系。例如，禾谷类作物单产提高的同时蛋白质含量往往降低，营养品质下降；相反，品质改良了则产量又会有所下降；再如，大豆的油分和蛋白质在营养价值和经济价值上各有其重要性，但二者之间也呈负相关关系。因此，育种中很容易顾此失彼，使得创造一个优质且高产的品种难度加大。育种家的使命就是要在兼顾各项指标的过程中找到恰当的契合点，从而育成理想的品种。事实上，近几十年来作物的品质育种取得了很大的成就，如在提高甜菜的含糖量、向日葵的含油率和玉米的赖氨酸含量等方面都取得了重大进步。科学技术的进步和人们对优质农产品的需求将会有力地推动作物品质育种工作更快地向前发展。

**5. 作物品质性状目标越来越高** 随着作物育种水平的提高和人民生活水平的改善，作物品质标准也在不断提高。例如，专用小麦品种品质，强筋型品种蛋白质含量1998年要求≥14%，1999年则提高到≥15%，湿面筋含量1998年要求≥32.0%，1999年则提高到≥35.0%；面团稳定时间1998年要求≥7min，1999年则提高到≥10min。

## 第二节　作物品质性状及其鉴定方法

### 一、作物品质性状的类别

作物品质是指人类所需要农作物目标产品的质量优劣。作物品质是一个综合的概念，它是由多个品质性状构成的复合体。作物品质是作物的某一部分，以某种方式生产某种产品时，在加工过程及最后形成成品所表现的各种性能，以及在食用或使用时感觉器官的反应，是对人类要求的适合程度。人类对各种产品性能的要求和感官的感觉要求，往往落实到作物本身及其产品某些有关的特征特性上，这些特征特性统称为作物品质性状。

品质性状是表征生物品质特性的单位性状。根据用途可以将作物品质分为食用品质、饲用品质和工业品质；根据品质性状可分为外观品质、食用品质、营养品质和加工品质；依营养成分差异可以分为淀粉品质性状、蛋白质品质性状、脂肪品质性状、纤维素品质性状、糖分含量等。农作物的种类不同，用途各异，对它们的品质要求也各不一样。对食用作物要求食用品质、营养品质；对经济作物要求工艺品质、加工品质。

作物的品质性状通常分为产品外观性状、营养品质性状、风（食）味性状和适合贮藏加工的性状等。

**1. 产品外观性状**　一般指产品器官的大小、形状、色泽、表面特征、整齐度等。产品外观品质的具体指标因作物种类、地区、食用习惯、食用方法及贮藏加工的不同而异。例如，水稻的外观品质指糙米籽粒或精米籽粒的外表物理特性，是稻米给消费者的第一感官印象，体现为吸引消费者的能力，常被作为稻米交易评级的主要依据。其评价指标主要有垩白米率、垩白面积、垩白度、透明度、粒形、裂纹等物理性状。小麦的外观品质包括形状、整齐度、饱满度、粒色和胚乳质地等。玉米的外观品质包括籽粒色泽、粒重、质地（粉质和硬质）等。棉花的外观品质包括纤维色泽、纤维长度、纤维整齐度、均匀度、纤维细度等。大豆的外观品质包括种皮色泽、脐色、籽粒大小和形态等。这些性状不仅直接影响其商品价值，而且与加工品质和营养品质也有一定的关系。

**2. 营养品质性状**　作物产品不仅为人类提供粮食和副食品以维持生命的需要，还为食品工业提供原料，为畜牧业提供精饲料和大部分粗饲料。营养品质性状主要包括淀粉、蛋白质、脂肪、纤维素等性状。不同作物的淀粉、蛋白质、脂肪、纤维素的含量有明显差异。例如，小麦营养品质中最重要的指标是蛋白质含量、蛋白质各组分含量和比例及组成蛋白质的氨基酸种类与含量；水稻营养品质指精米中蛋白质及氨基酸等养分的含量与组成，以及脂肪、纤维素、矿物质含量等；玉米营养品质指玉米籽粒中所含的蛋白质、淀粉、脂肪、膳食纤维等。衡量蛋白质质量时，需要测定氨基酸的成分和含量，尤其是赖氨酸、色氨酸等必需氨基酸含量。糯玉米需要测定支链淀粉含量，要求为100%，甜玉米要求测定含糖量等。

**3. 风（食）味品质性状**　不同作物、同一作物不同品种具有不同的食用风味。食用风味与各种作物所含可溶性营养物质的数量、特有气味、挥发性化合物种类和数量及产品器官的组织结构等有密切关系。例如，水稻的蒸煮与食味品质是指稻米在蒸煮过程及食用时所表现的理化特性和感官特性，主要包括直链淀粉含量，胶稠度，糊化温度，米饭的色、香、味及其适口性（如黏弹性、柔软性等）等。

**4. 贮藏和加工品质性状**　不同作物的加工对产品的品质常有特殊要求。小麦加工品质指籽粒和面粉对制粉和制作不同食品的适应性，包括磨粉品质和食品加工品质。磨粉品质表现为出粉率、种皮比例、容重、角质率、籽粒硬度、粒色、籽粒形状、腹沟深浅等性状；加工品质包括面粉品质（白度、灰分、面筋含量、沉降值）、面团品质（吸水率、形成时间、稳定时间、断裂时间、公差指数、软化度、评价值）、烘焙品质（面包体积、比容、面包评分）和蒸煮品质。水稻加工品质也称碾米品质，主要取决于籽粒的灌浆特性、胚乳结构及糠层厚度等，其评价指标主要有糙米率、精米率和整精米率等性状。玉米加工品质针对不同的加工目的要求不同，加工淀粉要求淀粉含量高、易于提取；生产玉米淀粉要求籽粒硬度较大、角质率高、脆皮；生产玉米油则需要胚大、含油率高等。

### 二、品质改良的主要内容

水稻、小麦、玉米、大豆、高粱、马铃薯、甘薯等作物产品的品质改良主要体现在以下3个方面：①淀粉的种类和含量及其加工品质和营养品质；②蛋白质的种类和含量及其利用价值；③油分的种类和含量及其利用价值。但不同作物针对的重点性状不同，其品质改良主要侧重哪些性状决定于该产品的用途。

#### （一）水稻品质改良

**1. 适应大众化、商品化要求的稻米品质改良**　主要表现为改良稻米外观品质、提高营养品质和改善适口性。具体改良指标包括：提高精米率、降低垩白粒率和垩白度，提高蛋白质和赖氨酸含量，改善蒸煮品质等。要求不以降低产量为代价，因为保证粮食安全始终是我国稻米品质改良的基础。

**2. 适应特定人群的功能稻米品质改良**（附件17-1）

水稻不仅是解决温饱问题的主食，更是人们健康的载体，各种特色稻米已成为不同人群的特殊需要。功能食品（functional food）是指具有调节人体生理功能，适宜特定人群食用，又不以治疗疾病为目的的一类食品。这类食品除了具有一般食品具有的营养功能外，还具有一般食品所没有的或不强调的调节人体生理活动的功能。

### （二）小麦品质改良

对于小麦来说，不同的用途和加工目的，有不同的指标要求。中国小麦的加工食品种类众多，如面包、馒头、面条、饺子、饼、饼干、糕点等，因此，品质指标也不尽相同。小麦品质改良包括加工品质和营养品质的改进。小麦加工品质是指小麦籽粒对制粉及制作不同食品的适应性和满足程度。小麦加工品质包括一次加工品质（磨粉品质）和二次加工品质（食品加工品质）。小麦磨粉品质指籽粒在碾磨为面粉过程中，品质对磨粉工艺所提出要求的适应性和满足程度，以籽粒容重、硬度、出粉率、灰分、面粉白度等为主要指标。优良磨粉品质的品种，要求具有出粉率高，粉中灰分少，粉色洁白，胚乳和麸皮易分离，易碾磨，易筛理等特点。小麦的食品加工品质指把面粉加工成食品时，各种食品在加工工艺和成品质量上对小麦品种面粉质量提出的不同要求，以及对这些要求的适应性和满足程度。主要以面粉的吸水率、面筋含量、面筋质量、面团特性和稳定时间等为主要指标，以此决定其为强筋粉、中筋粉或弱筋粉。制作面包一般要求面粉蛋白质含量高，吸水力强，面筋强度大；制作糕点和饼干的要求则与此相反，制作馒头和面条的要求又有所不同。小麦的营养品质主要指蛋白质含量及其氨基酸组成的平衡程度。小麦蛋白质中的各种必需氨基酸组成不平衡，其消化率只有鸡蛋的68.8%，生物值也低，为58%～67%。



### （三）玉米品质改良

玉米品质改良包括改良蛋白质、淀粉和脂肪含量，如以达到提高食用或饲用价值为目的的高赖氨酸玉米育种，以改良特殊食用品质为目的的甜玉米和糯玉米育种，以改良工业用品质为目的的高直链淀粉和支链淀粉玉米育种，以提高油分含量为目的的高油玉米育种等。

普通玉米品种存在蛋白质含量低和氨基酸组成不平衡的缺陷，因此玉米优质蛋白育种包括增加蛋白质含量和改善氨基酸组成两大部分。早期主要是提高籽粒蛋白质含量。但为了提高玉米籽粒的营养价值，必须努力改善蛋白质的质量，尤其是增加赖氨酸含量（附件17-2）。

### （四）大豆品质改良

大豆品质性状主要包括籽粒外观、油脂含量与品质、蛋白质含量与品质等。

**1. 籽粒外观**　除特殊要求外，通常要求种皮黄色有光泽。籽粒较大，百粒重在17～18g及以上，球形或近球形；豆芽用要求小粒形，百粒重8～10g及以下。种脐浅色。种皮无褐斑、紫斑。种子健全完整。

**2. 油脂含量与品质**　一般品种的油脂含量在20%左右，高油脂品种要求在23%以上。现有大豆种质的亚麻酸含量多数为5%～10%，若能降低到2%，便可以解决豆油氧化变味的问题。从保健角度，则希望增加亚油酸的含量，可以减少心血管系统病害。

**3. 蛋白质含量与品质**　一般品种的蛋白质含量在40%以上，高蛋白质含量品种要求45%以上。组成大豆蛋白质的氨基酸成分中甲硫氨酸含量偏低，一般仅含1.2%，育种目标要提高到2.5%～3.0%，以保证必需氨基酸的平衡。

**4. 其他成分**　未经加热的大豆制品中，含有皂苷和胰蛋白酶抑制物。在大豆未煮熟破坏时，人畜食用后影响健康，为节省加工成本，希望育成无此类成分的品种。

## 三、作物品质性状的鉴定和选择

品质性状鉴定（quality evaluation）就是根据一定的标准，通过一定的手段来评定产品品质性状的优劣。作物品质性状鉴定的方法，按照有关学科和技术手段可分为物理的、化学的、物理化学的、生物化学的、生物学的、感官的、仪器的或自动化的；按照样品用量分为常量的、大量的、半微量的、微量的或单粒的；按发布单位的级别分为国际标准的、国家标准的、行业标准的、某些学会、协会或研究单位的正式或试用的。

**1. 感官鉴定**　主要通过感官检验，如看、闻、尝、触等途径进行。较科学的方法是，由一个经过专门训练的评定小组，在一定条件的实验场所，对产品的质地、风味、色泽等预先确定的指标性状进行客观的鉴别和描述。必须同时对相同条件下获得的对照品种进行鉴定评价。这对于消除环境因素的差异非常重要。在条件许可情况下，采用一些仪器代替人的感官进行鉴定，可以得到更客观、准确的结果。

**2. 化学成分分析鉴定**　化学成分分析包括对农产品的水分、脂肪、蛋白质、碳水化合物、灰分等成分的定量分析，还包括一些含量虽低，但对营养起着重要作用的微量元素、维生素和氨基酸等成分的分析，以及对粮食工艺品质、食用品质、利用品质及与储藏安全性有密切关系的酶类活力的测定。下面以作物蛋白质及其组分的含量测定方法为例进行介绍。

蛋白质含量的测定一般可分为间接方法和直接方法两大类。凯氏定氮法是一种间接方法，国际谷物科学技术协会（ICC）、美国公职分析化学师协会（AOAC）、美国谷物化学家协会（AACC）等都把凯氏定氮法定为标准法。种子中的氮化物可分为蛋白氮和非蛋白氮。用三氯乙酸溶出种子粉或脱脂种子粉中的非蛋白氮化物（氨基酸、酰胺和无机氮），沉淀样品中的蛋白质并使二者分离。在催化剂参与下，用浓硫酸消煮分解样品，使蛋白氮转化为氨态氮，并与硫酸结合生成硫酸铵。加碱蒸馏，使氨释放出来并吸收于一定量的硼酸中，再用标准酸滴定，求出样品中氮含量，乘以 16% 的倒数 6.25 即可换算成蛋白质含量。考马斯亮蓝 G-250 法是比色法与色素法相结合的复合方法，简便快捷，灵敏度高，稳定性好，是一种较好的常用方法。考马斯亮蓝 G-250 是一种染料，在游离状态下呈红色，当它与蛋白质结合后变为青色。蛋白质含量为 0～1000μg 时，蛋白质 - 色素结合物在 595nm 下的吸光度与蛋白质含量成正比，故可用比色法测定。

氨基酸是蛋白质的基本结构单位。构成蛋白质的氨基酸共 20 种，其中 Lys、Phe、Trp、Val、Leu、Ile、Thr、Met 这 8 种是人体的必需氨基酸，必须由蛋白类食物供给。不同食品的蛋白质含量不同，氨基酸组成也有差异，其必需氨基酸的含量是否平衡，对营养品质有很大影响。氨基酸组成分析又是蛋白质顺序分析的重要组成部分，因此，氨基酸组分分析是常用的重要分析项目。目前多用氨基酸自动分析仪法进行氨基酸测定。利用各种氨基酸组分的结构、酸碱性、极性及分子大小不同，在阳离子交换柱上将它们分离，采用不同 pH、离子浓度的缓冲液将各氨基酸组分依次洗脱下来，再逐个与另一流路的茚三酮试剂混合，然后共同流至螺旋反应管中，于一定温度下（通常为 115～120℃）进行显色反应，形成在 570nm 有最大吸收的蓝紫色产物。其中的脯氨酸与茚三酮反应生成黄色产物，其最大吸收在 440nm。这些有色产物对 570nm、440nm 光的吸收强度与洗脱出来的各氨基酸的浓度（或含量）之间的关系符合比耳定律，可与标准氨基酸比较做定性和定量测定。

蛋白质中赖氨酸（Lys）的含量是谷物品质的主要指标之一。由于动物及人类不能合成，须从食物中补充，为此培育赖氨酸含量高的品种对于提高谷物营养价值具有重要意义。谷物蛋白质中赖氨酸残基有自由的 $\varepsilon$-$NH_2$，它与茚三酮试剂可发生颜色反应，生成紫红色物质，反应后颜色的深浅与蛋白质中赖氨酸的含量在一定范围内呈线性关系，其颜色与赖氨酸残基的数目成正相关。用已知浓度的游离氨基酸制作标准曲线，通过比色分析（530nm）即可测定出样品中的赖氨酸含量。亮氨酸与赖氨酸所含碳原子数目相同，且与肽链中的赖氨酸残基一样含有一个游离氨基，所以通常用亮氨酸配制标准液。但由于这两种氨基酸分子质量不同，以亮氨酸为标准计算赖氨酸含量时，应乘以校正系数 1.1515，最后再减去样品中游离氨基酸含量。

**3. 粮食食用、蒸煮（烘焙）品质评价** 粮食食用、蒸煮（烘焙）品质评价，包括国内外对稻米、小麦及小麦粉食用品质评价。例如，测定小麦面筋有多种方法，最常用的是沉淀值方法。沉淀值是综合反映小麦面筋含量和面筋质量的指标，有 Zeleny 法和 SDS 法。沉淀值的测定原理是，利用小麦粉在乳酸中沉淀的体积来表示小麦面筋的质量。乳酸溶液有膨胀小麦面筋蛋白质的作用，使面粉颗粒胀大，溶液黏度上升，改变了面粉颗粒的沉淀速度。强筋面粉沉淀速度慢，一定时间内面粉沉淀物体积大；弱筋面粉沉淀速度快，沉淀物体积小。沉淀物的体积即小麦粉的沉淀值。沉淀值是小麦育种上与品质关系很大的一个指标。沉淀值遗传力较强，与小麦产量性状不相关，而与食品加工品质呈显著正相关，故而在小麦育种上很有意义。

为了测定面筋的特性，还可以有针对性地进行食品试验。食品试验结果直观，能快速地反映面粉在某一方面的适用性。最常用的食品试验是国际上采用的测定面粉烘烤品质的快速混合方法，简称 RMT（rapid mix test）。烘焙与蒸煮品质是衡量小麦加工品质的直接指标。烘焙品质一般通过烘烤面包的品质指标来反映，主要包括面包体积、比容、面包的纹理和结构、面包评分等。面包体积（loaf volume）是最客观的烘焙品质指标。一般按照标准方法进行烘焙操作，待面包出炉凉却后，用油菜籽置换法测定，以 $cm^3$ 或 mL 表示。比容（specific volume）是指面包体积（$cm^3$）与重量（g）之比。面包体积大，则比容大。纹理及结构指成品面包断面质地状况和纹理结构，优质面包心平滑细腻，气孔细密，均匀呈长圆状，孔壁细而薄，无明显大孔洞和实心，呈海绵状。面包评分（loaf score）是根据体积、皮色、形状、断面平滑度、纹理、弹性、口感等多项指标进行综合评价记分。世界各国评价标准不一致。

对品质性状进行鉴定时必须注意非遗传因素对分析结果的影响。取样的误差、不同的成熟度及各种环境因素造成的差异均可能超过基因型间的差异。因此对产品品质的评价必须遵循严格的原则和程序，将非遗传因素造成的差异控制在尽可能小的范围内。每种作物涉及的品质内容很多，育种家必须制订切实可行的品质育种计划。选择品质指标时，不可能面面俱到，必须根据已拥有的种质资源的特性和市场需求，确定切合实际的重要品质指标作为努力方向。并且要掌握该作物最关键的，也就是消费者认为最重要的性状。每种作物总有多种品质性状共存，它们之间常常互相影响、互相联系。例如，糖分及有机酸含量是重要的营养品质内容，两者又是果实的糖酸比和风味品质的重要构成因素。选择时要处理好品质性状间的关系。

品种性状的育种方法有杂交育种、回交育种、杂交优势利用、诱变育种、远缘杂交育种、生物技术育种等。例如，在水稻上，用γ射线辐照诱变的办法，育成了使蛋白质含量比原品种增加3倍而穗重又不降低的后代系。用化学诱变获得了比原品种蛋白质含量增加30%而其他农艺性状却无多大差别的新品系。用农杆菌介导法育成了富含类胡萝卜素的水稻（golden rice）。由于品质性状大多为质量-数量性状，而且有些性状凭感官无法进行选择，设备检测又复杂，因此基于品质性状遗传定位的分子标记辅助选择具有可靠性好、效率高的特点。

总之，作物品质育种的基本任务是建立切合实际的作物品质指标和鉴定方法；广泛收集种质资源，注重优质资源的创新；研究品质性状的遗传规律，减少育种工作的盲目性；确定有效的育种途径，提高品质改良的效益。

## 本章小结

快速、准确、操作简便、费用少、适用范围广的品质性状的鉴定是品质育种工作的基础。通过品质育种，发展不同类型的优质稻米、专用优质小麦、特用玉米、优质油料作物、优质糖料作物、优质饲料作物和优质纤维作物等，对于改善国民营养状况，推动食品、化工、纺织和畜牧业等发展具有十分重要的意义。本章阐述了品质性状的特点、改良内容及鉴定方法，对开展品质育种具有重要的指导意义。

## 拓展阅读

### 核磁共振含油种子分拣系统

核磁共振含油种子分拣系统是在核磁共振分析仪基础上，搭载了自动化进样和分拣模块，简化了大批量种子样品核磁共振筛选实验过程中枯燥烦琐的手工操作，实现了一名操作人员即可运作整套系统的设计目标，提升了种子筛选的实验效率。通过玉米和大豆等多种种子的采样实验，核磁共振含油种子在线分拣系统检测筛选速度可达每小时900粒，实现了单粒含油种子分拣的自动化功能，具有快速准确、自动化、智能化、规模化、高效率等优点。

## 思考题

扫码看答案

1. 名词解释：作物品质育种，作物品质，作物品质性状，QPM玉米，高油玉米。
2. 简述作物品质性状的类别。
3. 简述作物品质性状的特点和品质改良的意义。
4. 简述优质稻米的质量标准。
5. 简述不同类型甜玉米的特点。
6. 简述品质性状鉴定方法和特点。
7. 简述作物品质改良的主要内容。

# 第5部分

# 品种审定与种子生产

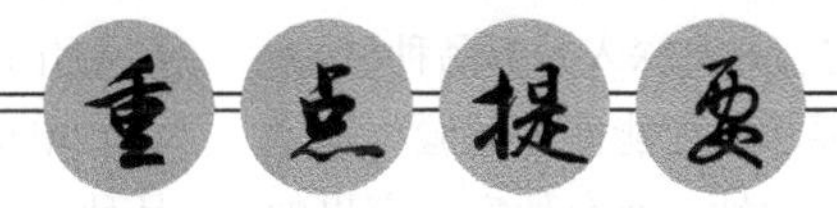


- □ 品种试验
- □ 品种审定
- □ 种子生产
- □ 品种推广

# 第十八章　品种审定与种子生产

根据《中华人民共和国种子法》，主要农作物（水稻、小麦、玉米、棉花、大豆）和主要林木品种在推广应用前应当通过国家级或省级审定，未经审定或审定未通过的不得作为良种推广、销售。品种审定是品种选育至推广过程中的必需环节。实行品种审定（登记）制度，目的在于加强农作物的品种管理；因地制宜推广良种；避免盲目引种和不良播种材料的扩散，是实现生产用种良种化，良种布局区域化，合理使用良种的必要措施。品种审定之前必须通过品种区域试验。

## 第一节　品种试验

品种试验包括：①区域试验；②生产试验；③品种特异性（distinction）、一致性（uniformity）和稳定性（stability）测试（简称DUS测试）。

《中华人民共和国种子法》实施后，国家已颁布了相应的配套法规，对植物品种区域试验、审定推广等工作做出了详细的法律规定。只有深入了解品种试验、审定的一系列程序和法律要求，才能保证试验、审定工作的公正性、公平性和科学性，使育种家培育出的优良植物品种得以在最佳时间、最佳区域、最大限度地发挥其增产、增效作用。

### 一、品种区域试验及其目的

农作物品种区域试验（regional test of cultivar）是指新选育或引进的品种（系、组合）经初步试验表现优良，由育（引）种者申请，国家或省级种子管理部门统一组织，在不同生态区域内选有代表性的若干地点，采用同一试验设计，对若干参试品系（组合）的丰产性、适应性、抗逆性、生育期和品质等统一进行的多点联合比较试验，又称品种区域适应性试验。农作物品种区域试验是科研育种走向生产用种的中间环节，是农业生产的重要纽带。

### 二、区域试验的方法和程序

#### （一）区域试验的组织体系

我国农作物品种区域试验分国家和省（自治区、直辖市）两级进行。国家级品种区域试验、生产试验由全国农业技术推广服务中心（全国农技中心）组织实施，在全国范围内按生态区域，挑选生态条件比较接近而生产条件较好的跨省的、较大农业区内进行的联合试验；省级品种区域试验、生产试验由省级种子管理机构组织实施，在全省范围内的不同生态区选有代表性的试验点，进行的多点联合试验。

参加国家级区域试验的品种，原则上由主持省级区域试验的单位向全国农技中心申请，个别情况下也可由育种者直接申请。参加省级区域试验的品种，由育（引）种单位或个人向省级种子管理单位申请。

申请参加区域试验的品种，必须是经过一年以上品种（系、组合）比较试验，性状稳定、增产效果显著、抗逆性强、品质好，或具有某些特殊优良性状的品种（系、组合）。

#### （二）区域试验的任务

**1. 客观鉴定新品种（系、组合）的主要特征、特性**　区域试验在自然条件、栽培条件有代表性、技术条件较好的地方进行，试验结果代表性强、精确性高，有利于更客观、公正地对新品种的丰产性、稳产性、适应性、抗逆性等进行鉴定，并进行品质分析、DNA指纹检测、转基因检测等。抗逆性鉴定由品种审定委员会指定的鉴定机构承担，品质检测、DNA指纹检测、转基因检测由具有资质的检测机构承担。

**2. 为因地制宜选择良种提供科学依据**　新品种的适应性越广，应用推广范围越宽，开发前景就越好。但品种的适应性是相对的，任何品种的适应性都有地域性和适宜范围，越过这个范围，就可能失去其优良特性。育种实践证明，在同一农业区域内，经常同时选育出多个具不同特点和产量水平的同一作物品种。若不组织统一的区域试验，就无法确定哪个品种最适合在哪些地区种植。区域试验在不同的生态区域进行试验，然后，根据多年多点区域试验的丰产性、稳产性和适应性分析结果，可确定优良品种的最适宜推广地区，为因地制宜选择良种、合理搭配品种，以及品种的专业化种植提供科学依据。

**3. 了解新品种的适宜栽培技术，做到良种良法配套**　同一作物的不同品种由于主要特征特性的差异，可能对栽培技术的要求不同，如株型为紧凑型的玉米品种其种植密度一般比半紧凑型和平展型的品种要大，有些作物品种对氮、磷的利用率较高，因此需肥量相对较少等。通过在农业生态区域相对不同的自然、栽培条件下进行区域试验，可以掌握同一品种在不同生态区的适宜栽培技术，便于在制定规范化栽培技术规程时做到良种良法配套。

### （三）区域试验的方法

**1. 试验区、试验组的划分和试验点的选择**　国家作物品种区域试验主管部门应科学地划分国家各作物品种区域试验的试验区、试验组，确定试验承担单位和试验地点。省级作物品种区域试验主管部门划分本省的各作物品种区域试验的试验区、试验组。试验区划分的主要依据是自然区划、农业生态区划、品种类型并结合生产实际以及耕作制度、作物播期等，兼顾行政区划；试验组划分的主要依据是作物品种的成熟期，同一试验组的品种应有相同或接近的播期和生育期；试验点的选择应尽可能代表所在区域的气候、土壤和栽培条件类型等，并注意试验承担单位的物质条件和技术力量。每一个品种的区域试验，试验时间不少于两个生产周期，田间试验设计采用随机区组或间比法排列。同一生态类型区试验点，国家级不少于10个，省级不少于5个。

**2. 对照品种的设置**　为保证试验的可比性，一般应以同一生态类型区同期生产上推广应用的已审定品种作对照品种，对照品种应具备良好的代表性且保持相对稳定。对照品种由品种试验组织实施单位提出，品种审定委员会相关专业委员会确认，并根据农业生产发展的需要适时更换。

省级农作物品种审定委员会应当将省级区域试验、生产试验的对照品种报国家农作物品种审定委员会备案。

**3. 区域试验的设计**　为了提高品种区域试验的可靠性，国家和省（自治区、直辖市）种子管理单位已陆续制定了主要农作物品种区域试验技术规程，统一制定了试验设计方案。其设计方案必须做到五统一。①参试品种（系）由育（引）种单位统一供应种子，种子质量应符合国标一级种子标准，数量应充分满足一次播种的需要。②各区域试验点的种植密度、小区面积和重复次数统一，种植密度因作物种类不同而有较大差异，但在同一作物的同一组别内，密度必须相同；小区面积根据作物种类、品种特点、土壤肥力等酌情而定，一般玉米、棉花等大株作物应适当增加小区面积；区域试验多采用随机区组设计，重复不少于3次，若小区面积小、土壤肥力差异大时，则应增加重复次数。③调查、记载项目及标准统一。④品质检测由区域试验主管部门指定有关单位统一从试验点采集样本，交统一指定的专业单位进行检测，检测项目因作物不同而不同。⑤抗性鉴定统一由区域试验主管部门指定的专业单位进行，鉴定用的种子由区域试验主管部门指定的某一区域试验承担单位从参加区域试验的种子中分样后，统一提供给鉴定单位。

试验地要选择地势平整、土壤肥力具有代表性、前茬一致、无严重土传病害发生、具灌溉和排涝能力的地块，栽培措施也要力求一致，以提高试验的准确性。试验作物生长期间要按区域试验实施方案及时观察记载，定期组织专业人员检查观摩，收获前进行田间鉴评。

**4. 试验资料的统计分析**　区域试验承担单位在试验结束后，应及时整理试验资料，写出书面总结，上报区域试验主管部门和试验区主持单位；品质检测和抗性鉴定单位向区域试验主管部门和试验区主持单位提交检测和鉴定结果报告；区域试验主管部门和试验区主持单位对多点区试结果进行统计分析，以客观地评价参试品种（系）的丰产性、稳产性、抗逆性、适应性等，为品种审定和划定推广范围提供科学依据。



### （四）生产试验和栽培试验

生产试验是对区域试验中表现较优良的品种，在区域试验完成后，在同一生态类型区，按照当地主要生产方式，在接近大田生产条件下对品种的丰产性、稳产性、适应性、抗逆性等进一步验证，以确定在生产条件下品种的利用价值。生产试验可以同时起到试验、示范和繁殖种子的作用。

每一个品种的生产试验点数量不少于区域试验点，每一个品种在一个试验点的种植面积不少于300m$^2$，不大于3000m$^2$，试验时间不少于一个生产周期。区域试验中第一个生产周期综合性状突出的品种，生产试验可与第二个生产周期的区域试验同步进行。参试品种以2～3个为宜，以区域试验对照品种或当地生产上大面积推广品种作对照，2次或3次重复。

栽培试验一般是在生产试验的同时，或在优良品种审（认）定以后，就关键栽培技术，如种植密度、播期、施肥种类与施肥量以及收获时期等进行研究，进一步了解适合新品种特点的栽培措施，为大田生产制定高产、优质、高效栽培技术规程提供依据，做到良种良法一起推广。栽培试验一般以当地常用的栽培方式为对照。

## 第二节　品种审定与新品种权保护

新品系或引进品种在完成品种试验后，国家或省级农作物品种审定委员会根据试验结果，审定其能否推广，并确定其推广范围，这一程序称为品种审定（cultivar registration）。

根据《中华人民共和国种子法》，主要农作物品种实行国家级或省级审定。由省、自治区、直辖市人民政府农业行政主管部门确定的主要农作物品种实行省级审定。主要农作物是指水稻、小麦、玉米、棉花、大豆，其余作物则称为非主要农作物。非主要农作物品种实行品种登记制度。

### 一、我国现行的品种审定组织体制和程序

中华人民共和国农业部（现农业农村部）2016年7月8日公布了《主要农作物品种审定办法》，规定品种审定的两级组织体制：农业部设立国家农作物品种审定委员会，负责国家级农作物品种审定工作；省级人民政府农业主管部门设立省级农作物品种审定委员会，负责省级农作物品种审定工作。

各级品种审定委员会的任务是根据品种试验结果和品种示范情况，公正、合理地评定新育成的品系或新引进的品种在农业生产上的应用价值；确定是否可以推广，确定推广品种的适宜地区和相应的栽培技术，并对其示范、繁殖、推广工作提出建议。品种审定的程序如下。



#### （一）申请和受理

申请品种审定的单位和个人（以下简称申请者），可以直接向国家农作物品种审定委员会或省级农作物品种审定委员会提出申请。在中国境内没有经常居所或者营业场所的境外机构和个人在境内申请品种审定的，应当委托具有法人资格的境内种子企业代理。申请者可以单独申请国家级审定或省级审定，也可以同时申请国家级审定和省级审定，还可以同时向几个省、自治区、直辖市申请审定。从境外引进的农作物品种和转基因农作物品种的审定权限按国务院有关规定执行。

申请审定的品种应当具备下列条件：①人工选育或发现并经过改良；②与现有品种（已审定通过或本级品种审定委员会已受理的其他品种）有明显区别；③形态特征和生物学特性一致；④遗传性状稳定；⑤具有符合《农业植物品种命名规定》的名称；⑥已完成同一生态类型区2个生产周期以上、多点的品种比较试验。其中，申请国家级品种审定的水稻、小麦、玉米品种比较试验每年不少于20个点，棉花、大豆品种比较试验每年不少于10个点，或具备省级品种审定试验结果报告；申请省级品种审定的，品种比较试验每年不少于5个点。

申请品种审定的，应当向品种审定委员会办公室提交申请书。申请书包括以下内容：①申请表，包括作物种类和品种名称，申请者名称、地址、邮政编码、联系人、电话号码、国籍，品种选育的单位或者个人（以下简称育种者）等内容；②品种选育报告，包括亲本组合以及杂交种的亲本血缘关系、选育方法、世代和特性描述，品种（含杂交种亲本）特征特性描述、标准图片，建议的试验区域和栽培要点，品种主要缺陷及应当注意的问题；③品种比较试验报告，包括试验品种、承担单位、抗性表现、品质、产量结果及各试验点数据、汇总结果等；④转基因检测报告；⑤转基因棉花品种还应当提供农业转基因生物安全证书；⑥品种和申请材料真实性承诺书。

品种审定委员会办公室在收到申请材料45日内做出受理或不予受理的决定，并书面通知申请者。对于符合上述规定的，应当受理，并通知申请者在30日内提供试验种子，由办公室安排品种试验。对于不符合上述规定的，不予受理。申请者可以在接到通知后30日内陈述意见或者对申请材料予以修正，逾期未陈述意见或者修正的，视同撤回申请；修正后仍然不符合规定的，驳回申请。

根据区域试验的原则和方法，参考育种者对新品种特征特性的描述，对新品种进行多年多点区域试验和生产示范试验。

#### （二）审定与公告

对于完成品种试验程序的品种，申请者、品种试验组织实施单位、育繁推一体化种子企业应当在2月底和9月底前分别将水稻、玉米、棉花、大豆和小麦品种各试验点数据、汇总结果及DUS测试报告提交品种审定委员会办公室。品种审定委员会办公室在30日内提交品种审定委员会相关专业委员会初审，专业委员会应当在30日内完成初审。

初审通过的品种，由品种审定委员会办公室在30日内将初审意见及各试点试验数据、汇总结果，在同级农业主管部门官方网站公示，公示期不少于30日。公示期满后，品种审定委员会办公室应当将初审意见、公示结果，提交品种审定委员会主任委员会审核。主任委员会应当在30日内完成审核。审核同意的，通过审定。育繁推一体化种子企业自行开展自主研发品种试验，品种通过审定后，将品种标准样品提交至农业部植物品种标准样品库保存。

审定通过的品种，由品种审定委员会编号、颁发

证书，同级农业主管部门公告。审定公告内容包括：审定编号、品种名称、申请者、育种者、品种来源、形态特征、生育期、产量、品质、抗逆性、栽培技术要点、适宜种植区域及注意事项等。审定公告公布的品种名称为该品种的通用名称，禁止在生产、经营、推广过程中擅自更改该品种的通用名称。

审定未通过的品种，申请者对审定结果有异议的，可以自接到通知之日起30日内，向原品种审定委员会或者国家级品种审定委员会申请复审；对病虫害鉴定结果提出异议的，品种审定委员会认为有必要的，安排其他单位再次鉴定。

品种审定标准，由同级农作物品种审定委员会制定。省级品种审定标准，应当在发布后30日内报国家农作物品种审定委员会备案。

省级人民政府农业主管部门应当建立同一生态区省际品种试验数据共享互认机制，开展引种备案。通过省级审定的品种，由其他省、自治区、直辖市属于同一生态区的地域引种的，引种者应当报所在省、自治区、直辖市人民政府农业主管部门备案。引种者应当在拟引种区域开展不少于1年的适应性、抗病性试验，对品种的真实性、安全性和适应性负责。具有植物新品种权的品种，还应当经过品种权人的同意。省、自治区、直辖市人民政府农业主管部门及时发布引种备案公告，公告内容包括品种名称、引种者、育种者、审定编号、引种适宜种植区域等内容。

## 二、植物新品种权保护

1930年，美国以无性繁殖植物为对象在专利法中设立了“植物专利”。欧洲诸国也对植物新品种保护采用了专利法的有关条款。1938年，育种家们成立了“国际植物新品种保护育种家协会”。1957年，由法国政府倡议在巴黎召开了由11国参加的“植物新品种保护的国际会议”。1961年，比利时、法国、联邦德国、意大利和荷兰共同在巴黎签署了《国际植物新品种保护公约》，后分别于1972年、1978年和1991年3次进行修改。根据这一公约建立了国际植物新品种保护联盟（Union International Pour la Protection des Otentions Vegetales，UPOV）。截至2017年10月13日，UPOV有成员国74个，其中，阿根廷的植物新品种保护体系（PVP）在1991年与UPOV公约（1978年）完全接轨；肯尼亚在1999年加入UPOV公约（1978年）；波兰的PVP是1987年开始实行的，该国育种者利用PVP在农业、园艺和观赏植物界为育种工作做出很大贡献。韩国1997年推行PVP体系，当时遵守的是UPOV公约（1991年），在2002年成为UPOV成员国。自此之后被保护的品种不断增加，到2004年一共有155个属和种符合保护条例。

中国于1999年4月23日加入UPOV，成为UPOV第39个成员国。我国仅加入了1978年文本，因此在处理与其他所有UPOV成员之间的关系时，适用1978年文本。仅加入1961/1972年文本的国家，在处理与我国的关系时适用1961/1972年文本；仅加入1991年文本的国家，在处理与我国的关系时适用1991年文本。

### （一）植物新品种的定义

《国际植物新品种保护公约》（1991年文本）对植物新品种的定义是：“植物新品种系指已知植物最低分类单元中单一的植物群体，不论授予育种者的权利的条件是否充分满足，该植物群可以以某一特定基因型或基因组和产生的特性表达来确定；至少表现出一种特性以区别于任何其他植物群；并作为一个分类单元，其适用性经过繁殖不发生变化。”根据该定义，植物新品种实际上就是已知植物最低分类单元中单一的植物群体，它有区别于任何其他植物群的确定的基因特性，并有经过繁殖不发生变化的适用性。《国际植物新品种保护公约》（1991年文本）还规定了一套审查植物新品种DUS特性的总原则，并为约170种植物的属和种制定了具体的指南。

我国1997年3月颁布的《中华人民共和国植物新品种保护条例》（以下简称《保护条例》）将植物新品种定义为：“植物新品种，是指经过人工培育的或者对发现的野生植物加以开发，具有新颖性、特异性、一致性和稳定性并有适当命名的植物品种”。该定义特指通过生物学或非生物学的方法人工培育的植物品种和从自然发现经过开发的野生植物。这些植物品种形态特征和生物学特征相对一致，遗传性状比较稳定，这样就把不具备一致性和稳定性的一些品系，以及没有加入人工劳动的野生植物品种排除在外。

### （二）授予品种权的条件

（1）申请品种权的植物新品种应属于国家植物品种保护名录中列举的植物属或种，名录中未列入的不能申请。

（2）授予品种权的植物新品种应当具备新颖性、特异性、一致性和稳定性。新颖性，是指该植物新品种在申请日前该品种繁殖材料未被销售，或者经育种者许可，在中国境内销售该品种繁殖材料未超过1年；在中国境外销售藤本植物、林木、果树和观赏树木品种繁殖材料未超过6年，销售其他植物品种繁殖材料未超过4年。特异性，是指该植物新品种应当明显区别于在递交申请以前已知的植物品种。一致性，是指该植物新品种经过繁殖，除可预见的变异外，其相关的特征或者特性一致。稳定性，则指该植物新品种经过反复繁殖后或者在特定繁殖周期结束时，其相关的特征特性保持不变。

(3) 授予品种权的植物新品种应当具备适当的名称，并与相同或相近的植物属或种中已知品种的名称相区别。根据《中华人民共和国植物新品种保护条例》，下列名称不得用于品种命名：①仅以数字组成；②违反国家法律或者社会公德或者带有民族歧视性的；③以国家名称命名的；④以县级以上行政区划的地名或者公众知晓的外国地名命名的；⑤同政府间国际组织或者其他国际国内知名组织及标识名称相同或者近似的；⑥对植物新品种的特征、特性或者育种者的身份等容易引起误解的；⑦属于相同或相近植物属或者种的已知名称的；⑧夸大宣传的。

已通过品种审定的品种，或获得农业转基因生物安全证书（生产应用）的转基因植物品种，如品种名称符合植物新品种命名规定，申请品种权的品种名称应当与品种审定或农业转基因生物安全审批的品种名称一致。

### （三）植物新品种权的授予程序

植物新品种权的授予程序主要包括：①申请和受理；②审查与批准（附件 18-1）。

### （四）品种权的权限和转让

完成育种的单位或个人，对其授权品种享有排他的独占权。任何单位或个人未经品种权所有人许可，不得生产或者销售该授权品种的繁殖材料，不得为商业目的将该授权品种的繁殖材料重复使用于生产另一品种的繁殖材料。

申请被批准后，品种权属于申请者。申请者可以是单位（职务育种），也可以是个人（非职务育种）。委托育种或合作育种，品种权的归属由当事人在合同中约定；无合同约定的，品种权属于受委托完成或共同完成的单位或个人。

一个植物新品种只能授予一项品种权。两个以上的人申请同一个品种权的，品种权授予最先申请者；同时申请的，则授予最先完成该品种的育种者。

植物新品种的申请权和品种权可以依法转让。转让时，当事人应当签订书面合同，并向审批机关登记，由审批机关予以公告。中国的单位或者个人就其在国内培育的植物新品种向外国人转让申请权或者品种权的，应当经审批机关批准。国有单位在国内转让申请权或者品种权的，应当按照国家有关规定报有关行政主管部门批准。

授权品种的保护有一定期限，我国颁布实施的植物新品种保护条例中规定，自授权之日起，藤本植物、林木、果树和观赏树木的品种权保护期为 20 年，其他植物为 15 年。在保护期内，若品种权人书面声明放弃品种权，或未按规定缴纳年费，或未按要求提供检测材料，或该品种已不符合授权时的特征特性，审批机关可做出品种权终止的决定，并予以登记公告。

授权品种在保护期内，凡未经品种权人许可，被以商业目的生产或销售其繁殖材料的，品种权人或利害关系人可以请求省级以上政府农业、林业行政部门依据各自的职权进行处理，也可以向人民法院提起诉讼。假冒授权品种的，由县级以上政府农业、林业行政部门进行处理。



# 第三节　种子生产

植物学上的种子是指从胚珠发育而成的繁殖器官。农业生产的种子，是指农作物和林木的种植材料或者繁殖材料，包括籽粒、果实、根、茎、苗、芽、叶、花等。简单地说，一切可以被作为播种材料的植物器官，即不论是植物的有性器官或营养器官，也不论其形态构造是简单还是复杂，只要能繁殖后代，用来扩大再生产，统称为种子，也称“农业种子”。

种子生产（seed production）也称种子繁殖，是指按照种子生产技术规程，生产市场需求的、质量合格的农业生产播种材料（种子、种苗），包括纯系品种的种子、杂交亲本种子及其杂交种子。种子生产的任务就是在保证品种优良种性的前提下，繁殖出数量充足、质量合格的优质种子。

## 一、种子生产程序与技术体系

### （一）种子生产程序

在当今各国的良种繁育工作中，存在着两种不同的种子生产程序：①许多农业发达国家采用的“重复繁殖”；②我国沿用多年的“循环选择”。这两种种子生产程序适应不同的生产水平和物质技术条件，各自具有不同的特点。

**1. 重复繁殖程序**　所谓重复繁殖程序，是指良种繁育总是从育种单位提供的育种家种子开始繁殖，到生产出生产用种子为止（图 18-1）。下一轮良种繁育依然重复相同的繁殖过程。这种利用育种家种子重复繁殖生产原种和生产用种子，是许多国家禾谷类作

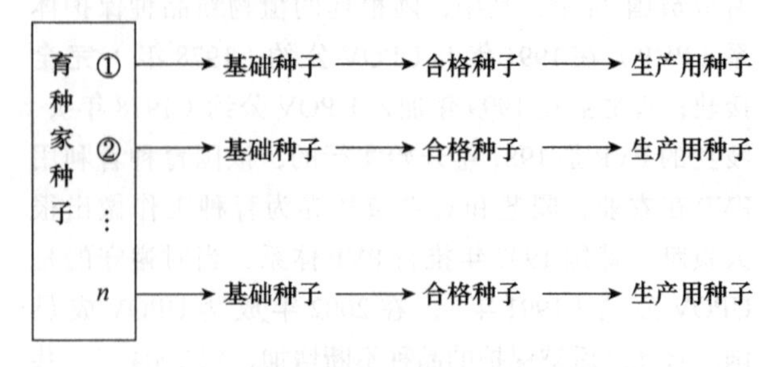


图 18-1　重复繁殖程序示意图

物原种生产的程序，而且在绝大多数农业发达国家中，原种生产的途径也仅此一种。

美国种子生产采用的是重复繁殖程序：育种家种子（breeder seed）→基础种子（foundation seed）→登记种子（registered seed）→合格种子（certified seed），把种子分成4个类别（图18-2）。该程序的育种家种子是由育种机构或育种家自己直接生产和控制，是该品种的纯系后代。基础种子是由育种家种子繁殖的第一代种子，由育种家或其授权的代理人（或组织）负责生产，为生产登记种子提供种源。登记种子是由基础种子繁殖的第一代种子，由登记种子生产者进行生产和控制，为生产合格种子提供种源。合格种子是由登记种子繁殖的第一代种子，主要用于供应大田生产商品粮食和饲料。欧洲经济合作与发展组织（OECD）成员国的种子生产程序则是：育种家种子→先基础种子→基础种子→合格种子（图18-2）。

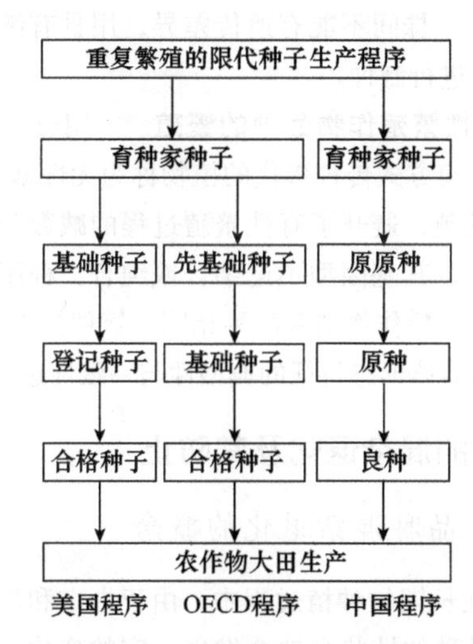


图18-2　美国、经济合作发展组织成员国与中国四级种子生产程序示意图

中国的种子生产程序（简称“四级程序”）由河南省提出，中国农业科学院棉花研究所、中国农业大学等合作研究的种子生产技术。其程序是育种家种子（breeder seed）→原原种（basic seed）→原种（foundation seed）→良种（certified seed）（图18-2）。育种家种子是由育种家直接生产和掌握；原原种是由育种家种子繁殖的第一代，由育种单位或授权的原种场负责生产；原种是由原原种繁殖的第一代种子，可由原种场负责生产；良种是由原种繁殖的第一代种子，可由良种场或特约基地负责生产。应用四级程序生产种子，从育种家种子开始到生产出良种，每一轮经历3～4代，进行限代繁殖，种子生产采用的也是重复繁殖程序。

用重复繁殖方法进行种子生产有3个共同特点：①育种家种子是种子繁殖的唯一种源。以此为起点，逐级繁殖，以确保原品种的本来面目。②限代繁殖。一般对育种家种子繁殖3代或4代即告终止，种子繁殖代数少，周期短。种子种在农田里，就不允许再回到种子生产流程内。例如，美国规定基础种子后的代数一般不应超过两代。③繁殖系数高。由于种源纯度高，不需选择，只需防杂保纯，可最大限度提高繁殖系数。

在育种家种子供应上，当今农业发达国家一般采用的是“种子贮藏法”，即对育种家种子实行一次生产，多年贮存，分年使用的办法。当品种育成审定登记后，精量点播，尽量扩大繁殖系数，所收的育种家种子除少部分留作继续扩大繁殖外，其余大部分种子有计划地存入低温库，一般贮存够5年用的种子量。以后每年取出五分之一的种子，进行扩大繁殖。这是一种延缓种子世代进展的好方法，能有效地防止作物因连续种植后的混杂退化，有明显的保纯度、保种性的效果。由于贮藏过程中，没有增加世代，既减少天然杂交、机械混杂、基因突变、自然选择、选株失误等因素的干扰，又可防止退化避免变异，保持种性不下降，延长使用年限。这种方法对种子仓库的温度、湿度要求严格，否则难于保持种子活力。我国甘肃北部、青海高海拔地区、新疆大部分地区是典型的大陆性气候，低湿、干燥，普通种子仓库只要实行科学管理，种子贮存5～10年对发芽率影响不大。所以，可以在这些地区建造一些种子仓库，只要在隔热、防潮、通风、防虫等方面注意一些，就可以为沿海及南方的省（自治区、直辖市）贮存一些育种家种子。

**2. 循环选择程序**　循环选择程序包括两大部分工作。一部分是由原（良）种场或种子公司通过建立株行圃、株系圃、原种圃的“三圃制”提纯生产原种。该方法是当一个品种发生混杂退化后，再从其中选择具有原品种典型性状的优良单株，建立三圃进行提纯；也有当新品种开始推广时，就建立三圃保纯。另一部分工作就是由原种繁育基地和大田用种繁育基地，扩大繁殖原种，进而再扩大繁殖大田生产用种。由于每一轮原种生产都是从单株选择开始，经过分系比较，混系繁殖，进而扩大繁殖，直至生产出大田用种，所以年年都要建立三圃进行原种生产，这种原种生产的连续过程就是一个循环选择的过程（图18-3）。

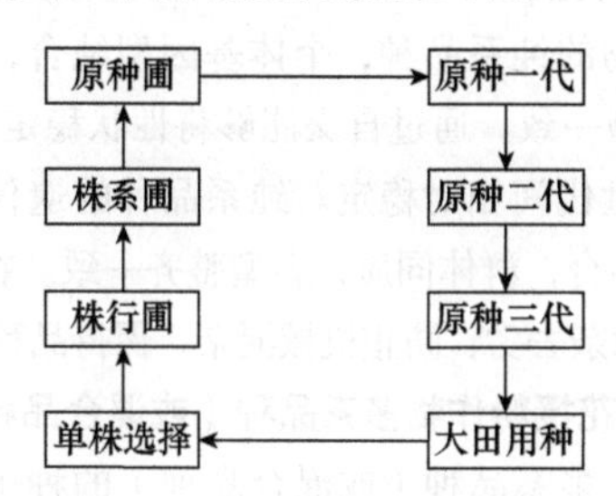


图18-3　循环选择程序示意图

循环选择的方法，采用的是改良混合选择。选择单株以后，分系比较有利于鉴别变异，混系繁殖有利

于快速生产出大量的优质种子，所以对于提高种子纯度和保持品种的优良性状是行之有效的。特别在品种严重退化的情况下，用这种方法繁殖出来的种子纯度和质量都有所提高，一般可比混杂退化了的种子增产5%～8%，高的可达15%以上。循环选择生产原种的任务分散在各地的原（良）种场或种子公司进行，便于就地生产就地应用。

但是，用三圃制提纯法生产原种的方法存在许多弊病，主要表现在：①品种的典型性没有保证。因为这种方法繁殖种子的世代较长，种子生产期间容易受自然选择影响，不易察觉的突变也有留存的可能，而且每次的单株选择使品种群体急剧缩小，对于主要性状来说，由于环境的影响和取样误差，不可能对基因型做出可靠鉴定，而对于许多非选择性状来说，又容易发生随机漂移。在原种的繁殖过程中，机械混杂和生物学混杂比较普遍。因此，用这种方法生产出来的种子纯度往往达不到要求。②提纯生产原种的程序烦琐，技术较难掌握，费工费时，占地多，费用较高。③提纯生产原种的周期太长，常常跟不上品种更换的速度。提纯生产原种从选单株到生产出批量原种，少者3年，多者5年以上，再经过扩大繁殖，待生产出大田用种需时更长。往往一批原种出来了，该品种已过了最佳利用期，即使再好的原种也难以推广开。

因此，在我国也应逐步推行重复繁殖的种子生产程序，特别是异花授粉作物，更应强调用育种家种子通过防杂保纯生产原种。现在，河南、黑龙江、吉林、山东等省已在推行重复繁殖的程序，即由育种单位提供育种家种子，省、地种子部门组织繁殖原种，县、乡繁殖生产用种。



### （二）种子生产技术体系及其特点

根据种子生产的对象与目的，其生产技术体系可分为自花授粉作物纯系品种种子生产、多系品种（或混合品种）种子生产，异花授粉和常异花授粉作物品种种子生产，杂交种品种及其亲本种子生产，无性繁殖作物品种的繁殖等。

**1. 自花授粉作物纯系品种种子生产体系** 自花授粉作物的纯系品种，个体基因型纯合，群体内个体间基因型一致。通过自交能够将性状稳定传给后代，使性状在世代间相对稳定。纯系品种的遗传特点是个体基因型纯合，群体同质，表型整齐一致。在种子生产中主要是除杂去劣，防止机械混杂，保持品种保纯度。

**2. 自花授粉作物多系品种（或混合品种）种子生产体系** 多系品种（或混合品种）的种子生产，重点是保持单系品种群体内组成成分的稳定，防止遗传漂移。其种子生产程序为，先繁殖每一个单系的纯种子，再根据生产（如流行病害小种）确定每一单系品种种子混合的比例，组成多系品种或混合品种，投入大田生产。

**3. 异花授粉作物和常异花授粉作物品种种子生产体系** 这类作物品种能利用多种基因效应，其稳定性是靠随机交配时遗传平衡而得到保持，遵循Hardy-Weinberg法则。其种子生产要防止异交混杂，品种间进行严格的隔离，在隔离区内保持随机交配的特点，使品种内的每一植株都有相同的机会与其他任何植株相交配；同时要防止任何形式的近交，避免近交引起的种性退化。留种群体一定要大，混合选择不少于400株，采用群体内混合授粉保持品种典型性。

**4. 杂种品种及其亲本种子生产体系** 杂种品种的遗传特点是个体基因型杂合，群体内个体间基因型一致，$F_1$性状表现优势。要保持$F_1$个体基因型的杂合性、群体基因型的一致性，不仅要年年生产杂交种子，而且要保持亲本（自交系、不育系、保持系、恢复系）基因型纯合，株间不能有遗传差异，用具有纯系特征特性的亲本进行制种。

**5. 无性繁殖作物品种的繁殖** 用营养体繁殖或无融合生殖方式传种接代的植物称为无性繁殖作物。采用无性繁殖，避开了有性繁殖过程的减数分裂和配子重组过程，其基因型不论杂合或纯合，种用材料的生产与自花授粉作物纯系品种相同。繁种技术较简单，根据品种营养体形态特征的典型性与一致性选株留种。

## 二、品种的混杂退化及其防止

### （一）品种混杂退化的概念

品种在长期的种植过程中，由于内在和外在因素的影响，品种的性状必然会发生一定的变化，出现混杂退化现象。品种混杂退化是农业生产上一个普遍现象。一个品种种植多年，总会发生不同的变化，即使是自花授粉作物的品种，也会混入或产生一些不良类型，出现植株高矮不齐，成熟早晚不一，生长势强弱不同，抵抗不良条件的能力减弱，穗小粒少等现象。

品种混杂（cultivar complexity）是指一个品种群体里混进了同一作物其他品种或类型的种子，使品种纯度降低的现象。例如，水稻的中稻品种混进早、晚稻品种，杂交水稻的不育系混进了恢复系的种子，‘新海三号’长绒棉品种里混进了‘新陆中二号’陆地棉品种的种子等。

品种退化（cultivar degeneration）是指遗传基础的变化，一个品种的形态特征、生物学特性和经济性状发生了不符合人类要求的可遗传的变异，使原有品种在农业生产上利用价值降低或丧失的现象。例如，退化小麦品种的丰产性下降，退化棉花品种的棉铃变小、纤维变短等，使品种失去了固有的优良性状，产量降低，品质变劣。

### （二）品种混杂退化的原因

引起品种混杂退化的原因很多，凡是能打破品种群体原有的遗传平衡，致使品种群体的基因频率发生变化，向着不符合人类需要的方向变异的直接或间接因素，都可能是引起品种混杂退化的原因。不同作物、不同品种以及不同地区的混杂退化原因也有所不同，应根据具体情况进行分析。但是，品种混杂退化最根本的原因是缺乏健全的良种繁育制度，没有做好防杂保纯工作。具体原因如下。

**1. 机械混杂** 机械混杂是指品种在栽培或种子生产过程中，由于技术上的疏忽而造成人为的种子混杂。作物从播种到收获、脱粒、扬晒、装袋、运输、储藏等各个环节，都有可能发生机械混杂。另外，留种地块连作时，因前茬作物的自然落粒，或因施用未腐熟的农家肥料等也会引起机械混杂。从群体遗传学看，机械混杂就是另一群体的基因“迁入”了本品种群体，导致本品种群体的基因频率发生变化。

**2. 生物学混杂** 生物学混杂是由于品种间天然杂交（俗称“串花”）引起的混杂。如果一个品种与其他品种种植过近，或者因机械混杂混入了非本品种种子而又未能在作物开花授粉前及时去除，在开花授粉期可能因为风或昆虫传粉而发生天然杂交。天然杂交造成的生物学混杂与植物的异交率有关。异花和常异花授粉作物很容易发生天然杂交，即使是自花授粉作物也有一定程度的自然异交率（如水稻为0.2%～4%，麦类为1%～4%）。天然杂交后代发生分离，会严重破坏品种的一致性，导致品种纯度下降。

**3. 自然变异和品种的剩余变异** 自然条件下基因突变的频率很低，以单基因计算，一个世代的自然突变率大约为百万分之一（$10^{-6}$），但是因为生物体所拥有的基因很多，而且不同基因突变频率不同，有些基因的突变频率较高，在种子繁殖过程中产生的突变体如果不能被及时淘汰，通过自身繁殖和天然杂交，使群体中变异类型和变异数量增加。

纯系品种的基因型理论上是纯合的，但是实际上难以达到绝对纯合。新育成品种虽然在主要性状上表现整齐一致，难免会有一些残存的杂合基因，特别是那些由微效多基因控制的数量性状。这种残存的杂合性又叫作剩余变异。杂合基因在进一步有性生殖过程中会继续分离重组，从而引起品种混杂退化。

**4. 不适当的选择和繁殖方法** 人工选择是种子生产时防杂保纯的重要手段，但若采用了不正确的人工选择，会人为地引起品种的混杂退化。例如，玉米自交系在间苗定苗时，人们往往无意识地留大除小，留强去弱，拔除了基因型纯合的幼苗，留下杂苗，后期又没有注意去杂淘汰，杂株比重不断增多，使自交系混杂退化。又如，‘胜利百号’甘薯内有长蔓与短蔓两型，长蔓型薯块长而产量低，短蔓型薯块短粗丰产。在育苗时人们为节约种薯和苗床多摆些种薯，提高薯苗产量，一般选长薯块育苗，其后果是无意识地选了长蔓型。这样经过多代，品种内长蔓型株的比重大了，造成减产。另外，在良种繁育过程中，若不严格按品种原有的典型特征特性选择，而按主观臆断的标准选择，结果所生产的种子面目全非，丧失了品种原有的优良性状。

### （三）防止品种混杂退化的措施

品种的防杂保纯和防止退化是一个较复杂的问题，涉及种子生产的各个环节。要做好这项工作，首先，必须了解防杂保纯、防止退化的必要性，认识做好这项工作的重要意义；其次，要加强组织领导，制定制度，做好规划；最后，建立一支种子生产的技术队伍，使每个承担种子生产任务的人员，熟练掌握种子生产技术规范和操作技术。

**1. 实行品种布局区域化，简化生产用种** 棉花实行一地一种，其他粮油作物实行一地一个主栽品种，一两个搭配品种。这样既有利于防止机械混杂，又利于防止生物学混杂。

**2. 建立种子生产操作规程，防止机械混杂** 预防机械混杂是保持品种典型性和种子纯度的一个重要环节，要制订种子生产操作规程，并要求严肃认真遵守。

（1）合理安排种子生产田的前作。种子田的前作，尤其是在一年内种植早晚两季作物的田块，前作不种植同种植物，以防上季落粒、残留的种子出苗及残留植株再生苗，造成混杂。

（2）严格种源种子接收和发放手续。种源种子在接收、发放过程中，严格检查其真实性与纯度。若发现有疑问，必须解决后才能播种。种子袋和运送车辆要彻底清洁，缝制和捆扎牢固，并采取防止混杂的一切措施。

（3）严格种子预措和播种操作。播种前的选种、浸种、拌种等措施，必须有专人负责操作。播种时，带种子的播种机与车辆不能经过不是该品种的种子田，如果用同一机械播种同一品种的各级种子时，应先播种等级高的种子地块；种子小区繁殖，应留一定距离的走道，以便农事操作、去杂去劣。

（4）严格收割、干燥等操作。种子生产田必须单收、单晒、单贮。杂交制种应先收父本，清查后再收母本。贮藏时不同植物和品种必须分别隔离、集中贮存。种子装袋时内外均有标签，并注明品种名称、产地、质量等级及生产年月等。以上各项操作的用具和场地必须清扫干净，有专人负责及时检查，避免混杂。

3. **采用隔离措施，防止生物学混杂** 异花授粉作物的种子生产田必须严格隔离同一作物不同品种，防止“串粉杂交”。常异花授粉作物和自花授粉作物也要适当隔离，尤其是花器大、花色艳（如棉花）的常异花授粉作物（虫媒作物），更要特别防止生物学混杂。隔离的方式有空间隔离、时间隔离、自然屏障隔离和高秆作物隔离（图18-4）等，也可用人工套袋法进行隔离。

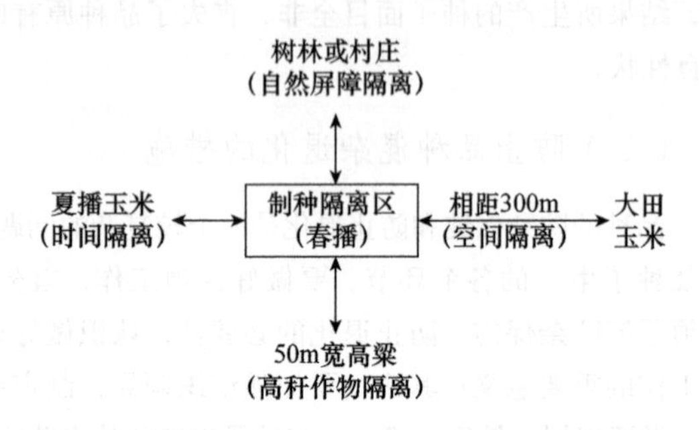


图18-4 四种隔离方式在一个隔离区同时采用示意图

4. **采用高效的农业技术，加强栽培管理** 品种所具有的优良特性都是在一定外界环境条件下形成的，只有在良好的栽培管理条件下，才能使品种的优良种性得到充分的表现。为了便于进行正确的评选鉴定，并有利于保持品种优良经济性状的相对稳定性，延长优良品种在生产上使用的时间，在良种繁育工作中，必须坚持良种良法相结合，做到以下几点。

（1）搞好农田基本建设，建立旱涝保收、高产稳产的种子基地，做到良田、良种、良法配套，确保优质高产。

（2）以优良的农业栽培技术管理“三圃”及种子田，做到合理轮作倒茬，精细整地，合理促控，及时防治病虫害和清除杂草等，以满足作物品种优良遗传特性的要求，防止自然选择的不利作用。

（3）强调栽培管理的一致性。要求实验地肥力均匀，田间操作技术一致，以最大限度地减少人为造成的差异，保证鉴定选择的正确性。

5. **去杂去劣，提纯选优，定期更新大田用种** 去杂主要是指去掉非本品种的植株和穗（果）、籽粒；去劣是指去掉感染病虫害、生长不良的植株和穗（果）、籽粒。去杂去劣工作不仅在各类种子生产田都要年年进行，而且要在作物生育的不同时期，分次进行。对于混杂退化较严重，尤其是生物学混杂严重的种子，去杂工作困难，则应当舍弃，不做种用。

用提纯法生产原种或原种一代，定期（一般两三年）更新大田生产（含大田杂交制种亲本种子）用种。这种方法的基本步骤是单株（穗）选择—分系比较—混系繁殖，这种方法实质上是单株选择和混合选择方法的综合运用。我国目前各种主要作物进行原种生产一般都采用这种方法。

## 三、原种生产的程序与方法

原种在种子生产中起着承上启下的作用。各国对它的繁殖代数和商品质量都有一定的要求。美国、日本和加拿大都是以育种家种子定期更新繁殖生产用种。我国对各类作物原种的质量标准都有明确规定，主要是根据纯度、净度、发芽率和水分4个指标来确定（GB4404—2010，GB4407—2008，GB16715—2010）。因此搞好原种生产是整个种子生产过程中最基本的环节，是影响种子生产成效的关键。

按照中华人民共和国国家标准GB/T3543.5—1995，我国将种子划分为育种家种子、原种和良种。原种是指育成品种的原始种子，或经过提纯法生产的与该品种原有特征特性保持一致的种子。其标准为：①主要特征特性符合原品种的典型性状，株间整齐一致，纯度高。②植株生长势、抗逆性和生产力等，与原品种比较不降低，或略有提高。自交系原种的生长势和生产力要与原系相似。杂交亲本原种的配合力要保持原来的水平，或略有提高。③种子籽粒发育好，成熟充分，饱满一致，发芽率高，无杂草及霉烂种子，无检疫性病虫害等。

### （一）自花授粉作物和常异花授粉作物纯系品种原种生产程序与方法

这些作物的原种生产，在发达国家常用“保纯繁殖”的方法；在我国常用“循环选择繁殖”的方法。近年来为提高原种生产效率，发展了应用于自花授粉作物的“株系循环繁殖法”。

1. **保纯繁殖法** 保纯生产原种的方法就是应用重复繁殖的繁育程序，由育种单位提供育种家种子，再由各级良种繁育基地采用严格防杂保纯措施，逐级扩大繁殖原种。采用这种方法，各级种子由专门的繁育单位生产，美国有专门的原原种公司，原种和生产用种由各家种子公司隶属的种子农场生产。日本从20世纪80年代以后，所有都道府县的试验场或农场都采用低温贮藏法保持原原种，即一次性繁殖够用5～6年的原原种进行低温贮藏，以避免反复栽培所带来的自然异交等混杂。

2. **循环选择繁殖法** 该法是指从某一品种的原种群体中或其他繁殖田中选择单株，通过单株选择、分系比较、混系繁殖，提纯生产原种种子（图18-5）。根据比较过程长短的不同，又有二圃制和三圃制的区别。

三年三圃制的原种生产程序如图18-6所示。

第一年，单株选择。从确定繁殖原种的品种中选择具有原品种典型性状优良单株，分株脱粒、装袋。单株选择分田间初选和室内复选两步进行。田间初选

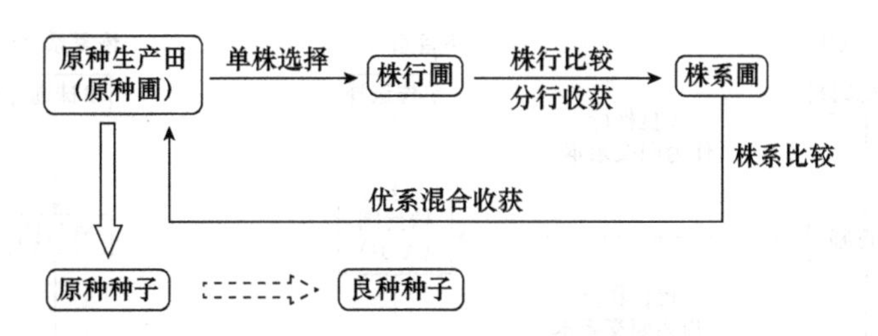


图 18-5　循环选择繁殖法原种生产程序示意图（孙其信，2011）

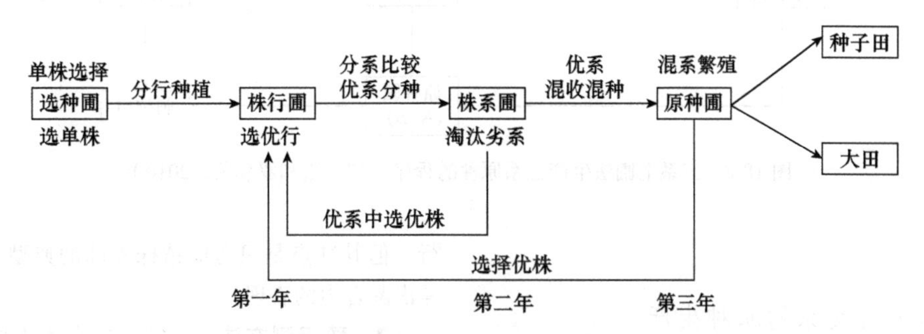


图 18-6　三年三圃制原种生产程序示意图（潘家驹，1998）

在品种特征特性表现较明显的生育期进行，一般稻、麦品种在抽穗期和黄熟期进行。当选单株的数量由下年株行圃面积而定，复选后当选的单株，分别脱粒、干燥并装袋保存。

第二年，株行圃。将上一年当选的单株分区种成株行，以本品种原种种子作对照。全生育期均应对各株行的典型性和丰产性进行认真的观察、比较，淘汰有杂株、分离株、生长差或感病虫害较多的株行。田间当选株行成熟时随机取样 5 株进行室内考种，稻、麦品种主要考察株高、穗长、穗粒数、结实率、千粒重等，根据考种结果决定当选株行。当选株行，分别脱粒，下年供株系圃用种。

第三年，株系圃。将当选株行种子分株系种植，再进行一次分系比较。田间鉴定、室内考种等各环节均与株行圃相同。决选株系后，将当选株系混合脱粒，供下年原种圃用种。

第四年，原种圃。将上年当选株系种子，设置原种繁殖圃。原种圃必须选择土质良好的田块，适时播种，精细管理，及时防治病虫害等。在苗期、开花期和成熟期分次鉴定，去杂去劣，确保原种的纯度。原种圃收获的符合原种质量标准的种子即为原种。

“二圃制”是在“三圃制”程序中，省略了株系比较试验，较“三圃制”程序快一年生产出原种。由于“二圃制”较“三圃制”少了一次分系比较，所以更适合于自花授粉作物或纯度较高的常异花授粉作物原种的生产。

### （二）三系亲本原种生产程序与方法

三系是指雄性不育系（A）、保持系（B）和恢复系（R）。根据原种生产过程中有无配合力测定的步骤，可将三系亲本原种生产方法分为两类：①有配合力测定步骤，以“成对测交法”为代表；②无配合力测定步骤，以“三系七圃法”为代表。这两类方法在我国推广面积大的杂种水稻、杂种高粱和杂种向日葵的亲本原种生产中都有应用。

**1. 成对测交法**　不育系和保持系、不育系与恢复系成对授粉原种生产法。其程序是：单株选择，成对授粉；株行比较，测交种鉴定；优系繁殖生产原种（图 18-7）。

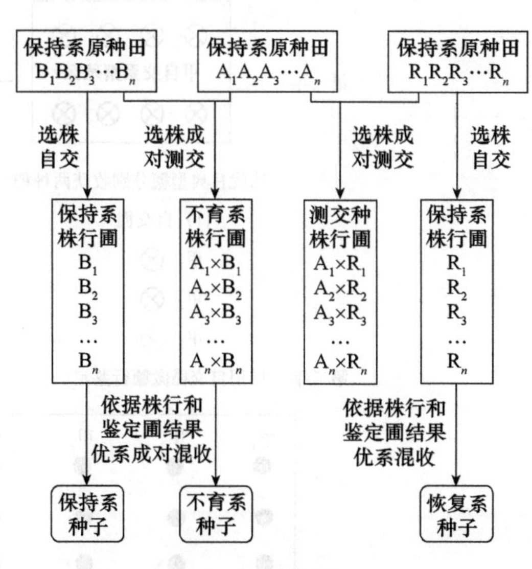


图 18-7　成对侧交法

A. 不育系；B. 保持系；R. 恢复系

**2. 三系七圃法**　该法采用单株选择，分系比较，混系繁殖。不育系设株行、株系、原种三圃，保持系和恢复系分别设株行圃、株系圃（图 18-8）。该法以保持三系的典型性和纯度为中心，对不育系的单株、株行和株系都进行育性检验，但对三系都不进行配合

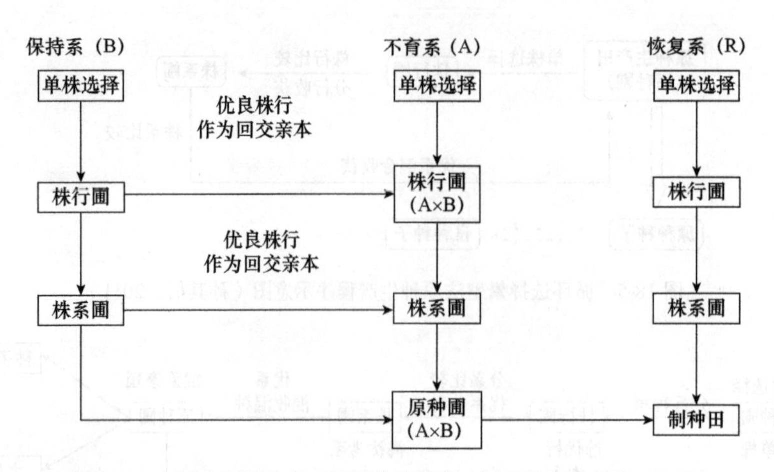


图 18-8　三系七圃法生产三系原种的程序（刘忠松和罗赫荣，2010）

力测验。

## （三）玉米自交系的原种生产

自交和选择是自交系原种生产的基本措施。根据原种生产过程中有无配合力测定步骤，有“穗行鉴定法”和“穗行测交法”两种原种生产方法。

**1. 穗行鉴定法**　第一年在亲本繁殖田根据自交系亲本典型性状选株自交，自交穗单独脱粒。第二年取各自交穗的少量种子种成穗行，在苗期、拔节期、抽雄开花期根据自交系的典型性、一致性和丰产性进行穗行间的鉴定比较。第三年将上年当选穗行的室内保存的自交种子混合，隔离区繁殖原种。此法简单易行，但其缺点是只考虑植株外部的典型一致性，而没考虑配合力的表现。

**2. 穗行测交法**　第一年在亲本繁殖田选择具有典型性状的优良单株，分别进行自交和测交（用杂交组合中另一亲本自交系做测验种）（图 18-9）。测交种子应足够进行下年产量比较，一般要测交 3 穗以上。自交果穗和测交果穗对应编号，单穗脱粒保存。第二年将自交果穗和测交果穗分别种成穗行。根据自交穗行性状表现和测交穗行的产量表现（即测定所选单株的配合力），选出优良的自交穗行。第三年把测交和自交后代表型表现优良的相应各自交果穗室内保存的自交种子混合，隔离繁殖，生产原种。



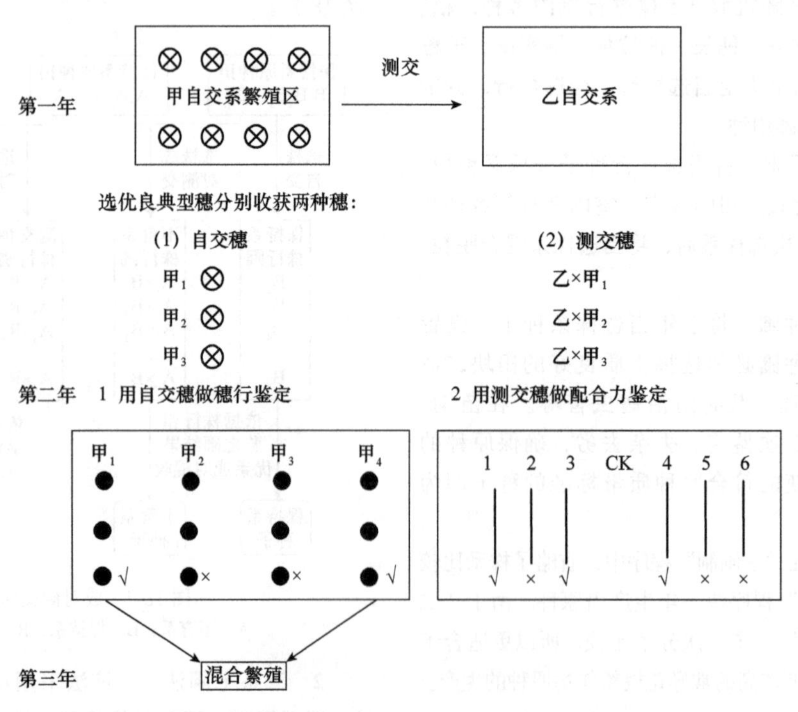


图 18-9　穗行测交法生产玉米自交系原种示意图

穗行测交法比较费工，但所生产的自交系原种纯度高，质量好，典型性和配合力能保持较高水平，对于混杂退化较严重的自交系材料，只有用这种方法，才能达到提纯的效果。

# 第四节　品 种 推 广

## 一、品种推广的方式

由于新选育出来的品种或新引进的品种，刚通过审定时，一般种子数量较少，除了必须加速繁殖，扩大种子数量外，还必须采取灵活多样的推广方式，使有限的种子有计划、尽快地得到应用和普及，在生产上发挥作用。由于各地的生态条件、生产水平、品种布局、种子工作基础等条件的不同，各地可根据各自的供种形式采用合适的推广方式。

1）分片式　按照生态、耕作栽培条件，把全县划分若干片，每年由种子公司分片轮流供应新品种的原种种子，以后各自留种供下年生产用，使一个新品种能在短期内普及全县。

2）波浪式　首先在全县选择若干条件较好的乡、村，集中繁殖新品种的原种后，再逐步普及全县。

3）多点式　先在全县每个区（乡）选择1～2个条件较好的专业户或承包户，扩大繁殖一年后，第二年即可普及到全县。

随着市场经济体制的建立和完善，我国种业市场逐步放开，特别是《中华人民共和国种子法》的颁布实施和我国加入WTO，种业市场进入了一个新时代。国务院办公厅2006年40号文件的出台，意味着原有的供种体系彻底打破，新的供种体系将是“以龙头种子企业为主体，以市场为导向，育繁推一体化”的供种模式。新的供种体系的诞生，是全球一体化和市场经济的开放带来的必然产物。

## 二、品种区域化和良种的合理布局与搭配

### （一）品种区域化

在推广良种时，必须按照不同品种的特征特性及其适用范围，划定最适宜的推广地区，以充分发挥良种本身的增产潜力；另一方面要根据本地自然栽培条件的特点，选用最适合的良种，以充分发挥当地自然资源的优势。这样因地制宜地选用、推广良种，才能使品种得到合理布局并实现区域化。品种区域化（cultivar regionalization）简称品种区划，就是按照农作物品种对不同区域的适应性和区域的自然条件，合理安排品种布局，使一定的品种在其相应的适应地区范围内推广的措施。

品种布局区域化是搞好种子工作的基础，是克服品种“多、乱、杂”的关键。搞好品种区域化可以做到科学使用良种，提高良种的增产效果。特别是在高纬度、无霜期短、受低温冷害影响频繁的地区，搞好品种区域化，对战胜低温冷害，保证作物高产稳产，提高农业生产水平都有重要意义。

近年来，很多省、地区，有的县都根据本地区的自然条件，在调查研究，总结农业生产经验的基础上，认真地进行了品种区划。例如，黑龙江省地处我国最北部，纬度、海拔都高，全年气候冷凉，无霜期短，热量低。他们针对本省特殊自然条件和农业生产实践，并分析品种产量与自然条件之间的相关性，认为除降水、日照与产量有一定关系外，对作物成熟程度起重要作用的是从播种到收获的活动积温。他们抓住积温这一主导因素，按照本省实际积温资料和各种作物品种的特性，从南到北每隔200℃划一条积温带，全省划出6条积温带。在每条积温带内，根据积温的多少、土壤条件、作物布局、耕作制度等情况，确定各种作物的主栽品种和搭配品种。每一积温带的推广品种所需积温一般要求低于所在推广积温带平均积温200℃，这样就有较大的保证率。遇到低温冷害年份、积温不足的情况也能安全通过，不至于贪青晚熟，这在一定程度上避免了低温早霜危害。同时，确定有相应积温的品种以后，也可避免越区种植不适宜的品种。

### （二）品种合理布局与搭配

任何一个良种都是相对于一定的条件而言的，同一作物不同品种都有不同的地区适应性。在一个地区推广良种，只有根据本地区的自然条件、生产条件和耕作制度特点，做到科学布局、合理搭配，才能做到地尽其力，种尽其能，最大限度地发挥良种增产作用。

**1. 品种合理布局**　品种布局（breed layout）是指在一个较大自然区域范围内，根据不同的情况配置相应不同类型的品种。我国幅员辽阔，地形、地势、气候条件及耕作栽培制度等都很复杂，在不同生态条件下，只有选用、推广与之相适应的良种，才能保证农业生产的全面高产、稳产。

以小麦品种为例，在华北平原和高寒山区，应注意采用耐寒性较强的品种；在山坡旱地、干旱和干热风常年为害的地区，应注意采用耐旱、抗青枯的品种；在山东半岛，关中川道和四川盆地，水利条件较好，土壤肥力较高的地区，要注意采用高产耐肥品种。新疆地域辽阔，仅北疆由东到西就有一千多公里，条件差异很大，应当注意配置不同的小麦品种。例如，哈密地区冬季积雪少，土壤盐碱化程度高，冬麦越冬死亡重，夏季干热风严重，小麦病害很少，就应注意采用抗干热风的春性品种；奇台至乌苏的沿天山一带，冬季有稳定的雪层，是锈病偶发区，应主要采用耐寒

性较强的冬性品种，并搭配部分春性品种；伊犁盆地雨水较多，是锈病常发区，冬季温度不十分低，故宜采用抗锈的冬性或弱冬性品种。

在我国冬小麦主要种植地区，为了减轻或控制条锈病的流行为害，要在病菌流行区域内的不同地带，选用不同生理小种抗源系统的品种进行种植，使锈病各生理小种不能大量繁殖引起大区间的流行，并能保持品种的抗锈性时间较长。

从全国来说，条锈菌随着气流进行远距离传播，夏季在甘肃的陇东、陇南，青海东部，四川凉山、甘孜等地越夏。秋季随季风传播到温暖的陕西以东地区侵染冬麦，蔓延为害，并在该地越冬，造成早春流行。到春夏之际又随季风传到甘肃、青海侵染为害，如此周年循环。

甘肃省的陇南、陇东地区是我国中部及北部麦区小麦条锈菌的主要越夏地，因此条锈病是该省小麦生产上历史性的病害。该省根据多年研究，认为合理布局抗锈品种，是防治小麦条锈病最为经济、有效的措施。他们规划在条锈菌越夏、越冬地区，种植不同抗源类型的品种，切断其周年循环，压低菌量，减少新小种产生的机会，以保持良种的抗性，延长利用年限，并充分利用抗锈品种的特点，把苗期成株都抗，苗期抗、成株不抗，苗期不抗、成株抗的品种，布置到最适宜的地区。

**2. 品种合理搭配** 品种搭配（assortment of varieties）是指在一个生产单位或一个生产条件相似的较小地区内（如一个乡、村或一个农场），根据生产条件、劳力情况、病虫发生情况及作物结构等，有主有次地分别种植各具一定优点的若干品种，彼此搭配，各得其所。这样不仅可以达到全面增产、增收，提高农业生产效益的目的；而且也可防止生产上品种过于单一化的弊端。

例如，湖南省对水稻品种搭配总结为需要处理好6个方面的关系，即早稻与晚稻、前作与后作、杂交稻与常规稻、早熟与晚熟、籼稻与粳稻、水稻与其他作物等。早晚两季不同熟期的品种搭配原则是，早搭晚，晚搭早，中搭中。在秋季气温高、水肥充足的地方，晚稻可适当种植一些晚熟品种，各种作物品种也应与晚稻品种配合。这样，就可做到季季高产，全年丰产，上季照顾下季，季季照顾全年，今年照顾明年，统筹安排。

新疆的耕作制度较简单，但仍有统筹兼顾搭配品种的问题。例如，南疆地区如果要实行一年两熟栽培，为保证后茬玉米等作物能及时播种，前茬必须栽培早熟的冬麦品种；又如，新疆石河子等地小麦最后一水与玉米等作物的头水常交叉在同一时期，为此，要尽量栽培早熟小麦品种，可少灌一水，以调节作物间争水的矛盾。

为防止生产过程中发生品种混杂，一个生产单位，同一作物一般可搭配种植2～3个品种；而像棉花那样容易混杂的经济作物，一个生产单位，甚至一个县，以一地一种为好。

## 三、良种良法相配套

### （一）良种良法必须配套

推广优良品种是一项最经济有效的农业增产措施。但优良品种的增产作用离不开良好的栽培条件，只有栽培管理条件符合品种特性的要求，品种的优良种性才能充分地发挥，才能达到稳产高产的目的。因此，良种与良法有密切的关系。良种是作物增产的内因，良法是作物增产的外因。各种作物高产与优质的产品，都是品种与栽培条件共同作用的结果。

任何品种均有其长处与短处，同样，任何栽培条件总会有其有利的因素与不利的因素。要充分发挥良种的增产潜力，就必须在实践中不断揭示良种与栽培环境的关系，掌握品种的综合特性。一方面，根据现在栽培水平，选用能充分利用现在条件中有利因素，而受现在条件中不利因素影响较小的良种，以弥补栽培条件的限制；另一方面，则应采用优良的栽培技术措施，充分发挥良种的优点，减轻或补救良种的缺点。目前，生产上推广的良种良法配套技术主要有：适合当地的优质高产栽培技术，测土配方施肥技术，集成良种高产高效栽培技术，节水灌溉技术，设施栽培技术和病虫草害综合防治技术。综合应用这些技术，才能充分发挥优良品种的增产潜力。

### （二）良种良法如何配套

一个新培育出的优良品种，人们并不能对其特性立即做出全面的认识和了解，特别像适宜范围的大小、增产潜力的高低以及最大限度地发挥一个品种的增产效果等，就需要在试验和利用的过程中，不断观察、总结，逐步深化对品种特性的认识，然后配以相应的良法。例如，以‘3197A’配制的许多高粱杂交种根茎短，芽鞘软，顶土力弱，保苗困难，要严格控制播种深度（一定在3cm左右），以利于全苗。又如，矮秆的玉米单交种‘南矮1号’，株型矮而紧凑，个体小，宜适当密植，亩留苗6000株左右，力争亩收获株数达5000株以上，就能充分发挥其群体的增产潜力。

以小麦为例，要做到良种良法结合，因种栽培，必须注意以下3个问题：①根据品种特性，调节合理的群体结构；②根据品种生长、发育特点，进行相应的栽培管理；③摸清品种的弱点，克服其薄弱环节。每个环节应注意的具体问题和采取的具体措施不同（附件18-2）。

## 本章小结

农作物品种区域试验是联系新品种选育和推广的桥梁，是品种审定之前必须经过的程序。种子生产是指按照种子生产技术规程，生产质量合格的农业生产播种材料（种子、种苗）的过程。种子生产程序主要有“重复繁殖”和“循环选择”。新选育出来的品种，可采取分片式、波浪式和多点式等灵活多样的推广方式，同时还应根据各地区的自然条件、生产条件和耕作制度的特点，做好品种的合理布局与搭配，最大限度地发挥良种增产作用。

## 拓展阅读

1.《中华人民共和国种子法》(2015 年修订版)(附件 18-3)
2.《国际植物新品种保护公约》(1991 年版)(附件 18-4)
3.《中华人民共和国植物新品种保护条例》(2014 年修订版)(附件 18-5)
4.《主要农作物品种审定办法》(2016 年修订版)(附件 18-6)
5.《农业转基因生物安全管理条例》(2017 年修订版)(附件 18-7)

## 思考题

扫码看答案

1. 名词解释：区域试验、品种审定、品种布局、品种搭配、原种、良种、机械混杂、生物学混杂、品种退化。
2. 申请审定的品种应当具备什么条件？
3. 中国、美国和欧洲各国种子生产程序有何异同？
4. 简述不同繁殖方式作物种子生产的特点。
5. 如何做好品种的合理利用？
6. 品种混杂退化的主要原因有哪些？应如何防止？
7. 种子田隔离的方式有哪些？
8. 自交系的原种生产有哪两种方法？它们的主要区别在哪里？

# 第6部分

# 主要农作物育种

## 重点提要

□ 小麦育种

□ 水稻育种

□ 玉米育种

□ 棉花育种

□ 马铃薯育种

□ 大豆育种

# 第十九章　小 麦 育 种

附件、附图扫码可见

小麦是人类最主要的粮食作物之一，全世界有35%～40%的人以小麦为主食。小麦具有其他谷物面粉所欠缺的面筋，特别适于制作面包和馒头，还可以加工成面条、糕点、饼干等多种食品，以满足人们不同的需要。此外，小麦具有较好的耐贮藏性，正常情况下贮藏四五年品质基本不变。

## 第一节　国内外小麦生产概况

### 一、国外小麦生产

全世界小麦面积在2.20亿$hm^2$上下，小麦总产占谷物总产的30%左右。小麦在全世界分布很广，主要集中在亚洲、北美洲和欧洲。中国、印度、美国、俄罗斯、加拿大、澳大利亚、法国、阿根廷等十几个国家的小麦种植面积和总产约占全世界的70%以上。小麦单产较高的国家集中在欧洲的英国、荷兰、丹麦、比利时、法国、德国等，每公顷产量达7500kg以上。

世界小麦生产的发展，是采用改良品种和改进耕作栽培措施的结果，其中改良品种在提高单产中所起的作用占40%～55%。尤其是高产、半矮秆的改良品种的广泛推广，大幅度地提高了小麦产量。

### 二、国内小麦生产

在我国，小麦的分布遍及全国。我国的小麦面积，1949年为2187万$hm^2$，1980～1998年保持在3000万$hm^2$上下。2009年全国小麦种植面积为2429.1万$hm^2$，总产量11 511.5万吨，2019年这两项数据分别达到2373.3万$hm^2$和13 360.1万吨。由于小麦单产不断提高，小麦总产保持连年增加。小麦主产大省有河南、山东、河北、安徽、江苏、四川、陕西、甘肃、湖北、黑龙江等，以河南、山东两省面积最大。

新中国成立以来，由于不断改善农业生产条件、推广优良品种，各地小麦生产快速发展。全国冬小麦平均单产已由1949年的645kg/$hm^2$提高到2019年的5629kg/$hm^2$。据联合国粮食及农业组织（FAO）统计，中国作为世界上最大的小麦生产国，2019年小麦总产比排名第二位的印度高29.0%，是美国（小麦总产世界排名第四）总产的两倍多。然而，随着工业化和城镇化的深入推进，粮食需求刚性增长与耕地面积不断减少、种粮劳动力供需失衡等问题之间的矛盾日益突出，粮食安全仍然是我国国民经济发展的重要问题之一。

## 第二节　小麦育种目标

### 一、我国小麦生态区划

我国小麦分布地区极为广泛，由于各地气候条件特殊、土壤类型各异、种植制度不同、品种类型有别、生产水平和管理技术存在差异，因而形成了明显的自然种植区域。赵广才（2010）在前人研究的基础上，将全国小麦种植区域划分为4个主区和10个亚区（表19-1）。

**表19-1　我国小麦品种生态区**

| 主区 | 亚区 | 主区 | 亚区 |
|---|---|---|---|
| 北方冬麦区 | 北部冬麦区 | 春麦区 | 东北春麦区 |
| | 黄淮冬麦区 | | 北部春麦区 |
| 南方冬麦区 | 长江中下游冬麦区 | | 西北春麦区 |
| | 西南冬麦区 | 冬春兼播麦区 | 新疆冬春兼播麦区 |
| | 华南冬麦区 | | 青藏春冬兼播麦区 |

## 二、我国小麦育种目标

### （一）小麦育种目标的制订策略

小麦育种目标的制订主要涉及4个方面：丰产性、稳产性、品质和生产成本。在不同历史阶段，生产水平不同，社会需求不同，其侧重点各不相同。

20世纪60年代以前，小麦生产水平低，在几乎没有化学防治措施的情况下，病虫害是主要限制因子，因而抗病虫是主要育种目标。

70年代以后，小麦生产条件逐步改善，尤其是灌溉面积的扩大和化肥的广泛使用，抗倒伏、抗病、丰产成为首要的育种目标。这一时期，由于片面追求高产，忽视了品质，致使品质普遍下降。

80年代以后，随着改革开放和国民经济的发展，小麦品质差已不能满足城乡居民改善生活的需要，也严重妨碍了食品工业的健康发展，品质改良成为迫在眉睫的任务。

近年来，随着国民经济持续快速发展，农村劳动力不断转移，麦田管理越来越粗放，节水省肥、适合机械收割、低成本高收益成为主要育种目标。

今后，随着国民经济持续稳步发展，人民生活水平进一步提高，耕地向种植大户流转、麦田灌溉条件改善，机械作业、多抗稳产、高产优质、低耗高效成为育种新目标。

### （二）小麦育种目标

制订小麦育种目标时，要结合生态条件、耕作栽培条件、经济条件，将目标落实到具体性状上。以黄淮冬麦区为例，主要涉及如下目标性状。

1）幼苗习性　以半冬性、弱春性为主，分别适合早茬和晚茬种植。

2）耐寒　包括耐冬季低温和春季倒春寒。越冬分蘖存活率和平均穗粒数可以作为选择指标。

3）抗病　主要病害有条锈病、叶锈病、白粉病、纹枯病、叶枯病、黑胚病、赤霉病等。在抗性水平上，最好是高抗水平，一般要中抗水平，最低中感水平，不能是高感水平。关键是对多种病害的综合抗性要好。

4）抗倒伏　倒伏分为根倒伏和茎倒伏。要求中矮秆、根系发达，基部节间短粗，坚硬有弹性。

5）抗干热风　要求灌浆速度快，早熟，耐高温，落黄好。

6）株型好　要求株型松紧合适，叶片直立，通风透光好，光合效率高。

7）产量结构合理，高产潜力较大　亩穗数40万～45万，穗粒数35～38粒，千粒重40～45g，一般产量10 500kg/hm$^2$左右，高产潜力12 000kg/hm$^2$以上。

8）品质好　达到强筋、中筋或弱筋标准。同时，要求籽粒商品性好，面制品食味好。

9）适应性广　对温度、光照等主要气候因子反应不敏感，对土壤水肥条件要求不严，播期、播量弹性大。

综上所述，小麦育种目标可简单概括为“多抗、广适、高产、优质”。



# 第三节　小麦品种资源

## 一、小麦的近缘植物

小麦属于禾本科小麦族的小麦亚族。在小麦亚族中有小麦属、山羊草属、黑麦属、鹅观草属、冰草属、偃麦草属、大麦属、簇毛麦属、披碱草属、大麦属等20多个属。山羊草属与小麦属亲缘关系最为密切，它可与小麦杂交，有的具有某种病害的抗源，有的可产生雄性不育性。黑麦属（*Secale*）与小麦属亲缘关系也比较近，通过远缘杂交和染色体加倍，已成功地创造属间双多倍体新作物小黑麦，包括六倍体小黑麦（AABBRR）和八倍体小黑麦（AABBDDRR）。由于导入了黑麦耐旱、耐涝、耐瘠薄、耐酸性土壤、抗多种病虫害等方面的优点，小黑麦已在非洲、南美洲、澳大利亚的贫瘠干旱土壤和波兰的低洼、酸性土壤，以及我国贵州的贫瘠高寒山地推广种植。偃麦草属（*Elytrigia* Desv.）也可与小麦属杂交，我国已成功将长穗偃麦草（*E. elongata*）优良遗传性状引入小麦而育成大面积推广品种‘小偃6号’。‘小偃6号’是中国科学院西北植物研究所将小麦与长穗偃麦草用远缘杂交方法育成的小麦品种，1981年通过陕西省品种审定，1991年通过国家品种审定。‘小偃6号’1980年开始在生产上大面积推广，到1985年夏收达到67万hm$^2$，除在陕西推广外，在河南、山西（南部）、山东、安徽、湖北（北部）、河北（南部）等地区都曾大面积推广种植。‘小冰麦33’由东北师范大学与吉林省农业科学研究院作物育种研究所合作育成，1995年通过审定，在我国北方黑龙江、内蒙古等许多省份得到大面积推广。‘小冰麦33’具有高抗条锈、叶锈、根腐病及黄矮病的优良特性，且蛋白质含量高达17%～18%，品质达到国际优质小麦标准。其他属也具有一些特异优良性状，也可与小麦属杂交，如簇毛麦属具有对赤霉病的抗性；披碱草属具有耐旱、耐盐的特性。小麦历史悠久，分布范围广阔，变异类型极具多样性。小麦属内不同种的染色体基数都是7，分别属于二倍体、四倍体或六倍体三大类群（表 19-2）。

除了普通小麦和硬粒小麦外，小麦属内其他种在生产上基本没有什么地位，但是这些物种具有许多可用于小麦改良的优良性状，因而在小麦育种上有特殊重要的意义。例如，野生一粒小麦籽粒蛋白质含量高达 23%～30%；圆锥小麦的分枝类型具有多花多粒性；波兰小麦具有大粒特性，千粒重达 70g 左右；提莫菲维小麦具有对一些病害的高强抗源，而且是创造细胞质雄性不育系的良好材料；偃麦草属物种具有很好的抗病毒病特性，而这些是小麦的各类品种所不具备的。

普通小麦是异源六倍体（AABBDD），其中 A 染色体组是来自野生一粒小麦，这种小麦经驯化为栽培一粒小麦；D 染色体组来自粗山羊草；B 组染色体则可能来自拟斯卑尔脱山羊草（*Ae. speltoides* Tausch）。野生一粒小麦（AA）与拟斯卑尔脱山羊草（BB）发生天然杂交并经染色体自然加倍形成野生二粒小麦（AABB），进而驯化成为栽培二粒小麦（AABB）；栽培二粒小麦再与粗山羊草（DD）发生天然杂交并经染色体自然加倍形成六倍体小麦（AABBDD），再经过漫长的自然选择和人工选择，而逐步进化成为普通小麦（附图 19-1）。普通小麦的自然进化史可能经历了数千万年。今天形形色色的小麦品种，则主要是人工进化尤其是现代遗传改良的结果。

**表 19-2　属于不同倍数性类群和染色体组的小麦物种**

| 类群 | 染色体数 | 染色体组 | 种性 | 物种 |
| --- | --- | --- | --- | --- |
| 二倍体 | $2n=14$ | AA | 野生带皮 | 野生一粒小麦 |
| | | | | 乌拉尔图小麦 |
| | | | 栽培带皮 | 栽培一粒小麦 |
| | | | 栽培裸粒 | 辛斯卡娅小麦 |
| 四倍体 | $2n=28$ | AABB | 野生带皮 | 野生二粒小麦 |
| | | | 栽培带皮 | 栽培二粒小麦 |
| | | | | 伊斯帕汗二粒小麦 |
| | | | | 科尔希二粒小麦 |
| | | | 栽培裸粒 | 圆锥小麦 |
| | | | | 硬粒小麦 |
| | | | | 东方小麦 |
| | | | | 埃塞俄比亚小麦 |
| | | | | 波兰小麦 |
| | | | | 波斯小麦 |
| | | AAGG | 栽培带皮 | 阿拉拉特小麦 |
| | | | | 提莫菲维小麦 |
| | | | 栽培裸粒 | 密利提奈小麦 |
| 六倍体 | $2n=42$ | AABBDD | 栽培带皮 | 马卡小麦 |
| | | | | 斯卑尔脱小麦 |
| | | | | 瓦维洛夫小麦 |
| | | | 栽培裸粒 | 密穗小麦 |
| | | | | 普通小麦 |
| | | | | 云南小麦 |
| | | | | 新疆小麦 |
| | | | | 印度圆粒小麦 |
| | | AAAAGG | 栽培带皮 | 茹科夫斯基小麦 |

## 二、国外小麦品种资源

小麦的分布几乎遍及世界各地，由于生态条件的巨大差异，形成了各具特色的品种资源。

### （一）亚洲西南部地区

该地区包括土耳其、叙利亚、伊拉克、阿富汗、阿拉伯、外高加索和土库曼一带。这里有大多数小麦的种和众多的变种，是世界原始小麦最大的自然仓库。一般品种比较早熟、耐旱。

### （二）印度和巴基斯坦

印度圆粒小麦原产于本地区，其特点是矮秆抗倒伏、叶挺立、圆粒、不易感染病害。本地区大多数品种都是春性的，对日照反应不敏感，发育比较迅速，往往表现早熟；改良品种一般穗大粒多，品质较好。印度通过杂交育成的品种‘NP798’‘NP824’，以及通过辐照处理墨西哥小麦‘索诺拉64’而育成的‘沙巴蒂’‘索诺拉’等，巴基斯坦从墨西哥杂交材料中选育而成的‘墨巴65’‘墨巴66’等，都已在我国南方生产和育种上加以利用。

### （三）日本和朝鲜

这里的小麦原先都来自我国。日本近代育成的农林系统小麦品种一般较早熟，分蘖性较强，矮秆抗倒伏，有的具有多花性，多数不抗锈病。日本小麦的矮秆性在世界小麦矮化育种中是较突出的基因资源。从意大利的小麦品种系谱中可以追查到早先用为亲本之一的日本赤小麦。20世纪60年代美国育成的高产品种‘格恩斯’和‘纽格恩斯’，国际玉米小麦改良中心育成的一系列墨西哥小麦品种都是利用了‘农林10号’为亲本而育成的。朝鲜的一些品种如‘水源86’等也具有矮秆性。

### （四）非洲东南部及南部地区

本地区包括埃塞俄比亚、肯尼亚、津巴布韦等。这些地区处于低纬度，小麦品种都是春性，对日照不敏感。肯尼亚小麦品种的抗锈性闻名于世，尤其是具有对秆锈多种生理小种的抗性，是世界各国小麦育种广泛利用的抗源。津巴布韦的‘奥尔森’矮麦，是矮化育种的重要矮源之一。埃塞俄比亚是世界小麦的一个重要的次生发源地，至今这里还保持着广阔的遗传多样性，其中有许多独特的类型，在高原地区还保留着不同种和变种的混合群体。

### （五）地中海沿岸地带

这里除了普通小麦以外，大多是硬粒小麦。这个地带相比其他同纬度地区的气候偏于温暖和湿润，小麦品种偏于春性，对日照反应不很敏感。意大利很多普通小麦品种适应于我国南方麦区，表现中早熟、茎秆矮壮、穗大粒多，抗条锈，不耐旱，易感染赤霉病。引种成功并得到大面积推广的品种先后有‘中农28’‘矮立多’‘南大2419’‘吉利’‘矮秆红’‘阿夫’‘阿勃’等。在引种的基础上，通过系统选育、辐照、杂交等途径而育成的品种数以百计，对我国小麦育种工作产生了重要影响。

### （六）北欧、西欧和东欧地区

这个地区的冬麦品种属冬性和强冬性，冬麦品种对日照的反应都比较敏感；茎秆较强，产量结构性状良好，具有不同程度的抗性。西欧和北欧的纬度高，加上其他条件的差异，从该地区引进的品种大部分不适应我国的生产，只有个别品种适应于我国的高寒地区，如原联邦德国品种‘海涅亥德’引种到西藏高原称为‘肥麦’，从1964年开始逐步推广，增产效果明显，高水肥条件下每公顷产量超7500kg，年最大种植面积超过4.7万$hm^2$，成为该区冬麦的主导品种，在西藏小麦生产及耕作制度改革上起到了重要作用。有的品种可作杂交亲本，如陕西利用‘丹麦1号’育成了‘丰产3号’；北京利用法国品种‘舒瓦极星’育成了‘北京16号’。东欧的保加利亚、罗马尼亚、南斯拉夫的小麦品种，在我国北方麦区能够适应，其中不少有利用价值。例如，甘肃利用保加利亚的‘尤皮莱依娜亚2号’育成了‘天选15号’‘天选16号’‘中梁5号’等抗多种条锈病生理小种的品种；保加利亚的品种‘女水妖’综合性状良好，能抗3种锈病；罗马尼亚的‘洛夫林10号’‘洛夫林13号’等高抗条锈病、叶锈病；实践证明，东欧各国的品种对我国北方麦区的育种工作具有很大的利用价值。

### （七）苏联

苏联春麦面积约占60%，冬麦约占40%。乌克兰和北高加索的品种大都能够适应我国北方麦区，其中不少有利用价值。利用‘早熟号’育成了许多品种，其中‘北京10号’‘泰山1号’等得到大面积推广。‘高加索’‘山前’等品种表现高产抗锈，在我国小麦抗锈育种中发挥了重要作用。特别是‘无芒1号’具有广泛适应性，它不仅是苏联冬麦区的主导品种，在保加利亚、匈牙利、罗马尼亚、伊拉克、伊朗、朝鲜等国也大面积种植，其年最大种植面积超过1067万$hm^2$。

### （八）北美洲

美国和加拿大均为重要的小麦主产国和主要出口国。美国冬小麦近90%，其主产区相当于我国淮河以北地区，从美国引进的一部分品种可分别适应于我国北方冬麦区和春麦区。引种成功的事例，在春麦区有‘甘肃96’‘麦粒多’‘松花江1号’‘松花江2号’等；在冬麦区有‘早洋麦’‘钱交麦’等。利用美国品种为亲本育成的品种很多，如用‘早洋麦’育成的‘石家庄54’‘济南2号’‘北京8号’‘农大45’‘东方红3号’等；用‘胜利麦’育成的‘农大183’‘农大311’‘石家庄407’‘石家庄52’等。美国在育种目标上特别重视稳产性能，特别是对病虫害的抗性。加拿大基本上都是春小麦，其小麦品质闻名于世。

### （九）南美洲

本地区包括阿根廷、巴西、墨西哥和智利。这些国家大部分处于南北半球的低纬度，小麦品种基本上都是春性的，对日照反应不敏感。阿根廷的‘38M·A’曾经是欧美育种的重要亲本；我国利用抗锈品种‘马格尼夫’育成了‘京双1号’‘九三白’等品种。巴西品种的抗锈性也很好，我国曾利用‘弗朗坦那’育成了‘辽春5号’‘辽春6号’等品种。智利一些品种的综合性状良好，适于我国直接或间接利用，如‘欧柔’曾在我国一些地区推广，并在南北各地作为亲本育成了许多品种，其中‘北京14号’‘石家庄72号’‘百泉565’‘钟山6号’‘新曙光1号’‘青春5号’等品种大面积推广。墨西哥从20世纪50年代开始利用矮源‘农林10’后代与本地抗锈品种进行复合杂交，并利用穿梭育种等技术手段，到60年代一系列矮秆、抗锈、增产潜力大、适应性广的品种陆续投入生产，并先后引种到三十多个国家，种植面积达4000万$hm^2$，起到了显著的增产作用。墨西哥品种在我国表现的共同缺点是易感叶枯病和赤霉病。

### （十）澳大利亚

澳大利亚处于南半球低纬度，气候温暖，雨量稀少；小麦品种属春性，对日照反应不敏感，一般耐旱性较强。由于出口的需要，品种的加工品质一般都比较好。‘碧玉麦’曾经在我国推广种植，并被作为亲本育成了‘碧蚂1号’‘碧蚂4号’。

## 三、我国小麦品种特点

我国小麦的基本特点是：早熟、多花多粒和对特殊条件的顽强适应性。

### （一）早熟性

我国的许多品种对日照反应弱或中等，生长较迅速，灌浆脱水过程特别快。这种早熟性不仅与自然条件有关，更是我国广大农民为了提高复种指数和减免后期自然灾害而进行的长期选择的结果。在北方冬麦区，一般地方品种都较国外引进的品种早熟5～10天；南方麦区的早熟地方品种的成熟期接近于晚熟的大麦品种，远非国外品种所能及。我国品种的早熟性也被许多国家所利用。

### （二）多花多粒性

我国小麦中的圆颖多花类型品种与密穗小麦（*Triticum compactum*）类似，一般每小穗结实5粒左右，多的可结实8粒，通常类型的品种也有不少多粒的。河南品种‘小佛手’是我国独特的普通小麦分枝类型，在合适的水肥条件下，每穗可结实百粒左右。多花多粒性是育性强的表现，我国小麦易与黑麦杂交，这是国际上所公认的；有些品种对T型不育系具有较好的恢复能力。

### （三）其他特异性状

我国北方冬麦区北部的一些地方品种能够在冬季严寒（最低气温－25～－20℃）而无积雪条件下安全越冬，为世界各国品种所少有。在北方高原、华北及新疆干旱地区的一些耐旱品种能够在长期干旱条件下正常生长。在南方低湿地区的一些耐湿品种能够适应稻田种植，这种特性在国外品种中也是罕见的。在盐碱地区的一些品种具有不同程度的耐性，在红壤地区的一些地方品种具有较强的耐酸性。在南方赤霉病经常流行地区的一些地方品种对赤霉病的感染较轻，这也是外来品种难与比拟的。

我国古老的地方品种，由于受历史条件的限制，也存在一些缺点。一般植株偏高，茎秆软弱，籽粒较小，对条锈病等缺乏抗性等。

## 四、小麦品种的演变

新中国成立70多年来，各主要麦区都经历了多次品种更新换代，每次小麦更新换代都能够使小麦单产得到大幅度提高。回顾小麦品种演变过程，了解性状演变趋势，总结经验教训，有利于揭示今后育种方向。

### （一）小麦品种演变历程

河南是我国小麦大省，小麦种植面积及总产居全国第一。该区地处黄淮平原，是南方麦区向北方麦区的过渡区，品种类型丰富。下面以河南为例介绍小麦品种演变过程（表19-3）。



**表19-3　河南省小麦品种演变历程**

| 世代 | 年份 | 历时/年 | 代表品种 | 单产/（$kg/hm^2$） | 变化率/% |
|---|---|---|---|---|---|
| 0 | ～1949 | — | 农家品种 | 654.0 | |
| 1 | 1950～1953 | 4 | 平原50、蚰子麦、辉县红、葫芦头、徐州438、开封124 | 667.5 | 3.5 |
| 2 | 1954～1962 | 9 | 碧蚂1号、碧蚂4号、白玉麦、南大2419、西农6028 | 786.0 | 17.8 |
| 3 | 1963～1972 | 10 | 阿夫、阿勃、北京8号、丰产3号、内乡5号 | 1086.0 | 38.2 |

续表

| 世代 | 年份 | 历时 / 年 | 代表品种 | 单产 / (kg/hm²) | 变化率 /% |
|---|---|---|---|---|---|
| 4 | 1973～1980 | 8 | 博农 7023、郑州 761、郑引 1 号、矮丰 3 号 | 2068.5 | 90.5 |
| 5 | 1981～1988 | 8 | 百农 3217、宝丰 7228、宛 7107、陕农 7859、徐州 21 | 3277.5 | 58.4 |
| 6 | 1989～1992 | 4 | 郑州 891、豫西 832、内乡 184、冀麦 5418、西安 8 号 | 3502.5 | 6.9 |
| 7 | 1993～1996 | 4 | 周麦 9 号、矮早 781、温麦 2540、温麦 4 号、郑州 8329 | 3882.0 | 10.8 |
| 8 | 1997～2001 | 5 | 温麦 6 号、百农 64、新麦 9 号、郑农 7 号、高优 503、藁麦 8901 | 4560.0 | 17.5 |
| 9 | 2002～2005 | 4 | 郑麦 9023、偃展 4110、豫麦 70、周麦 16、新麦 18 | 5194.8 | 13.9 |
| 10 | 2006～ | | 矮抗 58、郑麦 366、周麦 18、众麦 1 号、周麦 22、西农 979 | | |

第 1 次品种更换。1949 年，生产上种植的绝大多数是农家品种，种类繁多，大多数品种秆高细软、病害严重、产量低。1950～1953 年，政府发动群众，进行有组织的小麦品种普查、评选鉴定工作，评选出一批在丰产性、抗逆性和品质方面相对较好的地方品种，在生产上普及推广，实现了第 1 次品种更换。

第 2 次品种更换。1950 年，全国条锈病大发生，地方品种因感病而严重减产。抗病、丰产的杂交育成品种‘碧蚂 1 号’、外引品种‘南大 2419’等迅速大面积推广，首次出现品种单一化问题。

第 3 次品种更换。由于条锈菌生理小种的变化，1964 年条锈病大流行，因品种单一和‘碧蚂 1 号’等抗锈性丧失而严重减产。锈病和倒伏问题成为制约小麦进一步产量提高的主要障碍。丰产性、抗病性、抗倒性较好的‘阿夫’‘内乡 5 号’等品种成为主导品种。

第 4 次品种更换。1973～1980 年，‘博农 7023’‘郑引 1 号’‘矮丰 3 号’等品种成为主导品种，丰产性、抗逆性得到进一步提高。

第 5 次品种更换。20 世纪 80 年代初期，百泉农专（现河南科技学院）育成‘百农 3217’新品种，其丰产性、稳产性、早熟性、抗倒性及适应性显著优于原当家品种得到迅速大面积推广，成为第 5 次品种更换的“挂帅”品种，年最大种植面积达到 230 多万公顷。

第 6 次品种更换。由于条锈菌生理小种的变化，‘百农 3217’的抗锈性逐渐丧失，在条锈病大流行时出现大减产。取而代之的有‘郑州 891’‘豫西 832’等品种。由于‘郑州 891’高感白粉病、‘西安 8 号’不抗倒春寒，均未能久居当家品种。

第 7 次品种更换。‘周麦 9 号’‘矮早 781’是第 7 次品种更换的代表品种。‘周麦 9 号’株型紧凑，矮秆抗倒、丰产稳产，在早中茬地块种植深受欢迎，年最大种植面积超过 170 万 $hm^2$。‘矮早 781’矮秆早熟、丰产稳产、适应性广，在晚茬麦中表现突出，利用年限超过 10 年。

第 8 次品种更换。由于‘周麦 9 号’籽粒品质较差、容易穗发芽、开颖授粉易混杂，1997 年种植面积迅速下降。‘温麦 6 号’‘百农 64’‘新麦 9 号’三大品种组成优化“品种群”，实现了“集体接班”。‘温麦 6 号’抗倒丰产，具有较好的耐病性；‘百农 64’多抗广适、稳产优质；‘郑农 7 号’强筋优质。

第 9 次品种更换。这次品种更换有两个突出特点：①弱春性品种超过了半冬性品种的种植面积；②强筋优质小麦品种种植面积大。弱春性品种在播期早、播量大的情况下，容易因冻害而严重减产；强筋小麦种植规模也超过了实际需求。

第 10 次品种更换。本轮品种更换最具代表性的品种是‘百农 AK58（矮抗 58）’。该品种有耐寒、矮秆抗倒伏、稳产高产等突出优点，连续经受了 2007 年大风倒伏、2008 年冬季特大干旱的考验，尤其是在被列入河南省小麦良种补贴的首选品种后，种植面积迅速扩大，已连续多年成为黄淮南片种植面积最大的品种，年最大种植面积超过 267 万 $hm^2$。半冬性耐寒性好的‘西农 979’，在强筋小麦品种中也逐渐显示了稳产优质的优点。另外，‘郑麦 366’‘周麦 22’等品种也有较大的种植面积。

### （二）小麦品种更换的原因

任何小麦品种在利用时间上都有一定的寿命，引起小麦品种更换的原因是多方面的。

**1. 产量水平的提高** 我国人多地少，要解决吃饭问题必须不断提高作物单产。高产品种不断被更高产的品种所取代，是全国各地小麦品种更新换代的总趋势之一。

**2. 耕作制度的改变** 黄淮地区由过去的一年一熟变成现在的一年两熟，今后可能向一年三熟甚至多熟发展。这种耕作制度的不断改变，要求小麦品种越来越早熟。

**3. 生态条件的改变** 随着全球气温变暖，小麦病虫害渐趋加重，要求不断选育和推广抗病虫能力强的小麦新品种。

**4. 自然灾害的发生** 小麦生长周期长，多种自然灾害发生频繁。当年遭受严重自然灾害的小麦品种，下年种植面积将大幅度降低，表现抗灾能力强的小麦品种，下年种植面积则大幅度上升。

**5. 生活水平的提高**　随着我国经济的发展和人民生活水平的提高，一些商品性好、品质优、食味佳，尤其是绿色环保型的小麦品种将逐渐受到重视。

**6. 种植结构的调整**　在我国小麦种植业结构调整的过程中，生产上急需强筋优质小麦品种，就促进了该类品种的发展。

**7. 更优品种的产生**　小麦新品种选育成功后，经过省级或国家级区域试验和生产试验，如果证明确实比现有主栽品种优越，一般都会得到迅速推广。

**8. 种子市场的竞争**　种子企业经营小麦新品种种子的利润高，对新品种的宣传力度比较大，不少农民对小麦品种又追新求异，更加快了小麦新品种的更换速度。

# 第四节　小麦主要性状的遗传

## 一、产量性状

小麦产量是许多性状的综合表现，包括产量的构成因素、形态和生理性状，还包括对病虫害和不利的气候及土壤条件的抗耐性，所涉及的遗传因素极其复杂。

矮秆和半矮秆小麦品种的育成和推广对小麦产量的提高起到了关键性的作用。小麦中存在着不同的矮生类型，不同矮生类型的利用价值不同。矮化育种中常用的矮生类型，其表型只是节间缩短而其余器官与育性均正常。在矮源的利用中，日本的‘赤小麦’和‘达摩’在小麦矮化育种中得到了最广泛的利用，并取得了显著的成效。*Rht1* 和 *Rht2* 隐性矮秆基因来源于‘农林 10 号’和‘达摩’的衍生品种，分别位于 4BS 和 4DS 染色体上，对赤霉素（$GA_3$）反应不敏感。*Rht1* 和 *Rht2* 单独存在时，均有降秆作用；同时存在时，降低株高起累加效应，使千粒重显著降低。*Rht8* 和 *Rht9* 隐性矮秆基因来源于‘赤小麦’，分别位于 2DL 与 7BS 染色体上，对 $GA_3$ 反应敏感。

小麦是分蘖作物，分蘖力与播期、播量、水分等有关。关于分蘖成穗的机理，一般认为拔节前不同小麦植株间和同一小麦植株的主茎与分蘖之间，对营养物质的竞争会影响到最终的成穗；在拔节后，营养物质的供应才趋于独立。除了营养生理方面的原因之外，小麦品种的遗传特性决定着有效分蘖数。有研究发现小麦有效分蘖的数目主要受两对主基因控制，并受到多基因的修饰作用。不同品种之间的单位面积穗数存在很大差异，如多穗型品种‘百农 AK58’每公顷穗数一般达 675 万以上，大穗型品种‘兰考 906’每公顷穗数一般不超过 450 万。育种实践表明，单位面积穗数的遗传传递力很强，‘百农 AK58’后代很容易出现多穗类型，‘兰考 906’后代却很难出现多穗类型。

构成籽粒产量的其他有关性状，如穗粒数、千粒重、穗长等多属数量性状，由众多的微效基因所决定，受环境影响较大，杂种后代呈连续变异，早代选择有一定困难。但也有研究表明，在这些性状中千粒重、穗长和小穗粒数遗传力较高，早代选择有一定效果。

## 二、品质性状

小麦籽粒的品质包括营养品质和加工品质。营养品质主要指其蛋白质含量和氨基酸组成。加工品质又分为磨粉品质和食品加工品质。

在大多数情况下，蛋白质含量受多基因控制，遗传变异中的加性成分是主要的。但也有品种如‘Atlas 66’，由少数主要基因控制。赖氨酸含量主要受加性基因效应控制，部分显性（朱睦元等，1984）。

具有优良磨粉品质的小麦品种，应该具备硬度适中，碾磨时消耗动力较少，胚乳和麸皮极易分离，碾磨后粉粒流动性好，过筛时极易通过筛孔，最终能产生数量最多的优质面粉等特性。容重高的品种一般出粉率较高，面粉灰分含量较低。小麦籽粒的形态和结构特征与磨粉品质也有关，一般认为接近球状、腹沟较浅、果皮较薄的小麦出粉率较高。总体来说，出粉率的遗传力不高，早代选择效果欠佳，而选择出粉率高的品种做亲本有可能获得出粉率高的后代。硬度与出粉率呈极显著正相关，硬度受少数基因控制，遗传力较高，杂交早代选择硬度大的株系有利于提高出粉率（周艳华等，2003）。

由于不同地区用面粉制作的食品种类繁多，因而对加工品质的要求不相同。不少国家的主食是面包，对面粉的烘烤品质特别重视。优良的烘烤品质包括单位重量面粉烘烤出的面包体积较大，面包心的气孔大小均匀，形状整齐，面包高度与直径的比例适宜等。麦谷蛋白和麦醇溶蛋白约占面筋总量的 90%，决定了小麦的加工品质。麦谷蛋白是一种非均质性的大分子聚合体，分子质量为 40～300kDa。每个小麦品种的谷蛋白有 17～20 种不同的多肽亚基组成，靠分子内和分子间的二硫键联结，呈纤维状；其氨基酸组成多为极性氨基酸，容易发生聚集作用。肽链间的二硫键和极性氨基酸是决定面团强度的主要因素，它赋予面团以弹性。麦醇溶蛋白为单体蛋白，分子质量较小，约35kDa，分子无亚基结构，无肽链间二硫键，单肽链间依靠氢键、疏水键及分子内二硫键联结，形成较紧密的三维结构，呈球形。它多由非极性氨基酸组成，故富于黏性和膨胀性，主要为面团提供延展性。不同小麦品种麦谷蛋白与醇溶蛋白的含量与比例不同，导致了面团的弹性及延展性不同，因而造成加工品质的差异。麦谷蛋白根据其分子质量大小分为：高分子质量谷蛋白亚基（HMW-GS）和低分子质量谷蛋白亚基（LMW-GS）两类。HMW-GS由染色体1A、1B和1D长臂上的基因控制，分别用*Glu-A1*、*Glu-B1*和*Glu-D1*表示，每个基因又往往存在多个复等位基因。一般认为，*Glu-B1*的7+8、17+18、13+16、14+15优于其他亚基；*Glu-D1*的5+10优于2+12。

## 三、抗病虫性状

### （一）小麦锈病抗性

我国常见的小麦病害有20多种，以使用抗病品种为主要防治手段的有锈病、白粉病、赤霉病和病毒病。我国以条锈病、叶锈病最为重要。下面以条锈病为例，介绍抗锈性遗传规律。

1903年，Rodorf在温室中研究小麦品种‘Chinese 166’，发现其苗期的抗性基因为单显性。1905年，Biffen用硬粒小麦‘Rivet’和普通小麦‘Red King’杂交，发现小麦田间成株期条锈病抗性由单隐性基因控制。国内研究表明条锈抗性的遗传方式在不同条件下有很大差别。河南省农业科学院在分析43个单交组合时发现，‘阿夫’和‘早熟1号’的抗性是由2对隐性基因决定的，‘矮立多’‘南大2419’‘尤瑞卡’‘内乡36号’由1对隐性基因决定。在已命名的小麦抗条锈基因中，大多表现为显性遗传，但*Yr2*、*Yr6*和*Yr9*在某些遗传背景下表现为隐性遗传。在用不同的条锈菌生理小种检测时，基因的抗性表现不同，如*Yr6*对小种‘32E128’表现为隐性遗传，对‘32E32’表现为显性遗传，这种显隐性的改变可能与生理小种的毒性有关。

‘Champlein’来源于法国，对条锈菌生理小种表现良好持久抗性。2010年，冯晶等以感病品种‘铭贤169’与‘Champlein’杂交、自交和回交获得了$F_1$、$F_2$、$F_3$和$BC_1$，在温室和田间人工接种生理小种‘CY32’，研究其抗性遗传规律。发现‘Champlein’苗期对‘CY32’的抗病性由1对显性基因控制，其成株期抗病性由2对显性基因和1对隐性基因以互补方式控制。

2011年，周新力等在对‘小偃54’的抗条锈性研究中发现，‘小偃54’在常温（夜10℃/昼18℃）条件下对‘Su-4’‘Su-11’‘CYR29’‘CYR30’‘CYR31’‘CYR32’和‘CYR33’7个流行小种均表现感病，而在高温（夜18℃/昼25℃）条件下则表现较好的抗条锈性。‘小偃54’对‘CYR29’的抗性由2对相互抑制的基因控制，对‘CYR30’‘CYR31’和‘CYR32’的抗性由2对隐性基因控制。

国内外学者应用常规杂交法、非整倍体法、基因推导法对小麦的抗条锈性进行研究，发现并命名了32个抗条锈（yellow rust，Yr）主效基因*Yr1*～*Yr32*（包括2个复等位基因），其中*Yr11*～*Yr14*和*Yr16*、*Yr18*、*Yr29*、*Yr30*为成株期抗性基因，苗期不表现抗性，其余为全生育期小种专化抗病基因。*Yr1*～*Yr10*，*Yr15*～*Yr30*已经被定位在染色体或染色体臂上。在已发现的抗条锈基因中，除*Yr5*、*Yr8*、*Yr9*、*Yr15*外，其余的*Yr*基因均来自普通小麦（表19-4）。

**表19-4 小麦抗条锈病基因定位**

| 基因 | 来源 | 定位 | 基因 | 来源 | 定位 |
|---|---|---|---|---|---|
| *Yr1* | 普通小麦 | 2A | *Yr11* | 普通小麦 | 未确定 |
| *Yr2* | 普通小麦 | 7B | *Yr12* | 普通小麦 | 未确定 |
| *Yr3a* | 普通小麦 | 1B | *Yr13* | 普通小麦 | 未确定 |
| *Yr3b* | 普通小麦 | 1B | *Yr14* | 普通小麦 | 未确定 |
| *Yr3c* | 普通小麦 | 1B | *Yr15* | 野生二粒小麦 | 1BS |
| *Yr4a* | 普通小麦 | 6B | *Yr16* | 普通小麦 | 2DS |
| *Yr4b* | 普通小麦 | 6B | *Yr17* | 普通小麦 | 2AS |
| *Yr5* | 斯卑尔脱小麦 | 2BL | *Yr18* | 普通小麦 | 7D |
| *Yr6* | 普通小麦 | 7BS | *Yr19* | 普通小麦 | 5B |
| *Yr7* | 普通小麦 | 2BL | *Yr20* | 普通小麦 | 6D |
| *Yr8* | 顶芒山羊草 | 2D | *Yr21* | 普通小麦 | 1B |
| *Yr9* | 黑麦 | 1BL/1RS | *Yr22* | 普通小麦 | 4D |
| *Yr10* | 普通小麦 | 1BS | *Yr23* | 普通小麦 | 6D |

续表

| 基因 | 来源 | 定位 | 基因 | 来源 | 定位 |
|---|---|---|---|---|---|
| *Yr24* | 普通小麦 | 1B | *Yr29* | 普通小麦 | 1BL |
| *Yr25* | 普通小麦 | 1D | *Yr30* | 普通小麦 | 3BS |
| *Yr26* | 普通小麦 | 6AS | *Yr31* | 普通小麦 | 2BS |
| *Yr27* | 普通小麦 | 2BS | *Yr32* | 普通小麦 | 2BS |
| *Yr28* | 普通小麦 | 4DS | | | |

### （二）小麦白粉病抗性

小麦白粉病是一种气传性病害，过去曾是一种经常发生但为害不重的病害。随着水分条件的提高，尤其是矮秆品种的推广种植，麦田过于郁蔽，白粉病为害严重，造成籽粒瘪瘦，已成为限制小麦高产的重要病害。

抗白粉病基因在小麦染色体上广泛分布（表 19-5）。除 2D、3A、4D、6D 染色体外，其他染色体上都有抗白粉病基因存在。许多抗病基因来源于小麦近缘种属。这些抗白粉病基因大多表现显性遗传，少数为隐性遗传（如 *Pm5*、*Pm9* 等）。

**表 19-5 小麦抗白粉病基因定位**

| 基因 | 来源 | 定位 | 基因 | 来源 | 定位 |
|---|---|---|---|---|---|
| *Pm1a* | 普通小麦 | 7AL | *Pm9* | 普通小麦 | 7AL |
| *Pm1b* | 一粒小麦 | 7AL | *Pm10* | 普通小麦 | 1D |
| *Pm1c* | 一粒小麦 | 7AL | *Pm11* | 普通小麦 | 6BS |
| *Pm1d* | 斯卑尔脱小麦 | 7AL | *Pm12* | 拟斯卑尔脱山羊草 | T6BS-6SS · 6SL |
| *Pm2* | 未确定 | 5DS | *Pm13* | 高大山羊草 | T3BL · 3BS-3SL#1S |
| *Pm3a* | 普通小麦 | 1AS | | | T3DL · 3DS-3SL#1S |
| *Pm3b* | 普通小麦 | 1AS | *Pm14* | 普通小麦 | 6B |
| *Pm3c* | 普通小麦 | 1AS | *Pm15* | 普通小麦 | 7DS |
| *Pm3d* | 普通小麦 | 1AS | *Pm16* | 野生二粒小麦 | 4A |
| *Pm3e* | 普通小麦 | 1AS | *Pm17* | 黑麦（Insave.F.A.） | T1AL/1R#2S |
| *Pm3f* | 普通小麦 | 1AS | | | T1BL/1R#2S |
| *Pm3g* | 普通小麦 | 1AS | *Pm18* | 普通小麦 | 7A |
| *Pm3h* | 普通小麦 | 1AS | *Pm19* | 粗山羊草 | 7D |
| *Pm3i* | 普通小麦 | 1AS | *Pm20* | 黑麦（Prolific.） | T6BS/6RL |
| *Pm3j* | 普通小麦 | 1AS | *Pm21* | 簇毛麦 | T6AL/6VS |
| *Pm4a* | 二粒小麦 | 2AL | *Pm22* | 普通小麦 | 1D |
| *Pm4b* | 波斯小麦 | 2AL | *Pm23* | 普通小麦 | 5A |
| *Pm5a* | 二粒小麦 | 7BL | *Pm24* | 普通小麦 | 1DS |
| *Pm5b* | 未确定 | 7BL | *Pm25* | 野生一粒小麦 | 1A |
| *Pm5c* | 印度圆粒小麦 | 7BL | *Pm26* | 野生二粒小麦 | 2BS |
| *Pm5d* | 普通小麦 | 7BL | *Pm27* | 提莫菲维小麦 | T6B/6G |
| *Pm5e* | 普通小麦 | 7BL | *Pm28* | 未确定 | 1B |
| *Pm6* | 提莫菲维小麦 | T2B/2G | *Pm29* | 卵穗山羊草 | 7DL |
| *Pm7* | 黑麦（Rosen） | T4BS · 4BL-2RL#1L | *Pm30* | 野生二粒小麦 | 5BS |
| *Pm8* | 黑麦（Petkus） | T1BL/1RS | *Pm31* | 野生二粒小麦 | 6AL |

*Pm8* 在世界范围内应用最广泛，但随着时间的推移，其抗性在绝大部分地区已经丧失。*Pm1*、*Pm3*、*Pm5*、*Pm7* 等也已先后被相应生理小种毒性基因战胜。*Pm2*、*Pm4*、*Pm6* 在我国西南地区也逐渐丧失抗性。*Pm9* 没有单独的载体，与 *Pm1* 和 *Pm2* 共存于一个品种中。*Pm10*、*Pm11*、*Pm14* 和 *Pm15* 等是抗偃麦草专化白粉病，不抗小麦白粉病，在生产上没有利用价值。*Pm17* 抗谱狭窄，抗性不强，但大多数菌系对其无很高的毒力，可以作为背景抗性与其他基因组合使用。目前，*Pm12*、*Pm13*、*Pm16*、*Pm18*、*Pm19*、*Pm20* 和 *Pm21* 在我国表现高抗或免疫，但含有前 6 个抗性基因的品种（系）农艺性状差，不宜直接作为育种亲本，需引入优良农艺亲本对其进行改造。*Pm21* 载体品种无明显的不良性状，在不同的小麦遗传背景下抗病性均

表现稳定，已转育到品种中，并在生产上得到了应用。有关*Pm22*、*Pm33*、*Pm24*、*Pm25*、*Pm26*、*Pm27*、*Pm28*、*Pm29*、*Pm30*、*Pm31*等抗病基因的利用价值，正在鉴定、研究和应用之中。

### （三）小麦赤霉病抗性

在我国，小麦赤霉病主区为长江中下游冬麦区、华南冬麦区及东北春麦区东部。小麦赤霉病不但造成产量的严重损失，而且恶化籽粒品质，也降低种子的价值。小麦赤霉病菌是一种兼性的、非专化的寄生菌，其寄主范围很广，除小麦外，还能浸染栽培的和野生的植物，并可在许多植物的产品和残体上生存和繁殖，有利于传染。小麦品种间对赤霉病的抗性差异是客观存在的，按发病程度划分抗病的强弱，而抗性强弱的表现又随种植环境条件而异。因此，小麦抗赤霉病性状的遗传改良，迄今仍是育种上的难题。

小麦抗赤霉病品种资源主要存在于赤霉病流行地区。长江中下游是世界上赤霉病流行最频繁的地区之一，因而抗赤霉病的品种资源最丰富。例如，地方品种‘望水白’、改良品种‘苏麦3号’等均是优良的抗源。

许多研究表明，小麦株高、穗长和小穗密度与赤霉病抗性存在一定的联系，植株较高、穗轴较长、小穗排列较稀的品种抗病性一般较好，但这些性状尤其是株高与赤霉病抗性没有遗传上的必然联系。

小麦赤霉病抗性一般划分为抗侵染和抗扩展两种。抗侵染一般是指麦穗发病率低；抗扩展是指麦穗发病率虽高，但病情指数较低，即仅限于个别小穗或小花发病。抗侵染与穗部结构和外部形态有关，而抗扩展性一般认为是由于内部的组织结构和生理生化因素所致。

过去一般认为，小麦赤霉病的抗性是由多基因控制的，而近来的一些研究指出，赤霉病的抗性受主效基因控制，又可能存在微效修饰基因的影响。有些小麦品种虽然本身感病，但实际上可能携带有难以觉察到的微效加性抗性基因，因此两个含有这种微效抗性基因的中感或中抗品种杂交，通过基因重组和累加出现超亲类型，在后代中就有可能选出抗性较好的抗病品种。例如，苏州市农业科学研究所（现苏州市农业科学院）用‘阿夫’与台湾小麦杂交，选育出了‘苏麦3号’。这些带有微效抗性基因的中感或中抗品种，通过系选或辐照，也可能选到较好的抗赤霉病品种。江西省万年县农业局（现万年县农业农村局）从感染赤霉病的品种‘南大2419’中，选育出较抗病的‘万年2号’；湖北省农业科学院从‘南大2419’辐照后代中，选育出较抗病的‘鄂麦6号’。然而，期望从感病品种中选出抗病品种毕竟盲目性较大，因此利用已有抗源杂交进一步选育抗病品种才是抗赤霉病育种行之有效的途径。根据福建农林大学的经验，两个中抗品种间杂交，通过抗性基因的累加，可以选到抗病力更强的超亲品种。例如，用‘荆州1号’与‘苏麦2号’两个中抗品种杂交，选育出抗病力更强的‘繁60085’，其抗病性不仅超过双亲，也超过对照品种‘苏麦3号’。

### （四）小麦抗虫性

小麦吸浆虫有红吸浆虫和黄吸浆虫两种。在我国，红吸浆虫主发区在黄河、淮河流域的冬小麦主产区，黄吸浆虫主发区多是高山地带，以及某些生态条件特殊的地区。

丁红建和郭予元（1993）研究认为，小麦对吸浆虫的抗性机制是多层次、综合性的，即成虫产卵的选择性、卵的孵化、初孵幼虫的侵入及取食至造成危害的3个阶段中，每一阶段都有一些因素能够中断或抑制其为害过程，品种最终所表现的抗性是这些因子综合作用的结果。一般来说，麦芒与穗轴的夹角大，麦芒呈辐射状、相互交叉，使成虫在穗部的活动受到干扰，落卵量就少；小穗与穗轴的夹角较大，小穗与穗轴之间缝隙就较大，使阳光易直射入内，湿度不易保持，微环境就不利于卵的孵化及初孵幼虫的侵入；小花内外颖长度差异越小，内外颖顶端扣合越好，越不利于初孵幼虫的侵入；籽粒内单宁含量高的品种，通过干扰幼虫对食物的取食和利用，降低侵入幼虫的存活率，抑制幼虫的发育，使小麦产量损失率降低，从而表现为抗虫。

关于抗吸浆虫基因的遗传研究报道较少。1961年，朱象三认为可能是一种简单遗传的单基因抗性，其根据是20世纪50年代‘西农6028’和‘南大2419’对控制吸浆虫的为害起了很重要的作用，其后生产上推广的抗虫品种如‘咸农51’和‘武农99’等含有‘西农6028’的亲缘；‘西育7号’则含有‘南大2419’的亲缘，说明‘西农6028’和‘南大2419’都含有抗虫基因。尹青云（2003）则认为，小麦抗吸浆虫涉及多性状，抗虫机制比较复杂。通过调查抗虫与感虫亲本组配的后代抗虫性表现，$F_1$抗性表现介于双亲之间，$F_2$抗性的表现呈连续性变异，因而认为抗虫遗传机制属数量遗传，不可能是单基因遗传。

## 四、耐逆性状

影响小麦产量稳定的因素，除了病、虫、杂草等生物因素外，还有气候和土壤方面的环境因素。

### （一）耐寒性

寒害是我国北方冬麦区的重要自然灾害，它和品种、气候、栽培管理条件都有密切关系，选育耐寒品种是大面积预防小麦寒害最经济有效的方法。小麦的寒害可以分为冻害、雪害、霜寒、冷害。

冻害是冬小麦越冬期间，低温引起细胞脱水而造成的伤害。当温度降到冰点以下时，细胞间隙溶液结冰，渗透压增大，细胞原生质和液泡的水分外渗，造成细胞的脱水。如果小麦的耐寒性弱，温度突然下降而又很低时，还会造成细胞内原生质结冰，危害更大。细胞间结冰可因机械作用伤损细胞，但不一定造成细胞死亡。细胞内原生质结冰必然造成细胞死亡。小麦冻害往往造成叶片、分蘖甚至整株被冻死。

雪害（snow damage）是指积雪对小麦的危害。中国常见的雪害多发生在早春，刚返青的冬小麦遇到较长时间（4～5天）的田间积雪，就会发生“烂麦心”现象。这是由于雪覆盖层下的麦苗，不能进行光合作用，而逐渐黄化造成的。在中国的新疆北部、欧洲部分地区和日本东北等地，有的年份因冬季积雪过深，时间过长，越冬小麦常有真菌病害（如雪霉病、菌核病）发生。

霜害是冬小麦拔节期间，温度降低引起的寒害。冬小麦返青拔节以后耐寒性明显降低，所以遭到同样的低温，比越冬期冻害要重得多。小麦霜害一般发生在拔节期以后，有时到小麦孕穗期甚至抽穗期还发生霜害，冻伤小花、小穗或幼穗等（附图 19-2）。

冷害是小麦遇到了0℃以上的低温所形成的伤害。小麦抽穗和开花前后对低温更为敏感，0～3℃的低温持续1～2天，即可影响小花结实及籽粒发育。另外，当温度低到不能满足小麦正常生长发育的要求时，小麦生理机能降低，生长发育延缓，成熟期延迟，使小麦面临后期自然灾害的风险增大。

小麦耐寒性是一种复杂的生理特性。一般来说，强冬性和冬性品种类型比弱冬性和春性品种类型的耐寒性强；对光照敏感的品种类型返青拔节较晚，比对光照不敏感的类型耐寒性强。从幼苗形态看，幼苗匍匐，叶子深绿、窄小，冬前分蘖多，分蘖节深而大，根系发育良好的品种，耐寒力比较强。分蘖节是植株地下部未伸长的节间、节和腋芽等紧缩在一起的节群，具有再生性。即使冬季地上叶片全部冻死，只要分蘖节没有受到损害，翌年春天从分蘖节部位发出新的分蘖，仍可以继续生长。实践表明，小麦不同生育阶段的耐寒性并不存在必然的联系，如黄淮麦区绝大部分半冬性品种对冬季冻害的耐寒性都比较强，但它们对春季倒春寒的耐寒性却存在着明显差异。其中有不少品种遇倒春寒后，结实性明显下降，造成严重减产。

一般认为，小麦的耐寒性是受多基因控制的数量性状，早代遗传力比较高，选择耐寒单株从$F_2$就可以开始。如果双亲都具有较高的耐寒性，有可能培育出更耐寒的新品种。俄罗斯育成耐寒性特强的‘滨海1号’，把冬小麦种植范围推至寒冷的远东地区（北纬55°左右）。1972年，山西省吕梁地区农业科学研究所的试验结果表明，用耐寒性强的亲本做母本，比较容易选育出耐寒的品种。

## （二）耐热性

小麦作为喜凉的$C_3$作物对高温的生理适应性差，在生长季节内易受高温天气造成的热胁迫影响，导致籽粒产量下降和品质变劣。据1988年我国北方小麦干热风科研协作组的研究，黄淮海流域及新疆麦区经常发生“干热风”，危害面积可达该区域小麦种植面积的1/3，使小麦减产10%～20%；我国北方和长江中下游麦区也常发生“高温逼熟”灾害。

在小麦籽粒灌浆的中后期，小麦根系活力、叶功能正处在自然衰老期，又常伴随着病虫严重为害，如再遇干热风为害，会使小麦呼吸作用加剧，光合作用下降，细胞结构和功能受到损害，加速植株老化，灌浆速率下降甚至灌浆提前终止，必然导致籽粒饱满度、千粒重和产量明显下降。高温对品质的影响也是极为不利的。不仅造成商品外观品质的下降，还会导致内在加工品质的下降。高温导致的粒重下降通常会伴随籽粒蛋白质相对含量的提高，但高温能使籽粒醇溶蛋白合成数量增加而提高醇溶蛋白与麦谷蛋白含量之比，而使其面团强度、面包体积和评分等烘烤品质变劣。

不同小麦品种之间的耐热性存在着明显差异。耐热品种一般表现为具有较稳定的光合速率和光合持续时期、稳定的DNA合成能力和蛋白质活性、较高的细胞膜热稳定性及能合成特异的热激蛋白等。耐热品种外观是活秆成熟，或即使叶片未完全转黄时收获粒重也较稳定。为了减轻高温造成粒重下降的风险，田间应选择籽粒前期灌浆充实快，较早形成较高粒重基础，同时耐热性要好，遇高温后仍能持续灌浆的材料。

耐热性的遗传是比较复杂的，受加性基因和非加性基因控制，反交效应也起着十分重要的作用。因此，在杂交亲本选配时，既要选用耐热性好的材料做亲本，还要注意父母本的搭配。

## （三）耐旱性

小麦旱害主要由土壤干旱和大气干旱造成，两者同时发生并伴随高温时为害更重。土壤干旱时，小麦因根部不易吸到水分，而逐渐凋萎枯死；大气干旱时，叶片蒸发量增大，小麦吸水和蒸腾失调，中午常常引起萎蔫。小麦成熟期，如果遇到干热风，即使土壤水分充足，常常也会因为吸水和蒸腾的严重失调与高温伤害，而引起不同程度的穗叶枯死，致使籽粒瘪瘦。

耐旱小麦品种根系发达、深扎、根冠比大，能有效吸收利用土壤中的水分，特别是土壤深层水分；叶片细胞体积小，有利于减少细胞吸水膨胀和失水收缩时产生的细胞损伤；叶片气孔多而小，叶脉较密，疏导组织发达，角质化程度高，蜡质层厚，有利于水分的贮藏与供应，减少水分散失。

耐旱小麦品种的细胞渗透势较低，吸水保水能力强；原生质具有较高的亲水性、黏性和弹性，既能抵抗过度脱水，又能减轻脱水时的机械损伤；缺水时，正常代谢活动受到的影响小，合成反应仍占优势；具有良好的气孔调节功能。

惠红霞和李树华（2000）认为高渗溶液处理是鉴定小麦早期耐旱性的一种快速有效的方法；杨子光等（2008）认为反复干旱存活率可作为苗期耐旱性鉴定指标；杨琳景等（2009）认为发芽率、胚根数、胚芽鞘长度也是鉴定小麦耐旱性的指标。山西省农业科学院研究认为，耐旱小麦品种次生根增长快，拔节前达到了根总量的61%；山西吕梁地区农业科学研究所（现山西省农业科学院经济作物研究所）研究认为，耐旱小麦品种冬前分蘖多，返青期小分蘖消亡得快，有利于大分蘖成穗。一般认为，根冠比大的小麦品种抗旱，但杨凯等（1998）研究则认为，根系过于庞大，生长速度过快，反而不利于冠层的生长，因为深密的根系发育是以消耗更多的地上同化物为代价的，运输到根部的碳水化合物不能再运转到冠层。在耐旱育种时，应选择根系的干重较小，根冠比例大的品系，相对小的根系可使小麦个体之间在群体中竞争较小，相对大的根冠比可使小麦在干旱时吸收较多的水分。在根的分布上，15cm以下根层的根量和吸水量与耐旱性的关系密切，而且根的活力要比根的数量更为重要。

现在耐旱育种方法一般采用系统育种和杂交育种。在干旱条件下进行系统育种是提高品种耐旱性的有效方法。‘德旱986’‘山旱901’等品种，就是采用系统育种法育成的。不过，大部分耐旱品种则是通过杂交育种法育成的。通过杂交育种进行耐旱育种时，要注意选配好亲本组合。双亲耐旱性强，更容易选育出耐旱性强的新品种。例如，黑龙江省农业科学院克山农业科学研究所选用两个耐旱亲本‘克珍’和‘克红’杂交，选育出了耐旱性很强的‘克旱2号’‘克旱4号’和‘克旱5号’。‘克珍’根系发达，耐旱性强，有小黑麦的亲缘；‘克红’耐旱性也强，是适应性广的品种。在干旱条件下，有利于选到耐旱性强的材料。一般条件下，可以用耐旱品种作为对照，根据生态特点有针对性地选育后代，可获得良好效果。

小麦生产上，高水肥品种一般只适用于水肥条件较好的地块，一旦遇上干旱年份或无灌溉条件地块，就会造成大幅度减产。耐旱品种又大多只适用于干旱年份或无水浇条件的地块，一旦遇上丰水年，就会引起倒伏、病害，粒重降低、品质下降，造成严重减产。因此，今后迫切需要选育和应用水旱广适性新品种，这类品种在生产上不需要特殊的栽培管理措施，无论有无水浇条件、无论干旱或多雨年份，同样能获得较高产量。赵倩等（2002）研究认为，采用水旱两圃平行种植或交替种植，可以选育水旱广适型品种。卫云宗等（2001）在总结‘晋麦33号’‘晋麦47号’等高产耐旱品种的经验时，明确提出了“一稳二攻三提高”的育种技术，即稳定成穗数，主攻穗粒数和千粒重，提高耐旱性、耐冻性和耐热性。

### （四）耐湿性

在我国长江中下游麦区、东北春麦区，雨涝湿害是限制小麦产量提高的一大障碍；在地势低洼地区，由于地下水位较高，则更易发生湿害。所以，耐湿性已成为这些地区小麦的重要育种目标。

小麦湿害主要发生于苗期、拔节抽穗期和灌浆成熟期3个发育阶段。苗期湿害主要由于播种时多雨，引起种子霉烂或僵苗不发，分蘖与根系发育均受抑制；拔节抽穗期湿害，症状更为明显，一般表现为根系发育不良，下部黄叶增多，秆矮而细，无效分蘖与退化小花增加，穗小粒少，结实率低，严重影响产量；灌浆成熟期湿害，往往表现根系早衰，严重时甚至发黑、腐烂，使绿色叶片减少，植株早枯，灌浆期缩短，粒重与饱满度下降。湿害与土壤通气状况恶化、根系长期处于缺氧环境、有氧呼吸受到抑制有关，其影响根系对水分和养分的吸收，致使植株发育不良，产量必然降低。

不同品种对湿害的反应有明显差异。我国有些地方品种，如‘水涝麦’‘水里站’等就是因其耐湿性强而得名的。鉴定小麦品种的耐湿性差异，常用植株在淹水与不淹水条件下性状表现的差异程度作为指标进行评判。一般认为差异大耐湿性差，反之说明耐湿性强。至于哪些性状最能反映耐湿性差异，至今尚在摸索中。1958年，日本的中川元兴曾以长期积水情况下能否抽穗结实作为耐湿性鉴定的指标。1976年，江苏省农业科学院曾研究淹水条件对一系列性状的影响，并用性状数值较对照（不淹水）下降百分率作为品种耐湿性的鉴定指标。蔡士宾（1990）在孕穗期短期水渍处理中，以主茎绿色叶片数反映受湿害的为害程度。在黑龙江省，一般都在小麦灌浆成熟期的多雨季节，直接观察植株长相，凡植株不早枯，落黄成熟好，籽粒饱满的都属耐湿性好的类型。此外，观察根系发育情况，凡根系发达、入土深，没有发黑霉烂现象的都是耐湿的表现，这与地上部正常成熟的表现是一致的。

小麦耐湿性遗传的研究资料较少。日本的池田和中川在20世纪50年代中后期曾以‘农林20’等小麦品种的杂交后代研究小麦耐湿性的遗传，认为影响耐湿性的有两对基因（$C$与$N$)，而且$N$对$C$具有上位作用，当这两对基因同时按显性存在时湿害尤其严重，可引起不能抽穗结实；还认为，$C$和$N$是通过对呼吸作用的控制影响耐湿性差异，C 决定无氧呼吸，N 决定有氧呼吸，耐湿性差的品种呼吸作用旺盛。1984 年 Posya 用染色体代换法研究小麦品种‘Cheyenne’苗期的耐湿性，指出耐湿性基因在 5A、5B 和 5D 染色体上均有存在。曹旸等（1995）选用 5 个耐湿和 3 个不耐湿的小麦品种分别配制耐湿 × 耐湿、耐湿 × 不耐湿和不耐湿 × 不耐湿组合的 6 个群体，以过湿条件下主茎绿叶的衰老程度为指标，研究杂交组合后代群体耐湿性的遗传特性及耐湿性材料之间的遗传关系。结果表明，耐湿亲本对湿害的耐性受单个显性基因控制，耐湿品种之间杂种后代出现双亲具等位基因和非等位基因两种分离方式，不耐湿品种间杂交后代全部为不耐湿个体。

利用系统育种法选育耐湿品种很有作用。即在当地小麦生长受湿害时期，特别是重害年份，直接到受害的田间观察鉴定，选拔一些生长发育正常的植株。以后再在易涝地区经 2～3 年的系统鉴定，便有可能从中选育出耐湿性较好的品种。杂交育种是当前耐湿性育种的最有效方法。在配制杂交组合时，由于不耐湿性为隐性性状，因此必须包含耐湿亲本。由于耐湿性呈简单遗传，在杂种早代进行耐湿性选择是有效的。耐湿性亲本之间所含的耐湿基因可能相同，也可能不同，通过含不同耐湿基因的小麦亲本间的杂交和选择，将不同耐湿基因重组到同一基因型中，进一步增强小麦品种的耐湿性是可能的。



### （五）抗穗发芽

穗发芽是我国长江流域冬麦区、东北春麦区和黄淮冬麦区的重要灾害，是指小麦在收获前遇到阴雨或潮湿环境时，籽粒在穗上发芽的现象。穗发芽引起籽粒内部发生一系列的生化反应，特别是一些碳水化合物降解酶、蛋白质水解酶等酶活性升高，降解胚和胚乳中的储藏物，不仅显著减产，而且营养品质、加工品质和种用价值均受到严重破坏。

不同小麦品种具有不同的穗发芽抗性机制。小麦穗发芽受多基因控制，穗形态特征和生理生化特性均对发芽有明显影响。颖壳表面茸毛和颖壳开张角度主要影响籽粒发芽前的物理吸水过程。颖壳中的水溶性抑制物质对小麦籽粒发芽有抑制作用。品种的休眠期与穗发芽率呈显著的负相关，种子内源激素赤霉素（GA）和脱落酸（ABA）对种子休眠起着重要作用。GA 能够促进胚乳中储藏物的代谢，可以解除种子休眠，诱发萌发；ABA 能阻止小麦籽粒胚萌发，并保持胚的正常发育。穗发芽的进程和结果与内源淀粉酶活性密切相关，活性低的品种抗穗发芽，反之易穗发芽。温度是休眠变化的主要调节因素，高温能降低籽粒休眠程度或者丧失休眠，而低温会使休眠程度加深。籽粒含水量并不能作为抗穗发芽的鉴定指标，但吸水速率与穗发芽有较大的相关，抗性品种的吸水速率低。一般情况下，红粒小麦比白粒小麦具有更强的穗发芽抗性。

由于穗发芽是一种气候灾害，因此只有依靠培育抗性品种加以防御。我国曾依靠红粒小麦的休眠性较好地控制了生产上的穗发芽现象，但一直没有解决潮湿地区未发芽粒中面粉加工品质变劣问题。20 世纪 80 年代以后，面粉加工业和农户更偏爱出粉率较高的白粒小麦，使小麦生产和面粉加工中的穗发芽问题日趋严重，选育抗穗发芽的优质白粒品种已成为小麦育种的一个重要目标。

抗穗发芽的遗传主要由数量性状控制，抗性的显隐性因组合的不同而不同，而且有明显的倾母遗传特点，仅有少数组合表现为主效基因的作用。对于抗穗发芽白粒小麦品种的选育，可以在现有白粒品种中广泛筛选抗源，也可通过红粒抗性品种与白粒品种杂交，实现基因重组，还可以通过远缘杂交和 α-淀粉酶抑制基因导入，控制 α-淀粉酶的活性来选育抗穗发芽品种。

# 第五节　小麦育种方法

## 一、系统育种

小麦系统育种是利用自然变异的育种方法，在小麦育种中一直起着作用。由于天然杂交、剩余变异、基因突变和生态条件改变是客观存在的，因此小麦品种发生自然变异是不可避免的，从这个角度看系统育种永远不会过时。过去，采用系统育种法育成的小麦品种很多。现在，仍有不少品种是通过系选育成的，如‘温麦 6 号’是由‘温麦 2540’系选而成，‘高优 503’是由‘小偃 6 号’系选而成。系统育种法在原品种种性提高上发挥着重要作用，有不少系选的新系如‘豫麦 54 矮优系’‘豫麦 70-36’等直接替代原品种推广利用，也有一些新系如‘豫麦 49-198’‘漯麦 4-168’‘豫麦 18-99 系’等，经过小麦品种性状改良鉴定试验并通过审定再推广利用。

进行系统育种特别要注意：①要以优良品种（系）为基础，进行优中选优；②认真观察分析小麦新品种（系）的优缺点，明确选择标准；③尽早入手，即在新品种（系）性状尚未稳定时，更容易选到优良剩余变异类型。

## 二、杂交育种

杂交育种是现在小麦育种最主要、最有效的育种方法。杂交育种的重要性不仅在于直接选育出大量优良品种，更为重要的是其他育种方法往往需要和杂交育种相结合才能发挥更大的作用。

选配亲本是杂交育种的一个重要环节。亲本性状优点多、缺点少，双亲优缺点互补十分重要。亲本的配合力高低也是一个十分重要的问题。如果品种的配合力低，即便性状很优良，还很难改造成功。了解亲本的配合力既要靠实践积累，也可以去总结同行的经验。例如，‘花培3号’‘皖麦38’‘兰考矮早八’等优良品种的配合力低，至今很少见改造成功的报道；‘宝丰7228’‘周麦16’等优良品种的配合力高，以它们为亲本育成了不少优良品种。这里要特别指出的是：亲本选配是一个看似简单、实际复杂的问题，亲本间的基因和性状绝不是机械地重新组合，一个基因往往可以影响几种性状，一种性状往往受几个基因的支配，加上基因间的相互作用和连锁遗传，情况错综复杂。因此，即使认为是好的亲本组合方式，也不一定能选育出好的品种。亲本组合的好坏，要靠后代实际分离情况来检验。

地力是重要的生态条件，而且常常影响其他的生态条件，因此必须控制和稳定试验地的地力水平。我国选育高产小麦品种的实践表明，必须在高产的栽培管理条件下选育高产的品种。育种田地力通常要略高于大田。育种田的综合生态条件要与大田相同或接近，避免小气候的不利影响。育种田的鉴定结果与多点生态鉴定结果的吻合度要高。

杂种后代处理一般采用系谱法。育种田的规模可能是影响育种效率的重要条件。在育种规模一定的情况下，如何提高优良单株和优良系统出现的概率，如何提高鉴定与选择的准确性，一直是值得探索的问题。

## 三、诱变育种

目前，小麦育种中可供利用的优异种质资源范围已经非常狭窄，迫切需要新种质、新材料的不断发现和创造。实践证明，诱变育种技术在小麦品种改良上具有独特的作用，它可以诱发基因突变，产生自然界原来没有的或一般常规方法难以获得的新类型、新性状、新基因，能够打破基因连锁，提高重组率。

小麦突变体的类型：①株高突变，如诱变育成的‘预同194’比原品种‘周麦18’矮12cm左右。②熟期突变，如黑龙江省农业科学院选育的‘龙辐麦5号’较原亲本早熟7天左右。③品质突变，包括蛋白质含量、氨基酸含量、面筋含量、质地等突变。④抗病突变，包括抗条锈、抗白粉病、抗赤霉病、抗根腐病等突变。⑤粒重突变，如甘肃省张掖市农业科学研究所用快中子辐照诱发获得的粒重突变体，其千粒重由原品种的43.3g提高到62.0g。⑥种皮颜色突变，红粒小麦对面粉洁白度和出粉率有不利影响，因而人工诱发白粒突变具有实际意义。⑦育性突变，通过诱变产生雄性不育系，对小麦杂种优势利用和轮回选择育种意义重大。

通过诱变可以直接选育新品种，如‘山农辐63’‘川辐1号’等。除直接利用突变体育成品种以外，还可以利用突变体（包括突变品种）做杂交亲本间接育成新品种。例如，‘洛阳7602’是‘阿夫’变异株经$^{60}$Co辐照后，通过系统选择育成的，具有早熟高产、质优和适应性广等特点。利用‘洛阳7602’育成的品种有‘豫麦21号’‘豫麦30号’‘豫麦32号’‘豫麦35号’‘豫麦38号’‘豫麦42号’和‘豫麦44号’。

## 四、单倍体育种

利用小麦单倍体的加倍创建纯合双单倍体，对加速基因纯合，加快育种进程，缩短育种年限，提高选择效率等具有重要意义。

产生小麦单倍体主要有3种方法，即花药培养法、球茎大麦法和玉米杂交法。花药培养法存在白化苗多、愈伤诱导率低、对小麦基因型限制等问题。球茎大麦法报道较早，但进展缓慢。近年来，玉米杂交法研究报道特别多。

小麦×玉米诱导单倍体技术的主要优点：①单倍体诱导效率高。尽管有许多报道表明不同的小麦、玉米基因型有不同的受精率和成胚率，但单倍体诱导受基因的影响与花药培养受基因型的影响不同，大多数小麦基因型与玉米杂交均有一定的受精率和成胚率。尤其是那些对花药培养完全没反应，或只产生愈伤组织而不分化，或只分化为白化苗的基因型。利用小麦与玉米杂交，可以获得高频率的单倍体。②不产生白化苗。花药培养中产生白化苗是普遍现象，但至今没有一例由小麦×玉米再生白化苗的报道。③单倍体遗传稳定性高。小麦×玉米产生小麦单倍体的整个过程是受精作用、胚的形成和发育的过程，产生变异的概率极小，其单倍体遗传稳定性高。而花药培养产生单倍体是脱分化与再分化的过程，加之小孢子又是一个十分敏感的细胞，产生变异的概率要大得多。小麦×玉米诱导小麦单倍体技术还可以与矮败小麦育种相结合。矮败小麦的轮回选择育种交配群体大，变异类型多。每朵受精的小花就是一个组合，允许维持较多的选择压力，比较容易选择到符合育种目标的个体。

## 五、杂交小麦

鉴于水稻、玉米、棉花和油菜等作物杂交种显著的增产效应，杂交小麦被认为是今后小麦产量大幅度提高的首要途径。半个世纪以来，国际小麦杂种优势利用主要集中于三系法和化学杀雄法两种途径，我国也对这两种途径开展了大量研究。实践证明，由于上述途径存在着一系列难以克服的科学瓶颈与环境污染等问题，至今未能实现杂交小麦的大面积推广。

20世纪90年代，我国在小麦光温敏种质资源创制领域先后选育出了三大系列光温敏不育系类型：BS系列（北京，光敏型）、C49S系列（重庆、四川、云南，温敏型）和ES系列（湖南，光温互作型），明确了光温敏雄性不育系的光温转换阈值及光温效应。BS系列和C49S系列不育系通过不断地改良，已形成了一批实用型优异不育系，并示范应用于生产。2000年以来，我国又创制出BNS系列（河南，温敏型）、337S系列（湖北，两极温敏型）和F型系列（山西，三系不育系）等不育系，陆续进入中试阶段。截至目前，‘京麦6号’‘京麦7号’‘云杂3号’‘云杂5号’‘二优58’‘绵阳32号’和‘绵杂麦168’等多个杂交小麦品种已通过国家和省级品种审定。新育成的一批强优势组合正在参加国家或省市区试。

两系杂交小麦育种至今已取得重大进展，但大面积应用于生产还存在一些急需解决的问题。①杂种优势幅度偏低。选配出强优势的杂交组合是小麦利用杂种优势的前提，由于受条件限制，全国各个研究单位的投入不足，每年杂交小麦组合配制数目相对较少，强优势组合出现概率很低，虽然有增产幅度10%～15%的杂交小麦通过审定，但严重缺乏增产幅度20%以上的杂交小麦。②制种时不育系易自交结实。两系法同三系法、化学杀雄法等制种一样，只有在保证制种纯度的基础上生产小麦杂交种才有意义。由于小麦光温敏不育系的育性主要受自然界光温条件的控制。两系法制种存在着一定的风险。现有的小麦光温敏不育系多为低温敏感型，育性转换敏感期遇到高温易自交结实。小麦是分蘖作物，光温敏不育系的迟发小分蘖常有自交结实现象。③制种产量较低。杂交小麦的制种产量及不育系的繁殖产量的高低是影响其推广应用的一个重要因素。两系法杂交小麦的制种产量较低，制种产量在3000kg/hm$^2$左右。光温敏不育系自交繁殖的育性难以达到正常水平，繁殖产量低，再加上小麦用种量大，造成杂交种的生产成本偏高。④杂种$F_1$的育性恢复问题。根据核不育的遗传原理，所有普通小麦品种都是核型光温敏不育系的恢复系，其杂交$F_1$不存在育性恢复问题，但实际情况并非如此。何觉民等（2006）报道不同的小麦核型光温敏不育材料的育性恢复程度有差异，并将生态不育性小麦的恢复性分为“难恢型”和“易恢型”两类。



# 第六节　小麦育种研究动向与展望

## 一、小麦高产育种

培育超高产品种，要从产量结构分析入手。①依靠多穗获得超高产难度较大。在大田生产栽培条件下，不管是什么小麦品种，单位面积穗数达到一定程度后形成田间郁蔽，通风透光不良，有利于各种病虫的发生而不利于小麦的生长发育，密度大，植株偏高，茎秆质量差，根系活性差，容易发生倒伏。②依靠千粒重获得超高产不稳定。大粒高产潜力大，千粒重50～60g的品种在风调雨顺的生产条件下可取得高产。小麦抽穗至成熟天气变化较大，在较短的灌浆时间内，有时干旱无雨，干热风频繁发生；有时阴雨不断，低温寡照，造成粒重下降。③依靠大穗多粒夺高产是超高产育种的重要途径。在稳定穗数的基础上，协调穗粒数和千粒重，在穗粒数和粒重两因素中，关键是协调好穗粒数，穗粒数是主导因素，只有穗大、穗匀、穗粒数多才能建立高产群体结构的框架。在选育过程中，以适应多种自然环境条件为前提，选育具有较好的耐寒、抗病、抗干热风能力，综合性状好，灌浆速度快，不早衰，不贪青晚熟，落黄好，熟期正常的优良品种。

超高产育种需要研究解决高产与倒伏的矛盾。矮秆限制了生物产量的提高，今后应通过“缩叶增非”（即减小叶片面积，增加非叶片光合面积）减少附水阻风及受风重心偏移而带来的倒伏威胁。超高产小麦育种应重视非叶片光合器官的作用。叶片是光合作用的主要器官，但不是光合作用的唯一器官，麦穗、茎鞘、嫩粒等都具有光合能力，这些器官统称为非叶片光合器官。与叶片相比，非叶片光合器官具有以下优势：①受光位置优越。②相对遮光小，同等光合面积有利于下部通风透光，提高下部光合器官的光合生产率，有利于基部充实，提高抗倒性能；同时也有利于养分供根，提高根系活力，延缓衰老。③同等光合面积比叶片遇风雨后附着雨水少，受风阻力小，受风后重心偏移改变小，潜在倒伏威胁小。④便于光合产物向籽粒运输，输送距离近，渠道通畅。

## 二、产量与品质的协调改进

小麦育种不仅要注意提高产量，还要注意产量与品质的协调改进。我国小麦育种也经历了不同的发展阶段，20世纪五六十年代是以抗病稳产为主的阶段，20世纪七八十年代是以矮化高产为主的阶段，20世纪 90 年代后则进入了高产与优质并进的阶段。培育推广的一些小麦品种（如‘温麦 6 号’‘济麦 20’‘郑麦 9023’等）基本上兼顾了高产与优质。

以小麦蛋白质含量为例，大量研究表明，从同一时期的小麦品种比较看，产量与蛋白质含量呈负相关。产量提高是以降低蛋白质含量为代价的，这可能是生产 1g 蛋白质比生产 1g 碳水化合物需要更多能量所致，在蛋白质含量较低的情况下比较容易获得更高的干物质积累。在植株利用光能数量一定的情况下，高产与高蛋白质含量是有矛盾的。将来，通过育种和改善栽培措施，在提高植株光能利用率的前提下，完全可实现小麦产量与品质的同步增长。

## 三、品种适应性

国内外小麦品种演变史说明，广适性小麦品种的培育推广是切实可行的。例如，我国北方冬麦区的‘碧蚂 1 号’‘泰山 1 号’‘百农 3217’‘济麦 22’‘矮抗 58’，南方冬麦区的‘南大 2419’‘绵阳 11 号’‘扬麦 158’等品种都曾大面积种植，产生了巨大的社会经济效益。

广适性即广泛的适应性。CIMMYT 对广适性的表述是：一种基因型在多种环境中都能获得高产的能力。孙道杰等（2006）则进一步将广适性划分为两种：①区域间广适性。种植地域广，适应多种类型的光照、温度、水分、土壤、病虫害、农事管理等条件，改变种植区域时对品种的正常生育影响小，产量稳定。②年际间广适性。在同一区域种植时，年际之间的温度、降水、空气湿度、病虫害等方面的变化对品种的正常生长发育造成的影响小，产量、熟期稳定。区域间广适性和年际间广适性对品种在抗病、耐逆方面的要求具有很大相似性，两者相辅相成。年际间广适性无论对于区域内种植的“小品种”和还是跨区种植的“大品种”来说，都是必须具备的基本条件，这是品种得以顺利推广的前提，也是粮食稳定生产的基本保障。区域间广适性是扩大推广面积，成就“大品种”的先决条件。

中国小麦最主要的产区是黄淮冬麦区和北部冬麦区。广适性（年际间广适性）品种的育种目标一般应该是：具有较强的光敏性；高而稳定的结实率；抗病；耐逆；分蘖较多，成穗率高，产量潜力大；品质优良；冠层叶片小而直立或半直立；株高适宜；旗叶位低等。

在温饱问题已经基本解决的现代社会，广适性的内涵已经被扩大，育种的思路也必须放开。除上述基本育种目标外，广适性品种还应具备易种、易管、易收、节水、节肥、早熟、抗倒等特性。从产品用途的广适性角度看，专用粉品种（面包专用粉、糕点专用粉）不如通用粉品种（制作适合国民饮食习惯的大众化食品）。另外，从生态角度讲，超过一定的限度所形成的品种单一化，给生产带来的脆弱性，过去有惨重的教训，今后仍是值得警惕的。

## 四、转基因育种

小麦是最后一个转化成功的重要禾谷类粮食作物，一方面由于小麦属于六倍体作物，遗传背景复杂，基因组相对较大，是玉米的 7 倍，水稻的 35 倍；另一方面，小麦遗传转化过程中 DNA 导入频率低，且转化后再生能力不高，有较强的基因型依赖性。自 1992 年成功获得第一例转基因小麦以来，转基因小麦研究在降低转化的基因型依赖性、提高转化效率、小麦转化新方法等方面均取得长足的进展。

小麦转基因方法大体可以分为两大类：①不依赖于组织培养的转化法，如花粉管通道法、显微注射法等；②依赖组织培养的转化法，包括基因枪法、农杆菌介导法、电穿孔法、PEG 法等。应用较为广泛的是基因枪法、农杆菌介导法和花粉管通道法。转基因小麦的性状主要涉及抗病、抗虫、耐逆、品质改良、提高产量等，应用较多的为抗病和品质改良方面。

目前，我国小麦转基因研究还存在许多问题，亟待解决。①提高小麦转化效率，丰富受体基因型。小麦转化效率相对较低，多为 0.1%～3.0%，小麦转基因技术有待进一步优化。近年来，中国科学工作者从国内小麦各主产区的推广品种中已经筛选到一些再生能力强、适宜进行小麦转化的受体品种，如‘轮选 987’‘科农 199’‘扬麦 158’‘扬麦 12’‘CA97033’等，并获得一大批转基因小麦材料，为推动中国转基因小麦研究发挥了重要作用。②挖掘、鉴定有重要育种价值的基因。我国具有自主知识产权的、有育种价值的重要基因不多。据不完全统计，中国目前获得的基因专利总数不足美国的 10%，差距很大。为此，需要进一步加强有重要利用价值基因的挖掘和克隆工作，特别是那些与高产、优质、抗病虫和耐逆性等农艺性状相关的基因，以期为小麦分子育种提供重要的基因资源。③加强遗传转化的机制研究。小麦转基因过程中的多拷贝、基因沉默等现象增加了下游育种工作的难度。主要表现为外源基因表达水平大幅度降低，各株系间差异显著，使转基因作物商品化的进程受到严重影响。因此，深入研究转化的基础理论，了解外源基因在植物染色体中的整合方式及与其他基因的互作，消除转基因沉默等研究尤为重要。④优化资源配置，加强条件能力建设。转基因育种涉及基因挖掘与功能鉴定、遗传转化与材料创制、新品种培育与示范等多个环节。跨国生物技术公司都致力于发展规模化转基因研发平台建设，按照转基因产品研发链条，进行系统分工，通过标准化、工厂化和流水线式的研发运作模式，大规模开展基因功能鉴定、遗传转化和产品开发。例如，孟山都公司每年可以获得几十万株转基因植株，对上万个转化体进行功能鉴定。中国目前研究规模较小，力量分散，各研究单位缺乏系统分工和协作，资源和设施优势不能充分发挥作用。因此，迫切需要加强国家级设施平台的建设，建立多学科、多部门大联合的协作网络，通过系统分工，实现资源、人才、信息技术的最佳配置，整体提高中国转基因生物研发的水平和创新能力，以应对日趋严峻的国际挑战。

## 五、分子标记育种

DNA分子标记（DNA molecular marker）是以个体间遗传物质核苷酸序列的特异性为基础的遗传标记，是DNA水平遗传多态性的直接反映。在作物遗传育种研究上应用比较广泛的有RFLP、AFLP、SSR、STS、SNP等。分子标记技术依靠提供准确、稳定、可靠的DNA水平的遗传标记，在小麦遗传育种研究中已经获得了广泛应用，包括各种优异基因标记与定位、遗传图谱构建、外源染色体鉴定与标记、种质资源鉴定和分子标记辅助育种等方面。

小麦育种工作的目标是实现品种改良，其实质就是对目的基因进行选择并实现优良基因集成的过程。因此，将目的基因进行标记进而将其快速定位，提高选择效率，是加快小麦育种进程的关键。小麦的农艺性状分为质量性状和数量性状。标记质量性状基因的方法主要有两个，即分群分析（bulked segregant analysis，BSA）法和近等基因系分析法。刘艳华等（2003）利用BSA法对‘山农9021’中的14＋15亚基基因进行RAPD分析，筛选出稳定的与14＋15优质亚基基因连锁的标记OPH071275。魏艳玲等（2003）利用SSR技术将来自斯卑尔脱小麦新的抗条锈病基因*YrSp*定位于3A染色体上。小麦的许多重要农艺性状和经济性状一般都是由多基因控制的数量性状，对数量性状进行遗传研究的一个有效方法就是确定数量性状基因座（QTL）。利用分子标记进行遗传连锁分析，可将QTL定位，并借助与QTL连锁的分子标记，在育种中对有关的QTL遗传动态进行跟踪，进而提高对数量性状优良基因型选择的准确性和预见性。

遗传图谱的构建是基因组研究的重要内容，也是小麦育种和分子克隆等应用研究的基础。由于小麦种间多态性较差，所以小麦遗传图谱的构建相对发展较慢。小麦的RFLP图谱主要有两套，一套为英国剑桥实验室绘制，该图谱标记已有500多个，平均每条染色体上有25个；另一套为美国康奈尔大学与法国等合作绘制，标记数850多个，已较为饱和。1998年Röder等建立了第一张小麦的SSR遗传图谱。与RFLP标记相比，大多数小麦SSR标记都是基因组专化性的，只在小麦A、B或D基因组含有一个SSR的特定座位扩增。由于利用方便和信息量高，迄今有近千个SSR标记被定位在遗传图谱上。

分子标记技术在鉴定外源染色体片段方面有着广泛的应用。它不仅可以鉴别外源染色体片段，还可以对其携带的外源基因进行标记和定位。Liu等（2003）利用基因组原位杂交（GISH）、RAPD等方法，对普通小麦K型细胞质雄性不育保持系‘T911289’的染色体组成进行了鉴定与分析，结果表明‘T911289’缺少1BS染色体臂或1BS末端片段，其外源遗传物质来源于黑麦的1RS。

传统的种质资源鉴定方法是建立在表型与杂交基础之上的，不同程度上均带有一定的人为性，而且耗时耗力，效率与准确度均不高。分子标记的引入为这一研究工作提供了一个强有力的工具，极大地提高了种质资源鉴定的成效与准确性。John等（1997）对英国过去60年普遍种植的55个小麦品种进行了AFLP分析，研究结果认为AFLP非常适合于鉴定小麦品种的真实性及纯度。

小麦的许多重要性状都已获得了分子标记，包括与抗病、耐逆有关的质量性状和与产量、品质有关的数量性状。在小麦育种过程中，利用这些与目标基因紧密连锁的分子标记进行辅助选择，可以大大提高选择效率，缩短育种年限，有着很大的优越性。余桂红等（2006）利用与小麦赤霉病抗性主效QTL紧密连锁的SSR标记Xbarc133来筛选6个组合的早代育种材料，验证了该分子标记在早代育种材料中辅助选择的有效性。还有研究报道，利用SSR标记进行小麦抗大麦黄矮病毒的标记辅助选择，利用SSR进行小麦抗俄罗斯蚜虫辅助育种的研究报道。

利用分子标记技术在优良性状基因聚合体筛选上也取得了重要进展。宋伟等（2010）利用抗白粉病基因的引物Pm21C和Pm21D及抗赤霉病基因的SSR标记Xgwm493、Xgwm533、Xgwm389和barc87对‘内麦9号’（含*Pm21*）/‘苏麦3号’的$F_2$抗病单株进行筛选，经过田间抗病性鉴定的初选及分子标记检测，成功筛选到12株既携带抗白粉病基因*Pm21*，又含有‘苏麦3号’3BS上抗赤霉病主效QTL的小麦植株，抗病性鉴定结果表明其对白粉病和赤霉病均具有良好的抗性，其农艺性状明显优于‘苏麦3号’。郎淑平等（2007）利用与小麦抗白粉病基因*Pm21*紧密连锁的共显性PCR标记及优质高分子质量麦谷蛋白亚基1Dx5＋1Dy10特异的PCR标记对以小麦品种‘安农94212’‘安农92484’为优质亲本和以抗白粉病小麦——簇毛麦易位系为抗病亲本的杂交高代材料进行检测，结合田间抗病性鉴定结果，筛选、培育出聚合有*Pm21*和1Dx5＋

1Dy10的抗白粉病小麦聚合体，为小麦抗病、优质育种提供了具有重要利用价值的中间材料。

随着植物基因组学的发展及多种植物重要功能基因的注释，分子标记技术借助基因组学研究的最新成果逐步开发了多种新型分子标记，如相关序列扩增多态性（sequence-related amplified polymorphism，SRAP）、靶位区域扩增多态性（target region amplified polymorphism，TRAP）、保守DNA序列多态性（conserved DNA-derived polymorphism，CDDP）、启动子锚定扩增多态性（promoter anchored amplified polymorphism，PAAP）、功能标记（functional marker，FM）等。这些新型分子标记的出现及越来越广泛的应用，将大大加快小麦遗传育种基础研究及应用研究的发展速度，为小麦分子标记辅助育种夯实基础。

## 本章小结

小麦是人类最主要的粮食作物之一，培育高产、稳产、优质、抗病、专用小麦新品种对于满足人们的需要具有重要意义。广泛收集国内外小麦品种资源及其野生近缘种质资源，研究其特征特性及其主要性状的遗传规律，采用杂交育种、诱变育种、单倍体育种、杂种优势利用和分子育种等方法，可以较快地选育到符合生产需要的优良小麦品种。

## 拓展阅读

### 矮败小麦在小麦群体改良和杂交育种中的利用

矮败小麦的矮秆基因*Rht10*与显性核雄性不育基因*Ms2*在4D染色体短臂上连锁十分紧密，交换率仅有0.18%。矮败小麦与其他小麦亲本杂交，后代按1∶1分离为矮秆败育和高秆可育两类单株，故可用植株高度作为育性标记性状来鉴别不育株和可育株，在其后代群体中，入选性状均有所改良的矮秆单株和高秆单株相间种植，自由传粉。经过几代的基因重组和鉴定选择，群体的整体水平会得到提高。在轮回选择过程中，可以随时加入优良的品种，也可以随时选择优良的高秆单株形成新品种。矮败小麦的利用在轮回选择育种上具有重要意义（附件19-1）。

## 思考题

扫码看答案

1. 名词解释：系统育种，杂交育种，高产育种，营养品质，雄性不育性，杂种优势，化学杀雄剂，单倍体育种，远缘杂交，转基因育种。
2. 小麦育种的目标有哪些？
3. 简述我国小麦种质资源的特点。
4. 简述我国小麦更新换代的原因。
5. 小麦品质主要包括哪些方面？
6. 小麦的主要病虫害有哪些？
7. 小麦的耐逆性有哪些？
8. 简述杂交小麦的制种途径。
9. 简述杂种小麦选育中不育系应具备的特点。
10. 杂种小麦选育中恢复系应具备哪些特点？
11. 简述杂交小麦育种存在的问题。
12. 简述小麦突变体的主要类型。
13. 简述小麦诱导单倍体技术的主要优点。
14. 简述小麦产量构成三要素及遗传特点。
15. 简述小麦的主要转基因技术有哪些？
16. 我国小麦转基因研究亟待解决的问题有哪些？

# 第二十章　水稻育种

附件、附图扫码可见

水稻是重要的粮食和工业原料作物，世界上近一半人口，都以大米为食。大米的食用方法有米饭、米粥、米饼、米糕、米线等，水稻还是酿酒、制糖工业的重要原料，稻壳、稻秆也有很多用处。

## 第一节　国内外水稻育种概况

### 一、我国水稻育种历程

我国的水稻育种经历了矮化育种、杂种优势利用和绿色超级稻培育3次飞跃，其间伴随矮化育种、三系杂交稻培育、二系杂交稻培育、亚种间杂种优势利用、理想株型育种和绿色超级稻培育6个重要历程。

**1. 矮化育种**　水稻地方品种基本是高秆类型，耐肥力差，容易倒伏，稳产性差。因此，矮化育种变得十分重要。1956年广东省选育出‘矮脚南特’，1957年台湾省育成‘台中在来1号’，1959年广东省育成‘广场矮’等矮秆良种，标志着我国水稻育种的新纪元，同时引导了全球性水稻育种方向的转变。随后，全国各地又相继选育出50多个不同熟期、不同类型矮秆良种，实现了水稻矮秆品种熟期类型配套。矮秆品种的培育和应用，不但提高了收获指数，同时具备了抗倒伏和耐肥特性，产量潜力大幅度增加，被誉为水稻的第一次“绿色革命”。

**2. 核质互作雄性不育系的培育和水稻三系杂种优势利用**　我国的水稻杂种优势利用研究是袁隆平先生于1964年开始进行的。1970年，袁隆平先生和他的助手李必湖等在海南三亚发现了花粉败育的野生稻，花粉败育是由不育细胞质产生，为杂交水稻雄性不育系的选育打开了突破口。1973年实现了籼型三系（不育系、保持系和恢复系）配套，1975年基本建立杂交稻种子生产体系，1976年在南方稻区大面积推广，使我国成为世界上第一个将杂种优势应用于水稻生产的国家。与此同时，粳型杂交稻也实现了三系配套。三系杂交稻平均产量比一般普通良种增产20%左右。

**3. 光温敏雄性核不育系的培育和水稻两系杂种优势利用**　1973年，湖北沙湖原种场农业技术员石明松先生发现水稻‘农垦58’的光敏核不育株，并育成了首个光敏核不育系‘农垦58S’。‘农垦58S’在长日照高温条件下表现为雄性不育，作为不育系用于杂交水稻制种；在短日照低温条件下可育，用于不育系的繁种。水稻还有另外一类种质的育性转换主要受敏感期的日平均温度控制，为温敏核不育类型，多表现为高温不育，低温可育。利用光温敏不育系培育两系杂交稻，冲破了恢保关系的束缚，亲本间的遗传差异变大，比三系法杂交水稻一般增产5%～10%。

**4. 籼粳亚种间杂种优势的利用**　籼稻和粳稻亚种具有更丰富的遗传多样性，杂交组合比籼籼组合具有更强的杂种优势。但是，籼粳杂交种$F_1$不育（或部分可育）限制了籼粳杂种优势的利用。广亲和基因的发现为籼粳亚种间杂种优势利用奠定了理论基础。利用部分粳稻血缘培育的杂交组合如‘两优培九’‘协优9308’等表现出很强的杂种优势。直到21世纪以来，利用粳稻不育系与籼粳中间型广亲和恢复系配组配制出籼粳亚种间的杂交品种，如‘甬优系列’和‘春优系列’组合。这些杂交组合在生产上表现出更强的产量优势。

**5. 理想株型育种**　20世纪80年代，国际水稻研究所为使水稻产量有实质性突破，提出了新株型（new plant type）超级稻育种计划。其最显著特点是少蘖大穗、茎秆坚韧、叶片浓绿、高收获指数（附图20-1）。我国育种家因地制宜提出了理想株型模式（附件20-1），如超级杂交稻的功能叶挺长型模式（附图20-2）、直立大穗型模式、早长根深型模式、稀植重穗型模式、后期功能型模式等。2010年，李家洋先生克隆出理想株型基因*IPA1*。IPA1植株株型紧凑，茎秆挺直，虽然分蘖能力不强，但成穗率高、穗大、产量潜力大。*IPA1*的克隆促进了理想株型的育种，培育的理想株型新品种已经表现出巨大的增产潜力。

**6. 第二次绿色革命理念及绿色超级稻品种**　1999年，我国科学家提出了第2次“绿色革命”的10字口号：“少投入，多产出，保护环境”，并提出为绿色革命准备基因资源。国家重点基础研究发展计划（973计划）项目和引进国际先进农业科学技术计划（948计划）项目的持续资助，推动了作物营养高效利用和对逆境抗性基因的发掘。2005年和2007年，张启发院士先后两次撰文，提出培育绿色超级稻的构想，主要内容包括“少打农药，少施化肥，节水耐旱，优质高产”，将第二次绿色革命的基本理念贯穿始终。经过10年的努力，我国选育出一批绿色超级稻品种，全国累计推广约667万$hm^2$。

我国水稻遗传育种经历了3次大的飞跃（附图20-3），每次飞跃都离不开重要基因资源的发掘和利用。矮秆基因导致第一次“绿色革命”，解决了水稻耐肥和抗倒伏的问题；核质互作不育系和光温敏核不育系的培育，促成了杂种优势的利用；第三次飞跃以理想株型塑造为主要技术路线，以绿色超级稻育种为目标，选育高产优质健康新品种（组合），实现第二次“绿色革命”。

## 二、国外水稻育种动态

国外水稻育种不仅注重品质和产量的育种，同时也注重对生态环境和非生态环境胁迫的研究。日本生产粳稻，品种矮秆多穗，强调品质优良，抗倒伏和抗病虫，适于机械化种植和收割。20世纪80年代开展籼粳杂交超高产育种，育成超高产品种，取得了很大进展。稻米品质一直是日本品种选育的主要目标之一，日本水稻不仅品质优良、适口性好，而且专用化和功能化趋势明显。育成食用品种，饲料稻品种，观赏稻，造酒用品种，优质米粉品种，糯稻品种，低谷蛋白、低球蛋白、低直链淀粉、巨大胚等功能性品种等多种类型。近年来，日本着力于省力化栽培水稻的开发，特别是耐直播、抗倒伏、优质、抗病虫等，以及适应有机栽培的品种选育工作越来越受到重视。

南亚和东南亚各国种植籼稻，世界90%以上的等雨稻田集中在这个地区，产量低而不稳，自然灾害频繁。设在菲律宾的国际水稻研究所（IRRI），对该地区以至世界稻作的发展起重要作用。其育种方向为致力于选育高产、稳产并适于不同类型等雨田生态环境的品种，强调品种的耐旱及耐淹性；选育灌溉田的高产品种，注意进一步改善株型，提高光能利用效率和收获指数，缩短生育期，提高稻米品质，抗主要病虫，耐盐和不良土壤环境。

韩国的水稻育种颇具特色。20世纪70年代与IRRI合作密切，进行南北穿梭育种，采用籼粳杂交方法，育成偏籼高产品种，使该国水稻平均产量跻于世界前列。品种强调抗稻瘟病和耐低温。进入90年代后，韩国水稻育种目标从超高产品种转移到优质米和超高产品种并举的时代。

国际热带农业研究中心（CIAT）、西非水稻发展协会（WARDA）致力于培育适合非洲种植的栽培稻品种，扩大旱稻的遗传资源研究。育种活动集中选育高产、短生育期、优质、抗多种非洲稻区病害的品种，尤其注重选育可用于直播并且具有与杂草竞争能力的品种。通过亚洲栽培稻与非洲栽培稻的杂交育种，培育新种间水稻品种，取名‘Nerice’。‘Nerice’株高中等，适应性强，产量比当地非洲栽培稻品种高50%～80%。

美国是世界稻米主要输出国之一，而其种植面积和总产较小。稻作采用大规模机械化集约作业。品种以长粒型（籼型）为主，育种目标除优质、高产、抗病虫、耐低温、早熟外，还注重适应直播（种子发芽快而整齐，苗期长势强）和机械化收获（抗倒伏、成熟期整齐一致、不易穗上发芽、光壳无芒）。



# 第二节　水稻育种目标

## 一、生产需求

根据水稻生产需求和各稻作区的特殊要求制订育种目标是育种工作的关键。我国长期的总体育种目标是选育优质、高产、多抗和适应性强的水稻品种。

20世纪80年代后期至90年代初，我国的粮食生产已基本满足了人们的粮食需求，稻米品质改良日益受到重视。优质品种在丰产的基础上，加工成的稻米不仅外观要求好看，而且还要有较好的口感和食味。稻米深加工企业对原粮的需求又各不相同。例如，味精、米粉和红曲米等粮食加工企业要求总淀粉含量高的早稻米；黄酒生产企业要求糯性好的晚粳稻及价格便宜的早籼糯；八宝粥等生产企业需要紫黑糯；营养米粉企业要求易消化的稻米，等等。同时，随着生态环境和城乡居民生活习惯的改变，我国出现了一些对稻米品质有特殊要求的人群。例如，肾病和糖尿病患者不能食用谷蛋白含量超过4%的稻米；缺铁性贫血病患者食用铁含量高的稻米可以有效缓解病症；高血压患者食用γ-氨基丁酸含量高的稻米能起到显著的降压效果，等等。因此，加强稻米品质育种，培育优质、专用和具保健功能性的水稻品种，以满足各类人群对稻米品质的要求，应是制订水稻育种目标首先要考虑的问题。

水稻是我国人民最主要的粮食作物，常年总产量占粮食总产量的40%左右，而面积不及粮食作物总面积的1/3。现阶段乃至今后人口持续增长，水资源日趋贫乏，耕地面积逐渐减少，显然靠增加水田耕地面积来满足我国日益增长的稻米需求是不太可能的，仍需持续地提高水稻品种单位面积生产潜力，以增加粮食产量。

低温、干旱、高温、土质贫瘠等是目前限制我国水稻生产的主要逆境因子，病虫危害猖獗、农药和化肥用量大、成本提高、病虫抗药性增强、环境污染等问题突出，自然资源退化，生态环境恶化，对水稻育种提出了更高的要求，培育抗病、抗虫、适应环境和满足可持续发展需求的水稻品种，是当前水稻育种需要解决的急迫问题。

此外，我国的稻作区域广阔，气候、土壤、生态环境和耕作制度十分复杂，各稻作区有其生产特点和问题，对水稻品种利用有不同要求。华南双季稻稻作区属于热带亚热带气候，光、温、水等自然资源丰富，主要为籼稻品种。晚稻的寒露风、台风和白叶枯病是当地的主要限制因素；华中双、单季稻稻作区是我国最大的稻作区，属于亚热带温暖湿润季风气候，籼稻和粳稻并存。本区有大片红壤、黄壤与丘陵山地，土质贫瘠，广大稻区病虫害流行，主要是稻瘟病、白叶枯病和稻飞虱；西南高原单双季稻稻作区属于亚热带高原型湿润季风气候，海拔差异大。籼粳稻并存，品种类型复杂，是我国陆稻分布较多的稻区。黄矮病、稻瘿蚊和冷害等自然灾害多。以上三个稻作区合称我国的南方稻区，共占我国稻作面积的 90% 以上。

我国的北方稻区包括华北单季稻稻作区、东北早熟单季稻稻作区和西北干燥单季稻稻作区，地处长江黄河以北，稻作分散，稻田总面积占全国稻作面积的 6%～7%，多为粳稻，稻米品质较好。华北稻区水资源缺乏和沿海土壤含盐分高；东北稻区的冷害和稻瘟病；西北稻区的缺水、干旱等均是各地的主要限制因素。各稻区在特定的范围内还有其独有的水稻生产问题。除改善生产条件外，通过育种能有效地消除或减轻这些限制因素的影响。

## 二、育种目标的具体内容

1）优质　就稻米品质的特性而言，包含的主要内容有：碾磨品质、外观品质、蒸煮和食用品质、营养和卫生品质、稻米的专用品质（附件 20-2）。稻米品质的优与劣很大程度上是由人们的偏好、嗜好与用途决定的。总体而言，食用优质稻米均要求具备 3 个基本特征：高整精米率（碾磨品质）、籽粒透明无垩白（外观品质）和食味好（蒸煮食用品质）。

2）高产　为满足 21 世纪全国人民的粮食需求，农业部于 1996 年启动了“中国超级稻育种计划”。超级稻品种（含组合）是指采用理想株型塑造与杂种优势利用相结合的技术路线等途径育成的产量潜力大、配套超高产栽培技术后比现有水稻品种在产量上有大幅度提高、并兼顾品质与抗性的水稻新品种。根据农业部 2008 年印发的《超级稻品种确认办法》，超级稻品种各项主要指标见表 20-1。形态改良与杂种优势利用相结合并辅以分子设计育种技术，将是获得超高产的有效途径。



**表 20-1　超级稻品种各项主要指标**

<table>
<tr><th>区域</th><th>生育期 /d</th><th>产量*/（t/hm²）</th><th>品质</th><th>抗性</th><th>生产应用面积</th></tr>
<tr><td>长江流域早熟早稻</td><td>≤105</td><td>≥8.25</td><td rowspan="13">北方粳稻达到部颁 2 级米以上（含）标准，南方晚籼稻达到部颁 3 级米以上（含）标准，南方早籼稻和一季稻达到部颁 4 级米以上（含）标准</td><td rowspan="13">抗当地 1～2 种主要病虫害</td><td rowspan="13">品种审定 2 年内生产应用面积达到年 3333.33hm²</td></tr>
<tr><td>长江流域中迟熟早稻</td><td>≤115</td><td>≥9.00</td></tr>
<tr><td>长江流域中熟晚稻</td><td rowspan="2">≤125</td><td rowspan="2">≥9.90</td></tr>
<tr><td>华南感光型晚稻</td></tr>
<tr><td>华南早晚兼用稻</td><td rowspan="3">≤132</td><td rowspan="3">≥10.80</td></tr>
<tr><td>长江流域迟熟晚稻</td></tr>
<tr><td>东北早熟粳稻</td></tr>
<tr><td>长江流域一季稻</td><td rowspan="2">≤158</td><td rowspan="2">≥11.70</td></tr>
<tr><td>东北中熟粳稻</td></tr>
<tr><td>长江上游迟熟一季稻</td><td rowspan="2">≤170</td><td rowspan="2">≥12.75</td></tr>
<tr><td>东北迟熟粳稻</td></tr>
</table>

* 为同一生态区连续两年在 2 个 6.67hm² 示范田的平均产量

3）多抗　威胁我国稻作生产的主要病害包括稻瘟病、白叶枯病、纹枯病、黄矮病、细菌性条斑病、稻曲病，以及稻粒黑粉病等。主要虫害是三化螟（*Tryporyza incertulas* Walker）、二化螟 *supressalis* Walker）、褐飞虱（*Nilaparvata lugens* Stal.）、白背飞虱、黑尾叶蝉以及稻瘿蚊等。主要逆境条件有干旱、冷害、热害、沿海的台风、寒露风、低磷、低钾、铁毒等，各稻作区因气候环境差异，各种病虫危害和逆境胁迫的严重程度不同，因而抗病虫育种与耐逆性育种的侧重点也不同。

# 第三节 水稻品种资源

## 一、水稻近缘种

稻属（*Oryza* Linnaeus）属于禾本科（Gramineae）的稻亚科（Oryzoideae）。其野生种广泛分布于亚洲、非洲、南美洲和大洋洲的77个国家。稻属包含2个栽培种，亚洲栽培稻（*O. sativa* L.）和非洲栽培稻（*O. glaberrima*），以及21个野生种，分别属于10个染色体组类型，包括6个（AA、BB、CC、EE、FF和GG）二倍体类型（$2n$=24）和4个（BBCC、CCDD、HHJJ和HHKK）四倍体类型（$2n$=48）（附件20-3）。栽培稻和它的近缘野生种都具有AA组染色体。

与栽培稻关系较密切的是分布于亚洲和大洋洲的普通野生稻（*O. rufipogon*）、非洲的短舌野生稻（*O. breviligulata*）和长雄蕊野生稻（*O. longistaminata*）。其中有一年生和多年生的，护颖为线状或披针状，颖花表面呈格子形。这些特征在栽培品种中都可见到，因此认为它是与栽培稻在系统发育上最接近的。

中国是世界上原产野生稻的主要国家之一。据调查，有3种野生稻，普通野生稻（*O.rufipgon* Griff.）、药用野生稻（*O. officinalis* Wall.）及疣粒野生稻（*O.meyeriana* Baill.），分布于东起台湾桃园（121°15′E），西至云南盈江（97°56′E），南始海南三亚（18°14′N），北达江西东乡（28°14′N）的广阔地区。

## 二、栽培稻的起源与演化（附件20-4）

加藤茂苞（1928）把栽培稻种分为印度亚种（*O. sativa* subsp. *indica* Kato）和日本亚种（*O. sativa* subsp. *japonica* Kato）。松尾孝岭（1952）把稻种分为A型（日本型粳稻）、B型（印尼型或籼粳中间型）和C型（印度型籼稻）3个亚种。冈彦一（1953）把栽培稻分为大陆型（原产大陆）及海岛型（原产海岛）。中尾佐助鉴定洛阳汉墓出土稻谷属印度型，认为栽培稻起源于印度，中国没有原产稻谷。Nair等（1964）在印度半岛的Malaber海岸发现5种野生稻，其中包括一年生和多年生的普通野生稻，并存在高度的变异性和多样性，因而认为这个地区是水稻的起源中心。中川原（1976）分析了数百个水稻品种的3个酯酶同工酶谱带，发现从印度阿萨姆到中国云南的稻种，其同工酶基因型变异比其他地区丰富，从而认定阿萨姆-云南是栽培稻的起源地。

张德慈（1985）认为亚洲栽培稻（*O. sativa* L.）及非洲栽培稻（*O. glaberrima*）野生型的起源和进化，可追溯到大约1.3亿年前的超级大陆冈瓦纳古陆。在它未破裂和漂移以前，两个稻种各自按多年生野生稻→一年生野生稻→一年生栽培稻（即普通野生稻→尼瓦拉野生稻→亚种栽培稻和长雄蕊野生稻→短舌野生稻→非洲栽培稻）的进化路线平行分化与驯化。随着古大陆的分裂和漂移，被分隔在南亚大陆和非洲大陆板块，前者演化成籼亚种、粳亚种和爪哇亚种，并进一步演化成各种生态型变种。

国外多数学者认为亚洲栽培稻野生型的起源中心位于印度东北部的阿萨姆、孟加拉北部及由缅甸、泰国、老挝、越南、中国西南（云南）等地形成的三角地带，由此向各方扩散和演变。

中国是世界上水稻种植历史最悠久的国家，至今已有一万年以上的水稻种植历史。20世纪40年代周拾禄（1948）与丁颖（1949）根据研究提出中国起源说。20世纪90年代以来，在长江中下游地区以及淮河地区发现新石器时代的稻作遗址以及炭化古稻，中国作为亚洲栽培稻起源之一的地位在国际上初步确立。关于栽培稻在中国的具体起源地，目前仍有争论，主要有4种学说：华南说、云南高原说、长江中下游说、长江中游-淮河上游说（附件20-5）。

对于亚洲栽培稻的分类，我国学者相继提出了多种分类体系。丁颖（1957）根据我国栽培稻种的系统发展过程提出五级分类法。第一级为籼亚种和粳亚种，第二级为晚稻和早、中季稻群，第三级为水稻型和陆稻型，第四级为黏变种和糯变种，第五级栽培品种。程侃声、王象坤等（1984，1988）根据杂交亲和力的高低、生态分布、进化水平、形态特征及栽培利用上的特点，提出亚洲栽培稻按种—亚种—生态群—生态型—品种作五级分类。亚种一级只分籼和粳，籼亚种下分Aman晚籼群、Boro冬籼群和Aus早、中籼群；粳亚种下分Communis普通群、Nuda光壳群和Javanica爪哇群。

2018年4月25日，《自然》期刊在线发表了由中国农业科学院作物科学研究所牵头、国际水稻研究所（IRRI）等国内外16家单位共同完成的“3010份亚洲栽培稻基因组研究”成果。该项目研究中收集了3000多份水稻品种（来自全球89个国家和地区），代表了全球水稻种质约95%多样性的核心种质。对亚洲栽培稻群体的结构和分化进行了更为细致和准确的描述和划分，由传统的5个群体增加到9个，分别是东亚（中国）的籼稻、南亚的籼稻、东南亚的籼稻和现代籼稻品种4个籼稻群体，东南亚的温带粳稻、热带粳稻、亚热带粳稻3个粳稻群体，以及来自印度和孟加拉国的Aus和香稻。首次揭示了亚洲栽培稻品种间存在的大量微细（>100bp）结构变异（包括易位、缺失、倒位和重复）；发现了1.2万个全长新基因和9000个不完整的新基因。通过对大量重要进化相关基因的单倍型和泛基因组分析发现，籼稻携带的很多基因不存在于粳稻中，粳稻的很多基因也不存在于籼稻中。此外，不同地理来源的水稻农家品种群体都带有特异的基因家族。根据这些结果，该研究首次提出了籼、粳亚种的独立多起源假说，并恢复使用籼（*O. sativa* subsp. xian）、粳（*O. sativa* subsp. geng）亚种的正确命名，修正了“印度型稻”和“日本型稻”的命名，使中国源远流长的稻作文化得到正确认识和传承。

## 三、稻种资源的特性及其育种价值

### （一）稻种资源的含义及类别

稻种资源是指来源于栽培稻种原始起源中心与次生起源地的多样性中心、栽培中心以及育种计划的各类遗传材料。通常认为，稻种资源包括稻近缘属、栽培稻近缘野生种、栽培种与近缘野生种间自然杂交种和杂草种、地方品种（农家种）、选育品种（含优良的育种品系，包括转基因品系）、杂交稻资源（包括三系杂交稻、两系杂交稻）和遗传材料（如突变体、遗传标记材料、多倍体、非整倍体、重要遗传作图群体等）7类水稻种质资源。

稻种资源各类别各具特色，根据不同类别资源在差别内遗传多样性、个体遗传一致性、生产应用价值和利用潜力上的特征可归纳成表 20-2。

**表 20-2　稻种资源各类别遗传构成、生产应用价值及利用潜力比较（Chang，1976）**

| 资源类别 | 类别内遗传多样性 | 个体遗传一致性 | 生产应用价值 | 利用潜力 |
|---|---|---|---|---|
| 近缘属、近缘野生种 | 中至高 | 低至中 | 低 | 中至高 |
| 杂草种 | 中至高 | 低至中 | 低 | 中 |
| 地方品种 | 中至高 | 低至中 | 低至中 | 中至高 |
| 生产应用品种 | 低至中 | 高 | 高 | 中 |
| 育种品系 | 中 | 中 | 中 | 中至高 |
| 遗传材料 | 中 | 中至高 | 低至中 | 低至高 |

### （二）野生稻种质资源的优异特性及其利用

**1. 抗病虫性**　野生稻资源中具有许多优异性状，在抗病虫方面尤为突出。研究表明，对于一些严重为害生产的如白叶枯病、稻瘟病、纹枯病、褐飞虱、白背飞虱、叶蝉、稻瘿蚊、黄萎病等病虫害，野生稻种均筛选到具有重要利用价值的抗性材料，而且抗性强、抗谱广。Khush 等（1990）从长雄蕊野生稻中鉴定出广谱抗白叶枯病基因 *Xa21*，并成功转入栽培稻品种；章琦等（2000）成功鉴定和定位了源于广西普通野生稻的白叶枯病全生育期广谱抗性新基因 *Xa23*。

**2. 耐逆性**　由于野生稻分布广泛，生态条件复杂，形成了许多耐不良环境的特性，如耐寒、耐盐、耐旱、耐涝及耐贫瘠等。广东省农业科学院和广西农业科学院分别从野生稻中鉴定出一批耐寒、耐涝、耐旱的材料。陈大洲等（1998，2002）栽培稻与耐冷性较强的东乡野生稻杂交，检测到 2 个与耐冷性相关的 QTL，为水稻利用东乡野生稻耐冷性的分子育种奠定了基础。

**3. 优质特性**　多数普通野生稻米粒细长，腹白小，多为玻璃质，米粒坚硬不易破碎，且蛋白质和赖氨酸含量较高。对原产我国的 3733 份普通野生稻的外观品质的调查表明，外观品质优良的占 39.1%，其中云南 14 份野生稻的外观品质全为优。陈成斌（2006）利用野生稻提高现代品种的蛋白质含量，后代中最高可达 16.63%。

**4. 细胞质雄性不育性**　细胞质雄性不育性在野生稻中普遍存在，它是水稻杂种优势利用的基础。野生稻细胞质雄性不育性的发现对杂交水稻的育成和推广起了非常关键的作用。李必湖首先在我国的海南发现了野败型不育系，于 1973 年实现了杂交水稻的“三系”配套。随后，朱英国等利用红芒野生稻（来自华南的普通野生稻）与‘莲塘早’杂交，培育了红莲型不育系。在我国，水稻不育系不育细胞质来源中，约一半来源于野生稻，且选育出了一批优良杂交稻组合。

**5. 其他优异农艺性状**　野生稻具有强大的生长优势，表现为分蘖力强、根系发达、再生能力强等。另外，野生稻还具有花药大、柱头外露、开花时间长等特点，可以用于不育系选育。野生稻的功能叶耐衰老，对解决杂交稻后期早衰问题具有重要的应用价值。袁平荣等（1998）的研究表明，野生稻与籼稻和粳稻杂交 $F_1$ 的结实率均较高，具有广亲和性。

### （三）栽培稻种质资源的利用

**1. 矮源的利用**　矮化育种的原始亲本主要为‘矮脚南特’‘矮仔占’‘低脚乌尖’和‘花龙水田谷’及其衍生的半矮秆品种。‘矮脚南特’是 1958 年从高秆品种‘南特 16’系选而成的。‘青小金早’‘南早 1 号’‘矮南早 7 号’都是‘矮脚南特’的衍生品种。广东省于1959年从‘矮仔占4号 / 广场13’的后代中育成‘广场矮’；后来，以‘广场矮’为矮源陆续育出‘广陆矮4号’‘广二矮’‘广秋矮’等，在生产中曾发挥重要作用。国际水稻研究所从‘低脚乌尖 / Peta’的杂交后代中，于1966年育成‘IR8’，以‘IR8’为矮源育成‘IR20’‘IR22’‘IR4’，直至‘IR74’等品种。

**2. 育性亲和源的利用** 籼粳稻杂交育性亲和的资源有助于克服杂种不育性的障碍。1984年日本池桥宏报道，‘Calotoc’‘CPSLO17’‘Ketan Nangka’等品种，分别与籼稻‘IR36’和粳稻‘秋光’测交，杂种自交结实率正常，称之为广亲和品种，带杂种育性基因 *S-5*ⁿ，位于第6连锁群。

**3. 光温敏核不育源的利用** 1973年，石明松在湖北省沙湖原种场种植的晚粳‘农垦58’大田中发现自然光敏核不育株，继而育成湖北光敏感核不育水稻‘农垦58S’。该材料在长日照高温下表现雄性不育，而在短日照低温下表现雄性可育。这一发现的重大意义在于可根据其育性转换特性培育两系杂交稻，即在不育期配制杂交种，在可育期自交繁殖不育系种子，不需要保持系。1987年，袁隆平提出应用广亲和性和光敏核不育基因开展籼粳亚种间杂种优势利用的战略设想。我国已相继培育出‘两优培九’‘培两优288’‘香两优68’‘培杂双七’等一批优良两系组合。

**4. 遗传多样性的利用** 作物遗传多样性可降低对生物和非生物障碍因子的脆弱性。目前，利用水稻品种多样性控制稻瘟病已取得了令人瞩目的进展。云南农业大学与国际水稻研究所合作，从1998年起在云南、四川、江西等省开展了利用水稻品种多样性进行抗、感水稻品种混植以控制稻瘟病的研究。

# 第四节 水稻主要性状的遗传

## 一、品质性状

稻米品质性状多是复杂的数量性状，涉及多个基因的表达与调控网络，且易受到外界环境因素（如光照、温度、土壤条件等）的影响。

目前已经从不同的水稻种质资源中分离了至少几十个与粒型相关的基因，而在育种实践中有利用价值的基因主要包括 *GS3*、*GL3.1/OsPPKL1*、*GW7/GL7* 等控制粒长性状的基因，*GW2*、*GW5/qSW5*、*GS5* 等控制粒宽性状的基因，以及 *GS6*、*TGW6*、*GW8/OsSPL16*、*BG2*、*GW6a/OsglHAT1*、*OsGRF4/GS2/GL2* 等粒型基因。其中，*GS3*、*GL3.1/OsPPKL1*、*GW2*、*GW5/qSW5*、*GS5*、*GW8* 等基因已被克隆。

垩白是决定稻米外观品质的首要性状，同时也会影响碾磨品质。目前尽管已经鉴定了大量QTL，但只有少数QTL被精细定位和克隆，如 *Chalk5*、*cyPPDK*、*G1F1*、*OsRab5a*、*FLOURYENDOSPERM2*、*PDIL1-1* 和 *SSG4* 等，主要通过调控胚乳灌浆和储藏物积累而影响稻米外观表现。

直链淀粉含量、胶稠度和糊化温度直接决定了稻米的蒸煮食味品质。研究表明，淀粉合成相关基因相互协调形成的调控网络决定了稻米的蒸煮食味品质。*Wx* 基因编码颗粒淀粉合成酶，是控制稻米直链淀粉含量的主效基因，对稻米直链淀粉含量的影响最为明显。*AGPlar*、*PUL*、*SSI*、*SSII-3* 和 *SSIII-2* 作为微效基因，协同 *Wx* 调控稻米直链淀粉含量。*Wx* 同时直接决定了稻米胶稠度的大小。3个微效基因 *AGPiso*、*SBE3* 和 *ISA* 影响稻米的胶稠度。对于稻米糊化温度，*SSII-3* 起到最主要的调控作用，*Wx*、*SBE3*、*ISA* 和 *SSIV-2* 作为微效基因影响稻米糊化温度。*Wx* 和 *SSII-3* 的不同单倍型组合形成了不同的稻米品质特性。

蛋白质是稻米的第二大成分，目前已鉴定克隆了多个与蛋白质转运调控有关的基因如 *OsSar*、*OsRab5a*、*OsAPP6*、*RISBZ1*、*RPBF*、*OsVPS9A*、*OsGPA3* 和 *GEF2* 等。赖氨酸是稻米中的第一限制必需氨基酸，通过过量表达富含赖氨酸蛋白质（如RLRH1和RLRH2）或调控游离赖氨酸代谢等途径，均可显著提高稻米中的赖氨酸含量。

稻米中的香味物质有很多种，其中最重要的是2-乙酰基-1-吡咯啉（2-AP），主要由 *Badh2/FGR* 基因调控。*OsBADH2* 编码甜菜碱醛脱氢酶，具有醛脱氢酶活性，可能催化甜菜碱醛、4-氨基丁醛和3-氨基丙醛的氧化。在 *OsBADH2* 功能缺失突变体中，酶活性丧失导致4-氨基丁醛的积累，从而产生香味。

在与稻米贮藏有关的脂质代谢方面，已克隆了脂肪酸氧化酶基因 *LOX-1*、*LOX-2* 和 *LOX-3* 以及脂质转运基因 *OsLTP36*。此外，在稻米维生素、花青素和矿物质等合成调控方面也已鉴定克隆了多个重要基因。

## 二、产量性状和株型性状

水稻的产量是一个综合性状，主要由有效穗数、穗长、每穗粒数、结实率、千粒重等性状构成，各性状间存在着不同程度的制约关系，同时还受其他性状影响，特别是与株型性状关系密切。例如，穗数受分蘖力和成穗率影响，粒数受穗长、穗分枝和着粒密度影响，千粒重受粒形大小和灌浆充实度的影响，着粒密度与穗分枝特性等有关。

产量性状多属于数量性状，易受环境条件的影响，遗传比较复杂。传统遗传学研究认为，水稻产量性状由加性效应和部分显性效应控制，极少数情况例外。产量性状的遗传率较低，其中穗数的遗传率最低，每穗粒数的遗传率中等，千粒重的遗传率比穗数和每穗粒数高。

水稻株高基本上可划分为矮秆、半矮秆和高秆3种类型。现代高产品种多属半矮秆类型，株高为90～110cm。籼稻自然群体和人工诱导的矮秆突变体群体中，株高大多数都是由1个基因控制的，少数群体是由2个或3个基因控制，极少数由多个基因控制。粳稻矮秆基因的遗传分为两大类：①由少数主效基因控制，并伴随有多个修饰基因作用；②由多个微效基因调控。目前水稻中已克隆了30多个株高基因（附件20-6）。其中大多数基因与赤霉素、油菜素内酯和独角金内酯等激素的代谢或信号转导有关，表明激素在调节水稻株高中起主导作用。

我国科学家成功克隆到一个调控水稻理想株型的关键基因*IPA1/WFP*及其优异等位位点（*ipa1-2D*）。*IPA1*是一个半显性基因，其转录本受到*OsmiR156*的调控，该基因编码一个转录因子OsSPL14能够与控制水稻分蘖侧芽生长的负调控因子OsTB1启动子直接结合，抑制水稻分蘖发生。进一步研究发现，*IPA1*对株型有着精细的剂量调控效应。利用*IPA1*的不同等位位点，可以实现*IPA1*的适度表达，从而形成大穗、适当分蘖和粗秆抗倒的理想株型。

此外，近10年来我国科研工作者还克隆了相当一部分影响水稻产量的重要基因，包括调控分蘖数、穗型、粒型和粒重等性状的基因（附件20-7）。

## 三、抗病虫性状

水稻品种对稻瘟病（附图20-4）的专化抗性大多受1对或几对主效基因控制，也存在一些微效基因的相互作用。主效基因的抗性是一种小种专化性抗性，表现质量性状的遗传特性。多数主效抗性基因呈显性或不完全显性，也有呈隐性的，不同基因间相互独立或存在互作关系。杂交后代的抗性分离表现常因具体杂交组合中抗病基因的种类和数目以及所用鉴别菌种的不同而异。通常，水稻对稻瘟病专化抗性的遗传率较高，可在早代进行选择。而对非专化抗性，由于其遗传远比专化抗性复杂而研究较少。截至目前，已经被鉴定和定位的抗稻瘟病基因达到了100个以上，且大部分抗稻瘟病基因分布在除3号染色体外的其余11条染色体上，并在6号、11号和12号染色体上有大的基因簇分布。在定位的主效基因中，有26个基因（*Pi-a*、*Pi-b*、*Pi5*、*Pi-k*、*Pik-l*、*Pikh*、*Pik-m*、*Pik-p*、*Pi-sh*、*Pi-t*、*Pit-a*、*Pi-2*、*Pi-9*、*Pizt*、*Pigm*、*Pi-d2*、*Pi-d3*、*Pi-1*、*Pi-21*、*Pi-25*、*Pi-36*、*Pi37*、*Pb-1*、*Pi50*、*Pi54*和*Pi54rh*）已被成功克隆。

水稻品种对白叶枯病（附图20-5）的抗性具有很强的专化性，不同品种表现的抗性不一致，但主要表现为主效基因控制。水稻对白叶枯病的抗性有苗期抗性、成株期抗性和全生育期抗性的差别。截至目前，已鉴定了41个抗水稻白叶枯病基因。其中29个为显性基因，其他为隐形基因，分别位于除9号和10号染色体外的其他10条染色体上，有8个基因（*Xa1*、*Xa3/Xa26*、*Xa5*、*Xa10*、*Xa13*、*Xa21*、*Xa23*和*Xa27*）已被克隆。

水稻纹枯病（附图20-6）是稻田另一主要病害。品种间对病菌侵染的反应存在明显的差别。但品种的抗病性仅表现中等水平且易受环境影响，迄今尚无稳定高抗的抗源。水稻的中等抗病性受多基因控制，基因的加性效应占主要作用，遗传率偏低。目前已经报道了多个抗水稻纹枯病QTL，它们分布于水稻的12条染色体上。

遗传研究表明，抗虫表现显性或隐性，受1～2对主效抗虫基因控制。褐飞虱（附图20-7）是最严重的迁飞性害虫，存在不同的生物型。目前已鉴定的抗褐飞虱主效基因共35个，其中29个基因被定位于水稻7条染色体的不同区域，且主要位于4号和12号染色体，有7个基因（*Bph14*、*Bph3*、*Bph18*、*Bph26*、*Bphi008a*、*Bph29*和*Bph32*）已被克隆。

白背飞虱与褐稻虱同时侵害水稻，已发现和命名的抗白背飞虱的基因有8个。除*Wbph4*为隐性遗传外，其余7个均表现为显性遗传。我国云南品种‘鬼衣谷’和‘便谷’等带有显性抗性基因*Wbph6*。

# 第五节　水稻育种方法

## 一、杂交育种

### （一）品种间和籼粳亚种间杂交育种

品种间杂交指籼稻或粳稻亚种内的品种之间的杂交，而籼稻品种和粳稻品种之间杂交，则称亚种间杂交。亲缘关系近的不同生态型品种间杂交，也属于品种间杂交。

**1. 品种间杂交育种**　品种间杂交育种的主要特点：①杂交亲本间一般不存在生殖隔离，杂种后代结实率与亲代相似；②亲本间的性状配合较易，杂交后代的性状稳定较快，育成品种的周期较短；③利用回交或复交和选择鉴定，较易累加多种优良基因，育成综合性状优良的品种。

当今品种间杂交育种是选育高产多抗和优质品种

的主要育种方法。杂交亲本的选配、优良种质资源的利用和早代群体优良性状的鉴定选择，均是品种间杂交育种重要的环节。

**2. 籼粳亚种间杂交育种**　籼粳亚种间杂交育种的主要特点：籼粳杂交易获得杂交种，杂种常表现植株高大、穗大粒多、发芽势强、分蘖势强、茎粗抗倒、根系发达、再生力及抗逆强等优良性状，但易出现结实率低、生育期偏长、植株偏高、较易落粒、不易稳定等不良性状。广亲和基因的发现、研究和利用，为解决结实率低的问题带来了希望。

杂交育种中要遵循亲本选择的一般原则，同时要注意组配的方式（附件 20-8）。

### （二）杂种后代的选择

**1. 产量性状的选择**　杂种后代产量性状的遗传率有强弱之分，变异系数有大小差别。遗传率（$h^2$）高的性状，早代选择较好，否则高代选择才有效。水稻的抽穗期、株高、穗长、粒形、粒重等数量性状具有较高的 $h^2$ 值，从 $F_2$ 起对这些性状进行严格选择，可收到较好的效果。水稻的分蘖数及穗数、每穗粒数、结实率、产量等性状的 $h^2$ 值较低，一般在早代选择效果较差。

**2. 抗病虫性的选择**　水稻对病虫的抗性多由单基因控制，适于从 $F_2$ 起，在人工接种或自然诱发情况下，采用系谱法选择。选择须与产量性状及其他目标性状结合进行。

**3. 品质性状的选择**　粒形、垩白、透明度等外观品质，在稻穗成熟期间可借助目测进行田间早代初选。品种间杂交 $F_3$ 筛选品系时进行复选。稻米在干燥时应无裂纹。我国的优质籼米要注意直链淀粉的含量适当，早代单株选择时，可采用单粒分析法进行测定，$F_2$ 测定群体的直链淀粉含量及其他食用品质的性状。

## 二、杂交稻的选育

### （一）三系法杂交水稻

**1. 三系法杂交水稻选育简史**　1926 年 Janes 首先提出水稻具有杂种优势。1968 年日本的新城长友育成了‘台中 65’雄性不育系（简称包台型不育系），而且实现了三系配套，但遗憾的是未能在生产上应用。1964 年，袁隆平从‘洞庭早籼’‘胜利籼’等品种中发现雄性不育株后开始杂交稻的选育研究。1970 年他的合作者李必湖从海南崖城普通野生稻群落中，找到花粉败育株（简称野败），并以此材料育成了一系列野败型细胞质雄性不育系，1973 年成功实现了三系配套。

我国已育成的不育系有五大类：①野败型（WA 型），如‘珍汕 97A’‘V20A’等，属孢子体不育，野败型不育系是我国籼型杂交稻的重要不育细胞质源；②冈型（G 型）和 D 型，如‘朝阳 1 号 A’‘D 籼 A’，均属孢子体不育；③包台型（BT 型），如‘黎明 A’‘农虎 26A’，属配子体不育；④滇型（DI 型），如‘滇 29A’等，属配子体不育；⑤红莲型（HL），如‘泰丰 A’等，属配子体不育。

**2. 不育系和保持系的选育**　优良的水稻不育系（A）必须具备 3 个主要条件：①雄性不育性稳定，不因环境影响而自交结实，不育率 99.5% 以上，以保证制成的杂种一代纯度高；②较易选得较多的优良恢复系；③具良好的花器结构和开花习性，开花正常，花期与恢复系相同，柱头发达，外露率高，小花开颖角度大而且持续时间长，稻穗包颈程度轻或不包颈，以利于接受外来花粉，提高异交率。

保持系（B）实质是不育系的同核异质体，保持系与不育系是十分相似的，只是雄性可育。不育系选育成功，即可获得相应的保持系。优良的保持系应具有的特性是：①一定的丰产性和良好的杂交配合力；②花药发达，花粉量大，以利于提高不育系的结实率；③一定的产量、抗性和稻米品质。

选育不育系的主要途径有：①自然不育株的利用。我国生产上广泛应用的野败不育系，就是利用海南的普通野生稻中发生自然杂交而出现的雄性不育株，以其为母本与栽培稻杂交，选其后代中的全不育株，与栽培稻品种进行三交，如‘野败 /6044// 二九南 1 号’逐代选择倾向父本的不育株，并将其作为母本，与‘二九南 1 号’连续回交 4 代，育成了‘二九南 1 号 A’。②远缘杂交核置换法。远缘杂交核置换方法是选育质核互作型不育系的常用方法，主要有野生稻与栽培稻杂交、籼粳杂交以及地理远距离品种间杂交（附件 20-9）。若母本具有雄性不育细胞质基因，而父本具有相应的雄性不育核基因，二者相互作用就可以形成雄性不育。

**3. 恢复系的选育**　优良的恢复系必须具备以下特性：①恢复性强而稳定，与不育系配制的 $F_1$ 结实率不低于 75%～80%；②配合力高，不但超过亲本而且超过对照品种；③较好的农艺、品质和抗性性状；④植株略高于不育系，花药发达，花粉量多，花期与不育系同步或略迟。

三系杂交稻的恢复系选育方法主要有测交筛选、杂交选育和辐照选育等方法。

1）测交筛选　测交筛选是选育恢复系的一个常用方法，即利用现有常规水稻品种与不育系杂交，从中筛选恢复力强、配合力好的材料。开始推广杂交稻时的恢复系‘IR24’‘IR26’等都是测交筛选获得的。测交筛选应考虑以下几方面：①根据亲缘关系，凡与不育系原始母本亲缘较近的品种，往往具有该不育系的恢复基因。例如，普通野生稻对野败型不育系测交，多数具有良好的恢复力。野败型不育系的恢复基因多来自籼稻，很少来自粳稻。②根据地理分布，低纬度低海拔的热带、亚热带地区的品种具有恢复力的较多，高纬度高海拔地区的品种很少有恢复力。

测交筛选单株分别与不育系成对测交，每个成对测交 $F_1$ 应种植 10 株以上，如 $F_1$ 花药开裂正常，正常花粉达 80% 以上（孢子体型）或 50% 左右（配子体型），结实正常，即表明父本具有恢复力。经初测试验后，必须复测 100 株以上的群体，如结实正常则确认为一个恢复系。

2）杂交选育　杂交选育恢复系是选育恢复系的重要方法。采用两个恢复系相互杂交较易成功。由于双亲均带有恢复基因，在杂种后代的各个世代中出现恢复力植株的频率较高，低世代可以不测交，待其他性状已基本稳定后再与不育系测交。例如，福建省三明市农业科学研究所用‘IR30/圭 630’育成‘明恢63’，广西农业科学院用‘IR36/IR24’育成‘桂 33’和‘桂 34’。

3）辐照选育　利用诱变方法改良原有恢复系中的个别农艺性状是十分有效的。浙江省温州市农业科学研究所于 1977 年用‘IR36’的干种子，经 $\gamma$ 射线处理，并经加代、选择、测交和组合鉴定，于 1981 年育成比‘IR36’早熟 10 天左右的新恢复系‘IR36 辐’。

**4. 杂交组合的选配**　杂交组合的选配应考虑双亲的亲缘关系、地理来源和生态类型差异，双亲的一般配合力和特殊配合力，双亲的丰产性、抗性和稻米品质。

选配组合一般先行初测，杂交一代株数可以少些，但配制组合数应多一些，根据 $F_1$ 的优势表现状况，选择少数组合进行复测，并进行小区对比试验；对有希望的新组合在对比试验的同时，可进行小规模制种，以供次年品种比较试验的用种；并探索制种技术（包括不育系与恢复系的花期相遇以提高异交率）和高产栽培技术。

### （二）两系法杂交水稻

**1. 化学杀雄法和光温敏不育系利用法**　20 世纪 50 年代初，国外就有化学杀雄的报道。国内自 1970 年开始了水稻的化学杀雄研究，曾育成一些组合在生产上应用，如‘赣化 2 号’等。化学杀雄不受遗传因素影响，配组较自由，利用杂种优势的广度大于三系法。但是目前还没有真正优良的杀雄剂，而且杀雄后往往造成不同程度的雌性器官损伤和开花不良，影响制种产量和纯度，导致化学杀雄法研究进展不大。

1973 年，石明松在晚粳‘农垦 58’大田中发现了自然雄性不育株，在日长为 14h 时表现不育，短于 12h 则结实正常，育性的转换主要受光照长度控制，所以称为湖北光敏感核不育水稻。到目前为止，已明确育性转换是复杂的生态反应，影响育性的环境条件主要是光周期、温度和光温互作。遗传学研究表明，光温敏不育性属孢子体不育遗传类型，受细胞核内隐性基因控制，与细胞质无关。

光温敏核不育系可一系两用，根据不同的日照长度和温度，既可自身繁种，又可用于制种。利用光温敏不育系进行两系杂种优势利用，可使种子生产程序减少一个环节，从而降低种子成本，而且配组自由，凡是正常品种都可作为恢复系，选到强优组合的概率高于三系法。更为重要的是可避免不育胞质的负效应，防止遗传基础的单一化。两系法既可进行品种间杂种优势利用，又可进行亚种间杂种优势利用。但不育系对环境因素的敏感性是该法的限制因素。

**2. 光温敏核不育系的选育**　实用光温敏不育系的选育指标包括：①不育起点温度低。北方不高于 22.5℃，华中地区不高 23.5℃，华南地区不高于 24℃。②光敏温度范围宽，介于 22.5～29.0℃。③临界光长短。诱导不育的临界光长宜短于 13h。④长光对低温、短光对高温的补偿作用强。⑤遗传性稳定，群体 1000 株以上，性状整齐一致，不育期不育株率 100%，花粉不育度和颖花自交不育度 99.5% 以上；异交结实率不低于‘V26A’或‘珍汕 97A’。⑥配合力好，品质符合市场要求。⑦适应性广，抗当地主要病虫害。除此以外，实用光温敏不育系还须有优良的综合性状、强的配合力。凡用来选育常规新品种的育种方法，如系统选育、杂交、辐照及组培等方法都可以选育光温敏不育系。

**3. 两系杂交水稻的组合选育**　两系杂交水稻组合选育的基本步骤和方法与三系杂交稻的组合选育是相同的。其不同点主要表现在不育系和父本系的选用上，有一些特殊性。目前国内应用于生产的光温敏核不育系主要是来自光敏感核不育水稻‘农垦 58S’和温敏感水稻‘安农 S’的衍生系。光温敏核不育系的选用遵循安全制种、容易繁殖、高配合力和制种产量高的原则。

在恢复系和新组合的选育上，常采取以下 3 种途径：①利用常规稻品种（系）测配筛选强优组合；②利用细胞质雄性不育恢复系测配筛选强优组合；③选育新恢复系用于组合测配。

## 三、诱变育种与花药培养技术

### （一）诱变育种

**1. 诱变处理方法**　常用的诱变处理方法有：①物理方法。水稻育种中应用较多的物理方法有 $\gamma$ 射线、X 射线、中子射线、激光、电子束、离子束等辐照，其中 $\gamma$ 射线应用最为广泛。辐照育种中选择合适的辐照剂量最为关键，在一定的辐照剂量范围内，突变率与辐照剂量呈正相关，但辐照的损伤效应也相应提高。目前广泛应用的是半致死剂量，即辐照后植株成活率在50%左右，结实率在30%以下。②化学方法。最常用的烷化剂为甲基磺酸乙酯（EMS）、乙烯亚胺（EI）、硫酸二乙酯（dES）等，常用的叠氮化物为叠氮化钠（$NaN_3$）。

**2. 诱变育种的生物学效应** 主要包括：矮化突变、早熟突变、品质突变和抗性突变等（附件20-10）。

**3. 选育的方法**

1）*辐照材料的选择* 诱变育种大多数是个别性状（如生育期、株高、稻米品质等）的改良，因此通常选用有优良性状的品种或推广品种作为材料。但也有的用杂种后代种子或愈伤组织处理，以增加变异幅度。

2）*$M_1$代* 一般都不进行选择，可以按株或单穗收获，或收获后混合脱粒。禾谷类作物的主穗突变率比分蘖穗高，第一次分蘖穗比第二次分蘖穗高。为此，$M_1$往往采取密植等方法来控制分蘖，并且一般只收获每株主穗的部分种子，或混合脱粒，或留存单穗供$M_2$种植穗行。

3）*$M_2$代* 单株种植，也可种植穗行或株行。由于$M_2$出现异常的叶绿素突变体较多，有育种利用价值的突变少，必须种植足够大的$M_2$群体。

4）*$M_3$代及以后世代* 一般已很少分离，尤其是单基因突变体。$M_3$代以株系种植，如株系内性状已稳定，可以混合收获。

5）*诱变与杂交相结合的选育* 利用杂种一代或后代进行诱变处理，提高其后代的变异类型。由于诱变处理不仅引起基因突变，也增加了染色体交换的频率，打断性状间的紧密连锁，实现了基因重组，扩大了杂种后代变异类型，提高诱变效果。

### （二）花药培养技术

花药培养的一般程序包括花药的采集和接种、培养基的选择、培养过程、花培再生植株的染色体加倍等环节（附件20-11）。花药培养在水稻品种改良上的应用价值主要有以下几个方面。

1）*提高获得纯合材料的效率* 利用杂种一代花药培养产生的花粉植株，其基因型即分离配子的基因型，经染色体加倍后成为纯合的基因型（$H_1$）。将这些单株种成的株系（$H_2$）均为性状整齐一致的纯系，对于育种者来说只要鉴定$H_2$各株系的表现加以选优去劣，再经过进一步产量比较和有关性状的鉴定就可繁殖推广，故有助于缩短育种周期。

2）*提高选择效率* 排除显隐性的干扰，使配子类型在植株水平上充分显现。由于成对基因在配子中分离频率为$2^n$（$n$基因对），而孢子体则为$2^{2n}$，花药培养是对配子基因型的选择，所需的群体数量相对于杂交后代可以减少很多。

3）*结合诱变处理提高诱变效果* 花药培养产生愈伤组织时，用射线或化学诱变剂处理，不仅可增加$H_1$的变异范围，而且有利于当代或$H_2$的选择。因处于单倍体状态的显性或隐性突变，都能在花粉植抹上表现出来，所产生的双单倍体均属纯合的。

4）*推广品种通过花药培养可起到提纯选优的作用* 长期推广种植的品种通过花药培养选择优良株系，可以提高原品种的纯度。

5）*尚存在技术难题* 从水稻花药培养出的二倍体植株效率低，优良基因型不能完全表达。而且缺乏广谱培养基，不同稻种类型组合间的花培效率差异显著。

## 四、分子育种

### （一）分子标记辅助选择

**1. 分子标记辅助选择的基本原理** 首先，通过基因定位或QTL分析，获得与目标性状基因或QTL连锁的分子标记。这主要是通过构建目标性状的分离群体（$F_2$群体、回交群体、DH群体或RIL群体）和连锁分析，获得与目标性状基因连锁的共显性分子标记。然后，利用分子标记对目标基因型进行辅助选择。这是通过对分子标记基因型的检测间接选择目标基因型。分子标记与目标性状的连锁越紧密，选择效率越高。有研究表明，若要选择效率达到90%以上，则标记与目标基因间的重组率必须小于0.05。同时用两侧相邻的两个标记对目标基因进行选择，可大大提高选择的准确性。在回交育种程序中，除了对目标基因进行正向选择外。还可同时对目标基因以外的其他部分进行选择，即背景选择，以加快遗传进度和轮回亲本的回复率。

**2. 分子标记辅助选择的基本程序** 分子标记辅助选择育种是常规育种研究的发展，其基本程序与常规育种类似，只是在常规表型鉴定基础上，在各个育种世代增加了分子标记检测工作。主要步骤包括：总体方案设计、目标基因选择、亲本选配、育种群体构建和世代材料筛选等（附件20-12）。

**3. 分子标记辅助选择的主要应用类型** 从理论上讲，分子标记辅助选择可以应用于任何已定位的基因，但是否开展分子标记辅助选择及分子标记检测的规模（标记数、样本数），主要受经济效益和选择效率两方面的影响。除了单基因转育外，分子标记辅助选择更多地应用于基因聚合研究中（附件20-13）。

### （二）转基因育种

水稻转基因育种就是将转基因技术与常规育种手

段相结合，培养具有特定目标性状的水稻新品种。它涉及目的基因的克隆、载体的构建、转基因植株（遗传工程体）的获得及其在育种实践中的应用等多个环节。

**1. 目的基因的种类**　目的基因的获得是进行水稻转基因育种的第一步。根据基因功能的不同，可以将目的基因分为抗病虫、耐逆、提高水稻品质等。目前常用的抗虫基因来源于微生物的苏云金芽孢杆菌的杀虫结晶蛋白（Bt）系列、农杆菌的异戊烯基转移酶基因、链霉菌的胆固醇氧化酶基因（*cho A*）等，来源于植物的消化酶抑制剂基因系列（包括蛋白酶和淀粉酶抑制剂基因）以及植物外源凝集素基因。抗病基因的种类较多，包括抗病毒、抗真菌和抗细菌基因。

**2. 常用载体及水稻受体系统**　要将外源基因转移到受体植株，还必须对目的基因进行体外重组。质粒重组的基本步骤包括：从原核生物中获取目的基因的载体并进行改造。利用限制性内切核酸酶将载体切开，并用连接酶把目的基因连接到载体上，获得DNA重组体。已经分离的目的基因一般都保存在大肠杆菌的一类辅助质粒中，常用的有pBR322系列、pUC、pBluesK＋（－）系列等。在进行外源基因转移前还必须将外源基因重组到合适的转化载体上，具体采用哪种载体要根据转基因的方法和目的而定。

受体是指用于接受外源DNA的转化材料。建立稳定、高效和易于再生的受体系统，是水稻转基因操作的关键技术之一。研究表明，幼胚和来自成熟或未成熟胚经诱导产生的胚性愈伤组织，是农杆菌转化和再生的良好外植体来源。另外，幼穗、不定芽、花药和茎尖也可作为水稻基因转化的受体。

**3. 转基因方法**　转基因方法概括起来说主要有两类。①以载体为媒介的遗传转化，也称为间接转移系统法。其中，农杆菌Ti质粒介导法是水稻转基因最常用的方法。②外源目的DNA的直接转化，主要包括基因枪法、电穿孔法、超声波法、PEG介导法、显微注射法等。

**4. 转化体的筛选和鉴定**　为了有效地选择出极少量的转化细胞，一套高效安全的选择方法极为重要。选择标记基因常与目的基因共同转化，可以区分转化和非转化细胞。到目前为止，被广泛应用于选择的标记基因主要有两大类：①抗生素类，包括潮霉素磷酸转移酶基因（*hpt*）、新霉素磷酸转移酶基因（*npt*）、卡那霉素抗性基因（*npt* Ⅱ）等；②抗除草剂类，包括草丁膦抗性基因（*bar*）和草甘膦抗性基因（*epsps*）等。这些存在于转基因植物中的具有抗生素或除草剂抗性的标记基因，是否会对环境及人类健康有不良影响和损害引起了广泛的关注。也可以利用生物安全标记基因，主要有绿色荧光蛋白基因（*GFP*）、核糖醇操纵子（*rtl*）、6-磷酸甘露糖异构酶基因（*pmi*）、木糖异构酶基因（*xylA*）和谷氨酸-1-半醛转氨酶基因（*hemL*）等。

根据检测水平的不同，转基因植株的鉴定可以分为DNA水平、转录水平和翻译水平的鉴定。DNA水平的鉴定主要是检测外源目的基因是否整合进入受体基因组，整合的拷贝数以及整合的位置，常用的检测方法主要有特异性PCR检测和Southern杂交。转录水平的鉴定是对外源基因转录形成mRNA情况进行检测，常用的方法主要有Northern杂交和RT-PCR检测。为检测外源基因转录形成的mRNA能否翻译，还必须进行翻译或者蛋白质水平的鉴定，最主要的方法是Western杂交。

**5. 转基因水稻育种及生物安全**　依靠转基因技术培育的材料从育种角度看只是产生了具有目标性状的种质资源，要想在生产上加以利用，必须经过常规育种方法的加工，才能育成符合生产要求的推广品种。

转基因水稻商品化、产业化的关键在于生物安全评估。可能存在的不安全性风险主要有基因漂移、转基因作物对生态系统中的非靶标生物的伤害及对土壤生物群落的影响、转基因作物自身杂草化和转基因作物是否有害于消费者的健康等。为此，科学工作者正在努力开发各种切实可行的安全性转基因途径，力求将转基因作物可能带来的风险降低到最低水平。

## 第六节　水稻育种研究动向与展望

### 一、水稻超高产育种

农业部于1996年启动的超级稻育种计划。分4期进行，每期的产量目标是：第1期（1996～2000）10.5t/hm$^2$；　第2期（2001～2005）12t/hm$^2$；　第3期（2006～2015）13.5t/hm$^2$；第4期（2016～2020）15t/hm$^2$（连续2年在2个6.7hm$^2$示范田的平均产量）。先锋品种‘两优培九’（附图20-8）于2000年实现第1期超级杂交稻产量目标，累计推广超过700万hm$^2$；第2期超级杂交稻产量目标于2004年实现，其代表品种‘Y两优1号’（附图20-9）自2010年以来成为我国年推广面积最大的杂交水稻品种，累计推广已达400万hm$^2$；2011年，‘Y两优2号’（附图20-10）百亩连片平均单产达13.9t/hm$^2$，实现了第3期超级杂交稻单产13.5t/hm$^2$的目标；2014年，第4期超级杂交稻代表品种‘Y两优900’（附图20-11）创造百亩连片平均亩产15.4t/hm$^2$的新纪录。

超级稻育种，一是发掘和创造特异性水稻育种材料。水稻特异性育种材料的发现，往往会导致水稻育种的突破，可通过生物技术、航天育种技术、辐照技术等创造新的特异种质材料。二是采用籼粳亚种间杂交。籼粳杂交所产生的巨大变异为重塑株型并使之与杂种优势相结合提供了可能。光敏核不育和广亲和基因的发现，进一步扩大水稻杂种优势利用的范围，为选育籼粳亚种间超级杂交稻奠定了基础。三是提高水稻生物学产量。期望进一步提高收获指数来提高谷粒产量已十分困难，要进一步大幅度提高籽粒产量，必须提高生物学产量。通过提高生物学产量来提高谷粒产量，还需以强韧的茎秆、挺立的叶片和光合产物的合理运转与分配为前提，否则将出现倒伏和叶片荫蔽，使病虫害加重，稻谷产量反而下降。四是重视水稻理想根型育种。根系活力，尤其是灌浆期间的根系活动是水稻超高产的保证。必须加强根系的形态和机能等方面的研究，确定地上部全面协调平衡的理想根型的选育指标，以便为超高产水稻提供强大的根系支撑。五是将生物技术与常规技术将结合。常规育种技术在推进超高产育种中有一定的局限性，应用现代育种方法在打破物种界限和提高选择能力上有巨大潜力。

经过全国联合攻关，我国已育成一批新品种、新组合。截至 2019 年，农业农村部根据《超级稻品种确认办法》先后确认 132 个超级稻品种，其中，籼稻 97 个约占 73.5%，粳稻 28 个约占 21.2%，籼粳杂交稻 7 个约占 5.3%。籼稻中三系杂交稻约占 43.3%，二系杂交稻约占 48.5%，常规品种约占 8.2%。粳稻绝大部分为常规品种［数据来源于国家水稻数据中心（附件 20-14）］。中国超级稻在北方与南方同时大面积推广应用，说明无论是超级常规粳稻还是超级杂交籼稻的研究，都取得了历史性的重大突破。与国际上同类研究相比，我国在新株型优异种质创造和实用型超级稻新品种选育方面处于领先地位，可以预期在不久的将来，中国超级稻育种研究将以其杰出的成就，为保障新世纪粮食安全做出更大的贡献。

## 二、产量与品质的协调改进

根据以往的遗传研究，高产与优质存在一定的负相关，因此，高产品种往往又与劣质挂钩。水稻品质涉及多项指标，笼统的米质指标是一个综合指标，只有将不同的米质指标协调聚合在同一品种中，才可称之为优质。经典的品质育种，往往是先在田间通过感官判别，世代稳定后，进行实验室测定，育种效率低下。经过近 20 年的发展，我国在产量和品质相关基因克隆以及协同改良研究方面取得了一系列突破性进展，先后克隆了多个控制水稻产量或品质的基因，如 *GS3*、*Ghd7*、*GW8*、*GW7*、*DEP1*、*IPA1*、*LGY3* 等，其中的一些基因已在高产优质分子设计育种中被成功利用。例如，李家洋团队利用理想株型基因 *IPA1* 提高了水稻产量，同时利用分子设计手段又兼顾稻米品质，培育了一系列高产优质新品种。

研究显示，*GW8* 和 *GW7* 在水稻产量与品质协同改良方面有巨大的应用潜力。*GW8* 基因编码 OsSPL16 蛋白，是控制水稻粒宽和产量的正调控因子，将其等位基因引入优质品种中，可保证在优质的基础上提高产量 14%，而将其引入高产品种中，可保证在不减产的基础上显著提升稻米品质。*GW7* 基因是控制稻米品质的基因，将 *GW7* 和 *GS3* 基因的优异等位基因聚合到高产籼稻中，可同时提升稻米的品质和产量。*GW8* 能够直接结合 *GW7* 基因的启动子并调控其表达。将 *GW8* 和 *GW7* 的优异等位基因聚合到高产水稻中，实现了高产与优质的同时兼顾。*LGY3* 编码一个 MIKC 型 MADS-box 家族蛋白 OsMADS1，可同时控制稻米产量和品质。将其优异等位基因引入高产杂交水稻中，在显著提升稻米品质的同时可使产量增加 7% 以上；将该等位基因与高产基因 *dep1* 聚合到常规稻中，不仅可显著提升稻米品质，还可提高产量 10% 以上。这些成果不管对于水稻高产优质协同改良的理论研究还是育种应用都具有深远影响。

随着生活水平的提高，人们对稻米营养品质有了更高的要求，功能型水稻育种成为重要的研究方向。基因工程技术是一种快捷和高效的改良稻米品质的方式。随着越来越多重要品质基因的克隆，尤其是不同物种间有利基因功能的阐明，转基因技术可加速对这些基因的利用。例如，刘耀光团队开发了高效多基因载体系统 TGS Ⅱ，成功把花青素合成相关的 8 个关键基因转入水稻，培育出全球首例胚乳富含花青素的“紫晶米”。除了外观品质和营养品质外，口感应该成为品质的重要指标。口感与水稻中直链淀粉和支链淀粉的组成比例和蛋白质含量密切相关，但是影响口感的遗传基础还不清晰，需要通过关联分析等研究手段，揭示了蒸煮食用品质的精细调控网络，有效推动高产优质水稻新品种的培育。

## 三、品种适应性

品种适应性是指水稻品种的适应种植范围和对一定范围的适应程度，通常可分为一般适应性和特殊适应性两类。如对气候、土壤类型等复杂自然条件的反应称为一般适应性；对病虫害的反应，对不利的物理和化学条件的反应称为特殊适应性。因此，培育的水稻新品种应在高产、优质基础上具备抗病虫、耐逆、营养高效等特性。

近十几年来，通过对苏云金芽孢杆菌（Bt）的抗虫基因（*cry*）的利用，我国已经应用转基因技术培育出高抗螟虫（稻种卷叶螟、二化螟、三化螟）的多种转基因水稻，且已进行多年的田间试验，抗性和农艺性状均表现良好。利用水稻 1，5- 二磷酸核酮糖羧化 /

加氧酶 *rbcs* 基因启动子，与抗虫基因 *cry1C** 构建成融合基因 *Prbcs-cry1C**，通过农杆菌介导转化水稻品种‘中花 11’。通过多代选择，培育出抗虫性好、农艺性状没有显著差异，胚乳中几乎不表达 Bt 蛋白的转基因水稻新品系。国内外多年的研究积累了一大批可利用的抗褐飞虱、稻瘟病、水稻白叶枯病等重要病虫害的稻种资源，鉴定、定位和克隆了多个抗病虫基因和 QTL，通过转基因和基因聚合，已培育出带有多种抗性基因组合的水稻新材料和新品系。

目前国内外已经鉴定出一批耐冷、耐热、耐盐、耐旱性强或较强的稻种资源，已鉴定分析了大量耐冷、耐盐和耐旱性状的基因 /QTL。水稻耐寒基因 *COLD1* 编码 G 蛋白信号的调控因子，其与 *RGA*1 互作，激活 $Ca^{2+}$通道感受低温，并加速 G 蛋白 GTPase 活性。超表达 $COLD1^{jap}$ 能增强水稻耐寒性。耐冷 QTL *CTB4a* 编码富含亮氨酸受体蛋白激酶，上调 *CTB4a* 会增强 ATP 酶活性，提高 ATP 含量，在低温条件下提高结实率和产量。耐高温 QTL *TT1* 编码 26S 蛋白酶 α2 亚基，参与泛素化蛋白降解途径，高温诱导 *TT1* 表达，可以降解有毒蛋白以及维持高温应答过程，从而保护细胞免受损伤。

可持续农业要求施肥量大幅度减少。随着施肥量的减少，田间营养元素的浓度将逐渐降低，提高作物营养高效吸收利用的遗传改良工作日益受到育种家的重视。目前，国内外在营养高效基因的研究方面有了较好的基础，在提高氮、磷利用效率基因的分离克隆方面也取得了一定的进展。*DEP1/qNGR9* 编码 G 蛋白 γ 亚基，除了控制直立穗的性状外，还影响水稻氮利用效率，DEP1 能与 Gα（RGA1）和 Gβ（RGB1）亚基互作，共同调控氮信号。氮素利用相关基因 *NRT1.1B* 是影响籼粳利用氮素效率差异的一个重要因子，它在籼粳间呈现显著的分化。田间试验表明，*NRT1.1B* 籼稻等位基因的导入可显著提高粳稻的产量及氮肥利用效率。*PSTOL1/Pup1* 编码 Pup1 特异性蛋白激酶，超表达 *PSTOL1* 能在磷缺乏条件下显著增加产量。*PSTOL1* 能增强早期根的发育，使植株获得更多的磷和其他营养元素。



直播和机械化等轻简栽培技术大大降低了劳动力成本，已成为水稻生产的主流技术。然而，轻简栽培出现新的生产问题：直播稻易倒伏，增加机械化收获难度。因此，还需要培育适合新的耕作制度的品种。

## 四、转基因育种和基因编辑育种

据调查，目前水稻转基因的主要目标性状涉及抗虫、抗除草剂、抗病、耐逆、品质改良、高产和生物反应器六大类。其中，性状表现突出的有来源于苏云金芽孢杆菌的杀虫蛋白 *Bt* 基因、抗除草剂 *bar* 基因、维生素 A 合成酶关键基因等。目前，转基因水稻的目标已经从抗病、抗虫和抗除草剂等植保性状向其他抗逆、改良营养品质、改良株型、改变代谢途径等方面发展。例如，美国科学家从 $C_4$ 植物玉米中克隆 *PEPC*、*PPDK* 和 *NADP-ME* 三个高光效基因，单独或聚合转化水稻，该转基因水稻比受体亲本产量提高 35%。

随着可用于水稻遗传转化基因的增多，聚合转基因是必然的发展方向。应用高效、大规模的水稻转基因技术体系，将优质、高产、多抗的基因分别转入优良的保持系和恢复系中，将转基因保持系通过分子标记辅助选择育种培育成不育系，将不同的不育系和不同的恢复系配组，将得到很多理想的杂交水稻新组合。可以预见，随着水稻基因工程研究的进一步深入，更多的控制不同目标性状基因将被定位并克隆，新的转基因技术（如多基因转化、组织特异性 / 诱导性表达、叶绿体转化、无选择标记技术等）将不断发展，水稻转基因育种也将取得更大的成就。

目前基因编辑技术已经发展为水稻基因功能研究和遗传育种改良的有力工具。基因编辑技术主要依赖工程核酸酶在基因组特定的位置产生双链 DNA 的断裂，进而细胞通过自身的非同源末端连接（non-homologous end-joining，NHEJ）或同源重组（homology-directed repair，HDR）修复机制，实现对基因组的精准修饰（缺失、插入或替换）。近年来，基因编辑技术的突飞猛进，特别是 CRISPR/Cas9 技术的应用，基因敲除技术已经成为常规技术。因此，定向敲除不良目标基因和定向整合优良目标基因，将大幅提高水稻定向遗传改良效率。并且，CRISPR/Cas9 系统获得的植株通过自交重组，容易得到不含转基因成分的基因成分编辑品种。

王加峰等（2016）利用 CRISPR/Cas9 技术定点编辑了调控水稻千粒重的 *TGW6* 基因，获得了一套具有重要应用价值的水稻 TGW6 突变体新种质。中国水稻研究所和中国科学院东北地理与农业生态研究所同时采用 CRISPR/Cas9 技术对控制水稻香味的 *BADH2* 基因进行敲除，结果表明突变体材料中香味物质显著增加。李家洋团队（2016）利用 CRISPR/Cas9 技术以 NHEJ 修复方式对水稻 5- 烯醇丙酮酸莽草酸 -3 磷酸合成酶基因（*epsps*）进行编辑，实现了水稻内源 *epsps* 基因保守区域两个重要氨基酸的定点置换，在 $T_0$ 代获得具有草甘膦抗性的突变体材料。王克剑团队（2018）利用 CRISPR/Cas9 技术在杂交水稻中同时敲除了 4 个水稻生殖相关基因，建立了水稻无融合生殖体系，得到了杂交稻的克隆种子，实现了杂合基因型的固定。这项工作证明了杂交稻进行无融合生殖的可行性，是农业种业生产和作物育种上的一次重要技术突破。

基因编辑技术不仅可以通过定点修饰作物自身的

单个基因来获取新的性状，还可以同时编辑多个基因，在优良品种背景下快速改善多个性状，对改良作物复杂农艺性状具有重要意义。CRISPR/Cas9基因编辑技术具有成本低廉、构建简单、编辑效率高、周期短等特点，具有广阔的应用前景。

## 五、分子标记辅助选择和全基因组选择育种

分子标记辅助选择是通过分析与目的基因紧密连锁的分子标记的基因型来进行育种，从而达到提高育种效率的目的。在水稻质量和数量性状改良、基因聚合与渗入以及回交育种等方面取得了不少成果。但是低通量的分子标记辅助育种只能鉴定选择少数的功能基因，很难解决目标基因转育过程中经常发生的遗传连锁累赘问题，更不能排除遗传背景的干扰。在分子标记辅助选择的基础上，全基因组选择育种是以基因的遗传、功能和表型信息为基础，以高通量检测DNA多态性（如SNP）为手段，利用覆盖整个基因组的标记将染色体分成若干个片段，然后通过标记基因型结合表型性状以及其他信息分别估计每个标记（位点）代表的染色体片段（或基因）的效应，最后利用个体所携带的标记信息对其未知的表型信息进行预测，并依此进行个体选择。根据育种目标，在全基因组水平上对多个育种目标性状（基因）和个体的遗传背景进行选择，能极大地提高育种选择的效率和预见性，帮助育种家快速、准确、稳定地培育新品种（系）。

目前，已经开发几款高通量的水稻全基因组育种芯片，如RICE6K、RICE60K（又称RiceSNP50）、RICE90K等，包含高质量的SNP标记位点数分别为4473个、43 386个以及约85 000个。利用这些SNP芯片可以开展水稻品种真实性及分子标记指纹分析、群体基因型鉴定、育种群体的遗传背景分析与筛选、性状位点全基因组关联分析和基因定位等。

基于Hiseq4000等测序技术，建成了高通量、低成本的基因分型技术平台，该平台包含样品DNA提取及检测、文库构建、样本测序及信息分析四大模块，年分析通量可达6万份样品。利用该平台完成了约35 000份水稻材料的基因分型工作，并构建了相应的遗传连锁图谱，开展了大规模的关联分析和数量性状位点定位。

我国科学家利用重测序技术和RICE60K芯片技术，还建立了水稻品种系谱溯源技术体系，获得‘黄华占’核心谱系21个品种和衍生谱系96个育种材料的全基因组基因型数据。通过系谱信息溯源分析，发现与品质改良和产量提高相关的1113个保守且可追溯的染色体区域，发掘出一系列与重要农艺性状相关的基因位点。广东省农业科学院等单位在品种系谱溯源分析的基础上，开展了以‘黄华占’为骨干亲本的水稻全基因组分子育种，培育出‘黄广莉占’等优质、高抗稻瘟病、中抗白叶枯的绿色水稻新品种。



## 本章小结

我国的水稻育种工作经历了矮化育种、三系杂交稻培育、二系杂交稻培育、亚种间杂种优势利用、理想株型育种和绿色超级稻培育6个重要历程。水稻育种目标的主要内容包含优质、高产和多抗。稻属植物有两个栽培稻种：亚洲栽培稻和非洲栽培稻。亚洲栽培稻起源主要有印度起源说、阿萨姆-云南多点起源说和中国起源说。野生稻种资源和栽培稻种资源在水稻育种中起到了重要的作用。研究品质性状、产量性状、株型性状、抗病虫性状等主要性状的遗传，对于达到育种目标具有重要意义。水稻育种途径与方法有杂交育种、杂交稻的选育、诱变育种和花药培养技术、分子标记辅助选择和转基因育种等。

## 拓展阅读

### 绿色超级稻的培育

面对资源趋紧、环境污染严重、生态系统退化的严峻形势，2005年，我国科学家提出了“绿色超级稻”的新理念，主张以功能基因组研究的成果为基础，大力培育“少打农药、少施化肥、节水耐旱、优质高产”的“绿色超级稻”新品种，并倡导“高产、高效、生态、安全”的绿色栽培管理模式，从而实现作物生产方式的根本转变，促进农业的绿色发展。

“绿色超级稻”的理念受到国内外同行的广泛响应和高度认可。“绿色超级稻”的相关研究得到了中国政府和比尔及梅琳达·盖茨基金会等的支持。2010年以来，“绿色超级稻”项目在国家高技术研究发展计划（863计划）的持续资助下，聚集国内水稻科研育种等单位，形成覆盖国内水稻主产区和稻作生态区的分子育种协作网络，展开了5个方面的主要研究：①建立完善绿色超级稻设计育种的理论与技术体系；②构建全基因组选择技术平台；③开展绿色性状基因聚合与种质创新；④发掘与利用优良种质和基因资源，培育绿色超级稻新品种；⑤建立绿色超级稻高产栽培与管理技术体系。目前，绿色超级稻培育已经取得了一系列的进展和成果。

利用水稻核心种质和野生稻资源构建不同生态区优良品种的回交导入系、染色体片段代换系和近等基因系，开展了大规模鉴定和筛选，获得一大批具有抗病虫、氮磷高效利用、耐旱、高产优质等目标性状的材料，定位到大量重要性状 QTL。将功能基因组研究方向与绿色超级稻的育种目标相结合，利用种质资源群体（包括自然群体和遗传群体）鉴定了一大批影响抗病虫、氮磷高效利用、节水耐旱、高产和优质等重要性状的功能基因。在此基础上，开发出一批快捷、准确和适用的基因标记，建立并优化了抗稻瘟病、抗白叶枯病、抗褐飞虱、耐低磷、耐低氮等多个绿色性状的分子聚合技术体系。研制出多性状联合关联分析等方法用于优异等位基因的挖掘和遗传效应的估计。建立了利用高代回交群体鉴定野生种质和地方品种中优异等位基因的新途径。搭建起基于高通量基因型分析和全基因组选择育种技术的平台。通过全基因组选择和分子标记辅助育种实现不同优良基因向高产品种背景的转移和累加，创制出大量的育种品系。

截至 2018 年 3 月，已经培育出通过国家级和省级审定的绿色超级稻新品种 75 个，申请或获得植物新品种保护权 82 个，申请或授权发明专利 42 个。新品种推广示范面积累计超过 667 万 $hm^2$，新增产值约 300 亿元，取得了显著的社会经济效益。

## 思考题

扫码看答案

1. 简述我国水稻育种的历程，并讨论国内外水稻育种的动态。
2. 试述我国各稻区水稻育种目标及其依据。
3. 试述稻属植物的染色体组和亚种分类，举例说明野生稻种质资源和栽培稻种质资源的育种利用。
4. 举例说明水稻主要性状的遗传特点。
5. 试述水稻品种间杂交育种和籼粳亚种间杂交育种的主要特点。
6. 试述水稻杂交育种的亲本选择原则。
7. 试述选育水稻质核互作雄性不育系和恢复系的标准和途径。
8. 利用光敏核不育系配制两系杂交稻有哪些优点和缺点？
9. 举例说明水稻诱变育种的方法和效果。
10. 试述水稻花药培养在育种中的作用。
11. 何谓分子标记辅助选择？试述其利用前景。
12. 试述水稻转基因育种的进展。

# 第二十一章 玉米育种

附件、附图扫码可见

玉米是典型的异花授粉作物，是世界第一大粮食作物，是杂种优势利用面积最大的作物之一。玉米优良单交种的选育过程主要包括自交系的选育和杂交种的选育两个步骤。学习玉米育种的理论和知识，掌握选育玉米新品种的方法和技术，对于农业生产和种业发展均具有重要意义。

## 第一节 国内外玉米育种概况

### 一、国内玉米育种概况

玉米（corn）是我国的主要粮食作物之一。2020年，我国玉米播种面积达到4126万$hm^2$，总产26 067万t，种植面积与总产均超越水稻，居粮食作物第一位。2001～2020年，玉米增产总量在谷类作物增产总额中占66.3%，远高于水稻的15.5%和小麦的18.3%。在玉米增产的各因素中，遗传改良的作用占35%～40%。在世界范围内，我国玉米种植面积与总产仅次于美国，居第二位。玉米自16世纪初传入我国以来，已有500余年的种植历史，目前全国各省（自治区、直辖市）都有种植。在长期的自然选择和人工选择下，形成了较为丰富的地方品种资源。玉米品种改良及杂种优势利用，从20世纪初才开始，起步晚，基础薄弱，但发展速度很快，为我国社会经济发展，为保障粮食安全做出了巨大贡献。

1900年，罗振玉建议从欧美引入玉米优良品种，设立种子田，“俾得繁殖，免远求之劳，而收倍获之利”。该建议一提出便受到主管部门重视，1902年直隶农事实验场最先从日本引入玉米良种。1906年奉天农事试验场把研究玉米品种列为六科之一，从美国引进14个玉米优良品种进行比较试验。同年，北平农事试验场成立，着手收集和整理地方玉米品种，并从国外引进玉米品种。从1926年到1949年，是我国近代玉米育种的启蒙和创建时期，在玉米品种的改良、自交系及杂交种的选育等方面，都曾取得一些成果。1927年和1930年分别从美国引入‘白鹤’和‘金皇后’等优良品种，在生产上大面积推广应用。南京中央大学农学院赵连芳从1925年便开始从事玉米杂交育种工作，1926年南京金陵大学农学院的王绶、1929年北平燕京大学农学院卢纬民、河北省立农学院（河北农业大学的前身）杨允奎等开始了玉米自交系选育和杂交种组配工作。20世纪30年代中期，杨允奎、范福仁等分别在广西和四川开始了系统的玉米自交系选育和杂交种选配工作，并育成了优良自交系‘可36’‘多39’等。1946年，蒋彦士从美国引入一批自交系和双交种。吴绍骙于1947年在南京从事品种间杂交种的选育。北平燕京大学农学院沈寿铨选育的杂交种‘杂-236’，比当地品种增产47%。1936～1940年，范福仁等选育的最优双交种产量超过当地品种56%。但因处于战争时期，这些成果未能在生产上得到广泛应用。

新中国成立后，玉米育种工作取得了长足进展。1950年3月，农业部召开全国玉米工作座谈会，制定了“全国玉米改良计划（草案）”，明确提出培育玉米杂交种、利用杂种优势是玉米育种的主要途径和主要措施，为我国玉米育种的发展奠定了基础。在收集、评选农家品种的基础上，我国在20世纪50年代育成了400多个品种间杂交种，在生产上应用的有60多个，全国玉米品种间杂交种种植面积达$1.6\times10^6hm^2$。1957年，李竞雄发表了“加强玉米自交系间杂交种的选育和研究”一文，推动了玉米育种的发展。20世纪50年代末到60年代初，双交种‘双跃3号’‘新双1号’等相继问世，前者遍布全国19个省市，种植面积达$2.0\times10^6hm^2$以上。我国首先应用于生产的单交种‘新单1号’，是由河南省新乡农业科学研究所张庆吉在20世纪60年代初育成的，累计种植面积达$1.0\times10^7hm^2$。由于单交种生长整齐、增产潜力大、制种程序简单，全国各地开始大规模选育和推广单交种。

20世纪60年代以来，许多单位相继育成一批配合力高、抗病性和适应性强的自交系，如‘自330’‘黄早4’等，加之引入优良自交系‘Mo17’‘C103’等，组配了一批优良单交种，如‘丹玉6号’‘中单2号’‘丹玉13号’‘掖单2号’‘吉单118’等，在生产上大面积推广种植，大幅度提高了我国玉米的产量。从1949年以来，我国玉米生产用品种从农家品种到品种间杂交种、顶交种、双交种、三交种及单交种，已更新6次。而单交种也经历了5次更新：第一代单交种以‘新单1号’‘白单4号’为代表；第二代单交种以‘群单105’为代表；第三代单交种以‘丹玉6号’‘郑单2号’‘吉单101’为代表；第四代单交种以‘中单2号’‘烟单14号’‘丹玉13号’等为代表；第五次单交种更新的代表品种有‘农大108’‘郑单958’‘浚单20’‘豫玉22’‘农单5’等。在生产上推广面积累计超过$1.0\times10^7hm^2$的杂交种有‘中单2号’‘四单8号’‘掖单2号’‘掖单13号’‘烟单14号’‘农大108’‘郑单958’和‘浚单20’。其中，‘中单2号’从1978年开始推广以来，累计推广面积超过$3.0\times10^7hm^2$。由于优良杂交种在生产上大面积推广，使我国的玉米单产和总产水平大幅度提高。

我国从选育到普及玉米自交系间杂交种用了约15年时间，这与我国幅员辽阔，充分利用各地气候差异，实行南北方交替种植，加速玉米自交系和杂交种的选育是密不可分的。吴绍骙于1956年提出把北方玉米材料在南方加速培育成自交系，以丰富杂交种的亲本材料资源，并进行自交系南北异地培育试验，证实了异地培育自交系对其主要性状和配合力没有影响，肯定了南北异地进行玉米自交系加代育种的可行性，后来经过多方面的探索和实践，冬季到海南、广东、云南、广西等地进行玉米育种的加代繁殖，得到了普遍应用，尤其是海南加代繁殖更是得到广泛应用。这对加速玉米育种进程，加快新杂交种的推广利用，起到了极大的推动作用。



我国由于地域广泛、气候多变和耕作栽培条件改变，造成了多种玉米病害的发生和流行，给玉米生产造成严重的威胁，经多年的努力，我国玉米抗病育种研究取得了较大的进步，一批具有兼抗或多抗的杂交种先后应用于生产，成为玉米高产稳产的重要保证，使我国玉米抗病研究和育种达到或接近世界先进水平。

我国玉米品质育种工作开展较迟，但进展较快。从20世纪80年代开始，品质育种和专用玉米品种的育种工作有了较快的进展，选育出了高赖氨酸玉米杂交种‘中单201’‘中单205’和‘中单206’，其籽粒赖氨酸含量达0.47%，产量较‘中单2号’仅低3%。育成‘高油1号’‘高油2号’等高油玉米杂交种。其中，‘高油1号’含油量达8.2%，比普通玉米高1倍，这两个品种均已在生产上大面积推广种植。一批甜、糯、爆裂、青饲、青贮玉米杂交种等也相继问世。全国各类专用玉米的种植面积已超过$1.0\times10^5hm^2$，既扩大了玉米的利用范围和价值，又丰富了人民的生活，也取得了显著的社会和经济效益。

种质资源的收集和保存工作在1952年就已经开始。20世纪50年代，全国共收集玉米种质资源2万余份。1982年和1994年，在原有的工作基础上，全国联合攻关，收集、整理、鉴定、保存玉米种质资源近15 961份。其中，国内地方品种11 743份，群体57份，自交系2112份；国外引入品种977份，自交系1012份，这些种质资源大部分是硬粒型、马齿型和中间型，也包括糯质型、甜粉型、爆裂型、甜质型、粉质型和有稃型。此外，还根据育种需要，鉴定评价出一些矮秆、早熟、多行、大粒、双穗、大穗、抗大斑病和小斑病、抗丝黑穗病、抗矮花叶病、耐寒、高蛋白质、高脂肪、高淀粉、高赖氨酸等特殊性状的种质资源。

我国于20世纪70年代开始种质资源的改良和创新工作，在李竞雄等倡导下，种质改良和创新被列为国家“六五”“七五”和“八五”重点攻关计划，经过各参加单位十多年的努力，培育出一大批各具特色的种质资源群体，并从这些群体的不同改良轮次中，选育出一大批优良的自交系。此外，我国还引进和驯化了一批热带和亚热带群体，从中选育出一批优良的自交系，丰富了我国的玉米种质库，拓宽了种质基础。

用轮回选择方法改良群体的工作在20世纪70年代相继开展。近年来，许多育种单位加强了群体改良工作，组建了很多综合群体，并通过多种轮回选择的方法进行改良。在群体改良的过程中也育成了一批优良自交系，包括含热带种质的自交系，为进一步开展育种工作奠定了良好的基础。

在利用基因工程进行玉米新品种的选育工作方面，北京农业大学（现中国农业大学）率先把组织培养技术引入玉米育种程序，用体细胞无性系变异筛选技术育成抗专化小种的雄性不育系。1992年我国获得了第一批转*Bt*基因的抗玉米螟材料，1995年建立了完整玉米转基因工程技术体系，已培育出抗玉米螟自交系，组配了抗玉米螟杂交种。同时，将苏云金芽孢杆菌杀虫蛋白基因、马铃薯蛋白酶抑制基因（*Pin2*）等转入玉米，获得了高度抗虫的转基因植株；用基因枪轰击法将从大肠杆菌中分离的*gutD*基因、*mtlD*基因和大麦胚发育后期基因*HVAG1*转入玉米；克隆了抗玉米矮花叶病毒（MDMV）基因，并将其转入玉米，获得的转基因植株对MDMV的抗性明显提高。除了转基因技术之外，我国在分子标记辅助育种、杂种优势群的划分、分子标记连锁图的构建、杂种优势的分子基础、C型和S型雄性不育的分子基础、功能基因的分子标记定位和克隆等基础性研究方面均取得了较大的进展。

从“六五”到“九五”期间，我国就高产、优质、多抗紧凑型玉米杂交种的选育、品质育种、玉米育种素材改良和创新、玉米种子生产技术等课题，开展了全国性的攻关协作研究。经过数十个单位的共同努力，已取得重大进展，为我国的玉米育种研究打下了雄厚的基础。

我国的玉米生产依据播种面积和总产量的变化大体上可分为3个阶段。1949～2002年，玉米的播种面积和总产量持续增加，播种面积从$1.1066\times10^7hm^2$增加到$2.4661\times10^7hm^2$，总产量由$1.175\times10^7t$增加到$4.4996\times10^7hm^2$，总产量由$1.160\times10^8t$增加到$2.652\times10^8t$；2016年至今，玉米的播种面积减少，总产量基本稳定，单产不断提高，品质得到改良。近年来，我国大部分育种科研单位和种子公司增大了资金和技术投入，开展适应机械化收获的品种资源收集改良创新研究，加快了优良自交系的选育步伐，适应机械化收获的高产优质玉米新品种已成为全国玉米育种的重要发展方向。

## 二、国外玉米育种概况

全球玉米种植以北美洲面积最大，其次是亚洲。玉米的种植区域北界已达北纬48°，青饲玉米可达北纬60°，南界达到南纬40°。

自1850年前后美国印第安人开始原始的玉米育种工作以后，美国的早期玉米育种家采用混合选择法育成了一些品种，如著名的'Reid Yellow Dent'品种、'Krug'品种等。自交系与杂交种的选育开始于20世纪初（East, 1908；Shall, 1909）。自20世纪30年代起，美国开始在生产上推广杂交种。1935～1960年，美国生产上主要利用双交种；1960年后，单交种的利用逐年增加，目前生产上90%以上的杂交种是单交种。

从20世纪40年代起，美国便开始了玉米群体改良工作，从轮回选择入手，对数量性状进行周期性改良，以提高群体中优良基因的频率，并分离选育优良自交系。例如，从群体BSSS及其改良群体中先后选出了'B14A''B37''B73''B84'等优良自交系，并由这些自交系组配了众多的杂交种，对提高美国的玉米产量起到了很大的作用。同时，开展了自交系选育工作中的早代测验、自交后代数量性状的遗传特点、农艺性状的指数选择法、群体的产量差异等研究工作，对玉米高产育种起到了极大的推动作用。

抗病育种以大斑病、小斑病为重点，研究定位了一些抗性基因座位。品质育种以高赖氨酸玉米为主，已由软胚乳高赖氨酸材料选育出硬胚乳材料，并选育出一批籽粒产量较高的硬胚乳高赖氨酸杂交种。高油玉米育种方面，美国已育成含油量达13%的自交系及8%的杂交种。

玉米分子育种以美国进展最快，主要包括抗玉米螟、抗除草剂的转基因育种和分子标记辅助选择。2018年，世界各国玉米生产上推广种植的转基因玉米面积已超过$5.89\times10^7hm^2$，有大量可供利用的RFLP、AFLP、SSR标记及一些已知基因被定位在染色体，由于表达序列标签（expressed-sequence tag，EST）和SSR标记的应用，大大缩小了玉米基因组上的空白区，为揭示玉米基因组的结构，进一步定位、克隆和解读功能基因提供了极大的方便，也推动了分子标记辅助育种工作。2005年，美国启动了玉米全基因组测序计划，欧盟、法国和英国也设立了玉米基因组研究项目。

# 第二节 玉米育种目标

## 一、生产需求

玉米是世界上分布最广的作物之一，从北纬60°到南纬40°均有种植。种植面积最大、总产量最高的国家依次是美国、中国、巴西、墨西哥。从栽培面积和总产量看，玉米已经超越小麦和水稻居第一位。我国玉米种植面积和总产量仅次于美国，居世界第二位。玉米在我国分布很广，南自海南岛，北至黑龙江省的黑河，东起沿海，西到青藏高原，都有种植。但玉米在我国各地区的分布并不均衡，主要集中在东北、华北和西南地区，形成从东北斜贯西南的狭长玉米带。种植面积最大的省份包括黑龙江、吉林、河南、河北、山东、辽宁、四川等。

我国是最成功利用玉米杂交种的国家之一，除边远地区外，都已采用了杂交种。随着高产、抗逆优良玉米杂交种不断选育成功与推广，水利设施的不断完善，化肥、农药施用水平的提高，以及养殖业、加工业需求的拉动，我国的玉米种植面积迅速扩大，产量不断增长。1950年，我国玉米种植面积、总产量和单产分别是1258万$hm^2$、1685万t和1335kg/$hm^2$，到2019年分别为4128万$hm^2$、26 078万t和6317kg/$hm^2$。其发展速度高于小麦、水稻等其他作物。

玉米素有“杂粮之首，饲料之王”的美称，不仅具有产量高、适应性强、营养丰富等特点，与麦稻等粮食作物相比，还具有高产的生理特性，光合效率高，杂种优势强，增产潜力大，为禾谷类作物中经济效益最高的作物，而且用途十分广泛，综合利用价值高。发展玉米生产在国民经济中具有十分重要的作用。

### （一）粮食安全需求

自新中国成立以来，玉米在解决人民温饱问题、保障粮食和饲料安全、发展国民经济及缓解能源危机等方面发挥了重要作用。1949～2008年，我国玉米单产从961.5kg/$hm^2$提高到5556kg/$hm^2$，增幅为477.8%，年均增加77.8kg/$hm^2$；总产由0.124亿t提高到1.659亿t，增加了12.38倍，其中单产贡献率占68.4%，种植面积扩大的贡献率为31.6%；人均玉米占有量增加3.89倍，高于稻谷的0.44倍和小麦的1.98倍。1996年，我国玉米总产和单产超过小麦而跃居禾谷类作物的第二位。2006年玉米种植面积突破2666万$hm^2$，2009年已经超过水稻成为我国种植面积最大的作物。特别是改革开放30年来，玉米在谷物增产中的贡献更加突出，这期间我国粮食总产增加1.9659亿t，其中玉米产量增加1.0588亿t，占粮食增产总额的53.86%，远高于稻谷的24.49%和小麦的25.30%。进入21世纪以来，我国玉米生产依然保持着较为强劲的上升势头，2020年我国玉米总产为2.607亿t，占粮食总产的比重为38.94%。随着养殖业和加工业的迅速发展，对玉米的需求与日俱增，玉米在粮食生产中的地位越加突出。

### （二）畜牧业需求

玉米是饲料粮的主要组成部分，随着饲料粮消费的大幅增加，玉米的消费量也随之提高。根据我国粮食生产量和FAO公布的粮食进出口数据对中国1961～2006年的粮食总消耗量的估算，在忽略年际间粮食库存变化的情况下，全国玉米总消费量逐年增加，1961～2006年从1605.19万t增加到14 755.45万t，玉米用于饲料粮的比重从不到10%增加到80%左右；按照80%的玉米消费量用于饲料粮的比例，2005年用于饲料粮玉米约10 859.44万t，占饲料粮用量的40%。据专家预测，到2030年我国粮食需求将达59 999.64万t，粮食需求的增加主要源于饲料粮用量的增长，2007年农村居民饲料粮消费为161.03kg/人，城镇为289.10kg/人，到2030年农村人口饲料粮消耗量将增加到173.07kg/人，城镇饲料粮消费量将增加到303.96kg/人，分别比2007年增加12.04kg/人和14.86kg/人；到2030年全国饲料粮消费量将在2007年28 881.61万t的基础上增加9505.39万t，达到38 387.00万t，占粮食总需求的比重增加到63.98%，饲料粮需求增长占粮食总需求增长量的94.83%。玉米是饲料粮的最重要组成部分，按玉米占饲料粮40%的最低比重计算，饲料粮玉米需求将增加3802.16万t，加上玉米在饲料粮中的比重逐年加大，预计饲料粮需求的增长主要是玉米的需求增加。因此可以认为，中国未来粮食需求的增加将主要是玉米需求的增加。

目前，我国人均粮食和动物性食品的占有量与发达国家还有较大差距。改善膳食的主要方向是增加动物性食品，而食物消费的增长实质上主要是满足饲料粮需求的增长。玉米不仅是重要的粮食作物，而且是发展畜牧业的优质饲料作物，玉米籽粒及植株各部分均具有较高的营养价值。据分析，每100kg玉米的饲用价值相当于135kg燕麦、120kg高粱或130kg大麦，以玉米为主要成分加工成复合饲料，每2～3kg可换回1kg肉食。玉米的茎秆是优质青贮饲料。由于我国草原面积十分有限，加之人为的畜量过载，退化现象十分严重，依靠牧区提供大量动物性食品是不可能也不现实的，大量的肉蛋奶须依靠农区的养殖业提供。显然，玉米对提高人们的膳食水平有着十分重要的作用。

世界玉米生产的历史经验表明，重视和发展玉米生产是发展畜牧业、改善人民生活的重要途径。美国是世界上发展玉米最快、获利最大的国家，美国玉米带既是全国的玉米生产区，又是畜牧产品的重要生产基地。20世纪80年代，美国年种植玉米2667万$hm^2$，总产$2000\times10^8$kg，其中60%～70%用于生产配合饲料发展畜牧业以换取肉、奶、蛋畜禽产品。发达的畜牧业显著改善了人民的生活。1988年美国人均每天从食物中摄取热量15 256.7kJ、蛋白质109g、脂肪164g，其中从动物性食品中获取量分别为33.9%、66.3%和56.9%。法国是近代发展玉米生产获益的又一典范，法国长期是一个粮食进口国，畜禽产品不能自给。1950年玉米种植面积32.5万$hm^2$，仅占粮食总面积的3.3%。70年代以来，玉米生产迅速发展，面积、单产同步增长，总产显著提高。1989年面积、单产、总产分别比1950年增加4.9倍、5.2倍和31.3倍。同时，畜牧业也有了长足的发展，人们的食物结构得到了明显的改善，1988年人均每天从食物中摄取热量13 866.7kJ、蛋白质113g、脂肪142g，其中从动物食品中获取量分别占37.6%、67.9%和60.0%。

当代学者把人均占有玉米数量视为衡量一个国家畜牧业发展和生活水平的重要标志之一。据FAO资料，2018年人均占有玉米的数量为：美国1114kg，阿根廷980kg，巴西393kg，中国176kg。

### （三）工业需求

随着新兴科学技术的发展，玉米已逐渐发展成为重要的工业原料。20世纪80年代以来，玉米综合利用深加工产品急剧增长，世界上以玉米籽粒及其他部分为原料加工的产品达700余种，有15%～20%的玉米用作工业原料。

玉米籽粒及植株各部分均可作为工业原料，加工成各种各样的产品。玉米籽粒中含有70%以上的淀粉，有直链淀粉和支链淀粉，纯度高达99.5%，被认为是化学成分最纯的淀粉之一。国内外的玉米淀粉工业均发展很快，淀粉是食品、医药、化工等行业必不可少的原料。世界上以玉米淀粉为原料生产的工业制品已达500余种。例如，美国利用玉米淀粉研制出一种“超级水剂”变性淀粉，吸水量可达本身重量的1000倍，在干旱土壤中施用或涂于种子表面，可使大豆、棉花等作物增产20%以上，移栽树木成活率达75%以上，人体烧伤后涂上愈后无伤疤。另外，新兴的玉米制糖工业发展迅速，其中以玉米淀粉为原料的第二次加工制品果葡糖浆的生产是近代制糖工业的重大革新，果葡糖浆中含果糖77%～90%，甜度高、品质好、风味适口，被誉为“人造蜂蜜”。其防腐性、焦化性、保温性和发酵性均较好，加工制造的果糖，入口润滑细腻，可制作高级糖果及糕点面包，并可以防止脱水，延长保鲜；加工的果酱始终保持较高的渗透性，以防变质和减味，制作各种冷冻食品和各种饮料光泽、色调和风味等均达到极好指标。

玉米油是一种高质量的植物油，亚油酸含量达61.8%，色泽透明，气味芳香，长期食用有降低胆固醇，预防血管硬化、高血压、心脏病及肥胖症的独特功效。

玉米茎秆和穗轴都可用于榨取糠醛，其糠醛含量达16.9%～19.0%，是制造尼龙等高级塑料的主要原料。玉米穗轴还可用于制造电木、漆布、黑色火药、人造纤维，玉米茎秆能用来制造胶板、纸张、纤维素等，玉米苞叶可用于编织精美的手工艺品。

### （四）食品业需求

玉米籽粒中含有较丰富的营养成分，与其他作物相比，其脂肪含量高于面粉、大米和小米；蛋白质含量高于大米；每百克玉米含热量1528.2kJ，高于面粉、稻米和高粱。随高赖氨酸玉米杂交种的育成和推广，已基本上弥补了普通玉米赖氨酸含量低的不足，显著提高了其营养和利用价值。

虽然世界玉米食用部分仅占15%，但目前在南美洲、非洲和亚洲的欠发达地区，玉米仍作为主食之一，在经济比较发达的地区，玉米制品已成为一类重要的辅助性食品。据美国食品制造者协会调查统计，在超市上出售的12 000种食品中，有1160多种含有玉米衍生物，利用玉米直接加工的食品就达50多种。例如，玉米在许多国家经过适当技术工艺处理后，生产的直接或间接用于食品的玉米片、玉米面、玉米渣、特制玉米粉、速食玉米等；进一步可制成面条、面包、饼干、糕点、代乳粉等方便食品，如玉米膨化粉婴儿粥、膨化面茶、代乳粉和膨香酥条等质地松软、味美价廉的粗粮细作食品，很受亚洲、非洲和南美洲以玉米为主食国家的欢迎；即便以玉米作饲料为主的美国和欧洲，精制的玉米食品也越来越多地进入家庭餐桌。此外，还可以生产出玉米蛋白、味精、酱油、快速米粉、包装米粉、速溶米粉等。

利用爆裂玉米加进调味品可制成咸味玉米花、甜味玉米花、奶酪香味玉米花和玉米快餐食品等。玉米还可以酿造白酒、黄酒、高纯度乙醇、啤酒、威士忌及酸性饮料等。用玉米鲜嫩果穗可制成玉米笋罐头。甜玉米不仅可以直接蒸煮食用，而且可制成罐头和蔬菜、水果等。糯玉米营养丰富，食味香，不仅可煮食鲜果穗，并能制罐。

### （五）医药需求

《本草纲目》记载玉米的药性为“甘平无毒”，玉米籽粒能“调和中胃”。玉米主副产品是医药工业的重要原料，玉米须含有植物固醇、隐黄素、抗坏血酸、维生素K、肌醇等，有利尿、降压、利胆、止血作用，临床上用于治疗慢性肾炎、急性溶血性贫血、肾病综合征及高血压、糖尿病等。以玉米为原料的新药品日益增多，玉米淀粉是生产青霉素、链霉素等的良好培养基；玉米右旋糖经山梨醇可进一步生成抗坏血酸（维生素E）片剂；玉米葡萄糖可进一步加工成麻醉剂；从脱脂的玉米饼粕中提取的植酸钙不仅有醒脑健胃之功效，而且可以加工成治疗肝炎、肝硬化、血管硬化的药品肌醇及降压剂、葡萄糖注射液、维生素片剂等；玉米油含有丰富的维生素E，现代医学称“生育酚”，可治疗和预防妇女习惯性流产、性机能营养不足等症。日本医学博士森下敬一研究发现，玉米中含有大量亚油酸、维生素A和E、酶等多种成分。玉米中还含有谷胱甘肽，可以防止致癌物质在体内形成。美国营养学家认为，常食玉米制品，能刺激脑细胞供给充分的营养，防止脑功能衰退。

此外，国际玉米贸易量近10年来持续增加，而我国玉米播种面积很难继续增加，化肥的增产潜力已十分有限，受自然条件变化的影响，干旱、高温、强风、冷害等自然灾害时有发生，同时农药、化肥的过度使用使得土壤环境进一步恶化。选育耐受各种逆境胁迫、资源高效利用及环保型品种对玉米育种提出了更高要求。充分发掘玉米遗传资源的巨大潜力，在育种技术提升的基础上，选育高产高效玉米新品种，提高单位面积产量是保障我国粮食安全的战略措施。

## 二、育种目标的具体内容

每一个玉米育种工作者在开展育种工作时，都要提出自己的育种目标，作为选择鉴定的依据和预期的育种结果。育种目标是育种工作者依据生产需求、种质的状况及技术水平制定的，这不仅是一项技术工作，更显示出对育种工作的策略性管理艺术。玉米是异花授粉作物，现代玉米生产上主要是利用自交系间杂种$F_1$。因此，育种程序中包含了选育自交系与组配杂交种两个紧密联系的过程。开展育种工作时，必须从总体上考虑，形成总的育种策略，并用于指导育种工作。

根据我国玉米生产和育种现状及国民经济发展的趋势，我国的大田玉米大部分作为饲料，小部分作为食粮和工业原料。因此，籽粒产量是最重要的，其次为品质、抗病、抗倒、抗虫及熟期等性状。我国在当前乃至今后一段较长的时期内，玉米育种总的策略为：大幅度提高产量，同时改进籽粒品质，增强抗性，以充分发挥玉米在食用、饲用和加工等方面多用途特点，为国内市场提供新型营养食品。具体可分为两类。

### （一）高产、优质、多抗普通玉米杂交种的选育

要求新选育的杂交种比现有品种增产10%以上或产量相当但具有特殊的优良性状，大面积单产达9000kg/hm$^2$以上，产量潜力12 000kg/hm$^2$以上，籽粒纯黄或纯白，品质达到食用、饲用或加工等各项中的至少一项。要高抗大斑病（春玉米尤为重要）、小斑病（对夏玉米应严格要求）、丝黑穗病、茎腐病，耐病毒病。具体目标如下。

**1. 耐密高产** 紧凑型杂交种光能利用率高、籽粒灌浆速率快、光合产物运输积累多、耐肥、经济系数高。株型与种植密度紧密相关，而种植密度又与光照条件和土壤肥力相联系。“理想株型”可使玉米品种的个体和群体具有较高的绿叶面积和较高的光合效率，是保证和获得高产的生理基础。但必须认识到，株型是一种适应性性状。因此，不能简单地认为紧凑株型就是“理想株型”，实际上“理想株型”是不存在的，只有“适应株型”，即对某一生态和栽培条件适应的株型，除平展株型之外，半紧凑株型、紧凑株型都是可以因地制宜选用的。玉米杂交种获得高产是单位面积穗数、每穗粒数和千粒重相互协调的结果。生产实践证明，在适宜的密度下中穗比稀植条件下大穗更容易获得高产。中大穗紧凑型杂交种在高水肥条件下，具有更高的增产潜力。生产表明，单产650kg/667m$^2$的高产地块有70%为紧凑型杂交种，单产750kg/667m$^2$以上的地块则几乎全是紧凑型杂交种，理论和实践均证明高产条件下紧凑型杂交种的增产优势。紧凑型耐密杂交种个体发育良好、空秆率低、秃尖小，表现出群体增产优势。但在强调选用耐密、紧凑型杂交种的同时，也不排除半紧凑类型杂交种。

**2. 多抗稳产** 病虫害、风灾、干旱、极端气温和盐碱等是影响玉米高产稳产的重要非生物逆境因素。玉米的抗倒性、抗病虫害特性、耐寒性、耐旱性、耐高温性、耐阴性及适应性等是稳产的基础和保证。优良品种常因逆境灾害造成减产失去利用价值。一个适应性不强的高产品种常因种植地区和年份不同而不能稳产。可见，高产往往受这些不利因素制约，单纯追求高产性状，忽视其他性状的配合，会导致育种的失败。

病虫害是威胁玉米高产、稳产的生物逆境因素，黄淮海夏播区常见的玉米病害有玉米大斑病、小斑病、青枯病、瘤黑粉病、病毒病、弯孢菌叶斑病等，尤其是青枯病，危害很大，常常导致感病的杂交种大幅度减产（附件21-1）。

随着紧凑型高产玉米杂交种的推广、种植密度和肥水条件的改善，倒伏问题已日渐突出。玉米倒伏包括根倒、茎倒和茎折。解决倒伏问题，可以通过选育中秆、低穗位、茎秆坚韧、根系发达的杂交种实现。可以把植株是否具有强大的根系、茎基部节间的长短、茎粗系数、穗位系数等性状作为选择抗倒杂交种的指标。研究表明，支撑根发达，茎基部3个节间的平均长度在3cm以下，茎粗系数为45%以下时，植株的抗倒性较强。把茎秆和根强度作为仅次于产量性状来选择，为高产稳产提供保障。

**3. 生育期适宜** 适宜的生育期是指能充分利用生育季节温热资源，最大限度积累光合产物，实现高产目标。生育期是一个重要的育种目标，它决定着品种的种植区域。生育期与单株产量呈明显的正相关，生育期长单株产量高，生育期短单株产量低。但选育的品种必须根据当地无霜期的长短和耕作制度决定生育期，原则上应能充分利用当地的自然生长条件，又能正常成熟。

**4. 品质优良** 玉米的用途十分广泛，是重要的粮食和饲料作物，又是不可或缺的工业原料。因此，玉米的多用性，也就决定了对玉米品种要求的多样性，要求选育出品质优良、营养价值高、单一粒色、商品价值高的玉米杂交种，还要选育籽粒纯白、淀粉含量高、符合淀粉工业要求的玉米杂交种，以满足各种不同需要。

**5. 自交系自身产量高** 玉米育种是以利用杂种优势为主，是从选育自交系开始，以选育并利用单交种为主要目的。因此，应重视对自交系农艺性状的选择。虽然农艺性状好的自交系不一定具有高配合力，但选育自交系时，仍然不可忽视农艺性状选择，对农艺性状、一般配合力和特殊配合力给予同等的重视，才有可能育成强优势的杂交种，而且便于繁殖、制种，降低种子成本。

综上所述，目前优良杂交种性状选择的具体目标是：植株高度和穗位适中（250cm和100cm左右），叶片上冲，高抗青枯病、大斑病、小斑病、黑粉等病害，茎秆坚韧，根系发达，高抗倒折和倒伏，空秆率低，穗长18～25cm，穗粗5.0～6.0cm，结实性好，穗行数14～18行，行粒数35～50粒，千粒重300g以上，出籽率86%以上，籽粒纯黄或纯白，蛋白质含量10%以上，赖氨酸0.4%以上，淀粉70%以上，油分5%以上，适应性广，耐密植，生育期95～110天。

### （二）特用玉米杂交种的选育

特用玉米杂交种包括优质蛋白玉米（高赖氨酸玉米）、高油玉米、甜玉米、糯玉米、爆裂玉米、饲用玉米等。优质蛋白玉米，要求籽粒中赖氨酸的总量不低于 0.4%，单产可略低于普通玉米杂交种，抗穗腐病、粒腐病、大斑病、小斑病和茎腐病，胚乳质地最好为硬质型；高油玉米杂交种，籽粒含油量不低于 7%，产量不低于普通推广种 5%，抗病性同普通玉米；适时采收的普通甜玉米乳熟期籽粒中水溶性糖含量不低于 8%，超甜玉米不低于 18%，穗部性状分别符合制罐、速冻或鲜食的要求，单产鲜果穗 11 250kg/hm$^2$ 以上；青贮和青饲玉米的绿色体产量达 52.5t/hm$^2$ 以上，并且适口性较好。

我国地域广阔，自然条件复杂，玉米栽培遍及全国。应根据自然条件、栽培耕作制度等特点，制定适宜于本区生态条件的玉米育种目标。

# 第三节　玉米种质资源

## 一、玉米的分类

### （一）玉蜀黍族属的亲缘关系

根据植物学分类，玉米属于禾本科玉蜀黍族（Maydeae），玉蜀黍族中包含 7 个属。起源于亚洲的有 5 个属：薏苡属（*Coix*）、硬皮果属（*Schlerachne*）、三裂果属（*Trilobachne*）、流苏果属（*Chionachne*）和多裔黍属（*Polytoca*）。起源于美洲的有 2 个属，即玉蜀黍属（*Zea*）和摩擦禾属（*Tripsacum*）。摩擦禾属中包括 7 个种，其体细胞具有 18 对或 36 对染色体。它们也能与栽培玉米进行杂交，但比较困难。玉蜀黍属包括两个亚属，即繁茂玉米亚属（section *Luxuriantes*）和玉蜀黍亚属（section *Zea*）。繁茂玉米亚属中有 3 个种，它们是繁茂玉米种（*Zea luxurians*，2*n*=20）、多年生玉米种（*Z. perennis*，2*n*=40）、二倍体多年生玉米种（*Z. diploperennis*，2*n*=20）；玉蜀黍亚属中只有 1 个种，即玉米种（*Z. mays*）。玉米种中有 3 个亚种，即栽培玉米亚种（*Z. mays* ssp. *mays*）、墨西哥玉米亚种（*Z. mays* ssp. *mexicana*，2*n*=20）和小颖玉米亚种（*Z.* ssp. *parviglumis*，2*n*=20）。栽培玉米亚种与玉蜀黍属中的其他种或亚种能进行自然杂交，但它们之间的雌花序具有截然不同的形态。

### （二）栽培玉米亚种的分类

依据玉米籽粒形状、胚乳淀粉的含量与品质、籽粒有无稃壳等性状，可将栽培玉米亚种分为 9 个类型。

（1）有稃型（*Zea mays tunicata*）：籽粒被较长的稃壳包被（附图 21-1）。

（2）爆裂型（*Zea mays everta*）：籽粒加热时有爆裂性，果皮坚厚，全部为角质胚乳，籽粒较小（附图 21-2）。

（3）粉质型（*Zea mays amylacea*）：籽粒无角质胚乳，全部为粉质淀粉，顶部不凹陷（附图 21-3）。

（4）甜质型（*Zea mays saccharata*）：籽粒几乎全部为角质透明胚乳（附图 21-4）。

（5）甜粉型（*Zea mays amylacea gsaccharata*）：籽粒上部为角质淀粉，下部为粉质胚乳（附图 21-5）。

（6）糯质型（*Zea mays sinensis*）：胚乳全部为支链淀粉组成，角质与粉质胚乳层次不分，籽粒呈不透明状（附图 21-6）。

（7）马齿型（*Zea mays indentata*）：角质淀粉分布在籽粒周围，中间至粒顶为粉质，胚乳干时粒顶凹陷，呈马齿状（附图 21-7）。

（8）硬粒型（*ea mays indurata*）：角质胚乳分布在籽粒的四侧及顶部，整个包围着内部的粉质胚乳，干时顶部不凹陷（附图 21-8）。

（9）半马齿型（*Zea mays* L.*semindentata* Kulesh）：表型介于马齿型与硬粒型之间，习惯将倾向于马齿型的称为半马齿形，倾向于硬粒型的称为半硬粒型（附图 21-9）。

## 二、玉米种质资源的特性及利用

现代玉米育种就是利用杂种优势的育种。获得强优势杂交种，除了自交系的选育方法以外，还牵涉到种质资源的问题。玉米种质资源在长期的驯化和利用过程中明显出现了遗传基础狭窄等不可忽视的问题。如何拓宽遗传基础、创新种质、丰富资源、合理有效利用是摆在我们面前的课题。

### （一）玉米种质遗传基础的狭窄

玉米杂种优势利用中普遍存在种质资源遗传基础狭窄的共性问题。美国在 200 多年前印第安人培育出北方硬粒型玉米，James Reid 于 19 世纪七八十年代育成了 ‘Reid Yellow Dent’ 品种。以后 George Krug 又将 ‘Reid Yellow Dent’ 与 ‘Iowa Gold Mine’ 杂交，通过选择，获得了另一优良品种 ‘Krug’。美国育种家 Isaac Hershey 于 1910 年育成了 ‘Lancaster’ 玉米，并成为应用面积最大的品种之一。‘Reid Yellow Dent’ 与 ‘Lancaster’ 就是目前美国玉米育种与生产上应用最广泛的两大种质。20 世纪 20 年代开始，从这些品种资源中育成许多自交系，但仅有少数几个自交系如‘B14’‘B37’‘C103’‘Oh43’和‘B73’等在玉米育种中发挥主导作用。20世纪80年代美国生产上应用的80%的杂交种都含有‘Reid Yellow Dent’种质血缘（39.2%）和‘Lancaster’种质血缘（42.4%），其他种质血缘所占比例都很小。

我国玉米育种也受狭窄的遗传资源所限制。20世纪80年代，生产上主要利用的骨干自交系亲缘关系来源很窄，主要集中在‘自330’‘获白’‘Mo17’和‘黄早4’等几个优良自交系，其应用十分广泛。20世纪后期，6.7万$hm^2$以上的杂交种中，四大系组成的杂交种占将近70%，利用四大自交系育成的杂交种推广面积已超过60%。其中‘Mo17’和‘黄早4’在1987年占6.7万$hm^2$以上杂交种的28.3%和14.6%。目前，我国玉米生产上种植的品种种质来源主要是美国的‘Reid Yellow Dent’‘Lancaster’和我国本土的‘旅大红骨’‘塘四平头’这四大种质，虽然相继引进了一批热带和亚热带玉米种质，在温带玉米种质改良中有所应用，但还不能有效缓解种质基础狭窄的问题。

### （二）育成自交系的种质特点

据Darrah等（1986）报道，美国生产上应用的玉米种质资源，按种子产量统计，有‘Reid Yellow Dent’种质的自交系占44%，‘Iodent’种质占22%，‘Lancaster’种质占13%。美国有41.8%的自交系来源于单交组合，7.8%的自交系来自改良的群体，11.2%是利用综合种选育的，20.1%是利用回交方法育成的。主要集中在‘Reid Yellow Dent’种质和Lancaster种质基础上。Smith等（1985）认为Reid Yellow Dent×Lancaster是杂种优势表现的最佳模式，其遗传变异性极为丰富，但扩大种质利用范围及基础仍是育种工作迫切需要解决的问题。

我国育成自交系的种质来源与美国的情况类似。从自交系的种质来源分析，约有一半来自美国的‘Mo17’‘C103’‘B37’‘B73’‘B84’等，另一半为国内选系，如‘黄早4’‘获白’‘自330’‘二南24’等；但从系谱分析，大部分可追溯到美国的‘Lancaster’与‘Reid Yellow Dent’种质，如‘Mo17’‘C103’‘二南24’具有‘Lancaster’血缘，‘B37’‘B73’‘B84’‘E28’‘原武02’等具有‘Reid Yellow Dent’种质，其他自交系则主要来自我国的‘旅大红骨’‘金皇后’‘塘四平头’和‘获嘉白马牙’四大种源。因此，我国的玉米种质基础亦然贫乏。吴景锋等（2001）报道，种植面积在$1.3\times10^5hm^2$以上的24个杂交种中，由9个自交系组配成的杂交种占80%。这9个自交系中的8个来源于四大类群：‘Lancaster’（‘Mo17’等，占34.7%）、‘Reid Yellow Dent’（‘掖478’‘5003’‘掖107’等，占28.5%）、‘旅大红骨’（‘丹340’‘E28’，占20.6%）和‘塘四平头’（‘黄早4’等，占14.4%）。足见我国玉米生产上亲本遗传基础的狭窄。

### （三）拓宽种质资源培育自交系

美国‘Reid Yellow Dent’和‘Lancaster’两大种质类群是世界各国普遍利用的种质，这两类种质的遗传变异较丰富，且这两类种质之间的组配为优势配对模式。我国种植玉米的历史虽然仅400多年，但玉米引入我国以来，由于自然条件的复杂性，产生了较广泛的遗传变异。充分利用我国的玉米种质也是选育自交系组配优良杂交种的主要途径之一，著名自交系‘黄早4’就是从我国地方品种‘塘四平头’中选育而成的，迄今在我国尤其黄淮海夏播玉米产区的玉米育种中仍在广泛应用。

爱阿华坚秆玉米综合种BSSS是Sprague和Jenkins在1933年利用16个坚秆自交系合成的。最初的BSSS经过周期性轮回选择，从不同轮次的改良群体中选育出一大批优良自交系‘B14’‘B37’‘B73’‘B78’‘B84’‘B89’‘N28’等。从这些自交系所组配的杂交种后代中陆续育成‘A632’‘A634’‘A665’‘B14A’‘B68’‘NC205’‘B88’‘H84’‘H100’‘R71’等优良玉米自交系。1984年，美国具有BSSS血缘关系的自交系所育成杂交种占玉米总播种面积的30%以上。BSSS的种质还被引入其他国家，如意大利配制的杂交种‘XL72A’（B73×Mo17）占其全国玉米种植面积的80%。关于杂种优势类群与杂种优势利用模式，国外进行了大量研究，并建立了主要的杂种优势利用模式，包括美国玉米带的Lancaster群×Reid Yellow Dent群、欧洲的早熟硬粒种质×美国玉米带马齿玉米、热带的ETO×Tuxpeno等。我国应用$6.7\times10^4hm^2$以上的杂交种，从组配方式看，主要是由国内系×国外系组成的，表明利用地理和种质基础远缘的材料与国内系组配，是我国利用玉米杂种优势的主要方式。

### （四）拓展玉米种质的途径

Darrah等研究认为，美国用于选育玉米杂种的种质来源可归为四大群：第一类群为‘Reid Yellow Dent’种质及近缘种质，占总量49%左右；第二类群为‘Lancaster’种质及其近缘种质，约占32.6%；第三类群为‘Iodent’种质及其近缘种质，约占5.6%；第四群为其他种质，包括南美洲、非洲、东南亚（热带和亚热带）的外来种质，约占13%。上述四类种质中，‘Reid Yellow Dent’与‘Lancaster’是优异的杂种优势配对种质，来自它们的自交系在商品杂交种所占的比重高达约81.5%，这两个杂种优势群，从20世纪30年代起到现在，一直是利用玉米杂种优势的主要种质基础。我国的玉米育种工作者，也利用不同来源的种质做亲本组配了一批优势强的杂交种。例如，‘丹玉6号’（‘旅28’×‘自330’）、‘掖单2号’（‘掖107’×‘黄早4’）等利用了本地种质与外来种质组配。由于玉米种质资源狭窄，玉米育种工作者迫切需要拓宽遗传基础，丰富种质资源类型，以选育突破性新品种，实现品种更新换代。在欧洲，玉米育种家则利用美国马齿型玉米的丰产性和欧洲硬粒型玉米的早熟性来选育杂交种。值得指出的是，墨西哥的‘ETO’综合品种和‘Tuxpeno’地方品种是很重要的玉米种质。关于热带种质的利用，Goodman认为‘Cuban’（硬粒型）×‘Tuxpeno’较其他组合表现出更大的优势，‘Tuson’×美国南部马齿型也具有潜在的优势。我国也引入热带种质进行研究利用，有的热带种质综合品种可以直接在西南低产地区种植，有的可以作为抗病等优良性状的供体，通过合理的组配将其有利基因导入我国温带种质加以间接利用。

主要应从以下几个方面考虑拓宽玉米种质基础：①玉米近缘属、种的种质利用。虽然存在一定的困难，但仍有一些优良性状需继续开发，尤其是*Teosinte*属（类玉米）和*Tripsacum*属中有利基因的利用。②要加强种质基础研究工作，采用近代遗传学手段，在分子水平上阐明近缘物种的血缘关系，探讨玉米种质的遗传特性，以利于育种应用。③发掘各类种质资源，引入国外新的种质，以拓宽种质基础。④加强群体改良的研究工作，应在战略的高度上重视改良群体的重要意义，把长远目标与当前需求很好地结合，使玉米的种质资源不断更新。

## 第四节　玉米主要性状的遗传

大量有关玉米性状的遗传研究表明，玉米的籽粒品质（甜度、糯性等）、胚乳的物质组成（蛋白质、油分、淀粉等）、植株的某些形态特征（如矮秆、无叶舌等）是由单一主基因控制的质量性状，这些基因的表达受环境的影响很小；还有许多性状是由微效多基因控制的数量性状，受环境条件影响较大；另有许多性状则受主基因和多基因的共同控制。

### 一、农艺性状的遗传

#### （一）产量性状的遗传

Hallauer等（1981）对一些农艺性状遗传率（$h^2$）的估计值做了归纳（表21-1），籽粒产量与产量构成因素的$h^2$值较低，植株性状中除茎粗的遗传率$h^2$值较低外，其余表现中等，与生育期有关的性状$h^2$达58%，而籽粒含油率的$h^2$值最高达77%。有些性状，如植株高度、对某些病害的抗性等，则兼有质量性状与数量性状两类遗传特点。

**表21-1　玉米17个性状遗传率（$h^2$）平均估计值**

（Hallauer et al.，1981）

| 性状 | 遗传率（$h^2$）/% | 性状 | 遗传率（$h^2$）/% |
|---|---|---|---|
| 籽粒产量 | 19 | 籽粒含水量 | 62 |
| 穗长 | 38 | 至开花天数 | 58 |
| 穗粗 | 36 | 株高 | 57 |
| 果穗数 | 39 | 穗位高 | 66 |
| 籽粒行数 | 57 | 分蘖数 | 72 |
| 穗粒数 | 42 | 苞叶伸长 | 50 |
| 穗重 | 66 | 苞叶落痕 | 36 |
| 着粒深度 | 29 | 含油量 | 77 |
| 茎粗 | 37 | | |

玉米产量是典型的数量性状，单株产量由单株果穗数、穗行数、行粒数、粒重4个因素构成，各产量因素也多是数量性状。

1）单株果穗数　玉米杂交种的单株果穗数基本上没有杂种优势，其遗传主要取决于基因的加性效应。

2）穗行数　玉米穗行数的遗传是比较稳定的。大量的杂交试验表明，杂种$F_1$果穗行数介于双亲之间，杂种优势不明显。穗行数的遗传中，基因的加性效应起主导作用。在育种工作中，如想选育出穗行数较多的杂交种，则双亲的穗行数必须多。

3）行粒数　玉米大多数杂种$F_1$的行粒数都表现出明显的超亲优势。行粒数的遗传是多种遗传效应互作的结果，并且以基因的显性效应为主，加性效应所占的比重较小。

4）粒重　玉米杂种$F_1$粒重的优势很明显，超亲优势很突出。但$F_1$的粒重优势与双亲粒重差异的大小有密切关系。当亲本粒重的差异较小时，$F_1$的粒重的优势较小；亲本之间的粒重差异较大时，则$F_1$的粒重优势较大。基因的加性效应在粒重的遗传中占主导地位，但显性效应也很明显，粒重的遗传率中等。

#### （二）植株性状的遗传

玉米的营养器官在形态上存在着广泛的变异，这些变异除了由微效多基因控制外，还有大量主效单基因控制。

能使株高降低的单基因有$br_1$（Bin1.07）、$br_2$（Bin1.06）、$br_3$（Bin5.09）、$bv_1$（Bin5.04）、$cr$（Bin3.02）、$ct_1$（Bin8.02）、$ct_2$（Bin1.05）、$na_1$（Bin3.06）、$na_2$（Bin5.03）、$rd_2$（Bin6.06）、$td$（Bin5.04）等。在遗传背景非常一致的近等基因系之间，可以鉴别出他

们的遗传效应。*br* 可以使植株节间变短，特别是果穗以下的节间变短，茎秆粗壮，因此在抗倒、密植育种中可能会有较高的利用价值。*na* 基因可以使植株生长素的合成水平降低，从而影响生长，降低株高。基因型为 $br_2br_2$ 的玉米叶片发育速度减慢，果穗以下节间数减少，植株变矮。

*d*（Bin3.02）、$d_3$（Bin9.03）、$d_5$（Bin2.02）、$D_8$（Bin1.10）、$D_9$（Bin5.02）纯合基因型的株高变矮，叶片变短、变宽并皱缩，分蘖增多。Stein（1955 年）证实 *dd* 子叶发育速度减慢，成株叶片减少，除显性矮生基因 $D_8$ 外，其他隐性矮生株对施用赤霉素反应敏感。

$lg_1$（Bin2.02）、$lg_2$（Bin3.06）和 $lg_3$（Bin3.04）基因除降低株高外，可以使叶片上冲、挺立，叶耳消失，叶舌变短甚至消失。*Lala*（Bin4.03）茎秆匍匐。

玉米植株性别发育也明显受若干基因的控制。*An*（Bin1.08）、$d_1$、$d_2$、$d_3$、$d_5$、$D_8$ 等矮化基因还可以使雌花序发育成具有花药的矮化雄株。$ts_1$（Bin2.04）、$ts_2$（Bin1.03）、$Ts_3$（Bin1.09）、$ts_4$（Bin3.04）、$Ts_5$（Bin4.03）和 $Ts_6$（Bin1.11）能使雄花序发育成雌雄同穗的两性花序或形成完全的雌花。*ba*（Bin3.06）和 $ba_2$（Bin2.04）可以使雌花序发育受阻，只有顶端雄花序发育。因此，不同基因型的玉米植株会表现出不同的性别。*Ba_Ts_* 是正常的雌雄同株异花；*Ba_tsts* 的顶端雄花发育成雌花并能受精结实成为全雌株；*babaTs_* 的叶腋雌花序不能发育，成为全雄株；*babatsts* 叶腋无雌花发育，但顶端雄花序发育成雌花序，成为完全的雌株。如果雄株 *babaTsts* 与雌株 *babatsts* 杂交，$F_1$ 出现雌株与雄株 1∶1 的分离。雄穗分枝数的多少是一些自交系或品种的重要性状，$Ra_1$（Bin7.02）、$ra_2$（Bin3.02）的雄穗和果穗具有较多的分枝，*ba* 植株果穗的小穗分化为分枝，分枝又长出小穗，从而形成果穗分枝的类型。

## 二、籽粒性状的遗传

玉米籽粒除果皮属母体组织，受母体基因型的影响外，有的主要与胚乳有关，受胚乳基因型控制；有的主要与种胚有关，受种胚基因型控制。

### （一）籽粒类型的遗传

玉米籽粒根据其形状、胚乳的质地可分为不同的类型，大多呈简单遗传，由 1 对或 2 对基因控制，除普通玉米（即马齿型或硬粒型）呈显性遗传外，其他类型均呈隐性遗传。

**1. 糯质玉米**　糯玉米是由玉米的 9 号染色体（Bin9.03）的 *Wx* 基因隐性突变并自交纯合而产生的。当该基因为 *wxwx* 时，胚乳表现为糯质，胚乳 100% 为支链淀粉，质地较硬，用 $I_2$-KI 染色呈红棕色。当普通玉米（基因型为 *WxWx*）与糯玉米杂交时，由于胚乳直感，杂交当代果穗上的籽粒全部为普通型，$F_1$ 自交果穗上的籽粒出现 3 普通（非糯）∶1 糯的分离比例。

**2. 甜质玉米**　玉米甜质基因包括位于玉米 4 号染色体（Bin4.05）的 $su_1$ 基因、位于玉米 6 号染色体（Bin6.04）的 $su_2$ 基因和位于玉米 3 号染色体（Bin3.09）的 $sh_2$ 基因。甜质基因不同的玉米的籽粒的表型不一，$Su_1\_Sh_2\_$ 为普通玉米，$su_1su_1Sh_2\_$ 或 $su_2su_2Sh_2\_$ 表现为普通甜玉米，$Su_1\_sh_2sh_2$ 为超甜玉米，$su_1su_2sh_2sh_2$ 则介于普通甜玉米与超甜玉米之间。由于胚乳直感，甜质玉米接受普通玉米花粉当代果穗上的籽粒均为普通玉米，$F_1$ 植株自交果穗上的籽粒呈现 3 普通∶1 甜的分离比例。

在普通甜玉米的自交系中也发现有类似于 $sh_2sh_2$ 含糖量高的材料，后来证明这是由一个加强糖分的隐性基因 *se*（sugary enhance）控制的。*se* 是 $su_1$ 的主效修饰基因，只有在 $su_1su_1$ 的遗传背景下才能表达。但 *se* 与 $su_1$ 是独立遗传的。此外，位于 5 号染色体的 $bt_1$（Bin5.04）和 4 号染色体的 $bt_2$（Bin4.04）也有甜质的作用。

**3. 粉质玉米**　粉质玉米是由位于 2 号染色体的粉质胚乳基因 *fl*（Bin2.04）控制的。粉质玉米胚乳不透明，松软。*fl* 有剂量效应，当普通玉米与粉质玉米杂交时，杂交当代籽粒并不出现直感现象，而是在 $F_1$ 的自交果穗上分离出比例相等的普通型与粉质型两种籽粒。由于 *fl* 基因的数量不同，引起胚乳不同性质的表现，*flflfl*、*Flflfl* 表现为粉质，*FlFlfl* 或 *FlFlFl* 为普通型。

不同类型玉米之间杂交，其遗传表现不同。糯质玉米与甜质型杂交时，杂交当代果穗上的籽粒表现为正常，$F_1$ 植株自交果穗上的籽粒呈现 9 正常∶3 糯质∶3 甜质∶1 甜糯的比例分离；粉质玉米与糯质玉米杂交时，$F_1$ 籽粒为粉质，$F_2$ 则出现了 3 粉质∶1 糯质的分离。

控制胚乳的不透明和粉质特性的基因有 $O_2$（Bin7.01）、$O_5$（Bin7.02）、$O_7$（Bin10.06）、*fl*（Bin2.04）、$fl_2$（Bin4.04）、$h_1$（Bin3.02）和 *wx*（Bin9.03）等，任何一对基因为隐性纯合状态时都具有不透明的胚乳。利用 $O_2$、$O_7$ 和 $fl_2$ 基因对改进蛋白质中的赖氨酸和色氨酸成分很有效，蛋白质成分的改变不仅与 $O_2$ 和 $O_7$ 和 $fl_2$ 有关，与 *su*、$sh_2$、*bt* 和 $bt_2$ 的修饰也有关系。

### （二）籽粒色泽的遗传

玉米籽粒的色泽由果皮、糊粉层和淀粉层 3 个部分共同决定。

果皮颜色的遗传主要受果皮黄色基因 *P* 和 *p* 与褐色果皮基因 *Bp* 和 *bp* 所控制。果皮颜色有红色（*P_Bp_*）、花斑色（一般为白底红条斑，*Pv_Bp_*）、棕色（*P_bpbp*）、白色（*PP__*、*ppBp_*、*ppbpbp*）。*p* 基因位于 1 号染色体，*bp* 位于 9 号染色体。

果皮由子房壁形成，属母体组织，故果皮色泽决定于母体基因型，无花粉直感现象。玉米的马齿型（*D_*）与硬粒型（*dd*）也属果皮性状，通常当代并不立即表现花粉的影响，而是在 $F_1$ 植株果穗的籽粒上表现，前者为显性，后者为隐性。

糊粉层有紫、红、白等颜色，主要被 7 对基因所控制，包括花青素基因 $A_1a_1$（Bin3.09）、$A_2a_2$（Bin5.04）、$A_3a_3$（Bin3.08）；糊粉粒色基因 *Cc*（Bin9.01）、*Rr*（Bin10.06）、*Prpr*（Bin5.06）；色素抑制基因（*i*）。当 $A_1$、$A_2$、$A_3$，*C*、*R*、*Pr* 均有显性等位基因存在，而抑制基因又是呈隐性纯合时（$A_1\_A_2\_A_3\_C\_R\_Pr\_ii$），则表现为紫色；当 $A_1$、$A_2$、$A_3$、*C*、*R* 均有显性等位基因存在，而 *pr* 及抑制基因 *i* 呈隐性纯合时（$A_1\_A_2\_A_3\_C\_R\_prprii$），则表型为红色；或所有色素基因均为显性，抑制基因 *i* 也为显性状态时，表现为白色。其显隐关系为紫＞红＞白。

胚乳淀粉层有黄色（*Y_*）与白色（*yy*）之分，为一对基因所控制。普通常见的黄玉米和白玉米为这一层的颜色。前者为显性，后者为隐性。胚有紫色胚尖（*Pu_*）和无色胚尖（*pupu*），主要受一对基因控制。紫色胚尖属于当代显性性状，可用以检查籽粒是否为孤雌生殖的遗传标记性状。无色胚尖为隐性。

糊粉层和淀粉层（胚乳）均有花粉直感现象，但父本必须为显性性状时才能表现出来，若父本为隐性则不能表现。如用杂合株自交则胚乳性状在 $F_1$ 的果穗上即可分离，如黄胚乳 × 白胚乳的 $F_1$ 植株的自交果穗上即可分离出黄白粒。

### （三）籽粒其他品质性状的遗传

**1. 赖氨酸含量的遗传**　普通玉米每百克蛋白质含赖氨酸为 2.54g。1963 年，Mertz 发现并测定 ‘opaque-2’ 赖氨酸含量比普通玉米高 70%，每百克蛋白质赖氨酸含量达 3.40g，该性状受隐性基因控制，并且色氨酸的含量也较高。1964 年以后还发现突变体 $fl_2$、$O_7$ 等。1972 年，Misra 等研究认为，不仅 $O_2$、$O_7$、$fl_2$ 能提高玉米籽粒赖氨酸含量，而且甜质基因 $su_1$、$sh_2$ 等也具备这种功能。影响玉米籽粒胚乳品质的还有隐性突变基因 *ae*、*al*、*du* 等，这些基因间还存在互作效应。

**2. 脂肪含量与脂肪酸组成的遗传**　玉米籽粒的脂肪主要存在于种胚中，胚乳中含量很少。玉米籽粒的脂肪含量有较为广泛的变异。Alexander 和 Creech（1977）对 342 个美国自交系的油分分析表明，含油量的变幅是 2.0%～10.2%。经过 76 个世代选择的伊利诺高油品系（IHO）和低油品系（ILO）的含油量分别是 18.8% 和 0.3%（Dudley，1977）。含油量的变异大部分是可以遗传的。例如，在 Bauman 等（1965）的研究中，$F_1$ 和 $F_2$ 家系籽粒的含油量相关系数为 0.75。含油量的遗传受许多基因的控制，至少有 55 对基因与含油量有关。在这些基因中既存在高油对低油是显性的，也存在低油对高油是显性的现象（Dudley，1977）。Miller 等（1981）对轮回选择群体 ‘Reid Yellow Dent’ 含油量的分析结果表明，基因的加性效应对含油量的影响比显性效应大。

玉米油质量的高低取决于各类脂肪酸的相对比例，而各类脂肪酸的含量同样受基因控制。对于软脂酸、油酸和亚油酸，基因加性效应起着最重要的作用。各种脂肪酸的含量除了受到多基因体系的控制外，同时还与某些主效基因的作用有关。4 号染色体长臂有一个控制高亚油酸的隐性基因，5 号染色体长臂有一个影响亚油酸和油酸含量的基因（Widstrom and Jellum，1984）。

## 三、抗病性遗传

随着玉米栽培条件改善，种植密度增加，以及生产上种植的杂交种遗传来源狭窄，一些原来次要的病害上升为主要病害，原来没有发生的病害逐渐蔓延。20 世纪 80 年代以来，小斑病、茎腐病和矮化花叶病等成为我国夏玉米产区的主要病害，而大斑病、丝黑穗病和茎腐病等则成为我国春玉米产区的主要病害。此外，弯孢菌叶斑病、瘤黑粉病、纹枯病、褐斑病、锈病、灰斑病等均有所发展。通过研究，已探明了一些病害抗性的遗传规律，为抗病育种工作提供了理论指导

### （一）对小斑病的抗性遗传

玉米小斑病是由玉蜀黍长蠕孢（*Helminthosporium maydis* Nisikado et Miyake）引起的。小斑病菌喜温暖湿润条件，一般夏、秋玉米发生较重。20 世纪 60 年代，随着玉米 T 型雄性不育胞质的引入，逐步成为我国玉米主要病害之一。玉米从苗期到成株期都可发病，通常从下部叶片开始向上蔓延，先在叶上产生褐色小病斑，后扩大成 2～3cm$^2$ 的病斑，病斑因受叶脉的限制常呈不规则长方形，除叶片外，还危害叶鞘、花丝、苞叶和果穗（附图 21-10）。小斑病菌的生理小种已确定的有 2 个，即 O 小种与 T 小种。O 小种仅危害玉米叶片，在叶片上产生褐色病斑，病斑的大小和形状随寄主的遗传背景而不同，通常是椭圆形，其横向扩展受叶脉的限制，呈现为平行的边缘。T 小种不仅危害 T 型细胞质玉米叶片，同时还危害叶鞘、茎秆、苞叶、穗柄、果穗和穗轴，在叶片上产生褐色病斑，呈纺锤形或椭圆形，具有黄绿色或褪绿晕圈，病斑边缘呈现暗灰红色至暗褐色。受 T 小种侵染的果穗和穗轴会腐烂，若 T 小种在早期侵入穗柄，则会造成果穗在成熟前死亡并会脱落。正常细胞质玉米被 T 小种、O 小种侵染后的成熟症状难以区分，O 小种在 T 型细胞质玉米和正常细胞质玉米上的反应没有差别。在 T 小种的消长过程中，T 型

细胞质玉米是其哺育品种。

玉米对小斑病O小种的抗性是受细胞核基因控制的。大多数玉米品种对O小种的抗性是由多基因控制的水平抗性，杂种一代的表现趋向于抗病亲本。在抗性遗传中，以基因的加性效应为主，显性效应也显著，广义遗传率较高，垂直抗性也存在。Smith(1973)研究认为，玉米对O小种的垂直抗性受隐性主效基因 *rhm* 控制。

小斑病菌T小种对玉米T型细胞质具有专化侵染性，玉米对T小种的抗病性主要受细胞质控制，但也涉及核质的互作遗传。就核遗传而言，玉米对T小种的抗病性为水平抗性，属数量遗传。细胞质抗病性是针对某个生理小种的，易因新生理小种产生而导致抗病性的丧失，也表现出垂直抗性。秦泰辰等（1990）用8组含有 $P_1$、$P_2$、$F_1$、$F_2$、$B_1$ 和 $B_2$ 的玉米家系材料，在成株期接种小斑病菌T小种。结果表明，抗性的遗传主要表现为加性效应和显性效应，同时也显示出核质遗传中相互关系的复杂性。研究也发现，同质异核的T型不育系，对小斑病菌T小种的抗病性有差异，即使核抗性较高，但由于受质的影响，其抗性也显著降低。例如，自交系‘C103’对T小种抗性较强，但将其转育成T型不育系‘Cms-TC103’后，其抗病性大大低于自交系‘C103’。对小斑病的抗性遗传基础研究，已进入线粒体DNA（mtDNA）分子水平。

### （二）对大斑病的抗性遗传

玉米大斑病是世界普遍发生的一种真菌病害，在我国主要分布于北方春玉米区和南方玉米产区的冷凉山区，是玉米产区最重要的病害之一。20世纪60年代以来，大范围发生过多次。1974年仅吉林省发生面积就达 $7.0\times10^5 hm^2$ 以上，减产20%。大斑病主要危害叶片，也危害叶鞘与外层苞叶，但不危害果穗。植株通常自基部叶片开始发病，发病初期，叶片上出现青灰色斑点，长1～2cm，随病斑的扩展变为灰褐色或褐色，病斑呈梭形或长纺锤形，大小（1～2）cm×（15～20）cm。在适宜的发病条件下，向上扩展，严重时病斑遍及全株导致植株成熟前死亡，并产生大量的灰黑色的分生孢子。在中等感染时，植株还易遭茎腐病菌的侵染（附图21-11）。除了侵染玉米外，大斑病菌还能侵染禾本科的其他植物。大斑病菌对不同寄主的致病性分为两种寄主专化型，仅对玉米致病的玉米专化型和仅对高粱致病的高粱专化型。此外，还有对玉米、高粱均能致病的菌系，称为非专化型。专化致病性由遗传控制。

根据对单基因抗病玉米的毒性差异，到目前为止已发现大斑病菌5个生理小种。玉米对大斑病的抗性遗传有主基因抗性，也有多基因抗性。主基因抗性有两类：①褪绿斑反应型；②无斑反应型。已知抗性基因有 $Ht_1$、$Ht_2$、$Ht_3$ 和 $Htn_1$（以前称为 *HtN*），这4个显性基因的抗病效应大体相似，但对大斑病菌的5个生理小种的反应各有特点，可用毒力公式表示（有效基因/无效基因），即1号小种（又称0小种）为：$Ht_1$、$Ht_2$、$Ht_3$、$Htn_1$/0；2号小种（又称1小种）为：$Ht_2$、$Ht_3$、$Htn_1$/$Ht_1$；3号小种（又称为23小种）为：$Ht_1$、$Htn_1$/$Ht_2$、$Ht_3$；4号小种（又称为23N小种）为：$Ht_1$/$Ht_2$、$Ht_3$、$Htn_1$；5号小种（又称2N小种）为：$Ht_1$、$Ht_3$/$Ht_2$、$Htn_1$。玉米大斑病各生理小种，当对含 *Ht* 基因的玉米表现为无毒时，出现褪绿斑（以R表示）；表现为有毒时，出现萎蔫斑（以S表示），其中 $Ht_1$ 基因位于玉米2号染色体（Bin2.08），$Ht_2$ 基因位于玉米8号染色体（Bin8.05），$Htn_1$ 基因位于玉米8号染色体（Bin8.06）。各显性抗病基因对生理小种的反应见表21-2。

**表21-2　玉米显性抗大斑病基因对生理小种的反应**

| 生理小种 | 抗病基因 | | | |
|---|---|---|---|---|
| | $Ht_1$ | $Ht_2$ | $Ht_3$ | $Htn_1$ |
| 1号小种（0小种） | R | R | R | R |
| 2号小种（1小种） | S | R | R | R |
| 3号小种（23小种） | R | S | S | R |
| 4号小种（23N小种） | R | S | S | S |
| 5号小种（2N小种） | R | S | R | S |

多基因抗性表现为病斑数量型，即控制病斑的数量与大小。关于玉米大斑病的多基因抗性遗传，陈瑞清等（1990）提出，其主要基因作用为加性效应，非加性效应甚微，不同材料的遗传背景对抗性的表现有较大的影响，但细胞质效应不显著。

## 第五节　玉米自交系及其杂交种的选育

在玉米育种史上，最初采用不控制授粉的育种方法，这种方法对于改进玉米品种的生育期、株高及穗部性状有一定效果，但对提高产量的作用甚微。后来发展到控制授粉的育种方法，开始时主要是进行品种间杂种的选育，由于玉米的开放授粉品种群体遗传基础复杂，品种间杂交种虽然在产量上有较大幅度的提高，但群体内个体间的差异很大，群体的整齐度差，因而限制了群体的产量潜力。1909年，Shull首先指出选育玉米自交系间杂交种，这对玉米自交系及自交系间杂交种的选育起到了方向性的指导作用。20年后，他的观点引起了人们的重视，使玉米育种跃上了一个新台阶。20世纪30年代，美国首先在生产上大面积推广双交种。20世纪60年代以来，世界各玉米生产国都以推广单交种为主，而选育单交种的步骤主要分两步，选育自交系和杂交种组配（配合力测定）。

## 一、优良玉米自交系应具备的条件

玉米自交系是指从一个玉米单株开始，经过连续多代自交结合选择而产生的性状整齐一致、遗传上相对稳定的自交后代系统。由于自交系是人工自交选育而成的，就每一个系来说，其生长势、生活力都弱于其原始单株，但在自交过程中，通过自交纯合及人工选择，淘汰了不良基因，并且使系内每一个体都具有相对一致的优良基因型，因而在性状上是整齐的，在遗传基础上是优良的。来源不同的自交系，由于各自的遗传基础及性状表现互不相同，当它们进行杂交时，就可以使两种基因型间的加性和非加性遗传效应在杂种个体上得到充分表现，从而使杂种 $F_1$ 表现出明显的杂种优势。杂交种经济性状的优劣、抗病性的强弱、生育期的长短等都取决于其亲本自交系相应性状的优劣及自交系间的合理组配。因此，选育优良自交系是选育出优良杂交种的基础，也是玉米育种工作的重点与难点。优良的玉米自交系必须具备下列基本条件。

### （一）农艺性状优良

自交系的许多农艺性状将在杂交种中表现出来，因此，自交系必须具有较好的农艺性状。

1）植株性状　株型要紧凑，中秆或中矮秆，穗位适中偏低，茎秆紧韧有弹性，根系发达，抗茎倒与根倒。

2）穗部性状　要长穗型与粗穗型兼顾，穗行数16～18行，苞叶严实不露尖、不过长，籽粒中等或大粒，穗轴细，质地致密。

3）抗逆性　对当地主要病虫害的一种或多种（如大斑病、小斑病、茎腐病、丝黑穗病、玉米螟等）具有抗性或耐性，对当地特殊的灾害性气候条件（如暴风雨、干旱、低温、盐碱地等）有耐性。

### （二）配合力高

自交系配合力的高低是衡量自交系优劣的首要指标。优良自交系必须具有较高的一般配合力，在此基础上，通过优系之间的合理组配，获得较高的杂交种产量。

### （三）制种产量高

目前国内外玉米生产上都以推广单交种为主，由于其亲本自交系一般生活力弱、产量较低，其繁殖与杂交制种面积的增大增加了种子生产成本。为了便于繁殖与杂交制种，降低种子成本，提高制种产量，优良自交系必须具有种子发芽势强、幼苗长势旺、易于保苗、雌雄花期协调、吐丝快、结实性好的特性；父本自交系还必须散粉通畅，花粉量大。

### （四）纯合度高

自交系基因型的纯合度要高，性状遗传稳定，群体表型整齐一致。这样，在繁殖与杂交制种时，便于去杂去劣，保证种子质量，并使杂交种的遗传基础一致，群体整齐，从而充分发挥其杂种优势。

## 二、选育玉米自交系的方法

### （一）选育自交系的基本材料

选育自交系的基本材料包括地方品种、各种类型的杂交种、综合品种及经轮回选择的改良群体。从这几种基本材料中都曾选育出优良的自交系。例如，‘Reid Yellow Dent’育成后，经过各地玉米育种家的选育和改良，先后出现了若干个衍生群体，它们均成为筛选自交系的主要基本材料，从中育成了许多优良的自交系，如‘B14’‘B14A’‘1337’‘B73’‘B84’‘1205’‘Qs420’‘A632’等，这些自交系都是众多优良杂交种的亲本，约占美国玉米杂交种遗传背景的50%。‘Lancaster’是Hershery于1910年前后育成的品种群体。1949年Jones用‘Lancaster’群体育成‘C103’自交系，‘C103’自交系以后成为种植面积最大单交种的亲本。1964年，Zuber又育成了著名的二环系‘Mo17’。以后许多育种家又从‘Lancaster’的衍生群体中选育出了一系列优良自交系，如‘C14G8’‘L9’‘L289’‘L317’‘Oh43’等，这些自交系是美国许多优良杂交种的亲本。我国的玉米育种工作者从地方品种‘金皇后’中选出了‘金03’‘金04’等自交系，从单交种‘Oh43×可利67’中选出了‘自330’。

在育种上，通常将从地方品种、综合品种及改良群体中选出的自交系称为一环系，将从自交系间杂交种后代中选育出的自交系称为二环系。目前，我国玉米生产上大面积推广的玉米杂交种的亲本自交系绝大多数都是二环系。育种工作者采用哪种基本材料，应视育种目标、育种单位所拥有的种质资源基础、育种工作者的技术水平和经验来确定。

### （二）选育自交系的方法

选育玉米自交系是一个连续套袋自交并结合严格选择的过程。一般经5～7代的自交和选择，就可以获得基因型基本纯合、性状稳定一致的自交系。选育自交系的方法有系谱法、回交法、聚合改良法、配子选择法、诱变育种法和单倍体育种法等。而系谱法仍是选育自交系应用最多的方法。玉米自交系的选育方法主要有以下几种。

**1. 按农艺性状进行选择**

1）第一季　根据育种目标要求，选择适当的基本材料。在条件允许情况下尽可能种植较多的基本材料，每种材料一般种植500株以上，在生长期间认真观察，按育种目标要求选择优良单株套袋自交。每种选系基本材料自交10～30穗，优良材料还应增加自交穗数。收获前进行田间鉴评，淘汰后期不良单株，收获的果穗经室内考种，根据穗部性状进行选择，入选的自交穗分别收藏并予以系谱编号。以上工作可以概括为“一次选优，两次汰劣”。

2）第二季　将上季当选的自交穗，按基本材料的来源及果穗的编号，分别种成穗行。自交系选育的自交早代（$S_1$～$S_3$），尤其是自交1代（$S_1$），相当于自花授粉作物的杂交2代（$F_2$），是性状发生剧烈分离的世代。因此，田间每一穗行内都会发生各式各样的性状分离，一般表现植株变矮，生活力衰退，果穗变小，产量降低，还会出现各种畸形与白化苗等。这是对自交系直观性状进行选择的最佳世代，要按育种目标对自交系的要求，在穗行内及穗行间进行认真选择。抽雄时，在优良的穗行中选优良单株套袋自交，再经田间与室内综合考评，当选的自交穗分别收藏并继续予以系谱编号。上述工作可以概括为“优中选优”。

3）第三季及其以后世代　继续“优中选优”。按系谱种植上季当选的自交穗，继续在田间观察评选，淘汰劣系或杂系，在优系内选优良单株套袋自交，经田间与室内综合考评，当选果穗分别收藏。在每一世代，对当选的个体均予以系谱编号。



一般经5～7代自交，其植株形态、果穗大小、籽粒色泽、生育期等外观性状基本整齐一致，就可获得一批自交系。当自交系选择进行到后期世代，基因型基本纯合，系内性状稳定并整齐一致时，一般可不再进行外观性状的选择与淘汰，而是在系内选择具有典型性的优良植株自交保留后代。当自交系性状完全稳定时，则可以采用自交系内姊妹交或系内混合授粉隔代交替的方法保留后代。这样做，既可以保持自交系的纯度，又可避免因长期连续自交而导致自交系生活力严重衰退而难以在育种中应用的问题。

在自交系选育过程中的各世代，不同的穗行来自上代不同的基本株，穗行间的性状变异常大于穗行内的变异，因此，在田间选择时，应将重点放在穗行间。通常是先选择表现优良的穗行，再在优良的穗行内选择优良单株套袋自交。来自同一原始$S_0$单株或同一个$S_1$穗行的$S_2$穗行称为姊妹行，姊妹行选择到后期所得到的自交系互称为姊妹系。为了提高单交种的制种产量，常用姊妹系配制姊妹种，进而组配改良单交种。因此，要重视姊妹系的选育。

按农艺性状目测选系，这主要凭经验，但自交系的优劣并非完全由表型决定的，配合力的高低才是评价自交系优劣的首要条件。因此，在目测选系过程中，一方面可根据性状相关性来确定自交穗的选留与否，另一方面则应对选系进行配合力测定。

为尽快选育出优良自交系，20世纪60年代开始应用花药培养法加速自交选系的纯合。花药培养单倍体具有快速获得纯合自交系的优点，但这些自交系属于随机的基因型样本，最终育出配合力高、性状优良的自交系的概率不高，这是花药培养在玉米自交系选育中尚需继续研究的课题。在组织培养实际工作中，表型发生明显变异的往往属于单基因控制的性状（如白化苗），而由多基因控制的性状的变异则接近正态分布。目前，组织培养受基因型限制，加之经培养的组织产生的变异是随机的，难以控制，还需借其他育种方法来鉴定所获得的材料的利用价值。

另外，利用高频孤雌生殖诱导系（‘Stock6’‘高诱1号’等）诱导产生单倍体，进而通过人工或天然加倍获得纯合二倍体，可以大大缩短育种周期，提高选育自交系的效率。

**2. 自交系配合力的测定**　对农艺性状进行选择，仅是自交系选育的一个方面。自交系优劣的重要指标是配合力的高低，配合力高低无法目测，而只能通过试验才能对选系的配合力高低进行可靠的判断。配合力与其他性状一样是可以遗传的，具有高配合力的原始单株，在自交的不同世代与同一测验种测交，其测交种一般表现出较高的产量，反之，测交种的产量较低。

1）配合力大小的趋势　配合力的遗传是复杂的，很多问题还在探讨中，但就现有的研究结果来看，其表现出下列趋势。

（1）选系基本材料的群体产量水平和选系配合力的高低有密切关系，群体的优良性状多，产量高，就说明这个群体的优良基因多，因而有较大的可能性选出高配合力的自交系。

（2）自交系配合力的高低与一些产量性状及其遗传率有着密切的关系。一些高配合力的自交系常具有突出优良的产量性状，如自交系‘525’穗大、粒重，自交系‘获白’粒大、结实性好，‘Mo17’和‘自330’的果穗都较长，‘郑58’粒大、结实性好。而且它们的这些性状具有较强的传递力，常能在杂交组合中表现出来。自交系配合力的高低通过杂交种表现出来，其表现程度除自交系本身因素之外，还要受杂种亲本间亲缘关系远近、性状互补性等因素制约。

（3）原始单株（$S_0$）配合力的高低与其自交各代配合力高低基本一致。由同一原始单株选育出的不同姊妹系间的配合力的变异远远小于不同原始单株之间的变异。因此，在$S_0$进行一般配合力测定是可取的，这样便于及早淘汰低配合力单株，集中力量在高配合力的单株后代中选择优系。但是配合力高的原始单株自交后代中也能分离出配合力不高的植株，因此，在选育自交系过程中应保留一定数量的姊妹系，并对自交系配合力进行晚代测定，以提高选择效果。

2）配合力的测定　测定自交系配合力，通常需考虑以下几个方面问题。

（1）配合力测定的时期。测定配合力的时期一般有早代测定和晚代测定两种。前者指自交当代至自交3代（$S_0$～$S_3$）测定。早代测定自交系的配合力，可以减轻以后的工作量，有助于提早对自交系进行有目的的利用。后者是在自交4代（$S_4$）及以后世代进行测定，由于遗传性已基本稳定，容易确定取舍，但因为新选育的自交系数量多，测交和鉴定工作量大，往往也延迟了自交系的利用时间。

早代测定自交系配合力的依据有两方面：①基本株之间的配合力有显著的差别；②配合力具有较高的遗传力。在测定了$S_0$或$S_1$的配合力而选出的一群自交早代材料再自交和选择，较之在同一群随机仅凭目测选择自交，更能获得高配合力的自交系。其做法是，$S_0$株自交的同时，各自交株分别与测验种杂交，并分别成对编号，测交种产量的高低作为是否继续自交的标准，大量淘汰配合力较低的早代自交穗，集中力量在高配合力后代内继续自交和选择。

（2）测验种的选用。用来测定自交系配合力的品种、自交系、单交种等统称为测验种。这种被测系与测验种的杂交称为测交，其杂种一代称为测交种。

选用哪类测验种测得的结果较为可靠，目前还没有一致意见。以往有人主张，在测定一般配合力时，用品种或品种间杂交种做测验种，因其遗传基础复杂，包含很多不同基因型的配子，可以测出一般配合力。近来很多育种工作者，主张用当地常用的几个骨干优良自交系做测验种，不仅能测出一般配合力，而且也可以测出特殊配合力，这样可以提早确定高产组合，提高育种效果。一般是在早代测定时为了减少测交工作量，常采用品种或杂交种做测验种以测定一般配合力，晚代测定采用几个骨干自交系测定其特殊配合力。

为了提高测交的效果，用作测验种的骨干自交系必须是在当地表现优良的、与被测系无亲缘关系的高配合力自交系。同时，测验种数目不应过少，这样才能比较可靠地反映被测系的一般配合力和特殊配合力。

在测定自交系配合力时，也应注意所选测验种的类型，只用同类型的测定（马齿 × 马齿或硬粒 × 硬粒），其结果就偏低；而用不同类型的进行测定（马齿 × 硬粒），其结果就偏高，测验结果由于自交系类型不同而有差别。具体工作中，应根据不同的实验目的选用不同类型的自交系做测验种。

（3）配合力测定的方法。自交系配合力的测定，通常先测定一般配合力。方法多用顶交法，即用一个品种或杂交种做测验种，如在早代测交，则用测验种做母本，用被测材料做父本，一边自交，一边测交，成对编号，以便根据测交种鉴定结果，进行选择与淘汰；如在晚代测定，因被测系已稳定，可作为母本和测验种进行测交。如被测系较多时，可设置隔离区，父母本相间种植，抽雄时及时拔除被测母本的雄穗，其植株上所结种子即为测交种。下一年进行测交种产量鉴定，根据产量水平，判断各系配合力的高低；如采用测用结合方式时，就须用多个自交系做测验种进行测交工作，设置几个隔离区进行测交制种。

## 三、自交系间杂交种的选育

现代玉米生产主要是利用杂交$F_1$的杂种优势。自交系的选育完成后进行杂交种组配。玉米杂交种有多种类别，包括品种间杂交种、品种与自交系间杂交种（顶交种）和自交系间杂交种。自交系间杂交种又因为涉及的自交系数量和组配方式不同分为单交种、三交种、双交种和综合杂交种。目前玉米生产上主要是自交系间杂交种，并且以单交种为主。

### （一）单交种的选育

单交种的组配实际是与自交系配合力测定同步进行的，当采用双列杂交法和多系测交法测定自交系配合力时，筛选产量高的单交组合进行品比试验，并对这些单交种及其亲本系的有关性状和繁殖制种的难易程度进行评价分析，最后决选出优良的单交种参加省级甚至国家级区域试验。在进行单交种的选育时，根据杂种优势群和杂种优势模式对亲本进行选配，可减少选配工作的盲目性。常用的单交组合的选育方法有以下几种。

**1. 优良自交系双列杂交法**　经过一般配合力测定的优良自交系，用人工套袋授粉的办法，配成所有可能的单交组合，组合数目为$n(n-1)/2$，其中$n$为自交系数目。

**2. 骨干系测交法**　在新选育的自交系数目很多时，可选取若干个优良自交系或生产上主推品种的亲本自交系做骨干系，分别与其他新选系杂交获得单交组合，组合数目为$n \times m$，其中$m$为骨干系数目，$n$为待测系数目。然后对单交组合进行产量鉴定，选出符合育种目标要求的杂交种。

组配的单交组合经过严格的产量比较试验，包括品比试验、预备区试、区域试验和生产试验等，完成所有试验程序通过审定后供生产上应用。单交种具有优势强、性状整齐一致、亲本繁殖制种程序比较简单等优点，但制种产量偏低、成本较高是其主要缺点。因此，可利用改良单交种的方式来克服其制种产量低的缺点。

改良单交种是利用姊妹种替代原始组合的母本，再与原父本杂交得到的类似于三交种形式的改良单交种。例如，玉米优良单交种‘丹玉13’的亲本组合是‘Mo17’×‘E28’，利用‘Mo17’与其姊妹系‘Mo20’组配的姊妹种‘豫12’（‘Mo17’×‘Mo20’）代替‘Mo17’配制‘改良丹玉13’（‘豫12’×‘E28’）。‘改良丹玉13’的产量与‘丹玉13’相当，但制种产量提高了很多。利用改良单交种有两个依据：①利用姊妹系之间近似的配合力和同质性，可以保持原有单交种的杂种优势水平和整齐度；②利用姊妹系之间遗传成分中微弱的异质性，获得姊妹系间一定程度的杂种优势，使植株的生长势和籽粒产量有所提高。所以利用改良单交种，既可保持原单交种的生产力和性状，又可增加制种产量，降低种子生产成本。

### （二）三交种和双交种的选育

三交种和双交种都是根据单交种的试验结果组配的。1934年Jenkins经过周密的试验后，提出了利用单交种产量预测双交种产量的方法，第一种方法是根据4个亲本系可能配制的6个单交种的平均产量预测双交种的产量。

A/B//C/D＝（A/B＋A/C＋A/D＋B/C＋B/D＋C/D）/6

第二种方法是根据6个可能的单交种中的4个非亲本单交种的平均产量预测双交种的产量。

A/B//C/D＝（A/C＋A/D＋B/C＋B/D）/4

按同样的原理，也可预测三交种的产量。

A/B//C＝（A/C＋B/C）/2

上述方法都是以一组当选的优系，采用双列杂交法取得单交种的产量结果后，再按产量测交方法配制出相应的双交种和三交种。除此之外，还可用优良的单交种做测验种，分别与一组无亲缘关系的优系和单交种测交，配制出三交种和双交种。

### （三）综合杂交种的组配

综合杂交种是遗传性复杂、遗传基础广阔的群体。组配综合杂交种必须遵守下列原则：①群体应具有遗传变异的多样性和丰富的有利基因座位；②群体在组配过程中，应使全部亲本的遗传成分有均等的机会参与重组，并且达到遗传平衡状态。综合杂交种的亲本材料是按育种目标的需要选定的，一般是用具育种目标性状的优良自交系作为原始亲本，也可引入适应性强的地方品种群体作为原始亲本。为了获得丰富的遗传多样性，作为原始亲本的自交系数目应足够多，一般用10～20个系。组配综合杂交种可采用下列方法。

**1. 直接组配法**　把选定的若干个原始亲本自交系（含地方品种）各取等量种子混合后，播种于隔离区，精细管理，力保全苗，不间苗不定苗，任其自由授粉。成熟前只淘汰少数病株、劣株的果穗，不进行严格选择，尽量保存群体的遗传多样性。以后连续在隔离区中自由传粉繁殖4代或5代，达到遗传平衡，就获得了综合杂交种。

**2. 间接组配法**　把选定的若干原始亲本自交系（含地方品种）按双列杂交方式套袋授粉，配成可能的单交组合，在全部单交组合中各取等量的种子混合，以后连续在隔离区中自由传粉繁殖4代或5代，每代只淘汰病株和劣株穗，不进行单株选择，逐渐达到遗传平衡。

**3. 双交组配法**　在间接组配方法基础上，进一步将单交种两两组配成双交种，从双交种中各取等量种子混合，然后连续在隔离区中自由授粉4代或5代即可获得综合杂交种。

**4. 同父多母组配法**　依据需要，为了加强某一原始亲本的遗传成分，可用该亲本做父本，用选定的其他若干优系分别与其授粉杂交，获得若干同父异母杂交组合，从这些组合中各取等量种子混合，在隔离区中自由授粉4代或5代即可获得综合杂交种。

### （四）玉米杂种优势群和杂种优势模式

在进行玉米杂交种的选配工作中，根据杂种优势群和杂种优势模式选择适当的亲本组配杂交组合，可达到事半功倍的效果。

杂种优势群是指在自然选择和人工选择作用下经过反复重组，种质互渗而形成的遗传基础广泛、遗传变异丰富、有利基因频率较高、有较高一般配合力、种性优良、具有某些共性的多自交系的集合群体。杂种优势模式是指两个不同的杂种优势群之间具有较高的基因互作效应，具有较高的特殊配合力，群间的自交系相互配对可产生强优势杂种的配对模式。群间自交系杂交选出强优势杂交种的概率也相应较高。对杂种优势群和杂种优势模式的研究是玉米育种工作一项具有战略意义的基础性工作。

美国1947年就提出了杂种优势群和杂种优势模式的概念。迄今为止，利用时间最长、使用范围最广的两大杂种优势群及其相互间形成的杂种优势模式是‘Reid Yellow Dent’×‘Lancaster’。墨西哥地方品种群体‘Tuxpeno’和哥伦比亚的合成群体‘ETO’是热带、亚热带地区的两个基础杂种优势群及其杂种优势模式。

我国从20世纪80年代中期开始对国内玉米杂交种的种质基础进行研究。吴景锋（1983）和曾三省（1990）先后分析了当时国内主要玉米杂交种的血缘关系和种质基础。王懿波等（1997，1999）对国内“八五”期间各省审（认）定的115个杂交种及其234个亲本自交系进行了遗传分析认为，1980～1994年我国玉米的主要种质为：改良 Reid、改良 Lancaster、‘塘四平头’和‘旅大红骨’4 个杂种优势群。利用的主要杂种优势模式为改良 Reid× 塘四平头、改良 Reid× 旅大红骨、Mo17 亚群 × 塘四平头、Mo17 亚群 × 自 330 亚群等。

我国东北和华北春玉米区主要杂种优势模式是‘旅大红骨’×‘Lancaster’，其典型组合是‘Mo17’×‘E28’（‘丹玉 13 号’）和‘Mo17’×‘自 330’（‘中单 2 号’）；另一个近似的组合形式为‘塘四平头’×‘Lancaster’，代表品种是‘烟单 14 号’（‘Mo17’×‘黄早 4’）。在黄淮海夏播玉米区的主要杂种优势模式一个是‘塘四平头’×‘Reid’，典型组合为‘U8112’×‘黄早 4’（‘掖单 4 号’）和‘掖 107’×‘黄早 4’（‘掖单 2 号’）；另一个近似的杂种优势模式为‘旅大红骨’×‘Reid’，典型组合为‘丹 340’×‘掖 478’（‘掖单 13 号’）。进一步概括北方春播和夏播两个玉米主产区的杂种优势模式，都属于国内种质 × 国外种质，其他玉米产区的杂种优势模式也基本与此相似。

种质渐渗与自然选择和人工选择是玉米进化的基本原因，遗传物质的重组和分化是玉米进化的必然过程。从进化的观点看，杂种优势群仅具有相对的稳定性，不是一成不变的。玉米育种界应将杂种优势群的保存和开发作为重要课题，不仅要探讨和延续国内两大地方品种杂种优势群‘塘四平头’和‘旅大红骨’丰富的生命力，而且要加强新杂种优势群及杂种优势模式的开发，特别是从南方玉米区丰富的地方种质中开发新杂种优势群，探讨组建高级杂种优势群的途径及其机理，促进玉米育种取得突破性的进展。

# 第六节 玉米遗传育种研究动向与展望

## 一、玉米遗传育种研究动向

群体改良作为玉米种质创新的一种行之有效的方法，日益被各国育种工作者所重视。国际玉米小麦改良中心（CIMMYT）做了大量群体改良工作，通过多种轮回选择的方法进行群体改良，培育了一大批优良的群体，并发放给各国使用，从中已选育出大量优良自交系和杂交种。

将热带、亚热带的种质导入温带种质，可有效丰富温带玉米种质遗传基础，解决抗病等问题。抗病虫的遗传与育种研究日益深入，玉米小斑病 T 小种对细胞质有专化性侵染，涉及核、质的关系，而细胞质遗传与小斑病抗性关系十分密切。对玉米螟抗性研究，取得了一定的进展，由墨西哥、巴西和其他拉美地区收集的近 1000 份材料中，经对玉米螟田间放虫鉴定，‘Anticva’材料具有良好的抗性，并已育成抗螟自交系。高赖氨酸玉米的育种工作多采用软胚乳 $O_2$ 为背景的材料，而软质胚乳籽粒成熟时脱水慢，穗腐严重，产量低，因而难以大面积投入生产。现已转入硬胚乳高赖氨酸玉米材料的研究，但进展缓慢。

玉米雄性不育性的应用，由于 1970 年美国玉米小斑病暴发而进入低潮。美国自 1970 年以后，恢复了人工去雄与机械去雄。

## 二、新技术的应用

在玉米遗传和育种研究中，有关细胞与组织培养已做了大量的研究。Tomes 等初步认为自交系‘A188’与‘B73’相比，前者形成愈伤组织的频率要高。在玉米中还进行了细胞液体悬浮培养、原生质体培养等工作。在组织培养材料中常发现胞质的变异，现已探明与线粒体 DNA 变异有关。因此，用组织培养技术，可以筛选出抗小斑病的不育材料。在进行组织培养时，对 T 毒素的选择结果表明，抗性系对毒素的敏感性为对照的 1/40，在后期选择的抗病幼苗，其再生植株均可转化为不育株。Wise 等（1987）研究指出，线粒体 DNA 片段的变化直接与玉米苗对 T 毒素的敏感性有关。对玉米组织培养还进行了抗各种除草剂特性的筛选。转座子（transposon）在玉米中普遍存在，主要有 *Spm*、*dspm*、*Uq*、*Ac*、*Ds*、*Mu* 等。转座子上的一些胞嘧啶（cytosine）被甲基化以后，其功能就被钝化。若转座子被转到另一品系，转座子的已甲基化的胞嘧啶被去甲基后则又恢复活性。因此，甲基化与失活有一定的相关性。潘永葆（1988）认为，转座子 *Uq* 的失活与甲基化有关，并指出，可以利用 *Uq* 来分离玉米有关控制发育的基因。

DNA 分子标记辅助选择的核心是把常规育种中的表型选择转化为基因型选择，从而大大提高育种的选择效率。特别是对那些不能或很难进行表型选择的性状，或者必须通过复杂的接种和诱导才能表现的性状，采用分子标记间接选择，更是事半功倍。DNA 分子标记具有不受环境影响、世代间稳定遗传的特点。DNA 分子标记技术主要应用于种质资源研究、亲本的亲缘关系分析、自交系与杂交种的纯度鉴定、自交系的选育与群体改良的辅助选择、杂种优势模式的创建和杂种优势的预测等。

玉米基因组大约 2500Mb，为水稻基因组的 6 倍、小麦基因组的 1/6。根据预测，玉米基因组约有 5.9 万个基因。美国在 2005 年启动了玉米全基因组测序计划，完成了自交系‘B73’的全基因组测序。英国和欧盟也设立了玉米基因组研究计划，在法国“植物基因组计划”中，玉米位居五大作物之首。近年来，玉米结构基因组研究主要集中在玉米的高精度遗传图谱、基因组物理图谱和基因组测序上，从美国玉米自交系‘B73’中发掘的85万个基因组纵览序列（genome survey sequence，GSS）、大量的表达序列标签（expressed sequence tag，EST）、3500多个基因的插入缺失多态性标记（indel polymorphism，IDP）也已整合到IBM（intermated B73×Mo17 map）图谱上。赖锦盛（2018）利用第三代测序技术，对玉米自交系‘Mo17’进行了高通量测序和基因组序列组装，将大小为2.183Gb的‘Mo17’基因组中的大约97%的序列锚定到10条染色体上，同时注释到38 620个高质量的蛋白质编码基因。通过比较分析，发现‘B73’和‘Mo17’两个基因组间存在大量遗传差异，大约10%的注释基因在这两个基因组之间不存在共线性，超过20%的预测基因存在有可能导致蛋白质编码功能改变的重要序列突变。不同玉米自交系基因组间存在较大的遗传变异可能是产生显著杂种优势的内在基础。

玉米全基因组物理图谱也是以‘B73’为材料构建的。第一代物理图谱是基于琼脂糖凝胶电泳的图谱，经过改进，这一图谱已包括292 201个细菌人工染色体（BAC）克隆，整合成760个重叠群（contig），覆盖17倍基因组，整合的各种分子标记达19 291个。第二代物理图谱是基于更为准确的荧光标记和毛细管电泳进行的高信息量指纹图谱（HICF），使用了更多的BAC克隆（464 544个，覆盖30倍基因组）。

美国的“玉米基因发掘计划”项目和其他一些功能基因组研究项目已产生大量的EST数据。到2013年3月，NCBI数据库收集的来源于玉米不同组织的EST已经达到218万条、MaizeGDB数据库达到63万条，这些数据为分子标记的发掘、基因表达谱的基因芯片设计等奠定了基础，特别是Arizona大学正式推出的70mer寡核苷酸芯片，已包含了EST数据库中所有的57 452个基因。玉米基因芯片的使用将大大推动玉米功能基因组的研究。

自1990年Frorrn报道了第一例转基因玉米以来，转基因玉米已成为重要的商品类型。利用转基因的方法将外源基因导入玉米，已经培育出一大批具有抗虫、抗病、抗除草剂、耐盐、耐旱、优质等特性的玉米品种或新种质。特别是将苏云金芽孢杆菌的δ毒蛋白基因导入玉米，培育出了高抗玉米螟的Bt杂交种，抗玉米螟和抗除草剂的转基因玉米杂交种已在生产上大面积推广种植，更多地免除了玉米田间的作业，减轻了农业劳动强度，促进了机械化程度的提高和免耕法在玉米上的进一步推广。

2019年，*Molecular Plant* 报道了来自中国农业科学院生物技术研究所和华南农业大学的科研人员发明的一种称为IMGE（haploid inducer-mediated genome editing）的育种策略，巧妙地将单倍体诱导与CRISPR/Cas9基因编辑技术结合起来，成功地在两代内创造出了经基因编辑改良的双单倍体（DH）纯系。该方法可以打破之前基因编辑育种对材料遗传转化能力的依赖，并且创造出不含转基因（CRISPR载体）标签的纯系。

玉米分子育种包括转基因育种和分子标记辅助选择育种两部分，可供操作的功能基因资源的数量和质量是玉米分子育种的基础。到目前为止，已经精细定位或克隆的玉米功能基因非常有限。马晨雨等（2019）利用文献检索和图谱映射的方法绘制了一张包含186个玉米功能基因的整合图谱，涉及的性状有抗病、耐逆、雄穗性状、雌穗性状、籽粒性状、叶片性状、植株性状等。其中，精细定位的基因有95个，图位克隆了19个，转座子标签克隆了53个。这些功能基因为玉米分子育种奠定了基础（附件21-2）。



## 本章小结

玉米育种主要包括两步，自交系育种和杂交种育种。选育自交系的时候主要依据农艺性状和配合力进行选择；选育杂交种的方法主要有双列杂交法、骨干系测交法等。依据杂种优势群内杂交改良自交系、群间杂交配制杂交种的原则进行育种可以提高育种效率。

## 拓展阅读

### 国际玉米小麦改良中心简介

国际玉米小麦改良中心的西班牙文全称是Centro International de Mejoramientode Maizy Trigo（CIMMYT）。该中心是国际农业研究磋商组织（CGIAR）下属的16个国际农业研究中心之一，是一个非营利的国际农业研究和培训机构。中心成立于1966年，总部设在墨西哥的埃尔·巴丹。

CIMMYT的任务是在保护自然资源的基础上，通过提高玉米和小麦的利润率、生产力和持续性来消除贫困，保障发展中国家贫困地区的粮食安全。中心的主要业务活动包括培育抗病虫和抗其他逆境的玉米和小麦新品种，收集利用世界各地的玉米、小麦遗传资源，研究使玉米、小麦生产体系持续发展的新方法，提供初级、中级、高级专业培训等。

CIMMYT 的主要业务部门包括玉米项目、小麦项目、遗传资源项目、对外关系部和应用生物技术中心，涉及植物育种、植物病理昆虫、植物生理、生物技术、作物管理、土壤、农业经济和信息等多种学科。中心现有高级科学家及管理人员 100 多人，来自 40 多个国家和地区。CIMMYT 的最高决策机构是理事会，由 14 个国家的 18 位科学家组成。理事会每年召开 1 次或 2 次年会，负责审查中心的科研项目、经费预算、任免中心领导成员和聘请高级研究人员等。

2013 年 2 月 13 日，总部位于墨西哥特斯科科市的新的国际玉米小麦改良中心启用。新研究中心占地面积近 20 000m$^2$，其中新建生物学研究室约 5500m$^2$，其余面积为温室及培训机构用地。新研究中心的启用使 CIMMYT 的科研能力翻了一番，更多的专家可以受聘来此开展科研工作，有助于推进玉米和小麦作物改良。

扫码看答案

1. 名词解释：种质资源，自交系，一环系，二环系，姊妹系，姊妹种，杂交种，单交种，综合杂交种，配合力，一般配合力，特殊配合力，测验种，测交，测交种，杂种优势群，杂种优势模式。
2. 普通玉米育种目标是什么？如何制订适合当地的玉米育种目标？
3. 玉米主要性状的遗传特点对确定育种目标有何指导意义？
4. 分析我国现阶段玉米育种的主要种质基础及来源。如何拓宽玉米种质资源的遗传基础？
5. 如何测定自交系的配合力？测定自交系配合力应考虑哪些问题？
6. 简述选育玉米自交系的基本程序和关键技术。
7. 试述杂种优势模式理论对现代玉米育种的指导意义。
8. 玉米有哪些主要病害？如何选育抗病玉米杂交种？

# 第二十二章 棉花育种

附件、附图扫码可见

棉花（cotton）是主要经济作物之一。棉花的主要产物棉纤维是重要的纺织原料，棉纤维具有吸湿、通气、保暖性好、不带静电、手感柔软等特点，棉籽油和棉籽蛋白分别是食用植物油和蛋白质的重要组成部分，棉花的短绒、棉籽壳、棉秆、棉酚等都有工业用途。

在全世界棉花生产中，陆地棉（*Gossypium hirsutum*）种植最多，占世界棉花总产量的90%，其次为海岛棉（*G. barbadense*）占5%～8%，亚洲棉占2%～5%，非洲棉已很少栽培。

## 第一节 国内外棉花育种概况

### 一、国内棉花育种概况

棉花由外国传入中国种植有两千多年的历史，早期种植的主要是亚洲棉和非洲棉。亚洲棉和非洲棉纤维粗短，不适合机器纺织，19世纪70年代开始从美国引种适于机纺、纤维品质优良、产量高的陆地棉。先后引进过‘脱字棉’‘爱字棉’‘金字棉’‘德字棉’‘斯字棉’‘珂字棉’‘岱字棉’等类型的品种试种。其中，‘金字棉’在辽河流域棉区，‘斯字棉’在黄河流域棉区，‘德字棉’在长江流域棉区表现良好，增产显著。但引种也带来了棉花枯萎病和黄萎病。1950年以后，开始引入‘岱字棉15’‘斯字2B’‘斯字5A’等品种，其中，‘岱字棉15’在我国种植长达30年。此外，还引进‘108Φ’‘KK1543’‘司3173’等品种在新疆种植。进入20世纪60年代，由于自育品种水平提高，在生产上逐渐取代了国外引进品种，结束了棉花品种依靠国外引进的历史。

20世纪五六十年代，我国较多地采用选择育种法，以提高产量和纤维长度为主要目标，育成了一些丰产良种，如‘洞庭1号’‘沪棉204’‘徐州18’‘中棉所3号’等；70年之后，较多地运用品种间杂交育种，育成了许多高产品种，如‘鲁棉1号’‘泗棉2号’‘鄂沙28’等。其后又育成了丰产且优质的‘徐州514’‘豫棉1号’‘冀棉8号’‘鲁棉6号’‘鄂荆92’及‘鄂荆1号’等品种。为适应粮棉两熟的需要，在黄淮棉区及部分长江流域棉区育成适合麦棉套种的夏播早熟短季棉品种，如‘中棉所10号’‘晋棉6号’‘鄂565’‘中棉所14号’等。

从20世纪70年代初开始了低酚棉品种选育。棉酚是一种含于棉花色素腺体内的萜烯类化合物，对非反刍动物有毒。低酚棉籽油品质好，棉仁粉可供食用、饲用和药用，棉饼可直接用作非反刍动物的蛋白质来源。已育成‘中棉所13号’‘豫棉2号’‘湘棉11’及‘新陆中1号’等品种。

20世纪50年代选出了我国第一个枯萎病抗源‘52-128’及耐黄萎病品种‘辽棉1号’。60年代后育成了‘陕棉4号’‘亚洲棉所9号’‘陕1155’及‘86-1’等抗病品种。80年代育成了兼抗枯萎病和黄萎病、高产、早熟、中等纤维品质的‘中棉所12号’及兼抗、丰产、中上等纤维品质的‘冀棉14’。‘中棉所12号’是我国自己培育的一个高产、稳产、抗枯耐黄的陆地棉品种，1991年种植面积达170万$hm^2$。杂种棉和转基因抗虫棉的栽种面积也在不断扩大。

新中国成立以后，全国棉花科研单位先后多次有计划地开展了国外棉花品种资源的考察、收集，并通过国际种质的引种交换，进一步拓展了我国的棉花种质资源，为我国的育种工作的开展和基础理论的研究提供了丰富的材料。中国收集、保存棉花种质7873份，其中陆地棉6538份，海岛棉575份，亚洲棉378份，非洲棉17份，陆地棉野生种系350份（周忠丽等，2002）。

我国的棉花育种方法随着育种水平的提高而改变。20世纪40～60年代采用选择育种法育成的品种约占50%，杂交育种法培育的品种约占25%；20世纪七八十年代采用了杂交育种法培育的品种已上升到56%；而在80年代，则更是上升到84%。在杂交育种中，从以简单杂交为主逐步转为应用多亲本、多层次的复式杂交。我国大面积推广的‘中棉所12号’‘泗棉2号’‘泗棉3号’等品种都是杂交育种法培育而成的。此外，回交、轮回选择、混选等育种方法也有利用。

基础理论研究上，我国在国际上首先报道了陆地棉原生质体培养植株再生，独创了花粉管通道法棉花转化体系。此外，我国在雄性不育杂种优势的研究和利用、棉籽蛋白的综合利用、良种繁育技术等方面处于国际先进水平。

当前我国棉花品种纤维品质中等，基本能满足纺织工业的要求，但品质单一；抗逆性尤其是黄萎病抗性有待加强。

## 二、世界棉花生产与育种状况

全世界共有 75 个产棉国家，分布在南纬 32° 到北纬 47° 之间。世界棉花产量的 50% 以上集中在中国、美国、印度、巴基斯坦和乌兹别克斯坦这 5 个年产皮棉 100 万 t 以上的产棉大国。

四倍体的陆地棉和海岛棉是目前世界各国主要栽培种，它们分别占世界棉花总产量的 90% 和 8%。二倍体栽培种亚洲棉和非洲棉只在局部地区种植，占世界棉花总比例很小。因此棉花育种工作主要是培育陆地棉品种，其次是海岛棉品种。

美国是最早开始陆地棉育种的国家。有文献记载，最早的棉花育种工作是在 18 世纪 30 年代，用集团选择法选择具有较优良纤维和丰产的植株（Moore, 1956）。到 19 世纪末，美国农民种植的棉花品种达数百个。进入 20 世纪初，随着育种技术的进步及专业化，棉花品种的产量和品质不断提高。据 Meredith（1984）等的研究，由于新品种的培育和应用，从 1910 年至 1979 年年均皮棉单产提高 8.62kg/hm$^2$。近年育种的趋势是注意品种对不同地区气候条件有更好的专化适应性，也培育成了产量较高、适合机收的品种，其株型、铃的大小、衣分等近似晚熟陆地棉，但具海岛棉纤维品质。美国棉花的主要育种目标是：抗棉铃虫、红铃虫、白蝇及其他多种害虫；抗角斑病、黄萎病、枯萎病、根瘤线虫病等多种病害；高产，早熟，适宜机械收获，适应不利气候条件；提高种子榨油品质、纤维整齐度、强度、细度等。

乌兹别克斯坦是世界上棉花生产国中最靠北的国家，主要栽种早熟、丰产、优质的品种，主要育种目标是早熟、丰产、优质、抗黄萎病、病毒性卷叶病等。

印度棉田面积约占世界棉田总面积的 1/5，但约 75% 棉田是无灌溉条件的旱地，单产低，因此总产量在世界总产量中的比重低。种植的主要是陆地棉和海岛棉，亚洲棉和非洲棉也有种植。育种目标主要是提高产量，改进品质，抗棉叶蝉。

# 第二节　棉花育种目标

## 一、中国棉区划分

我国棉区分布在北纬 18°～46°、东经 76°～124° 范围内。各地的气候、土壤、地形、地貌等生态要素及社会经济条件差别很大，种植的品种类型也不相同。因地制宜科学种棉，可以充分利用自然资源，使棉花生产达到高产、优质、高效。20 世纪 50 年代初，我国曾将全国棉区划分为华南、长江流域、黄河流域、辽河流域（后改为北部特早熟）和西北内陆五大棉区。经过几十年的变迁，北部特早熟棉区植棉面积已经很少，华南棉区只有零星植棉，棉花种植已主要集中在其余 3 个棉区。

## 二、棉花主产区的育种目标

### （一）长江流域棉区

本棉区包括四川、湖北、湖南、江西、浙江等省（直辖市），以及江苏和安徽两省淮河以南及河南省南部地区。棉田主要集中在长江中下游沿江、滨湖、沿海平原，部分为丘陵棉田。

本区棉花生长期长，220～260 天，热量条件较好，棉花生长期大于等于 15℃积温 4000～4500℃，生长期降水量除南阳盆地稍少，为 600～700mm 外，其余各亚区均在 1000mm 以上，但日照不足。大部分地区春季多雨，初夏常有梅雨，入伏高温少雨，日照较充足，秋季多阴雨。种植制度普遍实行粮（油）棉套种或夏种的一年两熟制。各亚区生态条件有明显差异，适宜种植的品种类型不同。

长江上游亚区：突出不利于植棉的气候因素是 9 月下旬后秋雨连绵，日照差（日平均低于 3h），因此适于种植棉株叶片稍小，棉铃中等偏小，铃壳薄，吐絮畅的早播早熟的中早熟、中熟类型的品种，绒长 27～29mm，适纺中支纱，抗枯萎病的品种类型。

长江中游亚区：热量条件好，降水丰富，光照条件比上游棉区好，土壤肥沃，棉花产量高，品质好，宜种植中熟、中晚熟品种、绒长 19mm 左右，强力 4gf（克力）以上，细度适中（6000m/g 左右），适纺细支纱品种类型。本区虽有枯萎病、黄萎病，但部分地区病轻或无病，应分别种植抗病及常规优质品种，以发挥品质优势。

长江下游亚区：特点是棉花前作成熟较晚，两季矛盾突出，从大面积生产看，应选用偏早的中熟品种。本区也应按枯萎病、黄萎病情轻重分别种植常规或抗病品种。本区主要以绒长 29mm 左右，适纺中支纱品种类型为主，适当安排 31mm 纺高支纱类型。

南阳盆地亚区：包括湖北省襄阳和河南省南阳两

个地区。气候介于长江流域和黄河流域之间，适宜的品种类型为绒长27～29mm，中上等品质，纺中支纱为主的中熟品种类型。

### （二）黄河流域棉区

本棉区包括山东，河北、河南两省大部，陕西关中，山西晋南，江苏徐淮地区，安徽淮北地区，以及京、津市郊区。以冀鲁豫为代表的黄河流域棉区，20世纪80年代初期棉田面积和产量分别占全国的50%和46%。进入90年代以来，由于棉花病虫害的猖獗，棉花单产降低，效益低，致使棉花面积大幅度减少。1993年，该区植棉244万$hm^2$，总产量138.6万t，分别占全国的48%和37%。本区大于等于15℃积温3500～4100℃，由南向北逐渐减少，差异较大。雨量分布及土壤等生态条件各地区也有较大差异。该棉区又分为淮北平原、华北平原、黄土高原和京津冀早熟区等亚区。

淮北平原亚区：热量充足，秋季温度较高，降温较慢。棉花生长期降水量650～700mm，雨量分布有利棉花生长。适宜种植春播中熟，绒长29mm，适纺高支纱品种类型；夏播中早熟，绒长27～29mm，适纺中支纱品种。

华北平原亚区：植棉面积和产量均占全国25%以上，曾是全国棉花最集中地区。本区热量条件相对较好，大部分棉田有灌溉条件，过去棉田一年一熟，适宜种植中熟品种；后来麦棉套种，春播宜用中早熟，绒长29mm左右，适纺高支纱的品种类型；夏播棉采用麦垄套种或移栽，绒长27mm左右，适纺中支纱品种。

黄土高原亚区：本区大于等于15℃积温为3600～3900℃，年降水量500～600mm。春季升温较快，有利早现蕾，早开花。花铃期干旱少雨，有灌溉条件的棉田有利于结伏桃。旱地多早衰，成铃率低。秋季多雨，气温下降快，不利纤维发育，因而品质差。本区热量较高的地区适于种植中熟品种，热量条件较差的地区宜种早中熟或春播早熟品种。本区重点种植绒长27～29mm，适纺中支纱的棉花品种类型。

京津冀早熟亚区：本区大于等于15℃积温3500～3600℃，能满足中早熟品种对热量的最低要求。最北部地区积温3200～3400℃，只能满足早熟品种热量要求。本区宜发展绒长25～27mm，适纺中低支纱的品种类型。黄河流域棉区枯萎病、黄萎病普遍发生，本棉区品种必须兼抗枯萎病和黄萎病。

### （三）西北内陆棉区

本棉区主要是新疆棉区，包括甘肃河西走廊地区的少量棉田。本区是我国唯一的长绒棉（海岛棉）基地，也是国内陆地棉品质最好地区。新疆棉区属典型大陆性干旱气候，热量资源丰富，雨量稀少，空气干燥，日照充足，昼夜温差大，全部灌溉植棉。根据自然条件和地域差异，全疆可划分为东疆、南疆和北疆3个亚区。北疆热量条件较差，大于等于15℃积温3000～3300℃，只适于种植早熟陆地棉；南疆热量条件好，大于等于15℃积温3600～3800℃，适于种植早熟海岛棉和中早熟陆地棉；东疆热量条件最好，大于等于15℃积温4500～4900℃，适于种植中熟海岛棉品种或晚熟陆地棉品种。本区生态条件特殊，适于本区种植的品种类型应能耐大气干旱，抗干热风，耐盐，并对早春、晚秋的低温和夏季高温有较好适应性。对品质类型的要求：绒长早熟陆地棉27～29mm，中早熟陆地棉29～31mm，早熟海岛棉33～35mm，中熟海岛棉35～37mm，以及相应的其他指标。

## 第三节　棉花种质资源

棉花的种质资源是棉属中各种材料的总称，包括地方品种、栽培品种、育种品系和遗传材料、引进的品种和品系、野生近缘种等。它们具有在进化过程中形成的各种基因，是育种的物质基础，也是研究棉属起源、进化、分类、遗传的基础材料。

### 一、棉属的分类

棉花属于锦葵科棉属（*Gossypium* L.）。棉属包括许多棉种，根据棉花的形态学、细胞遗传学和植物地理学的研究，历史上曾对棉属有多种分类方法。1978年Fryxell总结前人研究，将棉属分为39个种（附件22-1），这39个种中4个是栽培种，其余为野生种。各棉种的染色体基数$X=13$，可分为二倍体和四倍体两大类群。

二倍体类群（$2n=2X=26$）有33个棉种，它们的地理分布不同，其染色体组的染色体形态、结构也各异。根据其亲缘关系和地理分布，1940年Beasley将二倍体棉种划分为A、B、C、D、E五个染色体组，同一染色体组的棉种杂交可获得可育的$F_1$。随后的研究又将长萼棉（*G. longicalyx*）划为F组，比克氏棉（*G. bickii*）划为G组。栽培种非洲棉和亚洲棉属于A染色体组，其余31个野生种分别属于另外6个染色体组。

四倍体类群（$2n=4X=52$）有6个棉种，分布在中南美洲及其邻近岛屿，均是由二倍体棉种的A染色体组和D染色体组合成的异源四倍体，即双二倍体AADD。根据棉花种间细胞学研究，证明异源四倍体的A染色体组来自非洲棉种系（*G. herbaceum* var.

*africanum*），D染色体组来源还不确定，但已知美洲野生种雷蒙德氏棉同D染色体组亲缘最近。Beasley划分染色体组时将这一类群棉种划为（AD）组。这一染色体组种有2个栽培种（陆地棉和海岛棉），其余4个为野生种。

棉属很多野生种具有某些独特的有利用价值的性状，其中很多特性是栽培种所不具有。野生种质在利用上存在二倍体野生种与四倍体栽培种杂交困难和杂种不育等问题；相同倍性不同种之间，也存在杂交困难问题。现在已有一些方法克服这些困难，成功地将一些野生种质特殊性状转育到栽培种。辣根棉的$D_2$光滑性状转育到栽培陆地棉后，表现为植株、叶和苞叶光滑无毛，有助于解决机械收花杂质多问题。毛棉无蜜腺性状转育入陆地棉获得无蜜腺品种。由于无蜜腺使棉铃虫失去食物源，寿命和生育能力降低，减轻了对棉花为害。陆地棉、亚洲棉和辣根棉的三元杂种中出现苞叶自然脱落类型，这一性状有利于减少机收花杂质，并对红铃虫有抗性。亚洲棉、瑟伯氏棉与陆地棉三元杂种与陆地棉品种多次杂交、回交，在美国培育出一系列具有高纤维强度的品种。亚洲棉、雷蒙德氏棉与陆地棉的三元杂种与陆地棉杂交、回交在非洲培育出多个纤维强度高、铃大、抗棉蚜传播的病毒病的品种。

野生种及亚洲棉野生种系（wild race）细胞质也有利用价值，陆地棉与哈克尼西棉杂交并与陆地棉多次回交育成了具有哈克尼西棉细胞质的不育系和恢复系；陆地棉细胞核转育入其他野生种细胞质表现出对棉盲蝽、棉铃虫及对不良环境（高温）耐性的差异。

## 二、棉属种的起源

野生二倍体和栽培二倍体棉种的染色体数均为$2n=26$，说明棉属各个种是共同起源的。许多种之间或多或少的染色体配对，说明了染色体在一定程度上的同质性，也可作为棉属种共同起源的佐证。

Baranov（1930）、Zhurbin（1930）和Nakatomi（1931）报道了亚洲棉×美洲四倍体棉种$F_1$杂种的染色体配对成13个二价体和13个单价体；Skovsted（1934）发现，亚洲棉的13个大染色体和美洲四倍体棉种13个大染色体相配对，其余13个小染色体则保留单价体状态。他认为，现代棉花是由两个具有$n=13$的种的非同源染色体加倍而形成的双二倍体。其中一个二倍体种的细胞学特征和具有A染色体组的亚洲棉相似，另一个可能是具有D染色体组的美洲二倍体种。Skovsted（1934）和Webber（1934）根据美洲野生二倍体棉种和四倍体棉种之间杂种染色体配对的细胞学观察证实了这一假设。

## 三、棉属的栽培种及其野生种系

棉花共有4个栽培种，二倍体棉种的非洲棉（*G. herbaceum* L.，A染色体组）和亚洲棉（*G. arboreum* L.，A染色体组），四倍体棉种的陆地棉（*G. hirsutum* L.，AD染色体组）和海岛棉（*G. barbadense* L.，AD染色体组）。这4个棉种在进化过程中（附图22-1），在不同生态条件下，经过选择形成很多品种。

### （一）非洲棉

非洲棉又称草棉，原产于非洲南部，以后传播到地中海、波斯湾沿岸国家，再东传到印度、巴基斯坦和中国。从历史记载和出土文物证明，在公元前后非洲棉已在我国西北地区栽培，现在已完全为陆地棉和海岛棉所代替，目前只有印度、巴基斯坦等国有少量非洲棉栽培。

非洲棉在其进化过程中，形成了多种生态地理类型。1950年Hutchinson将非洲棉划分为5个地理种系（geographical race），即波斯棉、库尔加棉、槭叶棉、威地棉和阿非利加棉。这5个种系中，除槭叶棉为多年生灌木外，其余都是一年生灌木。中国内陆棉区曾种植的非洲棉属库尔加棉。非洲棉植株矮小，少或无叶枝，铃小，铃开裂角度大，生育期短，极早熟，有较强耐高温、干旱和盐碱能力，但产量低、纤维品质差。

### （二）亚洲棉

亚洲棉原产印度次大陆，由于它在亚洲最早栽培和传播，故称亚洲棉。亚洲棉可能是由非洲棉分化而产生的。1944年Silow按生态地理分布将亚洲棉划分为6个地理种系，即苏丹棉、印度棉、缅甸棉、长果棉、孟加拉棉和中棉。苏丹棉、印度棉、缅甸棉为多年生灌木，其余为一年生。

亚洲棉引进中国历史久远，种植地区广泛，在长期栽培过程中，产生了许多品种和变异类型，形成了独特的亚洲棉种系。中国是亚洲棉的次级起源中心之一（汪若海，1991）。

亚洲棉叶枝少或无，蕾铃期短，铃小壳薄，吐絮快而集中，早熟，耐旱和耐瘠能力强。对枯萎病有较强的抗性，铃病感染较轻，对棉铃虫、红铃虫、棉蚜、红蜘蛛有较强抗性。纤维粗短，产量低。

### （三）陆地棉

陆地棉原产于墨西哥南部各地及加勒比地区，又称高地棉（upland cotton）、大陆棉、美洲棉、墨西哥棉、美棉等。陆地棉的考古学遗迹多数发现于墨西哥，最古老的遗迹发现于墨西哥Tehaucan Valley，其存在时间约为公元前3500～2300年（Smith and Stephens，1971）。这些近似栽培植株的遗迹，可能由墨西哥和危地马拉边境变异中心传入，在此地区产生现代陆地棉的祖先。现代陆地棉品种可能来源于佐治亚绿籽（Georgia Green Seed）、克里奥尔黑籽（Creole Black Seed）和伯尔林墨西哥人（Burlings Mexican）的天然杂交，在18～19世纪引进美国（Moore，1956；Ramey，1966）。19世纪30年代美国植棉者已开始选择丰产和纤维品质较好的植株，到19世纪末美国农民种植的棉花品种多达数百个。

陆地棉有7个野生种系，即马丽加郎特棉、鲍莫尔棉、莫利尔氏棉、尖斑棉、尤卡坦棉、李奇蒙德棉和阔叶棉。除阔叶棉为一年生外，其他都是多年生类型。许多野生种系具有抗虫、耐逆等在育种中有利用价值的性状。性状变异范围大，与陆地棉的亲缘关系近，杂交困难少，是拓展陆地棉种质极有应用潜力的种质资源。已通过杂交回交等方法育成了抗棉铃虫、抗枯萎病和黄萎病、兼抗黄萎病和褐斑病的种质材料。

### （四）海岛棉

海岛棉起源于南美洲的西北地区，以后传播到美国东南沿海及其附近岛屿，故称海岛棉，因纤维较长又名长绒棉。海岛棉生育期长，成熟晚，产量低于陆地棉，但纤维细强，用作纺高支纱原料。



一年生海岛棉有埃及棉型和海岛棉型两种。埃及棉型是1820年从埃及开罗采集的一株海岛棉培育而成，通称埃及棉。埃及棉适宜雨量少的灌溉棉区栽培，是目前海岛棉中栽培最多的类型，约占全世界海岛棉产量的90%，主要分布在埃及、苏丹、中亚各国和中国。海岛棉多在美洲种植，植株较大，较耐湿，比埃及棉晚熟，铃小，衣分低，纤维特长，产量不及埃及棉。

中国云南省南部零星分布的一些多年生海岛棉，当地称木棉。木棉有两种类型：①铃瓣里的种子紧密联合成肾状团块的“联合木棉”，属于巴西棉种；②铃瓣里的种子各自分离的“离核木棉”，即一般的海岛棉。

## 四、棉花品种类型

生产上应用的棉花品种类型主要是常规家系品种。

品种熟性是划分棉花类型的一个重要属性。棉花为喜温作物。不同熟性品种霜前花率达70%～80%时，播种到初霜期所需求大于等于15℃的积温要求如下：陆地棉早熟品种为3000～3600℃，中早熟品种3600～3900℃，中熟品种3900～4100℃，中晚熟品种4100～4500℃，晚熟品种需4500℃以上；海岛棉早熟品种需3600～4000℃，中熟品种需4500℃以上。各地区按热量条件选用适宜的品种类型，充分利用热量条件，获得最大的经济效益。热量条件并非唯一决定选用熟性类型的因素。在无灌溉条件春旱地区和秋雨多、烂铃严重地区，虽然热量充足，也只宜选用中熟偏早品种。种植制度也影响品种类型的选择。我国主要棉区，人多地少，粮棉争地矛盾突出，多采用粮棉两熟、麦棉套种等种植方式。

纤维品质也是划分品种类型的一个因素。棉花纤维发育要求一定的温度、日照、水分等条件，不同生态区气候条件不同，适于种植不同品质的品种类型。按棉纤维长度可划分为5个类型：①短绒棉，绒长21mm以下，包括二倍体亚洲棉和非洲棉，现仅在印度和巴基斯坦有较大面积种植，占这两国棉花产量5%左右；②中短绒棉，棉绒长21～25mm，多为旱作陆地棉；③中绒棉，绒长26～28mm，以陆地棉为主；④长绒棉，绒长28～34mm，大多属海岛棉，也有一部分陆地棉长绒类型；⑤超级长绒棉，绒长35mm以上，全部为海岛棉。

其他农艺性状也是品种类型划分的因素，如铃的大小、株型高低、紧凑或松散、种子上短绒有无及多少、棉酚含量高低、抗病性、抗虫性、耐逆性等。不同地区应按照生态条件、种植制度、市场要求等确定种植的品种类型，以获得最大的社会和经济效益。

## 五、棉花种质资源的研究和利用

世界各主要产棉国家都十分重视种质资源工作，其中以美国和俄罗斯收集资源数量较大，研究较深。新中国成立前，中国已进行棉花种质资源收集和保存工作，主要收集国内的亚洲棉品种和引进一些陆地棉品种。新中国成立后，多次在全国范围内收集亚洲棉和陆地棉栽培品种，并从国外大量引种。20世纪七八十年代先后几次派人赴墨西哥、美国、法国、澳大利亚等国考察，除了收集一般品种和品系外，重点收集棉属野生种、半野生种及一些遗传标记品系。至1984年，共收集保存棉花种质资源4800多份。1984年和1986年中国农业科学院先后在北京建成了一号和二号国家作物种质库。一号库以中期保存为主，二号库为长期库。棉花种质资源一份保存在国家作物种质库，一份保存在中国农业科学院棉花研究所。江苏、湖北、山西、辽宁等省和新疆维吾尔自治区农业科学研究院保存了不同生态类型的部分材料。

收集到的各种类型的种质资源，首先进行整理和分类，观察研究各个材料的植物学性状、农艺性状和经济性状，分析比较其遗传特性和生理特性等。将经过观察鉴定所得的资料建立种质资源档案，并构建种质资源数据库，便于检索和利用。

# 第四节　棉花主要性状的遗传

所有棉属的种都可种子繁殖。在其原产的热带、亚热带地区，多数棉种生长习性为多年生灌木或小乔木。棉花为短日照作物，栽培种的野生种系对光照反应敏感。栽培种由于长期在长日照条件下选择，在温带夏季日照条件下能正常现蕾结实。但晚熟陆地棉品种和海岛棉在适当缩短日照条件下能显著降低第一果枝在主茎上的着生节位，提早现蕾、开花。棉花为常异花授粉作物，授粉媒介为昆虫，天然杂交率为0～60%。连续自交生活力无明显下降趋势。

## 一、产量性状的遗传

皮棉产量是棉花育种首要目标。皮棉产量的构成因素包括单位面积的铃数、每铃籽棉重（单铃重）和衣分。衣分是皮棉重量与籽棉重量之比，衣指是100粒种子纤维重量，子指是100粒种子的重量。它们之间的关系如下：

衣分＝衣指/（衣指＋子指）

衣分与皮棉产量高度正相关，陆地棉衣分和产量的遗传相关为0.70～0.90，因此可以用衣分来进行产量选择。衣分高低既受衣指影响，也受子指影响，因此衣分高并不一定反映纤维产量高，可能是由于子指小，因此以衣指作为产量构成因素更为准确和合理。衣指的遗传率估计值为0.78%～0.81%，子指为0.87%（Meredith，1984）。对衣指、子指这两个性状选择有较好效果。

1983年，Biyani用通径系数分析方法，研究了不同性状对陆地棉产量的影响。结果表明，单株铃数对籽棉产量有最高的直接效应（通径系数$p$=0.695），其次为铃重（$p$=0.682）和衣指（$p$=0.386）。1982年朱军以陆地棉6个品种进行产量构成因素对皮棉产量的通径分析，证明单株果枝数对皮棉产量直接作用大，其次是单株结铃数和衣分。北京农业大学育种组（1982）做了类似研究，其结果证明结铃数对皮棉产量关系最大，单铃重次之，衣分对产量的贡献比前两个因素小。Kerr（1996）认为棉铃大小在近年产量改进上起相对较小作用，建议在改进产量性状的选择中，结铃性（单位面积铃数）应是考虑重点。

## 二、早熟性的遗传

品种的熟性是指品种在正常条件下获得一定产量所需要的时间。熟性决定品种最适宜的种植地区，因此特定地区育种须考虑育种材料的熟性。在两熟地区，适当早熟，可以较好地解决茬口矛盾，获得棉粮（油）双增产。早熟也可以避开虫害，减少农药、肥料、水、能源消耗，以提高植棉效益。早熟性应适度，不能因早熟而使丰产性受影响。早熟性与多种因素相联系，包括发芽速度、初花期、开花速度及棉铃成熟速度等。

一般来说，早熟类型第一果枝着生节位低，主茎与果枝节间短，株矮而紧凑，叶较小且薄，叶色浅。晚熟类型株型高大而松散，叶大，叶色深。株型易于选择。铃期长短是影响早熟性的一个重要因素。一般铃较小、铃壳薄的品种铃期短。

棉花具有无限生长习性，各部位棉铃不同时成熟，因此不能用一个简单成熟日期来表示早熟性。目前在育种中常用来表现早熟性的指标有：①吐絮期，50%棉株第一个棉铃吐絮的日期；②生育期，由播种到吐絮期的天数；③霜前花（%），第一次重霜后5天前所收获的棉花量占总收花量的百分率，在北方棉区，霜前花达80%以上为早熟品种，70%～80%为中熟品种，60%～70%为中晚熟品种，60%以下为晚熟品种。在霜期晚的地区以10月5日或10日前收花量百分率表示早熟性，其划分标准与霜前花百分率相同。

## 三、品质性状的遗传

**1. 纤维品质性状**　棉纤维是重要的纺织工业原料，其内在品质影响纺织品质。棉纤维品质指标主要有纤维长度、成熟度、强度与强力、细度和整齐度等。

1）纤维长度　纤维长度指纤维伸直时两端的距离，指标一般分为主体长度、品质长度、平均长度、跨距长度等。主体长度又称众数长度，指所取棉花样品纤维长度分布中纤维根数最多或重量最大的一组纤维的平均长度。平均长度，指棉束从长到短各组纤维长度的加权平均长度。跨距长度指用纤维照影仪测定时一定范围的纤维长度，测试样品最长的25%纤维长度为25%跨距长度，测试样品50%纤维的长度称为50%跨距长度。25%跨距长度接近于主体长度。

2）整齐度　纤维长度的整齐度是表示纤维长度集中性的指标。表示整齐度的指标有：①整齐度指数，即50%的跨距长度与25%跨距长度的百分率。②基数，指主体长度组和其相邻两组长度差异5mm内纤维重量占全部纤维重量的百分数。基数大表示整齐度好，陆地棉要求基数40%以上。③均匀度，指主体长度与基数的乘积，是整齐度可比性指标。均匀度高（1000以上）表示整齐度好。

3）纤维成熟度　用成熟纤维根数占观察纤维总数的百分率表示，称成熟百分率。用胞壁厚度与纤维中腔宽度对比表示的称成熟系数。成熟系数高，表示成熟度好，反之则差。陆地棉成熟系数一般为15～20。过成熟纤维呈棒状，转曲少，纺纱价值低。

4）转曲　一根成熟的棉纤维，在显微镜下可以观察到像扁平带子上有许多螺旋状扭转，称为转曲。一般以纤维1cm的长度中扭转180°的转曲个数来表示。成熟的正常的纤维陆地棉为39～65个，海岛棉80～120个。

5）强度与强力　强度指纤维的相对强力，即纤维单位面积所能承受的强力，单位为千磅每平方英寸（$klb/in^2$）。在国际贸易中，规定纤维强度不低于$80klb/in^2$。强力指纤维的绝对强力，即一根纤维或一束纤维拉断时所承受的力，单位为克力（gf）。陆地棉强力为3.5～4.5gf。断裂长度是表示纤维断裂强度的另一种方法，用单纤维强力（g）和以公制支数（m/g）表示的细度的乘积表示。陆地棉断裂长度为20～27mm。在现代棉花育种中，十分重视提高纤维强度和整齐度，纺织技术改进，加工速度加快，给棉纤维更大物理压力，因此要提高纤维强度；末端气流纺纱技术的应用，更要求棉花增加强度和整齐度。

6）细度　细度指纤维粗细程度。国际上以麦克隆值（micronaire value，μg/in）作为细度指标，指用一定重量的棉纤维在特定条件下的透气性测定，即一定长度的棉花纤维的重量。细的、不成熟纤维气流阻力大，麦克隆值低；粗的、成熟纤维气流阻力小，麦克隆值大。陆地棉麦克隆值在4～5，海岛棉为3.5～4。中国多数采用公制支数表示细度，即1g纤维的长度，公制支数高，表示纤维细，反之则粗。一般成熟陆地棉细度为5000～6500m/g，海岛棉6500～8000m/g。麦克隆值与公制支数的关系是：公制支数＝25 400/麦克隆值，25 400为常数。国际标准通常以特克斯（tex）表示细度，指纤维或纱线1000m长度的重量（g）。特克斯值高表示纤维粗，反之则细。

7）伸长度　测定一束纤维拉断前的伸长度，单位为克/特（g/tex）。

棉花纤维的长度、细度和强力都是由微效多基因所控制的数量性状，与产量相比，一般有较高的遗传率。例如，纤维长度和强力的遗传率都在60%以上，而皮棉产量的遗传率一般在50%以下。因而在群体选择中，纤维长度、强力及细度的选择比产量性状的选择易于取得成效。但是一些野生种渐渗种质系优质纤维性状也表现出由主效基因控制。纤维品质各性状之间，以及品质性状与其他农艺性状之间存在着相关性。纤维强度和伸长度通常为负相关。在陆地棉中强力与产量表现负相关，－0.69～－0.36（Meredith，1984）。在棉花育种工作中应用一定的方法已成功地打破长度与强力的负相关，育成了一些品质优良并丰产的品种（Culp and Harrell，1973）。

**2. 棉籽品质性状**　棉仁约占棉籽重量50%。棉仁中含有35%以上高质量的油脂和氨基酸较齐全的蛋白质（37%～40%）。Kohel（1978）对不同的陆地棉材料种子的化学成分进行分析，发现含油量有相当大的变异。绝大多数棉花品种在其植株各部分的色素腺体中含有多酚物质。棉酚（gossypol）及其衍生物约占色素腺体内含物的30%～50%。通常棉籽种仁和花蕾中的棉酚含量最多。陆地棉棉仁中棉酚含量一般为1.2%～1.4%。多酚化合物对非反刍动物有毒，影响棉籽油脂和蛋白质的充分利用。国内外已育成棉籽棉酚含量低的无腺体品种，有些无腺体品种产量已同有腺体品种相近。

## 四、抗病虫性状的遗传

**1. 抗病性状**　在中国为害最严重的病害是棉花枯萎病和黄萎病。对枯萎病抗性有的研究者认为是受显性单基因控制，有的研究者认为是受多基因控制，其遗传以加性效应为主（Kappelman，1971；校百才，1989）。Netzer（1985）、Smith和Dick（1960）在海岛棉‘Seabrook’品种定位了两个高抗枯萎病的基因，其中一个基因已转育到陆地棉中。棉花对枯萎病抗性和对线虫病抗性有关联，特别是与抗根结线虫病有关。线虫侵害棉花根系，造成深伤口，使枯萎病菌侵入棉株。

在陆地棉中还没有发现对棉花黄萎病免疫和高抗类型，黄萎病抗性研究进展缓慢。有学者从其他物种中找到黄萎病病原的抗性基因，并通过转基因手段来提高陆地棉的抗性。

**2. 抗虫性状**　为了减少杀虫化学药剂的使用，保护环境，减少农副产品残毒，保护有益昆虫，降低生产成本，抗虫育种日益受到重视。棉花的有些植物性状与害虫的抗性有关。有些性状对某些害虫有抗性已经证实，有些则证据不充分（表22-1）。有些抗虫性状遗传较复杂，如对棉铃虫、红铃虫幼虫有抗性的花芽高含萜烯醛类化合物的遗传，由6个座位的基因控制。对棉铃虫、红铃虫有抗性的叶无毛或光滑叶性状受3个座位4个等位基因控制。对叶蝉有抗性的植株多毛性状是由2个主基因和修饰基因的复合体控制。虽然已知有很多抗虫性状，但实际应用时有困难，如对产量、品质有不利影响等。具无蜜腺性状的品种已在生产上应用；早熟和结铃快的品种可以避开害虫为害，也已在生产上作为减少虫害的措施应用。

表 22-1　棉花抗虫性的特性

| 特性 | | 棉蚜 | 棉铃虫 | 棉红铃虫 | 棉叶螨 |
|---|---|---|---|---|---|
| 形态抗性 | 无蜜腺 | R | R | R | S |
| | 多绒毛 | R | S | S | R |
| | 叶片光滑 | S | R | R | N |
| | 鸡脚叶 | R | R | R | ? |
| | 窄卷苞叶 | ? | R | R | ? |
| | 红叶棉 | ? | R | N | ? |
| 生化抗性 | 高酚棉 | R | R | R | R |
| | 高单宁 | R | R | R | R |
| | 高可溶性糖 | R | ? | ? | R |
| | 高氨基酸 | S | ? | ? | R |
| | 高类黄酮 | ? | ? | ? | R |
| 其他抗性 | 早熟性 | R | R | R | ? |

注：R 表示抗；S 表示感；N 表示无影响；? 表示尚未确定

# 第五节　棉花育种方法

棉花是常异花授粉作物，其育种方法主要有选择育种、杂交育种、杂种优势的利用、远缘杂交、诱变育种等。

## 一、选择育种

### （一）选择育种的意义

基于自然变异的选择育种方法简单易行，是改良现有品种的重要途径之一。例如，1905～1983 年，美国从‘隆字棉’中选出‘隆字棉 15’‘隆字棉 65’，又从‘隆字棉’选出‘斯字棉 2B’‘斯字棉 5A’‘斯字棉 7A’‘斯字棉 313’‘斯字棉 112’等（Ramey，1986）。

我国陆地棉品种改良工作也是由选择育种开始，在相当长一段时间内是棉花育种的主要途径。例如，辽宁 1925 年从‘金字棉’中选出‘关农 1 号’，1951 年从‘关农 1 号’选出‘辽阳短节’，1954 年从‘关农 1 号’选出‘辽棉 1 号’。江苏省徐州农科所 1955 年从由美国引入的‘斯字棉 2B’选育成‘徐州 209’，1962～1978 年累计种植面积 182 万 $hm^2$；1961 年从‘徐州 209’选育成‘徐州 1818’，1966～1982 年累计种植面积 520 万 $hm^2$；从‘徐州 1818’中选育成‘徐州 58’，1976 年种植面积 2 万 $hm^2$。‘岱字棉 15’引入我国以后，在长江、黄河流域各地广泛种植。通过选择育种，培育出了一系列优良品种。种植面积较大的有‘洞庭 1 号’，最大推广面积达 47 万 $hm^2$；‘南通棉 5 号’，1972 年种植面积 13 万 $hm^2$。

在我国海岛棉品种的选育中，新疆生产建设兵团农一师农业科学研究所 1967 年从引进的‘9122 依’品种中选育出‘军海 1 号’，而后又从‘军海 1 号’中选出‘新海 3 号’（1972）、‘新海 10 号’（1978）、‘新海 8 号’（1984）、‘新海 11 号’（1987）等。我国海岛棉区的主栽品种也是用选择育种法培育而成的。

周有耀（2003）根据有关资料统计：20 世纪后半叶，我国年推广面积在 670$hm^2$ 以上的棉花品种中，用选择育种法育成的，50 年代占 88.2%，60 年代占 71.9%，70 年代占 59.0%，80 年代占 39.5%，90 年代占 15.0%，说明选择育种法在我国品种改良中，尤其是育种早期的重要作用。

### （二）自然变异是选择育种的遗传基础

品种群体的自然变异是选择育种的基础。棉花品种、品系群体变异的主要原因有天然杂交、基因突变和剩余变异等。

棉花是常异花授粉作物，其天然杂交率一般为 2%～16%，高的可达 50% 以上。天然杂交率的高低常因品种、地点、年份及传粉媒介的多少而异。天然杂交后必然会产生基因分离和重组，出现新的变异个体，使棉花品种自然群体经常保持一定的异质性，为在现有品种群体中选择提供必要的变异来源，通过定向选择便可育成新品种。

自然突变的频率很低，但自然突变体有时具有比较明显的利用价值。例如，从株型松散、果枝较长的‘岱字棉’中，选育出株型紧凑、短果枝类型的‘鸭棚棉’和铃小、成铃性极强的‘葡萄棉’。

棉花的多数主要性状都是由微效多基因控制的，即使经过多代自交，外表上看似乎是纯合了，但这种纯合是相对的。自交后代群体中残留的杂合基因所引起的变异，称为剩余变异。剩余变异的存在，使在品种（系）内进行选种有效。自交纯化代数越少，杂合基因越多，其剩余变异也越多。

### （三）棉花选择育种的方法

棉花选择育种法主要是单株选择法。单株选择法是从原始群体中选择符合育种目标要求的优异单株，分收、分轧、分藏、分播，对单株后代的性状进行鉴定和比较试验，由于所选材料性状变异程度不同，又可以分别采用一次单株选择法和多次单株选择法。‘中棉所10号’‘冀棉15’‘鲁抗1号’‘宁棉12’及海岛棉‘军海1号’都是用该法育成。

## 二、杂交育种

杂交育种是棉花的主要育种方法。20世纪50年代以来，中国育成的棉花新品种中，约有1/3是应用品种间杂交育种法育成的。

### （一）杂交技术

棉花花器较大，最外面是3片苞叶，苞叶内为围绕花冠基部的花萼，再向内有5个花瓣（花冠），苞叶基部、苞叶内侧2片苞叶相联结处及花萼内有蜜腺，能分泌蜜汁引诱昆虫。棉花为两性花，雄蕊数很多（60～100个），花丝基部联合成管状，包住花柱和子房，称为雄蕊管。每个花药含有很多花粉。花粉粒为球状，表面有刺状突起（附图22-2），易为昆虫传带而黏附到柱头上。雌蕊由柱头、花柱和子房三部分组成（图22-1）。子房含有3～5个心皮，形成3～5室，每室着生7～11个胚珠，每一胚珠受精后，将发育成一粒种子。

图22-1　棉花的花器结构

棉花开花具有一定顺序性。以第一果枝基部为中心，从第一果节开始呈螺旋曲线由内围向外围开花。相邻果枝上相同节位的开花间隔2～4天；同一果枝上相邻节位开花间隔4～6天。开花前，花瓣抱合，开花前一天下午，花冠迅速增长，伸出苞叶之外，次日开花。开花次日花冠渐变红、萎蔫，不久脱落。

棉花的杂交方法是在开花前一天下午，花冠迅速伸长时，选中部果枝靠近主茎的第1～2节位花朵去雄。最常用的方法是徒手去雄。用大拇指顺花萼基部，将花冠连同雄蕊管一起剥下，只留下雌蕊及苞叶，不可伤及花柱和子房。去雄后，用30%乙醇处理柱头，杀死可能沾在柱头的花粉。去雄后在柱头上套长约3cm的麦秆管或饮料管隔离，防止昆虫传粉。去雄同时，把父本第二天将开放的花朵用线束或回纹针夹住，不使开放，以保证父本花粉纯净。次日上午开花后，取父本花粉在几分钟内涂抹到母本柱头上。授粉后在母本柱头上再套上麦管隔离，在杂交花上挂牌，注明父母本及杂交日期等。杂交成铃率因地区、季节、品种而异，一般达50%以上，海岛棉杂交成铃率较低。

### （二）杂交亲本的选配

选好杂交亲本是影响杂交育种成败的关键。杂交亲本的选配应该遵循下列几个原则。

**1. 杂交亲本应尽可能选用当地推广品种**　生产上已经推广应用的品种，一般都有产量高、适应当地自然生态栽培条件的能力强、综合农艺性状好的优点。据周有耀（2003）统计，我国20世纪50～80年代用品种间杂交育成的棉花品种中，用本地推广良种作为亲本之一或双亲的占78.0%。50～90年代，年推广面积在6700hm$^2$以上由品种间杂交育成的陆地棉品种用当地推广良种作为亲本之一或双亲的占69.3%。可见，选用当地推广良种作为亲本在杂交育种中的重要作用。

**2. 双亲的优良性状应十分明显，缺点较少，而且双亲间优缺点应尽可能地互补**　例如，‘中棉所12号’就是将‘乌干达4号’和‘冀棉1号’的优点聚集于一体而成的品种。

**3. 亲本间的亲缘关系等应有较大差异**　利用亲缘关系较远的品种杂交，其后代的遗传基础比较丰富，变异类型较多，变异幅度大，选择具有优良基因型个体的机会较多，培育优良品种的可能性较大。棉花上常采用不同生态区（如长江流域棉区与黄河流域棉区）、不同国家（如中国与美国）、不同系统（‘岱字棉’与‘斯字棉’）品种间杂交。例如，湖北省荆州地区农业科学研究所用特早熟棉区的‘锦棉2号’和本地品种‘荆棉4号’杂交，于1978年育成‘鄂荆92’，产量高、品质好；其后又以‘鄂荆92’为母本与来自美国的‘安通SP21’杂交育成‘鄂荆1号’。与‘鄂荆92’相比，其早熟性、铃重、衣分和产量都有所提高（黄滋康，1996）。江苏泗阳棉花原种场用来自墨西哥的‘910’与本地品系‘泗437’杂交育成了‘泗棉

2号’等。这些实例说明，选用不同地理来源和生态类型的品种杂交，成功的可能性较大。

**4. 杂交亲本应具有较高的一般配合力**　育种实践证明‘中棉所7号’‘邢台6871’‘中棉所12号’‘苏棉12’等都是产量配合力较好的品种。‘冀棉1号’不仅本身衣分高（41.2%），而且其遗传传递率强、配合力高，以它作为亲本育成的品种衣分均达40%以上，如‘中棉所12号’‘冀棉9号’‘冀棉10号’‘冀棉16号’‘冀棉17号’‘鲁棉1号’‘鲁棉2号’等。

### （三）杂交方式

根据育种目标要求，不仅要选用不同杂交亲本，还要采用不同杂交方式以综合所需要的性状。常用的杂交方式如下。

**1. 单交**　用两个品种杂交，然后在杂交后代中选择，是杂交育种中最常用的杂交方式。在生产上大面积种植的品种中，很多是用这一方式育成的，如‘鲁棉6号’（‘邢台6879’×‘114’）、‘冀棉14号’（‘757’×‘7523’）、‘豫棉1号’（‘陕棉4号’×‘刘庄1号’）、‘中棉所12号’（‘乌干达4号’×‘邢台6871’）、‘徐州514’（‘中棉所7号’×‘徐州142’）等。

**2. 复交**　复交方式比单交所用亲本多，杂种的遗传基础丰富，变异类型多，有可能将多种有益性状综合于一体，出现超亲类型，如‘中棉所17号’[（‘中7259’×‘中6651’）×‘中棉所10号’]、‘苏棉1号’[‘86-1’×（‘1087’×‘黑山棉1号’）]、‘鄂荆1号’[（‘锦棉2号’×‘荆棉4号’）×‘安通SP-21’]、‘豫棉9号’[（‘中抗5号’×‘中棉所105’）×‘中棉所14’]及‘辽棉9号’[（‘辽棉3号’×‘24-21’）×‘黑山棉1号’]等品种都是通过三交育成的。早熟低酚棉品种‘中棉所18号’[（‘辽1908’×‘兰布莱特GL-5’）×（‘黑山棉1号’×‘兰布莱特GL-5’）]和抗枯萎病、耐黄萎病品种‘豫棉4号’[（‘河南67’×‘陕1155’）×（‘河南67’×‘401-27’）]等是通过双交的方式培育出来的。

**3. 回交**　Meredith等（1977）用具有高纤维强度的‘FTA263-20’（产量比‘岱字棉16’低32.0%，纤维强度比‘岱字棉16’高19.0%）作供体亲本，高产的‘岱字棉16’作轮回亲本，进行回交后，其回交后代的纤维强度为‘FTA263-20’的93.9%，但比‘岱字棉16’高11.7%；皮棉比‘FTA263-20’增产30.9%，接近‘岱字棉16’。并且，随着回交次数的增加，皮棉产量逐渐提高，而强度并不随之降低，说明纤维强度可以通过回交得到保留。

在我国棉花品种改良中，回交法一直在被应用。1935年，江苏南通地区棉花卷叶虫危害严重，俞启葆从1936年开始，用当地推广品种‘德字棉531’与鸡脚陆地棉杂交，其$F_1$再与‘德字棉531’回交，到1943年，从回交后代的分离群体中选育出抗卷叶虫的‘鸡脚德字棉’品种，在湖北、四川等省推广。

### （四）杂交后代处理

杂交的目的是扩大育种群体的遗传变异率，以提高选到理想材料的概率。杂交只是整个杂交育种过程的第一步，正确的杂交后代的处理方法对育种的成败十分重要。棉花杂种后代处理方法常用的有系谱法和混合法。

系谱法是一种以单株为基础的连续个体选择法。适应于质量性状或遗传基础比较简单的数量性状。例如，遗传率高的纤维品质性状、早熟性、衣分等农艺性状采用系谱法在杂种早期世代开始选择，可起到定向选择的作用，选择强度大、性状稳定快，并有系谱记载，可追根溯源，如‘泗棉2号’和‘徐棉6号’等品种都是采用系谱法育成的。对一些遗传率低、受环境影响较大或存在较高的显性或上位性基因效应的性状，如产量及某些产量因素应在较高的世代选择。Meredith等（1984）研究指出，$F_2$和$F_3$平均产量的相关系数为0.48，但不显著，即$F_2$杂种平均产量对后代产量水平没有显著的影响。因此单株产量$F_2$选择时只能作为参考，而$F_2$和其$F_3$在衣分、子指、绒长、纤维长度等性状则有高度相关，早期世代选择对后代性状表现有很大影响。

混合法是在杂种分离世代按组合混合种植，不进行选择，到$F_5$以后，估计杂种后代个体基因型基本纯合后再进行单株选择。棉花的主要经济性状如产量、结铃数、铃重等是受多基因控制的数量性状，容易受环境条件的影响，早期世代一般遗传率低，选择的可靠性差，而且由于选择相对较少，很可能使不少优良基因型丢失。混合种植法可以克服这些缺点，分离世代按组合混合种植的群体应尽可能大，以防有利基因丢失，使有利基因在以后得以积累和重组。

## 三、杂种优势的利用

棉花种间、品种间或品系间杂交的杂种一代，常有不同程度的优势，如果组合的综合优势表现优于当地最好的推广品种，即可用于生产。

### （一）杂种优势的表现

1908年Balls报道了陆地棉与埃及海岛棉的种间杂种一代的植株高度、开花期、纤维长度、种子大小等性状具有优势表现。此后很多研究都证明海岛棉和陆地棉杂种有明显优势。浙江农业大学（1964）用7个陆地棉与4个海岛棉品种，组配了14个陆海杂交组合，这14个$F_1$的籽棉产量平均为陆地棉亲本的121.9%，为海岛棉亲本的225.9%。但是，由于陆海杂种普遍表现子指大（平均为14.4g）、衣分低（平均为30.7%），14个组合的杂种一代皮棉产量没有超过推广品种‘岱字棉15’，平均产量为‘岱字棉15’的86.0%。杂种生育期一般介于两个亲本之间，具有一定早熟优势；绒长和细度均超过陆地棉亲本，但纤维强度仅略优于陆地棉亲本，远不及海岛棉亲本。华兴鼐等（1963）对陆海杂种优势表现研究的结果总结于表22-2。Davis（1979）测定了两个陆海杂种的皮棉产量和纤维品质，两个杂种籽棉产量都有显著杂种优势，较之陆地棉亲本籽棉产量分别高48%和42%，皮棉产量分别高33%和26%，杂种适应性略差，两个杂种较之海岛棉亲本纤维略长、略细，强度相近。

中国20世纪70年代以来对陆地棉品种间杂种优势进行的研究表明，$F_1$一般比生产上应用的品种可增产15%左右，如果组合选配得当，还有增产潜力。1976年在河南省125个点次的对比试验中，有105个点次（占84%）比生产上应用的品种（对照）增产，平均增产30.9%。1980年在四川南充地区有10万亩[①]杂交棉，在严重涝灾情况下，平均亩产皮棉51.5kg，比全地区亩产高近1倍。

**表22-2　陆海杂种一代与其亲本特征、特性的比较**

| 项别 | | 说明 | 备注 |
|---|---|---|---|
| 生育特征 | 播种至出苗期 | 早于两亲本 | |
| | 现蕾至开花期 | 介于两亲本之间偏早（偏陆地棉） | |
| | 开花至吐絮期 | 介于两亲本之间偏迟（偏海岛棉） | |
| | 蕾生长日数 | 介于两亲本之间偏早（偏陆地棉） | |
| | 青铃生长日数 | 迟于两亲本 | |
| | 生育期 | 介于两亲本之间 | 由出苗至吐絮期的日数 |
| 营养器官生育特征 | 株高 | 超过两亲本 | 凡株形紧凑、后期早衰、早期结铃性强的陆地棉品种杂交后代，株高低于海岛棉亲本 |
| | 单株叶枝数 | 低于两亲本或近似陆地棉 | |
| | 单株果枝数 | 超过两亲本 | |
| | 单株果节数 | 超过两亲本 | |
| | 第一果枝着生节位 | 低于两亲本 | |
| | 主茎节距 | 超过两亲本 | |
| | 果枝节距 | 超过两亲本 | |
| | 叶柄长 | 超过两亲本，主茎叶柄更长 | 单叶面积、单株叶面积及叶面积指数 |
| | 叶面积 | 超过两亲本 | |
| | 叶缺指数 | 介于两亲本之间，偏于海岛棉较深 | |
| 生殖器官生育特征 | 脱落率 | 介于两亲本之间 | |
| | 单株结铃数 | 超过两亲本 | |
| | 不同果枝部位结铃性 | 介于两亲本之间，偏于海岛棉，中上部单株结铃率高 | 海岛棉下部结铃率低，上部结铃率高。陆地棉下部结铃率高，上部结铃率低 |
| | 单铃重 | 介于两亲本之间 | |
| | 每铃胚珠数 | 略高于海岛棉，偏低 | |
| | 不孕籽数 | 显著超过两亲本 | |
| | 雌蕊柱头长 | 介于两亲本之间 | |
| | 花冠大小及形态指数 | 大小及形态指数宽/长超过两亲本 | |

## （二）杂种优势形成的遗传机制

在陆地棉品种间杂交中，大多数试验表明，产量性状杂种优势加性效应和显性效应是主要的，在个别情况下，存在上位效应。在陆地棉与海岛棉种间杂种中，超显性非常普遍，显性×显性互作的单独作用对杂种优势贡献最大。

大量试验表明，陆陆杂种与陆海杂种的纤维品质表现差异较大。通常，陆陆杂种表现相当稳定，趋于中亲值。在统计的22篇文献中，15篇（68%）报道绒长以加性效应为主，5篇（23%）以显性效应为主，其中3篇存在上位性。统计的18篇文献中，纤维强度以加性效应为主的16篇（89%），以显性为主的仅2篇，其中1篇存在上位性。麦克隆值以显性效应为主（12/17），少数文献报道（5/17）以加性遗传效应为主。自$F_1$到$F_2$大多数纤维性状自交衰退小。Innes（1974）运用核背景差异较大的陆地棉品系配置了大量组合研究表明，纤维长度与强度存在显著的上位性。利用了

① 1亩≈666.67m²

陆海杂种渐渗系为研究材料，可能是具有上位性的主要原因。而运用陆地棉纯系却未发现上位性。所有的研究纤维性状的优势近于中亲值，位于双亲之间。尽管存在部分显性，但加性遗传占绝大部分，优势极低。

陆海杂种纤维性状的优势比陆陆杂种大得多。2.5%的跨长表现完全显性，甚至超显性。而纤维整齐度一般比双亲均低。麦克隆值为负向优势，即陆海杂种的纤维比双亲更细。海岛棉与陆地棉的纤维强度差异较大，海岛棉平均高30%～50%。陆海杂种的强度以特殊配合力为主。1958年Fryxell等报道杂种的纤维强度位于双亲之间。1961年Stroman的研究结果为纤维强度接近海岛棉亲本。1968年Marani报道大多数陆海组合优势接近中亲值，而2个海岛棉亲本杂交$F_1$却高于双亲。1974年Omran等进一步强调了陆海杂种强度特殊配合力的重要性。1994年张金发等认为陆海杂种中显性与显×显是杂种优势的主要来源。

## （三）杂种种子生产

在棉花杂种优势利用中至今仍无高效率、低成本、较简便的生产杂种种子的方法，这是限制棉花杂种优势广泛利用的一个重要因素。目前应用的和在进一步研究中的制种方法有以下5种。

**1. 人工去雄杂交** 目前世界上最常用的杂种棉种子生产方法。组合筛选的周期短，应变能力强，更新快，但是去雄过程费工费时，增加了杂交种的生产成本。

针对长江流域气候条件和棉花生产特点，湖南省棉花科学研究所应用系统工程原理，将国内外多项技术进行组装、集成和研究改进，提出了“宽行稀植，半膜覆盖，集中成铃，徒手去雄，小瓶授粉，全株制种”的杂交棉人工去雄制种技术体系；制订了“杂交棉人工去雄制种技术操作规程”，并以强制性地方标准颁布在湖南省执行。这一制种技术操作规程包括：①选好制种田；②父母本行比在5∶5至3∶7之间任意选择；③宽行稀植；④半膜覆盖；⑤集中成铃；⑥徒手去雄；⑦小瓶授粉，上午7时前后，正、反交亲本互换花朵，制种人员用镊子将花药取下放入授粉专用瓶后用镊子搅拌促散粉，露水干后授粉；⑧全株制种。用这一制种技术体系可有效提高制种产量和制种效率，保证制种质量。每个制种工日可生产杂交种1kg左右，每亩制种田可生产杂交种子（光子）100～120kg。

**2. 二系法** 利用核不育基因（表22-3）控制的雄性不育系制种。四川省选育的‘洞A’核雄性不育系的不育性受一对隐性核基因控制，表现整株不育，不育性稳定。以正常的可育姊妹株与其杂交，杂种一代将分离出不育株与可育株各半。用不育株作不育系，可育株作保持系，则可一系两用，不需要再选育保持系。这种制种方法称为二系法或一系两用法。



**表22-3 国内外鉴定的棉花核雄性不育系**

| 基因符号 | 棉种 | 育性表现 | 鉴定年份与作者 |
|---|---|---|---|
| $ms_1$ | 陆地棉 | 部分不育 | Justus and Leinweber，1960 |
| $ms_2$ | 陆地棉 | 完全不育 | Richmond and Kohel，1961 |
| $ms_3$ | 陆地棉 | 部分不育 | Justus et al.，1963 |
| $Ms_4$ | 陆地棉（爱字棉44） | 完全不育 | Allison and Fisher，1964 |
| $ms_5\ ms_6$ | 陆地棉 | 完全不育 | Weaver，1968 |
| $Ms_7$ | 陆地棉 | 完全不育 | Weaver and Ashley，1971 |
| $ms_8\ ms_9$ | 陆地棉 | 花药不开裂 | Rhyne，1971 |
| $Ms_{10}$ | 陆地棉 | 完全不育 | Bowman and Weaver，1979 |
| $Ms_{11}$ | 海岛棉（比马2号） | 完全不育 | Turcotte and Feaster，1979 |
| $Ms_{12}$ | 海岛棉 | 完全不育 | Turcotte and Feaster，1985 |
| $ms_{13}$ | 海岛棉 | 完全不育 | Percy and Turcotte，1991 |
| $ms_{14}$ | 陆地棉（洞A） | 完全不育 | 张天真等，1992；黄观武等，1982 |
| $ms_{15}$ | 陆地棉（阆A） | 完全不育 | 张天真等，1992；黄观武等，1982 |
| $ms_{16}$ | 陆地棉（81A） | 部分可育 | 张天真等，1992；冯福桢等，1988 |
| $Ms_{17}$ | 陆地棉（洞$A_3$） | 完全不育 | 张天真等，1992；谭昌质等，1982 |
| $Ms_{18}$ | 海岛棉（新海棉） | 完全不育 | 张天真等，1992；汤泽生等，1983 |
| $Ms_{19}$ | 海岛棉（军海棉） | 完全不育 | 张天真等，1992；汤泽生等，1983 |

供生产用的$F_1$种子则可以用正常可育父本品种的花粉给不育株授粉而产生。四川省利用‘洞A’核雄性不育系组配了‘川杂1号’‘川杂2号’‘川杂3号’和‘川杂4号’等优良组合。‘中棉所38’‘南农98-4’

等则是利用 $ms_5ms_6$ 双隐性核雄性不育系配制的杂种棉组合。这些杂交种可比当地推广品种的原种增产皮棉10%～20%。二系法的优点是不育系的育性稳定，任何品种均可作恢复系，因此可以广泛配制杂交组合，从中筛选优势组合。不足之处是在制种田开花时鉴定花粉育性后，要拔除约占50%的可育株，不育株虽可免去手工去雄，但仍需手工授粉杂交。

**3. 三系法** 利用雄性不育系、保持系和恢复系"三系"配套方法制种。美国Meyer（1975）育成了具有野生二倍体棉种哈克尼西棉细胞质的质核互作雄性不育系'DES-HAMS 277'和'DES-HAMS 16'。这两个不育系的育性稳定，并且有较好的农艺性状。一般陆地棉品种都可做它们的保持系，同时也育成了相应的恢复系'DES-HAF 277'和'DES-HAF 16'。这两个恢复系恢复能力不稳定，特别是在高温条件下，育性恢复能力差，因此与不育系杂交产生的杂种一代的育性恢复程度变幅很大。恢复系的育性恢复能力有待提高。Weaver（1977）发现'比马棉'具有一个或几个加强育性恢复基因表现的因子。Sheetz和Weaver（1980）认为加强育性恢复特性是由一个显性基因控制，在某些情况下，这个加强基因又表现为不完全显性。棉花中的胞质雄性不育系（cytoplasmic male sterility，CMS）的来源总结于表22-4。

**表22-4 现有棉花的胞质雄性不育系及其来源**

| 不育系名称 | 所属细胞质 | 培育年份 | 三系配套情况 |
|---|---|---|---|
| C9 | 异常棉（$B_1$） | Meyer and Meyer，1965 | 育性不稳定 |
| | 亚洲棉（$A_1$） | Meyer and Meyer，1965 | 育性不稳定 |
| P24-6A等 | 亚洲棉（$A_2$） | 韦贞国等，1987 | 育性不稳定 |
| HAMS16，277 | 哈克尼西棉（$D_{2\text{-}2}$） | Meyer，1975 | 完全不育，已三系配套 |
| | 陆地棉（AD）$_1$ | Thombre and Mehetre，1979 | 完全不育，已三系配套 |
| 晋A | 陆地棉（AD）$_1$ | 袁钧等，1996 | 完全不育，已三系配套 |
| 104-7A | 陆地棉（AD）$_1$ | 贾占昌，1990 | 完全不育，已三系配套 |
| 湘远A | 海岛棉（AD）$_2$ | 周世象，1992 | 完全不育，已三系配套 |
| 三裂棉 | 三裂棉（$D_8$） | Stewart，1992 | 完全不育，已三系配套 |



**4. 指示性状的应用** 以苗期具有隐性性状的品种作为母本，与具有相对显性性状的父本品种杂交，杂种一代根据苗期显性性状有无，识别真假杂种，这样可以省去人工去雄。目前试用过的隐性指示性状有：苗期无色素腺体、芽黄、叶基无红斑等。具隐性无腺体指示性状标记的强优势组合'皖棉13号'是安徽省农业科学院棉花研究所用无腺体棉为亲本培育成的杂交种。它是利用长江流域棉区主栽品种'泗棉3号'和自育的'低酚棉8号'品系互为父母本，采用人工去雄授粉方法选育出的。1999年通过安徽省农作物品种审定委员会审定。'皖棉13号'的产量水平高，在安徽省杂交棉比较试验中，$F_1$和$F_2$的产量均名列第一，比对照品种'泗棉3号'增产16.48%（$F_1$）和11.40%（$F_2$）。'皖棉13号'有无腺体（低酚棉）指示性状收获种子的当代就很容易鉴别出真假种子，不仅能简便地进行纯度检测，鉴别出真假杂种种子，也易于区分杂种一、二代。

**5. 化学杀雄** 用化学药剂杀死雄蕊，而不损伤雌蕊的正常受精能力，可省去手工去雄。在棉花上曾试用过二氯丙酸、二氯丙酸钠、二氯异丁酸、二氯乙酸、顺丁烯二酸酰30，二氯异丁酸钠等药剂，均有不同程度杀死雄蕊的效果。用这些药剂处理后，花药干瘪不开裂，花粉粒死亡。这些化学药剂一般采用适当浓度的水溶液在现蕾初期开始喷洒棉株，开花初期可再喷一次，开放的花朵不必去雄，只需手工授以父本花粉。由于化学药剂杀雄不够稳定，用药量较难掌握，常引起药害，且受地区和气候条件影响较大，迄今未能在生产上大面积应用。

棉花杂种优势利用是进一步提高棉花产量的途径，但对改进品质和抗性的潜力不如改进产量大。各产棉国家都在努力解决缺少高优势组合，制种方法不完善或较费工，杂种二代利用等问题，只有这些问题得到较好解决，棉花杂种优势才能在生产上更广泛应用。

## 四、远缘杂交育种

随着经济的发展、人民生活水平的提高，对棉花品种要求越来越高，为了选育适合多方面要求的品种，必须扩大种质来源。通过其他栽培棉种、棉属野生种和变种杂交，引进新的种质，培育出高产、优质、多抗的新品种已成为棉花育种中较为常用的育种方法，并已取得很大进展。很多陆地棉品种不具有的性状已从野生种和陆地棉野生种系引进陆地棉。从陆地棉野生种系和亚洲棉引入陆地棉抗角斑病抗性基因；从瑟伯氏棉、异常棉等引入纤维高强度基因；从陆地棉非栽培的原始种‘Hopi’引入无腺体（低含棉酚）基因；从辣根棉和陆地棉野生种系引入植株无毛基因；从陆地棉野生种系引入花芽高含棉酚基因；从哈克尼西棉引入细胞质雄性不育及恢复育性基因等。栽培棉种之间杂交，引进异种种质也取得显著成就，如从陆地棉引入提高海岛棉产量的基因，从海岛棉引入改进陆地棉纤维品质的基因。有些远缘杂交获得的种质材料已应用到常规育种中，育成了极有价值的品种。美国南卡罗来纳州PeeDee实验站用亚洲棉×瑟伯氏棉×陆地棉（即ATH型）三元杂种，与陆地棉种品种、品系多次回交育成了一系列高纤维强度PD品系和品种。1977年发放的‘SC-1’品种是美国东南部棉区第一个把高产与强纤维结合在一起的陆地棉品种。纤维强度较当地推广的‘珂字棉301’‘珂字棉201’分别高5.3%和2.1%，纱强度高10.3%～19.2%，产量分别高7.3%和10%，克服了高产与纤维强度的负相关。许多非洲国家用亚洲棉×雷蒙德氏棉×陆地棉（即ARH型）三元杂交种与陆地棉回交育成了多个纤维强度高、铃大、抗蚜传病毒病品种。

远缘杂交常会遇到杂交困难、杂种不育及后代性状异常分离等问题。远缘杂交在克服以上困难获得成功后，虽然可以为栽培棉种提供一些栽培种所不具备的性状，但其综合经济性状很难符合生产上推广品种的要求，因此远缘杂交育成的一般是种质材料，需进一步配组并选育能在生产上应用的品种。

### （一）克服棉属种间杂交不亲和性的方法

克服杂交不亲和性的方法有：①用染色体数目多的做母本，杂交易于成功。1935年，冯泽芳用陆地棉、海岛棉做母本，分别与亚洲棉、草棉杂交，在691个杂交花中，获得5个杂种，反交1071个杂交花，只得到1个杂种。其他研究者也得到同样的结果。②在异种花粉中加入少量母本花粉，可以提高整个胚囊受精能力，增加异种花粉受精能力。Pranh（1976）在组配亚洲棉×陆地棉时，用15%的母本花粉和85%父本花粉的混合授粉，可克服其不亲和性。③外施激素法。杂交花朵上喷施赤霉素（$GA_3$）和萘乙酸（NAA）等生长素，对于保铃和促进杂种胚的分化和发育有较好效果。④染色体加倍法。在染色体数目不同的种间杂交时，先将染色体数目少的亲本用秋水仙素处理，使染色体加倍然后杂交，可提高杂交结实率。孙济中等（1981）在组配亚洲棉×陆地棉时，成铃率仅为0～0.2%，用$4X$亚洲棉×陆地棉，其成铃率为0～40%，平均在30%以上。⑤通过中间媒介杂交法。二倍体种与四倍体栽培种杂交困难，可先将二倍体种同另一个二倍体种杂交，再将杂种染色体加倍成异源四倍体，再同四倍体栽培种杂交，往往可以获得成功。例如，用亚洲棉×非洲棉的$F_1$，染色体加倍后再与陆地棉或海岛棉杂交，其成铃率可达100%。也可用四倍体种先同易于杂交成功的二倍体种杂交，$F_1$染色体加倍成六倍体再与难以杂交成功的二倍体种杂交，可以获得成功，如1950年Brown用陆地棉×草棉、陆地棉×亚洲棉的六倍体杂种和哈克尼西棉杂交，得到了二个四倍体的三元杂种。用同样方法还获得了亚洲棉-瑟伯氏棉-陆地棉，陆地棉-斯托克西棉-雷蒙德氏棉，陆地棉-异常棉-哈克尼西棉等不同组合的三元杂种。⑥幼胚离体培养。棉花远缘杂交失败原因之一是胚发育早期胚乳败育、解体，杂种胚得不到足够的营养物质而夭亡。因此，将幼胚进行人工离体培养，为杂种胚提供营养，改善杂种胚、胚乳和母体组织间不协调性，从而大大提高杂交的成功率。20世纪80年代以来，中国许多学者在这方面做了大量研究工作，建立了较完善的杂种胚离体培养体系，获得了大量远缘杂种。

### （二）克服棉属远缘杂种不育的方法

棉属种间杂种，常表现出不同程度的不孕性。其主要是由于双亲的血缘关系远，或因染色体数目不同，在减数分裂时，染色体不能正常配对和平衡分配，形成大量的不育配子。

在染色体数目相同的栽培种间杂交时，如陆地棉×海岛棉，亚洲棉×非洲棉，$F_1$形成配子时，减数分裂正常，但其后代也会出现一些不育植株，其原因是配对的染色体之间存在结构上细微差异（Stephens，1950），或由于不同种间基因系统的不协调，即基因不育。

克服种间杂种不育常用的方法有：①大量、重复授粉。有些种间杂种，如四倍体栽培种与二倍体栽培种的$F_1$所产生的雄配子中，可能有少数可育的，大量、重复授粉可增加可育配子受精机会。不育的$F_1$杂种植株在温室保存，经过几个生长季节，育性会有所提高，同时增加重复授粉机会。②回交是克服杂种不育的有效方法。杂种不育如果是由于基因作用不协调，即基因不育，每回交一次，回交后代中轮回亲本的基因的比重增加，育性得以逐渐恢复。来自异种的性状可以通过严格选择保存于杂种中。如果杂种是由于染色体原因不育，如二倍体栽培种与四倍体栽培种的$F_1$是三倍体，产生的配子染色体数13～39个，如果用四倍栽培种做父本回交，其配子就有可能同时具39个或26个染色体的雌配子结合，如果与染色体数为39的配子（染色体未减数）结合，可能得到染色体数为65（五倍体）的回交一代，由于它具有较完整染色体组，因此雌、雄都可育。如果回交亲本配子与染色体数接近26个的雌配子结合，可得到$2n$为52个左右的回交一代。

江苏省农业科学院1945～1955年多次观察，陆地棉×亚洲棉的$F_1$用陆地棉回交，得到回交一代，大多数是后一种类型。连续多代回交，回交后代染色体组逐渐恢复平衡，在回交后代中严格选择所要转移的性状，达到种间杂交转移异种性状于栽培种的目的。'江苏棉1号''江苏棉3号'就是用陆地棉'岱字棉14'为母本、以亚洲棉'常紫1号'为父本杂交，其后用'岱字棉14'多次回交育成（江苏省农业科学院，1977）。③染色体加倍也是克服种间杂种不育的有效方法。属于不同染色体组的二倍体棉种之间杂交，杂种一代减数分裂时，由于不同种染色体的同质性低，不能正常配对，因此多数不育。染色体加倍成为异源四倍体，染色体配对正常，育性提高。染色体数目不相同的二倍体与四倍体栽培种杂交获得的杂种一代为三倍体，高度不育，染色体加倍为六倍体后育性提高。Beasley（1943）用这个方法获得了陆地棉与异常棉、陆地棉与瑟伯氏棉杂种的可育后代。

### （三）远缘杂种后代的性状分离和选择

远缘杂种后代常出现所谓疯狂分离，分离范围大，类型多，时间长，后代还存在不同程度的不育性。针对这些特点采取不同处理方法。杂种后代育性较高时，可采用系谱法，着重农艺性状和品质性状的改进。但因杂种后代的分离大，出现不同程度的不育性、畸形株和劣株，所以需要较大的群体，才有可能选到优良基因重组个体。当杂种的育性低、植株的经济性状又表现不良时，可采用回交和集团选择法，以稳定育性为主，综合选择明显的有利性状，如抗病、抗虫等特性，育性稳定后，再用系谱法选育。

## 五、诱变育种

利用各种物理的、化学的因素诱发作物产生遗传变异，然后经过选择及一定育种程序育成新品种的方法，称为诱变育种。在棉花育种中应用较多的是用各种射线处理棉花植株、种子及花粉等。

辐照处理除引起染色体畸形外，还产生点突变，即某个基因座位的变异。因此诱变在育种中可用于改良品种的个别性状而保持其他性状基本不变。在棉花育种中诱发点突变较著名的例子是用$^{32}P$处理棉籽，诱导埃及棉'Giza45'品种产生无腺体显性基因突变，育成了低酚的'巴蒂姆101'品种。低酚是由一对显性基因控制的。通过辐照处理也获得生育期、株高、株型、抗病性、耐逆性和育性等性状产生有利用价值变异的报道。湖北省农业科学研究所（1975）用γ射线、X射线和中子等处理'鄂棉6号'，改进了这个品种叶片过大、开铃不畅等缺点。Cornelies等（1973）用X射线辐照杂交种选出的'MCU7'品种，比对照'216F'早熟15～20天。

用物理因素或化学因素诱变，变异方向不定。诱发突变的频率虽比自发突变高，但在育种群体内突变株出现的比率（即$M_2$突变体比率）仍极低，而有利用价值的突变更低。棉花是大株作物，限于土地、人力和物力，处理后代群体一般很小，更增加了获得有益变异株的困难。在棉花育种中诱变常与杂交育种相结合应用，用来改变杂种个别性状，作为育种方法单独使用效果较差。

# 第六节　棉花育种新技术的研究和应用

棉花育种的新技术主要有细胞与组织培养、基因工程技术和分子标记辅助选择技术等。

## 一、细胞与组织培养

### （一）胚珠培养

胚珠培养多用于克服远缘杂交不实性，为杂种幼胚提供人工营养和发育条件，使幼胚能在胚乳生长不正常或解体的情况下发育成苗。棉花胚珠培养最早所选用的试验材料是成熟种子。将种皮剥去，种仁在人工培养基上培养。1935年，Skovsted曾以两个野生棉种'戴维逊氏棉'和'斯提克西棉'的$F_1$种子剥去种皮的种仁在人工培养基上培养成苗。1940年Beasley也以相同的方法将AD×A组的6个杂交组合的$F_1$种子培养成幼苗。20世纪50年代以后，许多研究者改进培养技术，将棉花种间杂种不同天数的胚珠培养成植株。

培养方法一般选取3～5日龄已受精的胚珠作为培养材料，也可以培养15日龄以上的幼胚。以BT培养基为基本培养基，从氮源、碳源和附加物质（包括生长调节物质、氨基酸等）设计不同的液体培养基，或者添加植物激素的M5固体培养基，以适合不同杂交组合的幼胚生长。常采用静置暗培养，培养时间50～69天，培养温度为（25±2）℃。

### （二）茎尖、腋芽等外植体培养

在棉花中常以分生组织、叶柄、茎尖和腋芽等作为外植体进行培养，诱导愈伤组织器官发生，直接形成苗及完整植株。这种技术常用于拯救和保存难以收获种子的稀有棉属种质资源。但目前技术水平还不能扩大繁殖系数到理想水平。

### （三）体细胞培养

体细胞培养是以棉籽发芽后胚轴、子叶或以植株的叶片等体细胞组织作为外植体进行培养，胚胎发生，形成胚状体进而诱导形成再生植株。体细胞在培养过程中会发生各种各样的突变体，其中很多变异是可以遗传的。再生植株中也会有变异发生。成熟植株在株高、果枝长度、叶色、花器、育性及铃的大小、形状等方面都存在变异，而且有一些不育株。在体细胞培养过程中可用多种处理方法对培养的体细胞筛选，如在培养基中加枯萎病菌，筛选出抗枯萎病的无性系；培养时高温（40℃或50℃）处理筛选出耐高温的细胞系和再生株。除此之外，体细胞培养还在杂种优势固定、人工种子生产、资源快速鉴定和保存、人工纤维生产等方面也有重要用途。

### （四）花药培养

棉花花药培养的目的在于诱导花粉单倍体，从而应用于育种和遗传研究。根据国内外的研究结果看，亚洲棉、陆地棉及其品种间杂交后代，均获得了愈伤组织，但要进一步诱导成再生株的报道很少。1977年江苏省农业科学院获得‘江苏棉1号’与其他陆地棉栽培品种的花药愈伤组织，诱导率平均为12.37%。李秀兰等（1993）诱导出11个基因型的花药愈伤，但细胞学检查表明，仅有为数极少的细胞是单倍体。李秀兰（1987）曾对培养花药的小孢子发育进行了解剖学研究，认为小孢子在整个培养过程中没有发生细胞分裂，且随培养过程而大量衰退解体。大量的花药愈伤起源于花药壁或其他体细胞组织。同时发现愈伤组织中以双倍体细胞占绝大多数，仅极少数细胞是单倍体。

### （五）原生质体培养

陈志贤等（1989）报道成功地从陆地棉品种下胚轴体细胞培养发生的细胞系，经继代培养分离出原生质体，再分化培养得胚状体和再生植株，定植成活，这是棉花原生质体培养再生植株成功的首个实例。但现在还仅限于少数几个基因型培养成功，并且原生质体的植板率、正常胚胎发生频率和再生植株定植后成活率都比较低，为了能在育种上成功地利用还须进行进一步的试验和研究。

## 二、基因工程技术（附图22-3）

棉花基因工程起步晚，但发展很快。目前已涉及棉花育种的各个方面，如抗虫、抗病、抗除草剂、耐逆境、纤维品质改良、杂种优势利用等，特别是抗虫、抗除草剂方面达到了应用水平。转*Bt*基因抗虫棉是世界上第一例在生产上大面积成功栽种的基因工程植株之一。

我国棉花的遗传转化最初是通过周光宇等（1983）自创的花粉管通道途径将海岛棉DNA注入陆地棉的未成熟棉铃，使其后代产生了许多变异。由于外源DNA没有选择性标记或能被检测的特异蛋白，因而当时有很多人怀疑其真实性。后来随着含有抗虫基因等目的基因棉花的大批转化成功，该方法已成为我国转基因棉花培育的主要途径。此外，根癌农杆菌介导法和基因枪法也是棉花遗传转化的常用方法。

### （一）抗虫基因工程（附图22-4）

棉花抗虫基因工程主要集中于苏云金芽孢杆菌杀虫晶体蛋白（Bt）上，转*Bt*基因抗虫棉已在生产上大面积利用，主要用于防治棉铃虫、红铃虫等棉花害虫。转*Bt*基因植株报道于1987年。1990年Perlak等通过对*CryIA*基因进行密码子优化并使*CryIA*基因在棉花中超量高效表达，Bt杀虫晶体蛋白表达量从原来的占可溶性蛋白质的0.001%提高到0.05%～0.01%，因而杀虫效果很好。目前一大批新的转*Bt*基因抗虫棉已发放。

中国农业科学院生物技术研究中心自80年代末期开始进行*Bt*基因的克隆研究。1992年郭三堆等在国内首先合成了CryIA杀虫晶体蛋白结构基因，并和山西省农业科学院棉花研究所、江苏省农业科学院经济作物研究所合作分别通过根癌农杆菌介导和花粉管通道法将*Bt*基因导入‘泗棉3号’及‘晋棉7号’等推广棉花品种中，获得了抗虫性好的转*Bt*基因抗虫棉品系。已有‘国抗棉1号’‘国抗棉12号’‘晋棉26号’品种审定，并在生产上推广种植。中国农业科学院棉花研究所通过生物技术和常规育种相结合的手段培育出了转*Bt*基因的抗虫棉品种（杂交种）‘中棉所29’‘中棉所30’‘中棉所31’等，并在河南、山东、河北等省开始示范种植。南京农业大学棉花研究所则培育出转基因抗虫杂交种‘南抗3号’，产量高、抗性好、品质优良，已在长江流域棉区推广。

蛋白酶抑制剂基因也已用于转基因抗虫棉的培育。蛋白酶抑制剂存在于植物体中，在植物大多数贮藏器官和块茎中，各种蛋白酶抑制剂的含量可达总蛋白的1%～10%。目前用得较多的是豇豆胰蛋白酶抑制剂（CpTI）、慈姑蛋白酶抑制剂（API）和马铃薯胰蛋白酶抑制剂（PinII）。和*Bt*基因相比，转蛋白酶抑制剂基因的棉花抗虫谱广泛，昆虫也不易产生抗性。由于要达到理想的抗虫水平，转基因作物中蛋白酶抑制剂的表达量要远远高于Bt毒蛋白的表达量，因此单独利用困难不少，我国也已将改造过的*Bt*与人工合成的*CpTI*双价抗虫基因一起导入了棉花，获得的转双价基因的抗虫棉——‘国抗SGK321’已在黄河流域棉区大面积推广。雪花莲外源凝集素（GNA）可与昆虫肠道膜细胞表面的糖蛋白特异结合，影响营养物质的吸收，同时还可在昆虫消化道诱发病灶，促使消化道内细菌繁殖并造成损害，从而达到杀虫目的。中国农业科学研究院生物技术研究中心人工合成了优化的*GNA*基因，并与*Bt*构建双价抗虫基因载体，导入棉花，获得既抗鳞翅目又抗同翅目的抗虫棉花。

### （二）抗除草剂基因工程

草甘膦是应用最广泛的一种非选择性除草剂。它破坏作物体内三种芳香族氨基酸生物合成中的关键酶EPSPS，从鼠伤寒沙门菌（*Salmonellaty phimurium*）中鉴定和分离出抗草甘膦除草剂的EPSPS突变体，突变发生在*aroA*座位上，第101位置上的脯氨酸转变成丝氨酸。转基因棉花对草甘膦有显著的抗性。

2，4-D是一种激素型除草剂，浓度过高会对植物有毒害作用。阔叶植物特别是棉花对2，4-D极其敏感。2，4-D作为选择性除草剂常用于防治禾谷类等单子叶作物中的阔叶杂草。2，4-D是一种稳定的化合物，但一旦施入土中，变得不稳定，易被分解，因为土壤中有能分解2，4-D的微生物。其中富氧产碱菌对2，4-D的分解作用最强。它会有一个75kb的大质粒，内含6个分解2，4-D的酶，最主要的为2，4-D单氧化酶（tfdA），美国和澳大利亚已从该菌中分离出能分解2，4-D的*tfdA*基因并导入陆地棉。转*tfdA*基因的棉花能耐0.1%的2，4-D，为生产上施药浓度的2倍。



溴苯腈是一种苯腈化合物，抑制光合作用过程中的电子传递，能除阔叶杂草。从土壤中分离出的臭鼻杆菌能产生一种溴苯腈的特异水解酶Bxn，可将溴苯腈水解，失去除草功能。*Bxn*基因已导入棉花，转基因棉花能耐比大田药量高10倍的溴苯腈。

将*Bt*与抗除草剂基因聚合在一起的品种已在美国推广利用。

## 三、分子标记辅助选择育种

分子标记在棉花遗传育种中的应用主要有下列几方面。

### （一）亲缘关系和遗传多样性研究

分子标记用于棉花系谱分析，国内外已有许多报道。1989年Wendel等对四倍体棉种和A与D两个染色体组的二倍体棉种进行叶绿体DNA（cpDNA）的RFLP研究，以探讨棉种的起源分化。初步研究结果表明，四倍体棉种的细胞质是来源于与A基因组中cpDNA类似的棉种。宋国立等（1999）利用RAPD对斯特提棉、奈尔逊氏棉、南岱华棉、澳洲棉、比克氏棉和鲁宾逊氏棉进行了研究，结果表明，澳洲棉与鲁宾逊氏棉、南岱华棉与斯特提棉具有较近的亲缘关系。

南京农业大学棉花研究所1996年对我国21个棉花主栽品种（包括特有种质）及25个短季棉品种进行了RAPD遗传多样性分析。结果表明，棉花RAPD指纹图谱分析结果与原品种系谱来源基本相似。郭旺珍等（1999）利用RAPD分子标记技术，结合已知系谱信息，对国内外不同来源的25个抗（感）黄萎病的棉花品种（系）进行分析。结果表明，供试的25个棉花品种（系）可划分为4个类群，这与其系谱来源及抗黄萎病的抗源来源基本吻合。第Ⅰ类为由国外引入的抗黄萎病品种；第Ⅱ类为陕棉、辽棉系统；第Ⅲ类为遗传基础复杂，从病圃定向选择培育的抗黄萎病品种（系）；第Ⅳ类为长江流域感黄萎病品种‘太仓121’。该研究从DNA水平上揭示了我国的现有抗（耐）黄萎病品种（系）的遗传特性。

### （二）遗传图谱的构建和基因定位

1994年，Reinisch等利用陆地棉野生种系‘Palmeri’和海岛棉野生种系‘K101’为亲本，基于一个包含57个单株的$F_2$作图群体，利用683个RFLP标记，构建了包含41个连锁群、总长为4675cM、标记间的平均遗传距离为7.1cM的遗传图谱。南京农业大学利用陆地棉和海岛棉栽培品种为作图亲本的加倍单倍体（DH）群体，基于SSR标记构建了异源四倍体栽培棉种的分子标记连锁图谱。该图谱包括43个连锁群，由489个SSR座位构成，图谱总长3314.5cM，标记间的平均遗传距离为6.78cM（Zhang et al.，2002）。

分子标记还可以用于基因定位。1994年Park等利用RAPD技术从145个随机引物中筛选出42个在陆地棉‘TM-1’和‘海岛棉3-79’中有多态性的引物，发现至少有11个RAPD引物与棉花的纤维强度有关。1999年，美国农业部南方作物研究实验室利用RFLP技术，对控制棉花叶片和茎短茸毛的4个QTL进行了定位，其中1个QTL位于6号染色体，决定叶面短茸毛着生密度；另1个QTL位于25号染色体，决定短茸毛的种类；其他2个QTL分别决定叶面短茸毛表型变异。南京农业大学棉花研究所已检测到与纤维品质有关的3个主效QTL，其中一个纤维强度的主效QTL，在$F_2$中解释的变异为35%，在$F_{2:3}$中达到53.8%，是目前单个纤维强度QTL效应最大的，且多个环境下QTL效应稳定，该QTL区域有6个RAPD和2个SSR标记。

### （三）分子标记辅助选择

分子标记辅助选择是通过分析与目标基因紧密连锁的分子标记来判断目标基因是否存在。利用重要农艺性状与分子标记紧密连锁的关系，不仅能够对它们有效地进行早期选择，而且也不需要创造逆境条件，可以提高育种效率，节省人力、物力和时间。

## 本章小结

棉花是主要的经济作物之一，天然棉纤维是重要的工业原料。培育高产、优质、高效、抗病的棉花新品种对于满足人们的需要具有重要意义。广泛收集国内外棉花品种资源及其野生近缘种质资源，研究其特征特性及其主要性状的遗传规律，采用选择育种、杂交育种、诱变育种、远缘杂交和杂种优势利用等方法，可以较快地选育到符合生产需要的优质棉花品种。

## 拓展阅读

**七绝·咏棉花**

左河水

不恋虚名列夏花，洁身碧野布云霞。

寒来舍子图宏志，飞雪冰冬暖万家。

## 思考题

扫码看答案

1. 名词解释：衣分，衣指，子指，纤维长度，纤维成熟度，纤维强度，纤维强力，纤维细度，伸长度。
2. 简述国内外棉花育种概况。
3. 简述我国棉花区划及主要育种目标。
4. 简述棉花不同栽培种的特征特性。
5. 列出棉花的质量性状和数量性状。
6. 试述棉花的育种方法。
7. 简述棉花的杂交授粉技术。
8. 简述棉花杂交育种中亲本选配的原则。
9. 简述棉花不同性状杂种优势的表现。
10. 简述棉花杂交种的生产方法。
11. 简述棉花育种新技术及其应用。

# 第二十三章　马铃薯育种

附件、附图扫码可见

马铃薯（*Solanum tuberosum* L.）是粮、菜、饲、加工兼用的非谷物作物，具有生长期短、适应性强、高产、耐贮藏以及用途广泛等特点，在世界上栽培面积和总产量仅次于玉米、小麦、水稻而位居第四，在保障粮食安全方面具有不可替代的作用。

## 第一节　国内外马铃薯生产和育种概况

### 一、国内外马铃薯生产概况

马铃薯是世界上广泛种植的作物之一，从纬度65°N到50°S、从海平面到海拔4000m的150多个国家和地区都有种植。2017年世界马铃薯种植面积达到0.193亿$hm^2$，总产量3.882亿t，平均单产20.111t/$hm^2$。其中，亚洲种植面积最大，其次是欧洲、非洲和美洲；种植面积较大的国家依次是中国、印度、俄罗斯、乌克兰、孟加拉国、美国等；单产较高的国家依次是科威特、新西兰、美国、比利时、德国、荷兰等。2001～2017年，世界马铃薯的年种植面积变化不大，单产增加了27.97%，总产增加了8269.99万t（FAOSTAT，2017）。

2017年全球马铃薯消费量中食用消费、饲用消费、损耗、其他消费、加工处理、种用消费分别占64.82%、12.37%、10.54%、1.97%、2.64%、7.66%。其中，欧盟成员国消费量中的其他消费、加工处理占比较高，发展中国家的食用消费占比较高。说明发达国家的马铃薯产业更发达、产业链更完整，发展中国家的马铃薯主要用作食物。在世界马铃薯进出口贸易中，2018年世界鲜马铃薯、冷冻马铃薯制品、马铃薯淀粉的出口额分别为43.82亿、76.30亿、7.04亿美元，进口额分别为47.01亿、78.60亿、7.46亿美元，其中比利时、荷兰、加拿大为冷冻马铃薯制品最大出口国，德国、荷兰、美国则是最主要的马铃薯淀粉出口国。

鉴于马铃薯生产上主要利用块茎进行无性繁殖，以及马铃薯抗病毒育种效应的局限性，一些生产马铃薯的国家，如荷兰、法国、加拿大、美国等重视利用茎尖组织培养生产无病毒种薯，采用抗血清鉴定病毒和淘汰感病毒无性系，并建立了完善的生产脱毒种薯的良种繁育体系。

中国是世界马铃薯生产第一大国，2017年种植面积达到485.99万$hm^2$，占全球马铃薯面积的25.18%；总产量8849.15万t，占全球总产量的22.79%；单产水平为18.21t/$hm^2$，低于世界平均水平，与世界高产水平差距更大（FAOSTAT，2017）。中国马铃薯主产区在西南山区、西北、东北地区和内蒙古，其中以西南山区的播种面积最大，约占全国总面积的1/3。近年来，利用南方冬闲田进一步保持稳定的增长势头，生产布局逐步优化，主产区面积不断扩大，生态优势更加明显。从产品看，冷冻薯条占一半以上，达到53.38%，鲜薯占41.08%，淀粉占5.54%。随着对马铃薯食品加工产品的需求量不断上升，马铃薯加工业的发展已具备较大的市场拉动力。

联合国将2008年确定为“国际马铃薯年”，号召全世界重视马铃薯对缓解粮食危机、保证食品安全的作用。2014年，农业部启动了马铃薯主食化开发战略，推进把马铃薯加工成馒头、面条等主食，给中国马铃薯产业带来新的契机。

### 二、国内外马铃薯育种概况

欧洲和北美洲（如英国、德国、美国等）从事马铃薯研究工作较早。现代马铃薯育种始于1807年，英国人Knight第一次记录到品种间人工杂交授粉。从20世纪初开始，在马铃薯育种中引入了遗传学的原理，并且更加广泛地利用种质资源（Bradshaw，2007）。1845～1847年，欧洲晚疫病大流行推动了抗晚疫病育种工作。从1909年起，育种工作者开始将野生种基因渗入育成品种中，如*S. demissum*和*S. stoloniferum*基因的渗入获得了对晚疫病的抗性，*S. chacoense*和*S. acaule*基因的渗入获得了对病毒的抗性，*S. vernei*和*S. spegazzinii*基因渗入获得了对孢囊线虫的抗性（Bradshaw，2007）。

从世界马铃薯品种目录可以看出，在100多个马铃薯种植国家和地区的4200多个品种中，被广泛种植的品种数量不多（Hils and Pieterse，2007）。从1959年开始，欧洲广泛开展了对安第斯马铃薯群体选择，筛选出了能够在长日照下结薯的马铃薯新型栽培种（Neo-tuberosum），并将安第斯马铃薯的基因渗入长日照栽培品种中（Bradshaw，2007），这些生物多样性种群为欧洲和北美洲马铃薯育种计划提供了适合于直接利用的资源。1971年，在世界马铃薯的主要发源地秘鲁成立了国际马铃薯研究中心（International Potato Center，CIP），并在亚洲、非洲和美洲地区都设有分支机构。CIP是世界上最权威的马铃薯研究机构，集中了一批来自世界各地的高级研究人员，并拥有大规模的马铃薯种子和基因资源库，是世界马铃薯研究的主要基地之一。近年来，CIP在收集、保存和研究马铃薯的种质资源、新品种选育、技术推广、病虫害防治、产品深加工和人员培训方面做了大量工作，为世界粮食安全做出了贡献。

荷兰马铃薯遗传育种水平居于世界前列。由荷兰基因组计划（the Netherlands Genomics Initiative，NGI）和瓦赫宁根大学发起、14个国家的29个机构联合成立的国际马铃薯基因组测序协会（Potato Genome Sequencing Consortium，PGSC），经过6年的努力，完成了马铃薯基因组12条染色体、约8.44亿个碱基对的测序，中国科学家在测序项目中发挥了主导作用（Xu等，2011）。已拼接了86%的序列，推测出39万个蛋白质编码基因，还证实马铃薯基因组中包含了被子植物进化枝中2642个特异基因。

我国马铃薯育种始于20世纪30年代末期，早期的育种工作以引种为主，1936～1947年，从英国、美国等国引进的材料和杂交组合中鉴定出‘胜利’‘卡他丁’等品种。1947年，杨洪祖从美国引进的35个杂交组合后代中，选育出‘巫峡’‘多子白’等品种，曾在生产上发挥了很大作用。20世纪50年代，全国开展了马铃薯育种协作，国内各育种单位陆续育出自己的品种，截至1983年，我国共育成了‘克新’系列、‘高原’系列、‘坝薯’系列品种及其他品种共93个。但育成品种亲本来源单一，遗传背景狭窄，没有突破四倍体马铃薯栽培种 *S.tuberosum* 的种质范围，约68.5%的品种是用‘Katahdin’‘多子白’‘Epoka’‘Mira’‘Anemone’‘Schwalbe’‘小叶子’7个亲本育成的。这个时期以抗晚疫病和病毒病育种为主。

1984～2000年，马铃薯育种亲本的遗传背景有所改善。20世纪80年代以来，随着对外合作交流的增多，马铃薯引种数量增加，范围扩大，特别是从国际马铃薯研究中心引入的安第斯栽培种（*S.andigena*）实生种子，经4～6次轮回选择，获得了一批综合性状优良、配合力高的无性系材料。利用这些具有 *S.andigena* 血缘的亲本，与原有骨干亲本杂交，育成了一些高产、高淀粉和高抗晚疫病的品种，约占该时期育成品种数的20%。

从20世纪90年代开始专用品种选育，将从国外引进的各类专用型品种资源应用于育种中，育成了中薯、晋薯、鄂薯、春薯、郑薯、陇薯、青薯等系列品种125个。在育种技术方面，除了常规的杂交外，还注重体细胞无性系变异和诱变育种技术的利用。1988年，李宝庆等利用‘Favorita’茎尖愈伤组织产生的体细胞无性变异，选育出一个与原品种差异明显的新品种‘金冠’；山东省农业科学院原子能农业应用研究所用 $^{60}$Co-γ射线辐照‘郑薯2号’，选出‘鲁马铃薯2号’。该阶段马铃薯育种以鲜食和专用品种为主。

2001年至今，是中国马铃薯育种的快速发展阶段，共育成品种233个。马铃薯选育品种的遗传背景得到进一步改善，除 *S. tuberosum*、Neo-tuberosum（*S. tuberosum* ssp. *andigena*）外，还开始利用二倍体栽培种 *S. phureja* 和野生种 *S. chacoense*、*S. hjertingn* 等的优良性状。同时CIP的马铃薯晚疫病水平抗性资源也得到广泛应用，利用这些材料育成了近20个晚疫病抗性较持久的品种。马铃薯的育种目标除了抗病、高产外，还注重加工专用品种的选育，审定品种的速度加快，选育出适合淀粉加工、炸片、炸条、鲜食出口等一大批适应市场需求的品种。这个时期，育种技术也日趋全面和完善，利用2*n*配子的倍性育种技术选育出‘中大1号’马铃薯新品种。利用体细胞融合技术将马铃薯野生种中的优良性状导入马铃薯普通栽培种，创制了大量可以直接利用的抗青枯病新种质。同时，利用基因工程技术将具有广谱抗性菜豆几丁质酶基因导入马铃薯，育成‘甘农薯1号’；将玉米醇溶蛋白导入‘Desiree’，获得了高必需氨基酸转基因马铃薯品种‘呼基因薯1号’和‘呼基因薯2号’。在育种后代的选择方面，分子标记辅助选择技术已经在青枯病抗性、晚疫病抗性、加工品种选育、品种多样性研究等方面得到了广泛应用。

2015年中国农业科学院农业基因组研究所黄三文研究员等发起了“优薯计划”，即用二倍体杂交种代替同源四倍体，用杂交种子替代块茎繁殖。优薯计划将缩短马铃薯的育种年限，大幅提高其育种效率；改变马铃薯的繁殖方式，解决四倍体种薯的储运难题。

## 第二节　马铃薯育种目标及主要性状的遗传

### 一、我国马铃薯栽培区划

我国马铃薯分布很广泛，一年四季均有种植（孙慧生，2003；盖钧镒，2006）。由于各地区气候条件、耕作栽培制度和常发病不同，在生产上对马铃薯品种的要求也有所不同，形成了区域相对集中、各具特色的北方一作区，中原二作区，西南一、二季混作区和南方冬作区四大区域。

### （一）北方一作区

本区包括东北地区的黑龙江、吉林和辽宁除辽东半岛以外的大部，华北地区的河北北部、山西北部、内蒙古全部以及西北地区的陕西北部、宁夏、甘肃、青海全部和新疆的天山以北地区。该区无霜期90～130d，主要采取春播秋收。栽培品种以中熟及中晚熟品种为主。城郊种植少量中早熟品种。4月中下旬春播，中晚熟品种于9月中下旬收获，中早熟品种于7月下旬至8月上旬收获，冬季种薯储藏期一般长达6个月。夏季结薯期雨水较多，常年发生晚疫病，感病品种块茎易腐烂。在马铃薯生育后期（7～8月），正值传病毒有翅桃蚜第二次迁飞期，造成马铃薯病毒病害（如纺锤块茎病、卷叶病、花叶病等）发生较普遍。夏季气候凉爽，日照充足，昼夜温差大，适于马铃薯生长发育，该区为我国马铃薯最大的主产区，种植面积占全国的49%左右，是主要的种薯产地和加工原料薯生产基地。

### （二）中原二作区

本区主要包括辽宁、河北、山西3省的南部，河南、山东、江苏、浙江、安徽和江西等省，马铃薯种植面积占全国的5%左右。该区无霜期较长，为180～200d。春作于2月中旬至3月上旬播种，5月下旬至6月下旬收获；秋作于8月中旬至9月上旬播种，11月上旬至12月上旬收获。由于春作和秋作生育期仅有80～90d，适于栽培早熟或中晚熟、结薯期早、块茎休眠期短的品种。在山区和秋季雨量充沛的地区，秋作常发生晚疫病，在长江流域，青枯病对马铃薯的生产危害很大。



### （三）南方冬作区

本区主要包括江西南部、湖南和湖北东部、广西、广东、福建、海南和台湾等省（自治区）。本区利用水稻等作物收获后的冬闲田种植马铃薯，多采用两稻一薯（即早稻→晚稻→冬种马铃薯）的栽培方式，于11月上、中旬冬播，翌年2月下旬收获，或1月冬播、3月底收获。在出口和早熟菜用薯生产方面效益显著，近年来种植面积迅速扩大，种植面积占全国的7%左右。由于日照较短，适于种植对光照不敏感的品种。病毒病、晚疫病和青枯病及霜冻不同程度危害马铃薯生产。

### （四）西南一、二季混作区

本区主要包括云南、贵州、四川、重庆、西藏等省（自治区、直辖市），湖南和湖北西部地区，以及陕西的安康市，是马铃薯面积增长最快的产区之一，种植面积占全国的39%左右。本区在海拔1200m以下的地区采用春、秋二季作；海拔1200～3000m的地区为春作，每年种植一季，以中、晚熟抗晚疫病品种为主。本区气候地理条件适于马铃薯的生产，单产很高。由于生育期雨量充沛、无霜期长，可利用中、晚熟品种，采取春、秋二季作，获得二季高产。西南山区将马铃薯作粮食用，近年来采用马铃薯与玉米间套种和实生薯留种等方法，面积发展很快。马铃薯晚疫病、青枯病、癌肿病是本区的主要病害。

## 二、马铃薯主要栽培区的育种目标

马铃薯育种目标涉及对特定生长环境的适应性、存储制度和最终用途。在我国北方一作区，高产、抗病、优质、耐贮是马铃薯育种的主要目标，健全良种繁育体系是育种工作中的主要任务。在中原二作区，早熟、块茎休眠期短和抗病是其主要育种目标。在南方冬作区，重点考虑抗病毒病、耐霜冻、适应短日照和适于加工利用的品种，以适应沿海地区经济迅速发展的需要。在西南一、二季混作区，丰产和抗晚疫病是育种的主要目标。

从我国马铃薯产业发展的方向来看，为确保马铃薯产业的可持续发展，加工利用和产品转化已成为发展趋势。随着马铃薯加工企业的大量兴起，我国现有育成品种已远远适应不了加工的要求，尤其是快餐食品油炸薯条、薯片的品种完全依靠国外品种。为此，我国马铃薯育种目标应主要放在加工专用型上，在保证丰产、抗病（兼抗或多抗）的基础上侧重加工品质的选育指标，如薯形、大小、芽眼深浅、干物质含量、还原糖含量、耐储性和加工后的食味等。

## 三、马铃薯的遗传特点

马铃薯普通栽培种（*S. tubersoum*）为高度杂合的同源四倍体（$2n=4X=48$），遗传行为遵循同源四倍体的四体遗传规律。既有2/2式的均衡分离方式，即产生2个二价体；也存在3/1式的不均衡分离方式，即产生1个三价体和1个单价体（其中三价体和单价体配子是不育的）；另外也可能出现4条同源染色体不分离，只产生1个四价体的情况。如果每个同源组的4条染色体，发生不均衡分离，就势必造成同源四倍体的配子内染色体数的不均衡，从而造成同源四倍体的部分不育性及其子代染色体数的多样性变化。但同源四倍体的染色体分离一般以2/2式为主，基因的分离还是有一定的规律可循。基因分离可能表现为按染色体随机分离、按染色单体随机分离和完全均衡分离等不同情形。

马铃薯栽培种的四体遗传方式增加了性状分离的

复杂程度，因为4条同源染色体中，每条染色体的一定座位上的显性等位基因的不同数目，控制着同源四倍体的3个杂合子（*AAAa*、*AAaa*、*Aaaa*）类型和2个纯合子（*AAAA*、*aaaa*）类型的出现，这5个可能的基因型为全显性（*AAAA*）、三显性（*AAAa*）、双显性（*AAaa*）、单显性（*Aaaa*）和隐性（*aaaa*），这些基因型有时表示为$A_4$、$A_3a_1$、$A_2a_2$、$A_1a_3$和$a_4$。根据遗传学推测结果，同源四倍体的单显性杂合子的分离特点与一般的二倍体完全相似，而双显性的所有指标（除表型的数目外）则显然不同。基因的可能组合数决定于单显性和双显性在一对基因杂合时后代产生的基因型总数，单显性形成4组基因型（1*AAaa*：2*Aaaa*：1*aaaa*），双显性形成36组基因型（1*AAAA*：8*AAAa*：18*AAaa*：8*Aaaa*：1*aaaa*）；在多对基因杂合时，基因可能的组合数目单显性为$4^n$，而双显性为$36^n$（附件23-1）。由单显性和双显性的杂合子后代中预期的表型*A*：*a*的比例得出分离的一般公式分别为$(3A:1a)^n$和$(35A:1a)^n$。

虽然单显性和双显性的表型组数都为$2^n$，但双显性类型的隐性纯合体部分显著低于单显性类型，在自交时为1/36：l/4，在测交时为1/6：1/2。具有两个独立基因的双显性产生更复杂的分离，共显性基因型部分在更大程度上占优势。例如，2个基因的双显性$A_2a_2B_2b_2$，同在自交情况下产生分离$(35:1)^n$=1225*AB*：35*A*：35*B*：1*ab*，其中2个基因的隐性纯合体的概率不到千分之一。所以，在这样的基因型后代中选出2个基因的隐性或显性纯合体实际上是不可能的。

基于马铃薯遗传上的异质性和四体遗传的复杂性，确定了马铃薯的每个杂交组合必须有相当大的群体，以增加选优的概率。据统计，经我国农作物品种审定委员会审定的‘克新1号’品种选择效率为0.83%，早熟‘克新4号’为0.08%；美国18个马铃薯育种项目经过10年实施，共入选、注册了24个品种，根据该项目中培育的$F_1$实生苗统计，约20万株实生苗选出一个优良品种（Plaisted，1987）。

## 四、马铃薯主要性状的遗传

### （一）植株形态的遗传

马铃薯植株分为直立型和匍匐型，直立型对匍匐型为显性，但杂交后代观察到3：1、15：1和63：1的比例，说明该性状在不同材料中的遗传控制机制不同。

### （二）成熟期的遗传

马铃薯成熟期受多基因控制。在早熟×早熟的组合后代中，产生61%早熟类型，而早熟×晚熟的组合只产生18%早熟类型。配合力和回归分析表明，熟性的遗传力和一般配合力均较高（Bradshaw，2007）。在5号染色体上GP179标记附近定位到一个效应较大的成熟期QTL（Bradshaw，2007）

### （三）块茎特征的遗传

**1. 薯形的遗传**　马铃薯薯形可分为圆形、椭圆形和长椭圆形（附图23-1），形状定量描述为长宽比。薯形由微效多基因控制，而椭圆形对圆形或长椭圆形趋于显性。在马铃薯加工业，清洗时圆形且芽眼浅的薯形可减少损失，长椭圆形的薯块更适合于薯条和薯片加工。

**2. 薯肉色的遗传**　马铃薯薯肉颜色有白、黄、粉红、红色、蓝色和紫色等一系列色泽。不同地区和国家对薯肉色有特定的喜好。不同薯肉颜色的马铃薯色素种类不同，黄色或橘黄色薯肉富含类胡萝卜素，而粉色、红色、蓝色和紫色薯肉或薯皮色是由于花青素的存在。由于彩色马铃薯不仅外形美观，而且抗氧化活性物质含量也很高，是天然抗氧化物质来源之一，因此在食品工业和提高人类健康方面有重要的作用。

对白色和黄色薯肉的遗传研究发现，杂交后代中黄肉色对白色为显性，似乎由单显性基因所控制，但同时在后代中观察到黄色程度有变异，表明影响薯肉色的还有微效多基因（修饰基因）。由于微效多基因的积累作用，在两个白色薯肉品种的杂交后代中能够分离出淡黄色薯肉的植株。花色素在马铃薯薯肉的分布受复杂的遗传控制，但是单基因控制花色素的有和无。采用分子标记分析四倍体中薯肉有色和无色品种的基因型，鉴定出了两个控制颜色的候选基因*chi*和*an1*。其中，*chi*位于5号染色体，*an1*基因位于9号染色体。

**3. 芽眼深浅的遗传**　马铃薯块茎芽眼深浅分为浅、中和深3种。一些研究认为深芽眼为显性，另一些研究则认为深芽眼是隐性性状。不同研究得出的结论互相矛盾，说明这一性状可能受多个基因控制。

**4. 休眠特性的遗传**　马铃薯休眠期的长短，一般是指从块茎的收获期到自然萌发为止的日期。成熟块茎上潜伏状态的芽生理活动降低，代谢作用缓慢，借以渡过不利生长条件，从而保证世代繁衍的遗传特性。品种间的休眠特性差异很大，休眠期过长则影响播期、出苗及产量，过短又会影响贮藏效果。马铃薯块茎和芽内存在着刺激生长和抑制生长两类物质互为消长的生化平衡。改变平衡的物质主要有赤霉素和β-抑制剂，赤霉素可活化蛋白酶、核糖核酸酶和α-淀粉酶，加速RNA和DNA的合成，促进有丝分裂活动，从而打破休眠；β-抑制剂则与赤霉素的作用相反，能抑制α-淀粉酶的活性，抑制块茎对氧和磷的吸收，从而控制了与各种物质的分解合成有关的能量传递系统，使芽得不到生长所需要的能量和营养，因而抑制芽的生长，促进了休眠。块茎休眠受多基因控制，包括3个以上基因。Fregre等（1994）鉴定出6个与休眠相关的QTL座位，分别位于2号、3号、4号、5号、7号、8号染色体上，对休眠作用最强的QTL位于7号染色体上，可能是主效QTL。这6个QTL决定57.5%的遗传变异，加上互作效应可决定72.1%的遗传变异，因此基因座位间互作对休眠变异起很大的作用。

## （四）产量和品质性状的遗传

**1. 块茎产量的遗传** 马铃薯块茎产量由块茎的数量和块茎的重量（大小）组成。块茎产量是受多基因控制的数量性状，不同品种间杂交后代产量水平差异很大，分离呈连续变异，并有超亲现象。杂交亲本的产量与其杂种后代的产量呈正相关，高产量亲本后代出现高产杂种的数量比低产亲本出现高产杂种的数量多。Bonierbale等（1993）在马铃薯7个连锁群定位到与产量有关的26个QTL。

**2. 淀粉含量的遗传** 马铃薯块茎淀粉含量表现为复杂的数量性状，易受外界条件（如土壤、气候、年份）影响。在不同马铃薯品种间杂交组合后代中，淀粉含量的变异范围为8%～30%；而不同品种自交后代的淀粉含量变异范围为10%～22%。一般淀粉含量高对低为显性。许多研究认为，鉴定育种材料的淀粉含量应该从种子长出实生苗时就开始，因为实生苗的淀粉含量和以后繁殖的块茎淀粉含量之间为正相关。通常高淀粉含量与高产性状之间存在着负相关，育种过程中应综合考虑两者的平衡。Schäfer-Pregl等（1998）发现18个与块茎淀粉含量有关的QTL，涵盖了所有12个染色体；Chen等（2001）通过QTL与染色体定位图谱之间的相关性分析，推测出淀粉含量与碳水化合物代谢和运转相关的14个候选基因。

## （五）马铃薯抗病性的遗传

马铃薯在整个生育期会受到多种病害的侵染，包括真菌病害、细菌病害、病毒病、放线菌病害和非侵染性病害，其中以晚疫病、病毒病和青枯病的危害较为突出。据不完全统计，全球每年因病害造成的马铃薯产量损失高达总产量的25%，直接经济损失达数百亿元。

**1. 抗晚疫病的遗传** 马铃薯晚疫病（late blight）是由致病疫霉侵染引起的一种真菌性病害，是马铃薯的毁灭性病害，一般可造成马铃薯减产20%～80%，重者可引起绝收。该病菌的生理小种具有种类较多、变异速度快、适应性强（孢子反复冻融仍能存活，并可摆脱活薯块长期存活于土壤中而成为新的接种源）等特点，因此，抗晚疫病遗传相对复杂。马铃薯对晚疫病的抗性有两种，即过敏型抗性（垂直抗性）和水平抗性。

1）晚疫病的过敏型抗性 过敏型抗性是当植株细胞受一定生理小种侵染后产生的坏死反应，田间表现为对晚疫病一定生理小种具有免疫性。一些野生种马铃薯，如*S. demissum*和*S. barthaultii*等具有这种抗性。通过栽培种*S. tuberosum*与野生种进行种间杂交，可以将过敏性抗性基因渗入栽培种中。

马铃薯晚疫病生理小种的分类是根据野生种*S. demissum*含有对某生理小种具有过敏抗性的主效基因而划分的。目前，已鉴定出的13个控制马铃薯晚疫病菌生理小种专化抗性的主效*R*基因（附件23-2）。其中，$R_1$～$R_{11}$来自马铃薯野生种*S. demissum*，$R_{12}$～$R_{13}$来自野生种*S. barthaultii*。应用分子标记技术已将$R_1$基因定位在5号染色体上；$R_3$、$R_6$、$R_7$基因定位在11号染色体上，并证明这3个基因高度连锁；$R_2$基因定位在4号染色体上；$R_{12}$和$R_{13}$分别定位在10号染色体和7号染色体上。根据已发现的13个*R*基因，在理论上则相应有晚疫病生理小种$2^{13}$=8192种。

*R*基因在异源六倍体野生种*S. demissum*中的遗传规律比较简单，为二倍体遗传，但自*S. demissum*渗入*S. tuberosum*中的*R*基因，则呈四倍体遗传。理论上，具有*R*基因的栽培品种的基因型可能为单显性（*Rrrr*）、双显性（*RRrr*）、三显性（*RRRr*）和全显性（*RRRR*），但现有的抗某些生理小种的栽培品种所含有的*R*基因多为单显性。因此，以某一*R*基因而言，利用含有这一基因的品种与不抗病品种杂交，后代中有50%的个体是抗该生理小种的（附件23-3）。

*R*基因的作用在茎叶和块茎上的表现不一致，这可能是由于在块茎内的代谢活动性较低，保护性反应进行缓慢，而在叶片内则进行得相当迅速。一般而言，对块茎具有过敏反应的类型，其叶片亦具有过敏反应；但叶片具有过敏反应的类型，其块茎并不一定具有过敏反应。

大约在20世纪70年代，由于种薯贸易中带病块茎的传播，使得马铃薯$A_1$和$A_2$交配型晚疫病菌再次从墨西哥传播到欧洲，进而分散传播至世界各地。由于新发现的$A_2$交配型较之原有的$A_1$交配型具有更强的适应性和侵染力，从20世纪80年代开始新侵入的晚疫病生理小种已经取代了原有的$A_1$交配型生理小种，且两种交配型的同时存在将导致具有厚壁和抗性休眠卵孢子的产生。卵孢子经得起冻融、长时间保存，可脱离活体薯块而长期存活于土壤中而成为新接种源，因而作为有性生殖产物的卵孢子进一步加重了晚疫病对马铃薯的危害。1996年，我国张志铭等首次报道了交配型$A_2$的存在，随后赵志坚等也在云南发现了晚疫病$A_2$交配型。因此，单纯依靠过敏型抗性已经不能完全解决品种对晚疫病的抗性，必须寻求新的抗病类型。

2）晚疫病的水平抗性　　水平抗性是指对所有生理小种均起作用，但只起着部分保护作用，如潜育期长、抑制病原发育、感病程度轻等。虽然水平抗性对所有生理小种都具有抗性，但不同生理小种对植株病状发展的程度有所不同。具有高度水平抗性的品种表现为发病很晚，病情发展很慢，孢子形成受抑制。因此，研究水平抗性对马铃薯育种和生产有重要作用。

所有马铃薯种均有不同程度的水平抗性。在栽培品种中，茎叶和块茎对晚疫病的水平抗性是独立的，并受不同组的多基因所控制。茎叶的抗性与晚熟性高度相关，而块茎的抗性与晚熟性却无相关，如在一些早熟品种中块茎是高度抗病的，但其茎叶却是不抗病的。抗晚疫病的野生种则具有过敏型抗性和水平抗性两种类型，即含有主效基因及微效多基因的有效组合，这也是野生种经长期自然选择形成的适应性。

一般用病情分级方法表示抗性程度的不同，采用从0级（无侵染）到5级（植株死亡）的6级制。具有不同水平抗性亲本杂交后代表现多基因遗传分离现象，在6个杂交组合后代中，只有两个组合后代中可以观察到抗性的超亲现象；3×3的组合后代中出现8%的杂种抗性属于2级，4×4组合中出现2%的杂种抗性属于3级（附件23-4）。

**2. 抗病毒病的遗传**　　病毒病是马铃薯的主要病害之一。目前，已经侵染马铃薯的病毒有40种以上。据不完全统计，每年世界上因马铃薯病毒造成的产量损失为20%～50%，严重的减产达到80%以上。病毒病不仅造成马铃薯大量减产，同时也引起块茎质量大幅度降低。马铃薯病毒种类很多，在我国各马铃薯产区常见的有X病毒（PVX）、A病毒（PVA）、Y病毒（PVY）、S病毒（PVS）、M病毒（PVM）、卷叶病毒（PLRV）和纺锤块茎类病毒（PSTV）等病毒。根据马铃薯对病毒侵染的反应，可分为免疫或高抗、过敏型抗性、水平抗性和耐病性4种不同类型。

1）抗PVY的遗传　　马铃薯PVY的株系有三种（$Y_0$、$Y_C$和$Y_N$）。马铃薯栽培品种间对PVY的抗性有很大的差异，主要是水平抗性，很少具有过敏型抗性。

四倍体野生种*S. stoloniferum*和*S. acaule*对PVY的不同类型抗性（免疫或过敏抗性）是复等位基因作用：*Ry*>*Ryn*>*Rym*>*ry*。其中，*Ry*为免疫，*Ryn*为过敏型抗性第Ⅱ～Ⅴ类型，*Rym*为过敏型抗性第Ⅰ类型，*ry*为感病。在*S. stoloniferrum*的一些单系中，这些基因同时具有对PVY不同程度的抗性多效性。由*S. stoloniferum*×*S. tuberosum*的杂种与*S. tuberosum*多次回交获得的抗病四倍体杂种都是单显性杂种（$R^0_y r_y r_y r_y$或$R^{yn}_{yn} r_{yn} r_{yn} r_{yn}$），其自交后代抗病∶不抗病=3∶1，测交后代为1∶1。

二倍体野生种*S. chacoense*（$2n=2X=24$）的一些单系含有对PVY的抗性基因$R_y$和$R_{yn}$，与*S. stoloniferum*的抗性基因极其相似。在个别*S. chacoense*的单系中，除含有$R_y$和$R_{yn}$基因外，还含有控制对PVY一些株系具有顶端坏死反应的基因$N_y$。$N_y$对Y病毒所有株系均有致死性的坏死反应，同时$N_y$与$N_x$对PVX具有坏死反应的基因是连锁的。

2）抗PVA的遗传　　许多栽培品种含有*Na*基因，对PVA所有的株系都具有抗性作用。因此，在利用*S.tuberosum*品种的基础上便可选育出抗PVA的新品种。PVA有价值的免疫来源是对PVX免疫的*S. stoloniferum*的材料（Ross，1970），这是由$R_y$基因多效性的作用所决定的，对A和Y两种病毒同时有抗性也决定于$R_y$基因。*S. demissum*有3个复等位基因，其显性顺序是：$N_y>N_a>n$。两个显性基因都能抗PVA，只有一个$N_y$基因能抗PVX（Cockerham，1958）。

3）抗PVX的遗传　　野生种*S. chacoense*对X病毒（PVX）的抗性受一显性基因控制，而不同程度的抗性（免疫或过敏型抗性）受复等位基因控制。$R_x$控制对PVX所有株系的免疫性，即$R_x>R_{xn}>R_{xs}>r_x$。$R_{xn}$控制对所有株系的过敏反应（第Ⅱ～Ⅴ类型），$R_{xs}$控制第Ⅰ类型的过敏反应，隐性基因$r_x$为感病型。

四倍体栽培种*S. andigena*的无性系‘C.P.C.1676’对PVX的免疫性是受一显性基因（$R_x$）所控制。德国品种中的抗性多来自*S. acaule*，品种‘Cara’中的抗性基因已被定位于Ⅻ染色体上（Ross，1986）。在栽培种（*S. tuberosum*）原始材料中，‘S41956’对PVX具有高度抗性。

4）抗PVS的遗传　　安第斯栽培种的无性系‘P.I. 258907’具有对PVS过敏型抗性的显性基因$N_s$。用‘P.I. 258907’与感病品种杂交，其后代抗病与不抗病的比例为1∶1，同时对PVX的3种株系均具有高度抗性，在其杂交和自交后代中仍出现对PVX具有过敏型抗性和免疫的植株，极少出现感病株。栽培品种‘沙科’对PVS的抗性是受一隐性基因*s*控制的。

5）抗PLRV的遗传　　马铃薯对PLRV的抗性受多对基因的累加效应控制。野生种*S.demissum*、*S. chacoense*、*S. acaule*和栽培种*S. andigena*等对PLRV具有水平抗性，其抗性受多对基因控制。例如，在单交组合后代中出现抗病类型的数量为3.5%，三交组合为15%，而双交组合为18%。其中在［（*S. chacoense*×*S. tuberosum*$^2$）×阿奎拉］×［（*S. demissum*×*S. tuberosum*$^3$）×（*S. tuberosum*×*S. andigena*$^2$）］复合杂种后代中出现抗病株数量可达40.8%。

6）抗PVM的遗传　　马铃薯对PVM的抗性遗传表现为微效多基因的性质，即水平抗性。后代抗病类型数目随PVM侵染量的增加而逐渐减少。已发现对PVM具有水平抗性的种有：*S. tarijense*、*S.*

*commersonii* 和 *S. chacoense*。据 Salazar（1996）报道，抗 PVM 基因源除 *S. ploytrichorn* 和 *S. microdontum* 外，来自 *S. migistracrolobum* 的'EBS1787'带有显性主基因，对 PVM 产生过敏反应，目前认为更有希望的替代抗源或许是 *S. goulayi*，它与敏感栽培种的杂交后代表现出显著的抗 PVM 侵染的特性。

7）抗 PSTV 的遗传　目前，栽培种中未发现有过敏反应的抗 PSTV 种源，野生种 *S. guerreroense*、*S. acaule* 和 *S. kurtzianum* 带有对 PSTV 的抗性（Salazar，1996）。

**3. 马铃薯青枯病抗性遗传**　青枯病是由青枯病菌（*Ralstonia solanacearum*）引起的一种细菌性土传病害，是马铃薯生产上仅次于晚疫病的世界性第二大病害。相关资料显示，马铃薯青枯病抗性是由多基因控制的。有研究认为至少有 3 个不连锁的显性基因参与了青枯病抗性控制，也有研究认为至少有 4 个主效基因参与了马铃薯抗青枯病反应。

# 第三节　马铃薯种质资源

## 一、马铃薯的起源与分类

马铃薯栽培种起源于南美洲安第斯山中部西麓濒临太平洋的秘鲁 - 玻利维亚区域；野生种的起源中心则是中美洲及墨西哥，在那里分布着系列倍性的野生多倍体种（二倍体到六倍体）。众多的马铃薯种当中，只有分布于智利南部的普通栽培种（*S. tubersum*，也称智利种）及分布于秘鲁 - 玻利维亚高原的秘鲁 - 玻利维亚种（*S. andigena*）和近代栽培种相似。其野生资源丰富，现已鉴定出 228 个种，其中最重要的是四倍体马铃薯栽培种。

马铃薯传播的途径可能是从秘鲁到西班牙，再到英国，进而传向世界各地。马铃薯传到中国的时间是 1573～1620 年。引入的途径有 2 种可能（蔡兴奎等，2016）：①经海路由荷兰人从中国台湾引入东南沿海诸省，故该地区称马铃薯为荷兰薯或爪哇薯；②从陆上经西南或西北进入我国，故西南和西北至今仍将马铃薯称为洋芋，马铃薯从陆上丝绸之路引入中国的可能性更大。

在植物分类学上，马铃薯属于茄科（Solanaceae）茄属（*Solanum*）龙葵亚属（Subg. Solanum）马铃薯组（*Petota*）马铃薯种（*S. tuberosum*）。普通马铃薯是马铃薯亚组（*Potatoe*）中能形成地下块茎的一年生草本四倍体作物，既可利用浆果内的种子（实生种子）进行有性繁殖，也可借块茎进行无性繁殖。Hoopes 和 Plairted（1987）将马铃薯栽培种归纳成表 23-1，其中大部分均局限在南美洲。世界广泛种植的是普通栽培种 *S. tuberosum* ssp. *Tuberosum* 为同源四倍体（$2n=4X=48$），以无性繁殖为主。另一个只在南美洲、中美洲栽培的亚种为安第斯栽培种（*S. tuberosum* ssp. *andigenal*），亦为同源四倍体（$2n=4X=48$）。有的分类学家将这两个亚种判为两个种，即 *tuberosum* 与 *andigena*。已发现普通栽培种共有 235 个亲缘种，其中，7 个是栽培种，228 个是野生种。在这些亲缘种中，它们的倍性从二倍体（$2n=2X=24$）到六倍体（$2n=6X=72$）都有存在，以二倍体最多，约占 70%（Hawkes，1990），奇数倍性的多倍体通常是不育的，但可以通过块茎保持生长。

**表 23-1　世界上马铃薯的栽培种**（Plaisted and Sleper，1995）

| | 栽培种 | 栽培地域 | 特性 |
|---|---|---|---|
| 二倍体种 | *S. tuberosum* | 秘鲁、玻利维亚 | |
| | *S. goniocalyx* | 秘鲁中、北部 | 黄肉，味佳 |
| | *S. ajanhuiri* | 秘鲁与南玻利维亚高地 | 抗霜，味苦 |
| | *S. phureja* | 南美洲 | 块茎不休眠，高干物率，具不减数配子的基因 |
| 三倍体种 | *Solanum* × *chauch* | 玻利维亚、秘鲁 | *S. tuberosum* ssp. *andigena* 与 *S. stenotomum* 的天然杂种 |
| | *Solanum* × *juzepczukii* | 玻利维亚与秘鲁高地 | *S. stenotomum* 与 *S. acaule* 的天然杂种，抗霜，味苦 |
| 四倍体种 | *S. tuberosum* ssp. *andigena* | 南美洲高地、中美洲与墨西哥一些地区 | 大量性状变异，尤其抗病性与品质 |
| | *S. tuberosum* ssp. *tuberosum* | 世界各地 | 适于长日多照，抗病，外观佳 |
| 五倍体种 | *S. curtilobum* | 玻利维亚与秘鲁各地 | *S. tuberosum* ssp. 与 *andigena* × *juzepezukii* 的天然杂种，抗霜，略苦 |

注：原表中 *S. hygrothermicum* 已近灭绝，故从表中去掉

## 二、野生种资源

马铃薯的野生种主要分布在美洲的38°N到41°S的范围内，倍性从二倍体到六倍体均有覆盖。据Hawkes统计，南美洲发现的野生种约占81%，北美和中美洲发现的占19%，包括228个野生种和7个栽培种，但其中自交不亲和的二倍体、不育的奇数倍多倍体（三倍体和五倍体）以及六倍体占很大的比例，只有少数可以与四倍体普通栽培种杂交，导致野生种资源的利用率很低（隋启君，2001）。*S. demissum*是育种家利用频率最高的野生种，世界范围内，已有200多个品种是采用该野生种做亲本育成的，原因是它具有对晚疫病的垂直抗性，它是在欧洲和美国被系统地用于抗病育种的第一个野生种。目前，可供抗病育种工作利用的野生资源主要有：①*S. demissum*（$2n=6X=72$），原产于墨西哥，抗晚疫病、卷叶病，抗重花叶病和轻花叶病；②*S. stoloniferum*（$2n=4X=48$），抗晚疫病、重花叶病和轻花叶病；③*S. acaule*（$2n=4X=48$），抗普通花叶病和卷叶病；④*S. chacoense*（$2n=2X=24$）抗卷叶病；⑤*S. punae*（$2n=4X=48$），耐寒（−7～−5℃）。

马铃薯野生种和原始栽培种具有许多普通栽培种中不具备的优良基因，如抗病（晚疫病、病毒病、青枯病）、耐寒、耐旱、低还原糖含量、高干物质和耐低温贮藏等。此外，野生种的利用有助于拓宽马铃薯育种的遗传基础，深化马铃薯育种进程。

## 三、栽培种资源

马铃薯普通栽培种（*S. tuberosum* L.）是二倍体野生种杂交伴随着染色体的加倍而成。马铃薯可以分为7个栽培种（*S. ajanhuiri*，*S. chaucha*，*S. curtilobum*，*S. juzepczukii*，*S. phureja*，*S. stenotomum*和*S. tuberosum*），并涵盖多种倍性。

马铃薯在我国有400多年的种植历史，长期的栽种形成了一定的地方品种和推广品种。段绍光（2017）分析了我国马铃薯审定品种的遗传基础，结果表明，截至2012年，我国共审定436个马铃薯品种，其中自行选育的379个品种共涉及亲本423个，累计使用724次，按来源分为国内品种、国内品系、地方品种、新型栽培种、北美洲资源、欧洲资源、CIP资源和其他共8类，相应的核质遗传贡献分别为97.5、107、10.5、16、27.5、71、33和16.5，从中可以看出国内品种和国内品系一直是贡献最大的类型，而农家品种主要以母本为主，外来资源如新型栽培种、欧洲资源和北美资源更多以父本为主。育成品种系谱分析和血缘组成系统分析表明，'疫不加''竹板''工业''兰芽'和'早玫瑰'可以称为第一代亲本，'男爵''胜利''燕子''白头翁''米拉''多子白''卡他丁'和'小叶子'可以归为第二代亲本。

另外，新型栽培种和富利亚薯在马铃薯育种中起了很大的作用。

**1. 新型栽培种** 马铃薯新型栽培种是四倍体栽培种最为重要的品种资源。关于四倍体栽培种*S.andigena*和*S. tuberosum*的亲缘关系问题，Simmonds（1969）曾仿效*S. andigena*类型在欧洲转变为*S. tuberosum*类型的历史选择过程，利用原产秘鲁、玻利维亚等地的短日照安第斯栽培种实生种子为材料，采用轮回混合选择，在欧洲（英国）长日照条件下对结薯性进行选择，终于选择出适应长日照、结薯性良好的新类型，并称这种类型为新型栽培种（Neo-Tuberosum）。从此明确了世界各地的栽培种马铃薯，除南美原产地外，主要是最初由南美洲引入欧洲的*S. andigena*经选择的后代。

由于最初从南美洲引入欧洲的只是很少数的*S. andigena*材料，而且这些少数材料选育成的品种和类型，又由于1840年晚疫病大发生而大量被毁灭，从而使多年来育成的品种或原始材料只具有狭小的"基因库"。再者，这些品种在血缘上也都是近缘的，杂种优势也不显著。安第斯栽培种具有广泛的地理分布区域，包括阿根廷、玻利维亚、秘鲁、厄瓜多尔、哥伦比亚的安第斯山区，因此，*S. andigena*种内具有极广泛的遗传变异和丰富的"基因库"。已知*S. andigena*栽培种具有对晚疫病的水平抗性或潜育期抗性，抗黑胫病、青枯病和环腐病，对PVX免疫，抗PVY，对PVS具有过敏抗性，抗线虫，高淀粉、高蛋白质含量。

*S. andigena*极易与*S. tuberosum*杂交成功。在杂种$F_1$个体中经常呈现杂种优势和高度自交结实性，但$F_1$却具有极不理想的性状和特性，如长匍匐枝、晚熟、每单株结有多而小的块茎等。因此，为获得具有优良经济性状的杂种，必须利用*S. tuberosum*进行多次回交。这是妨碍其在马铃薯育种工作中直接利用的主要原因之一。新型栽培种是适应长日照的*S. andigena*材料，可在新型栽培种中选择有用的基因，并克服直接利用*S. andigena*所产生的缺点和困难，有效地应用于育种工作。

**2. 富利亚薯** 富利亚薯（*S. phureja*）为二倍体栽培种（$2n=2X=24$），其块茎休眠期短、抗青枯病和疮痂病，可作为适于我国二季作区选育抗青枯病、短块茎休眠期品种的优良原始材料。*S. phureja*的一些无性系作为"授粉者"，可诱发四倍体栽培种孤雌生殖产生双单倍体（$2n=24$）。利用*S. tuberosum*的双单倍体与*S. phureja*杂交，可在其杂种中选育出一些经济性状优良、抗青枯病的无性系。特别是在这些杂种品系中发现有第一次减数分裂染色体重组

（FDR）现象，能产生 $2n$ 配子。从其中又选育出一些产生 $2n$ 配子百分数很高的品系，如杂种‘W5295-7’能产生 $2n$ 雄配子，‘W7589-2’能产生 $2n$ 雌配子。利用这些材料与四倍体杂交的优点，在于其杂种仍可保持在四倍体水平上，特别是利用能产生 $2n$ 配子的 *Phureja-tuberosum* 单倍体的杂种与四倍体 *S. tuberosum* 杂交产生的杂种优势最强，$4X$～$2X$ 杂种的平均块茎总产量显著高于 $4X$ 亲本，且在块茎总产量分布上超亲现象极为显著，这对选育突出高产的无性系很有利，为利用四倍体与二倍体栽培种杂交育种开辟了一条新途径。

## 第四节　马铃薯的育种方法

马铃薯属自花授粉作物，又是无性繁殖作物。与其他自花授粉作物相比，马铃薯育种工作有其特殊的地方，既有有利条件，又有不利的因素，只有对其这两方面都有充分的认识，才能使育种工作有效地进行。

马铃薯育种的有利因素主要有：①花器较大，雌雄蕊外露，便于去雄和授粉，有利于杂交工作的进行；②浆果结实较多，通常有 100～300 粒，一次授粉可以获得较多的种子（附图 23-2）；③开花期长，一般在一个月左右，可以提供充足的杂交时间；④无性繁殖不会发生分离现象，杂交育种只需对实生苗进行一代单株选择，然后对其无性世代进行比较鉴定，就可获得性状稳定的品系，育种程序相对简单；⑤由于无性繁殖系不发生分离，有利于杂种优势的固定，给杂种优势利用创造了有利的条件；⑥天然异交率低，有利于保存品种和自交系。

实际工作中，马铃薯育种也面临许多困难，主要有：①现有栽培品种大都是杂交或回交的第 1 代无性繁殖系，其遗传基础多为杂合体，且性状遗传为四体遗传的方式，增加了性状分离的复杂程度，无论自交后代或杂交后代（$F_1$）都会出现非常复杂的分离现象，每个杂交组合必须有相当大的群体才有选优的可能，选择的难度和工作量很大；②不少品种的花器发育不健全，受精作用对温度和湿度的要求较严格，增加了自交和杂交的困难；③花柄上有一分离层，易发生落花落果；④种子小（千粒重仅 0.5g 左右），幼苗细小纤弱，早期生长缓慢，对环境条件的要求较苛刻，培育实生苗比较困难；⑤薯块容易把病毒传递下去和逐代积累，一个品种选育出来不久就会迅速退化，严重时甚至还未推广就失去了种用价值，给育种工作带来很大困难；⑥薯块体积大、水分含量高，贮藏、运输、播种都不方便；⑦株行间距大，育种材料种植需要较大面积，播种、管理和收获等都比较费工。

### 一、芽变育种

马铃薯品种的芽眼有时会发生基因突变，突变的频率约为 $1/10^8$，如果突变产生优于原品种的生物学性状和品质，可将这种类型通过无性繁殖扩大成为一个新品种。例如，美国生产利用较久的‘麻皮布尔班克（Russet Burbank）’品种来源于美国 1876 年育成的‘布尔班克’品种的芽变。我国东北 20 世纪 50 年代大量种植的‘男爵’品种来自美国 1876 年育成的‘早玫瑰（Early Rose）’的芽变；过去吉林栽培较多的早熟品种‘红眼窝’来自‘红纹白（Red Warba）’品种的芽变，而‘红纹白’又是来自‘Warba’品种的芽变；河北育成的‘坝丰收’品种是来自‘沙杂 1 号’品种的芽变。马铃薯芽变育种最大的问题是芽变率低，但随着植物组织培养技术的完善，可采取在茎尖剥离时用药剂或辐照等诱变物质处理使芽变率升高，从而将不同方法结合起来培育新品种。

### 二、杂交育种

杂交育种是马铃薯的主要育种方法，主要有系谱法和回交法等。依据亲本的亲缘关系远近，可区分为近缘杂交（品种间杂交）和远缘杂交（种间杂交）。品种间杂交是最为常用的育种方法，一般包括品种（系）间的杂交、自交、回交和杂种优势利用（指纯自交系间的杂交）4 种方式。我国从 20 世纪 40 年代中期开始马铃薯品种选育工作至今，育成的 100 多个品种中，大多数都是通过品种间杂交选育而成的，少部分品种由自交方法育成。回交方法主要用于亲本材料的改良方面。至于杂种优势的利用，早在 20 世纪 70 年代初，我国便开始立项研究，但进展不大，只获得一些优良杂交亲本。这主要是由于马铃薯遗传基础极为复杂，马铃薯经过几代自交后，往往会出现自交不亲和现象，且产量和生活力下降，致使自交无法进行。马铃薯远缘杂交主要是用于拓宽栽培种的遗传基础，早在 20 世纪 50 年代我国就已经开始研究种间杂交，但仅在近缘栽培种方面取得了一些成绩，通过对新型栽培种的群体改良，筛选了一批有价值的优良亲本。此外，应用种间杂交技术诱导普通栽培品种孤雌生殖，筛选了优良的双单倍体。虽然近年来许多科研单位利用现代生物技术手段在马铃薯遗传资源的拓宽和改良方面做了大量研究工作，一大批具有特异基因或性状的资源材料已经开始在常规育种中应用，但具体到品种选育的环节，常规育种仍然是必不可少的重要手段。

### （一）马铃薯的杂交方法

马铃薯的花器包括花萼、花、雄蕊和雌蕊4个主要部分（附图23-3）。雄蕊五枚，包括花丝和花药，花丝短粗，着生在花瓣的基部，花药聚生，呈黄绿、橙黄或灰黄等色。凡花药瘦小或瘪缩并呈黄绿色或灰黄色的品种，属于雄性不育类型，多数没有有效花粉，不能天然结实。一般早熟品种及中早熟品种雄性不育较多，如‘白头翁’‘红纹白’‘克新四号’和‘克新五号’，皆为雄性不育类型。大多数中晚熟品种的花粉多为有效，可天然结实。马铃薯的雌蕊包括柱头、花柱和子房3个部分，着生在5枚花药的中央，柱头呈棒状、头状，二裂或三裂，花柱直立或弯曲。马铃薯绝大部分品种雌蕊都能接受花粉杂交结实，但也有个别品种雌性败育，如‘克新一号’和‘彭县乌花薯’，属于杂交不育类型。

马铃薯为自花授粉作物，天然杂交率很低，一般不超过0.5%。马铃薯的花蕾形成、开花及受精结实对气候条件很敏感，喜冷凉、空气湿度大的气候条件。开花适宜的温度为18～20℃，适宜的空气相对湿度为80%左右。可在苗高20cm左右，即采用“小水勤灌”等保蕾、保花的措施。

马铃薯的花芽是由顶芽分化而成，大多数早熟品种花芽在植株第13～14个节上，开第一层花后，植株即不再向上伸长。有时虽然第一层花序下部的侧芽又继续向上伸长，再分化出第二层花序，但往往很早脱落不能开花，因而表现开花早、花量少、花期相对较短的特点。中晚熟品种第一层的花芽分化多数在植株第16～18个节上，花开放后，随着花序侧芽的生长，继续形成第二层花序至第三层花序，其强大的侧枝也具有同样的着花习性，因而表现开花晚、花序多、花期相对较长的特点。利用早熟和中晚熟品种进行杂交时，为了调节花期，早熟品种要进行分期播种或采取大薯块播种，适当增肥浇水，促进开花和延长花期，或对中晚熟亲本提早浸种催芽，促其早期开花，使花期相遇。

当杂交亲本的第一朵花开放时，即将植株上部（自花顶部算起约30cm）截下，插入盛水的玻璃瓶中置于温室内，夜间气温保持15～16℃，白昼20～22℃。在瓶装水中加入硝酸银或高锰酸钾以防止细菌的滋生。待插枝开花后，自父本株收集花粉进行杂交（附图23-3）。采用这种杂交方法较一般在田间进行杂交的结实率可提高5～10倍，并且授粉工作不受气候条件的限制。杂交成功后，受精子房膨大形成浆果，到后期可套上自封塑料袋（附图23-3），以防遗失。

在马铃薯杂交育种程序中，在实生苗当代就发生性状分离，可以进行单株选择，以后利用入选单株实生苗块茎进行无性繁殖、鉴定，因此，每个组合的实生种子应越多越好。根据国内外多年育种工作的实践经验，从实生苗中育成一优良品种的概率约为万分之一；如利用野生种进行种间回交育种，则概率更小，约十万分之一。每年进行有性杂交的组合宁可少一些，而每个组合收得的种子量要多一些。一般而言，进行杂交时，每个组合的杂交种子量不应少于3000～4000粒。

### （二）杂交育种程序

马铃薯杂交育种程序包括：亲本选择、杂交、实生籽世代选择和无性世代选择。田间试验包括选种圃、鉴定圃、品系比较试验、区域试验和生产试验。一般育成一个品种需要8～11年的时间（附件23-5）。

**1. 实生苗选种圃**　由于马铃薯纺锤块茎类病毒（PSTV）和安第斯潜隐病毒（APLV）可借实生种子传播，选用杂交亲本必须利用脱毒种薯，筛选未感染PSTV的块茎，确保获得无病毒的杂交种子。一般杂种实生苗种植在备有防蚜网的温室内，进行人工鉴定，选择优良无病毒的实生苗单株块茎。

**2. 无性鉴定种圃**　自入选的每一实生苗单株块茎中，取2～3个块茎种植在防蚜网室，同时在田间种植一行成一无性系，编号与继续种在防蚜网室的无病毒块茎系号一致。在田间条件下，进行抗病性、薯形等经济性状的鉴定和块茎产量的初步观察。根据田间鉴定结果淘汰劣系，并据淘汰结果同时淘汰网室内编号相同的无病毒材料。根据田间鉴定结果，入选率约10%。

在经田间鉴定入选的无性系块茎中，每系收获10个块茎以备下一年播种鉴定。同时，收获在网室无病毒的条件下繁殖经田间鉴定入选的无性系的无病毒块茎。无性系第一代块茎产量与第二代的产量及淀粉含量等密切相关。因此，第一代无性系的产量和淀粉含量等经济性状可以作为选择的根据。

种植自第一年无性系入选的品系，按成熟期分早熟及中晚熟两个选种圃进行鉴定。每品系种植10株，单行区，主要鉴定对病害的田间抗性及进行一般的生育期调查，入选的无性系每系收获60～80个块茎供下年试验。同时，根据入选结果，在网室内繁殖入选无性系的无病毒块茎或利用茎切割加速繁殖优异的无性系。

**3. 品系比较试验**　种植自上年入选的无性系，双行区，每行30～40株，每隔四区设一对照，即逢“0”“5”设一对照。主要根据田间生育期，对病害的抗性、块茎产量、淀粉含量、蛋白质含量等决选优良无性系。于防虫网室内利用茎切割技术加速繁殖入选品系的无病毒种薯。

种植入选的品系，5行区，每行20株，重复4次，田间设计多为随机区组法，设对照。生育期及收获后调查抗性、产量、品质等性状，所采用的对照品种必须用经茎尖培养脱除病毒的种薯，对入选品系采用人工接种鉴定其对病毒的抗性。在网室内加速繁殖入选无性系，供区域试验和生产试验用种薯。

**4. 区域试验和生产试验** 区域试验至少须连续进行2年，田间设计为随机区组。在区域试验的基础上进行生产试验，每品种播种面积应加大至1～2亩。采取适于当地栽培条件的密度和栽培方法，设对照品种以便比较。

## 三、诱变育种

诱变育种是人为利用各种物理化学因子诱导植物产生新的基因型。在马铃薯中，其诱变频率较芽变率增加1000倍左右，因而也被育种家作为选育马铃薯新品种的一种手段，并在实践中选育出了一批有利用价值的新品种（系）。Behnke（1979）用X射线处理马铃薯愈伤组织，成功地获得了抗疫霉病的突变体。Kale等（2006）用甲基磺酸乙酯（EMS）处理微型薯，其后代所结薯块重量增加。Goulet等（2008）利用定点突变将编码植物半胱氨酸蛋白酶基因的特定氨基酸位点进行突变后，成功地产生了对食草昆虫消化具有抑制效力的突变体。在马铃薯的诱变育种中，常用的是X射线和γ射线，一般辐照块茎，通常的剂量为0.516～1.29C/kg［2000～5000R（伦琴）］。



## 四、马铃薯脱毒种薯生产

马铃薯种薯生产采用原原种、原种和良种三级程序。由温室和网室内生产的脱毒小薯叫原原种，以此向原种场供种；由原种场繁殖的种薯为原种，供应给种薯生产基地；生产基地生产的脱毒良种可供生产单位或种植户作生产用种。马铃薯种薯生产除与其他作物一样要防止机械混杂、生物学混杂和保持原种纯度外，更重要的是防止或减少病毒病的侵染。因为马铃薯为无性繁殖作物，优良品种的无病毒原种一旦感染病毒，由于系统侵染可经种薯连续传病并逐代积累，经数年即可完全感病，使产量严重下降。因此，脱毒种薯的生产是马铃薯良种推广的一项重点工作。马铃薯脱毒种薯生产程序包括：脱毒组培基础苗的建立、脱毒组培苗快繁、原原种生产和原种生产。

脱毒组培基础苗的建立采用茎尖剥离组织培养技术，并经检测确认不带马铃薯卷叶病毒（PLRV）、X病毒（PVX）、A病毒（PVA）、Y病毒（PVY）、S病毒（PVS）或M病毒（PVM）等病毒和纺锤块茎类病毒（PSTVd）。除PSTVd外，马铃薯病毒检测采用酶联免疫吸附试验（ELISA）检测，无阳性反应再用指示植物鉴定；PSTVd用往复聚丙烯酰胺凝胶电泳法（R-PAGE）检测，鉴定筛选出不带病毒的脱毒苗可作为组培快繁的基础苗。

脱毒苗的快繁采用试管苗组织培养方法，将脱毒苗剪切成1cm左右，带一叶一芽的茎段接种于继代培养基上，每瓶培养基接种10～15个茎段，待茎段长成高10cm左右小苗（培养15～30天），进行切段转接，如此反复继代培养繁殖。

原原种生产是在脱毒试管苗繁殖到所需数量后，将长到7～8片叶，苗龄30d左右的组培苗拔去瓶塞，置于阴凉处炼苗2～3天；用镊子将脱毒试管苗轻轻取出，用剪刀剪为3～4cm长的茎段，扦插到隔离网室或温室的蛭石和珍珠岩混合基质（比例2∶1）上，轻细均匀喷水，使基质充分饱和吸水，及时拱棚盖膜，小拱棚内相对湿度保持在90%～95%。待小苗生根成活（插后7～10天），及时撤小拱棚。根据苗情喷施0.2%～0.3%的营养液4～6次（出拱棚后第一次喷肥浓度应减半）。早熟种在扦插后60～65天，中早熟种65～70天，晚熟种在插后75～80天即可收获。收获时避免机械损伤和品种混杂。收后摊晾4～7天，剔除烂薯、病薯、伤薯及杂物。

原种生产一般选择海拔1500m以上的高寒少蚜山区或中低海拔地区自然隔离条件良好（500m内无茄科、十字花科作物，无商品薯种植）、土质疏松、肥力中上、排灌方便，两年内未种植过茄科和十字花科作物向阳的地块（最好是砂壤土）。在现蕾至盛花期，两次拔除混杂植株、异常株及其地下块茎。期间喷施杀菌剂和选用不同杀虫剂，防治病虫害。

# 第五节　马铃薯育种研究动向

历史上，马铃薯在解决粮食短缺和消除贫困方面发挥了重要作用。随着马铃薯产业发展的不断深入，不同用途和产区对马铃薯本身的生物学性状及其对应技术的要求也更加具体和苛刻，马铃薯育种目标不再单单是追求高产和抗病，还要考虑加工特性及营养品质，同时为了更好地应对环境挑战，提高品种耐旱性和抗病虫害能力成为全球马铃薯育种计划的重要目标。因此，马铃薯育种目标的综合化和高标准化日渐突显，而种质资源利用和育种方法的不断革新将成为马铃薯遗传育种研究的重要内容。

## 一、种质资源的保护、评价与筛选

长期以来，由于人类主要按照食用口味和产量进行选择，导致其遗传基础狭窄、野生资源流失或灭绝（联合国粮食及农业组织，2009）。因此，以支撑马铃薯产业可持续发展的资源保护与利用研究已引起国际马铃薯界的高度重视。

世界范围内，目前保存了大约30大类共65 000份马铃薯种质资源。世界上马铃薯种质资源收集和保存的机构主要有：国际马铃薯中心（International Potato Center，CIP）、荷兰遗传资源中心（Centre for Genetic Resources，the Netherlands，CGN）、英国马铃薯种质资源库（Commonwealth Potato Collection，CPC）、德国马铃薯种质资源库（The IPK Potato Collections at Gross Luesewitz，GLKS）、美国马铃薯基因库（National Research Support Project-6，NRSP-6），此外，秘鲁、玻利维亚、阿根廷、智利等国都建立有马铃薯种质资源库。据估计，中国目前保存有5000余份种质资源，以国内外育成品种和品系为主，野生种资源偏少。

国际马铃薯中心（CIP）拥有大规模的马铃薯种子和基因资源库。到1997年，CIP研究人员对46 124份材料的生物和非生物胁迫的反应进行了评估，对收集的种质资源进行了重新鉴定和登记（Huaman等，1997），对所收集的2379个安第斯栽培种的形态特征数据进行了聚类分析，建立了一套马铃薯核心种质数据库。马铃薯基因库遗传基础相对狭窄，而野生种质资源实际利用得很少，进一步利用潜力还很大。随着科技的进步，非四倍体的种质资源将会越来越多地被利用在马铃薯育种上。胚乳平衡系数（endosperm balance number，EBN）为2的二倍体能和四倍体杂交，大大促进了二倍体资源在马铃薯育种上的应用（李文刚，1991；邱彩玲，2007）。根据国内外广为利用*S. andigena*作为杂交亲本的育种效应，安第斯栽培种将成为今后提供获得高产、抗病、优质新品种的比较理想的原始材料，同时也可为利用马铃薯杂种实生种子生产种薯的选育工作提供优良的杂交亲本。

我国马铃薯品种遗传基础狭窄，专用型品种少，优异种质资源匮乏。我国马铃薯产业的发展，特别是加工业的规模扩大，对专用型马铃薯品种的需求非常迫切。目前，国内所用的加工型品种基本上还是国外引进品种，如‘大西洋（Atlantic）’‘夏波蒂（Shepody）’和‘麻皮布尔斑克（Russet Burbank）’。随着马铃薯栽培面积的不断扩大，马铃薯主产区连作越来越频繁，马铃薯病害越来越严重，特别是晚疫病对生产的威胁很大。此外，抗逆境品种的选育也是当务之急。因此，加强马铃薯种质资源的基础研究，通过资源鉴定、远缘遗传重组、优良基因聚合等现代生物技术与传统技术结合，重点发掘和创新我国育种急需的抗生物胁迫（晚疫病、青枯病、甲虫等）、耐逆境（耐旱、耐寒、耐盐碱等）、优质（抗低温糖化、高蛋白质）、早熟的基因资源和种质材料，为突破性新品种选育提供新方法和新育种资源（柳俊，2011）。

## 二、重要性状的功能基因组研究

随着马铃薯基因组测序计划的完成，马铃薯后基因组时代已经到来，以揭示基因组的功能及调控机制为目标的功能基因组学研究，将成为马铃薯研究的热点和重点。目前，马铃薯功能基因组学研究已经涉及抗晚疫病与病原菌感病机理、抗低温糖化机理、休眠机理、淀粉合成机理、糖苷生物碱合成代谢机理等方面，但研究还不够深入。今后，要加大研究力量和经费投入，充分利用丰富的马铃薯结构基因组学信息资源，应用高通量的实验分析方法并结合统计和计算机手段，重点开展产量、品质和抗性相关基因鉴定并克隆，分析基因的表达、调控与功能，基因间、基因与蛋白质之间和蛋白质与底物、蛋白质与蛋白质之间的相互作用，阐述重要性状的形成机理以及生长、发育等规律。这将有助于对马铃薯基因结构和功能的认识，可为马铃薯分子设计育种提供前所未有的信息和高通量的筛选平台，并为马铃薯分子育种提供功能基因组水平的知识支撑。

## 三、现代育种技术研究

随着分子生物学理论与生物信息学的迅猛发展，分子育种技术已成为马铃薯育种研究领域的热点（张永芳，2010）。李兴翠等（2017）的研究表明，分子标记SCAR5-8能较好地区分四倍体马铃薯品种的熟性，该标记可以用于四倍体马铃薯熟性的标记辅助选择。朱文文等（2015）的研究表明，酶切扩增多态性序列（CAPS）标记1137-CAPSVI可以用于四倍体马铃薯圆形薯形分子标记辅助选择。范书华等（2019）开发的高分辨率熔解曲线（HRM）分子标记可用于高支链淀粉马铃薯的种质资源鉴定以及分子标记辅助育种。马铃薯晚疫病的主效抗病基因*R1*、*R3*、*R6*、*R7*、*RB*、*R11*等均可用于分子标记辅助选择。Ali等（2000）将编码阳离子肽基因转入马铃薯中，所获得的转基因植株对晚疫菌、细菌性软腐病菌的抗性均增强。Bell等（2001）将雪花莲凝集素编码基因导入马铃薯中，所获得的转基因植株对鳞翅目夜蛾科的昆虫具有抗性。Marchetti等（2000）将大豆中分离的丝氨酸蛋白酶抑制剂基因导入马铃薯中过表达后明显减少了夜蛾科幼虫的侵害。Goddijn等（1997）成功地将大肠杆菌海藻糖合成酶基因*ots AB*导入马铃薯中，提高了转基因植株的耐寒性。目前，在马铃薯遗传图谱的构建、重要农艺性状基因的定位、克隆以及序列的测定等方面已取得实质性进展，为马铃薯分子标记辅助育种奠定了一定的基础。此外，倍性育种技术、细胞融合技术、2*n*配子介导的远缘杂交技术、转基因技术等在马铃薯育种上均有利用。这些技术的应用可以缩短育种年限和加快育种进程，为马铃薯产业的发展提供品种支撑。

## 本章小结

马铃薯是人类重要的粮、菜、饲、加工兼用作物，具有适应性广、丰产性好、营养丰富和经济效益高的特点，培育高产、优质、抗病、高效马铃薯新品种对于满足人们的需要具有重要意义。广泛收集国内外马铃薯品种资源及其野生近缘种质资源，研究其特征特性及其主要性状的遗传规律，采用芽变育种、杂交育种、诱变育种等方法，可以较快地选育到符合生产需要的优良马铃薯新品种，通过茎尖组织培养技术可以快速生产无病毒种薯。

## 拓展阅读

**土豆的营养价值及药理作用**

土豆（马铃薯俗称土豆）是低热能、多维生素和微量元素的食物，是理想的减肥食品。科学证明，含钾高的食物可以降低中风的发病率。每100g土豆含钾高达300mg。专家认为，每周吃5～6个土豆可使中风概率下降40%。中医认为，土豆性平味甘，具有和胃调中、益气健脾、强身益肾、消炎、活血消肿等功效，可辅助治疗消化不良、习惯性便秘、神疲乏力、慢性胃痛、关节疼痛、皮肤湿疹等症。土豆对消化不良的辅助治疗有效，是胃病和心脏病患者的优质保健食品。

## 思考题

扫码看答案

1. 简述马铃薯主要栽培区的育种目标。
2. 简述马铃薯的遗传特点。
3. 列出马铃薯的质量性状和数量性状。
4. 试述马铃薯对晚疫病和病毒病的抗性遗传特点。
5. 马铃薯晚疫病抗性常因突变而丧失，试根据其抗性遗传特点，提出一个育成广谱抗性品种的方案。
6. 马铃薯种质资源有哪些类型？举例说明各类种质的特点及其潜在的育种利用价值。
7. 试述马铃薯新型栽培种的来源及其在育种中的价值。
8. 试述富利亚薯在马铃薯育种中的应用途径和方法。
9. 试述马铃薯的育种方法和育种程序。
10. 简述马铃薯脱毒种薯的生产技术。

# 第二十四章 大豆育种

大豆［*Glycine max*（L.）Merrill］，起源于中国，世界上的大豆几乎都是直接或间接从中国引种，大约在公元前200年引至朝鲜，而后由朝鲜又引至日本，18世纪才开始引至欧洲，19世纪初引至美国，以后又引入中美洲及拉丁美洲。在20世纪60年代以前，中国是世界上最大的大豆生产国和出口国。2018年全球大豆的总产量为3.4亿t，前5位的大豆生产国美国、巴西、阿根廷、中国、印度分别占35.46%、33.81%、10.84%、4.07%和3.95%；单产前3的国家是土耳其、意大利和美国，其平均单产依次为4262.1kg/hm$^2$、3487.6kg/hm$^2$和3468.1kg/hm$^2$。2018年，世界大豆平均单产约为2791.4kg/hm$^2$，而我国仅为1780.1kg/hm$^2$，与土耳其、意大利和美国相比还有较大的差距。

## 第一节 国内外大豆育种概况

### 一、我国大豆育种概况

20世纪50年代，全国各有关科研机构的大豆育种工作即已开始，当时主要是从地方品种中选出一批优良品种，就地繁殖扩大，并经过引种试验后进行示范推广。随后在此基础上开展了系统育种和杂交育种等。

"六五"开始，国家组织大豆育种攻关研究，育成42个品种；"七五"期间，开展了高产、稳产、优质、抗病虫大豆新品种选育和大豆育种应用基础和技术研究；"八五"以后，加强了特异新材料的研究，包括用于杂种优势利用的不育材料的探索、群体种质的合成、高产株型的探求、对食叶性害虫的抗性研究、品种广适应（光、温钝感型）的选育等内容；"九五"期间建立了国家大豆改良中心及分中心；"十五"国家高技术研究发展计划（863计划），加大了大豆分子育种技术及优质专用新品种的研究力度。

### 二、世界大豆育种概况

1970以前，美国大豆育种计划是国家资助的，起初由农业部的育种家开始，而后一些州试验站也开始大豆育种；目前，国立和州立的大豆研究以基础性工作和种质创新为主。《植物品种保护法》颁布以后，私营种子公司的大豆育种工作迅速发展，逐渐成为主要育种力量。美国大豆育种的主要进展包括几个方面：①生育期类型由早期比较粗放的8个到现在比较精准的13个。②产量的遗传改进每年为0.5%～0.7%。③抗炸荚性与抗倒伏性的改进使现代品种适于机械化作业。④育成抗大豆疫霉根腐病、孢囊线虫病及地方性病害褐色茎腐病、猝死综合征的品种。⑤育成了抗叶食性害虫（大豆夜蛾、棉铃虫、墨西哥豆甲等）的品种。⑥在耐碱性土壤缺铁黄化和耐酸性土壤铝离子毒性方面均已有明显进展。⑦品质性状最突出的改进是油脂的亚麻酸含量从8.0%降低至1.1%，油酸含量从25%增加至60%～79%，创造出新种质。⑧抗除草剂转基因大豆的育成。美国孟山都公司将细菌中的抗草甘膦靶标酶基因导入大豆，获得抗草甘膦转基因大豆，1995年在美国大规模推广。

巴西早期大豆生产从种子到栽培技术都是从美国引入的。经过多年的研究，已培育出适应当地的新品种100多个，尤其突出的是，育成了抗臭椿象的新品种。阿根廷的大豆生产主要品种也是由美国引入，少数品种由巴西引入。日本、韩国大豆育种突出品质改良，主要包括纳豆和豆芽用小粒品种以及直接食用的大粒型品种，另外强调品种外观品质、营养或保健品质性状的改良。

## 第二节 大豆育种目标及主要性状的遗传

### 一、大豆育种目标

与高产、优质、高效农业发展方针相应的大豆育种目标包括生育期、产量、品质、抗病虫性、耐逆性、适于机械作业以及其他特定要求的性状改良。中国的大豆栽培主要集中在三个区域，不同栽培区域的育种目标不同。

### （一）北方春大豆区

本区包括黑龙江、吉林、辽宁、内蒙古、河北与山西北部及西北各省北部等。这个地区大豆一般于4月下旬至5月中旬播种，9月中下旬收获。该地区气温较低，光照时数较长，无霜期较短（95～170天）。本区是中国大豆的主要生产基地，其育种的主要目标如下。

1）适时早熟　要求品种既能在正常的秋霜之前，叶全部脱落，豆荚呈现原色，达到充分成熟的程度，又要能充分利用生长季节，达到早熟高产的目的。

2）高产稳产　要求在同等条件下比原推广品种增产10%以上。一般产量指标是，低肥、干旱地区2625～3000kg/hm$^2$，中肥地区3375～3750kg/hm$^2$，高肥地区3750～4500kg/hm$^2$，产量攻关目标是4875kg/hm$^2$。

3）品质好　要求黄色种皮、淡脐、有光泽，球形或接近球形，百粒重18～22g。含油量不低于20%，高油要达到23%以上；蛋白质含量不低于40%，高蛋白质要求是44%以上，双高育种目标是含油量21%以上，蛋白质含量43%以上。

4）抗病虫　主要抗大豆花叶病毒、大豆孢囊线虫、灰斑病、根腐病、大豆食心虫、大豆蚜虫等。

5）适于机械化作业　结荚部位要高、秆状不倒、成熟期一致、株型紧凑、不炸荚等。



### （二）黄淮夏大豆区

本区包括河南、安徽、山东等省，此地区无霜期180～220天，年平均温度12～15℃，年日照时数1800～2500h，一般于6月中下旬播种，9月中下旬或10月上中旬霜前收获。本区大豆主要用于豆制品加工。

本区主要育种目标是：①熟期适中，一般100～110天；②产量目标3000～3750kg/hm$^2$，攻关目标4500kg/hm$^2$；③含油量高于20%，蛋白质含量不低于40%，高蛋白质品种应达到45%以上；④抗大豆花叶病毒病，大豆孢囊线虫、豆荚螟、豆秆黑潜蝇，部分地区要求耐旱、耐盐；⑤适于机械收获。

### （三）南方大豆区

本区指长江流域及其以南地区，包括江苏、湖北、湖南、四川、江西、浙江等。无霜期210～310天，年平均气温15～17℃，年日照时数1200～2200h。大豆种在麦类和油菜之后，在旱地与玉米、甘薯等间作。播种期为5月下旬至6月下旬，9月下旬到10月上旬成熟，生育期120～150天。

本区除部分地区以种植大粒品种外销出口外，大部分用于豆制品加工、鲜食大豆等，蛋白质含量要求高。该区主要育种目标是：①适期成熟；②一般产量目标2625～3000kg/hm$^2$，攻关目标3750kg/hm$^2$；③含油量19%～20%，春播品种蛋白质不低于42%，高蛋白质品种要求达到46%以上；④抗大豆花叶病、大豆锈病，间作大豆区要注意耐阴性；⑤适于机械化收获。

## 二、大豆主要性状的遗传

大豆性状可分为数量性状和数量性状，但这种区分是相对的，常因所用的材料不同而不同，如株高有的表现为少数主基因控制质量性状，有的表现为多基因控制的数量性状。

### （一）主要质量性状的遗传

**1. 植株形态性状**

1）花色的遗传　大豆的花色主要分紫、白两种，为1对基因控制。$W_1$为紫花基因，$w_1$为白色基因。紫花基因同时控制下胚轴和小叶柄是紫色，而白花基因则是绿色，这是一因多效的表现。

2）茸毛色遗传　大豆茎、荚和叶子表面有许多茸毛，茸毛主要分棕色和灰色两种。棕色含褐色色素，由于色素含量和茸毛稀疏的不同，使大豆的棕色茸毛深浅不一。茸毛色由1对基因控制，棕色（$T$）相对于灰色（$t$）为显性。

3）茸毛有无　无毛$P_1$对有毛$p_1$为显性，无茸毛对大豆实心虫有抗性，但叶子常生长不正常（皱缩）。

4）荚熟色　成熟时荚皮逐渐退去绿色，显现品种荚皮色泽的特征，主要有黑、褐、草黄色，由两对基因控制，深色表现为显性。$L_1$存在时为黑色（$L_1\_L_2\_$、$L_1\_l_2l_2$），$l_1l_1L_2_$为褐色，$l_1l_1l_2l_2$为草黄色。

5）叶形遗传　大豆叶形主要有椭圆形、卵圆形和披针形。椭圆形叶基因$lo$也控制二粒荚性状，卵圆形叶基因$Ln$同时控制三粒荚性状，披针形叶基因$ln$与四粒荚连锁。

6）落叶性　大豆成熟的落叶性由1对基因控制，落叶（$Ab$）相对于延迟落叶（$ab$）为显性。

**2. 生育特征质量性状的遗传**

1）结荚习性　由2对基因控制，$Dt_1$为无限结荚习性，$dt_1$为有限结荚习性；$Dt_2$为亚有限结荚习性；$dt_1$对$Dt_2$和$dt_2$有隐性上位作用。因而$dt_1dt_1dt_2dt_2$及$dt_1dt_1Dt_2Dt_2$为有限结荚习性，$Dt_1Dt_1Dt_2Dt_2$为亚有限结荚习性，$Dt_1Dt_1dt_2dt_2$为无限结荚习性。

2）花序长短　长花序对短花序为显性，分别由$Se$和$se$控制。

3）雄性不育　已报道的均为核不育，其不育机理均为孢子体基因型控制的不育。雄性可育为显性$Ms$，不育为隐性$ms$。

4）炸荚性　带$Sb_1$基因的不炸荚，带$sb_1$基因的炸荚。

**3. 抗病性**　大豆灰斑病为1对基因控制，抗为显性；霜霉病为1对基因控制，抗为显性；花叶病毒为1对基因控制，抗为显性，感为隐性；大豆孢囊线虫由3个互补基因和1个主基因控制，隐性抗病基因为$rhg_1rhg_2rhg_3$，显性抗病基因为$Rhg_4$。

**4. 籽粒性状遗传**

1）子叶色　大豆子叶色分为黄色和绿色两种。黄色为显性，由2对基因控制，具有$D_1$或$D_2$基因为黄色，$d_1d_1d_2d_2$为绿色。

2）种皮色、脐色　大豆种皮可分为黄、青、黑、褐、双色（猫眼豆）5种。其中每种又有程度的不同。黄种皮对绿种皮为隐性，前者为$g$，后者为$G$。大豆脐色有无色、极淡色、淡褐、褐、深褐、灰蓝色和黑色，种皮色和脐色相互联系和影响，大豆种皮色和脐色的遗传比较复杂。$I$使色素全被抑制造成淡色脐，当黑色基因$R$存在时产生灰蓝色脐，即$IR$；当褐色基因$r$存在时产生淡褐色或无色脐，即$Ir$；$i^i$将黑色或褐色限制于脐内；$i^k$将黑色或褐色限制于脐的两侧，造成马鞍状双色；$i$无抑制作用，使黑色或褐色遍及全种皮而成黑或褐种皮。以上$I$、$i^i$、$i^k$、$i$依次或者对前者为显性。

### （二）大豆主要数量性状的遗传

**1. 生育期**　生育期是比较简单的数量性状，由少数几个主要基因控制，同时受一些次要基因的影响，主要基因存在时，次要基因被抑制。基因的作用方式以加性效应为主，成熟期不同的亲本杂交，$F_1$代是中间型，$F_2$代是正态分布，且有超亲现象，$F_3$代基本上保持$F_2$代类型。因此在$F_2$代、$F_3$代即可对生育期进行选择。

**2. 株高**　株高的基因作用方式以加性效应为主，上位效应次之，显性效应也很重要。据报道$F_2$～$F_4$代株高的平均遗传率分别为0.57、0.71和0.75，因此，育种中对株高从$F_2$代起即可进行单株选择。

**3. 主茎节数**　大豆豆荚着生在节上，主茎节数多的类型往往结荚数多，大豆主茎节数的遗传与株高相似，但比株高复杂，$F_1$代节数一般表现为部分显性。育种上，在$F_3$代可对主茎节数进行选择。

**4. 分枝数**　大豆分枝数变异大，环境变异系数明显大于遗传变异系数，遗传力低。一个稳产的品种在一个地点栽培，分枝数变异系数为10%～30%，$F_2$代、$F_3$代分离群体的变异系数为30%～40%。因此，育种的早期世代不必进行分枝的选择。

**5. 倒伏性**　大豆的抗伏性与结荚习性、株高、茎粗、栽培条件和气象等因素有关，遗传比较复杂。在进行抗倒伏性选择时，应在育种目标对品种生态型需要的基础上，依据株行的平均表现进行选择。

**6. 产量因素**　大豆育种最重要的性状是产量、单株产量与群体产量，三者既有联系又不相同，构成单株产量的主要因素为每株荚数、每荚粒数、百粒重等。产量具有杂种优势，显性和上位效应显著，遗传力低，受环境影响较大。对产量的选择要在分离世代的中后期进行。每株荚数$F_1$代有正向超亲，$F_2$代接近正态分布；每荚粒数$F_1$代表现负向部分显性，$F_2$代偏负向分布；百粒重$F_1$代负向部分显性，$F_2$代正态，若要选大粒品种，应避免用小粒型亲本。

**7. 油分和蛋白质**　一般而言，大豆的油分与蛋白质含量呈负相关。油分含量以加性效应为主，同时也有一定的显性和上位效应，遗体力中等，从$F_3$代起按组合选效果较好。蛋白质遗传同样以加性效应为主，同时有一定的显性作用，遗传力中等偏大。

大豆数量性状遗传力的大小依次为生育期＞株高、主茎节数＞百粒重＞每荚粒数＞油分含量＞蛋白质含量＞分枝数、倒伏性＞单株荚数、单株粒数＞单株粒重。产量与生育期、株高、主茎节数、分枝数、单株荚数和单株粒数呈正相关；成熟越迟，油分含量越高，蛋白质含量越低；蛋白质含量高的品种，一般产量欠理想，每株粒数少。高产大豆一般具有一定的植株高度、不倒伏、生育期适中、百粒重高、主茎节多，单株荚多等。

研究还发现，要提高单株结荚数，往往百粒重会降低；要提高每荚粒数，百粒重降低；要提高百粒重，往往每株荚数及每荚粒数降低。所以，对一些主要性状做选择时，要注意另一些性状的变化。人们总是喜欢大粒类型，但大粒型往往生育期长，结荚稀少，需要较好的肥水条件；而小粒型生育期较短，结荚多，分枝性好，在干旱瘠薄的条件下仍能正常生长。所以在积温较少、水肥条件差的地区，一般不要强调籽粒太大。总之，在实际育种工作中不能根据一个性状进行选择，而需同时权衡几种性状的要求。



# 第三节　大豆种质资源

## 一、大豆的起源与进化

### （一）大豆的起源

大豆起源于中国，这是各国学者所公认的。大豆在我国的起源地区有东北起源、南方起源、多起源中心、黄河流域起源等多种假说。由于关于大豆最古老的文字记载多在黄河流域，结合考古和一些形态性状、农艺性状比较分析，黄河中下游起源学说得到广泛支持。盖钧镒等对中国不同地区代表性栽培大豆和野生大豆生态群体进行形态、农艺性状、等位酶、RFLP、RAPD分析发现，南方野生群体多样性最高，其中各栽培大豆群体与南方野生群体遗传距离近于各生态区域当地的野生群体，从而认为南方原始野生大豆可能是栽培大豆的共同祖先，并由南方野生大豆逐步进化成各地原始栽培类型，再由各地原始栽培类型相应地进化为各种栽培类型，性状演化表现从晚熟到早熟的趋势。

### （二）大豆的进化

栽培大豆是从野生大豆经过自然选择和人工栽培驯化选择逐渐积累有益变异演变而成的。长期以来，从小粒蔓生的野生大豆向大粒秆强不倒的方向定向选择，逐渐积累形成现在的栽培大豆类型。

从大豆的粒形、籽粒大小、炸荚性、直立性等方面的变化可以明显地看出大豆的进化趋势。进化程度低的大豆表现为小粒、小叶、易炸荚、细茎、蔓生、籽粒长扁圆形或长圆形、多黑色或褐色种皮、分枝极为发达、典型的无限结荚习性、油分含量低、蛋白质含量高，对短光照的反应敏感。进化程度高的栽培大豆表现为大粒、大叶、秆粗直立、主茎发达、炸荚轻、有限结荚习性、油分含量高、对短光照反应相对较不敏感等。

大豆的进化，是定向逐渐积累细小变异的结果。从大豆的品种资源中可以找到由野生大豆到栽培大豆的各种过渡类型；栽培大豆和野生大豆染色体数目相同（$2n=40$），二者杂交时无杂交不亲和性和结实不正常现象；栽培大豆和野生大豆杂交后代出现一系列中间类型。

在进行大豆育种时，一个地区的大豆育种目标，必须针对一定进化程度的类型来确立。在肥水充足的条件下，就应以粒较大，秆强不倒，有限或亚有限结荚习性的类型为目标；在农业条件较差的干旱瘠薄条件下，应以生长高大繁茂，分枝性强，无限结荚习性，粒较小，进化程度较低类型为目标。在大豆杂交育种时，如果目的是直接育成生产上应用的品种，对选用进化程度低的类型为亲本，应特别慎重。因为其后代材料在进化程度上必然居两亲本之间，这样的杂交材料在抗倒伏性及适应现代农业技术方面，不如用栽培类型的亲本。

## 二、大豆的分类

大豆属豆科蝶形花亚科大豆属。大豆属有2个亚属，*Glycine*亚属和*Soja*亚属，共24个种。*Glycine*亚属内22个种为多年生野生种，与栽培大豆在亲缘关系上较远；*Soja*亚属内有两个种：*G.soja*一年生野生大豆和*G.max*一年生栽培大豆，这两个种具有相同的染色体组型，杂种结实良好。

关于栽培大豆的分类研究，方法较多。王金陵（1976）从实用性出发，提出栽培大豆分类时，可首先将全国大豆产区划分为栽培类型区，然后在各类型区再从种皮色（黄、绿、褐、黑、双色）、生育期、百粒重［大粒（$x\geqslant20g$）、中粒（$13g\leqslant x<20g$）、小粒（$x<13g$）］、结荚习性、花色、茸无色及叶型等方面可以逐步明确和认识品种的特点。

## 三、大豆的生态类型

### （一）生态类型的概念和意义

在长期栽培过程中，大豆品种对一定自然条件、耕作栽培条件及人们的利用要求等具有一定的适应性，形成了一定的特点，具有这些特点的大豆类型叫作大豆生态类型。一个地区的品种可能常有更替，但大豆的生态特点或生态类型总是相对稳定的。育种目标的制定、品种资源的收集、区域试验点的确定和引种等均要考虑生态类型。

### （二）大豆的主要生态性状

大豆的主要生态性状包括生育期、结荚习性、叶形、籽粒大小、种皮色、蛋白质含量与油分含量等。

**1．生育期**　我国大豆生态区域的划分是研究种质资源和进行分区育种的基础。根据生育期和生态环境，将我国大豆划分为3个栽培区和10个栽培亚区。

Ⅰ北方春作大豆区包括三个亚区，$Ⅰ_1$东北春播大豆亚区，$Ⅰ_2$内蒙古春播大豆亚区，$Ⅰ_3$新疆春播大豆亚区。

Ⅱ黄淮海流域夏作大豆区包括两个亚区，$Ⅱ_4$冀、晋、陕中部春、夏播大豆亚区，$Ⅱ_5$黄淮平原春、夏播大豆亚区。

Ⅲ南方多作大豆区包括五个亚区，$Ⅲ_6$长江中下游、秦巴春、夏播大豆亚区，$Ⅲ_7$鄂、赣、浙江、闽北春、夏、秋播大豆亚区，$Ⅲ_8$四川春、夏、秋播大豆亚区，$Ⅲ_9$云贵高春、夏、秋播大豆亚区，$Ⅲ_{10}$华南南部四季大豆亚区。

**2．结荚习性**

1）有限结荚习性　当茎顶花序形成后才在中上部节位开始开花，然后向下向上陆续开花，茎顶有明显的总状花序或荚序，顶部叶片大，透光性差，豆荚多分布在主茎的中上部。主茎发达，稀植时也有一定分枝，节间较短，植株较矮，茎较粗，抗倒伏能力强，喜肥水，在干旱瘠薄条件下生长较差。丰产潜力大，要求栽培技术条件好，肥水多一些。雨量充沛地区多是有限型。

2）无限结荚习性　在茎中下部节位开始开花，边开花边生长，总状花序不发达，顶端有1荚或2荚，主茎自下而上逐渐变细，叶子也逐渐变小，一般分枝多，节间长，高大繁茂，豆荚分布于主茎及分枝上。对干旱等不良环境有较强耐性，但不抗倒伏。

3）亚有限结荚习性　介于上述二者之间，顶端有明显的总状花序，但中部与上部节的粗细及叶大小相差悬殊。

无限结荚习性的大豆较能适应干旱少雨及地力较差的条件；有限结荚习性的大豆多分布于地力较高、雨量充沛、生长季节较长、播期较早、窄行密植的地区；亚有限结荚习性的大豆适于中上等耕作栽培条件的地区。

**3. 叶大小及叶形**　风沙干旱、地力瘠薄、杂草多的地区，应种植前期繁茂性较强，比较稳产的卵形叶大豆品种。当肥力好、光照不足时，小叶和尖叶品种较能适应；当光照好、肥力瘠薄时，大叶圆叶品种较能适应。

**4. 籽粒大小**　自然条件优良、土壤较肥沃、水分供应较充足的地区，一般种植籽粒较大（18～22g）的黄皮豆，小粒大豆适应瘠薄干旱条件。

**5. 化学成分**　从结荚到成熟温度偏高、比较湿润时，有利于蛋白质形成；从结荚到成熟温差大，白天多晴天，有利于脂肪的形成。东北大豆主产区：油分含量19%～22%，蛋白质含量37%～41%；黄淮平原大豆产区：油分含量17%～18%，蛋白质含量40%～42%；长江流域大豆产区：油分含量16%～27%，蛋白质含量44%～45%。

南方一般为晚熟品种，北方一般为早熟品种；降水量少地区，要求粒偏小些，而且种皮常常是黑色或褐色；在地力瘠薄而光照充足的地区，宽叶品种表现高产适应；在地力肥水足时，大豆易于生长高大，长叶小叶品种表现透光性较好，能达到较高的产量。

## 四、大豆的种质资源的研究

我国大豆的种质资源相对比较丰富，分布于全国各地，除广东、广西（南部）、海南、青藏和新疆高寒地区有待进一步考察外，凡有栽培大豆的地区均有野生大豆的分布，已采集到近7000份野生大豆样本。其中，*Glycine*亚属内的多年生野生大豆具有抗病、抗霜、耐旱、耐碱、对光照不敏感等优点，但其与栽培大豆杂交存在不孕和不实问题。

一年生野生大豆*G.soja*与栽培大豆*G.max*同为一个亚属，一般不存在杂交障碍，利用野生大豆、半野生大豆的高蛋白质（42.3%～54.0%）和多荚性来改良栽培大豆丰产性潜力很大。利用野生大豆曾选育出高产、高蛋白质、小粒等优良性状的品种。

从栽培大豆资源来看，世界各地均有适应当地的品种类型，特别是中国的大豆品种更是多种多样。不同地区的大豆品种资源往往具有不同的特点。

1）中国东北地区　大豆多是窄长叶、四粒荚、株型好，多为亚有限或无限结荚习性，主茎发达，高而不倒伏，不炸荚，百粒重18～21g，油分含量高，籽粒外观品质好，适于大面积机械化栽培管理，丰产的遗传基因较丰富。美国北半部大豆品种的血缘95%来自我国东北的6个品种。

2）中国陕西、山西中部北部地区　小粒黑豆、褐豆及黄豆，分枝多，生长势强，是耐旱、耐瘠薄、抗逆性强的重要种质资源。

3）中国长江流域及其以南地区　各种生育期类型都有，籽粒大小差异较大，蛋白质含量高，有限结荚习性资源多，秆强、荚密、高产，多数抗真菌病害。

4）中国黄淮平原地区　适应晚播，早熟，抗孢囊线虫、抗花叶病毒病，丰产株型方面有丰富的地方种质资源。

5）日本、朝鲜、韩国　在高蛋白质、大粒性、多荚丰产性、抗倒伏方面较突出，日本东部北海道的早熟大豆是宝贵的早熟源。

6）美国　繁茂抗倒、光合效率高、丰产性好、油分高，抗特定病虫，适宜机械化。

7）北欧与加拿大　具有早熟性、耐低温、耐弱短光等特点。

种质资源的收集要按育种目标，首先从与当地生态类型相近似的地区开始，每个样本有200～300粒即可。一般以地方品种为主，把种质资源产地的详细地点、自然情况、栽培条件、特殊用途与特点、来源等确切而又简明地记载，并给以编号。

种质资源鉴定时，首先按材料的名称、产地、结合籽粒性状进行鉴定，淘汰重复材料，然后按照收集地区顺序，编制田间种植计划书，田间每样本种3～5行。在夏、秋大豆地区，宜适当早播，以便各种材料能在较长光照下充分展现出品种的特征特性。通过田间观察，进一步淘汰重复材料。对于有明显变异的材料，可在成熟时单株收获，使其逐步纯化，以便于日后的鉴定与利用。经整理的材料，按生产地、生育期、种皮色重新编排登记，并给以固定代号。我国国家库以ZDD，美国以PI（plant inventory），再加上编号作为大豆资源的统一代号。田间生育期表现及一般性状特征的调查进行两年即可。对于抗病性、品质等性状的鉴定，应更准确严格。

我国作物种质资源由农业农村部统一管理，具体工作由中国农业科学院作物品种资源研究所统一种植、入库、保持和供应；各省农业科学院保存本省材料的副本。各地研究单位，根据需要与条件，保留一定量的大豆资源。大豆地方品种是含有多种基因型的群体，要保持群体中稀有基因型在繁种过程中不因随机漂移而丧失，通常应种植300～350粒种子，保证160～200个单株，收获保存2500～5000粒种子，尽量减少繁种次数。

## 第四节　大豆的育种方法

大豆是典型的自花授粉作物，其主要的育种方法有选择育种、杂交育种、诱变育种等。

### 一、选择育种

基于自然变异的选择育种（纯系育种、系统育种）是自花授粉作物常用的育种方法。自然条件下，大豆有0.03%～1.1%的天然杂交，这为选择育种奠定了基础。选择育种的基本步骤包括单株选择、株行试验、鉴定试验、品种比较试验、区域试验和生产试验等。

大豆的选择育种一般是在当地推广品种的群体中进行单株选择。大豆单株选择一般分为3个阶段进行：①生长期间按开花期、抗病性、耐逆性、长势长相以及一些与产量相关的性状进行初选；②成熟期间按成熟期、结荚习性、株高、株型、丰产性进行复选，复选单株收回考种；③室内根据百粒重、秕粒率及单株产量进行丰产性决选。根据性状相关研究，一般认为植株高大、直立、主茎节数多、分枝强盛、株型紧凑、茎秆粗壮的类型丰产性好。

株行的选择比单株选择更有利于对抗倒伏性、产量的选择，而株行产量是选择株行的重要参考。在鉴定圃与品比试验阶段，应注意试验设计的合理性，通过产量比较进行选择与淘汰。

### 二、杂交育种

杂交育种是大豆育种中最主要的育种方法，目前生产上推广的大豆品种大多都是通过杂交育种选育的。杂交育种中要注意亲本的选配、杂交方式和杂种后代的处理方法等。

#### （一）亲本选配

正确选配亲本是杂交育种成功的关键。熟悉原始材料的特征特性，了解性状的遗传规律，针对不同的育种目标选择适当的亲本。育种实践经验证明，以下亲本选配原则可以提高育种效率。

（1）选择生产上大面积推广的优良品种做亲本，优良品种集中了较多的优良基因。可以选择优缺点能够互补的亲本进行杂交，优中选优容易出品种。

（2）双亲最好都是高产品种，或至少一个是高产品种。实践证明，从高产×高产组合选出优良品种的机会高于中产×低产组合类型。

（3）亲本的目标性状表现要突出，且没有突出的不良性状。

（4）选择地理上距离较远或生态类型差异较大的品种杂交，能扩大后代变异幅度。

（5）选用配合力高的材料为亲本。

根据上述原则来选配亲本，必须注意选择亲本的性状要以当地栽培的表现为依据。同一品种在不同地区、不同栽培条件下的表现是有变化的，不能仅看资料介绍，以减少盲目性。

#### （二）杂交技术

**1. 大豆花器构造与繁殖方式**　大豆是自花授粉作物，天然杂交率为0.5%～1%。大豆是蝶形花，短总状花序，花色有紫、白两种。花序生长在各节的叶腋间或植株顶端，花朵成簇长在一个花梗上，每簇2～15朵花，每朵花有5个萼片，其上有茸毛，萼片下部联合成筒状，萼片内有5个花瓣，外面最大的一个叫旗瓣，在花未开放时包围其余4个花瓣，旗瓣内有两个翼瓣，再往里是2个联结在一起的龙骨瓣，龙骨瓣包围着10个雄蕊，其中有9个连在一起成管状，叫作管状雄蕊，单独的一个叫作单体雄蕊，雄蕊的中央有一枚雌蕊，由子房、花柱和柱头三部分组成，子房一室，内含胚珠1～4个（附件24-1）。大豆在开花的前一天，花冠由旗瓣包裹着，微微露于花萼之中，此时柱头已经发育成熟，可以接受花粉完成受精，但花粉成熟迟于柱头，通常在开花前一天的午夜或开花当日的凌晨才具正常发芽能力。花粉的生活力在自然条件下保持时间很短，一般只在开花当天有生活力。如果人工干燥后，在0℃左右的温度条件下保存，可以延长花粉的生活力，10天以后还能使雌蕊受精，2～3个月后仍具有发芽能力。

**2. 大豆开花习性**　大豆从出苗到开花所需的天数，因品种和环境条件而不同，东北春大豆一般需34～55天。大豆开花从花蕾膨大到花瓣完全开放一般为3～4天，从花瓣展开到花瓣关闭一般为1～2天。开花顺序因结荚习性不同而异。无限结荚习性的大豆主茎和分枝同时开花，一般从主茎第4节开始开花，然后主茎1～7节继续开花直到最上部的花开为止；亚有限结荚习性的大豆自下而上第1、2分枝靠近主茎的节开花早，顶端最晚；有限结荚习性的大豆由中部开始向上向下开花，顶端开花是该品种开花的最盛期（附件24-2）。

一般条件下，始花的3～4天后全株进入开花盛期，约持续10天，以后逐渐减少，全株开花期可达1

个月左右。大豆开花的时间一般在上午6～11点，下午很少开花，如沈阳市大豆开花集中在上午7～9点。

**3. 杂交授粉方法**

1）*母本花蕾的选择* 在母本小区内选生长健壮的单株做杂交亲本，然后选择杂交的花蕾。关于花蕾的部位，无论哪一种结荚习性的品种，都以中上部的杂交成活率高，选择杂交的花蕾，以花冠尚未露出花萼但能看出花冠的颜色，花冠在花萼间露出2mm为宜，此时柱头成熟，而花药未成熟，否则，花蕾过大时已自交，过小不易成活。

2）*去雄* 先把杂交花蕾节间开过的花或幼嫩的花蕾摘掉，只留下准备去雄的花1朵或2朵，然后用镊子先把花的萼片轻轻摘掉，接下来把整个花冠和雄蕊去掉（附件24-3）。

3）*授粉* 选择父本单株上将开尚未开的花朵，花药为金黄色，将花粉轻轻抹在母本的柱头上。一般每个组合做30～50朵花。

4）*包花和挂纸牌* 授粉后于主茎杂交花的那一节上挂一个纸牌，写明杂交组合、日期等，然后用相邻的豆叶将杂交授粉的花包好。

5）*杂交后管理* 授粉后的第3天检查杂交花是否成活，把包杂交花朵的豆叶打开，如果子房开始膨大，呈鲜绿色，表明已成活。如果杂交花干枯脱落，可将纸牌摘掉。为了保持杂交花荚正常生长，把该节再生的花蕾除去，每隔一周检查一次，一般要检查3～4次。

6）*收获* 收获前要认真辨认杂交的豆荚，去雄的豆荚无萼片且有一个黑环，极易辨认。按组合混合脱粒保存。

### （三）杂种后代群体的处理方法

$F_1$代按杂交组合顺序排列，每个杂交组合前后种植其父母本各一行，去除伪杂种。一般$F_2$代开始分离，到$F_4$～$F_6$代植株表型基本稳定。对杂种后代群体的处理方法主要有系谱法、混合法、单粒传法等。

**1. 系谱法**

1）$F_2$代 按组合将$F_2$代种子分别种植，顺序排列，种植父母本各1行，每隔19行种植1行对照品种，单粒点播，每个组合要种500株左右，根据成熟期、株高、结荚习性及种皮色等性状进行选择。从优良组合中选择主茎发达、结荚多的优良单株，分别脱粒，经室内考种，淘汰一部分不符合育种目标的单株。在$F_2$代要及早确定重点组合和一般组合，重点组合要多选单株，一般组合少选单株，并淘汰不符合育种目标的组合。

2）$F_3$代 将入选的$F_2$代单株种子，按组合、按单株种成株行（1行或2行），同时设对照。$F_3$代性状差异大，要先选优良组合，优良组合内选优良株行，每个优良株行内选3～5株，特别好的可多选。选择标准除了株高、成熟期、结荚习性外，应着重选择抗倒伏性、籽粒品质、百粒重，严格淘汰不符合育种目标的株系。

3）$F_4$代 种植方法同$F_3$代，应着重对每节结荚数、单株荚数、每荚粒数（3粒或4粒）和百粒重进行选择，淘汰表现一般的组合。

4）$F_5$代 种植方法同$F_4$代，由于各株系性状基本稳定，此时应重点根据各株系的长相，结合株系实际产量，以及株系的整齐度，对株系进行严格的选择。

**2. 混合法**

1）$F_2$代 对$F_2$代种子按组合种植，田间按生态型、抗性、长相淘汰一批成熟期太晚、生长势差、多病虫害的不良组合，再从留选的组合中，按生育期、株高、结荚习性、抗病性等选择数量较多的单株（集团选择进行分类后），混合脱粒。

2）$F_3$代和$F_4$代 种植及选择的方法同上，此世代每组合种植量应适当扩大。同时可增设组合产量测定试验，淘汰不良的组合。

3）$F_5$代 进行大量优良单株选择，分别脱粒。

4）$F_6$代 将$F_5$代选拔的单株种子种成株行，进行株行鉴定和选择，然后进入产量比较试验。

**3. 单籽传法及摘荚法** 典型的单籽传法是从$F_2$代起，每株上选一粒，第二年混合种植，直至性状基本稳定的$F_5$代开始，根据育种目标选单株，下一年种成株行，从中选择优良株行进行鉴定和产量比较。

由于单籽传法每株只收一粒，有些个体的后代可能会灭绝，因此目前多采用摘荚法。具体方法是从$F_2$代起根据各组合的成熟期、株高、结荚习性、倒伏程度等性状淘汰不良组合，在优良组合的植株上，每株摘一个荚，按组合混合脱粒，混合种植，直至$F_4$代或$F_5$代按育种目标选单株，下一年种成株行，从中选择优良株行进行鉴定和产量比较。

**4. 衍生系统法** 这个方法实际上是系谱法和混合法相结合的一种方法。其主要方法如下。

1）$F_2$代 对遗传力较高的性状选单株。

2）$F_3$代 将$F_2$代入选的单株按组合种植成株行衍生系，然后按目测和株行测产淘汰表现不良的衍生系。

3）$F_4$代 将入选衍生系进行产量比较试验，选择高产优良的衍生系。

4）$F_5$代 从入选的优良衍生系中选优良单株。

5）$F_6$代 将上代入选的单株分别种成株行，进行鉴定和产量比较。

## 三、诱变育种

大豆辐照诱变育种工作始于20世纪30年代，苏联学者用X射线照射大豆种子和开花的植株，获得了大量的变异类型。我国的大豆诱变育种研究于20世纪50年代后期开始，育出了许多优良品种，如‘黑农4号’‘铁丰18’等，大豆诱变育种中所观察到的突变性状多数是由少数基因控制的性状，如抗病性、生育期、株高、蛋白质含量、脂肪含量、百粒重、结荚习性等。

### （一）诱变方法

**1. 物理诱变** 常用$^{60}$Co-γ射线，X射线、热中子、紫外线进行外照射，处理干种子、湿种子或萌动种子、植株花器等。大多是把种子送到有钴源的原子研究所，处理剂量大多为半致死剂量，$^{60}$Co-γ射线剂量为1.5万～2.5万R。

**2. 化学诱变** 秋水仙碱应用最早，主要为诱发多倍体。处理萌动的大豆湿种子时，浓度为0.005%～0.01%，12～14h。诱变育种中目前广泛利用的为烷化剂，通过使磷酸基、嘌呤嘧啶基烷化而使DNA产生突变。应用多的有甲基磺酸乙酯（EMS）、硫酸二乙酯（DES）、亚硝基乙基脲（NEH）等，主要处理萌动的大豆湿种子，浓度分别为0.3%～0.6%，0.05%～0.1%、2μg/mL，时间为3～24h，处理后注意冲洗干净。

### （二）诱变基础材料的选择

选择处理的材料要根据育种目标而定。①如果是改变综合性状好的优良品种的一个或两个不良性状，则可用综合性状良好的当地或外地良种为诱变材料，效果较好。例如，黑龙江以‘满仓金’为基础材料，通过X射线处理，从后代中育成‘黑农4号’‘黑农6号’品种，克服了原品种秆软易倒的缺点，成熟期提早10天，脂肪含量亦有所增加。②如果是想选育一个综合性状好的优良品种，若当地良种的综合性状不够满意，要求育成更高水平的良种，基础材料可选用优良组合的早代分离群体，在杂合程度较高的情况下，可以获得更高的重组类型。③如果为了选育有突破性的高产品种，采用地理远缘的高世代材料较为合适。处理种子量一般一个品种500～2000粒即可，杂交后代处理单株种子以150粒为宜，留一部分未处理的种子做对照。



### （三）诱变后代的选择与处理

1）$M_1$代　也就是诱变处理当代，植株生长不良，有的没有生长点、植株矮小、叶皱、结荚小等，大量变异是由于诱变所致的生理损伤造成的生长发育差异，是不能遗传的。诱变处理引起的变异在这一代一般表现不出来，为此在$M_1$代主要是对材料细心加以管理，使之成活，不选择。

2）$M_2$代　是突变性状表现的主要世代，按株行种植，采用系谱法或摘荚法进行处理。

3）$M_3$代　依次种植株行，表现稳定的株行，按行选优；表现有分离的株行继续优行中选优株。

4）$M_4$及以后各世代　鉴定和产量比较试验为主。

大豆育种方法应根据条件和要求灵活运用。目前世界上大豆育种的主流是杂交育种，人工诱变多为辅助手段。

## 四、新技术的利用

### （一）性状鉴定技术

建立快速、经济、有效的鉴定技术体系对于育种目标性状的选择十分重要。抗病虫性鉴定技术在考虑植株本身抗性反应的基础上，还要考虑病虫的类型。例如，大豆抗花叶病毒（SMV）鉴定，SMV株系群体的变异程度很高，在东北、黄淮和南方大豆株系各有一套鉴别寄主体系，不利于抗源交流和育种效率的提高，为此南京农业大学经过综合选拔获得由8个代表性鉴别寄主组成的一套新的鉴别体系，并确定了南方和黄淮地区的SC-1～SC-10新株系10个，发掘‘科丰1号’等高抗种质21份。抗虫鉴定方面，根据我国豆秆黑潜蝇的发生与危害特点，提出在花期自然虫源诱发，荚期解剖检查的抗性鉴定方法，对我国南方4582份资源进行抗蝇性鉴定获得了优异抗源。南京地区食叶性害虫主要为豆卷叶螟、大造桥虫和斜纹夜蛾，利用自然虫源、网室接虫的植株反应（叶片损失率），以及人工养虫的虫体反应的抗性鉴定方法与标准，对6724份资源进行连续10年鉴定，从中筛选出‘吴江青豆3号’等高抗材料6份。

品质性状鉴定方面，应用近红外光谱测定技术可以快速测定大豆蛋白质、脂肪等成分含量。在感官品质鉴定方面，针对美国大豆提出了一套鉴定方法，包括鉴定人员判断能力评定、样品制备方法、主观偏差检测，以及感官模糊综合评价4个环节和外观、色泽、手感、口味、口感、香味6个评价因素，以及相应的5级评价标准。

### （二）转基因技术

转基因的两个主要技术环节是遗传转化和再生植株。在大豆上应用的遗传转化方法有基因枪法、农杆菌介导法、电穿孔法、PEG法、显微注射法、超声波辅助农杆菌转化法、花粉管通道法等。其中，以农杆菌介导法和基因枪轰击大豆未成熟子叶法报道最多。

农杆菌介导法是农杆菌在浸染受体时，细菌通过受体原有的病斑或伤口进入寄主组织，细菌并不进入寄主植物细胞，只把Ti质粒的DNA片段导入植物细胞基因组中。1988年Hinchee等首次以子叶为外植体，用含有pTiT37SE和pMON9749（含*npt* Ⅱ基因和*GUS*基因）或pTiT37SE和pMON894（含*npt* Ⅱ基因和草甘膦耐性基因）的农杆菌与子叶共培养进行转化，在含卡那霉素的筛选培养基上获得含*npt* Ⅱ基因和*GUS*基因共转化的不定芽，以及*NPT* Ⅱ基因和草甘膦耐性基因共转化的转基因植株，转化率为6%。对两种类型的转基因植株后代进行的遗传学分析表明，外源基因以单拷贝整合进入大豆基因组。此外，还以子叶节、子叶、下胚轴和未成熟子叶等为外植体，用农杆菌介导法将*Bt*基因、几丁质酶基因、SMV *CP*基因、*barnase*基因、玉米转座子*Ac*基因导入大豆中。

我国已有多篇报道显示，通过花粉管通道法将不同品种或种属乃至不同科的外源DNA直接导入大豆获得有用变异，并育成优质、高产新品种。尽管学术界对花粉管通道导入总DNA的机制尚有争议，但大量实验已证明这种方法作为诱发遗传变异的手段是有效的，而且已经证实将克隆的基因由花粉管导入，得到了标志基因的表达。

大豆外植体细胞再生的方式主要有两种，即不定芽器官发生和体细胞胚胎发生。其中主要是不定芽器官发生方式。不定芽器官发生方式所用的外植体包括子叶节、半种子、茎尖、下胚轴、初生叶和花序等。有报道表明，大豆未成熟胚也可以通过器官发生的方式再生（Hwang et al.，2008）。Cheng等（1980）首次利用大豆子叶节作为外植体获得再生植株。Hinchee等（1988）以大豆子叶节为外植体进行大豆遗传转化研究，并获得了转基因大豆再生植株。大豆子叶节不定芽器官发生体系也被认为是较为成熟的大豆再生体系。

大豆转化过程中常见的另外一种再生方式为体细胞胚胎发生方式。利用这一方式再生的外植体主要是大豆未成熟子叶。Christianson等（1983）首先观察到大豆细胞悬浮培养时的体细胞胚胎发生。Parrott等（1988）首次采用这一体系进行农杆菌介导转化研究并获得了转基因再生植株。由于新生胚主要分布在旧胚表面，在进行液体培养筛选时转化胚体可以和筛选剂充分接触，因而有效提高了筛选效果。与不定芽器官发生方式相比，体细胞胚胎发生方式的一个主要优势是由于体细胞胚体为单细胞起源，有效避免了嵌合体的产生。体细胞胚胎发生方式也被认为是解决大豆遗传转化中嵌合体问题最有潜力的再生体系。另外，由于体细胞团可以在含有2，4-D的诱导培养基上不断增殖，可以为大豆转化连续提供丰富的外植体材料，其再生率可以达到很高的水平。此外，体细胞胚胎发生方式可以模拟大豆合子胚发育过程，对研究大豆胚体发育、种子形成等重要生理过程具有独特的意义。其缺点是体细胞团组织培养过程复杂，培养周期较长，易产生体细胞突变及再生苗不结实等情况（杨向东等，2012）。

### （三）分子标记辅助选择

分子标记是以DNA多态性为基础的遗传标记，具有数量多、多态性高、多数标记为共显性、不受植株生长情况限制等优点。应用于大豆种质资源鉴定及育种的分子标记主要有RFLP、RAPD、AFLP、SSR、SNP等，已应用于大豆的遗传图谱构建、种质资源遗传多样性和遗传变异分析、重要性状的基因定位、分子标记辅助选择、品种指纹图谱及纯度鉴定等。

分子标记辅助选择（MAS）是将与育种目标性状紧密连锁或共分离的分子标记用于对目标性状进行追踪选择，是对基因型直接选择的方法。研究表明，通过MAS可以从早期世代鉴定出目标性状，有效缩短育种年限。Walker（2002）借助MAS进行大豆抗虫性的聚合改良，亲本‘PI229358’含有抗玉米螟的QTL，轮回亲本是转基因大豆‘Jack Bt’，在$BC_2F_3$群体中应用与抗虫QTL连锁的SSR标记和特异性引物分别筛选个体基因型，同时用不同基因型的大豆叶片饲喂玉米螟和尺蠖的幼虫。结果表明，抗虫QTL对幼虫的抑制作用没有*Bt*基因明显，同时含有*Bt*基因和抗虫QTL的个体对尺蠖的抑制作用优于仅含有*Bt*基因的个体。

基因聚合是分子标记辅助选择重要的应用之一。通过分子标记的方法可以检测与标记连锁的基因，从而判断个体是否含有某一基因，这样在杂交和多次回交之后就可以把不同基因聚集在一个材料中。例如，把抗同一病害的不同基因聚集到同一品种中，可以增加该品种对这一病害的抗谱，获得持续抗性。Walker等（2004）基于标记数据成功地把外源抗虫基因$cry_1Ac$和抗源‘PI229358’中位于M和H连锁群上的抗虫QTL（SIR-M、SIR-H）分别聚合获得不同组合的基因型（H、M、H×M、H×Bt、M×Bt、H×M×Bt）。抗性基因的聚合提高了大豆的抗虫性。

以DNA分子技术为基础的标记辅助选择、转基因技术大大丰富了常规育种中获得变异及检测、选择的内涵。利用分子标记辅助育种已成为植物育种领域的研究热点。但是，分子标记技术只是辅助表型选择，不能替代常规育种实践中要实施的综合性状选择技术，分子标记辅助选择与常规育种结合才能提高育种效率。同样，转基因技术也不例外。利用转基因技术可以打破物种界限，突破亲缘关系的限制，获得自然界和常规育种难以产生、具有突出优良育种目标性状的有益变异。但要获得优良品种仍需要常规选育技术。生物技术育种与常规育种的相辅相成将是一种必然的发展趋势。为了提高育种效率，需要进一步促进常规技术与新技术的结合，建立综合高效的育种技术体系。

## 本章小结

大豆是重要的经济和粮食作物，培育高产、优质、抗病、稳产、适应机械化的大豆新品种对于满足人们的需要具有重要意义。大豆起源于我国，是典型的自花授粉作物。广泛收集国内外大豆品种资源及其野生近缘种质资源，研究其特征特性及其主要性状的遗传规律，采用选择育种、杂交育种、诱变育种和分子育种等方法，可以较快地选育到符合生产需要的优良大豆新品种。

## 拓展阅读

**转基因抗除草剂大豆**

转基因大豆的研制是为了配合草甘膦除草剂的使用。草甘膦是一种非选择性的除草剂，可以杀灭多种植物，包括作物。草甘膦杀死植物的原理在于破坏植物叶绿体或质体中的5-烯醇丙酮莽草酸-3磷酸合成酶（5-enolpyruvylshikimate-3-phosphate synthase，EPSPS）。通过转基因的方法，让大豆产生更多的EPSPS，就能抵抗草甘膦，从而让大豆不被草甘膦除草剂杀死。有了这样的转基因大豆，农民就不必像过去那样使用多种除草剂，而可以只需要草甘膦一种除草剂就能杀死各种杂草。

## 思考题

扫码看答案

1. 简述大豆的生态类型及其重要的生态性状。
2. 大豆的质量性状和数量性状分别有哪些？
3. 简述大豆不同结荚习性的特征。
4. 简述大豆的进化程度与性状的关系。
5. 简述大豆人工有性杂交的过程，并说明大豆人工杂交成功率低的原因。
6. 简述大豆杂交育种亲本选配原则。
7. 简述大豆杂交育种中杂种后代的处理方法。
8. 简述大豆摘荚法的主要内容。
9. 简述国内外大豆育种概况。
10. 举例说明如何对大豆的数量性状进行选择。
11. 试述不同大豆栽培区域的主要育种目标。
12. 试述大豆的种质资源及其特点。
13. 试述大豆的主要育种方法。

# 主要参考文献


白金铠．1985．玉米大小斑病及其防治．上海：上海科学技术出版社

鲍晓鸣．1997．小麦耐湿性的鉴定时期及鉴定指标．上海农业学报，13（2）：32-38

北京农业大学作物育种教研室．1989．植物育种学．北京：中国农业大学出版社

蔡士宾．1990．小麦孕穗期耐湿性的形态指标探讨．作物品种资源，4：27-28

蔡兴奎，谢从华．2016．中国马铃薯发展历史、育种现状及发展建议．长江蔬菜，12：30-33

蔡旭．1988．植物遗传育种学．2 版．北京：科学出版社

曹旸，蔡士宾，吴兆苏，等．1995．小麦耐湿性的遗传特性研究．江苏农业学报，11（2）：11-15

车京玉，王洪军，时家宁．2009．小麦与玉米杂交诱导单倍体技术的应用与研究进展．农业科技通讯，（5）：53-55

陈成斌．2006．试论野生稻高蛋白种质在水稻育种中的应用．亚热带植物科学，35（1）：46-51

陈大洲，邓平安，肖叶青，等．2002．利用 SSR 标记等位东乡野生稻苗期耐冷性基因．江西农业大学学报：自然科学版，24：753-756

陈大洲，邓仁根，肖叶青，等．1998．东乡野生稻抗寒基因的利用与前景展望．江西农业学报，10：65-68

陈景堂，池书敏，马占元，等．2000．玉米改良单交种的聚丙烯酰胺凝胶电泳分析．华北农学报，15（4）：14-18

陈景炎．2009．回顾供种体制迎接种业蜕变．种子科技，（4）：19-20

陈侃声，王象坤．1984．云南稻种资源的综合研究与利用：Ⅱ．亚洲栽培稻分类的再认识．作物学报，10（4）：271-280

陈侃声，王象坤．1988．论亚洲栽培稻的籼粳分类．作物品种资源，（1）：1-5

陈明江，刘贵富，余泓，等．2018．水稻高产优质的分子基础与品种设计．科学通报，63（14）：1276-1289

陈乃用．2001．生物技术与转基因食品安全性的争论．食品与发酵工业，（4）：53-59

陈佩度．2001．作物育种生物技术．北京：中国农业出版社

陈瑞清，陈贺芹，谢俊良．1990．玉米抗大小斑病的遗传研究．见：朱立宏．主要农作物抗病性遗传研究进展．南京：江苏科学技术出版社，273-281

陈伟程，段韶芬．1986．玉米 C 型胞质雄性不育恢复性遗传研究．河南农业大学学报，（20）：125-140

陈新民，陈孝．1998．小麦×玉米产生单倍体及双单倍体研究进展．麦类作物学报，18（3）：1-3

陈秀晨，熊冬金．2010．植物抗逆性研究进展．湖北农业科学，49（9）：2253-2256

陈学平，王彦亭．2002．烟草育种学．合肥：中国科学技术大学出版社

陈彦惠．1996．玉米遗传育种学．郑州：河南科学技术出版社

陈玉卿．1993．芸薹属油菜种质资源抗（耐）菌核病、病毒病的鉴定．中国油料，（2）：4-7

陈志贤，Uewe D J．1994．利用农杆菌介导法转移 *tfdA* 基因获得可遗传的抗 2，4-D 棉株．中国农业科学，27（2）：31-37

陈志贤，佘建明．1989．从棉花胚性细胞原生质体培养获得植株再生．植物学报：英文版，31（12）：966-969

程式华，李建．2007．现代中国水稻．北京：金盾出版社

程式华，翟虎渠．2000．杂交水稻超高产育种策略．农业现代化研究，21（3）：147-150

程式华．2005．我国超级稻育种的理论与实践．中国农技推广，4：27-29

程式华．2010．中国超级稻育种．北京：科学出版社

崔野韩，陈如明，李昌健．2001．美国植物新品种保护审查制度．世界农业，（9）：36-38

崔勇，雷雨颜，王晓媛．2021．30 多年来世界马铃薯种植及交易情况分析．中国蔬菜，6：1-10

戴景瑞，鄂立柱．2010．我国玉米育种科技创新问题的几点思考．玉米科学，18（1）：1-5

邓仁菊，邓宽平，何天久，等．2014．马铃薯主要病害抗性育种研究进展．西南农业学报，27（3）：1337-1341

邓煜生．1991．世界棉花产销展望．中国棉花，5：47

丁红建，郭予元．1993．麦穗形态学与抗吸浆虫的关系研究．植物保护学报，20（1）：19-24

丁颖．1949．中国稻作之起源．中山大学农学院农艺专刊，7：11-24

丁颖．1957．中国栽培稻种起源及其演变．农业学报，8（3）：243-260

董普辉，袁建国，余奎军，等. 2009. 两系法杂交小麦育种限制因素的探讨与分析. 现代农业科学，16（8）：9-10
董玉琛. 1999. 我国作物种质资源研究的现状与展望. 中国农业科技导报，1（2）：36-40
杜鸣銮. 1993. 种子生产原理和方法. 北京：农业出版社
段娜，王佳，刘芳，等. 2018. 植物抗旱性研究进展. 分子植物育种，16（15）：5093-5099
段绍光. 2017. 马铃薯种质资源遗传多样性评价和重要性状的遗传分析. 北京：中国农业科学院博士学位论文
顿新鹏，朱旭彤. 2000. 小麦次生根皮层通气组织产生方式对小麦耐湿性的影响. 华中农业大学学报，19（4）：307-309
樊家霖，张建伟，杨保安，等. 1999. 河南省小麦诱变育种成就及发展对策. 麦类作物，19（6）：17-19
范书华，董清山，赵团结，等. 2019. 马铃薯高支链淀粉突变体'P24023'的HRM分子标记开发与应用. 中国马铃薯，33（6）：338-343
方宣钧，吴为人，唐纪良. 2000. 作物DNA标记辅助育种. 北京：科学出版社
傅廷栋，刘后利. 1994. 科学论文选集. 北京：北京农业大学出版社
盖钧镒. 2006. 作物育种学各论. 北京：中国农业出版社
冈绍楷，申宗坦，熊振民. 1996. 水稻育种学. 北京：中国农业出版社
高建勋. 2018. 转基因作物产业化之风险预防研究. 中国社会科学院研究生院学报，227（5）：104-113
葛陆星，康健，董翔宸，等. 2017. CRISPR/Cas9体系的多元化发展和应用. 农业生物技术学报，25（6）：939-953
耿爱民，韩文亮，李志刚，等. 2005. 超级小麦育种产量突破的探讨. 山东农业科学，（1）：19-21
巩振辉. 2011. 植物育种学. 北京：中国农业出版社
郭旺珍，周兆华. 1999. RAPD鉴定棉花抗（耐）黄萎病品种（系）的遗传变异研究. 江苏农业学报，15（1）：1-6
哈洛威A R. 1989. 玉米轮回选择的理论与实践. 中国农业科学院作物育种栽培研究所译. 北京：农业出版社
韩笑冰，利容千，王建波. 1997. 热胁迫下萝卜不同耐热性品种细胞组织结构比较. 武汉植物学研究，15：173-178
郝建华，强胜. 2009. 无融合生殖——无性种子的形成过程. 中国农业科学，42（2）：377-387
何觉民，陆建农，何仪. 2006. 若干生态不育型小麦的可恢复性及部分小麦品种对其育性的恢复力. 麦类作物学报，26（5）：5-9
何莎，闵东红，南炳东，等. 2012. 转*TaEBP*基因小麦新品系G258抗旱性研究. 干旱区资源与环境，12：167-171
何震天，陈秀兰，韩月鹏. 2000. 白皮小麦抗穗发芽研究进展. 麦类作物学报，20（2）：84-87
洪德林. 2010. 作物育种学实验技术. 北京：科学出版社
侯国佐，王华，张瑞茂. 1990. 甘蓝型油菜细胞核雄性不育材料117A的遗传研究. 中国油料作物学报，2：9-13
胡兴旺，金杭霞，朱丹华. 2011. 植物抗旱耐盐机理的研究进展. 中国农学通报，31（24）：137-142
胡延吉. 2003. 植物育种学. 北京：高等教育出版社
胡忠孝，田妍，徐秋生. 2016. 中国杂交水稻推广历程及现状分析. 杂交水稻，31（2）：1-8
华兴鼐，周行，黄骏麒，等. 1963. 海岛棉与陆地棉杂种一代优势利用的研究. 作物学报，2（1）：1-28
华泽田，郝宪彬，沈枫，等. 2003. 东北地区超级杂交粳稻倒伏性状的研究. 沈阳农业大学学报，34（3）：161-164
黄季，胡瑞法，罗斯高. 1999. 迈向21世纪的中国种子产业. 农业技术经济，（2）：14-21
黄铁城. 1990. 杂交小麦研究. 北京：中国农业大学出版社
黄梧芳，罗畔池，刘克明，等. 1982. 不同胞质玉米对小斑病侵染的反应. 河北农业大学学报，（5）：60-70
黄勇，胡勇，傅向东，等. 2016. 水稻产量性状的功能基因及其应用. 生命科学，28（10）：1147-1155
黄滋康. 1996. 中国棉花品种及其系谱. 北京：中国农业出版社
惠红霞，李树华. 2000. 高渗溶液鉴定小麦抗旱性的方法研究. 宁夏农学院学报，21（3）：28-31，57
贾士荣. 2018. 基因工程作物的安全评估与监管：历史回顾与改革思考. 中国农业科学，51（4）：601-612
江云珠，沈希宏，曹立勇. 2001. 国外水稻育种研究近况. 中国稻米，17（5）：1-4
姜昱，王玉民，王中伟. 2008. 我国玉米单倍体育种技术研究进展. 玉米科学，16（6）：48-51
蒋和平，孙炜琳. 2002. 国外实施植物新品种保护的管理规则及对我国的借鉴. 知识产权，（3）：37-41
金善宝. 1996. 中国小麦学. 北京：中国农业出版社
郎淑平，王海燕，曹爱忠，等. 2007. 分子标记辅助选育小麦抗白粉病、优质高分子量麦谷蛋白亚基聚合体. 分子植物育种，5（3）：353-357
李竞雄. 1961. 雄花不孕性及其恢复性在玉米双交种中的应用. 中国农业科学，（6）：19-24
李竞雄. 1992. 玉米育种研究进展. 北京：科学出版社
李凯，沈钧康，卢光明. 2016. 基因编辑. 北京：人民卫生出版社

李奇，安海龙．2013．ZFN/TALEN 技术与作物遗传改良．植物生理学报，49（7）：626-636
李晴祺．1998．冬小麦种质创新与评价利用．济南：山东科学技术出版社
李树林，钱玉秀，吴志华．1985．甘蓝型油菜细胞核雄性不育性的遗传规律探讨及其应用．上海农业学报，1（2）：1-12
李树贤．2008．植物染色体与遗传育种．北京：科学出版社
李文刚．1991．马铃薯 2*n* 配子遗传机制及其在育种中的利用价值．华北农学报，6（3）：100-108
李文均，田野．2017．CRISPR/Cas 工具——分子遗传研究的新刃．微生物学报，57（11）：1653-1664
李先文，张苏锋．2003．植物冷驯化的分子生物学机理．生物学通报，38（7）：15-17
李先文．2011．植物寒冻抗性分子机理研究进展．信阳师范学院学报：自然科学版，2（24）：271-276
李欣，顾铭洪，潘学彪．1989．稻米品质研究．Ⅱ．灌浆期间环境条件对稻米品质影响．江苏农学院学报，10（1）：7-12
李兴翠，李广存，徐建飞，等．2017．四倍体马铃薯熟性连锁 SCAR 标记的开发与验证．作物学报，43（6）：821-828
李秀兰，李付广．1993．棉花抗枯萎病试管鉴定初探．中国棉花，20（2）：15-16
李秀兰，文兰英，郭香墨，等．1989．棉花体细胞培养再生植株研究．中国棉花，6：13-15
李运动，许雷．1994．我国水稻育种发展概述．辽宁农业科学，3：40-42，30
梁正兰．1999．棉花远缘杂交的遗传与育种．北京：科学出版社
刘秉华．2001．作物改良理论与方法．北京：中国农业科学技术出版社
刘畅，李来庚．2016．水稻抗倒伏性状的分子机理研究进展．中国水稻科学，30（2）：216-222
刘澄清，杜德志．1991．甘蓝型油菜的抗耐病性及其遗传效应研究．中国农业科学，24（3）：43-49
刘后利．1985．油菜的遗传育种．上海：上海科学技术出版社
刘后利．1993．作物育种研究与进展（第一集）．北京：中国农业出版社
刘后利．2001．农作物品质育种．武汉：湖北科学技术出版社
刘纪麟．2002．玉米育种学．北京：中国农业出版社
刘录祥，郭会君，赵林姝，等．2009．植物诱发突变技术育种研究现状与展望．核农学报，23(6)：1001-1007
刘萍，杨宝军，陈佩度．2004．普通小麦 - 簇毛麦 6VS/6AL 易位系抗病性在不同小麦遗传背景中的传递．南京农业大学学报，27(2)：1-5
刘唐兴，官春云，雷冬阳．2007．作物抗倒伏的评价方法研究进展．中国农学通报，23（5）：203-206
刘晓红，单飞跃．2004．转基因产品法律问题研究．广西政法管理干部学院学报，(3)：69
刘旭，李立会，黎裕，等．2018．作物种质资源研究回顾与发展趋势．农学学报，8（1）：10-15
刘旭霞，李洁瑜，朱鹏．2010．美欧日转基因食品监管法律制度分析及启示．华中农业大学学报，(2)：23-28
刘旭霞，欧阳邓亚．2009．日本转基因食品安全法律制度对我国的启示．法治研究，(7)：42-46
刘旭霞，朱鹏，陈晶．2008．转基因食品安全监管的第三种力量．甘肃农业，(11)：48-50
刘艳华，王洪刚，刘树兵，等． 2003．小麦 14＋15 谷蛋白亚基基因的 RAPD 分析．西北植物学报，23（6）：1001-1005
刘洋，罗其友，高明杰．2011．世界马铃薯生产及其贸易发展的现状分析．世界农业，(8)：46-51
刘忠松，罗赫荣．2010．现代植物育种学．北京：科学出版社
刘仲元．1964．玉米育种理论与实践．上海：上海科学技术出版社
柳俊．2011．我国马铃薯产业技术研究现状及展望．中国农业科技导报，13（5）：13-18
柳子明．1975．中国栽培稻的起源与发展．遗传学报，2（1）：21-29
龙开胜，陈利根，顾忠盈，等．2009．我国大豆产业发展的现状、危机与对策．乡镇经济，25（3）：27-31
卢新雄，曹永生．2001．作物种质资源保存现状与展望．中国农业科技导报，3（3）：43-47
陆明洋，陈春侠，高岭巍，等．2012．玉米矮秆主效 QTL *qph1-4* 的精细定位．河南农业大学学报，46（3）：242-246
陆作楣，陶瑾．1999．论“株系循环法”．种子，(4)：3-5
马奇祥，李正先．1999．玉米病虫草害防治彩色图说．北京：中国农业出版社
马晓娣，彭惠茹，汪矛，等．2004．作物耐热性的评价．植物学通报，21（4）：411-418
毛新志，刘戈．2006．转基因食品与人类健康初探．医学与哲学，(6)：49-50
孟丽．2011．发展大豆产业的对策．农产品加工，8：8-9
闵宗殿．1979．我国栽培稻起源的探讨．江苏农业科学，1：54-58
纳尔逊．1979．植物抗病育种——概念和应用．河北保定地区科技情报所译．北京：农业出版社
欧阳俊闻，胡含，庄家骏，等．1973．小麦花粉植株的诱导及其后代的观察．中国科学，3（1）：72-82

潘家驹．1998．棉花育种学．北京：中国农业出版社
潘瑞炽．2006．植物细胞工程．广州：广东高等教育出版社
潘涛，曾凡亚，吴书惠，等．1988．甘蓝型低芥酸油菜雄性不育两用系的选育与利用研究．中国油料，3：11-14
彭静，魏岳荣，熊兴华．2010．植物多倍体育种研究进展．中国农学通报，26(11)：45-49
彭锐，张明．2000．多倍体及其在中药材生产上的应用．重庆中草药研究，1：41
彭晓春，陈志良，董家华，等．2010．植物镉耐性／富集基因的筛选方法．生态环境学报，19（12）：3000-3005
蒲伟凤，纪展波，李桂兰，等．2011．作物抗旱性鉴定方法研究进展（综述）．河北科技师范学院学报，25（2）：34-39
钱前．2007．水稻基因设计育种．北京：科学出版社
秦泰辰，邓德祥．1986．雄性不育性的研究——Ⅱ．Y 型不育系的若干特性．江苏农学院学报，3（1）：1-10
秦泰辰，徐明良．1990．玉米对小斑病抗病性的遗传（综述）．见：朱立宏．主要农作物抗病性遗传研究进展．南京：江苏科学技术出版社，254-259
秦泰辰．1993．作物雄性不育化育种．北京：中国农业出版社
邱彩玲，白雅梅，吕典秋，等．2007．二倍体马铃薯在育种中的应用．中国马铃薯，21（6）：355-359
任毅，黄三文．2009．功能基因组学在蔬菜中的应用．中国蔬菜，（2）：1-6
山东农业大学作物育种教研室．1996．作物育种学总论．北京：中国农业科学技术出版社
尚爱兰，王玉民，席章营．2010．玉米回交后代群体中供体基因组成分分析．玉米科学，18（1）：24-28
石春海，朱军．1994．籼稻稻米蒸煮品质的种子和母体遗传分析．中国水稻科学，8（3）：129-134
石英，吴广枫，余庆辉．2005．世界转基因产品的标识管理．新疆农业科学，（6）：167-170
舒庆尧，吴殿星，夏英武，等．1999．籼稻和粳稻中蜡质基因座位上微卫星标记的多态性及其与表观直链淀粉含量的关系．遗传学报，26（4）：350-358
舒心媛，严旭，蒲烨弘，等．2018．CRISPR/Cas 系统的作用原理及其在作物遗传改良中的应用．浙江大学学报：农业与生命科学版，44（3）：259-268
宋国立，张金发．1999．澳洲棉种遗传多样性的 RAPD 分析．棉花学报，11（2）：65-69
宋伟，张敏，杨继芝，等．2010．分子标记辅助选择小麦抗白粉病兼抗赤霉病聚合体．植物病理学报，6：655-658
宋秀岭．1977．高配合力玉米自交系选育．中国农业科学，10（4）：13-17
隋启君．2001．中国马铃薯育种对策浅见．中国马铃薯，15（5）：259-264
孙道杰，冯毅，王辉．2006．广适性小麦品种选育探讨．中国农学通报，22（1）：107-109
孙东发，徐廷文，蒋华仁，等．1995．大麦核质互作雄性不育系 88Bcms 的选育及其遗传特性研究．中国农业科学，28（2）：31-36
孙慧生．2003．马铃薯育种学．北京：中国农业出版社
孙济中．1981．亚洲棉同源四倍体与陆地棉杂交及回交后代育性遗传的研究．遗传学报，（2）：44-46
孙其信．2011．作物育种学．北京：高等教育出版社
孙卓婧，张安红，叶纪明．2018．转基因作物研发现状及展望．中国农业科技导报，20（7）：11-18
汤圣祥，Khush G S．1993．籼稻胶稠度的遗传．作物学报，19（2）：119-123
汤圣祥，张云康，余汉勇．1996．籼粳杂交稻胶稠度的遗传．中国农业科学，29（5）：51-55
田保明，杨光圣．2005．农作物倒伏及其评价方法．中国农学通报，21（7）：111-114
田艺心，高凤菊，曹鹏鹏，等．2018．大豆耐盐基因研究进展．大豆科学，37（4）：629-636
田正科，张金如．1982．油菜育种．西宁：青海人民出版社
佟大香．2001．国外农作物引种与中国种植业．中国农业科技导报，3（3）：48-52
佟屏亚．1993．当代玉米科技进步．北京：中国农业科技出版社
佟屏亚．2000．中国玉米科技史．北京：中国农业科技出版社
涂起红，石庆华，赵华春．2000．营养胁迫下植物的生理生化反应研究进展．江西农业大学学报，22（5）：32-34
万建民．2010．中国水稻遗传育种与品种系谱（1986—2005）．北京：中国农业出版社
汪萍．2004．完善我国转基因食品安全性法律保障机制的具体制度构想．经济师，（4）：58-59
汪若海．1991．我国植棉史拾零．农业考古，1：323-324，337
王邦太，张书红，席章营．2012．基于玉米 87-1 综 3 单片段代换系的穗长 QTL 分析．玉米科学，20（3）：9-14
王福军，赵开军．2018．基因组编辑技术应用于作物遗传改良的进展与挑战．中国农业科学，51（1）：1-16

王根平，杜文明，夏兰琴．2014．植物安全转基因技术研究现状与展望．中国农业科学，47（5）：823-843
王广金．1998．小麦与玉米杂交产生单倍体频率的研究．麦类作物学报，18（6）：12-13
王冀川，黄琪，徐雅丽．2001．棉花抗冷指标的灰色关联度分析．江西棉花，23（2）：6-9
王建华，张春庆．2006．种子生产学．北京：高等教育出版社
王丽艳，梁国鲁．2004．植物多倍体的形成途径及鉴定方法．北方园艺，（1）：61-62
王琳琳，温树敏，刘桂茹，等．2007．小麦抗红吸浆虫的抗性研究利用及展望．中国农学通报，23（7）：471-474
王楠，赵士振，吕孟华，等．2016．大豆耐盐相关QTLs鉴定和功能基因研究进展．遗传，38（11）：992-1003
王青立，李宁，汪其怀，等．2002．韩国的转基因作物安全管理现状．世界农业，（2）：42-43
王思明．2004．美洲原产作物的引种栽培及其对中国农业生产结构的影响．中国农史，（2）：16-27
王天云，黄亨履．1999．抢救种质资源保护生物多样性．中国农业科技导报，1（2）：46-49
王伟伟，王洪洋，刘晶，等．2018．马铃薯重要性状QTL定位及3个抗病性状分子标记辅助选育．作物杂志，（6）：10-16
王艳芳，苏婉玉，曹绍玉，等．2018．新型基因编辑技术发展及在植物育种中的应用．西北农业学报，27（5）：617-625
王懿波，王振华．1997．中国玉米主要种质杂交优势利用模式研究．中国农业科学，30（4）：16-24
王懿波，王振华．1999．中国玉米主要种质的改良与杂优模式的利用．玉米科学，7（1）：1-8
王莹，杜建林．2001．大麦根倒伏抗性评价方法及其倒伏系数的通径分析．作物学报，27（6）：941-945
王勇，李晴祺．1995．小麦品种抗倒性评价方法研究．华北农学报，10（3）：84-88
王羽晗，李子豪，李世彪，等．2018．植物抗冻蛋白研究进展．生物技术通报，34（12）：10-20
韦贞国，刘素纹，舒金树．1982．陆地棉远缘异质系培育研究初报．湖北农业科学，10：11-13
卫云宗，刘新月，乔蕊清．2001．高产耐旱冬小麦育种技术及其评价方法研究．小麦研究，22（2）：3-5
魏望，施富超，王东玮，等．2016．多倍体植物抗逆性研究进展．西北植物学报，36（4）：846-856
魏艳玲，倪中福，解超杰，等．2003．来自斯卑尔脱小麦新的抗条锈病基因*YrSp*的分子标记定位．农业生物技术学报，11（1）：30-33
翁跃进．1997．小麦M染色体组的RELP标记．农业生物技术学报，5（3）：211-215
吴关庭．1995．我国小麦诱变育种的研究进展．国外农学——麦类作物，15（1）：31-34
吴昊，李燕敏，谢传晓．2018．作物耐热生理基础与基因发掘研究进展．作物杂志，（5）：1-9
吴景锋．1983．我国主要玉米杂交种种质基础评述．中国农业科学，（2）：1-8
吴俊，邓启云，袁定阳，等．2016．超级杂交稻研究进展．科学通报，61（35）：3787-3796
吴绍骙．1962．对当前玉米杂种育种工作三点建议．中国农业科学，（1）：1-10
吴兆苏．1990．小麦育种学．北京：中国农业出版社
西北农学院．1981．作物育种学．北京：中国农业出版社
席章营，黄西林，周书有，等．1997．玉米478近缘系的性状分析——Ⅰ遗传距离分析．河南农业大学学报，31（1）：6-10
席章营，吴建宇．2006．作物次级群体的研究进展．农业生物技术学报，14（1）：128-134
席章营，谢传晓，张世煌，等．2009．玉米回交导入后代群体中耐旱种质的鉴定研究．中国农业大学学报，14（3）：27-34
席章营，张桂权．2002．SSR标记及其在作物遗传育种中的应用．河南农业大学学报，36（3）：293-297
席章营，张书红，李新海，等．2008．一个新的抗玉米矮花叶病基因的发现及初步定位．作物学报，34（9）：1494-1499
席章营．1998．玉米478近缘系的性状分析——Ⅱ配合力分析．河南农业大学学报，32（3）：223-226
夏英武．1997．作物诱变育种．北京：中国农业出版社
相志国，海燕，康明辉，等．2011．单倍体的产生途径及其在作物遗传育种中的应用．河南农业科学，40（11）：17-21
肖世和，阎长生，张秀英，等．2000．冬小麦耐热灌浆与气—冠温差的关系．作物学报，26（6）：972-974
校百才，景忆莲，刘耀斌，等．1998．陆地棉抗黄萎病性状遗传的初步研究．西北农业学报，7（2）：55-58
谢丛华，柳俊．2001．植物细胞工程．北京：高等教育出版社
谢开云，屈冬玉，金黎平，等．2008．中国马铃薯生产与世界先进国家的比较．世界农业，（5）：35-41
徐冠仁．1996．植物诱变育种学．北京：中国农业出版社
徐建飞，黄三文，金黎平，等．2009．马铃薯晚疫病抗性基因*R11*的遗传定位．作物学报，35（6）：992-997
徐建飞，金黎平．2017．马铃薯遗传育种研究：现状与展望．中国农业科学，50（6）：990-1015
徐如强，孙其信，张树榛．1998．小麦耐热性研究现状与展望（综述）．中国农业大学学报，3（3）：33-40
许为钢，胡琳，盖钧镒．1999．小麦耐热性研究．华北农学报，14（2）：20-24

许耀奎．1985．作物诱变育种．上海：上海科学技术出版社
薛勇彪，韩斌，种康，等．2018．水稻分子模块设计研究成果与展望．中国科学院院刊，33（9）：900-908
严文明．1989．略论中国栽培稻的起源与传播．北京大学学报：哲学社会科学版，2：51-54
杨春玲，冯小涛．2012．农作物太空育种进展及其发展建议．山东农业科学，44（10）：37-39
杨光圣，员海燕．2009．作物育种原理．北京：科学出版社
杨凯，胡荣海，肖京城．1998．不同抗旱性冬小麦品种抽穗期根系分布及单根活力的研究．西北植物学报，18（2）：190-195
杨克诚，赖仲铭．1990．基础群体和子群体重组次数对玉米群体主要经济性状．四川农业大学学报，1：11-17
杨琳景，继海，赵佰图．2009．旱地小麦抗旱性鉴定指标研究．现代农业科技，17（1）：19-20
杨向东，隋丽，李启云，等．2012．大豆遗传转化技术研究进展．大豆科学，（2）：302-303
杨小刚，王艳红，魏阳，等．2014．我国马铃薯生产与发达国家对比．农业工程，4（4）：178-180，185
杨燕，张春利，何中虎．2007．小麦抗穗发芽研究进展．植物遗传资源学报，8（4）：503-509
杨子光，张灿军，冀天会，等．2008．小麦抗旱性鉴定方法及评价指标研究．V苗期抗旱指标的比较研究．中国农学通报，24（1）：156-159
姚金保，陆维忠．2000．中国小麦抗赤霉病育种研究进展．江苏农业学报，16（14）：242-248
叶定生，张秋英，张绍南，等．2002．小麦赤霉病与抗病育种若干问题的探讨．江西农业大学学报：自然科学版，24（5）：723-726
殷丽丽，邢宝龙，刘飞，等．2015．马铃薯育种方法及研究进展．农学学报，5（12）：9-13
尹青云，郑王义，谢咸升，等．2003．小麦品种对麦红吸浆虫的抗性及抗性种质资源创新应用研究进展．麦类作物学报，23（2）：88-91
由瑞丽，郭秀焕，赵平．2009．超高产小麦育种主要指标的研究．农业科技通讯，（9）：120-121
余桂红，任丽娟，马鸿翔，等．2006．分子标记在小麦抗赤霉病辅助育种中的应用．江苏农业学报，22（3）：189-191
余华强，赵翠荣，刘莹．2010．小麦单倍体育种方法．湖北农业科学，49（12）：3232-3234
余四斌，汤欣欣，罗利军．2016．功能基因组与绿色超级稻培育的研究进展．生命科学，28（10）：1287-1294
俞世蓉．1990．漫谈基因库及基因库的建拓．种子世界，（12）：39-40
袁隆平．2018．超级杂交稻研究进展．农学学报，8（1）：71-73
袁荣平，杨从党，周能，等．1988．云南元江普通野生稻分化的研究——普通野生稻与籼粳亲和性的初步研究．农业考古，1：38-40
岳绍先，辛志勇．1986．植物细胞工程技术育种的研究现状与发展趋势．生物技术通报，（4）：6-8
曾三省．1990．中国玉米杂交种的种质基础．中国农业科学，23（4）：1-9
张爱民，阳文龙，方红曼，等．2018．作物种质资源研究态势分析．植物遗传资源学报，19（3）：377-382
张白雪，孙其信，李海峰．2015．基因修饰技术研究进展．生物工程学报，31（8）：1162-1174
张超普，余四斌，张启发．2018．绿色超级稻新品种选育研究进展．生命科学，30（10）：1083-1089
张国良．2008．农产品品质及检验．北京：化学工业出版社
张红雪，史振声．2015．玉米耐盐性研究进展．种子，34（10）：47-51
张洁夫，张玉卿．1994．油菜种质资源抗（耐）菌核病性筛选与鉴定．江苏农业科学，2：26-28
张金发，邓忠．1994．陆地棉与海岛棉种间杂种优势和配合力分析．华中农业大学学报，13（1）：9-14
张居中，孔昭宸，刘长江．1994．舞阳史前稻作遗存与黄淮地区史前农业．农业考古，（1）：68 -75
张梦娜，柯丽萍，孙玉强．2018．基因编辑新技术最新进展．中国细胞生物学学报，40（12）：1-9
张启发．2009．绿色超级稻的构想与实践．北京：科学出版社
张琴，闫勇，梁国鲁．2000．西番莲胚乳愈伤组织诱导和三倍体植株再生．西南农业大学学报，22（5）：340-398
张天真．2003．作物育种学总论．北京：中国农业出版社
张天真．2011．作物育种学总论．3版．北京：中国农业出版社
张天真，靖深蓉，金林，等．1998．杂种棉选育的理论与实践．北京：科学出版社
张万松，陈翠云．1997．农作物四级种子生产程序及其应用模式．中国农业科学，30（2）：27-33
张万松，王春平，陈翠云，等．2002．论中国迈向21世纪的农作物种子生产程序和种子类别．种子，1：3-6
张晓钰，周慰，茹炳根．2000．转金属硫蛋白突变体αα的烟草具有较高的重金属抗性．植物学报，42（4）：416-420
张永恩，褚庆全，王宏广．2009．中国玉米消费需求及生产发展趋势分析．安徽农业科学，37（21）：10159-10161，10233

张永芳．2010．马铃薯分子育种研究进展．山西大同大学学报：自然科学版，26（3）：56-59

张永印，寇贺，赵福才，等．2009．作物耐盐碱性鉴定评价方法．辽宁农业职业技术学院学报，11（2）：6-7

张有做，楼程富，周金妹，等．1998．不同倍性桑品种基因组 DNA 多态性比较．浙江农业大学学报，24（1）：79-81

张余洋，张晓辉，张婵娟．2008．利用人工锌指蛋白核酸酶进行植物基因定点突变和置换．中国生物工程杂志，28（11）：110-115

张云辉，张所兵，林静，等．2014．水稻株高基因克隆及功能分析的研究进展．中国农学通报，30（12）：1-7

张志元，官春云．2003．油菜对菌核病抗（耐）病性鉴定与抗病育种研究进展．湖北农业科学，3：38-43

张贤珍，曹永生，杨克钦：1991．国家农作物种质资源数据库系统．中国种业，2：1-2

章琦，赵炳宇，赵开军，等．2000．普通野生稻的抗水稻白叶枯病（*Xanthomonas oryzae* pv. *oryzae*）新基因 *Xa-23*（*t*）的鉴定和分子标记定位．作物学报，26：536-542

赵波，张余，张雨良．2018．CRISPR/Cas9 系统在植物育种中的应用．热带作物学报，39（1）：197-207

赵昌平．2010．中国杂交小麦研究现状与趋势．中国农业科技导报，12（2）：5-8

赵广才．2010．中国小麦种植区划研究（一）．麦类作物学报，30（5）：886-895

赵胡，李裕红．2008．植物对重金属耐性机理的研究进展．阜阳师范学院学报：自然科学版，25（3）：35-40

赵君，王国英，胡剑，等．2002．玉米弯孢菌叶斑病抗性的 ADAA 遗传模型分析．作物学报，28（1）：127-130

赵可夫，冯立田．2001．中国盐生植物资源．北京：科学出版社

赵林姝，刘录祥．2017．农作物辐射诱变育种研究进展．激光生物学报，26（6）：481-489

赵倩，姜鸿明，丁晓义，等．2002．水旱广适型小麦品种主要农艺性状选育指标的研究．莱阳农学院学报，19（1）：23-25

中国农科院作物育种栽培研究所．1989．玉米轮回选择的理论与实践．北京：农业出版社

中国农业科学院棉花研究所．2003．中国棉花遗传育种学．济南：山东科学技术出版社

中国农业年鉴编辑委员会．2009．中国农业年鉴．北京：中国农业出版社

周乐聪，余琦，刘胜毅．1994．油菜品种资源对菌核病的抗性鉴定．中国油料，增刊（4）：69-71

周琳，古红梅，陈龙，等．2001．小麦品种间灌浆期耐湿性的生理效应差异．信阳师范学院学报：自然科学版，14（4）：425-427

周拾禄．1948．中国是稻之起源地．中国稻作，5（5）：53-54

周文麟，王亚馥．1992．外源 C4 作物 DNA 导入小麦的研究．作物学报，18（6）：418-424

周想春，邢永忠．2016．基因组编辑技术在植物基因功能鉴定及作物育种中的应用．遗传，38（3）：227-242

周艳华，何中虎，阎俊，等．2003．中国小麦品种磨粉品质研究．中国农业科学，36（6）：615-621

周有耀．2003．五十年来，我国棉花品种改良工作的进展．江西棉花，25（4）：3-9

朱必才，高立荣．1988．同源四倍体荞麦的研究——Ⅰ．同源四倍体荞麦与二倍体普通荞麦的外部形态及细胞学比较．遗传，10（6）：6-8

朱必才，田先华，高立荣．1992．同源四倍体荞麦的细胞遗传学研究．遗传，14（1）：1-4

朱光富．2002．世界各国对转基因食品的态度和管理．中国家禽，（2）：37-41

朱行．2004．巴西政府正式批准种植和交易转基因大豆．粮食与油脂，（1）：8

朱军．1998．数量性状基因定位的混合线性模型分析方法．遗传，20（增刊）：137-138

朱立煌，徐吉臣，陈英．1994．用分子标记定位一个未知的抗稻瘟病基因．中国科学（B 辑），24：1048-1052

朱睦元，徐阿炳，裴洪平，等．1984．小麦品种间籽粒蛋白质、赖氨酸和色氨酸含量的杂种优势及配合力分析．作物学报，10（4）：237-244

朱文文，徐建飞，李广存，等．2015．马铃薯块茎形状基因 CAPS 标记的开发与验证．作物学报，41（10）：1529-1536

朱义旺，林雅容，陈亮．2016．我国水稻分子育种研究进展．厦门大学学报：自然科学版，55（5）：661-671

朱英国．2000．水稻雄性不育生物学．武汉：武汉大学出版社

邹拓，耿雷跃，张薇，等．2018．水稻抗病虫基因挖掘及聚合育种研究进展．河北农业科学，22（5）：47-67

Alexander D E, Creech R G. 1977. Breeding special industrial and nutritional types. In: Sprague G F. Corn and Corn Improvement. Madison: American Society of Agronomy, 363-390

Ali G S, Reddy A S. 2000. Inhibition of fungal and bacterial plant pathogens by synthetic peptides: *in vitro* growth inhibition, interaction between peptides and inhibition of disease progression. Molecular Plant-Microbe Interactions: MPMI, 13(8): 847-859

Allard R W. 1960. Principles of Plant Breeding. New York: John Wiley & Sons

Alonso J M, Ecker J R. 2006. Moving forward in reverse: genetic technologies to enable genome-wide phenomic screens in *Arabidopsis*. Nat Rev Genet, 7: 524-536

Alpert K B, Tanksley S D. 1996. High-resolution mapping and isolation of a yeast artificial chromosome contig containing *fw2. 2*: a major fruit weight quantitative trait locus in tomato. Proc Natl Acad Sci USA, 93: 15503-15507

Anderson P C, Georgeson M. 1986. An imidazolinone and sulfonylurea tolerant mutant of corn. J Cellular Biochemistry, (Supplement): 10C

Ayres N M, McClung A M, Larkin P D, et al. 1997. Microsatellites and a single nucleotide polymorphism differentiate apparent amylase classes in an extended pedigree of US rice germplasm. Theor Appl Genet, 94: 773-781

Badaruddin M, Reynolds M P, Ageeb O A A. 1999. Wheat management in warm environments: effect of organic and inorganic fertilizers, irrigation frequency, and mulching. Agronomy Journal, 91(6): 975-983

Baswana K S, Sedun K S. 1991. Inheritance of stem rot in cauliflower. Euphytica, 57: 93-96

Bauman L F, Gonway T F, Watson S A. 1965. Inheritance of variations in oil content of individual corn (*Zea mays* L. ) kernels. Crop Science, 5(2): 137-138

Behnke M. 1979. Selection of potato callus for resistance to culture filtrates of *Phytophthora infestans* and regeneration of plants. Theor Appl Genet, 55(2): 69-71

Bell H A, Fitches E C, Marris G C, et al. 2001. Transgentic GNA expressing potato plants augment the beneficial biocontrol of *Lacanobia oleracea* by the parasitoid *Eulophus pennicomis*. Transgenic Research, 10(1): 35-42

Bligh H F J, Hill R I, Jones C A. 1995. A microsatellite sequence closely linked to the waxy gene of *Oryza sativa*. Euphytica, 86: 83-85

Boland G J, Hall R. 1994. Index of plant hosts of *Sclerotinia sclerotiorum*. Canad J Plant Pathol, (16): 95-108

Bonierbale M W, Plaisted R L, Tanksley S D. 1993. A test of the maximum heterozygosity hypothesis using molecular markers in tetraploid potatoes. Theor Appl Genet, 86: 481-491

Bradeen J M, Kole C. 2011. Genetics, genomics and breeding of potato. NH: Science Publishers

Briggs F N, Allard R W. 1953. The current status of backcross method of plant breeding. Agron Jour, 45: 131-138

Brown W L. 1975. Broader germplasm base in corn and sorghum. Proc Annu Com Sorghum Res Conf, 30: 81-89



Carlson P S. 1973. Methionine-sulfoximine-resistant mutants of tobacco. Science, 180: 1366-1368

Chahal G S, Gosal S S. 2002. Principles and procedures of plant breeding. Pangbourne: Alpha Science International Ltd

Chaleff R S, Ray T B. 1984. Herbicide-resistant mutants from tobacco cell cultures. Science, 223(4641): 1148-1151

Chang T T. 1976. Manual on Genetic Conservation of Rice Germplasm Evaluation and Utilization. Manila: IRRI

Chang W L, Li W Y. 1981. Inheritance of amylose content and gel consistency in rice. Bot Bull Acad Sin, 22: 35-47

Chen K L, Wang Y P, Zhang R, et al. 2019. CRISPR/Cas genome editing and precision plant breeding in agriculture. Annu Rev Plant Biol, 70: 667-697

Chen X, Salamini F, Gebhardt C. 2001. A potato molecular-function map for carbohydrate metabolism and transport. Theor Appl Genet, 102: 284-295

Cheng T Y, Saka H, Voqui-Dinh T H. 1980. Plant regeneration from soybean cotyledonary node segments in culture. Plant Science Letters, 19(2): 91-99

Christianson M L, Warnick D A, Carlson P S. 1983. A morphogenetically competent soybean suspension culture. Science, 222: 632-634

Colton L M, Groza H I, Wielgus S M, et al. 2006. Marker-assisted selection for the broad-spectrum potato late blight resistance conferred by gene derived from a wild potato species. Crop Science, 46(2): 589-594

Comstoch R E, Robinson H F, Harvey P H. 1949. A breeding procedure designed to make maximum use of both general and specific combining ability. Agron J, 41: 360-367

Culp T W, Harrell D C. 1973. Breeding methods for improving yield and fiber quality of upland cotton (*Gossypium hirsutum* L. ). Crop Science, 13: 686-689

Darrah L L, Zuber M S. 1986. 1985 United states farm maize germplasm base and commercial breeding strategies. Crop Science, 26(6): 1109-1113

Davis D D. 1979. Synthesis of commercial $F_1$ hybrids in cotton. Ⅱ. Long, strong-fibered G. *hirsutum* L. × *G. barbadense* L. hybrids with superior agronomic properties. Crop Science, 19(1): 115-116

Doggett H. 1972. Recurrent selection in sorghum populations. Heredity, 28: 9-29

Donini P, Elias M L, Bougourd S M, et al. 1997. AFLP fingerprinting reveals pattern differences between template DNA extracted from different plant organs. Genome, 40: 521-526

Dudley J W. 1977. Seventy six generations of selection for oil and protein percentage in maize. In: Pollak E, Kempthorne O, Bailey T B. Proceedings of International Conference on Quantitative Genetics. Iowa: Iowa State University Press, 459-473

East E M. 1908. Inbreeding in corn. Rep Conn Agric Exp Stn, 1907: 419-428

EI-Kharbotly A, Jacobs J M E, Hekkert B T, et al. 1996. Localization of ds-transposon containing T-DNA inserts in the diploid transgenic potato: linkage to the *R1* resistance gene against *Phytophthora infestans* (Mont. ) de Bary. Genome, 39(2): 249-257

EI-Kharbotly A, Leonards-Schippers C, Huigen D J, et al. 1994. Segregation analysis and RFLP mapping of the *R1* and *R3* alleles conferring race-specific resistance to *Phytophthora infestans* in progeny of dihaploid potato parents. Molecular and General Genetics, 242(6): 749-754

Endrizzi J E, Turcotte E L, Kohel R J. 1985. Genetics, cytology, and evolution of *Gossypium*. Adv Genet, 23: 271-375

Eshed Y, Zamir D. 1995. An introgression line population of *Lycopersicon pennellii* in the cultivated tomato enables the identification and fine mapping of yield-associated QTL. Genetics, 141: 1147-1162

Fehr W R. 1989. Principles of cultivar development. New York: Macmiuan Publishing Company, A Division of Macmiclam Inc

Fokar M, Nguyan T, Blum A. 1998. Heat tolerance in spring wheat.Ⅰ. Estimating cellular thermo tolerance and its heritability. Euphytica, 104: 1-8

Fokar M, Nguyan T, Blum A. 1998. Heat tolerance in spring wheat.Ⅱ. Grain filling. Euphytica, 104: 9-15

Fukao T, Bailey-Serres J. 2008. Submergence tolerance conferred by *Sub1A* is mediated by *SLR1* and *SLRL1* restriction of gibberellin responses in rice. Proc Natl Acad Sci USA, 105: 16814-16819

Fukao T, Harris T, Bailey-Serres J. 2009. Evolutionary analysis of the *Sub1* gene cluster that confers submergence tolerance to domesticated rice. Ann Bot, 103(2): 143-150

Gaudelli N M, Komor A C, Rees H A, et al. 2017. Programmable base editing of AT to GC in genomic DNA without DNA cleavage. Nature, 551: 464-471

Gengenbach B G, Green C E. 1975. Selection of T-cytoplasm maize callus cultures resistant to helminthosporium maydis race T path toxin. Crop Science, 15(5): 645-649

Genter C F, Alexander M W. 1962. Comparative performance of $S_1$ progenies and test-crosses of corn. Crop Science, 2(6): 516-519

Ghijsen H. 2009. Intellectual property rights and access rules for germplasm: benefit or strait jacket? Euphytica, 170: 229-234

Goddijn O J M, Verwoerd T C, Voogd E, et al. 1997. Inhibition of trehalase activity enhances trehalose accumulation in transgenic plants. Plant Physiology, 113(1): 181-190

Goulet M C, Dallaire C, Vaillancourt L P, et al. 2008. Tailoring the specificity of a plant cystatin toward herbivorous insect digestive cysteine proteases by single mutations at positively selected amino acid sites. Plant Physiology, 146(3): 1010-1019

Grosser J W, Gmitter F G. 1990. Protoplast fusion and citrus improvement. Plant Breeding Reviews, 8: 339-375

Hallauer A R , Eberhart S A. 1970. Reciprocal full-sib selection. Crop Science, 10: 315-316

Hallauer A R, Carena M J, Miranda F J B. 1981. Quantitative Genetics in Maize Breeding. USA: Iowa State University Press

Harlan H V, Pope M N. 1922. The germination of barley seeds harvested at different stages of growth. Journal of Heredity, 13: 72-75

Haun W, Coffman A, Clasen B M, et al. 2014. Improved soybean oil quality by targeted mutagenesis of the fatty acid desaturase 2 gene family. Plant Biotechnol Journalogy, 12(7): 934-940

Hawkes J G. 1990. The Potato: Evolution, Biodiversity, and Genetic Resources. London: Belhaven Press

Hayes H K , Garber R J. 1919. Synthetic production of high protein corn in relation to breeding. J Amer Soc Agron, 11: 308-315

Hibberd K A, Green C E. 1982. Inheritance and expression of lysine plus threonine resistance selected in maize tissue culture. Proc Natl Acad Sci USA, 79: 559-563

Hils U, Pieterse L. 2007. World Catalogue of Potato Varieties 2007. Allentown: AgriMedia GmbH Clenze

Hinchee M A W, Conner-Ward D V, Newell C A, et al. 1988. Production of transgenic soybean plants using *Agrobacterium*-mediated DNA transfer. Nat Biotechnology, 6: 915-922

Hospital F C, Charcosset A. 1997. A Marker-assisted introgression of quantitative trait loci. Genetics, 147: 1469-1485

Howell P M, Marshall D F, Lydiate D J. 1996. Towards developing inter-varietal substitution lines in *Brassica napus* using marker-assisted selection. Genome, 39: 348-358

Huaman Z, Golmirzaie A, Amoros W. 1997. The potato. In: Fuccillo D, Sears L, Stapleton P. Biodiversity in Trust: Conservation and Use of Plant Genetic Resources in CGIAR Centres. Cambridge: Cambridge University Press, 21-28

Huaman Z, Hoekstra R, Bamberg J B. 2000. The inter-gene bank potato database and the dimensions of available wild potato germplasm. Am J Potato Res, 77: 353-362

Huang S, Weigel D, Beachy R N, et al. 2016. A proposed regulatory framework for genome-edited crops. Nature Genetics, 48(2): 109-111

Hull F H. 1945. Recurrent selection and specific combining ability in corn. J Amer Soc Agron, 37: 134-145

Hwang T Y, Nakamoto Y, Kono I, et al. 2008. Genetic diversity of cultivated and wild soybeans including Japanese elite cultivars as revealed by length polymorphism of SSR markers. Breed Sci, 58 (3): 315-323

Innes N L. 1974. Bacterial blight of cotton (*Cambridge philos* Soc. ). Biolo Reviews, 58: 157-176

Jain S M. 2005. Major mutation-assisted plant breeding programs supported by FAO/IAEA. Plant Cell, Tissue, Organ Culture, 82: 113-123

Jander G, Norris S R, Rounsley S D, et al. 2002. *Arabidopsis* map-based cloning in the post-genome era. Plant Physiology, 129: 440-450

Jansky S H, Jin L P, Xie K Y, et al. 2009. Potato production and breeding in china. Potato Res, 52(1): 57-65

Jenkins M T. 1940. The segregation of genes affecting yield of grain in maize. J Amer Soc Agron, 32: 55-63

Jensen N F. 1970. A diallel selective mating system for cereal breeding. Crop Science, 10(6): 629-635

Jones C J, Edwards K J, Castaglione S, et al. 1997. Reproducibility testing of RAPD, AFLP and SSR markers in plants by a network of European laboratories. Mol Breed, 3: 381-390

Kale V P, Kothekar V S. 2006. Mutagenic effects of ethylmethane sulphonate and sodium azide in potato (*Solanum tuberosum* L). The Indian Journal of Genetics and Plant Breeding, 66(1): 57-58

Kang M S, Priyadarshan P M. 2007. Breeding Major Food Staples. Iowa: Blackwell Pub

Kappelman A J, Buchanan G A, Lund Z F. 1971. Effect of fungicides, herbicides and combinations on root growth of cotton. Agronomy Journal, 63 (1): 3-5

Kaul M L H. 1988. Male Sterility in Higher Plants. Berlin: Springer-Verlag

Keim P, Schupp J M, Travis S E, et al. 1997. A high density soybean genetic map based on AFLP markers. Crop Science, 37(2): 537-543

Kempthorne O. 1957. An Introduction to Genetic Statistics. New York: John Wiley & Sons Inc

Khush G S, Bacalangco E, Ogawa T. 1990. A new gene for resistance to bacterial blight from *O. longistaminata*. Rice Genetics Newsletter, 7: 21-22

Khush G S, Brar D S. 2001. Rice genetics from mendel to functional genomics. In: Khush G S, Brar D S, Hardy B. Rice Genetics Ⅳ. Manila: IRRI, 3-6

Khush, G S, Singh R J, Sur S C. et al. 1984. Primary trisomics of rice: origin, morphology, cytology and use in linkage mapping. Genetics, 107: 141-163

Kohel R J. 1978. Lingkage tests in upland cotton Ⅲ. Crop Science, 18: 844-847

Komor A C, Kim Y B, Packer M S, et al. 2016. Programmable editing of a target base in genomic DNA without double-stranded DNA cleavage. Nature, 533(7603): 420-424

Krishnan A, Guiderdoni E, An G, et al. 2009. Mutant resources in rice for functional genomics of the grasses. Plant Physiology, 149: 165-170

Kuhl J C, Bradeen J M, Kole C. 2010. Genetics, Genomics and Breeding of Sunflower. Boca Raton: CRC Press

Lakshmi K, Clements L D. 2003. Pyrolysis as a technique for separating heavy metals from hyper accumulators. Part I: Preparation of synthetic hyper accumulator biomass. Biomass and Bioenergy, 24: 69-79

Lander E S, Botstein D. 1989. Mapping mendelian factors underlying quantitative traits using RFLP linkage maps. Genetics, 121: 185-199

Larkin P J , Scowcroft W R. 1981. Soma clone variation—a novel source of variability from cell cultures for plant improvement. Theor Appl Genet, 60: 197-214

Laurie D A, Bennett M D. 1987. The effect of the cross ability loci *Kr1* and *Kr2* on fertilization frequency in hexaploid wheat × maize crosses. Theor Appl Genet, 73: 403-409

Lee J A. 1987. Cotton. Principles of Cultivar Development. New York: Macmillan Publishing Company

Li J, Meng X, Zong Y, et al. 2016a. Gene replacements and insertions in rice by intron targeting using CRISPR-Cas9. Nature Plants, 2: 16139

Li J, Sun Y, Du J, et al. 2017. Generation of targeted point mutations in rice by a modified CRISPR/Cas9 system. Molecular Plant, 10(3): 526-529

Li M, Li X, Zhou Z, et al. 2016b. Reassessment of the four yield-related genes *Gn1a*, *DEP1*, *GS3*, and *IPA1* in rice using a CRISPR/Cas9 system. Frontiers in Plant Science, 7: 377

Li Q, Zhang D, Chen M, et al. 2016c. Development of japonica photo-sensitive genic male sterile rice lines by editing carbon starved anther using CRISPR/Cas9. Journal of Genetics and Genomics, 43(6): 415-419

Li T, Liu B, Spalding M H, et al. 2012. High-efficiency TALEN-based gene editing produces disease-resistant rice. Nature Biotechnology, 30(5): 390-392

Li W L, Bai Q H, Zhan W M, et al. 2019. Fine mapping and candidate gene analysis of *qhkw5-3*, a major QTL for kernel weight in maize. Theor Appl Genet, 132(9): 2579-2589

Li X, van Eck H J, Rouppe J, et al. 1998. Autotetraploids and genetic mapping using common AFLP markers: the *R2* allele conferring resistance to *Phytophthora infestans* mapped on potato chromosome 4. Theor Appl Genet, 96(8): 1121-1128

Li X, Zhang Y. 2002. Reverse genetics by fast neutron mutagenesis in higher plants. Funct Integr Genome, 2: 254-258

Liang, Y C, Ma T S, Li F J, et al. 1994. Silicon availability and response of rice and wheat to silicon in calcareous soils. Comm Soil Sci Plant Anal, 25: 2285-2297

Liu B, Segal G, Rong J K, et al. 2003. A chromosome specific sequence common to the B genome of *Polyploid wheat* and *Aegilops searsii*. Plant Syst Evol, 241: 55-66

Liu X J, Xie C X, Si H J, et al. 2017. CRISPR/Cas9-mediated genome editing in plants. Methods, 121-122: 94-102

Lonnquist J H, Lindsey M F. 1964. Top cross versus $S_1$ line performance in maize. Crop Science, 4: 580-584

Lonnquist J H. 1974. Consideration and experiences with recombination of exotic and corn belt maize germplasm. Proc Annu Corn and Sorghum Res Conf, 29: 102-117

Lu M Y, Li X H, Shang A L, et al. 2011. Characterization of a set of chromosome single-segment substitution lines derived from two sequenced elite maize inbred lines. Maydica, 56: 399-408

Lu Y, Ye X, Guo R, et al. 2017. Genome-wide targeted mutagenesis in rice using the CRISPR/Cas9 system. Molecular Plant, 10(9): 1242-1245

Lu Y, Zhu J K. 2017. Precise editing of a target base in the rice genome using a modified CRISPR-Cas9 system. Molecular Plant, 10(3): 523-525

Ma C Y, Zhan W M, Xia X, et al. 2019. The analysis of functional genes in maize. Mol Breeding, 39: 30

Ma X, Zhang Q, Zhu Q, et al. 2015. A robust CRISPR/Cas9 system for convenient, high-efficiency multiplex genome editing in monocot and dicot plants. Molecular Plant, 8(8): 1274-1284

Makarova K S, Haft D H, Barrangou R, et al. 2011. Evolution and classification of the CRISPR-Cas systems. Nature Reviews Microbiology, 9(6): 467-477

Makarova K S, Koonin E V. 2015. Annotation and classification of CRISPR-Cas systems. Methods in Molecular Biology, 1311: 47

Makarova K S, Wolf Y I, Alkhnbashi O S, et al. 2015. An updated evolutionary classification of CRISPR-Cas systems. Nature Reviews Microbiology, 13(11): 722-736

Maluszynski M. 2001. Officially released mutant varieties—the FAO/IAEA database. Plant Cell, Tissue, Organ Culture, 65: 175-177

Marchetti S, Delledonne M, Fogher C, et al. 2000. Soybean Kunitz, *C-* Ⅱ *and PI-* Ⅳ inhibitor genes confer different levels of insect resistance to tobacco and potato transgenic plants. Theor Appl Genet, 101(4): 519-526

Mark E S. 1992. Development and application of RFLPs in polyploids. Crop Science, 32: 1086-1091

Meng X, Yu H, Zhang Y, et al. 2017. Construction of a genome wide mutant library in rice using CRISPR/Cas9. Molecular Plant, 10(9): 1238-1241

Meredith W R Jr. 1984. Quantitative genetics. Cotton Agron Monogr, 24: 131-150

Meyer V G. 1975. Male sterility from *Gossypium harknessii*. J Hered, 66: 23-27

Michelmore R W, Paran I, Kesseli R V. 1991. Identification of markers linked to disease-resistance genes by bulked segregant analysis: a rapid method to detect markers in specific genomic regions by using segregating populations. Proc Natl Acad Sci USA, 88: 9828-9832

Miller R L, Dudley J W, Alexander D E. 1981. High intensity selection for percent oil in corn. Crop Science, 21(3): 433-437

Mohan P, Loya S, Avidan O, et al. 1994. Synthesis of naphtahalenesulfonic acid small molecules as selective inhibitors of the DNA polymerase and ribonulclease H activity of HIV-1 reverse. J Med Chem, 37: 2513-2519

Moll R H, Stuber C W. 1971. Comparisons of response to alternative selection procedures initiated with two populations of maize (*Zea mays* L. ). Crop Science, 11(5): 706-711

Moore J H. 1956. Cotton breeding in the old south. Agricultural History, 30(3): 95-104

Mori K, Sakamoto Y, Mukojima N, et al. 2011. Development of a multiplex PCR method for simultaneous detection of diagnostic DNA markers of five disease and pest resistance genes in potato. Euphytica, 180(3): 347-355

Muehlbauer G J, Specht J E, Thomas C M A, et al. 1988. Near-isogenic lines, a potential resource in the integration of conventional and molecular marker linkage maps. Crop Science, 28: 729-735

Netzer D, Tal Y, Marani A, et al. 1985. Resistance of interspecific cotton hybrids (*Gossypium hirsutum*×*G. barbadense* containing *G. harknessii* cytoplasm) to fusarium wilt. Plant Disease, 69(4): 312-313

Nishida K, Arazoe T, Yachie N, et al. 2016. Targeted nucleotide editing using hybrid prokaryotic and vertebrate adaptive immune systems. Science, 353(6305): aaf8729

Parrott W A, Dryde G, Vogt S, et al. 1988. Optimization of somatic embryogenesis and embryo germination in soybean. *In Vitro* Cell Dev Biol, 24: 817-820

Parry M A J, Madgwiek P J, Bayon C, et al. 2009. Mutation discovery for crop improvement. J Exp Bot, 60: 2817-2825

Plaisted R L. 1987. Advances and limitations in the utilization of neo-tuberosum in potato breeding. In: Jellis G J, Richardson D E. The Production of New Potato Varieties. Cambridge: Cambridge University Press, 186-196

Plaisted R L, Hoopes R W. 1989. The past record and future prospects for the use of exotic potato germplasm. Am Potato J, 66: 603-627

Poehlman J M, Sleper D A. 1995. Breeding Field Crops. Iowa: Iowa State University Press

Powell W, Morgante M, Andre C, et al. 1996. The comparison of RFLP, RAPD, AFLP, and SSR (microsatellite) markers for germplasm analysis. Molec Breed, 2: 225-238

Prings D R, Levings C S. 1977. Evidence of chloroplast and mitochondrial DNA variation among male-sterile cytoplasm. Plant Breeding Abstract, 47(12): 967



Qin T C, Chen J G, Xu M L, et al. 1992. Study on male sterility. Ⅷ. Identification of a group of $Y_{II-1}$ type male sterile cytoplasm. Maize Genetics Cooperation Newsletter, (66): 116-117

Ramage R T. 1977. Varietal improvement of wheat through male sterile facilitated recurrent selection. ASPAC Tech Bull, 37: 6

Ramsay L D, Jennings D E, Kearsey M J, et al. 1996. The construction of a substitution library of recombinant backcross lines in *Brassica oleracea* for the precision mapping of quantitative trait loci. Genome, 39(3): 558-567

Rauscher G M, Smart C D, Simko I M, et al. 2006. Characterization and mapping of *Rpi-ber*, a novel potato late blight resistance gene from *Solanum berthaultii*. Theore Appl Genet, 112(4): 674-687

Rees H A, Liu D R. 2018. Base editing: precision chemistry on the genome and transcriptome of living cells. Nat Rev Genet, 19: 770-788

Reynolds M P, Nagarajan S, Razzaque M A, et al. 2001. Breeding for adaptation to environmental factors, heat tolerance. In: Reynolds M P, Ortiz-Monasterio I, McNab A. Application of Physiology in Wheat Breeding. Mexico: Cimmyt, 124-125

Reynolds M P, Singh R P, Ibrahim A, et al. 1998. Evaluating physiological traits to complement empirical selection for wheat in warm environments. Euphytica, 100: 84-95

Ribaut J M, Hoisington D. 1998. Marker assisted selection: new tools and strategies. Trends Plant Sci, 3(6): 236-239

Russell P J. 2006. iGeneties: A Molecular Approach. San Francisco: Pearson Education

Sacristán M D. 1982. Resistance responses to phoma lingam of plants regenerated from selected cell and embryogenic cultures of haploid *Brassica napus*. Theor Appl Genet, 61: 193-200

Sano Y, Katsumata M, Okuno K. 1986. Genetics studies of speciation in cultivated rice. 5. Inter-and intra-specific differentiation in the waxy gene expression of rice. Euphytica, 35: 1-9

Schäfer-Preg R, Ritter E, Concilio L, et al. 1998. Analysis of quantitative trait loci (QTLs) and quantitative trait alleles (QTAs) for potato tuber yield and starch content. Theor Appl Genet, 97: 834-846

Sedcole J R. 1977. Number of plants necessary to recover a trait. Crop Science, 17: 667-668

Septiningsih E M, Pamplona A M, Sanchez D L, et al. 2009. Development of submergence-tolerant rice cultivars: the *Sub1* locus and beyond. Annals of Botany, 103: 151-160

Setter T L, Waters I. 2003. Review of prospects for germplasm improvement for water logging tolerance in wheat, barley and oats. Plant and Soil, 253(1): 1-34

Sheets R H, Weaver J J B. 1980. Inheritance of a fertility enhancer factor from Pima cotton when transferred into upland cotton with *Gossypium harnessii* bandage cytoplasm. Crop Science, (20): 272-275

Shen L, Wang C, Fu Y, et al. 2018. QTL editing confers opposing yield performance in different rice varieties. Journal of Integrative Plant Biology, 60(2): 89-93

Sherriff I, Tzroutine S, Chaput M H, et al. 1994. Production and characterization of intergeneric somatic hybrids through protoplast electro fusion between potato (*Solanum tuberosum*) and *Lycopersicon pennellii*. Plant Cell and Organ Culture, 37: 137-144

Shi J, Gao H, Wang H, et al. 2017. ARGOS8 variants generated by CRISPR-Cas9 improve maize grain yield under field drought stress conditions. Plant Biotechnology Journal, 15(2): 207-216

Shukla V K, Doyon Y, Miller J C, et al. 2009. Precise genome modification in the crop species *Zea mays* using zinc-finger nucleases. Nature, 459(7245): 437-441

Shull G H. 1909. A pure line method of corn breeding. Am Breeders Assoc Rep, 5: 51-59

Simmonds N W. 1969. Prospects of potato improvement. Scottish Plant Breeding Station Forty-Eighth Annual Report, 1969: 18-38

Simmonds N W. 1979. Principles of Crop Improvement. London: Longman Crop Limited, 315-336

Singh J, Kaur L. 2009. Advances in Potato Chemistry and Technology. NY: Academic Press

Smith A L, Dick J B. 1960. Inheritance of resistance to fusarium wilt in upland and sea island cotton as complicated by nematodes under field conditions. Phytopathology, 50: 44-48

Smith C, Stephens S. 1971. Critical identification of Mexican archaeological cotton remains. Economic Botany, 25: 160-168

Smith D R, Hooker A L. 1973. Monogenic chlorotic-lesion resistance in corn to *Helminthosporium maydis*. Crop Science, 13(3): 330-331

Smith J S C, Goodman M M, Stuber C W. 1985. Genetic variability within U.S. maize germplasm. Ⅰ. Historically important lines. Crop Science, 25: 550-555

Smith J S C, Goodman M M, Stuber C W. 1985. Genetic variability within U.S. maize germplasm. Ⅱ. Widely used inbred lines 1970 to 1979. Crop Science, 25: 681-685

Smith S. 2008. Intellectual property protection for plant varieties in the 21st century. Crop Science, 48: 1277-1290

Sorrells M E, Fritz S E. 1982. Application of a dominant male-sterile allele to the improvement of self-pollinated crops. Crop Science, 22(5): 1033-1035

Spooner D M, Hijmans R J. 2001. Potato systematic and germplasm collecting 1989-2000. American Journal of Potato Research, 78: 237-268

Stadler L J. 1928. Mutations in barley induced by X-rays and radium. Science, 68: 186-187

Sun D F, Gong X. 2008. Barley germplasm and utilization. In: Zhang G P, Li C D. Genetics and Improvement of Barley Malt Quality. 杭州：浙江大学出版社

Sun Y, Jiao G, Liu Z, et al. 2017. Generation of high-amylose rice through CRISPR/Cas9-mediated targeted mutagenesis of starch branching enzymes. Frontiers in Plant Science, 8: 298

Sun Y, Zhang X, Wu C, et al. 2016. Engineering herbicide-resistant rice plants through CRISPR/Cas9-mediated homologous recombination of acetolactate synthase. Molecular Plant, 9(4): 628-631

Suneson C A. 1956. An evolutionary plant breeding method. Agronomy Journal, 48: 188-191

Szalma S J, Hostert B M, Ledeaux J R, et al. 2007. QTL mapping with near-isogenic lines in maize. Theor Appl Genet, 114: 1211-1228

Tomczyńska I, Stefańczyk E, Chmielarz M, et al. 2014. A locus conferring effective late blight resistance in potato cultivar Sárpo Mira maps to chromosome Ⅺ. Theor Appl Genet, 127(3): 647-657

Vallejos C E, Chase C D. 1991. Linkage between isozyme markers and a locus affecting seed size in *Phaseolus vulgaris* L. Theor Appl Genet, 81: 413-419

Vasal S K, Ganesan S F, González C, et al. 1992. Heterosis and combining ability of CIMMYT's tropical×subtropical maize germplasm. Crop Science, 32(6): 1483-1489

Vavilov N I. 1951. The origin, variation, immunity and breeding of cultivated plants. Chronica Botanica, 13: 1-364

Walker D, Boerma Hr, All J, et al. 2002. Combining *cry1Ac* with QTL alleles from PI 229358 to improve soybean resistance to lepidopteran pests. Molecular Breeding, 9: 43-51

Wang F, Wang C, Liu P, et al. 2016. Enhanced rice blast resistance by CRISPR/Cas9-targeted mutagenesis of the ERF transcription factor gene *OsERF922*. PLoS ONE, 11(4): e0154027

Wang M, Allefs S, van den Berg R G, et al. 2008. Allele mining in *Solanum*: conserved homologues of *Rpi-blb1* are identified in *Solanum stoloniferum*. Theor Appl Genet, 116(7): 933-943

Waugh R, Leader D J, McCallum N, et al. 2006. Harvesting the potential of induced biological diversity. Trends Plant Sci, 11: 71-79

Weaver D B, Weaver Jr. 1977. Inheritance of pollen fertility restoration in cytoplasmic male sterile cotton. Crop Science, 17: 497-499

Widholm J M. 1977. Selection and characterization of amino acid analog resistant plant cell cultures. Crop Science, 17: 597-600

Wise R P, Fliss A E, Pring D R, et al. 1987. Urf13-T of T-cytoplasm maize mitochondria encodes a 13kDa polypeptide. Plant Molecular Biology, 9: 121-126

Wise R P, Pring D R, Gengenbach B G. 1987. Mutation to male fertility and toxin insensitivity in Texas (T)-cytoplasm maize is associated with a frame shift in a mitochondrial open reading frame. Proc Nat Acad Sci USA, 84: 2858-2862

Xi Z Y, He F H, Zeng R Z, et al. 2006. Development of a wide population of chromosome single-segment substitution lines in the genetic background of an elite cultivar of rice (*Oryza sativa* L. ). Genome, 49: 476-484

Xi Z Y, He F H, Zeng R Z, et al. 2008. Characterization of donor genome contents of backcross progenies detected by SSR markers in rice. Euphytica, 160: 369-377

Xu X, Pan S K, Cheng S F, et al. 2011. Genome sequence and analysis of the tuber crop potato. Nature, 475(7355): 189-194

Yamamoto Y, Yun X P. 1996. Effect of the dynamic interaction on coordinated control of mobile manipulators. IEEE Transactions on Robotics and Automation, 12(5): 816-824

Yan X L, Wu P, Ling H Q, et al. 2006. Plant nutriomics in China: an overview. Ann Bot, 98: 473-482

Yano M , Sasaki T. 1997. Genetic and molecular dissection of quantitative traits in rice. Plant Molecular Biology, 35: 145-153

Ye X, Al-Babili S, Klöti A, et al. 2000. Engineering the provitamin a (β-carotene) biosynthetic pathway into (carotenoid-free) rice endosperm. Science, 287(5451): 303-305



Young N D, Tanksley S D. 1989. Restriction fragment length polymorphism maps and the concept of graphical genotypes. Theor Appl Genet, 77: 95-101

Young N D, Zamir D, Ganal M W, et al. 1988. Use of isogenic lines and simultaneous probing to identify DNA markers tightly linked to the *Tm-2a* gene in tomato. Genetics, 140: 579-585

Young N D. 1999. A cautiously optimistic vision for marker-assisted breeding. Molecular Breeding, 5: 505-510

Zaman M W. 1989. Introgression in *Brassica napus* for adaptation to the growing conditions in Bangladesh. Theor Appl Genet, 77: 721-728

Zeng Z B. 1994. Precision mapping of quantitative trait loci. Genetics, 136: 1457-1468

Zhang J, Guo W, Zhang T. 2002. Molecular linkage map of allotetraploid cotton (*Gossypium hirsutum* L. × *Gossypium barbadense* L. ) with a haploid population. Theor Appl Genet, 105(8): 1166-1174

Zhukovsky P M. 1968. New centres of origin and new gene centres of cultivated plants including specifically endemic microcenters of species closely allied to cultivated species. Bot Zhurnal, 53: 430-460